山地城镇可持续发展

——"一带一路"战略与山地城镇交通规划建设

中国科学技术协会 编

中国建筑工业出版社

图书在版编目（CIP）数据

山地城镇可持续发展——"一带一路"战略与山地城镇交通规划建设 / 中国科学技术协会编.—北京：中国建筑工业出版社，2016.1
ISBN 978-7-112-19739-2

Ⅰ.①山… Ⅱ.①中… Ⅲ.①山地—城镇—城市规划—交通规划—中国—文集 Ⅳ.①TU984.191-53

中国版本图书馆CIP数据核字（2016）第201071号

　　本书由中国科学技术协会汇编，集中了参加第四届山地城镇可持续发展专家论坛的相关领域专家学者所写的68篇论文。本次论坛主题为"一带一路战略与山地城镇交通规划建设"，本书紧紧围绕这一主题，深入交流"一带一路"交通规划、产业发展等一系列重大问题的基础理论与科学技术应用，为我国一带一路战略与山地城镇交通规划建设出谋划策。全书共分为"山地城镇交通规划策略与方法"、"山地城镇交通设施建设"、"山地城镇规划建设"、"山地人居环境建设"四大专题。

责任编辑：率　琦
责任校对：王宇枢　李欣慰

山地城镇可持续发展
——"一带一路"战略与山地城镇交通规划建设
中国科学技术协会　编
*
中国建筑工业出版社出版、发行（北京西郊百万庄）
各地新华书店、建筑书店经销
北京京点图文设计有限公司制版
廊坊市海涛印刷有限公司印刷
*
开本：787×1092毫米　1/16　印张：37½　字数：934千字
2016年11月第一版　　2016年11月第一次印刷
定价：158.00元
ISBN 978-7-112-19739-2
　　　（29298）

版权所有　翻印必究
如有印装质量问题，可寄本社退换
（邮政编码 100037）

编委会

学术顾问：吴良镛
主　　任：宋　军
副 主 任：石　楠
委　　员（以姓氏笔画为序）：
　　　　　　石　楠　刘大安　刘文杰　杨巧英　宋　军
　　　　　　张国友　张淑华　余　策　李楠森　徐　斌

主　　编：石　楠　王晓彬　赵万民
副 主 编：曲长虹　李和平　赵崇海
编 辑 组（以姓氏笔画为序）：
　　　　　　丁留谦　马天宇　王董瑞　刘卫东　朱　波
　　　　　　安树伟　吴志强　张国彪　陈　亮　李　晓
　　　　　　杨培峰　陈　璟　徐　伟　唐伯明　袁　建
　　　　　　袁　牧　殷跃平　塞尔江·哈力克　樊　杰

序

"一带一路"是经济全球化机制下促进区域共赢发展的一个国际合作平台,是包容性、全球化的共同发展倡议。按照《推动共建丝绸之路经济带和21世纪海上丝绸之路的愿景与行动》(下称"愿景与行动"),一带一路旨在"促进经济要素有序自由流动、资源高效配置和市场深度融合,推动沿线各国实现经济政策协调,开展更大范围、更深层次的区域合作,共同打造开放、包容、均衡、普惠的区域经济合作框架"。在"一带一路"战略背景下,我国整体空间发展也作出了相应调整,在原有侧重东部沿海的发展基础上,会逐渐加大向西、向南的建设力度。这些地区是我国山地城市最为集中的地区。我国当前众多山地城市承载了"一带一路"的历史使命,也同样迎来了前所未有的发展机遇。

众所周知,制约山地城镇发展的最主要因素通常是交通。受制于复杂地形、高昂的基础设施建设成本等原因,山地城市拥有的资源优势很难得以发挥,由此导致其经济发展落后。此外,全国1.13亿少数民族人口有85%集中在山区,55个少数民族中有47个主体分布在西部,交通建设在一定程度上影响着少数民族的稳定与和谐发展。在"一带一路"国家战略背景下,加强山地城镇交通规划建设不仅是国家战略的重要体现,也是山区转型、实现快速可持续发展的基础保障。

2015年11月中国科协在新疆伊宁举办第四届山地城镇可持续发展专家论坛,讨论主题定为"一带一路战略与山地城镇交通规划建设",对于山地城市意义深远。这一举措对搭建多学科、多部门、产学研相结合的高层次科技创新交流平台,研讨交流在"一带一路"背景下的山地道路交通建设、经济产业发展、国土开发、城镇建设等一系列重大问题的基础理论与科学技术,为国家在山地城镇建设方面的重点和难点工作寻求研究思路和科技创新的解决途径等具有重要意义。

根据"愿景与行动",新疆和福建分别为丝绸之路经济带和21世纪海上丝绸之路的核心区,在中国传统对外开放格局中作为"末梢"的新疆成为"前沿"。在"一带一路"战略背景下,新疆有着天然地缘优势。新疆从2014年开始就积极探索构建丝绸之路经济带交通枢纽和商贸物流中心,陆续与哈萨克斯坦、塔吉克斯坦等国建立相关道路运输机制,开通乌鲁木齐到哈萨克斯坦、土耳其、格鲁吉亚的货运班列,内地货物到欧洲仅需16到18天,而如果走海运则需要40天左右。2015年统计数据,新疆已与周边国家开通国际道路运输线路107条,占全国的43%。新疆不仅是开发建设的桥头堡,同样也有众多的山地城市,这次会议举办地——伊宁就是其中之一。大型交通、物流设施的建设势必对这类山地城市的发展带来重大发展机遇,同样在山地城镇与区域交通基础设施的互联互通、典型山地城镇交通设施建设与城镇发展互动等问题上急需探寻新的模式、新的方法,有效改善提升山地城镇的综合交通运输结构与运输效率,更好地贯彻"一带一路"战略方针。

这次山地城镇可持续发展专家论坛,研讨"一带一路"战略背景下的山地城镇交通规划建设问题，会聚了全国这一领域诸多专家的真知灼见，本论文集对此有较充分的体现。本次会议的召开及论文集的出版，将对我国这一领域的深入研究起到积极的推动作用。特为序。

国际城市与区域规划师学会副主席
中国城市规划学会副理事长兼秘书长

2015 年 12 月 24 日

目 录

专题一 山地城镇交通规划策略与方法 ·· 1
　"一带一路"战略与西部地区铁路的开发 ·· 3
　"一带一路"带动的山地新型城镇化和山地城市交通 ································ 10
　"一带一路"战略下山地城镇智慧交通发展思考——以江西山地城镇交通智能化为例 ··· 17
　"一带一路"下山地城市的道路网规划研究——以达州为例 ·························· 21
　"一带一路"战略下山地景区交通规划 ··· 26
　山地城镇交通发展与生态环境协调性研究——以拉萨为例 ·························· 35
　山地城市绿色交通规划策略——以贵州安顺市为例 ··································· 43
　航空枢纽发展对城市空间格局影响研究 ·· 52
　山地城市梯道发展的历史、特色与传承——以重庆市传统梯道为例 ················ 61
　低碳视角下山地城市步行体系的若干思考——以重庆悦来生态城为例 ············· 72
　中心城区停车设施规划方法初探——以重庆市沙坪坝区为例 ······················· 80
　自行车交通系统在重庆北部新区的实践评估及启示 ··································· 88
　山地乡村旅游产品策划与交通规划耦合性研究
　　——以武隆县土地乡乡村旅游规划为例 ··· 96

专题二 山地城镇交通设施建设 ··· 105
　健康城市导向下山地城市人性化步行环境营建 ·· 107
　航空大都市目标下的重庆江北国际机场交通环境提升优化研究 ····················· 115
　"一带一路"战略背景下大型复合枢纽机场建设思考——以江北国际机场为例 ······ 123
　可持续的公共交通在山地城镇中的发展探索 ··· 130
　山地城市组团式布局与快速道路协调发展研究——以重庆市主城区为例 ·········· 139
　"一带一路"战略下山地城市轨道交通线网规划 ·· 147
　快速公交（BRT）系统开发实践研究——以重庆市为例 ······························ 155
　慢行交通系统在山地城市中的综合应用——以重庆市万州区为例 ·················· 165
　我国大城市P+R设施规划建设对山地城镇的启示 ···································· 171
　"一带一路"战略下山地城镇交通发展现状与展望 ····································· 181
　重大交通设施布局与山地城镇空间的协调研究——以市郊铁路渝合线为例 ········ 187
　综合立体交通走廊理论与欧盟实践的启示 ··· 195
　山地城市用地布局与交通的耦合发展 ··· 204

"一带一路"与山地城镇高速路下道口空间发展研究 ········· 208
山地城镇经济可持续发展铁路选线思考 ········· 213
山地城镇的步行交通可持续发展研究 ········· 217

专题三 山地城镇规划建设 ········· 223

西南山地欠发达地区的"三生"空间功能优化 ········· 225
以组团隔离带划定为例探索美丽重庆建设 ········· 235
"多规融合"视角山地城市生态红线划定方法研究
——以贵州省桐梓县城乡总规为例 ········· 244
城乡统筹视野下的山地城市旅游城镇化发展路径研究——以重庆市武隆县为例 ········· 253
消费文化视角下西部山地乡镇发展策略研究——以重庆市云阳县龙角镇风貌改造为例 ········· 260
基于云南"城镇上山"的山地"产城融合"模式研究 ········· 268
基于生态红线的山地城镇用地布局研究——以贵州省桐梓县为例 ········· 276
山地县级单元城市旧城更新改造研究——以四川省石棉县旧城更新改造为例 ········· 283
新常态背景下乡村人居环境优化策略——基于秦巴山区城乡统筹示范区实践研究 ········· 292
山地小城镇城乡居民点统筹规划布局模式初探
——以云南省临沧市云县幸福镇为例 ········· 301
初探山地城市中小学地震应急避难场所与周边环境的关系 ········· 308
新趋势下四川欠发达山区县域城镇化路径思考——以万源市为例 ········· 315
山地城市新型城镇化路径探索——以四川省巴中市为例 ········· 326
山水城市意象设计初探——以重庆市滨江地带为例 ········· 331
从"城镇上山"到"城镇被上山" ········· 340
山地城市土地利用与交通协调发展研究——以重庆市主城区为例 ········· 348
山地型历史文化名城站前核心区城市设计初探——以阆中火车站为例 ········· 360
叠台亲水·凤舞山城——重庆南岸区滨水广场设计 ········· 369
基于偶然性视角的山地城镇可持续发展探讨 ········· 378

专题四 山地人居环境建设 ········· 385

重庆市法定城乡规划全覆盖工作探索和实践 ········· 387
差异需求下"哺育式"城乡统筹规划方法探索
——以重庆市北碚区江东片区五个乡镇为例 ········· 392
湖南丘陵地区水体规划策略研究——以隆回县城南片区为例 ········· 407
宁波鄞州四明山地区城乡发展的新常态与规划对策
——对东部沿海典型大城市边缘区的观察与思考 ········· 415
京郊乡村旅游可持续性调研——以爨底下村为例 ········· 423
基于雨洪控制的丘陵城市土地利用规划研究 ········· 429
对地形复杂地区竖向设计的思考 ········· 440

昆明市生态控制线划定的问题思考和应对策略探索 ················ 454
礼失求诸野：景观都市主义下的山地城市营造
——以苍梧县城市总体规划方案设计为例 ················ 462
适建低丘缓坡资源的识别、评价与开发控制——以杭州四县（市）一区为例 ········ 478
城市设计原则下山地滨水旅游城镇夜景观规划策略研究 ················ 489
应对"后水电移民时代"城市问题的设计策略与方法——以汉源县为例 ········ 499
重庆市大渡口区生态型游憩网络的构建初探 ················ 509
陕北黄土丘陵沟壑区城镇空间发展模式初探 ················ 520
西南地区传统村落空间格局保护的内容与方法研究 ················ 529
乡村新型城镇化的"地方性"模式——以陕南秦岭山区为例 ················ 537
"居游共享"带动城市功能提升——以宜宾市主城区三江地区为例 ········ 545
重庆市渝北区人和文化地景的分析研究 ················ 556
健康主动干预的山地人居环境建设——以重庆为例 ················ 563
基于刚性与弹性结合的城市边界划定研究——以四川省高县为例 ········ 571
"山地海绵城市"规划建议和指引 ················ 583

专题一
山地城镇交通规划策略与方法

"一带一路"战略与西部地区铁路的开发

罗 辉[1]

摘 要：2007年美国次贷危机发生以来，当今世界正发生复杂深刻的变化，国际金融危机深层次的影响继续显现，世界经济缓慢复苏、发展分化，国际投资贸易格局和多边投资贸易规则酝酿深刻调整，各国面临的发展问题严峻，中国的发展也遭遇了严重挑战。中央提出"一带一路"战略，是顺应国际形势提出的重要战略举措。要实现这一重要战略举措，需要加强对西部地区的铁路开发。"一带一路"旨在促进经济要素有序自由流动、资源高效配置和市场深度融合，推动沿线各国实现经济政策协调，开展更大范围、更高水平、更深层次的区域合作。共建"一带一路"符合国际社会的根本利益，彰显人类社会共同理想和美好追求，是国际合作以及全球治理新模式的积极探索，是中国为世界和平作出的重要努力。"一带一路"的建设也将为中国的国家安全提供坚实的基础，必须做好规划，认真落实。

关键词：一带一路；城镇化；铁路；轨道交通；互联网+

2007年美国发生次贷危机，2008年，这一危机迅速波及美国金融系统，并引发了全球性的经济危机。在全球经济一体化的时代，一个国家的经济不可避免地要受到国际市场各种突发事件的影响。我国经济正处于发展市场经济的初期，这一次全球经济危机对中国经济的冲击是巨大的，这一影响正给中国社会带来阵阵剧痛，并将对中国经济产生深远影响。认真观察2014年中国经济的表现，依然可以看到美国次贷危机对中国经济的影响。

很多专家在研究中国经济目前发展状况后发出警告，"延续过去传统粗放的城镇化模式，会带来产业升级缓慢、资源环境恶化、社会矛盾增多等诸多风险，可能落入'中等收入陷阱'，进而影响现代化进程。"

与此同时，2007年美国发生次贷危机也严重地影响世界各国的经济，如在欧洲，"希腊的债务危机"，爱尔兰、葡萄牙、西班牙等国经济形势严峻。在亚洲，日本的经济正处于严重困难之中。

经济危机导致世界各国政府内部压力增加，有的周边国家频频向中国发起摩擦，企图转移其国内政治危机。例如：日本在"钓鱼岛"上向中国发难，连菲律宾也将"南海主权问题"推上国际临时仲裁庭。中国周边，刀光剑影。

---

[1] 罗辉，中铁第四勘察设计院集团有限公司。

1 "风急浪高",在这个时刻,中国何去何从?

2015年4月,国家发改委、外交部和商务部联合发布了《推动共建丝绸之路经济带和21世纪海上丝绸之路的愿景与行动》,这标志着"一带一路"正式成为国家战略。这是中国应对目前国际复杂形势发出的时代强音。这一宣言,表明中国决心走和平崛起的道路,中国是世界和平坚定的维护力量。

2 "一带一路"的基本概念

一带,指的是"丝绸之路经济带",是在陆地。它有三个走向,从中国出发,一是经中亚、俄罗斯到达欧洲;二是经中亚、西亚至波斯湾、地中海;三是到东南亚、南亚、印度洋。"一路",指的是"21世纪海上丝绸之路",重点方向是两条,一是从中国沿海港口过南海到印度洋,延伸至欧洲;二是从中国沿海港口过南海到南太平洋。

中国于2001年12月11日加入世界贸易组织(WTO),从而成为最后加入这个组织的主要贸易国之一。这向世界发出了明确的信息:中国准备成为全球经济中一个被赋予完全权利的成员。加入WTO将为中国带来巨大利益:扩大贸易、进一步推动经济改革、吸引更多的外国投资并促进法治。

《推动共建丝绸之路经济带和21世纪海上丝绸之路的愿景与行动》行动宣言的发布清楚地表明,中国会坚守2001年12月11日加入WTO对世界的承诺,会以商会友,坚持对外开放,努力克服困难,发展经济,做世界和平坚定的维护者。

加入WTO将给中国政府和中国人民带来重大的责任和挑战[5]。

由于我国科学技术、经济发展整体水平仍与西方发达国家有较大差距,坚持对外开放,需要克服许多困难。

首先,中国加入WTO,中国政府承诺"各种产品的关税将逐步降低,甚至是降至零关税",相对于西方发达国家,中国的科技水平、人口素质整体上处于落后位置,降低关税,甚至是降至零关税,中国企业无疑要承受巨大的竞争压力。

其次,中国正在进行改革,中国将从计划经济走向市场经济,完成重大社会变革,对任何一个社会、任何一个国家都是一项极为艰巨的任务。

中国经济存在巨大的风险,经济发展存在巨大的不稳定性,中国政府面临巨大的内部压力。

在这种形势下,中国政府发布《推动共建丝绸之路经济带和21世纪海上丝绸之路的愿景与行动》,在这一行动宣言中,中国政府提出了以下工作原则:

(1)恪守联合国宪章的宗旨和原则。遵守和平共处五项原则,即尊重各国主权和领土完整、互不侵犯、互不干涉内政、和平共处、平等互利。

(2)坚持开放合作。"一带一路"相关的国家基于但不限于古代丝绸之路的范围,各国和国际、地区组织均可参与,让共建成果惠及更广泛的区域。

(3)坚持和谐包容。倡导文明宽容,尊重各国发展道路和模式的选择,加强不同文明之间的对话,求同存异、兼容并蓄、和平共处、共生共荣。

(4)坚持市场运作。遵循市场规律和国际通行规则,充分发挥市场在资源配置中的决定性作用和各类企业的主体作用，同时发挥好政府的作用。

（5）坚持互利共赢。兼顾各方利益和关切，寻求利益契合点和合作最大公约数，体现各方智慧和创意，各施所长，各尽所能，把各方优势和潜力充分发挥出来。

这是中国决心走和平崛起道路的具体体现，是中国发出的"和平"福音，是时代的最强音。这是中国将成为负责任大国的标志。

"一带一路"是中国政府根据目前中国实际情况和世界各国实际情况进行综合分析后作出的正确决策。

中国经济发展的基本背景是：人口众多、资源相对短缺、生态环境比较脆弱、城乡区域发展不平衡。经济可持续发展能力令人担忧。

改革开放以来，我国工业化发展进程加速，城市化是我国改革开放以来中国经济发展的一条主线。我国城镇化经历了一个起点低、速度快的发展过程。城镇化的快速推进推动了国民经济持续快速发展，带来了社会结构深刻变革，促进了城乡居民生活水平全面提升，取得的成就举世瞩目。但我国城镇化发展到现在也面临大量的问题。经济发展遇到了瓶颈。

目前中国国内经济发展的主要不利因素如下：

（1）产能过剩、外汇资产过剩

目前，中国通过改革开放，积极发展经济，在经济诸多领域取得了重大成就。中国已经由改革初期的生产能力低下，产能严重不足，满足不了国内人民物质、文化生活的需要，变成了在钢铁、水泥、建材等领域拥有强大的生产能力。在制造业方面也得到了长足的发展。中国积累了巨大的贸易盈余。

中国的外汇资产过剩，许多产业产能过剩。但另一方面，中国经济在许多关键领域与西方发达国家差距巨大，生产能力不足，严重影响中国经济发展。

（2）中国油气资源、矿产资源对国外的依赖度高

中国能源对外依存度不断提高，目前石油对外依存度超过60%，已经严重威胁到中国经济的安全。而且中国石油的绝大部分依赖中东地区，需要经过印度洋，过马六甲海峡和南海。

从2011年起，中国煤炭进口量已经超过日本，成为世界上最大的煤炭进口国。

中国天然气已经从单一的国内生产，逐渐走向国外多渠道供应，自给率逐年降低，2014年自给率为73%。

尽管国内资源丰富，但是整个国家巨大的消耗超过了国内资源生产的能力。例如：中国铁矿石进口，足以影响世界铁矿石的定价。

（3）中国的工业和基础设施过于集中在沿海

改革开放30多年来，中国新增生产力主要集中在东部和南部沿海地区，广东、上海、浙江、山东工业产值持续增加，增加速度位于各省前列，中国国内各地区经济能力的不平衡呈现加大趋势。

对比之下，西部地区、东北地区经济能力日益下降。

昔日富饶的东北地区，如今的发展状况令人担忧。有媒体报道"东北三省经济增速持续放缓"，"东北告急"，"东北断崖式下跌"。"国务院总理李克强在考察东北时，直言对各项经济数据感到'揪心'……"

同东北地区相比，西部地区发展条件更艰难。或许，西部地区的发展更应引起我们的

重视。

东北地区过去曾经是我国工业最发达的地区之一，有着较完备的基础设施。改善经济的条件较好，通过适量投入，辅之以相应的政策，就有可能在较短时间内得到改善。

但西部地区就不一样了，如果不加以重视，就会形成严重危机，甚至已经影响到国家安全。

由于我国地理的自然特征，西部地区的地理特征为高原、崇山峻岭、戈壁荒漠，生态条件脆弱，经济发展更为困难。

"孔雀东南飞"成为这 30 多年来中国人口流动的写照。"孔雀东南飞"，人员流动，造成东北、西部地区劳动力流失，使东北、西部地区经济发展进一步陷入了困境，形成了恶性循环。

与此同时，改革开放以来，东部地区、南部地区工业化的发展迅速，用地紧张，上海、深圳地价形成的天价，也给当地经济发展造成了困扰。而且昔日的中国粮仓江苏、浙江，大量上好的农田转为工业用地，加重了中国粮食生产的负担，给中国经济造成另一层隐忧。另外，东部地区、南部地区吸收了大量东北、西部甚至中部地区的流动人口，造成了中国运输难题——每年春节及其他重大节日，中国运输能力无法满足人员流动的需求，而平时中国的铁路运输能力却比较富余。

（4）中国国内经济体改革程度不一，地区不均衡，部门不均衡

目前，中国经济主体——国有企业还没有真正按市场经济的角色运行，而已经完全按市场经济运行的民营企业，多数都没有建立长远的经营目标，在市场上的能力有限，地位弱小，只是初步按照市场经济的规律在运行，而且这种市场也是不完整的市场。在这种环境下，大多数企业对项目决策认识严重不足，项目风险巨大，给企业的发展带来严重隐患。主要表现是，大多数企业注重执行工作，而对项目的前期工作不太重视。在民营企业，很多工厂和企业都只搞来料加工，而且在有的地方，整个地方经济都是这样一种模式，基本上没有项目决策，更谈不上研发项目的决策了。国有企业还处于向市场经济转轨之中，项目的管理受人员、体制等诸多影响，对项目的执行工作力度很大，在决策环节的工作多数是一带而过。

而且，不同地区的经济改革的力度不一样，东南沿海地区经济体市场化程度相对高。这些不均衡，使中国经济面临结构性风险。[5]

另外，分析一下中国目前安全形势：

根据现今的军事技术水平，以海上平台进行攻击，直接攻击的范围高达 1000 多公里，战时，中国的东南沿海地区均处于直接攻击区，如果遇到外部打击，容易失去核心设施。中国的战争潜力受到空前制约。

中国奉行的是防御型国防政策，强调的是"后发制人"，按现今的生产力布局，如果攻击来自海上，中国是否还能在这战争中取胜？是惨胜，还是完胜？

如果，这种不平衡持续发展下去，终将影响国家安全。

综上所述，中国经济存在隐忧，中国经济可持续发展能力有限，中国经济应对国际局势动荡的能力不足，应对现代化条件下局部战争的能力不足。

"一带一路"战略的核心是利用中国目前外汇充足的有利条件，通过加强与世界各国的经济往来，综合解决中国经济发展存在的问题，拓宽中国生存空间，使中国经济可持续

发展能力增强。这一战略的要点如下：

可以加强与俄罗斯的战略合作，中国可以利用俄罗斯的能源优势，解决国内能源短缺问题。实现能源供给多元化。

目前西亚地区正在加紧进行基础设施建设，中国在基础建设领域已经形成庞大的产能，可以将中国在基础设施建设的优势产能与西亚地区基础设施建设相结合，形成牢固的地区合作关系。

中国与东南亚各国经济互补性也很强，中国距东南亚各国距离近，便于经济交往。

中国与蒙古等内陆国家是近邻，经济交往具有地理优势，对于这些内陆国家，中国已经具有一定的技术优势，可以通过贸易的方式帮助这些国家发展经济，与此同时中国也可以利用对中国经济有用的资源。

"一带一路"的通道建设，可以增加原油及其他物资运输通道，为战时战略物资的交易做好准备，增强中国应对战争风险的能力。这一点可以从抗日战争时，中缅公路和"驼峰航线"的作用得到充分的证实。

中国政府提出的五条基本原则是对目前世界形势和中国周边各国实际情况进行认真研究后，对世界各国提出的重大倡议。符合中国与周边各国实际情况，具有现实意义。

同时，"一带一路"不是简单地把"丝绸之路经济带"的三个通路、"21世纪海上丝绸之路"的二条海上通道连通。首先，"一带一路"必须把"丝绸之路经济带"的三个通路、"21世纪海上丝绸之路"二条海上通道做通，这是这一战略实施的基础。其次，光做通这五条通道的交通线是不够的，是不能完成"一带一路"战略的。要完成"一带一路"战略，必须从战略高度对中国生产力进行重新布局，改变目前中国经济发展过度集中于东南沿海的现状，实现中国经济再平衡。

完成这一布局的主要途径就是做好中国的城镇化建设规划。

正如新华网授权发布的《国家新型城镇化规划（2014～2020年）》中所指：在城镇化快速发展过程中，也存在一些必须高度重视并着力解决的突出矛盾和问题。例如：大量农业转移人口难以融入城市社会，市民化进程滞后；"土地城镇化"快于人口城镇化，建设用地粗放低效；城镇空间分布和规模结构不合理，与资源环境承载能力不匹配；城市管理服务水平不高，"城市病"问题日益突出；自然历史文化遗产保护不力，城乡建设缺乏特色；体制机制不健全，阻碍了城镇化健康发展，等等。

要做好中国的城镇化建设规划，难度极高，需要集全国之智慧、全国之力量。

人无远虑，必有近忧。

做好中国的城镇化建设规划很难，但有一点，非常容易识别。中国国力发展最大的短板是西部地区的合理开发。

西部地区的国情是：

（1）基础设施正在加强，但满足不了国家发展的需要；

（2）西部地区生态脆弱，必须有大能力运输交通系统的支撑才能开发；

（3）西部地区具有广阔的开发前景，是中华民族的重要的生存空间；

（4）西部地区是中国国家安全的重要战略空间；

（5）目前国内建设存在不平衡，已经威胁到了国家安全。

因此，如何开发西部是目前中国国家发展的最重要课题。

目前"一带一路"的概念刚刚提出，在"一带一路"实施的初期，重中之重是解决这一战略存在的短板——西部地区的交通问题。

根据中国交通建设总结出来的经验数据表明：轨道交通是目前已知的大能力运输工具，具有大能力、低能耗、低污染、少用地、高可靠性、安全性、准时、快速等特点。

从人员运输能力来看，1条轨道交通线与9条公交车行车线，与33条小汽车行车线相当。可以大大提高人员运输速度，节约时间。

从物资运输来看，1条铁路可以与多条高速公路运输能力相当，并显著降低运输能耗，节省交通用地。

轨道交通能节约大量交通用地：
- 标准公路路宽27米，轨道交通路宽11米，而轨道交通是公路运能的15倍。
- 道路资源需求公交车4平方米/人，轿车30平方米/人。

比较而言，轨道交通能节约大量交通用地。

轨道交通能使公里人均能耗大幅降低：
- 交通能耗已占全社会总能耗的20%
- 每百公里的人均能耗，轨道交通是小汽车的5%。

如果城市开发使用轨道交通，将极大减少城市的能源消耗。

因此，开发西部地区，铁路建设大有可为！

西部地区的开发必须依托城市开发，西部地区城市的布局，是西部开发的核心。西部地区自然生态条件脆弱，西部城市的发展需要大量的物资输送，需要在西部城市引入大量人才，铁路将成为西部城市的脐带。

西部地区铁路的建设，也将促进西部地区公路的建设，促进西部地区输电、通信和油气管道等其他基础设施建设。对完成"一带一路"战略有着重要的作用。

另一方面，在西部城市开发中，轨道交通也大有可为！

对于城市而言，城市轨道交通可以提升对沿线房地产的价值：
- 单位土地平均价值涨4倍。
- 单位土地平均贡献率提高（GDP、财政）。
- 单位土地平均养育人口率提高。
- 容积率提高、市政资源节省。

轨道交通是大中型城市大众化交通建设的首选形式。

地铁更能体现这一点，地铁使城市的许多不可能变成可行，使城市空间更加宜人，对城市周边的生态环境建设产生积极影响。

在西部城市关键节点的建设中，如乌鲁木齐的建设，轨道交通建设也将大有可为[4]。地铁将使乌鲁木齐城市资源利用效率提升，铁路将使乌鲁木齐获得内地的物质支撑，在不破坏乌鲁木齐周边生态环境的条件下，使乌鲁木齐的城市化水平大大提升，承载能力大大加强，成为西部地区发展的核心之一。

根据中国这些年城市建设的经验，在城市的开发中，做好城市运输体系的规划，使铁路、轨道交通、公路、城市快捷运输系统多重系统的无缝对接，能大大提升城市运行效率，节约能源，使城市成为生态之城，绿色之城。西部地区是中国的处女地，西部地区城市开发是一张有待我们精心描绘的画卷。西部地区城市建设令人向往。

另外，信息化建设对西部城市建设也具有重要意义。我国西部地区信息化水平落后，在东南部地区进入"互联网+"时代的同时，西部地区网络运行速度极低，这阻碍了西部地区快速发展。在西部地区城市开发中，先行投入通信、网络等基础设施建设，将有效提升西部地区城市铁路、公路等基础设施以及西部地区工业建设的效率，可以优先考虑。

未来10年是中国发展的关键10年，中国城市规划必须根据中国实际国情进行系统规划，做好项目的规划和决策。

只有政府和全社会的企业从实际出发，做好项目的规划和决策才能从根本上稳定中国的经济[5]，《国家新型城镇化规划（2014~2020年）》所提出的城镇化发展目标才可能实现。

目前中国存在的有些问题也不是光靠认真去做项目研究和决策就可以解决的。建设现代化新型城市，还需要加强法律保障，需要设计合理的建设管理体系，才能从根本上为城市的建设提供"不竭"的动力。目前，这些方面还需要我们以改革创新的态度去面对。

在《推动共建丝绸之路经济带和21世纪海上丝绸之路的愿景与行动》这一行动宣言中，中国政府提出了五条工作原则。其中："坚持市场运作。遵循市场规律和国际通行规则，充分发挥市场在资源配置中的决定性作用和各类企业的主体作用，同时发挥好政府的作用。"更是这五条原则的核心。

因为，只有走市场化道路，中国才能和平发展。中国才能在地区发展中找到朋友，找到合作伙伴。

同时，只有走市场道路，才能提升西部地区管理能力，促进西部地区治理水平的提高。使西部地区的生产能力得到极大提升，繁荣西部地区经济，促使西部地区人民物质和文化生活水平提高。并有助于西部边疆的稳定，有助于国家安全。

通过合理规划西部地区城市布局，充分利用铁路交通的优势，建设符合中国发展需要的城市群，"一带一路"战略将逐步得到实现，到了那时，中国的国家综合能力将得到极大提升，在国际上将发挥更大的影响力。我们的"中国梦"也将逐步得到实现。

"敢问路在何方，路在脚下！"

中国道路，中国梦，路在中国人脚下！

参考文献

[1] 白思俊. 现代项目管理 [M]. 北京：机械工业出版社，2002.

[2] 李德华. 城市规划原理（第三版）[M]. 北京：中国建筑工业出版社，2001.

[3] Hartmut Freystein, Martin Muncke, Peter Schollmeier 德国铁路基础设施设计手册 [M]. 北京：中国铁道出版社，2007，4.

[4] 罗辉. 城市轨道交通网络化发展的前景 [M]// 中国城市轨道交通协会. 城市轨道交通网络化发展论文集. 北京：化学工业出版社，2014.

[5] 罗辉. 提升国家经济的稳定性与加强对项目管理决策的控制 [M]// 第八届中国项目管理大会论文集. 北京：兵器工业出版社 2010.

[6] 罗辉. 和谐社会与项目管理 [J]. 项目管理技术. 第六届中国项目管理大会论文集. 2007 京新出报刊增准字第（425）号.

"一带一路"带动的山地新型城镇化和山地城市交通

白 墨[1]

摘 要：我国是多山国家，山地城市占城镇的一半以上。我国的新型城镇化战略"一带一路"国家战略给山地城镇建设带来重大机遇和发展契机。本文探讨了新常态代背景下，"一带一路"交通走廊和"交通先行"政策对于我国的山地城镇化和山地城市交通发展的深远影响和积极意义，并通过国内外的山地城镇化和山地城市交通的案例借鉴得到启示，给出一带一路山地城镇化和山地城市的交通发展建议。

关键词：山地城市；新常态；一带一路交通走廊；交通先行政策；山地新型城镇化；借鉴启示；山地城市交通

1 山地城市和交通

山地城市是一个相对概念，广义的山地包括山地、丘陵和高原，山地城市是指选址和建设在上述山地区域的城市，以及修建在大于5°以上的起伏不平的斜坡地上的城市，形成与平原地区迥然不同的城市空间形态与生境。在国外山地城市又叫做斜面城市、坡地城市等。例如城市选址和建筑直接修建在起伏不平的坡地上，或环山而建，或沿山体走势分布，如重庆、香港等地；城市选址和建筑虽然修建在平坦的坝区，但由于其周围有复杂的地貌，对城市布局结构、交通组织、气候、环境及其发展产生重要影响的，也应视为山地城市，如昆明、贵阳等。山地城市的特征："坡度"造成交通不便，生态敏感度高，生态环境脆弱，具有特殊的生态边缘效应。

山地城镇的经济社会发展，道路交通条件是关键。全球有五分之一是山地，有十分之一的人口住在多山地区。全国661个设市城市中一半以上属于山地城市范畴。还有约1/2的人口、城镇分布在山地区域，山地面积分布广、山地区域城镇数量多是我国城镇化过程中无法回避的一项特殊国情。山地丘陵地区作为我国的相对贫困区，必须走新型城镇化道路。交通在城镇结构、城市空间布局和资源配置中的先导作用及改善民生的基础作用，山地城镇尤其是山地贫困地区城镇的交通发展是新型城镇化的重点任务之一。山地城镇要提升交通线路规划设计的环境合理性，强化道路建设期间环境保护工作的跟踪管理，提升道路抵御灾害能力，完善道路基础设施建设。

---

[1] 白墨，北大博雅方略公司研究院。

2　新常态下我国的山地新型城镇化

随着我国进入从高速增长转为中高速增长的经济新常态，区域平衡、生态保护、绿色GDP、重质量重内涵的城市发展成为主流。高度珍惜并合理利用有限的山地资源，尽可能避免城市化进程中可能产生的风险和负面影响，建设人与自然共生共荣的山地区域经济社会生活的中心——山地城市（镇），成为我国政府和学术界关注的热点问题，多山地区推进城镇化是有效改善城镇、乡村民众生活的一条有效途径。我国山地、丘陵和高原约占全国陆地面积的69%，其中山地约占33%，丘陵约占10%，高原约为26%。全国34个省级行政单位除江苏、天津、上海、澳门外，其他地区的行政区划中约有一半的地区山地面积超过其行政区划面积的70%以上。山地丘陵地区呈现出地理位置边缘性，省级行政区交界的边缘地带往往是山地分布区，且垂直地带性特征显著，尤其在内陆地区，高海拔通常伴随高寒气候，区内居民生活条件十分恶劣。2012年，我国城镇化率已达到52.6%，但是，全国的城镇化发展水平很不平衡，多山地区城镇化率远远低于平均水平。

山地丘陵地区往往是我国集中连片贫困地区和重点生态功能建设区域。在2011年12月国务院印发《中国农村扶贫开发纲要（2011—2020年）》划定14个集中连片特困区位于山地，其中六盘山区、秦巴山区、武陵山区、乌蒙山区、滇桂黔石漠化区、滇西边境山区等12个片区位于西部地区，以山地丘陵为主。而全国主体功能区划中划定的全国25个重点生态功能区中有16个位于山地，其中主要集中分布在我国地理上一、二、三级阶梯等大地貌单元过渡带的山区。我国的山地城镇大部分位于西部地区。多山地区既不能不搞城镇化，也不能毁农田逾越基本农田保护红线。在我国现代化进程中，山区肩负着生态安全屏障、战略资源贮备、经济增益、民族和谐发展、国防安全保障等重大战略责任，也是我国城镇发展的主要分布区。如何保护好有限的宝贵土地、架构合理的城镇空间格局、建设优美的城镇人居环境等问题凸显出来。

城镇化是经济社会发展走向现代化的必由之路，也是结构优化与升级在地域空间上的一种必然反映。山区能否抓住新型城镇化的历史机遇实现跨越发展，不仅关乎山区经济社会发展成败，更关乎国家新型城镇化战略的最终成败。所以，没有山区新型城镇化就没有国家的新型城镇化。随着"一带一路"国家战略以及集中连片贫困地区和重点生态功能区现代化建设的步伐加快，山地丘陵地区健康可持续城镇化发展是铸造美丽中国的一个重要选择。

3　一带一路与山地新型城镇化

3.1　一带一路交通走廊上的山地城市

2015年3月底，《推动共建丝绸之路经济带和21世纪海上丝绸之路的愿景与行动》（以下简称《愿景与行动》）发布，圈定了"一带一路"建设重点涉及的18个省区市。全国建制市661个，其中山地型城市231个，1900多个县城中，960个山地型县城，而且多集中在"一带一路"涉及西部和东南沿海。"一带一路"西部是地形最复杂、地质状况最复杂、地形地貌最多样的山区，地形起伏大、生态敏感性高、贫困问题突出、城镇化发展水平低、城镇布局分散。"一带一路"上的山地城镇相对落后，城镇群系统性弱，相互间离散度大；

与发达或发展快的沿海、平原地区城市联系和交流困难，区域辐射力弱对外界吸引力小；城市系统的无序度大，经济类型单调，缺乏活力；自然资源未充分利用或面临枯竭，城市景观特色不突出等。

"丝绸之路"曾是我国历史上第一条对外交流的国际交通大通道，山地分布较广泛，并集中在西部。陆地边境线长达1.8万公里，与14个国家和地区接壤，通过西部陆上通道可以更便捷地通达欧洲、中亚、西亚、东南亚、南亚，"海上丝绸之路"还可以穿过印度洋到达非洲。新的历史条件下，伴随着一带一路向西开放的进程，西部山地地区将会成为我国内陆开放的前沿，"一带一路"战略给山地城镇地区带来了前所未有的重大发展机遇。

西部不断"削山造城"、"移山填壑建新城"，陕西、云南、贵州、宁夏以及兰州、延安、十堰、襄阳等一大批中西部省、区、市为了城镇化的增长，"向山要地"。在一带一路国家战略和新型城镇化的进程中，山地丘陵地区的资源环境承载力决定了其不具备大规模集中式城镇建设的条件，而局部适宜建设区空间分布亦较为分散。多山地区城镇化涉及国土开发科学布局、合理利用土地，也是如何拓展我国城镇发展空间的问题。未来几十年，一带一路大战略上的重要节点山地城市建设实践也将持续推进。

3.2 一带一路交通先行政策带动山地新型城镇化发展

作为推进"一带一路"战略的纲领性文件，《愿景与行动》有多方面政策配套，在国家各部委和各地方层面持续推进。"一带一路"战略指导下,我国从"海陆分割、东西格局"向"海陆统筹、东西并重、南北贯通"格局转型，在多个会议和文件中，中央层面均有强调交通基础设施建设的先导性作用，明确提出要把交通一体化作为先行领域。2015年6月1日，交通运输部率先披露其《落实"一带一路"战略规划实施方案（送审稿）》已于近日审批通过。同一天，商务部印发《全国流通节点城市布局规划（2015~2020年）》，提出落实"一带一路"战略规划，提升陆路、海路通达水平。2015年5月27日，国家发改委提出打造"一带一路"交通走廊，发布强调交通运输对经济发展支撑作用的文件，推进互联互通交通基础设施建设。

无论是市内交通，还是对外交通，对城市的影响和发展都十分重要，尤其是对于山地城市。山地城镇通常受制于交通建设，资源等优势难以发挥导致经济落后。交通方式与城市形态相互适应，交通因素所决定的空间可达性是影响城市形态的重要外部动力。交通的现状决定着山地城市用地的区位价值，交通的变化改变着山地城市的空间可达性，从而改变山地城市土地利用方式，引起形态的空间变化。反过来，山地城市形态的变化又进一步强化或弱化交通的作用范围与强度，引发一个交通与山地城市形态相互影响的循环机制。一带一路交通先行战略在海陆衔接与区域联动的新格局下，山地城镇之间的互联互通，交通设施和城镇化将出现更多的新模式、新方法。

当前我国经济发展进入新常态，"一带一路"构建对内连接综合运输大通道、对外辐射全球的海上丝绸之路走廊。统筹考虑城镇化地区各种交通运输方式合理分工和布局，线网布局最大限度地连接城市群区域主要城镇，加强山地中小城市和小城镇与交通干线、交通枢纽的衔接，提升公路技术等级、通行能力和铁路覆盖率。"一带一路"战略下的山地城镇交通规划的创新手段，促进和支撑智慧交通建设，推进交通系统科学规划、交通设施理性建设、交通需求智慧管理。提供快速度、公交化、大容量运输服务，更好地满足"一带一路"沿线客流需求。"一带一路"交通走廊稳增长、调结构、促改革、惠民生、防风险。交通由"跟跑型"向"引领型"转变，成为山地新型城镇化的驱动力，促进一带一路区域协调发展，引导经济结构调整。

4 国内外山地城市及其交通借鉴

从世界城市发展看，山地城镇以立体化的生态美景、对农田的有效保护、与自然的有机和谐等优势，实现城镇与自然的融合，成为当代山地城镇发展的潮流。美国依托奥林匹亚山建设的山城西雅图、阿尔卑斯山的达沃斯、奥地利的因斯布鲁克等，都是山地城镇。旧金山、圣保罗也是在山上建城。韩国山地占66.5%，是世界上人口最稠密的城镇化地区之一。丝路山地节点城市是全球化时代的突出特征，因此，"一带一路"丝路山地城市要借鉴世界山地城市的发展经验。

4.1 国外山地城市案例

瑞士是欧洲中西部的一个多山内陆国家，城市化程度很高，国土面积不大，约58%的面积属于阿尔卑斯山区，分中南部阿尔卑斯山区、西北汝拉山区和瑞士高原三个自然地形区。瑞士城市大多依山傍水，规模不大。瑞士山地城市出行轻松，火车出行十分便捷，坐火车在瑞士的城市之间通常都能够实现一日之内的往返，像是城市公交的一种延伸。瑞士的城市公交线路设计比较密集，车站间距短，覆盖了城市的主要公共机构和商业网点，下车后步行的距离也短，原地就可换乘。火车和公交车连接在一起形成的交通网络，极大地缩短了城市间的空间距离。同时，自行车是瑞士人的最爱。

4.2 国内成功案例

山地城市香港独具交通借鉴的经验，香港有多元化的公共交通系统，包括九广铁路、机场快线、地铁、轻轨、电车、公共汽车、小巴、轮渡等多种交通工具，其服务范围覆盖了整个香港地区。山城香港的交通体现了所谓最好的交通就是没有交通的理念，就是以地铁站开发为核心，减少不必要的道路交通。香港有优越的公共交通服务；公交政策的推行持之以恒，直至见效；妥善利用社会资源，不随意浪费；充分利用市场机制，满足顾客的需要，并从中取得效益；市民有积极参与公共交通规划设计的机会与需要；政府规范、督促、限制和引导公交企业的运营，创造适宜的市场活动空间；公交企业必须有能够自力更生和谋取利润的技巧；公交企业必须有丰富的客源支撑；城市土地利用规划和形态影响了公交服务的水平。

四大直辖市之一、西南最大城市重庆是著名的"山城"。新疆的石河子市是在半个世纪前从荒山僻境中建起来的。云南在推进城镇化提升的过程中，率先提出了城镇用地上山的理念并付诸实践，低丘缓坡土地综合开发利用试点的实践探索，城镇、工业向适建山地发展，充分利用低丘缓坡土地，有效保护了农田，"保护坝区农田，建设山地城镇"走出一条符合云南实际的城镇化科学发展之路，对于推进我国山地城镇建设提供了有益的经验。在道路规划中，顺应地势起伏，依山就势布置各级道路。尽量完善、利用原有路网基础，减少对原有环境的破坏，以较小的土石方量换取最大效率的交通体系，降低建造成本。贵州示范小城镇"8+X"项目，构建高速路、国道、省道及交通联络线如同"大动脉"和"毛细血管"交通格局，让示范小城镇与外面的世界一起"脉动"。云南山地地形复杂，高差比平原大，对我国城镇科学布局、解决城镇建设用地拓宽了新空间和思路。

4.3 启示

总之，通过以上对国内外多个山地城市进行的案例研究，在交通方面具有几个明显特征：城市或者组团之间有快捷的铁路和轨道交通系统，满足城市间和组团间的便捷；多元化的公共交通系统，包括铁路、地铁、轻轨、电车、公汽等多种交通工具；有综合的交通系统，实现无缝换乘，减缩时间；在道路选线遵循顺应等高线，极大程度地保护山体，满足车行的舒适性；道路系统采用"大密度、小宽度"的方式组织，通过小断面道路系统串联山地建设用地；道路大多采用"S"曲线线型或"人"字形线型，道路转弯处理灵活，满足景观或功能上的需求。

5 一带一路的山地新型城镇交通发展建议

"一带一路"战略推进山地城镇建设，既要遵循城镇化发展的一般规律，又要符合当地实际。为了更好地建设一带一路节点山地城市，提出如下的建议。

5.1 交通规划先行，政策配套

全面把握山地城市的自然、经济、社会、文化的生态特征，考虑城市坡度、海拔高度、垂直梯度、地貌等因素，交通规划与城市用地紧密结合；组成合理交通骨架网，加强中心城市骨干路网和重点山地城市化地区城际主干道建设，规划建设发展综合交通体系。重视既有规划，集约利用运输通道，培育多级枢纽体系，构建多层次交通设施的发展策略。同时制定相应的政策给予配套支持，满足山地城市交通发展需求。

5.2 加大加快投入，完善交通基础设施

加大资金和政策投入，完善道路基础设施建设。通过TOD模式通过公共交通引导山地城市用地拓展，实现用地控制和解决交通问题。加大综合运输枢纽建设，促进各种运输方式有效衔接。发展多种形式的大容量公共交通，构建以公共交通为主的城市交通出行系统。加快山地村镇（乡）道路体系建设和综合交通体系完善，通过推动点状服务枢纽与线状服务线路体系架构，加大山地丘陵地区面状受益腹地。

5.3 政府引导，市场运作

政府做好规划，以建设成本低、经营费用低、经济效益好、投资回收快为优先选择，采取市场化运作的形式，积极引进投资者参与建设、经营、管理和维护。积极探索交通运输项目采取BOT+EPC（投资、设计、施工、经营四位一体）融资建设新模式。

5.4 构筑景观和谐、绿色低碳、安全舒适交通

在一带一路战略和交通先行的政策指引下，创新山地城市对外对内交通。山地城市

骨架路网必须结合山地地形、地物、河流走向，因地制宜确定和原有道路系统，道路功能清晰；利用地形，在满足交通需求的情况下尽量减少工程造价；适当提高道路网密度，道路选线遵循顺应等高线，最大限度地保护山体，同时满足车行的舒适性。道路系统采用"大密度、小宽度"方式组织，通过小断面道路系统串联山地建设用地，大力发展自动扶梯、缆车等垂直交通方式，克服山体高差的不利影响，提升交通承载能力，改善市民出行条件。提升交通线路规划设计的环境合理性，强化道路建设期间环境保护工作的跟踪管理，提升道路抵御灾害能力。提供山地城镇舒适、便捷、安全、绿色的运输服务，带动经济发展。

5.5 "互联网+"山地城市交通

实施交通"互联网+"行动计划，研究建设新一代交通控制网工程。利用物联网、新一代移动通信、云计算、大数据管理、下一代互联网等现代信息技术，优化衔接城市内外交通，全面推进交通智能化，促进和支撑智慧交通建设，推进交通系统科学规划、交通设施理性建设、交通需求智慧管理。推进综合交通信息资源整合与利用，加快推进山地城市交通信息的联网。建设多层次综合交通公共信息服务平台、票务平台、大数据中心，逐步实现综合交通服务互联网化。加强交通综合管理，积极推进交通信息资源整合共享，服务公众。

总之，随着我国"一带一路"战略的推进，交通基础设施作为"一带一路"建设的先手，大幅度提升了沿线山地城市的交通基础设施水平和质量，对山地城镇发展、产业空间布局、人口空间集聚、资源要素流动以及与沿线省区既有空间联系的影响，提升了我国山地新型城镇化水平，影响和改变了沿线山地城市经济社会发展的空间格局，让中华复兴的美丽中国的梦想之路更加快捷。

参考文献

[1] 孙爱庐. 山地工业城市交通规划问题与策略探讨——以重庆市长寿区为例 [M]. 山地城镇可持续发展专家论坛论文集，2012.

[2] 高建杰. 山地城市城郊山区旅游交通特性与规划实践——以重庆市南山景区为例. 四川警察学院学报 [J]. 2013，25（3）.

[3] 李文荣，陈霞，冯彦敏. 云南山地城镇化的冷思考与热动力 [N]. 中国民族报，2014-07-11.

[4] 郑继承，段钢. 山地城镇化发展的理论探讨——以云南省为例（上）[J]. 经济问题研究，2013，7.

[5] 付磊，贺旺，刘畅. 山地带形城市的空间结构与绩效 [J]. 城市规划学刊，2012，7.

[6] 雷诚，赵万民. 山地城市步行系统规划设计理论与实践——以重庆市主城区为例 [J]. 城市规划学刊，2008，3.

[7] 樊园芳. 示范小城镇引领贵州山地特色新型城镇化 [OL]. 多彩贵州网，2014-9-17.

[8] 陈彩媛，杨少辉，吴照章. 山地贫困地区城镇化特征与交通发展策略——以湖北省恩施州为例 [J]. 城市交通，2014，4.

[9] 樊杰，王强，周侃，陈东. 我国山地城镇化空间组织模式初探 [J]. 城市规划，2013，5.

[10] 王辛夷. "一带一路"配套政策频出 交通一体化先行 [N]. 每日经济新闻，2015-06-03.

[11] 胡冬冬. 新型城镇化视角下山地贫困城镇发展路径探索 [J]. 小城镇建设，2013，5.

[12] 龙海涛. 关于在高山峡谷城市规划建设客运索道的必要性和条件分析——以四川省攀枝花市东区为例 [N]. 攀枝花日报，2013-10-17.

[13] 王丽娟. 削山造城缺远虑 现代"愚公"须防愚 [N]. 中国改革报，2013-01-24.

[14] 罗霞. 让"一带一路"推动西部综合交通体系发展 [N]. 现代物流，2015-03-23.

[15] 王辛夷. 中国南车：高铁出海的金字招牌 [N]. 每日经济新闻，2015-06-03.

[16] 刘道彩. "削山造城"的风险谁来担 [N]. 中国青年报，2013-1-31.

[17] 国土资源部. 全国地质灾害通报（2005、2006、2007、2008、2009、2010、2011 年）[R]. 中国地质环境信息网（http://www.cigem.gov.cn/）.

[18] 王凯，李浩. 山地脆弱人居条件下的城镇化之路 [C]// 中国科学技术协会，重庆市人民政府. 山地城镇可持续发展. 北京：中国建筑工业出版社，2012.

"一带一路"战略下山地城镇智慧交通发展思考
——以江西山地城镇交通智能化为例

麻智辉❶ 高玫❷

摘　要：江西山地城镇交通具有交通运输路网密度低、干支结构不尽合理、镇道路等级低、路况差，交通道路建设成本高、筹集资金难度大，交通管理混乱，道路资源被侵占现象十分严重，交通布局不合理，交通设施明显不足等特点，已经难以满足日益增长的交通运输需求和经济发展需要，实施交通智慧化建设十分必要。而山地城镇交通智能化存在着交通基础设施与智能交通系统不配套、交通管理体制与智能交通系统不适应、交通资金投入匮乏和智能交通缺少必要投入等困难和问题。在综合考虑山地城镇智能交通现状和智能交通需求特征基础上，借鉴国外智能交通系统发展经验，抓好顶层设计，遵循先易后难、急用先上的原则，整合系统资源，总体规划、分步实施。从建立交通警情管理系统、交通指挥中心服务平台入手，逐步扩展到公路视频监控、电子不停车收费系统、应用车载动态取证系统、电子注册管理、营运车辆 GPS 跟踪项目。

关键词：一带一路；山地城镇；智能化；交通

新世纪以来，我国新型城镇化进程不断加快，城镇化水平已达到 54%，江西也不例外，2014 年城镇化水平突破 50% 的关口，城镇人口首次超过农村人口。与此同时，机动车拥有量以每年 10% 以上的速度增长。尽管近年来，江西城镇道路交通设施及管理设施有较大改观，但依然跟不上机动车的增长速度。特别是山地城镇大多数城区路网结构不合理，道路功能不完善，道路系统不健全，交通管理水平不高。加快完善山地城镇交通网络体系，构建智慧化交通系统，对于促进山地城镇化进程和区域经济发展，实现江西发展升级、绿色崛起具有重要意义。

1　江西山地城镇状况及交通特征

1.1　江西山地城镇的基本情况

江西省地处中国东南偏中部长江中下游南岸，土地总面积 166947 平方公里，占全国土地总面积的 1.74%，省境除北部较为平坦外，东西南部三面环山，中部丘陵起伏，地貌类型以山地和丘陵为主。其中山地 60101 平方公里，占全省总面积的 36%；丘陵 70117 平

---

❶ 麻智辉，江西省社会科学院经济所。

❷ 高玫，江西省社会科学院经济所。

方公里，占42%；岗地和平原20022平方公里，占12%；水面16667平方公里，占10%。主要山脉多分布于省境边陲，构成天然省界和分水岭。山地走向多呈东北—西南，脉络清晰，山体多由变质岩和花岗岩组成。全省主要山脉有怀玉山脉、武夷山脉、大庾岭和九连山脉、罗霄山脉、幕阜山脉和九岭山脉等。江西全省100个县（市区）中有山区县42个，涉及县城及建制镇、集贸镇达220余个。由于地理位置不同、经济状况差异、人口状况不一，各地城镇交通也不相同。

1.2 江西山地城镇交通主要特征

（1）交通运输路网密度低，干支结构不尽合理。由于历史和自然的因素，江西山地城镇道路交通缺乏整体规划，老城区大多只有一两条穿城干道，其他道路呈放射状通向四面八方，支路不但狭窄，难以通行大型车辆，而且支路之间互不相通，断头路、回头路多，有的地段是先建房后通路，造成道路开辟的随意性和无序性。同时，公路穿城而过的情况较为普遍，造成过境交通和对外交通对镇区交通严重干扰，交通环境及交通安全恶化，使道路系统先天失调。近年来，随着新型城镇化进程的加快，江西山地城镇道路建设也加速发展，出现了大量新建或者改造的道路，并实现了县县通高速公路。但与平原县、丘陵县城镇比较，路网密度仍然较低，新城区与老城区对接也差强人意。

（2）城镇道路等级低、路况差，难以满足日益增长的交通运输需求。山区42个县内县城、中心镇、小城镇之间高等级公路里程少，公路中三级、四级、等外级公路占70%以上。且公路排水、防护设施不完善，拥堵现象十分严重。随着经济的发展，小汽车、货运汽车的不断增加，对道路的要求也大大提高，城镇原有道路已难以满足需求。

（3）交通道路建设成本高，筹集资金难度大。一方面，江西山区大多山势险峻，水系众多，沟壑纵横，道路建设桥涵和隧道多，工程量大，建路成本高，制约了地方交通建设；另一方面，山地县大多是国家和省市重点扶贫地区，城镇经济发展水平低，财政收入少，有的还要依靠国家财政返还，地方政府基本无力自筹资金进行交通建设。

（4）交通管理混乱，道路资源被侵占现象十分严重。受传统习惯的影响，山区县域城镇及乡镇市场、商店占道现象非常普遍，每逢集市，摊贩占用道路，人来车往，往往造成交通堵塞。城区各类车辆乱停乱靠随处可见，车站、学校门口、大型超市、广场等地段，每到车辆到达上下时间，早中晚上下班高峰期，各类大小汽车、摩托车、电动车、人力车你穿我插，人车强行，小汽车、摩托车、电动车随意停放在机动车道上的现象屡禁不止，还有一些临时性的违章搭建建筑，常年伸出路面，直接侵占道路空间，形成安全隐患，给往来车辆带来严重威胁。而交通管理部门由于人员少、时间紧，总是顾此失彼，管了这头管不了那头。

（5）交通布局不合理，交通设施明显不足。道路功能分类不明确，生活性道路、交通性道路混淆不清，商业道路上有大量穿行或通过性交通。同时，交通站场少，停车场地少。许多小城镇没有专门的车站、维修站等场地，公交、小巴、出租车等沿路停放待客、争抢客源，造成交通秩序混乱。在一些老城区中，道路普遍缺乏路灯、绿化等附属设施，交通标志牌设置也不完善，造成交通效率低下。

2 山地城镇交通智能化存在的困难和问题

2.1 交通基础设施与智能交通系统不配套。

城镇智能交通系统的发展特点之一就是智能交通系统与快速机动化进程要与交通基础设施建设同步进行,由于山地城镇交通基础设施普遍落后,导致不少地方已建的智能交通系统无法与当地交通基础设施对接,难以发挥其应有的作用。

2.2 交通管理体制与智能交通系统不适应。

山地城镇虽小,但政出多门,机构重叠,管理混乱现象依然存在。仅公路运输这一种运输方式就同时存在道路路政、运政、规费稽征、道路交通安全管理四支执法队伍,这四支执法队伍同时在一个路面执法,由于存在职能交叉,各自对执法职责内容的理解不一致,互相推诿的现象,效率低下。同时各地交通管理部门所掌握的交通流量、速度等断面数据与交通部门所掌握的浮动车(出租车、公交车、长途客运车辆等)数据也无法实现共享与交换。如不解决这一难题,交通管理智能化就难以落实。

2.3 交通资金投入匮乏和智能交通需要投入的矛盾。

山区县财政普遍比较困难,城区道路交通及建设配套工程资金投入不足,交通安全设施建设严重滞后十分普遍,有的县县城区电子监控设备不足 5 套,信号灯控制装置也没有覆盖全城,乡镇就更不用说了,要全面配套搞交通智能化,难度较大。

2.4 各地普遍缺乏与智能交通系统建设及运行相匹配的人才。

受目前用人体制机制的限制,山地城镇交通管理人员编制有限,交通部门只能优先保持一线交通人员编制,智能交通专业人才往往难觅踪影,即使投资建设了智能交通系统软硬件系统,也会由于没有专业人才处于闲置状态,无法发挥应有的作用。

3 加快山地城镇智慧交通发展政策建议

在综合考虑县域城镇智能交通现状和智能交通需求特征基础上,借鉴国外智能交通系统发展经验及策略,提出山地城镇智能交通系统发展政策建议。

3.1 抓好顶层设计,分步实施,先易后难。

地方政府要在山地城镇智能交通系统发展的顶层设计方面狠下功夫,适度超前预见市场发展趋势,提出城镇智能交通系统发展规划和发展思路,建立完善的项目建设、评估机制以及支撑智能交通系统建设的标准、规范体系,适应不同城市特色的系统产品开发,具有可持续性的投融资体系等。项目建设应遵循先易后难、急用先上的原则,总体规划、分步实施。从建立交通警情管理系统、诱导系统和交通指挥中心服务平台入手,逐步扩展到公路视频监控、车辆布控缉查、电子不停车收费系统、应用车载动态取证系统、电子注册管理、营运车辆 GPS 跟踪项目。

3.2 建立基础交通信息采集平台，整合系统资源。

从山地城镇社会发展和交通发展出发，充分利用已有的出租车、客运车辆、货运车辆等的实时位置信息以及基于智能手机的信息采集技术实现对交通信息的充分采集。利用现有的硬件和软件资源，搭建交通指挥系统数据、视频图像、语言信息管理综合平台，进行资源整合，综合利用。

3.3 建立交通智慧管理综合控制系统。

以城市交通信号控制为核心，以综合交通管理信息平台为支撑，运用盲区监测、夜视辅助、超速提醒、车道偏离报警、碰撞报警等技术，整合包括视频监控、违法监测、智能调度、信息服务、主动管理、指挥决策等功能在内的集成化的城市交通管理系统，实现交通管理的智能化、科学化，提高道路通行能力和运行效率。

3.4 建立交通智慧项目建设资金多元化投入机制。

山地城镇智能交通项目建设、运行维护需要大量资金投入，首先必须依靠地方政府部门的支持，智慧交通指挥综合管理中枢、机房装修布线和软件、硬件配置，及主要路段、路口监控和市、县界卡口智能化管理，都必须根据智能交通项目的需要，逐步分批投入。同时，要加快引进 PPP 建设模式，运用各方力量迅速构建交通智慧体系。

参考文献

[1] 何吉成，袁平，程逸楠．城镇化背景下秦巴山区交通发展的思考与对策 [J]．交通建设与管理，2014.22．
[2] 吕婷，岳小飞，董婉丽，周洁瑜．县域城镇智能交通系统发展特征分析．智能交通网，2013-10-11．
[3] 王晓琳，国琮．小城镇交通可持续发展问题研究 [J]．知识经济，2009，9．
[4] 王宝静．浅议小城镇交通特点 [J]．民营科技2008，8．
[5] 孙广香，李美君，刘英．小城镇交通特征与管理方法探析 [J]．科技信息，2007，9．
[6] 李瑞敏．我国城市智能交通系统发展趋势及关键点 [J]．智慧交通，2014，5．

"一带一路"下山地城市的道路网规划研究
——以达州为例

张旭旻 ❶

摘 要：一带一路的战略为西部城市发展带来机遇，做好城市道路网规划是发挥战略优势的基础。本文以西部山地城市为研究对象，对山地城市交通特征分析并结合城市职能定位，提出了从三个层面进行道路网规划，并结合案例进行分析，对山地城市道路网规划具有一定的借鉴意义。

关键词：一带一路；山地城市；道路规划

1 引言

在"一带一路"[1]战略指导下，我国从"海陆分割、东西格局"向"海陆统筹、东西并重、南北贯通"格局转型。"一带一路"的战略为中西部发展提供了机遇，同时也迎来了挑战。西部地区多山，地形复杂，如何实现区域联动，道路交通是基础。建立适应于区域发展，满足一带一路战略需求的道路交通是众多西部城市面临的问题。四川省达州市位于丝绸之路经济带和长江流域经济带重叠区域，区域优势显著。同时作为川渝鄂陕结合部交通枢纽，如何做好城市道路交通规划，实现城市的区域中心的交通枢纽功能非常重要。

2 道路网规划策略的思考

城市道路网规划应当满足城市用地布局的要求，适应山地城市特有的交通特征。更高层次的要求是道路网规划有利于实现城市的主要职能，尤其是区域中心的职能。

2.1 山地城市交通特征分析

山地城市可建设用地资源紧张，城市发展一般采用组团式布局。组团城市道路的最突出的特征主要有以下几个方面：一是受地形影响路网采用自由式[2]；二是组团之间的道路联系通道较少[3]；三是城市路网密度中干路比例高，城市道路次干路和支路的疏散功能有限。

另一方面城市的交通问题主要集中在老城区，老城区由于历史原因道路资源十分有限，道路功能混杂，机动车的交通条件差。达州市老城区仅有三条干道，其余均为支路，车辆通行困难。三条干路既作为老城市地块出入的通道，又作为城市对外和过境交通的联系通

---

❶ 张旭旻，中铁二院工程集团有限责任公司城规所。

道，交通功能混杂，交通拥堵严重。

因而，山地城市的路网规划应当能满足组团城市的交通需求，同时应针对老城区的交通问题提出规划方法。

2.2 城市职能对道路规划的要求

城市职能是指城市在一定地域内的经济、社会发展中所发挥的作用和承担的分工，是城市对城市本身以外的区域在经济、政治、文化等方面所起的作用。因而城市职能的实现是城市价值存在的基础。道路交通作为城市的基础设施，对城市职能的实现应当起到支撑作用。

《达州市城市总体规划（2011～2030年）》将达州市定位为"川渝鄂陕结合部区域中心，以发展天然气能源和现代服务业为主的宜业宜居生态城市"。区域中心的定位要求达州市应该建立具有区域层面的交通转换和疏散功能的交通支撑体系。城市道路网是交通支撑体系的重要部分。同时应建立与产业（天然气能源和现代服务业）相适应的道路网规划。

2.3 规划策略的提出

基于上述考虑，山地城市的道路规划策略为强心、弱流、差异化发展三策略。

强心策略是为实现城市职能提出的规划策略。主要是通过提升中心城区路网在区域交通中的枢纽能力，支撑区域中心城市目标的实现。具体措施包括：预留对外快速通道与城市骨架路网连接段及主要节点用地预留，实现中心城区路网与对外快速路通道的高效衔接，形成城市交通与区域交通一体化格局，强化中心城区集散与辐射能力，支撑区域中心城市、区域交通枢纽的形成。

弱流策略是针对老城区的交通问题提出的规划策略。通过将老城区的穿心交通组织为切边交通组织，道路功能重新定位，提供分流通道。老城人口密度大、路网等级低等客观历史条件，决定老城交通组织应以慢行出行、公交出行为根本解决思路。对于机动车交通组织，采用分解策略，在老城外围建设通道，解决过境性交通职能，缓解老城内部道路压力。

分区差异化发展策略是针对山地城市组团布局，各组团功能定位不同所确定的。根据组团的主导功能建议宜慢则慢、宜通则通、宜快则快的发展策略。城市各个片区功能定位差异较大，针对不同功能对各片区路网进行针对性的路网密度及道路断面的设计。对于人流量密度较大的老城及生活区，路网密度适度提高，支路系统更加注重慢行品质提升。对于以生产性功能为主的物流、工业园区，路网密度可适度降低，提高机动车出行效率。

3 道路网规划方法

路网规划主要是骨架路网构建，为实现上述策略，规划包括三个层面：一是城市对外道路的衔接，主要是高速路、国省道和对外快速通道，尤其是主要出入口的规划和衔接。二是城市组团的交通联系，主要解决组团城市通道较少。三是老城区的道路疏解。

第一层面的规划是通过区域交通转换和疏解的道路功能构建实现城市的职能。通过案例借鉴，组团城市一般利用城市外围高速公路作为高速过境分流通道，利用外围快速路或国省道路形成城市外围环路,分流城市过境交通,同时在城市外围转换区域交通。快速路网宜与区域高速路网和国省干道衔接。

第二层面的规划应以城市快速路或主干路规划为主,通过不同等级道路的不同服务功能,明确组团之间道路的等级。规划快速路时尤其注意快速路对用地的分割作用,尽量实现城市道路与用地的协调。

第三层面的规划以老城为对象,采取弱流策略,优化为宜慢则慢的道路系统,最终形成旧城交通保护环,环内道路资源以慢行交通为主,充分发挥旧城的历史文化资源,形成城市的商业服务业中心。

以达州市为例[4],达州市道路网规划最终确立为支撑川渝鄂陕结合部区域中心城市的目标,形成对外高效、转换便捷的区域性交通枢纽;能引领城市空间扩展,引导交通方式优化(公交优先、慢行品质),高效、宜行、绿色的路网体系。

第一层面:快速路系统、部分结构性干路与高速公路出入口衔接,避免大城市对外交通出行"外快内慢"现象的出现。中横快速路西段直接连接G542,达大快速通道、达宣快速通道与东纵快速路,其他国省道通过外围过境环路或结构性干路直接衔接。利用城市外围道路形成东西两个半环,构成过境环路保护城区交通,避免过境交通穿越城区,同时实现国省道与高速公路紧密衔接,外环作为区域公路在城区外围的转换环路,加强达州区域交通中心地位(图1)。

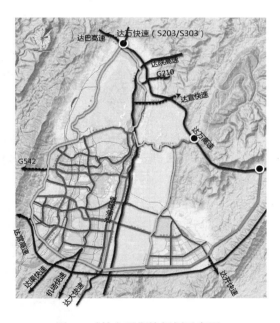

图1 对外交通衔接规划示意图

第二层面:组团间快速通道,支撑城市空间结构重塑。为保证最远组团之间出行时耗在30分钟之内,规划各个组团之间原则上均有快速路连接,"三横两纵"的快速路系统同部分结构性干路系统串联城区各个组团。"北横"串联西城和北外组团,同时作为老城北侧外围分流道路。"中横"串联西城和南城,是中心城区最重要的快速路,串联两个最重要的城市新区，两个组团交换量较大。"南横"串联河市、经开和亭子，是河市片区与经开组团联系的主要承载道路。"西纵"串联西城和河市组团。"东纵"串联老城、南城和经开组团（图2）。

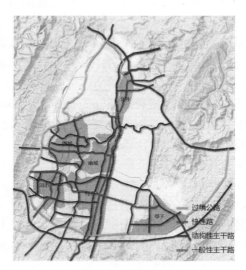

图2　组团间联系干道

第三层面的规划：老城分流通道，缓解老城内部交通压力。受河流、凤凰山及历史原因影响，新增老城或扩建老城东西向通道难度较大，即使能够扩容，老城与之相交道路容量有限，仍将是瓶颈。利用北横快速路作为由西城片区到北外组团跨越老城交通流的主要分流通道；由老城边缘两条结构性主干路形成过境分流环路，作为辅助的过境分流通道。北侧凤凰山南侧道路，虽然宽度较低，但是北侧基本无人流干扰，南侧与之相交道路基本为右进右出，通行能力较强，能够适应过境交通需求。老城南侧临河设置高架快速路，与既有桥梁交叉口形成信号控制交叉口，实现老城干路交通流空间转换，通过性交通可通过该高架路实现（图3）。

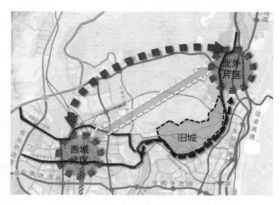

图3　老城分流环路

4 结论

从区域交通转换和疏散功能出发，本文提出高速环和国省道过境环的规划思路，同时针对山地城市特有组团的城市布局结构和老城区存在的交通问题提出弱流和分区差异化规划策略，对山地城市道路网规划具有一定的指导意义。

参考文献

[1] 芮雪. 群策群力共谋"一带一路"建设大计 [J]. 中国港口, 2014, 9.
[2] 王峰. 山地城市道路网密度合理性研究 [D]. 重庆交通大学, 2008, 3.
[3] 张旭旻. 组团城市公交规划方法研究 [J]. 2010 城市发展与规划国际大会论文集, 2010, 6.
[4] 中铁二院. 达州市中心城区道路网规划 [Z].2011.

"一带一路"战略下山地景区交通规划

周天星❶ 冯　浩❷ 张春艳❸ 刘爽阳❹

摘　要：随着"一带一路"国家宏观战略的实施，我国广大山地城镇景区将迎来难得的发展机遇。本文研究了山地景区地形地貌对交通规划的限制性、生态保护与交通规划的协调性、山地城镇景区交通的层次划分、景区旅游交通特性等关键问题，提出了山地景区"生态交通、安全交通、景观交通、复合交通、智慧交通"的规划理念，并以九寨沟风景名胜区为例进行了山地景区交通规划分析。

关键词：一带一路；山地景区；综合交通；九寨沟风景名胜区

1　引言

据2000年出版的国情系列丛书《中国山情》资料表明：全世界1/5的陆地为山地，分布在130多个国家和地区，1/10的人口生存在山地。山区提供了人类发展50%以上的物质文化需求，世界50%的人口直接或间接依赖山区而生存。我国2300多个县级行政单位，有1500多个是山区县（市、区）。在我国的55个少数民族中，有50个主要繁衍生息在山区。我国山区人口占全国人口的一半以上，农业人口的78%左右。

随着国家"一带一路"发展战略的实施，东部沿海地区及西部地区广大山地城镇将成为对外开放的前沿，为山地区域城镇化发展提供了全球性的战略支撑。我国是多山之国，从西部青藏高原到东部沿海地带，从北部大兴安岭到南部的海南山地，万千山脉纵横交错，构成了我国地貌骨架，更是山地旅游发展的重要基础。山地城镇旅游兼具山地观光、休闲度假、健身、娱乐、教育、运动等多功能为一体，是旅游产业发展的重要组成。世界各国山地旅游开发案例不计其数，在"一带一路"宏观背景下，将成为亚太地区互联互通的重要推动力量。旅游交通是旅游业发展的命脉，尤其是山地景区由于受地形、生态保护及工程条件限制较多，交通规划思路和发展模式与平原景区存在较大差异，应重点研究以期为我国众多山地景区发展提供借鉴。

---

❶ 周天星，中铁二院工程集团有限责任公司交通与城市规划研究院。
❷ 冯浩，中铁二院工程集团有限责任公司交通与城市规划研究院。
❸ 张春艳，中铁二院工程集团有限责任公司交通与城市规划研究院。
❹ 刘爽阳，中铁二院工程集团有限责任公司交通与城市规划研究院。

2 山地景区交通规划特征

2.1 地形地貌对交通规划的限制性

山地景区特殊的地形地貌既是一种景观资源，又是景区旅游交通的空间载体。地面坡度的大小直接影响着土地的使用、建筑的布置、交通的形式和布局。根据城市规划相关规范，通常认为坡度大于 25% 的用地为不可建设用地，但对山地城镇而言，大部分的用地都是 25% 以上的坡度，从而使得山地城镇用地存在较大局限性。山地景区地形地貌、地质条件复杂，使得景区交通基础设施工程实施难度大，道路线形与横断面布置需要适应复杂的山地地形环境，建设用地和通道资源选择困难。因此，山地景区交通设施的规划建设应与区域地形地貌充分协调，依山就势，合理设置，并贯彻交通走廊集约化利用理念，最大限度地发挥土地利用效率。

2.2 生态保护与交通规划的协调性

山区生态环境脆弱，是生态系统的重要组成部分，在维护全球生态系统中，山区生态环境有着重要的意义。山地景区旅游资源具有多样、多面、聚集、复合、脆弱和不可逆等特性，而且，由于山地起伏大，土层薄，水蚀能力强，生态系统的自我调节能力往往很低，在外力作用下极易发生变化。任何过度和不合理的开发建设，都会引起山区生态系统的衰退乃至崩溃，并使得景观遭到破坏。《风景名胜区条例》也明确规定风景名胜区内的景观和自然环境，应当根据可持续发展的原则严格保护，不得破坏或者随意改变。因此，山地景区的综合交通运输规划需要遵循对生态、资源影响最小的原则，充分考虑环境的承载能力，以环境容量作为运输服务能力的上限，远程控制风景区内的交通量，以此为基础进行规划；交通工程项目和管理措施的推行都要减少对自然资源的破坏，做到少损耗；要协调好与当地居民生产生活的利益关系，做到少冲突；要合理确定交通规模、等级，做到少浪费；要减少交通运行的环境成本，做到低污染；从而通过立体、高效、环保的旅游交通体系最大限度地实现交通发展与环境保护的和谐共存。

2.3 山地城镇景区交通的层次划分

从国内外山地城镇景区交通发展经验分析，一般可按辐射范围分为三个圈层开展交通规划。第一圈层：区域对外交通，所涉及的是大尺度的跨城际、省际乃至跨国界的空间位移。通过高速公路、高速铁路、国际/国内航空等交通运输方式实现客源城市与旅游中心城市之间的高速直达，例如从北京通过航空到达成都；第二圈层：区域内部交通，所涉及的一般是中、小尺度的空间位移。通过区域范围内快速路、干线公路、高速公路、城际铁路等交通基础设施实现旅游中心城市与山地景区游客集散中心的快速通达，例如从成都通过成兰铁路到达九寨沟景区；第三圈层：旅游景区交通，所涉及的基本为景区各景点间的短距离空间位移。通过观光巴士、高空索道、景观步行道、齿轮列车等旅游交通方式实现山地景区内部各景区或旅游风情小镇之间的旅游观光及自由集散，例如在九寨沟景区内部乘坐观光巴士至各景点。不同圈层采用的交通方式或交通工具各有特色，开展综合交通规划时要充分与区域乃至国家宏观交通规划相协调，利用相关通道的建设为景区发展借势助力，同时对区域内部各景区之间的交通出行进行量化分析，比选论证不同交通制式的适应性并做出合理选择。

2.4 山地景区旅游交通特性分析

旅游交通依托运输设施为旅游者提供空间位移服务，具有以下基本特征：（1）出行舒适性。旅游交通由于服务对象的特殊性，在功能上与其他交通存在着较大的差异。除了实现空间位移的基本功能外，旅游者对旅行生活的舒适性、游览性和个性化有更高的要求。因此，质量、品种、特色就成为旅游交通服务的核心内容和生命源，特别是满足旅游者娱乐、享受、游览需求的功能日益上升，推动了现代化绿色旅游交通工具的快速发展。（2）客流分布不均衡性。山地城镇景区的运营往往依赖于自身所承载的自然景观资源，而根据旅游资源类型的不同，景区客流呈现出明显的分布不均衡性，通常在旅游旺季（5月～10月）和一些法定节假日，交通流量会急剧增长达到高峰，不像依靠人文旅游资源吸引游客的景区客流量那么均衡。因此，在进行山地景区交通规划时要充分考虑客流的不均衡性，统筹确定交通基础设施设计能力，以实现系统运行效益的最大化。（3）服务综合性。随着人们旅游需求层次的不断提高，现代旅游对出行服务综合性要求越来越明显。交通规划须综合考虑为游客提供食、住、游、购、娱等便捷安全的系统服务，而不仅仅是对景点的衔接，这是现代化旅游活动顺利开展的基本条件。

3 山地景区交通规划理念

3.1 生态交通

山地城镇景区交通规划必须体现"生态交通"理念，以实现区域发展的可持续性。一方面要选择绿色低碳环保的交通制式，如齿轮小火车、磁浮、有轨电车等；另一方面交通选线尽量利用现有的通道资源，对规划的线路慎重考虑，实现集约利用，以减少对土地资源的占用以及对生态景观的破坏。

3.2 安全交通

根据《中国游客境外旅游调查报告2014》分析结果，游客在选择旅游目的地时，安全性是首要考量因素，达到48%。山地景区由于受天气、地形、地质条件等因素影响，发生危险的概率较平原地区大，在交通规划和设计中深入贯彻"安全交通"理念就更加重要。应优先选择受天气和地质灾害影响较小的交通制式，并针对旅游景区交通安全事故进行时间分布、空间分布、发生原因等方面的分析预测，在此基础上提出相应的设计与管理措施。

3.3 景观交通

山地城镇景区交通路线既承担着运载旅客的功能，又要体现景区特色景观走廊功能。景区交通规划要体现"景观交通"理念，应结合沿线特色风貌和地域文化特征将规划线路打造为一道亮丽风景线，使旅行者在进入核心景区之前就可体验到沿途风情、风光和旅行的乐趣，即所谓的"旅中有游，游旅结合"。

3.4 复合交通

旅游交通是一个复合性产业，横向与食、行、住、游、购、娱关系十分密切；纵向与铁路、公路、航空、水运等交通方式之间以及各交通方式的运输工具、线路、车站等设施之间，也存在着相互衔接、互联互通的关系。因此，交通规划应贯彻"复合交通"理念，着力处理好各交通方式和各旅行节点之间的无缝衔接，保持旅游交通纵向、横向联系协调一致，为乘客提供舒适便捷的交通环境。

3.5 智慧交通

我国从2010年出现智慧旅游概念，并在同年5月的九寨沟旅游高峰论坛上首次提出智慧景区概念。2015年国家旅游局出台《关于促进智慧旅游发展的指导意见》明确提出，到2016年建成国家智慧旅游公共服务网络和平台，到2020年，形成系统化的智慧旅游价值链网络。景区交通作为智慧旅游的重要环节，应积极响应国家和地方相关政策精神，贯彻"智慧交通"理念，融入智慧旅游平台和网络，并开发相应客户平台为旅游者提供包括交通路径选择、景区交通流量实时数据、停车场分布及停车位实时数据、酒店餐饮娱乐设施分布及路径导引等相关功能。

4 九寨沟风景名胜区交通规划案例

4.1 景区概况

九寨沟县旅游资源得天独厚，除已获得"世界自然遗产"、"世界人与生物圈保护区"、"绿色环球21"三项国际桂冠的九寨沟风景区外，还有九寨国家森林公园、神仙池风景区、白河金丝猴自然保护区、勿角大熊猫自然保护区、黑河风光带、勿角白马藏族风情园和被誉为"东方达沃斯"的九寨天堂等众多生态人文资源（图1）。

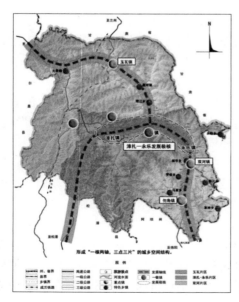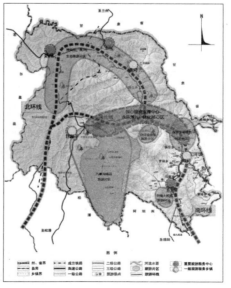

图1 九寨沟城镇空间结构及旅游规划图

4.2 景区交通现状评价

总体而言,九寨沟县属于以第三产业为主的旅游型区域,其行政区域的社会经济来源主要是依靠旅游服务业的发展,但是,目前该区域的综合交通发展体系远远无法满足区域经济发展需求,其具体表现为:

(1) 交通方式单一,客货运输几乎只能依靠公路运输方式。缺乏铁路的大众运输能力及航空的应急和高端特殊旅游接待能力。

(2) 各景区与县城及各景区间的交通联系薄弱,交通联系通道及方式单一,交通可靠性低。尤其是九寨沟景区、县城及成兰铁路站三点联系薄弱,仅一条连接公路,缺乏必需的高品质与应急备用通道。

(3) 公路网技术等级低,等级结构不合理。全县现状无高速公路,三级以下公路占公路总里程的80%。

(4) 全县公路网连通度较小,网络化水平低。干线公路单一,出省出州出县的通道大都依赖于九环线,对外交通的局面较为闭塞。

(5) 难以满足旅游发展需要。

随着成兰铁路、绵九高速和汶九高速的建成通车,将成为进入九寨沟的主要方式,九寨沟景区的旅游人数也将大大增加,九寨沟县内的其他景点将得到很大的开发。到九寨沟县旅游的人数将呈井喷式增长,这对九寨沟的旅游接待能力及道路通行能力提出极大的要求。尤其九寨沟火车站距离景区和县城较远,通过客流大,必须及时将大量客流转送到相应的旅游点,目前火车站至县域内各景点及县城没有合理的衔接通道,必须构建"快捷、安全、环保"的高品质交通,为游客提供便捷的旅游通道,以提升九寨沟地区旅游的综合品质。

4.3 国内外风景名胜区交通规划经验启示

(1) 构建复合型交通走廊,满足多样化需求

主要交通走廊应配置高、快、慢相结合的多层次交通体系,满足多样化需求,体现交通服务均等性。如日本富士山建立了由高速公路、铁路等有机组合的复合交通走廊,达到节约用地、集约发展目的,满足多样化出行需求。

(2) 构建高标准、生态环保的交通体系

九寨沟为国际旅游名城和国家5A级旅游景区,生态环境保护尤为重要,配套交通系统应以高标准、低碳环保为要求构建交通体系。如瑞士少女峰形成了"高铁+齿轨火车"的绿色低碳环保交通模式,以减少交通对景区环境的影响。

(3) 紧密结合城区交通系统,构建无缝衔接的一体化的交通体系

景区交通无缝衔接城区交通,以实现"景区游、县城住"的规划理念。如八达岭国家森林公园以北京北站综合交通枢纽为节点构建八达岭的长城和谐号旅游专列火车,实现景区与城区紧密联系。

(4) 结合景区文化设计交通线路与车站,构建高品质特色交通体系,以提升景区品质

构建高品质、特色交通体系,以符合景区定位,提升景区品质。如香港迪斯尼乐园的竹篙湾线路与车站设计配合香港迪斯尼乐园的主题,不仅解决了景区交通接驳,还成为特色景点。

（5）构建一体化的现代化的站区交通体系，实现与城市、景区、铁路车站有机衔接

统筹考虑城市、景区、交通有机融合，构建各种交通换乘功能于一体的现代化的站区交通体系，实现景区车站减少游客走行距离，城区车站与城市公共交通紧密衔接，铁路车站与公交、出租、大巴等多种方式无缝衔接。

4.4 总体思路和策略

围绕"九寨沟国家公园"的规划建设，充分发挥成兰铁路，汶九、绵九高速公路的速度快、能力大优势，积极构建外部大通道。县域内结合风景名胜区特点，建立大众运输方式主导、内外分离、层次清晰、选择多样的综合交通系统。内外交通无缝衔接，对外联系畅通，内部相对独立、生态环保、景色宜人。提升九寨沟"世界自然遗产"形象，促进风景名胜区永续利用。以"安全、高效、低碳、畅通"为发展方向，增加出行全过程舒适性、安全性、可观赏性以及可选择性（图2）。

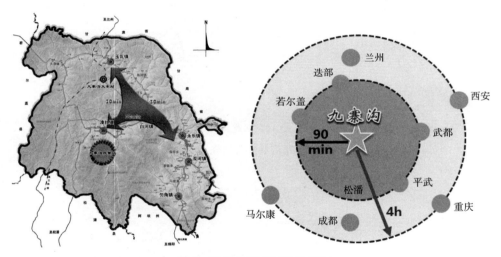

图2 九寨沟时空通达目标图

4.5 交通规划建设方案

（1）主要交通走廊

根据城镇区位线、产业区位线、旅游区位线分析结果，结合区域交通现状及规划，县域将形成以九寨沟站、沟口及县城为节点的三大主要交通走廊（表1）。

九寨沟综合交通通道表　　　　　表1

序号	通道名称	连接方向	通道类别	
			国内大通道	区域通道
1	九寨沟站—沟口通道	连接神仙池及九寨沟精品旅游片区		◆
2	九寨沟站—县城通道	连接神仙池—黑河、县城片区		◆
3	沟口—县城通道	连接九寨沟精品旅游片区、白河金丝猴片区、县城片区，沟通成都城市群、重庆城市群	◆	◆

（2）交通规划方案

中低速磁浮系统作为一种新型交通系统，具有爬坡能力强、转弯半径小、环保低碳等特点，可适应九寨沟地区地形地貌特点。本次研究结合九寨沟景区地形地貌特征及交通走廊识别结果，分别研究了公路建设方案、中低速磁浮建设方案，并结合工程投资、客流预测、建设时序，提出了三种组合方案，分别为：公路方案、磁浮分期实施方案和磁浮一次实施方案。

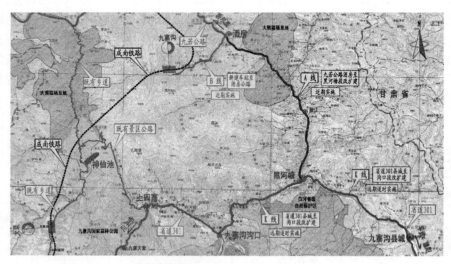

图3　九寨沟景区公路规划方案

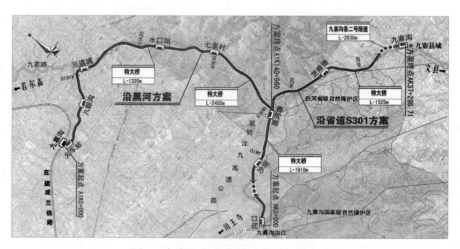

图4　九寨沟景区中低速磁浮规划方案

①公路方案

此方案仅考虑通过公路进行改扩建。近期实施B线（新建车站至酒房公路）和A线（改扩建九若公路酒房至黑河塘段），利用省道S301实现车站与县城及沟口联系，远期适时实施K线（改扩建省道S301县城至沟口路段）（图3）。

②磁浮分期实施方案

本方案考虑将磁浮方案和公路方案进行组合。近期建设沟口至县城的磁浮线，公路实施 B 线（新建车站至酒房公路）和 A 线（改扩建九若公路酒房至黑河塘段），利用省道 S301 实现车站与县城及沟口联系；远期建设车站至黑河塘的磁浮线，形成"Y"形运输方案；远景公路适时实施 K 线（改扩建省道 S301 县城至沟口路段）。

③磁浮一次实施方案

该方案考虑磁浮一次实施"Y"形运输方案，并结合公路改扩建。近期建设"Y"形运输方案，即沟口至县城和车站至黑河塘的磁浮线，公路实施 B 线（新建车站至酒房公路）和 A 线（改扩建九若公路酒房至黑河塘段），利用省道 S301 实现车站与县城及沟口联系；远景公路适时实施 K 线（改扩建省道 S301 县城至沟口路段）（图 4）。

（3）方案综合比选（表 2）

组合方案比选分析　　　　　　　表 2

方案	服务水平	工程投资及实施难易度	环境影响	提升旅游景区形象品质	与城市发展协调
公路方案	此方案服务水平低，达不到 30 分钟的时空通达目标，车站至县城及沟口旅行时间约 90 分钟，沟口至县城旅行时间约 50 分钟	工程投资最省，约 17.94 亿元。工程实施难易度一般。	施工期对环境有一定影响，运营期影响较大，主要为汽车尾气排放	公路运输对旅游景区形象品质的提升带动效果一般	公路方案对城市发展带动小
磁浮分期实施方案	此方案服务水平较高，沟口至县城段能实现 30 分钟时空通达目标；车站至县城和沟口近期无法实现该目标，公路旅行时间约 90 分钟	工程投资较大，约 88.44 亿元。工程实施难易度较大。	施工期对环境有一定影响，运营期磁浮低碳环保、可减少汽车尾气排放	磁浮节能、环保、高效、美观，能极大程度地提升旅游景区的形象和品质	磁浮方案能更好带动漳扎 - 永乐片区的发展
磁浮一次实施方案	此方案服务水平最高，能满足沟口、车站、县城之间实现 30 分钟的时空通达目标	工程投资最大，约 166.14 亿元。工程实施难易度最大。	施工期对环境有一定影响，运营期低碳环保、与环影融合好	磁浮节能、环保、高效、美观，能极大程度地提升旅游景区的形象和品质	磁浮方案能更好带动漳扎 - 永乐片区、黑河片区的发展

通过综合比选，磁浮分期实施方案工程实施难易度和工程投资较公路方案大，但从服务水平、环境影响、提升旅游景区形象品质和与城市发展协调来比较都较好。且与磁浮一次实施方案相比，更加切合九寨沟县交通发展实际，对地方财政压力较小，与成兰铁路九寨沟站的建设时序衔接适当。因此，本次研究推荐磁浮分期实施方案。

5　结束语

随着"一带一路"国家战略的稳步推进，我国山地城镇景区在迎来难得发展机遇的同时，也必将面临巨大的挑战。当前，我国山地城镇景区交通还存在诸多问题，如：交通方式单一、路网连通度小、网络化水平低、尚未形成完善的多层次交通体系等。传统的规划理念已无法适应现代智慧型旅游业发展的需求，本文在对山地景区交通发展特性分析的基础上，研究提出了山地景区"生态交通、安全交通、景观交通、复合交通、智慧交通"的规划理念，并以九寨沟风景名胜区为例进行了应用分析，以期为其他山地景区交通规划提供参考。

参考文献

[1] 曹珂，肖竞. 契合地貌特征的山地城镇道路规划——以西南山地典型城镇为例 [J]. 山地学报，2013，7：473-481.

[2] 陈科，张殿业等. 基于旅游交通出行链的山地旅游交通模式研究 [J]. 交通标准化，2009，2：190-192.

[3] 卢峰，钱江林. 西部山地城镇的生态化发展思考 [J]. 规划师，2007，12.

[4] 朱玉宝. 山地旅游发展初探——探索山地型旅游区的规划路径 [J]. 工程科技，2009.

[5] 焦宵黎，宋玮，蔡萌. 山地体验旅游开发探讨 [J]. 科协论坛（下半月），2007，4：357-358.

[6] 中铁二院工程集团有限责任公司. 全域九寨综合交通规划 [R].2014，3.

山地城镇交通发展与生态环境协调性研究
——以拉萨为例

周 秦[1]

摘 要：山地城镇生态环境敏感脆弱，但又有着极大的发展需求，尤其是交通发展的需求，其发展与保护的矛盾显得尤为突出。因此，处理好发展与保护的关系，尤其是交通发展与生态环境的关系，促进其协调发展，是山地城镇发展过程中迫切需要解决的问题。本文以处于高原山地环境、在交通发展与生态环境的关系上具有典型代表意义的拉萨为例，在梳理其交通发展状况和生态环境状况的基础上，分析其交通发展与生态环境的关系，以预控防范、应对利用为基本原则，分别就交通发展与重要生态功能区相协调、交通发展与矿产资源埋藏区相协调、交通发展与地质灾害易发区相协调提出相应的对策措施，以期为山地城镇健康、快速、可持续发展提供合理有效的对策路径。

关键词：山地城镇；交通发展；生态环境；协调

1 山地城镇交通发展与生态环境协调性研究的意义

山地城镇地形地貌奇特多样，地形起伏变化大，使其拥有独特的生态环境和生态资源。独特的生态环境和生态资源在为其发展提供独有资源支撑的同时，也带来了诸多制约。如山地城镇生物资源丰富，其中某些物种是具有多种保护价值的珍稀物种，这是山地城镇发展的资源基础，但同时也增加了生态环境保育的压力。此外，山地城镇生态环境不稳定，极易产生严重的水土流失或崩塌、滑坡、泥石流等地质灾害，生态系统极为脆弱，一旦被破坏便难以恢复，这些问题都给山地城镇的发展带来了诸多困难。总之，山地生态环境的特殊性和复杂性，使得山地城镇的建设较之平原地区面临更多、更复杂的问题和矛盾。但山地城镇又有着极大的发展需求，尤其是交通发展的需求，交通线路覆盖区域广、工程量大，对生态环境的干扰和影响极大。因此，处理好交通发展与生态环境的关系，促进其协调发展，是山地城镇发展过程中极为重要的问题。

2 基于拉萨案例的实证研究

拉萨位于地势高亢、幅员广袤、气候寒冷、空气稀薄、土地珍贵的地球第三极——青藏高原，是高原山地环境的典型代表。其地形地貌奇特多样，气候复杂多样，水土资源极

---

[1] 周秦，江苏省城市规划设计研究院规划研究所。

为有限；冻融现象普遍，生态资源难以开发利用；生态环境不稳定，极易产生严重的水土流失或崩塌、滑坡、泥石流等地质灾害；生态系统极为脆弱，一旦被破坏便难以恢复。更为严重的是，由于高原的持续隆起与天气干旱化的趋势及人类活动的影响，青藏高原生态环境正日趋退化，脆弱性更加突出。

但同时，拉萨作为我国重要的西南门户和西藏自治区的首府城市，又有着极大的发展需求，特别是在交通方面，面临着进一步构筑进出藏铁路运输的主通道，加快推进区域高速公路建设，全面衔接国家高速公路网等发展诉求。因此，处理好开发建设与脆弱的生态环境之间的关系，尤其是交通发展与生态环境的关系是迫切需要解决的问题。由于其发展与保护的矛盾，尤其是交通发展与生态环境的矛盾较为突出，在山地城镇中具有典型代表意义，因此以其为例进行实证研究，可以较好地反映山地城镇交通发展与生态环境的关系，并提出切实有效的协调发展应对措施。

2.1 拉萨交通发展状况

2.1.1 铁路：西藏铁路网中心

拉萨现状铁路线包括青藏铁路和拉日铁路。在此基础上，作为西藏铁路网主骨架的中心，拉萨将进一步构筑进出藏铁路运输的主通道。根据《西藏自治区铁路网"十二五"及中长期发展规划》，至2020年，拉萨市域将建成青藏铁路（现状建成）、拉日铁路（现状建成）和拉林铁路，并启动建设拉萨—墨竹工卡铁路。

2.1.2 公路：结束市域无对外高速公路的历史

拉萨现状高速公路为拉贡机场高速公路，于2011年7月17日正式建成通车，是西藏自治区境内第一条高等级公路。在此基础上，拉萨将加快推进区域高速公路建设，结束拉萨市域缺乏对外高速公路的历史，全面衔接国家高速公路网。根据《国家高速公路网规划》与《西藏自治区城镇体系规划（2012~2020）》，并结合市域空间结构，至2020年，拉萨市域将形成"一环三射"的高速公路网布局，其中，"一环"为拉萨绕城高速公路环线，"三射"分别为拉萨至日喀则高速公路、拉林高速公路和京藏高速公路。

此外，在原有"两横两纵八连"的基础上，市域干线公路也在进一步的规划和建设中。

2.1.3 航空枢纽：世界上海拔最高的民用机场

拉萨现状民用航空运输主要依赖拉萨贡嘎国际机场。机场位于山南地区贡嘎县甲竹林镇，海拔3600米，机场等级为4E，是世界上海拔最高的民用机场之一。

为满足西藏自治区航空运输长远发展的需要，疏解贡嘎国际机场的民用功能，加强拉萨与自治区其他地区及与内地主要城市的联系效率，支撑拉萨城市首位度与辐射功能的提升，拉萨新机场也正在规划筹备之中。

2.2 拉萨生态环境状况

2.2.1 生态功能区覆盖广

拉萨生态资源丰富，生态功能区覆盖面广。目前共有自然保护区及生态功能区26个，面积7234.32平方公里，占全市国土面积的24.5%。主要包括2个国家级自然保护区[拉鲁湿地自然保护区、雅江中游黑颈鹤自然保护区（拉萨河流域河谷区）]，2个国家级森林公园（林周县热振柏树国家森林公园、西藏尼木国家森林公园），1个国家地质公园（羊八井国家地质公园），1个国家级风景名胜区（纳木错—念青唐古拉山风景名胜区），2个自治区级自然保护区（纳木错自然保护区、林周阿朗司布白唇鹿自然保护区），2个自治区重点生态功能区[念青唐古拉山南翼水源涵养和生物多样性保护区（当雄县）、拉萨河上游水源涵养与生物多样性保护区（林周县和墨竹工卡县境内的热振藏布和曲绒藏布两条支流]，1个自治区级地质公园（墨竹工卡日多温泉地质公园），2个市级自然保护区（墨竹朗杰林村沙棘林自然保护区、曲水雄色才纳自然保护区），19个市级湿地生态功能区，雅鲁藏布江、拉萨河、拉萨河源头重要生态功能区及重点生态林、一般生态林等重要的生态基底（图1）。

图1　拉萨重要生态功能区分布图

2.2.2　矿产资源埋藏丰富

拉萨市矿产资源种类比较齐全，市域内已发现的矿种共54种。其中，地热、刚玉探明储量居全国第一位，火山灰探明储量居全国第三位，自然硫探明储量居全国第四位。各类矿产资源分布相对集中，主要分布于四个明显的成矿带，即青藏铁路沿线地热成矿带、墨竹工卡—尼木铜多金属成矿带、林周—仁敬里多金属及建材成矿带、当雄—尼木地热及非金属成矿带，且开采条件较好。

2.2.3　地质灾害多样多发

拉萨市地质构造复杂，地形相对高差大，最大相对高差超过2000米，导致了拉萨市成为地质灾害多发区。地质灾害类型多样，据拉萨市各县、区地质灾害调查与区划成果资料，市域范围内发育的地质灾害类型主要为泥石流、崩塌和滑坡，其次为地面沉降、地面塌陷等。共有各类地质灾害点786处，其中滑坡69处，崩塌214处，泥石流498处，地面沉降1处，地面塌陷4处。地质灾害集中分布于交通干线及城镇居民聚集区附近，呈现明显的条带状及岛状分布特征。

2.3　拉萨交通发展与生态环境的关系

2.3.1　交通线路穿越生态功能区

由于拉萨生态功能区覆盖面广，因此交通线路在选线时不可避免地会紧邻一些生态功能区，甚至穿越一些生态功能区。以拉萨重要湿地为例（包括拉鲁湿地国家级自然保护区和 19 个市级湿地生态功能区），交通线路与湿地的位置关系可分为三种：远离型、紧邻型和穿越型。其中远离型的交通线路对湿地生态功能区基本没有干扰；紧邻型的交通线路对湿地生态功能区存在一定影响，包括道路建设对水环境、对动物栖息迁徙的影响、交通废气对湿地环境的影响等；穿越型的交通线路对湿地生态功能区的影响最大，除包含紧邻型的交通线路对湿地生态功能区造成的影响外，还包括割裂湿地系统原有生态联系、切断湿地与原有补给水源的关系致使其生态功能退化等（表1、图2）。

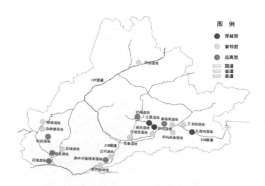

图 2　拉萨主要交通线路与湿地的位置关系分类

拉萨主要交通线路与湿地的位置关系分类　　　　　　　　　　　　　　　　　　表 1

交通线路与湿地的位置关系	湿地名称	相关交通线路
远离型	达孜县唐嘎果湿地	—
	林周县甘曲镇甘曲湿地	—
	曲水县曲水镇曲水村唐嘎果湿地	—
	尼木县尼木乡日措村日措湿地	—
	尼木县普松乡普松村普松湿地	—
	尼木县尼木彭岗湿地	—
紧邻型	墨竹工卡县工卡镇塔巴村工卡帕湿地	318 国道（南邻 318 国道）
	墨竹工卡县甲玛乡龙达村甲玛湿地	318 国道（南邻 318 国道）
	墨竹工卡县甲玛赤康湿地	甲玛旅游线路（东邻甲玛旅游线路）
	达孜县塔杰乡巴嘎雪村巴嘎雪湿地	318 国道（东邻 318 国道）
	曲水县南木乡江村江村湿地	318 国道（紧邻 318 国道）
	尼木县续迈乡尼续村尼续湿地	县乡道路（紧邻县乡道路）
	当雄县阿热湿地	109 国道（南邻 109 国道）
	拉鲁湿地自然保护区	北绕城路（北邻北绕城路）

续表

交通线路与湿地的位置关系	湿地名称	相关交通线路
紧邻型	曲水县曲水镇茶巴朗湿地	县城道路（紧邻曲水县城道路）
	尼木县麻江乡朗堆村朗堆湿地	省道（紧邻省道）
	尼木县尼木麻江杂曲塘湿地	省道（紧邻省道）
穿越型	墨竹工卡县扎西岗乡巴洛村扎西岗湿地	318国道（318国道将湿地分成两半）
	林周县江热夏乡江热夏村江夏湿地	拉林路（江热夏乡江热夏村境内拉林路将湿地分成两半）
	林周县边角林乡章嘎村帕热湿地	帕热桥附近公路（林周县边角林乡章嘎村帕热桥附近公路将湿地分成两半）

资料来源：根据《湿地生态功能保护区名录》和《拉萨周边湿地生态功能保护区建设项目可行性研究报告》整理。

2.3.2 矿产资源沿交通线路密集分布

拉萨矿产资源主要分布于四个明显的成矿带，即青藏铁路沿线地热成矿带、墨竹工卡—尼木铜多金属成矿带、林周—仁敬里多金属及建材成矿带和当雄—尼木地热及非金属成矿带。其中，部分矿产资源埋藏点沿交通线路两侧密集分布，主要为沿青藏铁路、304省道、102县道和103县道两侧密集分布。

矿产资源埋藏点邻近交通线路或沿交通线路密集分布对于矿产资源的开发有利有弊。一方面，矿产资源的开发需要发达的交通运输业作为支撑，尤其是公路运输的支撑，为矿产资源的运输提供通道保障；另一方面，如果交通线路布线不当，将路线布设在矿区或采空区，无论是对公路建设还是对矿产资源的开采利用，都极为不利；另外，公路修建用地与矿产资源开发地也可能存在冲突，矿产资源开采占地可能会使交通线路改建，增加成本，交通建设用地也可能阻碍矿产资源的开发。因此，公路网规划及用地布局必须尽早处理好与矿产资源埋藏点及矿产资源开采用地之间的关系，尽量避免冲突（图3）。

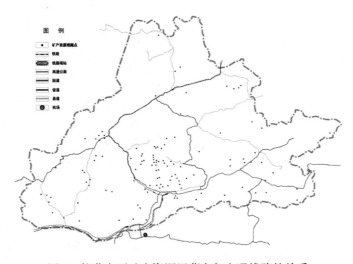

图3 拉萨主要矿产资源埋藏点与交通线路的关系

2.3.3 地质灾害点对交通线路存在安全隐患

拉萨为地质灾害多发区，从各类地质灾害点的具体分布情况来看，崩塌、滑坡、泥石流等地质灾害主要集中分布于交通干线沿线及城镇居民聚集区附近等人类工程活动较为频繁的地区。因此，多数交通线路都不可避免地面临着各类地质灾害点给其带来的安全隐患（图4）。

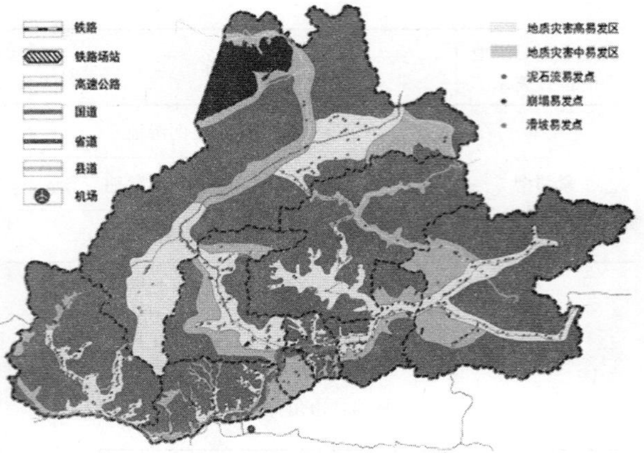

图4 拉萨主要交通线路与各类地质灾害点分布的关系

2.4 应对措施：统筹规划，协调发展

2.4.1 基本原则

（1）预控防范

在交通线路选线和交通站点选址的过程中，要尽量避让重要生态功能区、矿产资源埋藏点和各类地质灾害点，各类规划相互协调，减少冲突。

（2）应对利用

对于某些重要的交通线路和交通站点确实无法避让重要生态功能区、矿产资源埋藏点和地质灾害点的，需做好应对措施，将交通线路对生态环境、矿产资源开发的影响及地质灾害对交通线路的安全隐患和影响降到最低；同时利用邻近交通线路或交通站点的优势，拓展生态功能区的生态旅游和科研教育功能，提高矿产资源对外运输的效率。

2.4.2 交通发展与重要生态功能区相协调

2.4.2.1 交通影响应对与防范

在交通线路选线和交通站点选址的过程中，尽量避让重要生态功能区；对于某些重要的交通线路和交通站点确实无法避让重要生态功能区的，需做好应对措施，将交通线路对生态环境的影响降到最低。贯彻生态环境保护为主的原则，尽可能地改善和提高道路环境质量。妥善处理好道路工程与生态环境保护之间的关系，在设计期和建设期尽量减少对生态环境的破坏，在营运期防止偶然事件发生，使公路的设计、建设和营运对生态环境的不利影响降到最低。

在道路设计的过程中，尽量减少道路在生态功能区域的密度、线路长度、等级、车流量。合理划分道路影响区的景观斑块，为野生动植物特别是大型野生动物留下足够的生存活动空间，并在道路设计中设置动物通道。交通线路如要通过水体，应将路线设在水体下游，并采用绿化、隔离等防护措施保护水体免受污染。因道路建设割裂湿地系统原有生态联系，切断湿地与原有补给水源关系的，应加强生态联系的修复和水源的补给。在道路的具体设计中，要包含减少环境污染的各项措施，包括采用降噪路面、隔声措施、透水性设计等。

在道路建设的过程中，应充分调查沿线的工程地质、地形地貌、气候条件、植被种类及覆盖率、水土流失现状等，综合采用生物防护和工程防护措施，做好水土保持工作。要尽量减少交通粉尘对生态功能区生态环境的影响，通过施工道路的洒水除尘，运输车辆、推土机、挖掘机的限速管理等措施，防止施工扬尘对生态环境的污染。

在道路使用过程中，要减少交通废气和交通粉尘对生态功能区生态环境的影响，如采取提高轮胎的质量、合理使用轮胎、掌握胎压等措施。

2.4.2.2 交通优势挖掘与利用

虽然交通线路紧邻重要生态功能区，会对生态功能区的生态环境造成一定影响，但其对生态功能区旅游及科研、教育功能的发挥也有很强的带动作用。以拉萨湿地生态功能区为例，拉萨湿地属于高原湿地，生物多样性丰富，是极为重要的生态资源，同时也是极佳的旅游观赏资源和重要的科研基地，具有很强的不可替代性。但长期以来，由于交通闭塞、道路不通，众多的高原湿地隐匿在大自然深处，不为人知，其旅游观赏功能和科研教育价值没有得到有效发挥。

而交通线路的连通，尤其是一些紧邻湿地生态功能区的交通线路的开通，使得众多曾经不为人知的优质高原湿地资源重见天日，进入了人们的视野。

因此，重要湿地生态功能区要将紧邻交通线路的环境劣势变成借机发展生态旅游的区位优势，依托现有交通线路，发展生态旅游。可以根据交通线路与湿地区位关系的不同，对不同的湿地功能区进行分类引导。交通线路紧邻型和穿越型的湿地由于交通便利，可发展为观光型湿地，在做好防护隔离和生态维育措施的同时，突出强化其旅游观光及科研教育功能。通过制定专门的湿地保护条例，编制专门的湿地旅游规划，建立湿地公园、建设高原湿地科学研究基地和高原湿地环境教育基地，加强对游客数量的控制和游客行为的管理，加强环境教育和宣传，建立完善的湿地管理系统等措施，在保护湿地的同时，充分利用其价值和功能，发展高原特色的湿地生态旅游，为人们提供极佳的资源和环境以及旅游观光的好去处。

此外，还可规划增设专门的湿地旅游线路，将拉萨境内林—达—墨湿地带、曲水湿地带、普—日—尼湿地带、杂—朗—彭湿地带等几大重要的湿地带串联起来，构建湿地生态旅游圈，进一步扩大高原湿地的资源价值和影响力。

对于交通线路远离型的湿地，由于其远离交通廊道，人类活动干扰较小，则将其作为保育型湿地进行重点保护，加强生态功能的优化和提升（图5）。

2.4.3 交通发展与矿产资源埋藏区相协调

为避免交通线路及交通用地布局与矿产资源埋藏点及矿产资源开采用地之间的矛盾，应尽早协调好两者之间的关系。要高度重视公路详细路线确定前的实地踏勘，公路设计单位要加强与矿产资源的探测规划和管理部门的沟通，统筹规划，协调发展，确保公路网建设和矿产资源开发的顺利进行，让公路为矿产资源的运输提供便捷的通道保障。

此外，在对采矿点进行具体选址时，要注意避让重要交通干线，并加

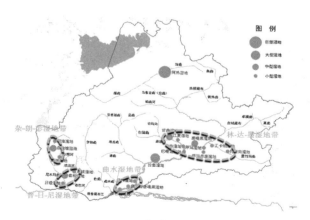

图 5 拉萨重要湿地带

强安全论证，确保矿产资源的安全、无害利用。在拉萨市域范围内，未经批准，不得在青藏铁路、109国道、拉日铁路、拉贡高速公路等重要交通干线沿线区域及旅游线路两侧可视范围内开采矿产资源。

2.4.4 交通发展与地质灾害易发区相协调

2.4.4.1 前控：避让灾害区域

交通线路选线和场站选址要尽量避开活动断层和地质灾害高易发区；确实无法避让的，应采取相应的工程措施，最大限度地预防和减轻灾害毁伤后果。在地质灾害易发地区进行道路建设需预先开展地质灾害评估工作。

2.4.4.2 后控：实施防治工程

针对交通干线周边的地质灾害危险区和地质灾害隐患区，选择危害严重和灾害隐患比较大的区（点），实施地质灾害防治工程。根据社会经济发展规划和资金情况，有计划地分轻重缓急逐步实施。对于临时出现的危害严重的地质灾害点，及时安排勘查，优先进行整治。采取综合治理措施，做好封山育林、封山育草、保持水土等工作，控制和减少泥石流、矿山地面沉陷、滑坡、崩塌等地质灾害。运用先进的监测预报技术，对公路沿线的主要地质灾害进行监测预报，减轻交通干线沿线地质灾害造成的损失。

3 结语

在国家的发展战略格局中，山地城镇的发展，尤其是西南山地城镇的发展日趋重要。但山地城镇由于其生态环境的特殊性和复杂性，其建设和发展较之平原地区面临更多、更复杂的问题和矛盾。处理好建设发展与环境保护的关系，促进其协调发展，是山地城镇发展过程中面临的重大问题。本文以山地城镇发展中极为重要的发展要素——交通发展与生态环境的关系为切入点，以处于高原山地环境、在交通发展与生态环境的关系上具有典型代表意义的拉萨为例，在梳理交通发展状况和生态环境状况的基础上，分析交通发展与生态环境的关系，并对此提出统筹规划、协调发展的应对措施，以预控防范、应对利用为基本原则，分别就交通发展与重要生态功能区相协调、交通发展与矿产资源埋藏区相协调、交通发展与地质灾害易发区相协调提出相应的对策措施，以期为山地城镇的健康、快速、可持续发展提供合理有效的对策路径。

参考文献

[1] 刘宏伟.道路交通对生态环境的影响与对策[J].内蒙古科技与经济，2012，6：66-68.
[2] 王鹰，陈炜涛等.川藏公路地质灾害防御体系及防治对策研究[J].中国地质灾害与防治学报，2005，3：63-66.

山地城市绿色交通规划策略
——以贵州安顺市为例

陈 佳[1] 郭 亮[2]

摘 要：贵州省安顺市作为新型城镇化试点城市，确定了撤县设区的行政区划调整方案，在新一轮城乡总体规划修编中提出了绿色交通发展战略。通过界定绿色交通概念，分析绿色交通与山地城市空间形态的相互作用关系，文章着眼于安顺城乡交通发展中联系通道单一、公共交通薄弱、与旅游发展脱节等现状问题，提出适应山地城市发展的绿色交通发展策略，即基于规划区—中心城区带状组团的城市空间形态，构建不同尺度的 TOD 开发模式、与土地利用相协调的道路网络、与出行需求相适应的多级公共交通体系与慢道系统、"快进慢游"旅游交通体系以及智能化交通管控措施。

关键词：山地城市；绿色交通；TOD 开发模式；公共交通；慢道系统；旅游交通；交通管控

1 引言

2015 年初，国家发改委正式公布了第一批新型城镇化试点城市，标志这一新型城镇化的试点工作正式展开。《试点方案》提出了新型城镇化综合试点的五大主要任务，在关于综合推进体制机制改革创新上，鼓励试点地区从推进新型城镇化实际出发，在城乡发展一体化体制机制、城乡规划编制和管理体制机制以及创新城市、智慧城市、绿色低碳城市等方面开展多种改革探索。而在此前公布的《国家新型城镇化规划（2014～2020）》中，专门提出要加快绿色城市建设，并且确定了绿色城市建设重点，包括：绿色能源、绿色建筑、绿色交通、产业园区循环化改造、城市环境综合治理以及绿色新生活行动六个方面。安顺作为这次新型城镇化试点城市，申报试点定位为西部欠发达地区新型城镇化发展样本、丘陵山地特色城镇化发展示范和旅游城市旅游型城镇化发展标杆。在此背景下，安顺唯有积极推进绿色低碳型城镇化发展道路，才能有效地化解城市快速发展与脆弱的生态系统间的巨大矛盾。对于山地城市而言，在城镇化进程中的主要问题之一就是交通运输不便导致城镇化效率不高，借此契机，抓住新型城镇化绿色低碳发展理念，打造符合山地城市发展的绿色交通系统，破除制约城市发展的桎梏。

---

[1] 陈佳，华中科技大学建筑与城市规划学院。
[2] 郭亮，华中科技大学建筑与城市规划学院。

2 山地城市绿色交通实现路径

2.1 绿色交通概念

"绿色交通"作为城市交通的一种发展理念由来已久。1994年,克里斯·布拉德肖(Chris Bradshaw)提出绿色交通体系(Green Transport Hierarchy)概念(绿色交通规划理念与技术),通过评价交通出行的优先等级,用以指导个人出行及政府决策。20世纪90年代末,绿色交通的相关研究引起了我国政府、学术界相关人士的极大关注,"绿色交通"开始由国外引入中国。随后,国内关于绿色交通理论的相关研究日渐丰富,首先体现在对其概念内涵的辨析上。其中,杨晓光的"协和观",即"绿色交通是协和交通,是交通与环境、资源、社会、交通未来等多个方面协和发展的交通系统";王静霞"三位一体观"指出,"绿色交通是采用有利于城市环境的、低污染的运输工具,来完成社会生活经济活动的一种交通理念",并归纳出"有序、通达;舒适、安全;低污染、低能耗"三位一体的发展目标;张学孔强调"绿色交通是可持续发展的交通运输,应优先发展公共交通"等诸多观点。以上这些观点是目前学界普遍认同的[1]。同时,有代表性的组织与相关标准如UNEP(联合国环境规划署)、OECD(经合组织)以及我国《绿色交通示范城市考核标准(试行)说明》也对绿色交通概念做出了解释(见表1)。从已有的关于绿色交通概念的解释可以看到,虽然"绿色交通"至今尚无统一和明确的定义,但各种定义在核心内涵、目标、内容与方式上并无显著差异。此处认为所谓绿色交通是以可持续发展、人本与质量为内涵,以追求有序、通达,舒适、安全,低污染、低能耗为核心目标,以实现交通系统内部的优化以及与外部系统的协调、共生为重点内容的交通发展过程(表1)。

绿色交通的集中典型定义[2]　　　　　　　　　　　　　　　　表1

出处	定义要点
UNEP	为一种能够支持环境可持续发展的交通模式,例如保护全球气候、生态系统、公共卫生和自然资源。该模式同时也促进其他方面的可持续发展,即经济(例如能够支持良性竞争的经济体系、平衡区域发展水平以及创造更多的就业岗位)及社会的可持续发展(例如在维护人类和生态系统平衡的前提下构建个人、公司和社会实现自我价值的平台,同时消除贫困,促进公平)
OECD	以安全、经济实用和可被社会接受的方式满足人员和货物流动的需求,并且达到公认的卫生和环境质量目标
绿色交通示范城市考核标准(试行)说明	与社会经济发展相适应,与城市发展相协调,有利于提高交通效率,有利于生态和环境保护,适应人居环境发展趋势的多元化城市交通系统
维基百科	是适应人类居住环境、生态均衡及节能的交通运输系统,并采用低污染、适合都市环境的交通工具

2.2 山地城市的绿色交通实现

城市空间形态与城市交通互相影响,城市交通系统的发展引导城市空间格局的演化,反之,城市空间格局变化又客观上影响着交通系统的空间布局。在城市发展过程中,交通系统与城市空间格局互相影响、互相制约,两者相互循环作用,形成一个互动反馈作用环[3]。

城市空间形态对交通模式的影响机制内涵在于追求空间的可达性[4],对于山地城市来说,这两者的互动还应包含另一层内涵,就是自然环境的延续性。在山地城市的发展进程中,如何与脆弱的生态系统维持平衡一直是城市开发不可避免的问题,而且复杂的地形地貌导致路网混乱、联系通道单一、交通低效，这种"自然环境"时空间的延续性深刻影响山地城市空间形态的演变，基于此绿色交通发展理念对山地城市有更突出的意义。绿色交通的构建贯穿于交通系统的规划设计、建设、运营和管理的全过程（表2）。其实现需从以下五个方面着手。

山地城市与其他城市绿色交通实现策略对比 表2

	绿色交通的实现策略			
	土地利用模式	道路网络与道路设计	交通模式	车辆技术
一般城市	采用TOD/TND的土地开发模式	主要采用便捷、高效的方格网路网，构建小地块、密路网模式，形成多层级、高密度的城市路网结构	公交导向；支持自行车、步行等慢行交通；减少小汽车出行量	推广使用电动汽车以及其他清洁能源汽车
山地城市	TOD/TND模式基础上，强调对山地形态的适应性，注重弹性开发，保证山与城的协调	道路网络更多需要考虑地理环境，在保证自然基底的基础上，为承担不同交通流道路进行适宜性分析和设计，保证以较少通道实现最高效率；道路设计要强调紧凑原则，在协调用地性质基础上灵活确定道路横断面形式	公交导向基础上，强调公共交通类型与线路对山地环境适应性，结合山地廊道建设，打造步行系统	针对山地城市道路坡度大、弯多的特点，公交车辆选择应因情况而有差别

（1）基于不同尺度的TOD开发模式

TOD创造和开拓了社区和区域之间、就业和居住之间、各级密度与交通服务之间的协同效应。TOD的核心是以人为本，而混合开发的目的是鼓励步行。[5]针对不同的规划尺度，TOD开发模式应谨慎选择，必须从不同的功能特性方面定义TOD，包括土地混合利用、密度、区域联通性、交通模式等，TOD的类型见表3，结合山地城市多组团、多中心结构，打造更紧凑高效绿色交通发展模式。

不同尺度的TOD特征 表3

TOD类型	土地混合利用	居住密度	区域连通性	交通模式	频率
市区	主要的办公中心、娱乐、多户住宅、零售	高	高 辐射中心	所有模式	小于10分钟
城市街区	居住、零售、商业	中	中 到达市区 往返次区域	轨道 快速公交 公共汽车	高峰10分钟 平时20分钟
郊区中心	主要的办公中心、娱乐、多户住宅、零售	高	高 到市区 次中心枢纽	轨道 快速公交 公共汽车 汽车客运	高峰10分钟 平时10～15分钟
郊区街区	居住、零售、本地办公	中	中 到郊区中心和市中心	轨道 快速公交 公共汽车 汽车客运	高峰20分钟 平时30分钟
通勤市镇中心	零售中心、居住	低	低 到市区	郊区铁路 快速公交 汽车客运	高峰服务较少

（2）结合山地城市空间结构，提高道路网络建设的合理性

要尽可能利用山地地形，增加街区内道路的密度，打破传统山地城市路网不通畅、密度低、结构不清晰的特点。在道路网的规划设计中，要强调道路性质与周边用地的协调，用地性质决定了道路功能，要分类确定道路的横断面构成和道路交通管理方案。

（3）公交导向，构建公交新都市

以客流集散中心为核心，建立分层次的公共交通网络。采取渐进式发展的策略，近期优先发展快速公交系统，远期考虑轨道交通系统的建设。重点以一体化客运枢纽的建设为中心，强化多级公交系统的衔接。

（4）结合旅游发展，打造山地绿色廊道，建设城市慢行系统

结合山地城市旅游通道打造城市绿色廊道，结合城区水系和道路网络建设自行车、步行线路，倡导绿色出行。

（5）制定合理交通管理措施保障绿色交通的实施，鼓励公众积极参与绿色交通建设

交通管理部门应注重与规划、能源、土地使用、经济、科技、环境等相关单位的整合，尽力做到规划时高瞻远瞩，实施时合理可行。

3 安顺市绿色交通体系规划实践

3.1 安顺基本情况及绿色交通发展目标

安顺市撤县设区影响了安顺中心城区结构，随着平坝区和普定区列入城区范畴，原来团块状城市形态成为带状组团形态。在此基础上，新版规划修编确定了"规划区（中心城市）"与"中心城区"两个规划层级，规划区包含西秀区与安顺经济技术开发区组成的中心城区，以及平坝和普定下辖的9个街道和21个乡镇，总用地面积2365.77平方公里，占市域总面积的25.53%，其中中心城区城市建设用地规模为36.32平方公里。建设用地现状见图1和图2。

图1 规划区土地利用现状图

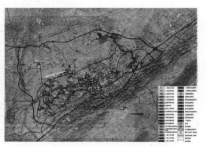
图2 中心城区土地利用现状图

依据现状发展情况，提出了分别基于规划区与中心城区的绿色交通发展目标。规划区层面，建立快速路与快速公共交通为依托的"双快交通系统"，并以此为导向，构建"城乡一体、快慢结合、客货分离"的绿色交通运输系统；中心城区层面以构建与空间用地布局相协调，与规划区各组团紧密衔接，与规划区路网一体化发展，体现生态文明和山地特色的城市道路网络。

3.2 安顺市绿色交通规划策略

3.2.1 构建基于规划区—中心城区的 TOD 开发模式

规划区采用"市区—郊区中心—通勤市镇中心"三级的 TOD 模式，主要沿着快速公交以及城乡公交站点规划布局一级综合中心、二级综合中心以及二级专业中心三个层级的商业中心，周边规划住区，各级中心又包含商业商务中心或者文化中心、体育中心等，见图 3；中心城区采用"市区—城市街区"两级 TOD 模式，沿城区公共交通站点布局市级与片区级公共服务中心进行土地开发，见图 4。

图 3　规划区公服设施规划图　　图 4　中心城区公服设施规划图

3.2.2 规划与土地利用相协调的道路系统

（1）结合山地城市特点，构建快速、有效的道路系统

规划区层面建立以快速路为依托的"快速交通系统"，作为规划区道路系统的基本骨架，打破既有单核结构，支撑规划地区城镇与交通一体化发展。结合北部工业园区建设金安路作为主要的货运快速通道，结合南部旅游区建设黔中路作为主要的客运快速路。同时新增南北方向的快速通道，连接各组团核心与东西向的区域快线，加强规划区组团间的以及组团内部的联系，并将规划区单一通道联系变为多向联系的区域性交通枢纽，规划区道路网见图 5。

中心城区以快速路与城市干路为基础，在各组团内部规划方格网形态为主的道路网络，并保证各个组团间的快速联系，避免单一通道产生的交通瓶颈问题。中心城区道路网见图 6。

图 5　规划区道路系统规划图　　图 6　中心城区道路系统规划图

（2）分类设计服务不同功能区块的道路

在功能分类细化的基础上，以现有道路规划规范为基础，对规划区城市交通性道路和生活服务性街道实施细化分级。确保道路建设的紧凑高效，各级道路具体设计指标与要求见表4。

规划区道路分级与使用功能一览表　　　　　　　　　　　　　表4

道路分级分项	服务特征	结构性道路		一般生活服务性道路		景观休闲
		城市快速路（Ⅰ级）	主干路（Ⅱ级）	次干路（Ⅲ级）	支路（Ⅳ级）	绿道（Ⅰ、Ⅱ、Ⅲ级）
机动交通	道路红线（米）	无辅路：35～40 有辅路：70～100	30～60	25～40	12～20	—
	道路限速（公里/小时）	60～80	60	30～40	20～30	—
	双向机动车道数（条）	6～12（含辅路）	4～8	4	2	—
公交与慢行	公交线路/公交专用道	—	有轨电车、常规公交线路/可设置公交专用道	常规公交线路/有条件均设公交专用道	常规公交线路	—
	常规公交站点形式	辅路设站/港湾站	港湾站	港湾站/路边站	路边站	—
	人行道与自行车道	设置于辅路，机非严格隔离	机非严格隔离	独立/机非共板	独立/机非共板	独立
用地服务	用地开口	主路禁止	适当	允许	允许	允许
	用地开发类型	绿地、工业、居住	居住、绿地、工业		商住、公建、产业、绿地	
	开发强度	中、低	中、低		中、高	
	路内停车	主路禁止	限制	适当	适当	—
	货运交通	允许	部分限制	限制	限制	—
景观	景观与风貌塑造要求	防护为主，景观功能较弱	较强	较强	较强	强

3.2.3 建立与出行需求相适应的多级公共交通体系

结合安顺区域发展现状，预测可知东西向的客流是未来规划区主要的客流方向。预测贵安新区核心区向安顺城区方向联系截面的客流将达到单向20万人/日，客流将主要集中于规划区北部和南部两个走廊，其中平坝、夏云、蔡官、乐平等主要组团也均沿北部走廊布设，在贵安新区的交通专项规划中，需求分析也显示未来80%以上的东西向客流都集中于北部，南部走廊的交通需求强度远低于北部走廊，见图7、图8。

专题一　山地城镇交通规划策略与方法

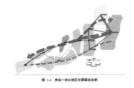

图 7　贵安一体化地区主要客流走廊　　图 8　贵安一体化地区主要客流走廊分布示意

按照客流分布，规划城乡公交和城区公交两个层次的公交体系。城乡公交以规划区公交客运枢纽为中心，以重要片区、乡镇、旅游景区为节点形成服务体系，实现公交网全覆盖，满足居民日常出行和旅游服务需求。规划客运换乘枢纽，不同公交系统通过枢纽进行转换。规划区的公共交通系统组织模式见图9。中心城区公交系统以普通公交为主，快速公交系统为辅，以衔接公交车站至目的地（或出发地）的步行与非机动车系统为补充，共同构成多模式、多层次的中心城区公共交通系统。规划区与中心城区公交系统见图10、图11。

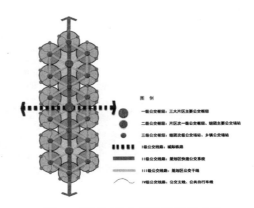

图 9　规划区公交系统组织模式图

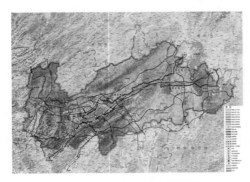
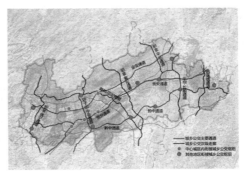

图 10　规划区快速公交规划图　　图 11　规划区城乡公交走廊与枢纽规划示意图

3.2.4　建立与旅游发展协同的"快进慢游"旅游交通与慢行系统

结合规划区快速路系统的建设，加强沿黔中路旅游区与安顺中心城区以及平坝片区的联系，建立连通中心城区至泛黄果树旅游圈、大屯堡文化旅游圈、斯拉河景区、梭筛风景名胜区的旅游通道，以此为基础打造贵昆、黔中等城市绿色走廊，规划区旅游通道见图12。同时在大屯堡文化旅游圈、平坝、普定历史文化旅游圈以及中心城区文化旅游区规划建设自行车和步行通道，服务外来旅游观光以及居民出行。其中步行道主要结合水系与绿地广场进行布局，分为三个等级，其中一级主要在虹山湖周边区域与开发区核心区域。自行车道分为两级，主要在城市地形平缓道路进行布置，一级串联各组团核心，承担跨组团联系；二级服务组团内部，以次干路支路为主，承担一级自行车道的集散。主要通过对重

49

要道路进行断面改造,在开发区、北部城区等新规划区域的道路增设自行车道。步行系统与自行车系统规划见图13、图14。

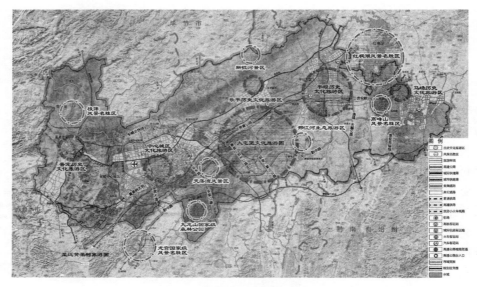

图12 规划区旅游交通规划图

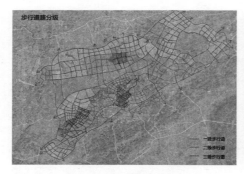

图13 步行系统规划图

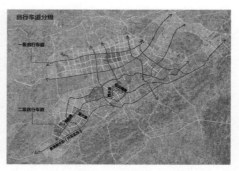

图14 自行车系统规划图

3.2.5 智能化交通管控措施

山地城市交通复杂,其运营更需先进的智能交通管理系统来提高服务质量,将大数据、智慧交通等有效地运用于交通运输管理体系。现阶段贵州省正在推进"云上贵州"战略,发展大数据产业。安顺市可以借此契机建立大数据交通管理体系,建设区域性的实时、准确、高效的智能交通运输信息系统,见图15,通过引导交通规划、交通控制与管理信息的进入,采集实时交通信息、与交通相关的环境信息、动态路径引导公共交通信息、公共交通的购票与支付信息以及跨模式出行等信息,实时提供公交站点和换乘点的信息,手机提供跨模式全程信息服务。这些措施可以提升交通出行效率,增加公共交通竞争力,为出行者提供便捷、有效的交通服务,从而推动绿色出行。

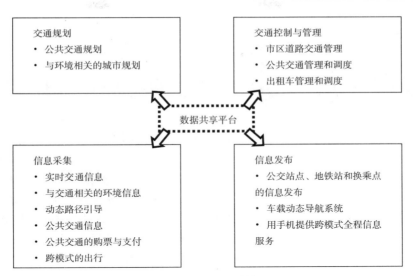

图 15　智能交通运输信息系统

4　结论

绿色交通是解决当前中国交通发展问题的核心理念，它描述和展现的是未来交通发展支撑社会和谐稳定、经济健康发展、生态绿色、城乡建设有序的美好愿景。为了实现绿色交通理念，必须尽快明确绿色交通的内涵框架、目标体系和核心内容，以及实施绿色交通的路径等若干重大问题。通过梳理山地城市绿色交通概念内涵，安顺绿色交通规划以"规划区—中心城区"两个层级为基础，通过确定绿色交通发展目标，确定了包括倡导基于不同等级 TOD 发展模式、打造多层级式公共交通系统、建立与旅游发展协同的"快进慢游"旅游交通体系、积极发展城市自行车与步行系统、制定智能化交通管控措施等实施策略。规划将绿色交通理念与山地城市特色有机结合，为安顺市未来制定重大交通发展政策，推进综合交通系统的规划建设，提供了指导思想和重要依据。

参考文献

[1] 王珍珍.城市绿色交通评价指标及方法研究[D].北京：北京交通大学，2012.
[2] 吴昊灵，袁振洲，田钧方，李慧轩.基于绿色交通理念的生态新区交通规划与实践[J].城市发展研究，2014，2:106-111.
[3] 杨少辉，马林，陈莎.城市空间结构演化与城市交通的互动关系[J].城市交通，2009，7:45-48.
[4] 王春才，赵坚.城市交通与城市空间演化相互作用机制研究[J].城市问题，2007，6:15-19.
[5] （美）汉克·迪特玛尔，格洛丽亚·奥兰德.新公交都市：TOD的最佳实践[M].王新军等译.北京：中国建筑工业出版社，2013.

航空枢纽发展对城市空间格局影响研究

曹力维❶ 王 芳❷ 程良川❸

摘 要：随着速度经济来临，航空枢纽的发展对城市经济社会发展影响日益加大，极大地改变了城市的对外交通网络，促进城市与国际的对外交往。同时，依托高效交通方式生产生活的企业、人员随即向机场区域流动，从而引起城市空间格局的变化。近年，我国多个航空枢纽城市都提出了建设临空经济区或航空大都市的概念。由此可见，航空枢纽的影响已经不限于机场本身，对区域空间甚至城市整体格局的影响巨大。本文从航空交通的特征入手，借鉴了国外知名航空枢纽城市的空间发展特征，分析机场发展对城市空间的影响，最后在传统独立圈层结构基础上建立了城市中心与临空区域共荣共生圈层的楔形结构模型。

关键字：机场；航空枢纽；城市空间格局

1 交通方式演变与城市发展

交通运输工具的变革将会引发经济的巨大发展，促进城市发展动力的转变。基于此，约翰·卡萨达教授提出了"五波理论"[1]。第一个冲击波是由海运引起的，海港周围商业中心城市的崛起；第二个冲击波是由内陆运河引起的，沿河水运条件较好的工业型城市崛起；第三个冲击波是由铁路引起的，沿铁路部分内陆城市成为商品生产、交易以及配送中心；第四个冲击波是由公路引起的，远离城市中心区的大型购物商城、商业中心、工业园区的形成；第五个冲击波是由空运引起的，围绕机场形成航空大都市区。目前，国际上城市依托大型机场形成航空都市区的实践已取得较多成果。如法国巴黎戴高乐机场形成了围绕机场5公里内的国际商务园（300公顷）、科技园和展览园（51公顷）、工业园（40公顷）；韩国仁川国际机场周边形成了集国际商务中心、物流园区、自由贸易区、生物医药、加工保税区等一体化的大型航空枢纽城市。

2 航空影响下的区域特征

拥有大型航空枢纽的城市一般具有以下特征：

---

❶ 曹力维，重庆市规划设计研究院。

❷ 王芳，重庆市规划设计研究院。

❸ 程良川，重庆禾易建筑规划设计有限公司。

2.1 拥有一定航空网络的机场核心带动

在世界航空网络体系中，可以明确看出其中的核心城市，如洛杉矶、纽约、伦敦、迪拜、曼谷、香港、仁川等，这些城市都有一个共同特点，其机场都是国际枢纽机场，拥有庞大的航空网络和快速的、高密度的客货流（图1）。

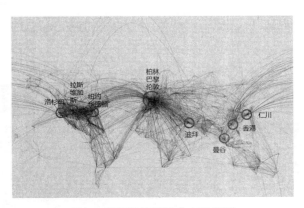

图1 世界航线网络分布示意图

资料来源：《重庆市临空都市区概念性总体规划》投标方案. 同济大学项目组 .2014.

2.2 拥有航空指向明确的产业支撑

无论是孟菲斯的物流产业，还是阿姆斯特丹的鲜花产业，抑或是达拉斯的科技制造及商务业、迪拜的现代服务业，它们都有共同的特征：时效性强、附加值高、强量化，这也正是航空产业的基本特征。只有满足这些特征的产业才可能通过航空方式进行运输，从而产生经济联系（图2）。

孟菲斯物流产业

阿姆斯特丹鲜花产业

达拉斯高科技制造

迪拜现代服务业

图2 具有航空指向产业

2.3 拥有多元的功能空间

仁川航空城除了机场区域之外，还有自由贸易区、具有生活综合服务的城市广场、国际商务中心、旅游设施等，功能不仅仅是为机场服务；吉隆坡正在打造的航空大都市也是依托机场与城市之间的廊道，整合了机场对外交流功能、城市综合服务功能、商业商务功能、旅游休闲功能、电子信息产业区域等。可以看出，这些城市在功能组织上，都包含了多元的功能空间，以产业聚集为基础，而不是以行政区划为基础，是可以跨越行政板块的多元功能空间（图3）。

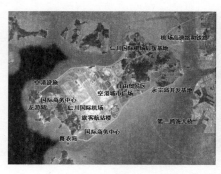 

图3　仁川和吉隆坡机场周边功能示意

3 其他城市经验借鉴——航空带动空间特异变化

3.1 马来西亚多媒体走廊——机场集聚信息通信科技产业所形成的廊道区域

多媒体超级走廊是由马来西亚政府规划，从吉隆坡国际机场至国油双峰塔，覆盖面积15公里宽，50公里长，总面积750平方公里的科技园区。内部包含了两座智慧型城市——赛布再也和布特拉再也。

（1）发展阶段

多媒体超级走廊是一项从1996年至2020年的长期计划：

第一阶段：配备世界顶尖级软硬件基础设施，将国际机场、电子信息城、新行政中心联结起来，为区域内外城市提供多媒体产品和服务；

第二阶段：建立以电子信息城赛布再也为中心，将所有数码城市和数码中心相连的信息走廊；

第三阶段：整个马来西亚转型为大型信息走廊，对接全球的信息高速公路，吸引约500家国际性多媒体公司在马经营、发展及研究。

（2）产业门类

"多媒体超级走廊"以电子信息产业为主，已经吸引了1000多家公司入驻，包括日本NTT、美国太阳微系统、富士通、三菱、美国电信、北美电讯、西门子、IBM、INTEL、微软和康柏多媒体等国际知名大公司，创造了2万多个就业机会，带动的软件产业规模已达65亿美元。目前已初步形成了影响力巨大、配套设施完善、优惠政策明显、高效快捷的信息通信产业集聚园区。该走廊是马来西亚发展信息通信产业的核心，是加快其产业结构升级和实现国家发展战略的重要举措。其首先通过扩建国际机场，制定相关优惠政策吸引投资者，形成"世界芯片生产中心"，进而广泛拓展运用多媒体产品，造就行业的领先地位。

（3）空间格局和功能

多媒体超级走廊以吉隆坡国际机场和吉隆坡市中心为两极，以塞布再也电子信息城和布拉特再也行政中心为节点，形成轴线空间结构（图4）。对于机场来说，其重点发展方向不再是单中心外延扩展的放射状圈层结构，而是面向市中心，并以临空产业为主的两极轴线结构。这个轴线上重点布局了与临空关联度高的行业，比如电子信息、商务商贸、购物中心、遥控医院和医疗中心、国际学校、休闲别墅、公园等。

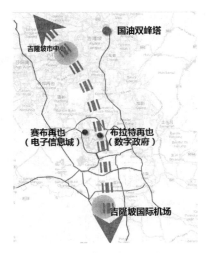

图4　多媒体走廊空间格局

3.2　阿姆斯特丹史基浦机场航空城

阿姆斯特丹是荷兰首都及其最大城市，是荷兰金融商贸文化之都，也是全世界最好的国际贸易都市之一。拥有欧洲第四大航空港——史基浦国际机场，距市区约15公里，拥有100多条航线和超过200多个目的地。

史基浦机场航空城逐步发展成为一个集航空枢纽、物流中心、区域经济中心和国际贸易中心的多元综合体，被誉为"欧洲商业界的神经中枢"。

（1）发展阶段

阿姆斯特丹史基浦机场航空城其发展经历了初始阶段（1988～1995年）、成长阶段（1996～2003年）、成熟阶段（2004至今）三个阶段。

初始阶段（1988～1995年）：其定位为国际枢纽机场。7年间客流量从1200万上升到2500万；周边地区得到初步开发，针对商铺、餐馆、航空公司、地勤公司、维修公司、货代等主要客户群，布局了酒店、停车场、购物中心、写字楼、货运设施、飞机维修基地等设施。

成长阶段（1996～2003年）：定位为多功能航空城。用"航空城"的概念定位机场，成为全球最早规划的航空城机场；开发区域沿交通要道向外延伸；周边地区着力发展机场零售业，修建办公和休闲娱乐设施——吸引企业和酒店入驻。建设物流园区和工业园区——吸引跨国公司欧洲总部、欧洲分销中心等机构入驻。主要客户群包括高科技公司、金融咨询服务、创意产业、物流服务商等。

成熟阶段（2004年至今）：定位为国际商业中心，提出了"大都会"发展策略。空间布局强调向北向南延伸更远，开始与传统市中心接壤；主要设施包括会议中心、主题购物广场、国际企业总部、新型酒店、商品批发市场等；主要客户群包括高附加值金融和物流服务业、通信科技产业、生物科技产业、高端商务旅客等。

（2）产业类型

史基浦机场周边地区已经吸引了荷兰航空、日本三菱等300多家跨国公司入驻，主要产业类型有航空物流、航空制造与维修、生物医药、电子信息、时装以及金融咨询等，并形成了这几类产业的产业聚集。

（3）空间与功能

阿姆斯特丹航空大都市的构建，主要采取机场核心和机场走廊两种方式。通过发展航空、铁路和高速公路多式联运枢纽，将城市机场演变为"机场城市"。随着史基浦机场客货吞吐量的增大，机场周边地区逐渐积聚具有明显临空指向性的产业，如航空公司运营基地、航空配餐、飞机维修等；同时，大量的物流运输中心和企业地区总部所在地也逐渐向机场与城市之间的主要通道两侧集聚（图5）。

第一，机场核心区域：候机楼区域设置购物商场（SEE，BUY，FLY）、博物馆、餐厅、画廊和SPA、高档酒店、会所、商务休闲吧、赌场等完善的休闲娱乐设施，提供全天候24小时服务；

第二，机场外围区域：机场围栏内设置写字楼，引入微软、会计师事务所、联合利华、喜力等知名企业；引进了两个一流酒店和会展设施；设置货运城，布局航空维护及检修、航空食品供应等一批为航空运输提供服务的机构；

第三，机场与中心城区走廊区域：围栏外沿主要交通线路集中大量重头企业，包括电子信息、航空航天等一批高科技企业、物流服务企业以及金融、咨询等配套服务业等。此外，还形成了大量的边缘城市。目前，整个阿姆斯特丹写字楼和工业物业租金，机场周边区域最贵，其次就是这些边缘城市区域。

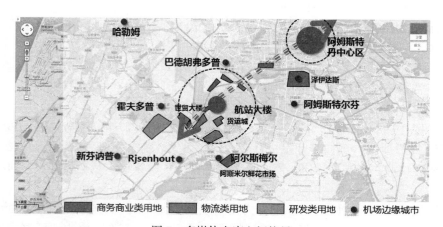

图5 多媒体走廊空间格局

3.3 小结

对比以上案例研究，得到以下启示：

第一，随着机场客货流量的增加、规模的扩大，机场空间功能会逐渐增多，且不断向市中心方向延伸，形成市中心—机场产业走廊。

第二，机场临城市端的走廊两侧通常以高附加值的产业为主，包括企业总部、物流、金融业、研发企业、特色商业等业态。

第三，大多数相关产业宜相对集中，形成规模效益（如商务贸易的集中有助于商贸谈判、研发产业的集聚则容易形成特色科技园区），而酒店、零售商业和餐饮则应根据实际情况，相对分散，服务更大范围。

第四，机场走廊应注重各类用地的搭配，形成全面的配套服务设施，即使是单一园区，也应注意内部用地构成，方便使用者的生活。

4 航空影响下的城市空间格局分析

4.1 航空规模与航空城发展阶段分析

随着机场吞吐量变化，机场周边临空产业不断增加，空间和功能不断优化完善。对比国际上重要航空城市的发展，其临空经济演化经历萌芽期→发展期→成熟期三个阶段，同时机场功能也经历了以运输为主的独立功能向航空综合城市功能的转变。

4.1.1 萌芽期——独立单一功能区

根据国际经验，当机场旅客吞吐量在 1000 万以下时，临空经济还处于萌芽期。此阶段机场的经济空间极化效应尚不明显。机场以客运、货运功能为主，此时机场与城市距离较远，两地之间除物流联系外，尚未形成功能互动。

4.1.2 发展期——综合性功能区

这个阶段，机场的旅客吞吐量规模约为 1000 万～5000 万，机场在区域经济中的增长极作用逐渐体现，临空经济开始形成和发展。临空经济的主要活动由机场核心区扩大到机场相邻区范围内，各类产业布局逐渐由杂乱布局态势向圈层结构转变。此时的机场是一个功能综合的区域，产业由单一的物流运输扩大到临空制造、现代物流、商务服务、休闲娱乐等围绕机场客货服务的行业。比如如今韩国仁川机场、美国的底特律机场（表1）。

4.1.3 成熟期——城市功能区

当机场客运规模超过 5000 万人次，临空经济将逐步进入成熟阶段。临空经济的扩散力成为本阶段紧邻机场区产业结构调整的主要动力。临空经济空间范围进一步扩大，产业集聚规模增加。由于受城市的影响，一些对机场和城市依赖的产业将集聚在机场与城市之间的空白区域。机场与城市逐渐融合，成为城市部分职能集聚区域，如开放窗口、高新技术制造、现代服务等。原先规整的圈层结构也由于城市空间区位影响而逐步异化，成为面向城市与背离城市的圈层—带状或圈层—楔形结构。

第二、三发展阶段的机场客货运量及设施建设情况　　　　表1

阶段	机场	客运人次（千万人次）	货运吞吐量（万吨）	设施
第二阶段（发展期）	仁川	3	170	运输中心、货运区、政府办公大楼
	底特律	3.2	20	设计和软件、高端销售、博物馆、主题公园、赛马场、教育科研
第三阶段（成熟期）	仁川	4.4	450	货运区、机场铁路系统、永宗医疗中心、机场含90个零售商店、70个点心商店、酒吧、提供因特网服务的咖啡厅、休息区、淋浴室、按摩室以及为儿童准备的游戏室；韩国传统文艺表演；韩国文化博物馆；高尔夫俱乐部；医疗旅游
	广州白云机场	5.2	131	航空企业基地、机场办公楼、物流货运区、机务工程部、联邦快递亚太转运中心
	孟菲斯	0.497	433	IT、生物医药（整形外科设备）、三方物流（联邦快递、UPS、DHL）、房地产、零售
	上海虹桥机场			商务办公、创意研发、教育培训、会展、国际医疗、高新技术、体育公园、观光农业
	吉隆坡国际机场			软件、企业总部、金融、物流（多媒体大学、智能学校、遥控医院和医疗中心、国际学校、购物中心、休闲别墅、公园、办公楼、居住区、配套酒店、餐饮业、特色商业）

4.2 城市空间异化模型

受临空产业引力影响，城市空间逐渐向临空地带扩张，使得临空区域由独立的功能区向城市功能区演变，临空区域空间异化，由同心圈层结构向圈层—楔形结构演变，逐渐与城市中心衔接，成为城市创新空间区域。

4.2.1 发展初期——城市远郊独立功能区

在机场发展初期，相对独立，依托机场形成同心圆的空间结构。1公里范围内为航空运输服务、航空公司、机场运营等功能区域；1～5公里为航空指向性强的电子信息、货运站、物流基地等功能区域；5～10公里为具有城市特征的游乐场、酒店餐饮、汽车租赁、航空培训等相关功能。这个阶段的产业也相对处于初期特征，如生产制造主要为电子制造，物流业体现为货运站、运输中心、物流基地，金融商务多为机场自身办公、航空公司基地等，科技研发为航空培训类，消费娱乐主要是游乐、酒店娱乐等，而文化展销等产业还未发展（图6）。

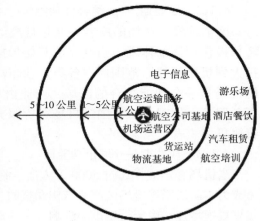

图6　机场临空区域初期功能布局示意
资料来源：(美) 约翰·卡萨达.航空大都市——我们未来的生活方式 [M].曹允春，沈丹阳译.郑州：河南科学技术出版社，2013.

4.2.2 发展成熟期——城市内部功能区（城市临空经济带）

随着机场功能日益强化，与城市互动日益明显，机场周边功能布局逐渐异化，不再是单纯的圈层结构。首先，机场背离城市和面向城市功能有明显差异。背离城市一侧主要为生产和运营功能，机场向外依次为机场运营区、大型物流基地、航空生产制造；面向城市一侧则主要受交通干线影响，沿道路两侧为航空依赖强烈的全球企业总部、商务、金融、文化会展等高端生产性服务业，道路外围为区域总部及科技研发、消费娱乐、教育培训等产业，依托机场往往会有免税消费、高端俱乐部、酒店餐饮等生活型服务业，外围环境条件较好的区域会形成高端居住、休闲运动区。本阶段机场作为城市功能区之一，产业发展也相对成熟，如物流业不仅仅是产品的物流基地，也发展了电子商务仓储物流、电子商务平台等，金融商务也开始聚集金融公司、企业总部、跨境电子交易等，科技研发更多地聚集一些大数据的分析、使用等开发企业，消费娱乐除了保税消费外，跨境的医疗消费、主题公园、国际购物等都逐渐发展起来。总之，作为城市功能区之一的机场片区，主要发挥人流、物流、信息流聚集快的优势，聚集了高端的制造、消费、金融商务等产业，是城市对外交流的窗口区域（图7）。

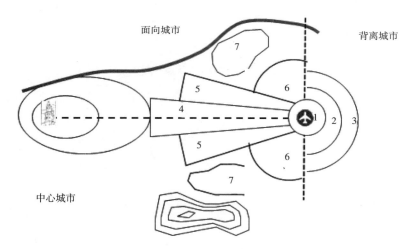

图 7　航空大都市成熟阶段功能布局示意

1 机场运营区；2 大型物流电商；3 航空生产制造；4 全球企业总部、商务、金融、文化会展等高端生产性服务业；5 区域总部及科技研发、消费娱乐、教育培训；6 免税消费、高端俱乐部、酒店餐饮等生活性服务业；7 高端居住区、休闲运动区

5　结语

国际上许多大城市依托大型机场形成航空经济区（航空都市区），提升产业结构，增加城市竞争力已取得较多成果。根据国务院近期发布的"中国制造2025"十大产业领域内容，新一代信息技术、机器人、航空装备、新材料、生物医药及高性能医疗器械等产业将是未来我国产业发展的重点。而这些战略性新兴产业与航空关系极为密切，规划预先考虑在机场及其周边地区预留预控创新空间，调整优化城市结构，值得规划人员深入研究。

参考文献

[1] (美)约翰·卡萨达. 航空大都市—我们未来的生活方式 [M]. 曹允春,沈丹阳译. 郑州：河南科学技术出版社，2013.

[2] 国家发展和改革委员会. 郑州航空港经济区发展规划（2013～2025）[R]. 2013.

[3] 中国城市规划设计研究院. 临空经济区规划 [R]. 2014.

[4] 重庆市规划设计研究院. 重庆构建航空大都市发展规划研究 [R]. 2014.

山地城市梯道发展的历史、特色与传承
——以重庆市传统梯道为例

邓明敏 [1]

摘　要：本文从山地城市梯道的发展过程入手，简述了山地城市梯道的历史沿革，总结了梯道空间的空间特点，对传统梯道空间的活动及功能进行分析，得出山地城市梯道的文化内涵，并对现状问题进行梳理，最后结合《渝中半岛城市形象设计》中的山城步道规划，对山地城市梯道的延续传承提出要点，进一步指导现代山地城市梯道的发展。

关键词：山地城市；传统梯道；重庆

1 引言

山地城市即依山而筑的城市，其复杂的地形条件影响了居民的出行方式，也造就了山城独特的交通体系。山地城市梯道是漫长岁月中发展形成的独特的山地城市肌理，是山地城市立体城市空间的载体，也是"山城"区别于平原城市的重要特征。山地城市梯道是指连接城市中不同标高空间的步行道路，具有地形高差、连续的空间形态和线性景观的特征，在整个城市的形态构成中，作为城市道路的骨架，建筑及环境等要素都围绕其布局。山地城市梯道除具有交通功能外，还承载着一定的社会功能，是物质、信息和日常情感交流与传递的载体，体现出独具魅力的地域文化特色。如重庆的十八梯，由江堤至山巅顺山势蜿蜒直上，是老重庆最重要的标志之一，体现了山城的形象和特点（图1）。如今，在城市高速建设与发展的进程中，山地城市梯道遭到了日益严重的挤压、阻断甚至强制消除，如何重新认识梯道的重要价值，并在山地城市建设中保留这些历史烙印，延续城市生活的集体记忆，在山地城市建设中显得尤为重要。

图1　重庆十八梯景象

---

[1] 邓明敏，重庆大学建筑城规学院。

2 山地城市梯道历史沿革

2.1 产生阶段

重庆从城市形成之初就表现出非常明显的沿江生长特点,最早可追溯到巴族聚居。巴人自古以来就聚居于沿江岸地带,随着历史的发展,城镇逐渐显露,直至秦朝,开始有了城市的雏形。秦将张仪是主持修建江州城(今重庆)的第一人,公元前316年重庆这座城市开始形成。重庆自古是一个多山的城市,在城市发展时为顺应地形,山城人民修建了具有坡度的梯道作为城市街道。山地城市梯道的发展基于江州城的建立,而此时的梯道作为城市的主要道路,联系着城市的各个部分。秦汉时期,江州的梯道成了服务于居民的道路体系,并贯穿全城。城市的形成发展推动了山地城市梯道的形成,决定了山地城市梯道最原始的交通属性。此时山地居民对梯道的功能需求较单一,因此梯道职能也较为单一。

2.2 发展阶段

到三国蜀时期,由于手工业的发展,城市格局不断扩张。至宋代时江州在巴渝地区占据重要的经济地位。在两次筑城运动[1]之后,江州城市功能和性质发生了巨大的变化,城市规模逐渐扩大。赋税制度的转变增大了货币流通量,经济交易变得频繁,直至宋朝,江州城已发展为四川东部的商业贸易中心。两次筑城运动推动了城市的扩建,也促进了城市梯道的发展。此时的梯道开始融入更多的功能,它开始满足于经济贸易的需求,并逐步成为运输商品的通道和交易场所,山地城市梯道的经济职能开始逐步显现。

明清时期,重庆城市的政治军事职能较为凸显。明初,重庆就已成立了专门负责管理防御及建设城墙的卫所部门,以及川东兵备道,专门控制川东黔北等地,监视少数民族。随着军事地位的提升,重庆的政治地位不断发展。同时,封建后期城市的经济也因为重庆航运的迅速发展而兴盛,此时的重庆已发展成为集多功能于一体的区域中心。中心和交通要塞的职能逐步凸显,对山地城市梯道的发展提出了更高的要求,除作为城市居民日常生活的重要场所,山地城市梯道还要担负军事职能、商业及流通货物的经济职能。

渝中半岛在明清时期被划分为两个片区,即上半城、下半城,沿用至今。此时的上半城主要用于居住,而下半城则承担经济和政治职能。职能区域的划分影响了山地城市梯道在上下半城的功能。上半城的山地城市梯道主要供居民交通出行及生活交流,是民俗文化的承载体;而下半城的梯道则主要用于军事、政治、货运物流、商业等功能(图2)。

图2 清朝重庆地图

2.3 职能调整阶段

开埠后的重庆，迎来了鼎盛的发展时期，商业经济迅速发展，城市地位日益突出，大量的人流和货物流也成为山地城市梯道繁忙的象征。开埠后30多年期间，城市未跨越城墙向外发展，整个城市"依崖为垣，弯曲起伏，处处现出凹凸、转折形状，街市斜曲与城垣同，横度甚隘，通衢如陕西、都邮各街，仅宽十余尺，其他街巷尤狭。登高处望，只见栋檐密接，几不识路线"。弯弯曲曲、顺势而上、狭窄繁忙的山地城市梯道成为重庆的重要标志。此时，山地城市梯道已不能满足城市发展的交通需求，而迅猛发展的机动车交通极大地缓解了交通压力，提高了人流与货物流通的速度，提高了效率。机动车道的发展，承担了山地城市梯道的部分运输和交通功能。

此时渝中半岛下半城持续发展，众多丝绸业、银钱业商帮以及主要的政府部门落脚此地，辛亥革命后还发展出一批新兴文化娱乐场所，如百货商店、电影院等。那时陕西街一带有较多的富家大商，道门口、悬庙街、白象街、新丰街、三牌坊、鱼市口、商业场等处是最为繁华殷富的街道，这个景象一直持续到了抗日战争时期。虽然山地城市梯道的部分交通职能被机动车交通取代，但其功能的多样性有增无减，除已有的商业、交流功能外，还增加了文化娱乐功能。

2.4 衰落阶段

新中国成立后的重庆，经历了城市快速发展时期，尤其在改革开放以后，重庆在政治、社会、经济方面都得到了飞速的发展。这个过程中，城市的车行交通体系日渐完善，机动车道成为城市的主要交通骨架，住宅和商业都依托机动车道发展。城市交通基础设施的建设不断完善，如牛角沱立交桥、嘉陵江客运索道、凯旋路客运电梯等。城市的交通流量不断增大，交通基础设施不断完善，使得山地城市梯道与车行道的矛盾日益凸显，车行道切割甚至直接取代梯道（图3）。此时，山地城市梯道逐渐被拆除且受到一定程度的忽视，变得支离破碎。

逐渐繁荣的城市，生活节奏越来越快，居民倾向于选择更便捷、快速的机动车交通，山地城市梯道承载的老城区逐渐走向衰败。在重庆城市更新的过程中，原有的街区尺度和空间结构已不能适应城市快速发展的要求，老城区的商业、交往功能逐渐弱化，山地城市梯道作为老城的交通骨架，其原有的尺度、形式未得到有效保留，其功能也弱化为少量步行交通的载体，适用人群仅限于周围的居民。

图3　重庆机动车道切割山地城市梯道

3 山地城市梯道空间特点

3.1 空间适应性

图4 艺术作品中的山城梯道

山地城市梯道作为一种线性组织要素,将周边的建筑、平台、广场串联起来,形成错综复杂的山地城市空间形态。山地城市梯道的整体空间形态并不是由几种城市空间片段简单地组合所形成的,山地城市梯道空间一方面适应山地地形的变化,布局灵活;另一方面又以特殊的方式强化着地形特征。山地城市梯道的空间形态是多种空间形式相复合的结果,也是由具有多种功能的空间区域复合的结果(图4)。若将山地城市梯道拆分,可将其看作不同界面按照不同组合方式,结合自然地形与植物所形成。山地城市的地形地貌作为一个复杂整体存在,山地城市梯道的产生是对这种复杂整体进行适应的过程。山地城市梯道空间体现出对自然条件的顺应性,是人造物与自然的高度结合,体现了人类对自然的敬畏之心。

3.2 空间立体性

与平原城市相比较,山地城市的发展三面向崖,基于地形的三维特征,山地城市梯道空间形态呈现出明显的立体化倾向。梯道所串联的街道空间,不仅有水平方向的弯曲和转折,而且有竖向的起伏。山地城市梯道与地形等高线的关系主要有平行、垂直、斜交三种方式,不同组织方式呈现不同空间特征,尺度体验也存在差异,因而这些不同形式的梯道空间即展现出山地城市的立体性。此外,梯道体现了山地城市步行交通系统的立体化。山地城市梯道突破原有地形的限制,更加巧妙地利用地形,更加强调采用立体化的形式利用有限的山地空间,尤其在重要节点上层次多变,丰富的小型空间、曲折短小的道路及多变的视线为山地城市梯道立体性的重要体现。

3.3 空间层次性

山地城市梯道空间由于其立体性,形成了多层次的界面,带来了山地城市空间平视、仰视、俯视等多层次立体视角。丰富的视角使得空间的流动性、渗透性和变化性加强,形成了具有不同视觉深度的空间层次。如重庆传统的梯道空间蜿蜒曲折,梯道本身的连续性和方向性不强,梯道周边的建筑与景观随着人的移动呈现出不同的高度与视觉变化,形成了丰富的空间层次,使人在其中获得步移景异的空间感受。

3.4 空间综合性

根据山地城市梯道的发展过程可知,梯道空间集合了山地城市居民的生活活动、商业活动和公共活动,因此山地城市梯道空间体现出强烈的活动综合性与功能综合性。山地城市梯道由阶梯串联各类型平台、广场形成城市的线性交通要素,为城市功能的发展提供了物质空间。如在重庆传统的梯道空间中,各类店铺与零散摊位分散在梯道两侧,居民棋牌活动也并不少见，行走其中，各类城市功能沿街展开，叫卖声不绝于耳，生活气息浓厚。山地梯道空间丰富的功能与活动为山地城市带来不一样的活力（图5）。

图5　重庆十八梯商业与交往活动

4　山地城市梯道活动分析

4.1　步行活动

山地城市梯道空间最初作为步行活动的载体，以交通功能为基础，衍生出其他各类活动。基于山地地形的复杂性和山地城市梯道对于空间特征的适应性，由阶梯、坡道和平台组成的步行道，密集地分布在自由布局的建筑群体间。人们在梯道中行走时，不时需要爬上一段阶梯、绕过一个土丘、经过一段堡坎、路过一个平台，这样的步行活动曲折变化富有趣味，高低不平具有反差。此外，步行活动的高频化也孕育了各类适宜步行活动开展的空间。人们为了生活的便捷性，结合地形修建多样化的步行街道，再围绕其组织建筑和环境空间，形成富有山地特色的城市空间。

4.2　家务活动

山地城市由于土地资源有限，沿山而筑的建筑大多不具备开敞室外活动空间的条件，因而部分家务活动会沿着梯道空间展开。家务活动是指一系列与家庭生活有关的事件，例如做饭、洗菜、洗衣服、晾晒衣物、缝纫、园艺、堆放杂物等。这些活动发生在人们的居所附近，开展活动所需空间不大。在重庆的传统梯道空间中，为顺应地形，住宅被建立在不同标高的狭小平地上，为在有限的基地面积内获得更多可利用空间，居民往往将生活空间挑出，成为阳台和露台，或者利用宅前街道空间、自然台地和坝子扩大生活空间，形成了家庭生活外露于公共空间的地域性特征。沿曲折街道两侧展开的家务活动，促进了邻里间的交流，而家庭生活的公共化也影响了重庆人豪爽、耿直的性格特征。

4.3　商业活动

山地城市梯道空间的商业活动主要指日常生活资料的买卖，是人们参与的交易活动，其发生与开展都需要梯道物质空间的支持。山地城市梯道在适应地形变化时在街道周边产生了大量零碎、难以利用的小型边角空间，例如曲折街道的拐角、台阶的扩大空间和梯道的休息平台等。一些小型个体经营者利用这些边角空间摆摊设点，摊位面积一般较小，甚至一个背篓都可以作为交易买卖的工具,这种随机发生的商业活动反映了鲜明的山地城市空间特征。如重庆的建新正街,各种店铺沿着依山而建的连续阶梯组织,商家可利用阶梯旁的平台进行商品展示和交易,人们可以在梯道上的行走过程中进入店铺消费,也可以在平台上驻足观望和休息。

4.4 交往活动

交往活动是人们在生活中自发组织进行的,如观赏游览、兴趣参与和随机交谈等活动。在山地城市梯道空间中,交往活动形式多样,常见的有散步、聊天(摆龙门阵)、下棋、打麻将、喝茶、健身、听评书等。交往活动的发生需要停留和聚集的空间场所,梯道空间中较为平坦的坝子是交往活动发生的主要场所。此外,住宅入口空间的生活设施、部分建筑入口处的退让关系、街巷中的边角空间为人们的交往活动提供了物质空间条件;而密集的建筑布局形成的宜人的空间尺度,也为交往活动的开展创造了心理条件。在重庆的梯道空间中,时常可见老人三三两两坐在门边或屋檐下的条凳上闲聊、休憩,中年人在自家门前摆起麻将桌一呼百应,孩童们则将梯道作为上蹿下跳的游戏场所。这些或分散或集中的交往活动展现了山地城市梯道空间的灵活性和随意性,也体现了山城人民浓郁的生活气息。

5 山地城市梯道文化内涵

5.1 城市形象表征

山地城市梯道空间形态丰富,形成区别于平原城市的独特城市形象和城市特征。山地城市梯道中的点状空间和面状空间都呈现了鲜明的城市意象。人们行走在梯道中,对山地城市的空间特征和空间设施进行直观的感受,形成直接而深刻的城市意象。如磁器口作为体现重庆山地特色的历史街区,常常作为外来游客感知重庆特色的首选区域。

5.2 城市文化物质载体

基于对山地自然地形地貌的适应性,山地城市产生了特有的社会文化,并在一定区域内不断自我更新与自我完善,获得独特的空间特性,形成特有的城市文化。而山地城市梯道空间作为城市生活的发生容器,是城市文化的物质载体。例如在重庆及长江沿岸众多城镇的形成过程中,码头作为城镇生长点,延伸出通往陆地的台阶,再由这些阶梯延伸出顺应山地地形的街道空间,继而建筑群沿着街道自发性地生长形成了城市。而独特的沿江城镇生活和码头文化,也随着城市的发展而形成[2]。

5.3 城市文脉传承要素

山地城市梯道空间作为市民生活的空间,是市民生活与文化的载体,也是延续城市文脉的实体要素。对于山地城市,城市文脉从表层上解读是各种城市空间、建筑空间的形式和符号。这种符号展现了山地城市发展的历史与记忆,例如重庆地区的俗语"一条石路穿心店,三面临江吊脚楼",便是对重庆特有立体城市空间的典型概括。而城市文脉从深层含义上来看,则包括了市民在城市中的各种行为活动,这些活动与城市空间一同构成丰富的城市生活场景,对城市文脉而言,在形式、符号所代表的物质属性上增加了活动、交往等社会属性。例如在重庆传统梯道空间中，随处可见的生活场景——阶梯上行走的路人，在阶梯旁树荫下打牌、打麻将的人，坐在背篓旁边的临时摊贩，沿街开放的铺面等，这些场景成为人们心中对重庆城市特色的直观印象，是城市文脉的直观表现。不管是建筑形式还是社会生活场景，都完整地体现在山地城市梯道空间中，因此，对山地城市梯道空间的分析研究，有助于城市文脉更好地传承与延续。

6 山地城市梯道现状问题

6.1 梯道加速消亡

随着快速的城市化进程，山地城市梯道作为一种特色空间，正在被大量住宅和商业楼盘替代，许多具有山地传统风貌特色的街区正在被拆除，这些富含城市记忆的具有代表性的传统空间正在消失（图6）。

图6 即将拆迁的十八梯景象

城市的发展必须经历更新的过程，当旧的城市空间形式不能满足城市功能发展的需求时，必将被新的空间形式所替代。然而，新旧城市空间的更新需要尊重城市的文化脉络，使得原有的城市特色能够被有机地延续传承。而以重庆的城市更新为例，现今许多山地城市不尊重场地历史，为达到容积率指标和开发效益最大化，将富有特色的山地梯道一并拆除，通过场地平整对原有地形进行大规模改造，建成整齐划一的楼盘，山地特色不复留存，山地城市梯道所承载的山地生活文化也随之一并消失。如代表重庆山地城市特色的石板坡片区、弹子石片区和十八梯片区，都已经或者即将被拆除，原有的具有浓郁"山城"风貌的重庆下半城随着城市化进程逐渐被湮没。

6.2 更新中地域文化丧失

山地城市传统街区的改造中，部分新建项目只注重水平空间布局合理性和垂直空间布局经济性，追求高容积率，忽略居民原有的生活习惯，改造后的空间单调、乏味，失去活力和场所性，更新后街道的归属感大大降低。

重庆传统梯道空间注重适用性和实用性，建筑组织不受空间礼制思想的制约，主要以垂直或平行等高线的方式，在山水环境中组织聚居空间[3]。如洪崖洞地区曾是重庆城市"关厢"地带，因水路贸易的发展繁华一时，又在城市现代化过程中逐渐破败、没落。2006年重庆市对洪崖洞街区进行更新建设。改造前的洪崖洞以横街与竖街结合，形成"鱼骨"式的空间组织模式。而改造后的"竖街"空间组织模式基本消失，取而代之的是高密度的多层建筑；横街形态裁弯取直，平直的巷道替代了原有横街中的曲折空间；同时，容积率的最大化使得街道两侧的建筑均在3层以上，街道空间狭窄、闭塞，与原有空间尺度相去甚远。改造后的洪崖洞梯道空间不复存在，失去了自由舒展、空间多变、步移景异的空间效果。

7 山地城市梯道延续传承

随着城市的发展，机动车道路已经在城市的交通体系中占据绝对主导的地位，山地城市梯道要么被大量拆除，要么衰落，失去往日的活力。山地城市梯道作为城市的历史与记忆正在被逐渐忘却。在机动车优先的原则下建立起来的城市，其街道尺度与建筑体量都不同于传统山地城市空间。在城市快速发展、生活日益改善的今天，如何延续传统山地城市梯道空间所承载的文脉，使山地城市既能适应发展需求又不完全摒弃其独有特色，成为城市规划者和建设者需要思考并解决的问题。

7.1 梯道整合设计原则

7.1.1 重塑地域价值

随着城市化进程的继续推进，我国山地城市也进入快速发展时期。为避免山地城市地域文化丧失，城市面貌趋于同质化，山地城市梯道在更新时需要实现对当地历史文化的传承。重庆的地理位置、地形条件和历史渊源孕育了重庆独特的城市文化，梯道空间携带了城市文化的基因，在如今全球化浪潮中传统文化、地域文化作为城市标签，更凸显了其重要地位。山地城市梯道作为城市文化的重要外延，受到自然地形条件的影响，是重庆城市文化中最直白、最独特的地域价值，梯道的保护、延续与再生，是对重庆城市地域文化的重塑，也是对重庆城市魅力和城市个性的表达。

7.1.2 回归城市生活

山地城市传统梯道承载山地居民的生活历史，但现代科技的发展使得人们的生活水平迅速提高，生活习惯也发生了巨大变化。山地城市梯道在更新设计时，需考虑现代人的居住特点、出行方式、消费模式、休闲方式等生活习惯，使更新后的梯道用途、特征、功能与居民生活一致。同时，梯道的整合设计也需考虑与休闲、文化、商业等功能的结合，满足居民的物质层面和精神层面的生活需求，使得人们在梯道中行走时，不仅可以感受城市，还能回味历史，为城市生活的发生创造良好的公共环境。

7.1.3 保留集体记忆

独特的山地城市文化具有不可复制性，反映到空间上即为梯道中具有特色的构筑物和传统公共场所，对这些构筑物和场所的保留是对城市生活的延续。在梯道的整合设计中，需要结合特定生活节点空间，使其作为集体记忆的载体，延续城市文脉。传统梯道中的栈道、码头、特定街景等元素是山地城市的特色节点，通过保留、移植和改造可将传统延续。城市梯道肌理、街区模式往往是当地传统生活方式和文化习俗在空间上的反映，应注重对梯道肌理和街区模式的保留。同时，城市中一些老地名作为居民的集体记忆点，是一种独特的情感象征符号，如重庆的洪崖洞、十八梯、石板坡、磁器口等地名，都对其名称及部分空间节点进行保留，城市生活的记忆得以延续。

7.2 梯道整合设计案例分析

渝中半岛位于长江和嘉陵江两江交汇处，是重庆城市的发祥地。2002年，重庆市编制了《渝中半岛城市形象设计》方案,其中"山城步道"规划作为方案中十大形象要素之一，对渝中半岛的步行系统进行了梳理。山城步道依托渝中半岛原有步行道，通过一定的改造，连接城市中的特色公共空间和重要建筑，结合城市通廊和城市阳台，联系上下半城的梯道，形成结构完整的穿越半岛的步行系统[4]。

宏观层面上，山城步道在设计时明确提出了加强渝中半岛南北两侧的交通联系，形成"外围自然环境—居住环境—现代商贸—居民生活—外围自然环境"的景观序列。山城步道将现有步行空间作为设计基础，融合了丰富的地域文化要素。老城区的梯道系统被有效整合，带动周边地形复杂、空间多样的街区，纳入城市步行系统的整体架构当中。山城步道的路网格局很大程度上延续了老城的路网，尤其是十字金街周边，原有路网得到较大限度的保留（图7）。《渝中半岛城市形象设计》方案中确定了保护的六个传统街区，每个街区至少有一条步道经过，步道与街区的整合重塑了街区活力，使其不仅能发挥梯道的交通功能，还能拓展其文化和休闲功能（图8）。

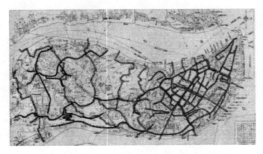 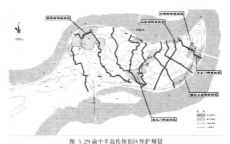

图7　山城步道对传统梯道空间的传承　　　　图8　山城步道与传统街区的结合

微观层面上，山城步道对梯道空间进行了改造，破败的设施和周边环境得以改善。环境的整治使得几近消失的传统生活场景又逐渐显现，如配钥匙、修皮鞋、理发等路边小摊贩又回到梯道中，让城市重现历史的活力。此外，山城步道微观层面上结合景观设计的手法，借用公共艺术设计对城市的文脉进行延续。山城步道周边常采用雕塑作品（沿道路两侧多采用浮雕，公共场所中心采用圆雕），展现与城市有关的文物、历史人物和生活场景，采用物质空间承载精神空间的方式展现城市文化。此外，步道的侧墙作为一面连续展板，挂上该区域的老照片或传统民俗照片，一点点延续城市的历史记忆（图9）。

图9　山城步道沿线的浮雕及墙面装饰

千厮门至湖广会馆段的山城梯道，从渝中区棉花街直达滨江路亲水码头，梯道沿地形顺势而下，长约200余米，坡度达到35%，是渝中区9条山城步道中最为陡峭的一条，展现了独具特色的城市形象，成为整个区域的视线主轴。为传承城市的历史，梯道融合了多重功能，如梯道入口处设置实物陈设，展示重庆"水码头"的文化；原有的缆车轨道覆盖了一层玻璃钢，摆放仿造的老式缆车，还原山城特有的"索道风情"（图10）。人们可以在梯道上攀爬、驻足、观望，一边欣赏城市的景色，一边感受城市的历史，为山城梯道注入新的活力。

图10 千厮门梯道及地域文化展示

注释

1. 两次筑城运动：李严筑城：三国蜀建兴四年（226年）李严进驻江州后，在江州筑起了大城（史称李严大城），而且想要穿城后山，自长江通水入嘉陵江，使城为江心洲。李严大城是江州城市发展史上的第二处城址，其方位南线大致相当于今朝天门以南起，西南沿江至南纪门，北线约在今新华路人民公园、较场口一线，面积约2平方公里；彭大雅筑城：公元1238年，南宋彭大雅（南宋末年抗击蒙古铁骑）将江州城范围进一步扩大，延伸至通远门、临江门一带，这就形成了我们今天所看到的"古代重庆城"，并将城墙由原来的泥土墙改为砖石城墙。
2. 董斌. 山地城市空间微观层面模式研究 [D]. 重庆大学. 2011.
3. 王纪武. 山地城市步行系统建设的集约观. 规划师 [J]. 2003, 8: 79-82.
4. 重庆市规划设计院. 渝中半岛城市形象设计 [M]. 2003.

参考文献

[1] 黄光宇. 山地城市学 [M]. 北京：中国建筑工业出版社，2002.
[2] 赵万民. 三峡工程与人居环境建设 [M]. 北京：中国建筑工业出版社，1999.
[3] 王纪武. 山地城市步行系统建设的集约观 [J]. 规划师，2003，8: 79-82.
[4] 雷诚，赵万民. 山地城市步行系统规划设计理论与实践——以重庆市主城区为例 [J]. 城市规划学刊，2008，3: 71-87.
[5] 曹风晓. 浅析山地步道的消失与再生 [J]. 室内设计，2010，3: 57-61.
[6] 韩婧. 山地城市梯道空间解析 [D]. 重庆大学，2009.
[7] 王纪武. 人居环境地域文化论：以重庆、武汉、南京地区为例 [M]. 南京：东南大学出版社，2008.
[8] 周勇. 江州城为秦所造. 重庆通史 [B]. 重庆出版社，66.

[9] 徐煜辉.历史、现状、未来——重庆中心城市演变发展与规划研究[D].重庆大学，2000.
[10] 熊唱.表意的还原——重庆山地城市原生空间文化内涵研究[D].重庆大学，2007.
[11] 董斌.山地城市空间微观层面模式研究[D].重庆大学，2011.
[12] 重庆市规划设计院.渝中半岛城市形象设计[R].2003.

低碳视角下山地城市步行体系的若干思考
——以重庆悦来生态城为例

龚迎节❶ 贵体进❷

摘 要：提出我国山地城市步行交通发展现状问题与构建意义，分析山地城市步行体系的构成要素。以低碳步行交通体系构建为指导，分析重庆悦来生态城步行体系空间结构，与场地自然特色的结合、公共设施的高可达性及适宜步行的社区尺度。以悦来生态城经验为指导，从步行体系自身空间结构与功能、步行体系与自然环境、步行体系与公共设施、步行体系与居民出行、步行体系与地域文化五个方面进行探索，得出山地城市低碳步行体系"一构四合"的规划与场所构建策略，以实现低碳健康、立体丰富的三维步行空间体系。

关键词：山地城市；低碳步行体系；悦来生态城；一构四合

政府间气候变化委员会（IPCC）在1995年报告中指出大量的观测数据和理论证明全球气候变化主要受温室气体排放的影响（陈碧辉，2006），主要表现为全球气温上升以及极端天气频发。2014年IPCC的最新报告显示，自20世纪以来地表平均温度上升了0.89℃并正持续升高，造成这一现象的很大原因是城市化进程带来的人类活动加剧（刘梦琴，2011）。20年后的今天，应对气候变化已经成为世界各国国家级战略目标的重要内容。2010年12月联合国气候变化大会发布的研究结果表明，需要减少约60%的温室气体排放才能将全球升温限制在2摄氏度以内、避免人类气候灾难。2010年11月，我国公布的减碳目标为：到2020年，我国单位国内生产总值的二氧化碳排放量比2005年下降40%~45%（时进钢等，2012）。

城市化进程加快促进了居民车行出行的需求，由此使得城市交通能源消耗和碳排放量急剧增加（张陶新等，2011）。据国际能源署（IEA）的数据表明，2007年交通部门产生的碳排放量占全球能源消耗碳排放量的23%（IEA，2009），预计到2030年这一比例还将提高到41%。交通碳减排已成为全球节能减碳的重点领域（OECD，2007）。相关研究表明，在交通系统中构建完善、低碳的步行系统有利于提高人们绿色出行的概率，以此减少交通碳排放量。

---

❶ 龚迎节，重庆大学建筑城规学院。
❷ 贵体进，重庆大学建筑城规学院。

1 研究背景

1.1 山地城市步行体系现状问题

在近现代规划与建设过程中,"轻步行,重机动"现象突出,步行交通体系的建设基础与规划力度十分薄弱。就目前而言,我国山地城市步行体系存在诸多问题,主要表现在步行交通结构、步行基础设施与步行体系功能等三个方面。步行是人类活动最原始、最主要的交通方式之一,尤其是在我国多山的中西部地区,步行对人类生存、健康发展具有重要意义。

1.1.1 步行体系结构破碎

山地城市由于地形地貌原因,城市结构往往呈现多中心的组团发展模式,如重庆、宜宾、泸州等。我国进入工业化期间,尤其是三线城市建设期间,强调功能主义,大力发展经济增长型的机动车道,忽视了具有绿色低碳,景观休闲功能的步行体系。就目前而言,步行交通体系主要出现在城市各组团内部,以步行街、城市公园、城市绿道等形式表现。在城市空间结构上,各组团内部步行体系各自发展,组团之间仅以城市快速路或城市干道连接,各组团内部的步行交通呈现零散的点状发展,缺乏统筹性的连接。

1.1.2 步行基础设施滞后

由于中西部山地城市发展水平的相对滞后,城市基于建设其他经济增长型工程,已经建设的步行体系也出现诸多问题,如缺乏休闲停留的设施与空间节点,步道年久失修;对于不同方式的步行通道,缺乏有机的步行转换工具,如垂直电梯、过街天桥、地下通道等;由于设计及实施等原因,丰富的地形地貌却表现出空间形式单一,趣味性缺乏。

1.1.3 步行体系功能联动较弱

发展处于中西部前列的山地城市如重庆,已经规划并建设多条山地步行通道,但是许多步道仅为政绩工程的产物,部分步道仅具有康体休闲功能,功能较为单一,使用效率低下,甚至少许步道无人问津以致成为犯罪率上升的消极空间。究其原因,这些步道往往位于居民活动边缘地带,缺乏与其他功能的联动,尤其是与公共交通站点、公共服务设施、商业服务设施、城市开放空间的联系,从而使步道使用功能低下,活力不足。

1.2 山地城市低碳步行体系的构建意义

我国是一个多山的国家,全国有 2/3 的面积被山地所覆盖,山地的居住人口约占全国总人口的 1/2(赵万民,2003)。山地地形较为复杂,坡度大,建设难度巨大,加之山地主要位于我国中西部地区,由于改革开放等历史原因,中西部地区经济发展相对滞后,山地城市步行步道建设问题更是严峻。进入 21 世纪以来,随着生活水平的提高,人类对于追求健康、低碳等出行方式的愿望日益迫切,加强山地城市基础设施的建设,对国家推进西部大开发、促进区域协调发展具有重要意义。

相关研究表明,中国交通运输部门化石能源消耗年均增长率为 10.8%,比全社会总能耗年均增长率高出 1.06%,已经成为能耗增长最快的部门之一,而且还将逐渐成为中国未来能源需求和碳排放增长的主要贡献者(国家发改委能源所课题组,2010)。由此可见,低碳化交通体系的构建将对我国减碳工作开展起到积极作用。

2 山地城市步行体系构成要素

完善的步行交通体系，是健康低碳、高效活力、快捷出行同时融入景观休闲于一体的交通体系。因此，按照步行体系的功能与原则，山地城市步行交通体系可以分为空间基础、自然生态、公共设施、出行习惯、地域文化五个要素，它们各自功能的有效发挥是建设完善步行体系的保证与前提。

2.1 空间基础要素

步行交通体系的空间基础是由步行节点、步行廊道及步行面域构成。步行节点主要为街头绿地、小广场、微公园、人行天桥、人行地道等；步行廊道则更多地表现为商业步行街、滨河步道、林荫道、人行道、城市生态廊道、城市绿道与居住区步行系统；步行面域主要是商业步行街区、历史街区、城市公园、城市滨水地区、游憩集会广场、码头集散广场等。

2.2 自然生态要素

自然生态要素是步行交通体系建设的承载基础，根据山地城市的特征，自然生态可以分为丘陵、山脊、山坡、冲沟、谷地、阶地、河漫等多种基本地形单元组成复杂起伏的地形，并形成立体三维的空间形态，一方面为山地步行交通体系构建丰富的空间与特色创造了条件，如根据地形起伏设计多维度的景观休闲平台，与此同时也为规划设计、建设等带来了许多的困难。

2.3 公共设施要素

公共设施作为山地步行交通体系的联动要素，却对山地步道活力、促进步道持续健康发展具有重要作用。公共设施是指由政府部门或相关社会组织提供给民众使用的公共建筑、设备、道路等，按照具体的职能特点可以将公共设施分为：公共交通设施、公共服务设施、商业服务设施、城市开放空间、市政基础设施。前四类设施公共参与程度较高，应与步行交通体系进行高度整合。

2.4 出行习惯要素

对于人的运动可能性，莱文（K. Lewin）提出了"霍道逻辑空间"这一概念，他认为人可能运动的空间是综合了"短距离"、"安全性"、"最小工作量"、"最大经验量"等要素的最佳选择（李和平和邓柏基，2003）。加之山地城市地形复杂，人出行需要上下爬坡，致使人体耗能随着出行量的增加而大幅上升。此外，人对空间尺度的感应也有独特的需求，人们在不同尺度的空间下生活会产生不同的出行习惯。

2.5 地域文化要素

芒福德认为，城市是专门用来贮存并传播人类文明成果的容器，城市有三大基本使命，分别是储存文化、传播文化和创造文化（高德武，2013）。从我国中西部山地城市文化角度讲，有巴文化、吴楚文化、黔贵文化、岭南文化等几大文化圈，各个文化区对城市建设具有重要影响。同时中国儒佛道文化博大精深，步行交通体系作为城市的主要构成要素之一，是传承城市文化的重要载体。

3 悦来生态城低碳步行体系研究

悦来生态城位于重庆市北部，两江新区境内，东临金山大道，西以嘉陵江为界，北侧为城市中环快速路，南侧以自然溪谷为界，规划城市建设用地 2.46 平方公里（图1）。《重庆悦来生态城总体规划》于 2012 年 10 月重庆市政府第 137 次常务会审议通过，规划将悦来生态城定位为：以高品质居住为主，辅以商业服务、商务办公、科技研发、休闲游憩等城市功能的低碳宜居综合社区。低碳规划以"TOD"为核心理念，大容量公共交通站点为核心，通过土地混合使用，使悦来生态城具有较高的土地使用密度，提高土地使用与公共交通使用率，形成布局紧凑、适宜步行的城市社区。

图 1　悦来生态城在重庆的区位

资料来源：重庆市规划设计研究院．重庆悦来低碳生态城控制性详细规划．

3.1 步行体系的完整性

悦来生态城步行体系主要包括无汽车街区、健身步道、社区公共交通、临街零售、学校、城市公园、垂直电梯、电车辅线等，步行设施与步行面域与主要步行廊道有机连接，多条滨水通廊与滨江慢性体系实现无缝对接。悦来生态城步行交通体系总体形成"一环多廊多点多面"空间格局（图2），实现一个步行全覆盖、适宜慢行的生态城。

 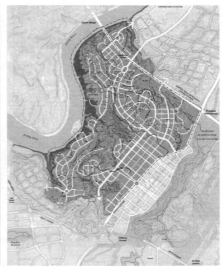

图 2　步行系统规划图　　　图 3　坡度分析与路网规划图

资料来源：Peter Calthorpe．重庆悦来生态城总体规划．

3.2 与场地自然特色结合

悦来生态城通过柔和的手法谨慎对待自然环境，利用山地城市学原理，依山就势，道路顺等高线布置（如图3），摒弃现代大填大挖的粗犷思想。步行体系结合街道或平行道路布置，滨水通廊垂直等高线并设置观光电梯，将其自然特色融入步行区域中，使之成为步行体系中重要的景观高点或者微公园，整体形成步行体系与场地原生状态有机结合的自然特色。

3.3 基础设施的高可达性

可达性、复合型是悦来生态城低碳规划的关键要素之一。步行体系中最重要的节点是围绕椭圆门户广场布置的空间结构，将交通、服务、公共空间三者高度整合，同时也是城市快慢转换的节点。各个功能与组团通过步行体系连接，组团内部服务也与步行体系紧密相连，由此形成依托步行道串接不同功能、不同等级的开放空间、公共设施、公共交通，并进行功能的快速连接与转换，从而实现步行体系的复合发展，避免其功能单一而使用效率低下。同时，滨水可达性，滨水生活的多样性也是悦来生态城步行体系的主要内容（图4、图5）。

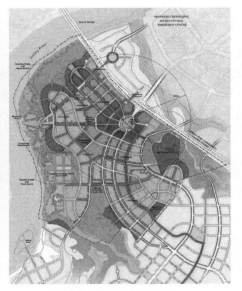

图 4 开放空间规划图　　图 5 核心区规划总平面图

资料来源：Peter Calthorpe. 重庆悦来生态城总体规划.

3.4 适宜的社区尺度

悦来生态城在规划中克服了以往大街区的规划模式，将适宜的小街区作为规划核心理念之一（扈万泰和Peter Calthorpe，2012）。规划避免超大尺度的车行社区，每个街区大约为80～120米。街区尺度在带来巨大商业价值的同时也是居民出行生活方式的重要影响要素，目前国内诸多大型社区，社区内部交通便会带来较多能耗，对山地城市来说，出行能耗的产生会更加严重。而小街区尺度往往能够避免上述矛盾，不仅能够较为自由地与地形进行结合，还能通过步行体系高效地与城市公共设施进行有效连接（图5）。

3.5 综合评述

悦来生态城的规划与建设是山地城市在未来低碳城市发展方向上的一个重要探索与实践。步行体系是其低碳规划的重要内容，其步行体系构建了一种健康低碳、活力高效的交通体系。悦来生态城步行系统在保证其自身的完整性与多样性的同时，与公共设施、公共交通互相整合，并在步行体系规划中考虑地形条件与人类行为方式等因素。悦来生态城步行体系虽用了诸多山地城市设计原理，但对重庆山水文化、巴文化、抗战文化等研究力度仍稍显不足。总体而言，悦来生态城步行体系的建立，对山地城市低碳步行系统的建立具有重要的指导意义。

4 山地城市低碳步行体系规划策略

通过山地城市步行体系发展的现状问题、重要意义、构成要素与悦来生态城步行交通低碳体系的分析，建立低碳步行交通体系需从以下五个方面探讨规划策略，通过其相互整合进而形成复合型低碳化的步行交通体系。

4.1 完善步行体系空间与功能

完善步行体系空间与功能是低碳步行体系构建的首要条件，完善的步行体系可以增加人们选择步行出行的机会，以此减少碳排放。首先，保证步行体系结构的完整性要注重组团内部、组团与组团之间的连接，区域与本地之间的连接，步行节点、步行廊道、步行面域的相互连接，居住步行体系与公共步行体系的连接。空间分布与密度也是步行交通空间体系的主要规划内容，一般来讲，在组团城市商业休闲中心与重要交通节点应尽量布置高密度、多方向的步行廊道以便于人流的集中与分散。在步行体系空间结构规划时，应形成全覆盖、因地制宜的疏密有致的空间网络体系。

充分利用山地城市的地形地貌，设计多样的空间系统，增加步行交通体系的空间趣味性，如利用地形形成不同层次的景观平台、亲水平台，通过空间的收放自如形成多层次的步行空间，过街天桥与公共建筑连接，地下通道与地下商场、地铁站点整合等。

完善步行体系设施的服务能力，对休闲设施、景观设施、转换设施、生态设施等从空间密度、设施质量、设施规模等多方面考虑，提升设施服务能力。休闲座椅亭廊、景观电梯、索桥、景观小品、雕塑等设计势必会给步行空间体系带来更多的活力。

4.2 结合山地自然生态环境

山地步行系统规划最重要的自然环境影响因素是地形地貌，场地的生态化与低碳化建设首先应当尊重原有的地形环境，促进步行系统与自然环境的协调，注重人在行走过程中的安全舒适性（雷诚和范凌云，2012）。步行系统的规划与地形结合能够减少土石方量，以此减少建设过程中的能源消耗与碳排放。在宏观山水格局上，步行体系结构应顺应山地城市大山大水的空间格局，如滨水而造、依山而建等。在地形处理手法上，应顺应自然，避免大型填挖，步行空间应用充分利用微地形条件形成独特的步道空间与微景观，如顺应等高线布置，跌台等运用。将生态低碳的发展与山地地形环境结合在一起（雷诚，赵万民，2008）。

4.3 整合周边公共设施

步行交通体系与公共设施的高度整合特别是与公共交通系统的便捷接驳可以增加人们绿色出行的概率，以此减少交通碳排放量。山地城市应首先建立便捷的步行体系连接公交站点，如居民出行能够在400米以内到达本地公交站点，能够在800米以内到达区域公交站点。其次是建立与公共绿地、商业服务、公共服务的快接通道，如实现10分钟商业生活圈、5分钟绿地休闲公园的建设。公共交通站点的密度，公共服务中心、城市商业中心、社区商业中心与城市绿地等开放空间的服务半径规划也影响着步行交通体系的规划建设。公共设施为出行目的，步行体系为出行路径，两者应该相互影响、相互整合。通过两者相互作用，促进公共出行，共同建立健康低碳、活力高效的交通体系。

4.4 契合居民出行方式

居民出行最直接的考虑因素是"最小能耗"、"最短时间"、"最小出行距离"的问题。山地城市地形复杂、坡度较大，复杂地形环境中使步行需要消耗更多的能量及时间。山地城市步行体系的规划与建设应在居民出行与自然改造间取得平衡。对于特殊地形地貌，需采用特殊设计手法以适应居民出行，如许多重庆市的皇冠大扶梯有效地连接两大城市节点，武夷滨江社区采用景观垂直电梯增加中央步行轴线出行量与空间活力，龙湖春森彼岸的中央商业大梯坎采用折线步道与扶梯组合的方式减少居民出行的疲倦等。

街区尺度也是影响居民出行重要因素之一。小尺度街区便于实现居民社区私密生活与城市公共生活的快速转换，同时也是对于现代城市超大尺度活力缺乏的有力回避，有利于增加居民出行意愿。针对目前已经形成的大尺度社区，可以引入步行体系打破原有街区尺度，实现街区尺度的压缩以及与步行体系的有效连接。

4.5 融合在地地域文化

蕴含文化与活力的步行交通体系能够增加人们步行的需求。我国历史悠久，地域文化丰富，步行交通曾经是历史上主要的交通方式，因此步行交通体系应该与中国文化、城市文化及交通栈道、驿道文化等相互结合，使其具有文化内涵，具有生命力。山地城市应有山地城市独特的情怀，如重庆市渝中区在城市主干道旁规划了9条健身步道，九在中国传统文化中尤为重要，如九天、九州、九域、九重等，目前有三条已基本成型，将重庆特有的缆车文化、码头文化、梯道文化融为一体，构成城市别致的城市风景线。再如一些步道以人的一生为寓意进行建设，还有的步道根据复兴曾经的历史辉煌植入文化元素唤起对历史的回忆。

5 总结

山地城市步行交通体系的低碳化建设不仅需要步行系统自身空间与结构完善，更应该注重步行交通与自然环境、公共设施、居民出行、地域文化四个方面的相互配合，前者为基础保证，后四者为低碳活力之源。笔者提出在具体的规划应用中应从"系统构建、地形结合、配套整合、出行契合、文化融合"五个方面研究城市步行交通系统的规划框架。通过"一构四合"的低碳规划框架体系的构建，实现建立完善的低碳步行交通体系——健康低碳、高效活力、快捷出行同时融入在地文化的交通体系。

参考文献

[1] 陈碧辉. 温室气体源汇及其对气候影响的研究现状 [J]. 气象科学，2006，5：586-589.

[2] 扈万泰，Peter Calthorpe. 重庆悦来生态城模式——低碳城市规划理论与实践探索 [J]. 城市规划学刊，2012，2：73-81.

[3] 高德武. 论文化主导下的城市更新实践：成都案例 [J]. 城市发展研究，2013，3：10-13.

[4] 国家发改委能源所课题组. 中国2050年低碳发展之路：能源需求暨碳排放情景分析 [M]. 北京：科学出版社，2010.

[5] 黄光宇，陈勇. 生态城市理论与规划设计方法 [M]. 北京：科学出版社，2002.

[6] International Energy Agency（IEA）. CO_2 Emissions from Fuel Combustion 2009 [M]. Paris:IEA Publication，2009：117-180.

[7] 雷诚，赵万民. 山地城市步行系统规划设计理论与实践——以重庆市主城区为例 [J]. 城市规划学刊. 2008，3：71-77.

[8] 李和平，邓柏基. 试论山地城市步行系统建构 [J]. 重庆建筑大学学报. 2003，2：25-31，47.

[9] 雷诚，范凌云. 生态和谐视角下的山地步行交通规划及指引 [C]. 2008城市发展与规划国际论坛论文集.

[10] 刘梦琴，刘轶俊. 中国城市化发展与碳排放关系——基于30个省区数据的实证研究 [J]. 城市发展研究，2011，11：27-32.

[11] Organisation for Economic Cooperation and Development（OECD）. Cutting Transport CO_2 Emissions: What Progress?[M]. Paris:OECD Publications，2007：76-153.

[12] 时进钢等. 论温室气体控制和气候变化因素纳入规划环评必要性及可行性 [J]. 环境与可持续发展，2012，1：55-58.

[13] 赵万民. 关于山地人居环境研究的理论思考 [J]. 规划师，2003，06，60-62.

[14] 张陶新，周跃云，赵先超. 中国城市低碳交通建设的现状与途径分析 [J]. 城市发展研究，2011，1：68-73.

中心城区停车设施规划方法初探 [1]
——以重庆市沙坪坝区为例

黎元杰 ❶ 杨黎黎 ❷

摘 要：城市中心区停车问题已成为城市可持续发展的一大阻碍，本文通过对重庆市沙坪坝区城市交通现状的充分研究，结合国内外停车规划经验，对未来停车需求进行科学预测，根据城市自身条件对各类停车设施进行规划布局，以期引导城市交通健康发展。

关键词：中心城区；停车设施；规划方法；沙坪坝区

1 引 言

随着城市社会经济的不断发展，机动车拥有量迅速增长。大量机动车上路给城市交通带来巨大压力的同时，其停放也对城市环境和交通运行造成了重大影响。由于停车设施总量不足、配置不合理和停车管理不到位等原因导致停车乱、停车难的问题日益凸现，严重影响了城市生活品质，制约城市未来的可持续发展。静态交通设施的规划和建设，不仅能够缓解城市交通拥挤，减少交通事故，提高道路通行能力，而且对城市的可持续发展具有重要的意义。

2 研究区概况

2.1 城市交通与发展现状

沙坪坝区位于重庆都市区核心，为重庆市主城九区之一，东接渝中、江北、九龙坡三区，西连璧山、铜梁、潼南等区县，地处沟通成都、辐射西部的西北向重要廊道上，是重庆直辖市竞争力重要集聚区和"一小时经济圈"重要增长引擎，区位优势显著。

2.2 机动车保有量

根据交管部门提供的最新资料，截至2010年底，沙坪坝区机动车保有量突破8.8万辆，7年间平均年递增机动车0.96万辆（表1）。

---

❶ 黎元杰，重庆展览馆规划研究中心。

❷ 杨黎黎，重庆大学山地城镇建设与新技术教育部重点实验室。

2003～2010年沙坪坝机动车保有量增长情况　　　　　　　　　表1

年份	2003	2004	2005	2006	2007	2008	2009	2010
车辆规模	32138	37650	39864	46263	55583	62395	72199	88401
增长量	—	4612	2214	6399	9320	6812	9804	16202
增长率	—	14%	5.9%	16%	20%	12%	16%	22%

资料来源：重庆市设计院．沙坪坝停车设施建设与管理规划．

2.3 调查范围分区

本次规划范围涵盖沙坪坝区全部行政辖区（图1），规划面积396平方公里。根据沙坪坝区城市建设实际情况，本次规划的核心区范围为东部城区。东部城区包括一个中心（以三峡广场为中心的核心片区）、2个副中心（上新片区、井双片区），主要根据现状调查，通过需求预测，合理布局停车泊位，解决现状停车难的矛盾。西部城区包括中梁山以西的城市近期建设区域，即西永片区。西部片区现状建成区规模不大，停车矛盾还不突出，但处于快速发展阶段，因此暂不做现状调查，只做需求预测和布局规划。

2.4 现状问题

（1）停车设施规划建设方面

停车设施严重不足，机动车快速增长与停车场建设滞后的矛盾突出，停车泊位需求缺口较大；停车业发展无序，规划对停车问题重视不足，未能及时进行规模（数量）和布局（密度）规划，建成区内停车设施先天不足，无预留用地，难以扩大供应规模；停车设施导引信息落后，停车资源未能充分利用；违章停车现象突出，由于价格差异和车辆出入的不方便，大量机动车选择路内停车或违规停车，占道停车现象严重，甚至导致路外停车场库利用率较低。

图1　沙坪坝行政辖区总平面及分区示意图（图中①～③为东部城区，其中①是井双片区，②是以三峡广场为中心的核心片区，③是上新片区；④是西部城区即西永片区）

资料来源：重庆市设计院．沙坪坝停车场设施建设与管理规划．

（2）停车管理体制方面

停车系统管理体制多头，难以形成合力。沙坪坝区各类停车场的规划、建设和行业管理等分别涉及规划、建设、交通、公安、工商、物价、税务等7个部门，管理的多头化造成了停车系统运转的低效率，导致停车矛盾日益突出；未采用停车收费方式进行停车调节。沙坪坝停车库收费标准基本一致，调查中发现人们选择停车场首要考虑的因素是到达目的地的距离，导致部分停车场爆满，而部分停车场周转率较低；缺乏引导停车设施开发的配套政策和法律保障，缺乏停车设施民营化鼓励政策，社会参与的积极性低。

3 停车需求数据分析

3.1 调查内容与数据统计

为了掌握区域内车辆的停放特征，包括停车场的分布、停车场的规模等，进一步为静态交通规划和管理提供依据，对现状停车场进行全面详细调查（表2），调查内容包括停车场的数量、位置、周转情况（典型停车场的周转率、高峰小时、平均使用率等）、车辆出入情况等，调查对象为公共停车场、配建停车场、路内停车场。

沙坪坝区社会停车场停车泊位统计　　　　　　表2

小区	停车场数（个）	公共	配建	路内	泊位总计	面积（平方米）
井双片区	23	1059	3666	237	3666	77784
核心片区	134	652	15138	1258	16888	663209
上新片区	76	136	13956	349	12206	605999
西部片区	7		1242		1242	42667
合计	240	1847	27515	1844	35088	1398827

3.2 需求预测模型

停车需求预测是停车规划重要的定量分析依据。研究首先提出土地利用开发、土地利用区位、停放成本、机动车数量、车辆出行水平、交通管理政策的调控等6项因素与停车需求的关联性；然后定性分析机动车保有量预测和停车需求预测的计算方法，比较停车生成率模型、用地与交通影响分析模型、多元回归模型、出行吸引模型、交通量—停车需求模型、静态交通发生率模型的适用性及优缺点。在此基础上，综合考虑区位特点、季节变动和周日变动等因素对停车行为及特性的影响，对停车需求模型进行转换和修正，最终确定区域停车泊位需求量。

根据对几种预测模型的分析比较，确定采用静态交通发生率模型和交通量——停车需求模型两种不同的手法，从土地利用和交通出行两种角度分析沙坪坝区现状及未来规划年的停车需求。预测停车泊位需求量（表3、图2）。

规划年内沙坪坝区各交通小区停车需求泊位表[2]　　　表3

小区编号	现状需求总量	现状公共停车泊位供给	规划年需求总量	现状公共停车供需差	规划年公共停车供需差
井双	15084	1603	18527	1414	2102
核心	45453	3869	48508	5222	5833
上新	29677	1741	32729	4194	4805

续表

小区编号	现状需求总量	现状公共停车泊位供给	规划年需求总量	现状公共停车供需差	规划年公共停车供需差
小计	90214	7213	99764	10830	12740
西部新城	9350	360	139398	575	13580
合计	99564	6214	239162	3742	17702

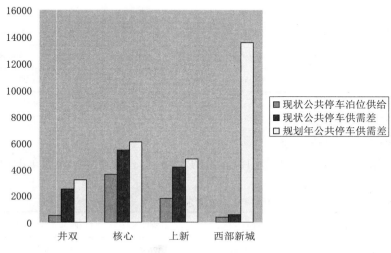

图 2　沙坪坝区现状和规划年公共停车供需图

资料来源：重庆市设计院.沙坪坝停车场实施建设与管理规划.

4　停车设施布局和规划设计

4.1　停车泊位布局

4.1.1　机动车保有量和停车泊位比例

根据国内外经验，机动车保有量和停车泊位比例宜在 1∶1.2～1∶1.5 之间。沙坪坝区现状机动车保有量和停车泊位比例仅为 1∶0.8，建议近期 2015 年以"一车一位"为目标，机动车保有量和停车泊位比例控制在 1∶1 左右。根据机动车保有量和停车需求预测，2015 年机动车保有量和停车泊位比例 130000∶130599，基本等于 1∶1。2020 年沙坪坝区机动车保有量约为 21.5 万左右，按需求预测的 275027 个停车泊位计算，2020 年机动车保有量和停车泊位比例 1∶1.28。

4.1.2　停车泊位分布比例

根据国内外停车规划经验，配建、路外公共、路边停车泊位占的比例通常为 70%～80%、10%～15%、10%～20% 控制。在《沙坪坝区综合交通规划》中，配建、路外公共、路边停车泊位占的比例分别规划为 75%～85%、10%、5%～15%（市中心区取低限，市区边缘取高限）。

根据沙坪坝区道路、交通和现状停车的实际情况，城市停车设施应以配建为主，建议将《沙坪坝区综合交通规划》制定的比例，保持路外公共 10% 比例不变，将配建的比例增加为 85%～87%，路内的比例减少为 3%～5%（表4）。

规划 2020 年停车泊位分布比例[3]　　　　　　　　　　　　　　　　　　表 4

	路外公共		配建		路内		合计	
	泊位数	比例	泊位数	比例	泊位数	比例	泊位数	比例
井双片区	2131	10%	18323	86%	852	4%	21306	100%
核心片区	5578	10%	48532	87%	1674	3%	55784	100%
上新片区	3764	10%	32369	86%	1506	4%	37638	100%
西部片区	16031	10%	136262	85%	8015	5%	160308	100%
合计	27504	10%	235486	86%	12047	4%	275036	100%

4.2 停车设施规划

4.2.1 配建停车设施规划

根据停车需求量预测，按停车泊位总量的 85%～87% 规划配建停车泊位数（表5）。

配建停车泊位需求量表　　　　　　　　　　　　　　　　　　　　　　表 5

	井双片区	核心片区	上新片区	西部片区	合计
总停车泊位数	21306	55784	37638	160308	275036
百分比	86%	87%	86%	85%	100%
配建停车泊位数	18323	48532	32369	136262	235486

根据土地利用规划，按用地性质统计各交通小区建设用地面积。通过平均容积率估算得出建筑量指标，通过配建比计算理论配建停车泊位数。经过理论配建停车泊位估算，停车泊位数合计 459406 个，远远超过需求预测的停车泊位数总和 235486。然而由于现状建成区存在大量老居住小区未按配建停车位标准配置，以及部分公建停车设施配置不足或挪为他用，实际供给比例低于 50%，各区需求占供给的比例 27.22%～80.04%，核心片区和上新片区新建建筑如果只按现行停车配建指标，将不能满足 2020 年城市配建停车的要求，建议提高配建指标。

4.2.2 公共停车设施规划

公共停车场的泊位数应占泊位总量的 10%。主要用来满足服务范围内的小型公建和配建停车泊位不足的需要，是建筑物配建停车泊位的补充和调节。重点布置在公共交通换乘枢纽，重要综合性商业、服务和活动中心，CBD 边缘地带。为公共停车设施规划泊位数量达到或超过需求预测的数量，保障公共性停车设施的需求，同时满足按 300 米服务半径能够覆盖 50% 以上范围，规划社会停车场用地、部分广场绿化用地、部分交通换乘枢纽用地用来建设公共停车设施。规划公共停车场总数达到 40824 个，超过需求预测的 27504 个（表6）。

2020年公共停车设施分区规划数量表　　表6

类型	井双片区	核心片区	上新片区	西部片区	合计
控规确定的社会停车场（库）	2704	2900	3480	23340	32424
结合广场、公园绿地作停车场（库）	11931	5501	6027	0	23459
结合交通枢纽作停车场（库）	73	301	823	807	2004
小计	6240	7688	7222	19674	40824

4.2.3 路边停车设施规划

路边停车应处理好车辆停放与动态交通、非机动车以及行人交通的关系。城市道路上设置路边停车场时，应确保路上车流能以一定的速度畅行。通过控制路边停车场的交通阻碍率，执行允许设置路边停车场的最小道路宽度标准，对路边停车进行规划布局（表7、表8）。

设置路边停车场的道路车行道宽度标准　　表7

类别	道路宽度	路边停车设置
双向通行	12米以上	容许双侧停车
双向通行	8～12米	容许单侧停车
双向通行	不足8米	禁止停车
单向通行	10米以上	容许双侧停车
单向通行	6～10米	容许单侧停车
单向通行	不足6米	禁止停车
背街小巷	8米以上	容许双侧停车
背街小巷	4.5～8米	容许单侧停车
背街小巷	不足4.5米	禁止停车

路边停车规划泊位情况　　表8

小区编号	规划年需求总量	现状路边停车泊位供给	新规划布局量	规划年路边停车泊位总量	规划年路边停车泊位比
井双	18527	199	748	947	5.1%
核心	48508	286	1455	1741	3.6%
上新	32729	651	949	1600	4.9%
合计	99764	1136	3152	4288	4.3%

5　停车设施管理政策发展建议

沙坪坝区的停车设施管理和政策制定应从全区经济整体发展战略出发，综合考虑区内机动车保有量、土地利用状况与性质、公共交通发展状况、道路状况、城市布局、城市环境等因素，对停车需求和条件的影响，结合规划需求提出以下7点建议。

（1）将停车设施建设与停车设施管理和政策紧密结合

坚持以人为本，把加强停车设施管理和政策发展工作，与落实公交优先政策、实施畅通工程、创建绿色交通示范城市等工作紧密结合起来，全面促进城市交通与城市经济社会的协调发展。

（2）形成高效协调的停车设施管理和政策发展机制

建立完善科学的停车需求管理体系，充分运用管理政策、经济与市场等手段，严格控制占道停车位的数量；推广普及信息化、智能化停车设备和停车诱导指示系统；基本建立依法管理、规范服务的停车管理体系。

（3）切实加强占用道路停车管理

在统筹考虑城市道路等级及功能、地上杆线及地下管线、车辆及行人交通流量组织疏导能力等情况下，可适当设置限时停车、夜间停车等分时段临时占用道路的停车位。在路外停车位比较充裕的区域，不得占用道路设置路内停车位。

（4）完善公共停车场停车价格形成机制

采取差别化费率调控停车需求和停车资源，实行从中心区向外围由高到低的停车级差价格，强化停车需求调控管理；对于同一地区公共停车设施，停车价格采取路内高于路外、地上高于地下、室外高于室内的定价原则，同时建立不同类型停车场收入调节机制，引导停车资源合理使用；应根据占用停车资源的差别，合理确定不同车型、不同停放时间的停车费率。

（5）规范城市停车行业管理

对停车服务经营单位实行特许经营管理制度，制定市场准入和退出标准，公开、公平、公正地择优选择停车服务经营单位。建立停车行业协会，建立行业服务评价制度，加强行业自律，采取多种方式加大对停车服务经营单位的监管力度。采取优惠政策，促进停车产业化发展。

（6）加强依法管理和监督检查

严格依据相关法律法规规定，对城市停车设施规划、建设及管理工作实行监督检查。对违反规定的，坚决予以纠正，并根据有关规定给予处罚；对发现已经投入使用的停车场存在交通安全隐患或者影响交通的，应当及时向区政府报告，并提出防范交通事故、消除隐患和撤销、改建停车场的建议。

（7）完善公共停车设施规划建设实施保障机制及措施

公共停车设施建设应列入政府年度计划。采取优惠政策，鼓励社会投资建设各种类型的路外公共停车场，实现投资主体多元化。

注释

1. 论文成果源自重庆市设计院"沙坪坝停车设施建设与管理规划"项目组。
2. 室外和路内均为公共停车泊位，按照一般配建标准占总量75%～90%，东部城区公共停车泊位需求暂按20%计算，西部新城公共停车泊位需求暂按10%计算；由于无法收集到的非营业性配建停车位，因此该表仅对公共停车供需差做了分析。
3. 表中配建停车位是指由建筑自带停车位，包含营业性（商场、剧院、写字楼等对外营业的停车位，也包括长期租用停车位）和非营业性（住宅小区由业主购买自用停车位、单位不对外开放自用停车位）。

参考文献

[1] 张秀媛等. 停车设施规划与管理 [M]. 北京：中国建筑工业出版社. 2006.
[2] 陈燕萍. 居住区停车方式的选择 [J]. 建筑学报，1998，07：32-34.
[3] 徐巨州. 现实主义的城市土地利用与发展观 [J]. 城市规划，1999，22，1：9-13.
[4] 陈峻，王炜，胡克定. 城市社会停车场选址规划模型研究 [J]. 公路交通科技，2000，17（01）：59-62.
[5] 周鹤龙. 美国大都市区交通规划及其启示 [J]. 国外城市规划，2002，5：50-52.
[6] 赵志飞. 大拥堵逼近大武汉 [J]. 道路交通管理，2004，9：6-13.
[7] 关宏志，刘兰辉. 大城市商业区停车行为模式 [J]. 土木工程学报，2003，36（1）：46-51.
[8] Kardi TEKNOMO, Kazunori HOKAO. Parking Behavior in Central Business District, 1999.
[9] 南京市交通规划研究所. 大城市停车场系统规划技术. 国家"九五"科技攻关专题总报告. 1998，10：55-56.
[10] 陈峻. 城市停车设施规划方法研究 [D]. 南京：东南大学，2000.
[11] 吴涛. 停车供需及停车政策研究 [D]. 上海：同济大学，1999.
[12] 陈峻等. 城市停车设施选址模型与遗传算法设计 [J]. 中国公路学报. 2001，1：85-88.
[13] 吴素丽，冷杰，王亚，晏克非. 大城市社会公共停车场选址规划模型研究 [J]. 交通科技. 2005，1：80-82.
[14] 郭涛，杨涛. 基于GA的公共停车场选址模型研究 [J]. 交通运输工程与信息学报，2006，1：95-98，115.
[15] 白玉，薛昆，杨晓光. 基于路网容量的停车需求预测方法 [J]. 交通运输工程学报，2004，4：49-52.
[16] 詹晓兰. 城市中心区停车设施供给与路网容量平衡关系的研究 [J]. 交通与运输，2005，1：77-79.
[17] 中国城市规划设计研究院. 天津经济技术开发区西区交通规划 [R]. 2004，4.
[18] 中国城市规划设计研究院. 成都市综合交通规划 [R]. 2003，4.

自行车交通系统在重庆北部新区的实践评估及启示

傅 彦[1]

摘 要：结合自行车交通的特征以及重庆主城区交通出行特征，提出自行车交通在重庆交通出行体系中的定位，以及独具重庆特色的自行车发展模式，将该理念应用到北部新区自行车系统规划建设中，该项目是2010年住房和城乡建设部首批开展"步行和自行车交通系统示范项目"之一，建成后取得了良好的社会效益和环境效益。建成两年后通过回顾北部新区自行车交通系统规划情况、建设情况、使用情况，分别分析各阶段存在的相应问题，对示范项目的规划、建设、管理三方面的情况进行评估，为主城区自行车交通系统及公共自行车租赁系统的建设、运营提供意见和建议，有效指导自行车规划、建设、运营工作。

关键词：自行车交通；重庆；实践评估；启示

1 引言

社会经济迅速发展，小汽车拥有量不断增加，由此带来的城市问题越来越突出，交通拥堵、环境污染等问题也伴随产生，打造低碳、绿色的城市交通系统已成为必然选择。作为中国西部特大城市和中国典型的山地城市，重庆也应该走出一条具有自身特色的低碳、绿色的城市交通发展之路。

自行车交通是一种低碳、绿色的交通模式，完善的步行、自行车交通系统一方面可有效改善居民的出行条件，打造优良的城市生活空间；另一方面对减少交通污染、改善城市环境具有积极意义。由于重庆特殊的山地地形条件，自行车交通系统历来被忽视，但是在有条件的地区，如北部新区、西永大学城等地，地势平坦，具有规划建设自行车交通系统的客观条件。重庆北部新区自行车交通系统是2010年住房和城乡建设部首批开展"步行和自行车交通系统示范项目"之一，目前第一期已建成并通过验收。在重庆这个没有自行车出行传统的城市，通过自行车系统的规划建设为市民提供更多的出行方式，同时作为公共交通接驳的方式以及短距离出行的方式之一，提高公共交通的使用效率，减少短距离的机动化出行，打造低碳、绿化的城市交通系统，在中国的山地城市中具有典型的示范作用和积极作用。

---

[1] 傅彦，重庆市交通规划研究院。

2 自行车交通系统在重庆主城区的发展模式分析

2.1 主城区居民交通出行特征分析

从自行车出行的时耗特征来看，其在城市中主要承担短距离的出行，尤其是儿童、青少年上学，除此之外，在大城市中自行车也逐渐成为居民出行搭乘公共交通的接驳工具。据 2010 年重庆主城区交通调查显示，交通出行以中短距离为主，12 公里内出行约占 92%，6 公里内出行约占 44%。调查数据表明：（1）相当部分的居民出行集中在中短距离，自行车可作为替代交通工具；（2）依托公共交通，自行车可作为公交站点接驳工具。在 2014 年的居民出行调查中，轨道出行平均距离 8.7 公里，地面公交出行平均距离为 5.4 公里，居民出行仍然为中短距离。

注：由于本项目为 2011 年规划建设，因此当时规划的数据采用 2010 年交通调查数据。

2.2 自行车发展的影响因素

2.2.1 居民生活传统及出行习惯

出行习惯等相应的居民生活传统是一个城市的基本品质，尊重这种品质是城市发展的基本原则。重庆主城区是一个没有自行车出行传统的城市，随着现在道路条件的改善，以及人们对于交通出行的新观念和新追求（包括低碳、环保、健身等），自行车出行需求在局部区域逐步凸显。因此，在重庆发展自行车交通系统的基本前提是，在尊重原有生活习惯的基础上适当引导、理性发展。

2.2.2 地形及道路条件

道路坡度是影响自行车使用的主要客观条件之一，坡度相对较小的道路网络系统是发展区域自行车交通系统的基本条件。主城区道路纵坡相对较大，成为自行车出行的主要限制因素。同时，主干路交叉多采用立交形式，也成为自行车出行的障碍。这些因素是影响自行车交通网络布局的重要因素。

2.2.3 气候条件

重庆地区盛夏高温明显，最高气温基本出现在 7 月和 8 月，最高气温 ≥ 35℃ 日数多年平均达 30 ～ 40 天。重庆极端最低气温常出现在 1 月。全市各地全年日降水量大于等于 0.1 毫米的天数大都在 150 ～ 165 天之间。

从气候条件看，极端天气多，冬夏气候不适宜室外出行，重庆不具备将自行车发展成为居民主要出行方式的客观条件，局部区域有条件地发展自行车交通系统，才是符合重庆的实际情况的基本策略。

2.3 自行车交通系统的发展定位及模式

自行车交通系统在重庆的发展可定位为：（1）自行车交通系统的发展空间相对有限；（2）自行车交通系统难以成为主城区居民出行的主要交通方式，只能作为居民出行结构的一种有效补充；（3）在局部区域可以发展自行车交通系统，用以解决中短距离出行问题，以及与公共交通的有效接驳问题。

结合重庆主城区城市特征及交通出行特征，自行车交通发展模式定位为三类：（1）接驳公共交通，特别是与轨道站点衔接，解决公交出行"最后一公里"问题，提升公交整体服务质量；（2）在局部有条件的区域，特别是地势平坦、道路纵坡相对较小的区域，发展较为完善的自行车出行网络，服务居民中短距离出行；（3）依托城市特色景观，在滨江、沿山等特色景观带，发展具有一定规模的特色自行车系统，满足居民的休闲、娱乐、健身需求。

3 重庆北部新区自行车交通系统规划建设及运营情况

北部新区位于重庆主城区北部，为城市新拓展区，是高新技术产业研发、制造及现代服务业聚集区。不同于传统的重庆"山城"地形地貌，该区域地势平坦，有发展自行车交通的地形条件；从居民出行特征上看，服务居民交通出行特别是通勤出行、与公共交通接驳将是自行车交通发展的重要方向。

3.1 自行车交通系统规划

自行车网络规划的研究方法，主要采取供需平衡的原理，分析需求，寻找供给，以形成一个供给需求相对平衡的自行车网络。需求方面，对于用地，分析在哪些区域需要布置自行车道；供给方面，对于路网，分析在哪些道路上可以布置自行车道。

3.1.1 交通需求及道路条件分析

一般来说，城市的主要交通需求点包括：商业办公、文化体育、广场、学校教育、医疗卫生，以及公园绿地，这些目的地形成了自行车交通的主要吸引元。以次干路、支路为基本网络，对道路坡度进行适应性分级：一级路段：纵坡小于3%，自行车自由通行，根据需求覆盖自行车网络；二级路段：纵坡3%～5%，自行车可以通行，根据需求选择性布置自行车道；三级路段：纵坡大于5%，自行车可实现有条件通行，应慎重布置自行车道。

3.1.2 网络规划

规划北部新区自行车网络总长约150公里，形成"两个网络、一个特色"的自行车线网，即：（1）形成以重要轨道站点为中心、服务半径1.5公里的自行车接驳网络；（2）形成相对独立、局部连通的四个自行车片区；（3）依托金海大道形成特色的滨水景观休闲自行车通廊，如图1所示。其中示范线路长4.5公里。

3.1.3 自行车道设计要素

（1）横断面设计

自行车道基本采用与人行道同断面形式。自行车道单向通行宽度一般不小于2.0米，特殊路段不小于1.5米，双向通行不小于2.5米。

（2）交叉口设计

自行车采用与行人共用过街相位和通道的方式。

（3）自行车停车规划

规划在自行车道到达及覆盖区域，如大型公建、办公、居住区等，配建适当规模的自行车停车场，配建标准为1.0～3.0个停车位/100

图1 北部新区规划自行车网络规划图

图 2　自行车交通系统建设前后对比图

平方米建筑面积，同时在轨道站、公交停靠站等地布置自行车公共停车位（图 2）。

（4）自行车道铺装

为提高自行车系统的标识性，规划采用彩色沥青路面铺装自行行车道。

（5）标示系统

为方便居民的使用，规划采用标志牌和地面标志组成自行车交通的标示系统。

3.2　自行车交通系统建设情况

一期建成自行车道约 4.5 公里。为引导并推动居民自行车出行，规划建设公共自行车系统，目前在该区域内布局公共自行车服务点 6 处，投入自行车 60 辆（图 3、图 4）。

图 3　公共自行车租赁点分布图　　图 4　北部新区公共自行车租赁系统

4　评估方法及调查结果

2012 年北部新区自行车交通系统建成使用后，项目组于 2013 年组织了对北部新区自行车交通系统规划情况、建设情况、使用情况的现场调查，包括自行车交通量、居民问卷等实地调查，分别分析各阶段存在的问题，对示范项目的规划、建设、管理三方面的情况进行了评估。

4.1 调查方法

为准确获取自行车系统的实际使用效果,调查分为三部分:一是对各段道路的自行车交通量进行调查统计;二是对骑行者进行一对一的问卷调查,以便了解居民对自行车系统的各方面感受及反馈;三是针对自行车系统的一些技术指标向部分专业人员进行问卷调查。

4.1.1 自行车交通量调查

对 9 条道路进行自行车流量调查,明确各段道路的自行车流量。调查时段为晚高峰,时间为 16:30 ～ 18:30。

4.1.2 居民问卷调查(表 1)

居民问卷调查内容 表 1

序号	调查分类	调查内容	调查目的
1	对自行车道的使用调查	是否使用自行车道,及不使用的原因	初步了解自行车道存在的问题
2	居民使用自行车出行调查	出行距离、出行目的、使用形式	对示范项目功能定位进行评估
3	对自行车系统感受调查	自行车道宽度、坡度、设置方式	对自行车道的设置进行评估
4	对公共自行车系统使用调查	是否使用过公共自行车、对公共自行车的了解及建议	对公共自行车的布点、运营管理等方面进行评估

4.1.3 专业人员问卷调查

在居民问卷调查反馈问题的基础上,为了使对示范项目的评估及建议得到进一步的技术支撑,从而让调查结果更加准确、科学,项目组对部分专业人员进行了一定量的问卷调查,内容主要包括规划定位、自行车道布置形式、技术指标、公共自行车设置等方面。

4.2 自行车系统总体使用情况

调查结果显示,示范区域内自行车量总体较小,高峰时段内最高流量为 64 辆／小时,分布在金通大道(南段);最小流量为 11 辆／小时,为天山大道断面。

项目组对受访者进行关于自行车道使用情况的调查。主要对象为大竹林片区居民,共计发放调查问卷 65 份,收回有效问卷 55 份,问卷有效率为 85%。有 76.4% 的受访者表示自己在自行车骑行过程中会选择使用已建成的自行车道,仅有 23.6% 的受访者不愿意在自行车道骑行。可以看出,居民对自行车道的建设普遍表示支持。不使用自行车道的原因构成中,认为自行车道不连续、不完善以及路况较差、骑行不舒适的占大多数。

4.3 居民使用自行车出行情况

为分析规划中对自行车交通系统的定位是否合理,对受访者进行自行车出行调查,主要包括出行距离、出行目的以及使用自行车出行的形式三方面内容的调查。

在出行距离方面,利用自行车出行距离在 2 公里以上的占 34%,2 公里内的出行占 66%。根据出行距离在 2 公里以上的受访者反馈,其利用自行车出行时长普遍在 20 ～ 30 分钟之间,出行距离约为 3 ～ 5 公里。

在出行目的方面，以上下班通勤为目的的交通占到了 60.66%，为自行车出行的主要目的。

使用自行车出行形式方面，几乎所有（比例为 96.4%）受访者使用自行车都是以区域内部出行为主。

4.4　自行车系统建设对使用的影响

为了分析自行车道宽度的建设是否合理，对自行车道宽度进行调查，有 71% 的受访者对自行车道的宽度表示满意，认为较为合适。

为了分析自行车道与人行道处于同一高程时是否合理，对自行车道的设置形式进行调查。调查中，超过 60% 的受访者赞成把自行车道与机动车道设置在同一断面。受访者认为将自行车道设置在人行道上会与行人产生冲突，且自行车道容易被车辆、摊贩占道。

为了分析示范区域内布置自行车道的坡度条件是否合理，对自行车道坡度的感受进行调查，61.4% 的受访者对现有自行车道的坡度表示满意，感觉还能正常骑行，而剩下 38.6% 的受访者则表示部分道路坡度较大，或坡长较长，骑行较为困难，如慈竹路（东段），坡度为 4.3%；楠竹路，坡度为 3.6%，以及天山大道，坡度为 4.8%，其中位于天山大道西段的一段路坡度达到 5.9%。

4.5　公共自行车系统使用调查

为了判断相关部门对公共租赁自行车系统开展的宣传工作是否有效，项目组对居民是否了解公共租赁自行车系统进行调查，82.4% 的周边居民知道北部新区公共自行车系统的存在。但是，这部分知道公共自行车系统存在的居民对公共自行车租赁系统几乎都没有深入了解，仅仅是因为看到租赁点才表示知道这一系统的存在。

为了判断租赁点设置的位置是否合理，以及公共自行车是否有发展的必要，对居民从家到达租赁点的时间，以及是否愿意使用公共自行车进行了相关调查。结果显示，在 10 分钟以内能从家到达租赁点的受访者占 65.4%，有超过 72% 的居民表示在轨道站点开通之后愿意选择使用公共自行车接驳轨道交通。

5　评估结果

5.1　规划评估

评估主要从规划功能定位、自行车网络规模、规划方法等三个方面进行评估。

5.1.1　功能定位评估

通过对自行车使用者出行距离、出行目的分析，可判断北部新区自行车交通系统的功能定位基本合理，但从建设情况的使用效果来看，使用自行车与公共交通接驳的功能明显较弱。

从出行距离来看，选择使用自行车的出行者基本属于中短距离出行。从出行目的来看，多以内部通勤、购物为主，而与公交接驳的情况较少。

综上，对北部新区自行车交通系统的功能定位基本合理，能有效解决中短距离的组团内部出行。

5.1.2 规划自行车网络规模评估

从自行车道路网密度来看，只有天宫殿—龙头寺片区达到了《城市道路交通规划设计规范》GB 50220-95 中 3～5 公里/平方公里的要求，其余片区均明显低于规范指标。主要原因为：

（1）道路条件有限，部分道路坡度较大，不适合布置自行车道。

（2）部分区域路网密度偏低，可布置自行车道的道路较少。如礼嘉片区道路网密度仅为 3.5 公里/平方公里，可供布置自行车道的道路网络更少。

5.1.3 规划方法评估

主要对主干路上是否应当布置自行车道、自行车道的坡度分级是否合理进行评估。根据调查，骑行者在使用公共自行车时，将自行车骑到滨江站，就会停放在那里，而不愿再骑回来。而天山大道的坡度有 4.8%，其中最大的一段达到 5.9%，骑行非常困难。多数骑行者明确表示慈竹路（东段）（坡度为 4.3%）、楠竹路（坡度为 3.6%）、金开大道（坡度为 4.5%、5.9%）等道路的骑行都较为困难。根据现场踏勘，坡度在 2%～3% 时，骑行者略微有困难的感觉，但能接受，在低于 2% 时，骑行则较为容易。

调查表明，对于道路纵坡在 4% 以上且坡长超过 50 米的，不适合布置自行车道；对于介于 2%～3% 之间的，可根据需求选择性布置；对于低于 2% 的根据需求自由布置。

5.2 建设情况评估

建设情况评估分别从自行车道的道路条件（布置方式、宽度、铺装）、交叉口过街方式、配套设施（标示系统、照明系统）等 3 个方面对示范项目建设情况进行评估。

5.2.1 自行车道路条件评估

（1）自行车道布置方式评估

根据居民问卷调查，61% 的受访者赞成把自行车道与机动车道设置在同一断面。原因如下：在人行道上骑行被行人步行的随意性干扰太大，骑行比较困难；对于自行车道与人行道在同一断面的路段，由于没有采用物理隔离措施，导致自行车道被车辆占道、摊贩占道现象严重，从而影响自行车道的连续性；在有物理隔离设施的情况下，与机动车设置在同一断面骑行安全性同样能得到保障，且骑行的舒适性明显高于与人行道设置在同一断面的情况。

调查结果表明，在道路条件允许的情况下，自行车道与机动车道设置于同一断面更为合理。

（2）自行车道宽度评估

自行车道的宽度单向行驶的宽度符合国家标准《城市道路交通规划设计规范》GB 50220-95 的要求。通过问卷调查及现场踏勘，71% 的受访者对于单向行驶自行车道的宽度感到满意，认为 1.5 米足够。

（3）自行车道铺装评估

调查结果表明，自行车道铺装情况较差。主要体现在：自行车道采用铺装的石料较粗，导致路面不平整；自行车道铺装的工艺较差，路面坑洼较多，导致路面不平整，影响骑行舒适性。

5.2.2 交叉口过街方式评估

交叉口过街方式的处理总体较好，但在交叉口无障碍设施的建设中，缓坡坡度设置较大或未设置缓坡，导致骑行不便，对使用者的骑行产生一定影响。

5.2.3 自行车配套设施评估

（1）标志标示系统评估

标志标示系统设置较为完善、合理。

（2）照明系统评估

照明系统总体情况较好，能保证基本的骑行照明要求。

（3）自行车停车设施评估

缺乏自行车停车配套设施。

5.3 公共租赁自行车布点规划评估

目前，北部新区公共租赁自行车系统由北部新区市政管理委员会下属物业公司统一管理，居民凭有效证件可办理租车证，第一小时内免费，超过一小时按1元/小时收费。从调查结果显示，在10分钟以内能从家步行到达租赁点的受访者占65.4%。其中，有38.5%的居民在5分钟内能够到达最近的公共自行车服务点，租赁点总体布局较为合理。虽然租赁站点间距相对均衡，但站点数量总体较少，无法更加有效地服务周边居住区的居民。示范项目区域内居住区较多，所布站点通常是同时服务周边几个居住小区，导致有的居住小区的居民步行至租赁点的时间与步行至公交站或者轨道站的时间差别不大，不具有接驳优势。

从目前运营情况来看，政府部门进行统一管理是较好的模式，体现了其公共属性，若能依托公共交通系统或者轨道交通系统，组建专门企业负责日常运营也不失为一种有效的办法。一方面，从体制上保证公共自行车系统与公交系统的良好协调，便于实现对公共交通的无缝接驳；另一方面，公共自行车系统具有公共交通的性质，纳入公共交通系统进行管理运营，有利于充分利用现有资源，节约运营成本，提高整体效率。

6 结论及启示

对于自行车交通在重庆的发展，我们应有十分清晰明确的定位，针对重庆的地形、气候等特征，从城市及交通发展全局出发，提出自行车交通系统在重庆主城区的功能定位及发展模式。同时引入公共自行车租赁系统，在北部新区进行实践，取得很好的社会反响，该系统研究将成为山地城市自行车交通系统的典范。

通过对北部新区自行车交通系统规划、建设、运营情况的评估，得到适用于重庆主城区自行车相关工作的结论，有效指导北部新区自行车交通系统二期及重庆其他区域自行车规划、建设、运营工作。

参考文献

[1] 重庆市城市交通规划研究所.北部新区自行车交通系统专项规划[R].2011.

[2] 重庆市城市交通规划研究所.重庆北部新区自行车交通系统示范项目实施后评估研究[R].2012.

山地乡村旅游产品策划与交通规划耦合性研究
——以武隆县土地乡乡村旅游规划为例

战丽梅❶

摘　要："一带一路"背景下，乡村发展至关重要，乡村旅游作为乡村发展的重要路径，对促进乡村经济发展、产业结构调整以及乡村文化繁荣等都起着至关重要的作用。交通与旅游产品的耦合性明显，交通对乡村旅游起着决定性的作用。在旅游交通与旅游产品耦合关系确定中，首先因交通的闭塞导致乡土氛围得以较好地保存，为旅游产品提供重要的资源；其次景区内旅游交通与旅游产品密切相关，交通可达性决定了旅游产品的可消费性，产品多样性也致使交通灵活多变，甚至交通本身也能够成为一种旅游产品。文章以重庆市武隆县土地乡乡村旅游规划为例，分析其旅游交通与旅游资源，提出了土地乡山地乡村旅游中旅游交通与旅游产品深度耦合策略，包括联合发展的对外策略以及原真性发展、复合式发展和游线式发展的对内策略。

关键词：旅游交通；产品策划；山地交通；乡村旅游；耦合性

1　引言

　　旅游业已经成为促进地方经济结构调整、区域开发开放、社会稳定发展的重要因子，并成为增进地方经济发展和创造就业岗位的最活跃力量[1]。乡村旅游是旅游业的重要组成部分，具有发展潜力大、关联度高、带动力强、拉动内需明显的特点[2-4]。"一带一路"战略背景下，乡村的发展同城市发展一样至关重要。西南山地乡村往往因为交通不便利，导致信息不流通、文化停滞、经济落后，甚至引起乡村衰败或者消失。但这种交通不便引起的发展滞后也使得乡村的传统风貌、生态环境、民俗风情、乡土人文等较好地保存下来，作为乡村旅游资源而备受关注，使得乡村旅游成为乡村发展的一种重要路径。旅游在本质上包括旅行和游览，其中旅行的"行"是空间移动，需要交通的支持；游览是对各个景点的欣赏和体验，也需要连接景点间小交通的支持。旅游与交通密切关联，产生了旅游产业的支柱之一——旅游交通[5]。广义上的旅游交通，是指以旅游、观光为目的的人、物、思想及信息的空间移动[6]。交通和旅游两系统各要素间相互作用相互影响，在旅游六大行为要素——"吃、住、行、游、购、娱"当中，"行"即旅游交通，是游客得以实现其他旅游行为活动的先决条件，而"吃、住、游、购、娱"等行为主要在消费旅游产品中得以实现[7]。旅游产品策划与旅游交通规划有着密不可分的关系，交通是先决条件，产品为节点

---

❶　战丽梅，重庆大学建筑城规学院。

要素，以旅游交通联系的旅游产品我们称之为"游线"。所选案例土地乡位于重庆市武隆县，整体为喀斯特地貌，典型的山地乡村。土地乡的乡村旅游发展，因其特有的山地交通特性，在旅游交通规划中需要谨慎对待，如何将山地旅游交通规划和旅游产品策划较好地衔接，是本文阐述的重点。

2 山地旅游交通特性研究

2.1 山地旅游交通的偏远性

山地乡村往往处于远离城市中心区的偏远位置，交通自然也具有相对城市中心的偏远性。过去，在整个城镇发展体系中，对于乡村的投入过少，使得山地乡村由于位于整个城镇交通系统的末端，可达性较低。

2.2 山地旅游交通环境生态一体化

由于山地地形的特殊性，地形环境与道路交通结合在一起，山地交通往往呈现出与环境的协调统一。依附于山地乡村，道路网络较为稀疏，因地势高差等原因较多步行交通，整个交通界面上生态环境较好，物种丰富，植被覆盖率较高，空气负氧离子含量较高。整个山地交通生态环境优良，与城市匮乏的生态环境相比，优势明显。

2.3 山地旅游交通景观空间丰富

山地旅游交通呈现多空间层次、多变化视点、多空间属性的特点，与平原城市有所差异。车行交通往往因穿山越岭的特点，旅游行进过程中呈现不同视觉效果的景观，或为远处的山峦，或为近处的江河。步行交通更能体现山地交通的景观空间层次，首先垂直的步行交通往往是联系不同高差平台；其次依山就势所形成的梯道景观、高台等烘托出整个山体形态的运动趋势，注入了向上的活力，使得步行交通本身形成了一种景观；再者行走于山地步行交通体系中，山体的走势、步道的迂回曲折、建筑的错落、不断仰视与俯视的景观变化，也构成了山地步行交通体验式的独特景观。

2.4 山地旅游交通形式多样性

山地交通形式多样化，拥有较多地域化特性较强的交通方式，景区内的"特色"交通包括如公路步道、水运交通、索道滑竿、畜力交通等多种形式[8]。其中过江索道、滑竿等作为西南山地供人乘坐的传统交通工具，独特的制作工艺与特殊的地理环境相呼应，乘坐时不仅能减轻乘者的疲劳，更给人以回归自然的享受。再如山地乡村的畜力交通，工具包括各种坐骑（马、骆驼、大象等）、畜力车（马车等）。对于长期生活在现代大城市的旅游者而言，若能接触这类交通工具本身就非常有意义。设想在丽江拉市海，骑上当地的马匹走一段茶马古道，切身感受这条世界上自然风光最壮观、文化最为神秘的旅游绝品线路[9]。这些传统的交通工具，其意义早已超出了其交通作用，更是当地民间习俗的传承体现。山地多样化的交通形式，为旅游提供多样化选择，满足了游客多样化的需求，为游客带来多样化的乐趣。

3 旅游交通与产品策划耦合性确定

耦合作为物理学概念，是指两个或两个以上的系统或运动形式通过各种相互作用而彼此影响以至协同起来的现象[10]。耦合系统由无序走向有序机理的关键在于其内部各子系统序参量之间的协同作用，它左右着系统相变的特征与规律，而耦合度正是这种协同作用的度量[11]。将旅游交通与旅游产品作为两个耦合互动的系统，置于旅游区域内进行研究，两个系统中，交通的可达性、便利性、系统性、灵活性是旅游产品得以消费的前提；旅游产品分布于交通系统之中，旅游产品策划决定旅游交通的特色性是否鲜明，吸引游客、组织车流和人流的引力作用是否强大。旅游资源分布一般具有广泛性和不均衡性的特点，这就要求旅游交通方式要有良好的可达性和高度的灵活性，公路、铁路、航运交通在连接旅游资源和客源市场中发挥了不可替代的作用。景区内部多样性的交通直接作为旅游产品或者串联组织各个旅游景点形成游线，是各个系统耦合的成果。旅游交通与旅游产品的耦合关系中，交通系统为前提，产品策划为补充，两大系统耦合度情况决定了旅游景区旅游观赏、消费状况。旅游交通规划与旅游产品策划如何深度耦合，是本文探讨的重点，首先旅游交通便捷分布，旅游产品才具备可达性；旅游交通灵活布局，方能够深入景区深处旅游产品；旅游交通多样化设置，更能够满足不同旅游产品对于交通的需求；再者，旅游产品作为交通吸引物合理布局，旅游交通才更能体现其交通价值；旅游产品策划主题多样，也将导致交通的多样性，比如乡村耕种主题中可能伴有畜力交通路线的组织。

4 耦合关系中的交通介绍

4.1 土地乡区位交通优势

土地乡位于重庆市武隆县，武隆属于中国西南地区主要旅游地，区位优势明显，交通水陆空兼备，处于重庆"一圈两翼"的交会点。武隆位于重庆、贵州两省交界处，空运交通发达，主要依靠重庆、遵义的机场前往全国各地，仙女山机场将在 2020 年前建成；陆运交通便利，国道 319 线、渝怀铁路、渝湘高速公路、丰武务高速公路、沿江通道，横贯武隆全境，让武隆进入高速时代；水运交通拥有乌江航道，风景优美，航运通畅。

土地乡距离武隆城区车行距离为 1.5 小时，经武隆城区、南川区（包茂高速）到达重庆主城区，需要约 3.5 小时车程。土地乡距离主要客源地交通方便，行程距离得当，发展乡村旅游有着较好的区位交通优势（图 1～图 3）。

 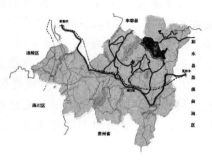

图 1　武隆在重庆的区位　　　　图 2　土地乡在武隆的区位

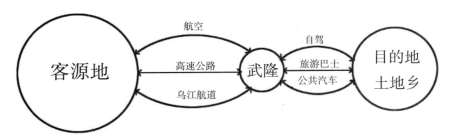

图3 客源地到目的地交通示意

4.2 土地乡境内交通梳理

土地乡境内的主要交通有中桐公路（至桐梓）、土仙公路（至仙女山）、接龙公路（至接龙），通过村支路与主要公路联系（图4）。近年来，政府对于交通发展格外重视，加大投资提升出境公路质量，并完成了部分村支路的硬化工作，方便村民出行。进入2015年后，土地乡协调完成了S421公路（中桐公路）土地段油化改造项目，大幅度提升了出境公路质量。投资667.9万元，硬化天生村茶场至接龙公路9.6公里，以及六井村垭口田至桐梓石龙公路5.8公里；投资36.4万元，新建、改造村社公路8条共14.7公里，改善了群众生产生活条件；投资70万元，新建花竹林至雪峰公路3.2公里；投资140万元，实施了天生村柏树坳至大金山1公里，沿河村岩干坪至大烤房1公里，村柑树坪7.8公里烟路建设工程；投资52万元，实施新建人行便道13公里；投资100万元，安装公路安全防护栏、标志标牌及维修公路挡墙堡坎。

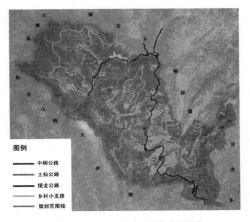

图4 土地乡境内现状交通图

4.3 土地乡旅游交通规划要点

土地乡的旅游交通规划包括两种形式，一种为交通作为旅游工具串联各个景区与景点，以乡村现有的道路交通为依据，整合土仙公路、中桐公路以及接龙公路呈内环的形式作为主要道路交通，以此串联起片区内各个功能区的公共服务中心、商业网点、主要景点与旅游项目，次要道路

图5 土地乡旅游交通规划图

由主要道路引出深入各个功能区、组团内部，支路主要是旅游区步行交通，串联各个景点。另一种为交通本身承担旅游功能，作为具有旅游观赏性质的交通，诸如索道、滑竿、畜力交通等，结合旅游产品策划共同组织，做到娱乐、观赏、交通一体化的处理（图5）。

5 耦合关系中的旅游产品策划说明

5.1 土地乡旅游区位

武隆作为重庆市重要的旅游县，风景名胜区众多，以仙女山森林公园、天生三桥景区、芙蓉江景区、后坪天坑景区等最为闻名（表1，图6）。土地乡在区位上紧邻仙女山，其他景区散布周边，其发展乡村旅游，需要重点考虑如何密切联系其他景区整体发展以及如何异化于其他景区发展特色这两个问题。

土地乡周边景区　　　　　　　　　　表1

景区名称	仙女山国家森林公园	芙蓉洞	天生三桥	龙水峡地缝	后坪天坑	白马山
距主城距离（公里）	33	21	20	15	108	22
景区等级	5A	世界自然遗产	5A	—	世界自然遗产	—
景区旅游性质	休闲度假、避暑纳凉、冬季赏雪	溶洞观光	休闲观光	观赏、探险	生态旅游、探险旅游	生物基因库
旅游资源	国家森林公园、天然草原、冬雪夏爽	喀斯特地貌、原始水上森林	世界自然遗产、地质奇观、喀斯特地貌	喀斯特陷坑地貌	地质奇观、山峡谷岩溶地貌	观光旅游
景区规模	100平方公里	3.7万平方米	桥平均高300米以上，桥面跨度均在500米以上	长5公里，游程约2公里，谷深200～500米	38平方公里	454平方公里

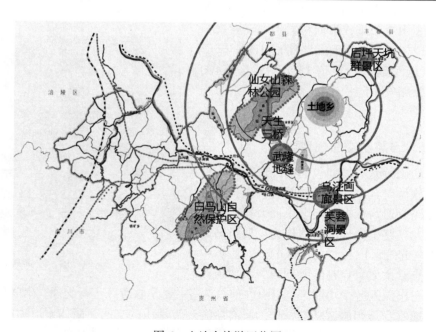

图6　土地乡旅游区位图

5.2 土地乡乡村旅游资源

土地乡全境具有典型的喀斯特地质地貌特征，境内汇集了森林、峡谷、高山、溶洞、溪流等多种自然元素，"山雄、峡险、石奇、洞特、水秀、林幽"，是一块尚未开发的极佳旅游处女地。青天峡、石藤沟、沿沧河构成了"一峡、一沟、一河"的神秘幽韵；鹰嘴岩、擎天柱、天生桥组成了"一岩、一柱、一桥"鬼斧神工的画卷；南天门原始森林、洞寨、冉家沟传统村落形成了"一林、一洞、一寨"的奇美境地；除此之外，土地乡境内植被种类丰富，拥有迎客松、百年金桂、合欢等独特植被景观。

5.3 土地乡自然旅游资源

土地乡乡村旅游资源丰富，耕地面积 20604 亩，耕地面积广阔，无工业污染。传统农耕生产的工具诸如犁、耙子、风车、竹编背篓保存完好；石磨、自制养蜂木桶等乡村饮食制作工具下产生了纯天然的乡村特色美食；土地乡所处山地，传统民居多具备山地特色，以冉家沟传统村为例的 25 栋传统建筑，为依山而建的清一色的吊脚楼，极具山地民居特色。

5.4 通过整合旅游资源开展旅游产品策划

土地乡旅游产品策划则依托现有旅游资源条件，在其现有条件的基础上，深度挖掘可能性，整合旅游资源，多层次、多方位、多创新地策划旅游产品。首先，旅游产品升级与乡土文化结合，突出呈现土地乡的乡土本色，区别于武隆县内其他风景名胜区。以乡土农耕特色促旅游，以不同消费档次、消费人群为依据优化乡土产品组合，打造以老房子精品酒店、冉家沟民俗住宿和大坪游客中心四星级酒店相结合的住宿形式。其次，在保护生态环境的基础上，低影响开发土地乡的自然风光旅游资源，在生态环境脆弱的地方，采用栈道、桥梁、台阶等交通方式。通过优化交通设计深入到景区内部，更充分地领略山水生态美景。

6 交通规划与产品策划深度耦合策略

6.1 旅游交通、旅游产品区域性联动发展

土地乡旅游交通和旅游产品要与武隆县其他旅游景区整体联合营销，形成交通导向和产品导向双导向策略，既要结合旅游交通布局分布，又要加强产品品牌建设。武隆县旅游环带连接各个重要项目节点，合理组织大区域旅游游线，以此成为武隆县大景区中的重点推荐项目之一。土地乡旅游交通与武隆县其他景区联系方便，各个景区之间有着便捷的交通可达性，足以形成大武隆旅游交通圈；土地乡旅游产品需要避免与其他景区特别是仙女山的同质竞争，发展乡村旅游，突出人文景观，弘扬传统文化，打造成为代表武隆乡村休闲度假旅游的重要品牌。整个土地乡产品亦需要与武隆县其他项目产品联动，组织精品旅游线路，全面推进武隆旅游发展。

6.2 交通规划与产品策划原真性保护发展

针对土地乡乡域范围而言，土地乡作为一个传统的山地农业乡镇，在道路交通上较多

体现山地交通的特色，盘山路遍山分布，垂直交通多以步行的台阶、坡道为主，并辅以传统的滑竿、畜力等；旅游资源方面土地乡乡土氛围浓郁，山水环境生态性极好，山地农业呈现出田园风光质朴特色。无论是交通还是资源都维持着原生态的状态，在乡村旅游开发中要注重生态性，原真性的保护。首先，保护山地特色交通方式，将滑竿、索道、畜力交通等产品化保护，既满足交通需求，又满足旅游体验的需求。其次，道路交通分主要、次要以及支路三个等级，主要交通以现有公路为依据，联系各大主要景区；次要道路联系景区内主要旅游产品；支路分布在景区深处生态环境敏感地带，较多采用步行交通，结合楼梯、坡道、台阶、栈道、桥梁等布置，近距离体验生态，感知景区深处的旅游产品。

6.3 交通形式与产品类型复合发展

旅游交通形式多种多样，包括山地步道、水运交通、索道滑竿、畜力交通等。这些交通方式一定程度上凝聚了山地居民的出行智慧，具有历史人文价值，在旅游策划过程中需兼顾考虑，复合式发展。滑竿具有一定的交通运输功能和体验功能，同时也具备旅游赛事项目的挑战性，规划中可将滑竿赛作为运动赛事产品策划；畜力交通，主要设置在乐活主题区的亲子乐园中，体现交通乐趣；登山步道注重景观空间和景观视线的规划，既是一种健康的出行方式也是一路美景的景观步道产品。

6.4 多主题、多样化的游线组织

在旅游交通与旅游产品耦合过程中将会产生多种旅游游线，即用多样化的交通串联多样化的旅游产品。旅游游线为不同的旅游人群所选择，所以需具备多主题、多样化的特征，以满足不同人群对游线的选择。土地乡旅游规划依据游客对交通工具的选择分骑线、自驾游线以及背包游线。其中骑线主题有穿越村落，体验乡愁乡情；骑行户外，感受自然胜境；绿色健康，归耕田园之旅。自驾游路线主题分为自驾北部户外，乐活风情人家；一路精致生活，醉心乡愁体验；田园风光，探寻乡村别样风情；绿色养生行，感受乡村老年风采。背包游线主题有乡愁寻觅，踏入冉家沟；自在行走，探秘生态户外；漫步南天门，体验自然氧吧森林浴；沿沧秘境，滨水体验。

参考文献

[1] Kaul R.N. Dynamics of tourism: A trilogy (Vol. Ⅲ) Transportation and Marketing [M]. NewDelhi: Sterling Publishers，1985:106-134.

[2] 孙文昌，郭伟. 现代旅游学 [M]. 青岛：青岛出版社，2000.

[3] Prideaux B.The Resort Development Spetrum-A New Approach to Modeling Resort Development [J].Tourism Management. 2000，21（2）:225-240.

[4] Prideayx B. The Role of Transportation System in Tourist Destination Development [J]. Tourism Management，2000，21（1）:53-63.

[5] 方百寿，张芳芳，张伟. 论作为吸引物的旅游交通及其开发 [J]. 桂林旅游高等专科学校学报，2007, 10: 687-706.

[6] 周新年，林炎. 我国旅游交通现状与发展对策 [J]. 综合运输，2004，11:49-52.

[7] 陈新哲，熊黑钢. 新疆交通与旅游协调发展的定量评价及时序分析 [J]. 地域研究与开发，2009，28（6）:118 -121.

[8] 田晴. 关于旅游景区内"特色"交通规划设计的一点思考 [J]. 环境艺术.2014,2:71-73.

[9] 国家旅游局人事劳动教育司编. 旅游学概论 [M]. 北京：中国旅游出版社，2001:153.

[10] 陈晓，李悦铮. 城市交通与旅游协调发展定量评价：以大连市为例 [J]. 旅游学刊，2008，23（2）:60-64.

[11] 陈新哲，熊黑钢. 新疆交通与旅游协调发展的定量评价及时序分析 [J]. 地域研究与开发，2009，28（6）:118-121.

专题二
山地城镇交通设施建设

健康城市导向下山地城市人性化步行环境营建

张 育[1] 魏皓严[2]

摘 要：山地城市地形复杂，步行作为山地城市的主要出行方式，与城市健康问题息息相关。然而近年来，随着山地城市建设进程的加快，人车矛盾突出，重车行轻步行的现状使得步行环境急剧恶化，城市健康问题也更加严重，本课题由此产生。山地城市因其独特的自然地理环境，步行环境较平原城市具有特殊性，在发展中出现了尺度失衡、空间秩序混乱、步行交通—山地城市交通特色受到威胁、步行设施完整性规范性不足以及步行空间场所精神丧失等问题。本文以山地城市步行环境为研究对象，引入"健康城市"理念，以整合山地城市步行环境和提高山地城市健康水平为目标，以双重尺度的步行空间元素、建筑与步行空间的渗透相接、安宁交通、人性化步行环境设施与景观特色、保持步行环境的文脉意义和场所精神为出发点，促进山地城市步行环境健康发展。

关键词：健康城市；山地城市；人性化；步行环境

自1984年多伦多会议提出"健康城市"理念后，城市健康问题已成为世界性议题。据有关数据显示，到2020年发展中国家将有52%的人口居住在城市[1]。在未来，大都市的人口将更加密集，许多城市都将面临资源紧缺、生态环境恶化等问题，这些问题在一定程度上已经成为影响城市健康发展的重要制约因素。从出行方式来看，山地城市拥有较高的步行比例（表1）[2]，然而在山地城市，人地矛盾表现得更加突出，城市健康问题也更加严重。

我国部分城市居民出行方式构成（%）　　　　　　表1

城市	年份	步行	非机动车	公交	出租车	摩托车	小汽车	其他
承德	2007	43.60	23.00	19.30	1.38	5.00	5.10	2.62
重庆	2007	50.39	——	35.09	5.09	——	8.15	1.28
贵阳	2002	62.04	2.70	26.60	1.00	1.60	4.90	0.70
遵义	2004	65.60	0.70	29.80	1.40	1.20	0.80	0.40
上海	2004	29.20	30.60	18.50	5.20	5.20	11.30	——
北京	2000	32.70	38.40	15.50	1.60	2.00	9.40	0.40
成都	2002	30.80	43.80	10.20	4.70	2.60	6.00	1.90

[1] 张育，重庆大学建筑城规学院。
[2] 魏皓严，重庆大学建筑城规学院。

步行环境具有开放性、共享性的特点，加强了行人户外活动间的联系，在各基层居民的生活中发挥着重要作用。当前，城市步行环境与城市健康问题已成为世界各大城市十分关注的课题。山地城市地形复杂，坡度大，步行作为人类最主要的出行方式之一，在山地城市中更是与交往生活紧密结合，与城市健康状态息息相关。然而，在山地城市，这一问题尚未得到足够的重视。

1 步行环境与健康城市

1.1 步行环境内涵及相关要素

1.1.1 步行环境内涵

步行环境是一个空间步行网络，在这个网络中，步行优先的街道或道路将城市中分散的开敞空间相互联系，形成宜于步行活动的公共空间关系网，使得步行者在不受机动车等外界交通干扰的情况下，自由而愉快地活动在城市的人文和物理环境中，享受充满自然性、景观性和具有其他公用服务设施的空间[3]。这种步行网络包括了步道设施和与之相关的景观及服务设施的空间，是集商业、休闲、交通、社交功能于一体、融合生态与景观空间的复杂系统。

1.1.2 步行环境相关要素

步行环境包含三层含义，一是空间的概念和特征（如围合、界定、尺度比例等），二是环境的属性（物质环境，如空气、声音、灯光、绿化、景观、设施等），三是特定交通方式的限定，可以说是由可供步行的街道、广场等开放空间与其周围的建筑物、构筑物、绿化、景观、环境设施以及步行交通方式共同构成[4]。从行人的角度而言，步行环境质量分为若干层次：最低要求为顺畅通行且安全、街道整洁卫生；次一级要求为使用的便捷；较高要求为空间尺度宜人，景观均好，有人情味、亲切；更高的要求就是具有场所精神，步行者有归属感（表2）[5]。

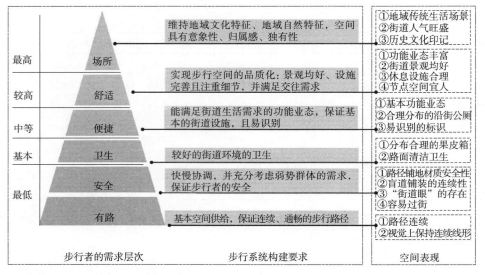

步行者对步行环境不同层次需求及相应空间表现　表2

1.2 健康城市的内涵

健康城市是以一个全新的角度重新解读的城市,即城市不仅仅作为一个经济实体存在,而首先是一个人类生活、成长和愉悦生命的现实空间[6]。健康城市以满足城市人的快乐为出发点,将城市的自由度、舒适度、宜居性作为规划的目标。这里的健康包含两个方面的意义:即身体的健康和心理上的健康。

1.3 步行环境与健康城市

1.3.1 步行环境改善人体健康

步行不仅是一种交通方式,也是一种健身休闲方式。作为一种能终身坚持且安全、适量的运动,在城市环境中需要一定的空间支持和安全保障。健康的城市步行环境因其系统性强、可达性高、空间尺度宜人以及环境设施完善等特点,可以提供步行者安全的活动路径以及多样的空间形态,有利于步行以及由步行引起的其他锻炼方式。

除了提供体能上的锻炼之外,步行环境更能通过空间的塑造和景观的组织营造出亲切的环境感受,在一定程度上消除城市人远离自然、心理压抑的状况。

1.3.2 步行环境改善城市健康

城市步行环境对城市健康的改善作用主要体现在对自然环境的改善上。通过创造各种舒适、宜人、充满活力和吸引力的步行空间,建立有机、可达、畅通的低密度步行网络和高效、便捷的公共交通系统,鼓励慢行以及实行各种机动车限行措施,方便出行的同时也降低了小汽车的出行机会,有效降低机动交通所带来的大气污染和噪声污染。

除了对自然环境改以外,城市步行环境还有助于改善城市空间形态和物质环境,步行环境将城市广场、街道等公共空间还给行人,还原街道生活并促进各种公共活动的发生。

2 山地城市步行环境健康状况的思考

2.1 山地城市步行环境现状

2.1.1 山地城市步行环境特点

山地城市步行环境有其独特的特点,如高差的变化使步行空间呈现出立体和自由的特征,如山城梯道、索道等,其步行环境特点如下:

环境适应性:山地城市街道纵横,与山势结合,一方面适应地形变化而灵活布局,同时又以特殊的形式强化地形特征。起伏的地形变化构成了人们步行依托的最大环境:步行网络与自然环境紧密结合,爬坡上坎,顺着主要步行梯道上下,分流至次等级巷道、梯步,整个步行空间随着环境的三维变化而不断改变自己的方式,形成天桥、坡道、林荫道[7]。

空间立体性:立体化是山地城市空间场所最为显著的特征,传统山地城市空间中,曲折而又高低跌落的街道网络联系着多层次的公共空间,与地形环境相结合,向空中、地下延伸的立体步行空间使得步行得以在多个层面和维度展开,多层次的步行空间有效避免了不必要的高差,带给步行者以不动声色的关怀。

功能复合性:立体化的步行空间形成丰富多变的城市交通空间,也形成大量与生活、交往密切相关的复合空间。山地城市街、市同构，"一条长长的石板路就是一部步行生活的历史书"，这种交通空间融合了浓厚的生活气息，呈现出了各种不同的生活片段（图1）。

图1　复合型街道空间

景观多样性：山地城市具有良好的自然山水景观，步行空间结合地形特征布置，随着不同地形的起伏转折，步行空间与景观相融合，产生丰富的视觉感受。

2.1.2　山地城市步行环境存在的问题

尺度失调：山地城市以山、水等自然要素为街道环境的重要组成部分，建筑物与山水之间相互映衬。然而，在现代技术下成长的公路、桥梁和大型建筑不可避免地出现在城市中，加快、加高、加大趋势的大城市建设很难细致考虑人的行为要求，也没有办法创造因时间的延续所赋予场地的场所精神[8]。除此之外，山地城市巨大的高差也使得建筑和街道之间的交流活动难以发生，割裂的城市肌理和冷漠的街道尺度对步行者心理影响最为直接和根本的是步行空间的非人性化以及城市空间亲切感和归属感的丧失。

空间秩序混乱：现如今，城市的尺度远大于一百年前的城市，但一个城市尺度的失衡，绝不仅仅是因为大体量建筑的存在，很有可能是因为缺乏层次感、缺乏细部且分布不均造成的。山地城市高容积率、高密度的建设活动相对集中，同时由于是山地城市，城市尺度的特征更多地体现在空间环境的多样性和丰富程度上，步行环境空间秩序的混乱就更容易发生。

步行交通—山地城市交通特色受到威胁：山地城市建筑多为依山而建，山体本身层层叠叠，无数的步行梯道沿着山体穿行于不同建筑之中，这种步行的方式延续多年，体现出历史的印记。但随着我国城市化进程的不断推进，特别是一些山地城市的机动化进入加速阶段后，对于机动交通的过度重视以及对于步行交通的相对漠视，使得步行交通—山地城市这一具有城市特色的交通方式受到威胁，步行环境日益恶化，步行环境的人性化设计更是纸上谈兵。

步行设施完整性规范性不足：山地城市高差大，大都通过地下通道或人行天桥过街。但地下通道缺乏标识系统，普遍存在标识系统互不相连的情况。同时，现有地下通道和人行天桥普遍未设无障碍设施，升降梯、残疾人通道也未做防滑处理，老年人、残疾人要通过立体过街设施过街可谓是困难重重。

步行空间场所精神丧失：在山城，由于街道形象不断被性质、风格、体量都不同的新建筑所改变，街道失去了地域风格上的差异性和可识别性，从而失去了构成人们城市空间意象的作用。

2.2 山地城市步行环境对健康城市的重要意义

与平原城市相比，山地城市出行结构中有接近50%的步行交通比例，这种健康的交通方式结构对一个城市交通的可持续发展十分重要。

山地城市街、市同构，街道空间承载了大量的社会交往活动，作为社会生活的"容器"，步行街道能增加城市行人活动空间，加强主要行人活动枢纽之间的通道联系，改善城市步行环境，缔造一个整洁、安全、舒适、方便和顾及行人需要的环境，这些措施在一定程度上有助于改善山地城市人居环境，提高社会生活健康品质，这正是健康城市的目标。步行环境的改善能够增加人活动的自由度，同时改善市民的社会生活品质，促进健康城市的和谐发展[9]。

3 健康城市导向下的山地城市人性化步行环境营建

基于山地城市步行环境所出现的问题，提出健康城市导向下的山地城市人性化步行环境营建策略，一个健康的人性化的山地城市步行环境应具有以下几个重要属性：

（1）双重尺度的步行空间元素，城市尺度和近人尺度；

（2）建筑与步行空间的渗透相接；

（3）安宁交通，降低车速，改善环境；

（4）人性化步行环境设施与景观特色，包括步行环境的视觉吸引、通透度、标识系统和无障碍设计；

（5）保持步行环境的文脉意义和场所精神。

3.1 双重尺度的步行空间元素

山地城市人地矛盾突出，建筑密集，大都是见缝插针，会给人一种压抑感。这就要求城市建筑呈现出双重尺度的设计，既有城市尺度，又有服务于建筑边缘的步行空间的近人尺度。因此，山地城市在进行高密度建设的同时，步行环境的设计和建设应充分考虑行人，尤其是在近人空间的设计上，应体现城市尺度与近人尺度的协调。

支持步行行为的、让人产生丰富感官体验的以及具有美好观感效果的细部有助于步行空间"人的尺度"的建立，可以在建筑底部设计精致的座椅、花坛和台阶等强调人的尺度，使行人在此环境中感到亲切和轻松，抑或通过建筑底部横向连续的绿化，增加行人与建筑之间空间的层次，扩大行人与建筑之间的空间感，柔化建筑边界，使步行者对建筑之大尺度感得以弱化。布局上利用原有传统街道的空间紧凑、曲折变化、建筑错落等条件延续人的尺度感。在慕尼黑，建筑的高度、位置和体量等受到严格控制，街道两侧保留了大量尺度宜人的多层建筑。

3.2 建筑与步行空间的渗透相接

根据人的视觉特点，沿街建筑立面垂直界面往往作为空间背景和轮廓来渲染空间氛围，以高低不同、前后错落来增减空间的纵深感和层次感，垂直界面的通透可以使建筑与步行空间相互渗透，也使得步行空间的层次更加丰富。

山地环境的地形特点为建筑组合提供了多样选择性。竖向与水平往往彼此重叠、渗透。在其竖向的组合中，利用踏步、坡道、多层平台等灵活手段解决交通、地形坡度等问题，使建筑与步行空间发生联系（图2）。

山地城市多雨，因此出现了诸多带檐廊的民居店肆排列于街道两侧，而且还创造出"以廊为街"、"上廊下街"等多种形式的"廊"式街道空间形态，这些通过两侧建筑一层后退以及在步行空间两端设置顶棚所形成的"廊"达到了建筑与步行空间之间的渗透相接。

图2 建筑与步行空间的渗透

3.3 安宁交通

安宁交通的概念来源于20世纪70年代德国大量步行区的建设，提出要加强环境问题的研究，采取一种新型的交通和速度管理方法，创立一个更为人性化的城市环境，总的观念是避免传统街道的人行道与车行道的分离，而是将二者融合以产生居住院落的视觉印象，并通过绿化、座椅等强化这种感觉，达到所实施地区或街道过境交通的减少、车辆速度降至行人速度、道路环境的安全以及更适于步行[10]。

安宁交通的目的在于降低车速、减少交通拥堵与噪声，但并非单纯指减少街道的交通容量，而是通过物质、心理、视觉、社会等各种手段影响交通行为。尽管安宁交通不是纯粹意义上的步行设施，但其通过改善整体的环境来提升步行环境，是对步行环境需求做出的直接反应。

在山地城市，其立体化多层次的交通特征自然提供了一种对速度的限制，与街道上的商业及交往活动产生一种互助，可以通过一些具体的措施实现安宁交通：交叉路口限速，如减速带、路拱、人行道半岛等；车行道路限速处理措施，如公交专用道、减速弯道、绿化交通岛等；交通标识设置，如限速标志牌，人行区标志牌等等。

3.4 人性化步行环境设施与景观特色

理想的步行环境应该为不同年龄段、不同体能的行人提供舒适和安全的环境。山地城市坡度大，在陡坡地区，有些路段有可能需要设置台阶和护栏以辅助步行；侵犯行人路权的电线杆或售报亭等设施由于挤占空间或堵塞路口而危及步行环境；景观要素如路边的植被有助于将人行道与车流隔离，行道树在提供遮阳保护的同时也限定了街道边界，行人尺度的路灯有助于夜间行走并能提供更好的安全感。

3.4.1 街道景观多样性

一个安全连续的步行空间如果处在一个单调的环境中，仍然不能吸引人。步行景观环境的许多方面能够起到鼓励行走的积极作用：建设环境的视觉吸引、街道的整体设计、立面结构的通透度、可见的活动、行道树以及其他景观元素。一个透明的环境能够使人们通过实地观察感受到当地的社会和自然生活。

从步行街道的特色塑造角度看，自然环境是地球最珍贵的赐予。山地城市街道景观空间一方面适应地形变化而布局灵活，同时又以特殊的形式强化地形特征，竖向高度的不断变化，形成流动、曲折变换的街道，通过抬高或降低平台，通过阶梯、坡道、架桥彼此相互组合，通过低矮的绿篱、乔木灌木的搭配，花台座椅、雕塑小品的组合，形成具有山地特色的街道景观。

3.4.2 步行环境设施

在目的地不明确或灾害发生时，步行者总是选择原路返回。心理学家称之为"理想识途性"，这也是人的归巢本能。因此，应设置明确的标识系统，以便步行者记忆，形成心理安全感。

同时，应当重视山地城市的气候环境和地方生活特色。如山城重庆，夏季日照直射下天气炎热，步行环境需设置遮阳纳凉设施，雨季也可起到遮风避雨之用；冬季阳光较少，雾气较重，阳光的照射对于步行来说又是一种享受，这些独特的气候需求应当在步行环境设施的设计中加以体现。

3.4.3 无障碍设计

山地城市地形高差造成大量垂直障碍，形成堡坎、梯道和复杂的步行路线；随着坡度增大人员的舒适步行范围逐步缩小，对于行动障碍的人员，其步行范围更是大受限制，山地城市的这些特点使其无障碍设计面临比平原城市更大的困境。因此，山地城市的无障碍设计更应体现出对残疾人的人性化关怀。

人行道一般高出车行道 100～250 毫米，为了方便乘轮椅的残疾人上下路缘，可于人行道上盲道的尽端设置缘石坡道；为方便残疾人、老人和儿童通行，梯道上的扶手和栏杆可设为两层，扶手尽端做适当延伸；设置残疾人专用设施以及残疾人信息显示设施，如供聋人获取信息的可视屏幕，交通信号，配备声音，方便盲人的过街等等。

3.5 保持步行环境的文脉意义和场所精神

历史文脉是城市空间环境在历史发展过程中遗留下来的印记，它包含了由于社会的长期发展而积累下来的一种历史氛围和在社会发展过程中所形成的各种文化现象，它具有独特的场所个性，引起人们对过去的回顾，从而提高对环境的认知和归属感，产生空间环境的文化共鸣，步行环境的文脉意义和场所精神往往就产生在功能空间本身由层次和界面变化所产生的活力和情景中[11]。

要建立可被人们识别和认知的山城步行环境，应在街道网络、街道节点及沿街立面等几个方面统一设计和综合考虑：

（1）新形成的步行街道网络体系必须与传统的街道网络体系有密切的关联，如此，长期生活与工作于此街道体系中的市民对新的街道体系就可产生认同感，同时能依据自己长期建立起来的经验在新的街道空间中定位。

（2）自然地理景观和特殊建筑物往往是传统城市街道空间产生方向引导性的原因所在，因此应将这些建筑物和自然地理形态作为城市街道构成的重要节点加以保护，同时，处于新城市街道网络节点上的新标志物，应与原有城市的节点标志物形成视觉上的连贯性和互补性，从而成为原有街道识别体系的一个组成部分。

（3）强化不同街道类型、地段的领域感，使人们在城市空间中能感受到不同街道之间的明显差异。如重庆沙坪坝步行街利用入口处的大黄桷树（图3）开辟周末文娱小品晚会，已成为当地每周的固定节目，对丰富街道文化氛围、提升街道的知名度和吸引力都起到了积极的作用。

图 3 重庆沙坪坝步行街 "大黄桷树"

4 结语

在现代城市交通体系中，步行无论是作为满足人们日常生活需要的一种独立交通方式，还是作为其他各种交通方式相互衔接的桥梁，都是其他方式无法替代的[12]。步行具有交通方式、交往方式、休闲健身方式等复杂特性和交叉作用，步行环境的改善、人性化步行环境的建设不但能成为展示城市特色的一扇窗口，同时有助于减少资源消耗，提升城市活力和城市健康水平。

健康城市导向下的山地城市人性化步行环境建设强调以人的健康为价值核心来引导城市步行空间的设计，通过提供有利于健康的步行环境，实现健康的城市生活，进而提高城市的活力。

参考文献

[1] 郑时龄. 未来大都市与生活品质 [J]. 住宅科技，2004，6: 5-8.
[2] 宫磊. 山地组团型城市步行系统规划设计方法研究 [A]. 中国科学技术协会学会，福建省人民政府. 经济发展方式转变与自主创新——第十二届中国科学技术协会年会（第四卷）[C]. 中国科学技术协会学会，福建省人民政府，2010，7.
[3] 张咏梅，谢明. 对城市设计中步行环境的思考 [J]. 中外建筑，2004，4: 40-41.
[4] 徐璐. 健康导向下我国城市步行环境更新研究 [D]. 哈尔滨工业大学，2010.
[5] 康彤曦. 基于步行体验的重庆市街景整治案例研究 [D]. 重庆大学，2013.
[6] 陈柳钦. 健康城市建设及其发展趋势 [J]. 中国市场，2010，33: 50-63.
[7] 雷诚，赵万民. 山地城市步行系统规划设计理论与实践——以重庆市主城区为例 [J]. 城市规划学刊，2008，3: 71-77.
[8] 石岩. 山地城市街道尺度研究 [D]. 重庆大学，2004.
[9] 卢柯，潘海啸. 城市步行交通的发展——英国、德国和美国城市步行环境的改善措施 [J]. 国外城市规划，2001，6: 39-43+0.
[10] 张洪波，徐苏宁. 从健康城市看我国城市步行环境营建 [J]. 华中建筑，2009，2: 149-152.
[11] 杨展展. 山城重庆主城区步行街道景观特征探析 [D]. 重庆大学，2007.
[12] 徐循初. 城市道路与交通规划 [M]. 北京：中国建筑工业出版社，2007: 269-290.

航空大都市目标下的重庆江北国际机场交通环境提升优化研究

韩列松❶ 王 芳❷ 曹力维❸ 莫宣艳❹

摘　要："航空大都市"是速度经济时代的新概念，机场是航空大都市中的核心要素。重庆作为国家中心城市和"一带一路"战略的重要节点区域，构建航空大都市是现实需求。江北国际机场经过多年发展已经成为位居全国前十的区域性机场，但也存在对外开放度不高、航线开通速度慢、腹地竞争激烈、互联互通不够等问题，本文从江北国际机场支撑重庆构建航空大都市的必要性和可行性分析出发，研究支撑重庆构建航空大都市目标下的江北国际机场现状交通环境特征，并从外部和内部环境两个层面提出规划对策和建议。

关键词：重庆；航空大都市；江北国际机场；交通

1　前言

"航空大都市"是全球进入速度经济时代背景下出现的新概念，是空间布局由传统"区位"规律向"可达性"规律演变的产物，是以机场为核心、以航空网络为支撑、航空指向性产业高度集聚的新型都市。在这个定义中，拥有大量客货运量、发达繁荣航线网络的机场是核心。重庆作为国家中心城市、"一带一路"战略的重要节点区域，适应速度经济时代的要求构建航空大都市势在必行，而江北国际机场作为其中的核心要素，经过多年发展客运量已经位居全国前十，具备支撑重庆构建航空大都市的基础条件。本文以重庆构建航空大都市为目标，就机场这个核心要素如何优化完善提升进行研究。

2　江北国际机场支撑重庆构建航空大都市的必要性与可行性

2.1　具有"承东启西、南传北递"的航空区位优势

就航空区位而言，重庆地处中国版图、亚洲版图的相对中心位置，"承东启西、南传北递"的航空区位优势非常明显。以重庆为中心，3小时航程能覆盖全国，6小时航程可覆盖亚

---

❶ 韩列松，重庆市规划设计研究院。
❷ 王芳，重庆市规划设计研究院。
❸ 曹力维，重庆市规划设计研究院。
❹ 莫宣艳，重庆市规划设计研究院。

洲绝大部分地区，12小时航程则可覆盖非洲、欧洲、大洋洲绝大部分地区，是令人舒适的可朝发夕至的洲际航程范围。且12小时的航程能较好地连接亚太经济圈和欧洲经济圈，这是当今最具活力的经济区，也是人口分布密集区（图1）。但从目前来看，该航空区位优势还没有得到充分发挥，重庆江北国际机场在世界航空体系中还不具有可识别性和竞争力，因此重庆构建航空大都市，优化完善江北国际机场交通环境是进一步挖掘重庆航空区位优势，释放发展潜能的迫切需要。

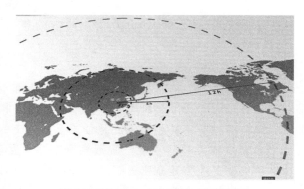

图1　重庆在全球的航空区位分析图

2.2　全面形成"三合一"对外开放格局中的战略需要

目前，重庆已形成了水陆空"三合一"（三个枢纽、三个保税区、三个一类口岸）的对外开放平台，为内陆开放高地的建设提供了有力的支撑。因为得天独厚的自然地理条件，重庆水港口岸在长江上游地区具有不可比拟的优势，2013年三峡枢纽过坝货运量9700多万吨，其中约70%经由重庆港进出。重庆铁路口岸是国家在内陆地区设立的第一个一类铁路口岸和汽车整车进口口岸，尤其是"渝新欧"货运班列的常态化运行，使得重庆铁路口岸在功能定位和营运模式上均与周边地区拉开了差距，形成了领先优势。相对周边地区而言，重庆航空口岸尚未形成独特的竞争优势，是重庆打造口岸经济亟待加强的一个环节。因此，加快发展江北国际机场，构建航空大都市对于提升重庆航空口岸的地位和作用，全面建成西部领先的"三合一"对外开放平台具有特殊意义（图2）。

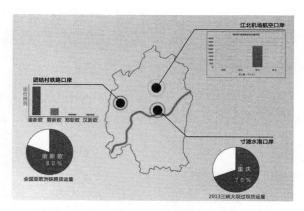

图2　三个"三合一"口岸现状运行状况比较

2.3 周边主要机场"你追我赶"竞争态势下的迫切要求

近年来,重庆周边城市均在开展航空都市区的构建。成都于 2010 年承办"2010 国际空港城市临空经济(成都)发展峰会",开始打造西部最大的临空经济区;西安提出以"丝绸之路经济带"为依托,以西咸新区空港新城为承载,以阎良国家航空基地的航空制造产业为核心打造航空城实验区,并于 2014 年获得国家民航局支持;武汉于 2006 年成为国家民航总局批准的首个航空运输综合改革试点城市,并在 2008 年提出临空经济区的发展构想;昆明则依托国家桥头堡的建设,提出"泛亚临空产业基地"的发展构想。在群雄竞争的形势下,江北国际机场的建设和发展必须与城市功能的转型和当地产业升级深度融合,服务于国家"一带一路"战略,适应重庆经济社会发展和对外开放的需要,从而形成自身优势,抢占竞争先机,确立枢纽地位。加快江北国际机场发展,构建航空大都市有利于这个目标的实现。

3 航空大都市建设要求下的江北国际机场交通环境现状评价

3.1 具有千万级机场的核心承载,但对外开放度有待提升

2014 年江北国际机场客运量达到 2926.44 万人,一举超过西安,位居全国第 8(图 3);从增速来看,2008 ~ 2014 年期间江北国际机场客运量增长位居全国第一。经过近 20 年的发展,江北国际机场已经拥有 135 个通航点,其中国际通航点 35 个(图 4)。当前,重庆江北国际机场正在加快推进第三跑道和第三航站楼的建设,努力发展成为世界一流、亚洲领先的大型门户枢纽。机场以 2020 年为设计目标年,按满足年旅客吞吐量 4500 万人次、货邮吞吐量 110 万吨、飞机起降 37 万架次进行设计,形成南客北货、东西区双航站区运行的格局。

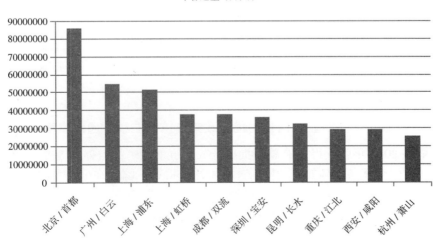

图 3　2014 年客运量全国前十位机场比较

图 4　江北国际机场国际航线分布情况

在客货运量快速增长的同时，江北国际机场的对外开放程度还不够高：一是国际航线数量相比周边城市较少。重庆机场现有的 17 条国际定期客运航线仅有 5 条为远程洲际航线，远低于成都的 34 条定期航线和 8 条远程航线；在欧洲、日韩方向、重庆通航点少于成都；在东南亚方向，重庆少于昆明；在南亚、西南太平洋方向，重庆还是空白，而成都、昆明均设有通航点。二是已开通航线的质量低于成都，重庆欧洲通航点位于北欧，没有与经济联系较密切的西欧国家开通航班，两条北美航线均为经停；而成都以直达航线为主，且开通有法兰克福、阿姆斯特丹等西欧主要国家的航线，航线质量远高于重庆（图 5）。

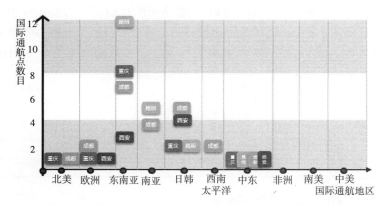

图 5　西南地区城市开通各大区域航点数目对比

3.2　国家政策优势明显，但利用优惠政策支撑的航线开通速度慢

重庆早在 2004 年就获得民航总局批准开放第五航权。第五航权是指一个国家或地区的航空公司在经营某条国际航线的同时，在中途获得第三国的许可，允许它中途经停，并且上下旅客和装卸货物，这属于获得该国家的第五航权。第五航权的开放意味着其他国家的航线、航班可以经过并在重庆过境中转，能提高货物周转量，促进外贸发展，对西部城市具有重大意义。截至 2013 年，全国共有 12 个城市开放了第五航权，西南地区仅有重庆和成都两个。但重庆依托第五航权的航线开辟程度还不高，仅开通面向新加坡、泰国、美国等国家的第五航权，相比上海、广州等速度较慢（表 1）。

截止到 2013 年底开放第五航权城市一览表　　　　　表 1

海口（2003）	泰国	北京（2006）	印度、美国、新加坡、日本、阿联酋
南京（2003）	美国	成都（2007）	美国
厦门（2003）	新加坡、美国	广州（2008）	包括印度共 11 个国家（但目前未开通航线）
重庆（2004）	新加坡、泰国、美国	烟台（2010）	韩国
天津（2005）	荷兰	银川（2013）	阿联酋
上海（2006）	印度、新加坡、阿联酋、美国、韩国	郑州（2013）	

此外，从洲际航线的开通数量来看，江北国际机场也远远低于周边其他机场，2014 年上半年，重庆仅开通了大阪、济州岛、科伦坡 3 条亚洲内的国际航线，还没有开通一条洲际航线。而成都新开通了直飞旧金山的航线，武汉、西安开通了到莫斯科的航线，长沙开通了到法兰克福的航线，昆明开通到巴黎的航线，杭州计划开通到洛杉矶的航线。相较于周边城市，重庆的发展速度明显落后，与成都的差距正在拉大，甚至有被西安反超的趋势。

3.3　宏观中观层面具有多个交通通廊的综合优势，但微观层面互联互通不够

从宏观来看，重庆位于国家"一带一路"战略的交会点上，综合联运优势明显。重庆是丝绸之路经济带与长江经济带的交会点，具有联动东西、带动南北的作用。向西北通过"渝新欧"国际铁路联运大通道与丝绸之路经济带对接，可节约运输时间，降低运输成本，实现内陆地区与欧洲市场之间的直通，目前已成功运行三年，实现常态化运行；向东作为长江上游最大的航运中心，可通过长江黄金水道贯通长江经济带；向西南通过云南和滇缅公路直达中印孟缅经济走廊，连接 21 世纪海上丝绸之路。多个经济带的交会，增强了重庆在世界交通体系的战略地位。从中观来看，市内"两港一站"的综合交通枢纽优势明显。重庆的航空港、水港、火车站的相互距离均在 10 分钟以内，水陆空对接、多式联运、内捷外畅的现代交通运输体系日益完善。此外，重庆还拥有强大而丰富的战略平台：内陆开放示范高地，国家级开发区两江新区、"水港＋空港"一区双核的保税港区等，这些平台为重庆参与国际竞争提供了强大的支撑（图 6）。

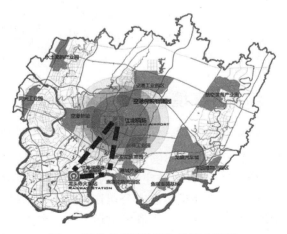

图 6　微观上"铁公机"的综合联运

但在微观层面，江北机场与铁路、水运枢纽联系不够紧密，还达不到各种交通方式互联互通的要求。机场与火车站之间仅有轨道 3 号线联系，轨道 3 号线贯穿城市南北，串联了沿线重要交通枢纽，承担了日常通勤和主要交通枢纽之间的换乘客流，对机场交通的服务功能十分有限。机场与水运之间、铁路与水运直接缺乏直接便捷的联系通道，整体还未形成快捷的空铁水联运；尽管规划有预控铁路引入机场，但未明确其形式和功能，整体来看，综合联运有待优化。

3.4 已经是服务于西南地区的区域性枢纽机场，但面临周边机场的强烈竞争

尽管江北国际机场位于重庆市范围内，但其空间服务范围却延伸至黔北、川西，成为服务于西南地区的区域性枢纽机场。据统计，江北国际机场来自内江、宜宾、泸州、广安、巴中等川东方向的客流量占到 16.6% 左右，黔北客流量占到 0.7% 左右，已经发挥区域交通服务作用（图 7）。

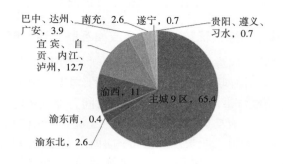

图 7　江北国际机场客源分布

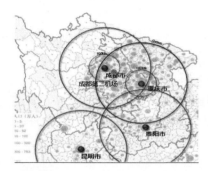

图 8　西南地区主要机场腹地范围示意

但与此同时，周边机场的快速发展与江北国际机场形成激烈竞争态势。由于目前各机场到腹地城市的交通方式多为公路，以 2 小时合理交通时间来划定腹地范围，江北国际机场与成都双流机场、贵阳龙洞堡国际机场的腹地有较大区域的叠合，这些叠合区域就是未来机场之间直接的腹地竞争范围。尤其是成都与重庆之间的川东区域，人口密度大，经济较为发达，对航空需求逐渐加大，势必成为成渝腹地竞争的主要区域。目前成都正在筹建第二机场，届时将会在川东腹地形成更大程度竞争，重庆江北国际机场势必寻找途径，巩固既有腹地的辐射和服务能力（图 8）。

4　江北国际机场交通环境优化建议

4.1　对外引入大型基地航空公司，扩大航权开放，提升对外开放程度

针对江北国际机场对外开放程度不够的现状，建议近期尽快引入大型基地航空公司，远期培育自身的基地航空公司，以航空公司为依托开辟国际国内中转航线。郑州航空（港）经济综合试验区引入卢森堡货运航空公司作为带动新郑机场的国际货运航空基地公司，依托该公司郑州快速开通了郑州—卢森堡货运专列，极大地带动了郑州对周边地区的货运吸引力。目前，重庆江北国际机场拥有基地航空公司 5 个，其中川航运量占总量比

例为 18%、国航占比 17%、南航占比 15%、东航占比 11% 等[1]，各航空公司的占比相对平均，并未形成真正的具备优势的基地航空公司。反观国外著名的国际机场的市场份额占比，伦敦希思罗机场英航占比 39%、巴黎戴高乐机场法航占比 53%、法兰克福机场汉莎占比 58%，大份额基地航空公司可有效带动航线开辟，客货运量快速提升，因此引入国外大型基地航空公司，以此为依托开通国际航线是近期可行的办法。但远期还是要立足于自身基地航空公司的培育。

在航权方面，充分利用已经开放的第五航权尽快开通国际航线，尤其是与重庆联系紧密的西欧方向的洲际航线。此外，重庆也应向国家争取第七航权的开放。第七航权指本国航机可以在境外接载乘客和货物，而不用返回本国，即完全第三国运输权。第七航权开放后，境外航空公司可以作为基地公司开展客货运营，这对于重庆引入国外航空公司具有重要意义。目前，郑州正在申请第七航权开放。重庆应立足于国家对外开放战略的平台地位，尽早申请第七航权开放，引入国外航空公司，开辟更多国外航线，提高对外开放程度。

4.2 对内增加多种交通方式，强化对腹地的辐射和服务，强化互联互通

针对竞争日益激烈的腹地保卫战，江北国际机场需要增加到腹地的多种交通方式，强化微观层面的互联互通。

一是将高铁引入机场，形成空铁联运。在市域范围内，建议将渝万城际铁路支线引入江北国际机场，并延伸至重庆北站，形成高铁、机场与火车站的便捷换乘；届时市域范围内大部分区县到江北国际机场的时间缩短至 1 小时。在川渝范围内，建议将渝广达城际铁路引入江北国际机场，实现广安、达州等人口大县与江北国际机场的便捷联系。

二是加快区县支线布局。对比周边城市，四川布局了 13 个支线机场，云南布局了 10 个支线机场，贵州布局了 9 个支线机场，而重庆目前确定的支线机场仅有万州、黔江、武隆、巫山 4 个，远远低于周边城市。要充分发挥支线机场的带动作用，根据地面交通 200 公里或 2.5 小时车程内可享受航空服务的原则，为进一步带动渝东北、渝东南、渝南片区社会经济发展，建议新增城口、梁平、秀山、万盛支线机场，形成"一大八小"的机场格局，增强江北国际机场航空辐射能力，形成市域中、长途航空协调互补局面。

三是扩大城市候机楼机场服务范围。城市候机楼是指在主要服务城市设置候机服务区域，其基本功能包括机场航站楼除登机前安检以外的全部功能，有各种公共功能和商务功能。它不仅可以发挥城市公共设施的一切作用，而且可以集散人、物和航空信息、情报，发挥城市交通枢纽设施的作用。目前，广州白云机场先后开通了 14 个城市候机楼，南京禄口机场开通了 5 个。重庆也在泸州、宜宾、达州、自贡、合江等地设置了候机楼，有效优化了这些城市的航空范围。建议进一步扩大城市候机楼地域范围，在川东尤其是广安、达州等城市设置城市候机楼，开通这些城市到机场的直达班车，提供更便捷的交通服务。

5 结语

航空大都市最重要的发展思路就是利用机场的速度优势，加强与世界的经济联系，机场在各个层面能实现互联互通是航空大都市得以发展的基础。重庆江北国际机场具备这些外部环境，路带战略更是提供了前所未有的发展机遇，引入大型基地航空公司扩大对外开

放程度，增加多种方式实现互联互通迫在眉睫。此外，机场与城市内部交通的优化完善也应同步推进，这将在下一步进行深入研究。

注释

1. 资料来源：重庆江北机场运输市场份额占比统计，2013。

参考文献

[1] （美）约翰·卡萨达，格雷格·林赛.航空大都市——我们未来的生活方式[M].曹允春，沈丹阳译.郑州：河南科学技术出版社，2013.

[2] 河南省人民政府.郑州航空港经济综合实验区概念性总体规划（总体规划深度2013～2040年）[R].2013.

[3] 重庆江北国际机场，重庆市生产力发展中心，重庆市规划设计研究院.重庆构建航空大都市发展规划研究[R].2014.

"一带一路"战略背景下大型复合枢纽机场建设思考
——以江北国际机场为例

吴芳芳[1]　王　芳[2]　曹力维[3]

摘　要：随着"一带一路"战略的逐步推进，各个城市正积极寻求自身新的发展定位与机遇，而大型复合枢纽机场是推动城市升级发展的重要支撑，因此大型复合枢纽机场的建设打造也逐渐成为热点话题。重庆江北国际机场处于中国版图、亚洲版图的相对中心位置，具有"承东启西、南传北递"的航空区位优势。本文从大型复合枢纽机场的特点出发，分析江北国际机场面临的发展机遇和挑战，结合相关的案例分析，从客货运两个方面思考江北国际机场的发展路径。最终，针对性地从培育基地航空、引进大型物流、开辟国际/国内中转航线、引入交通干道、强化公铁水联运等方面，提出重庆江北国际机场的具体规划建议，以期实现航空客货运量的大发展，达到复合枢纽机场建设的目标。

关键词：江北国际机场；大型复合枢纽；"一带一路"战略

前言

重庆江北国际机场为4E级国际机场，位于重庆主城东北方向21公里的两江新区两路组团。是西南地区最大航空枢纽之一，也是国家大型枢纽机场。2013年，江北国际机场完成旅客吞吐量2527万人次，货运吞吐量28万吨，共有5家基地航空公司（重庆航空公司、国航重庆分公司、川航重庆分公司、西部航空公司以及山东航空公司重庆分公司）。根据机场发展目标和机场总规要求，至2040年将重庆江北国际机场建设成为"世界一流、亚洲领先"的大型复合枢纽机场，年旅客吞吐量达7000万人次，货物吞吐量达300万吨，共配备4条跑道及100万平方米航站楼的设施保障能力。

1 大型复合枢纽机场特点

航空枢纽最早出现在美国，它是经济发展与技术进步的产物。一般而言，枢纽机场是中枢航线网络的节点，是航空客货运的集散中心，包括航空客运枢纽和航空货运枢纽两大部分，对航空客运和货运量都提出了较高的要求。枢纽机场最主要的特点在于高比例的中

---

[1] 吴芳芳，重庆市规划设计研究院。
[2] 王芳，重庆市规划设计研究院。
[3] 曹力维，重庆市规划设计研究院。

转业务和高效的通达能力，能极大地促进机场业务量的提高，增加机场的航空性和非航空性收入，带动周边地区经济及相关产业的发展。

以客运为例，从国外较成功的枢纽机场发展经验来看，都是重点突出对国际航线与地区航线之间的换乘客流服务以及空港地面铁路、轨道等多种客货交通方式的换乘，例如，欧洲的四大枢纽机场法兰克福、戴高乐、阿姆斯特丹和希斯罗机场都有高于32%的中转比例，其中处于内陆的法兰克福的中转比例更是高达54%；同时这四大机场都有高铁、高速公路与快速路等快速交通干道与中心城区直接联系。

因此，大型复合枢纽机场必须是航空客货运的集散中心，拥有较为繁忙的航空网络。对机场的区位特征、中转枢纽功能都提出了较高的要求，即具备高比例的中转业务，同时具有较强的多种交通方式高效衔接的能力。

2 "一带一路"战略背景下江北国际机场发展条件分析

江北国际机场，地处作为"一带一路"的交汇点和支撑点的重庆，将直接受惠于这一重大战略。"一带一路"战略的提出将大幅缩减重庆与西方世界的时空距离，深刻改写自身交通区位和经济区位，进一步从西部内陆城市转变为向西向南开放的支点城市，有力拓展经济发展的空间和腹地，而国际机场作为速度经济时代重庆对外联系的重要窗口之一，是重庆响应"一带一路"战略，构建路带战略枢纽支撑点的重要组成部分。

根据中国民用航空局公布的2014年民航机场吞吐量排名，江北国际机场的客货运吞吐量排在国内第八和第十二位，近年来年均增速较高，但重庆航空市场的现实的发展既有机遇，也有受到来自周边的城市挑战。

2.1 发展机遇

2.1.1 西部开发开放重要支撑点，长江经济带西部中心枢纽和内陆开放高地

重庆处于丝绸之路经济带、中国—中南半岛经济走廊与长江经济带"Y"字形大通道连接点，具备承东启西、连接南北的独特区位优势，被国家明确赋予了西部开发开放重要支撑、长江经济带西部中心枢纽和内陆开放高地等新的战略定位。近年来，重庆加快构建大通道、大通关、大平台开放体系，形成了具有"三个三合一"特征的开放格局，即同时具备水陆空三种交通枢纽，又分别拥有三个国家一类口岸，并配套三个进出口特殊监管区。这种组合全国独有，标志着重庆成为中国内陆最开放的地区之一、西部物资运输和转运的中心。全球金融危机之后，重庆进出口总额过去5年增长16倍，跃升到955亿美元；实际利用外资连续4年保持在100亿美元以上，均居中西部第一。

随着"一带一路"战略的深入实施，重庆江北国际机场作为重庆对外开放的重要功能节点，随着重庆产业竞争力和可持续发展力的提升，将进一步推动江北国际机场朝大型复合枢纽机场的目标迈入。

2.1.2 西南区域国际枢纽机场有力竞争者

根据全国民用机场布局规划，我国共分五大机场群，重庆江北机场属于西南机场群，规划定位为西南机场群的区域枢纽机场。反观机场等级划分，北上广分属北方、华东、中南机场群的国际枢纽机场，但西南机场群并未明确国际枢纽机场，重庆、成都、昆明都有

成为国际枢纽机场的可能性，竞争激烈。同时，西南地区高速发展的经济和国际市场的放开，必然引导西南地区未来国际枢纽机场的构建。随着"一带一路"战略的颁布实施，重庆的区位优势将进一步凸显，同时，重庆作为国家五大中心城市之一的地位，都足以显示在国家层面具有较强的优势，因此，江北机场具有发展成为西南机场群的国际枢纽机场的极大优势。

全国民用机场规划布局一览表　　　　　　　　　　　　　　　表1

	国际枢纽机场	区域枢纽机场	骨干机场	备注
北方机场群	北京首都	哈尔滨、沈阳、大连、天津	石家庄、太原、呼和浩特长春	哈尔滨：面向远东、东南亚地区的门户
华东机场群	上海浦东	上海虹桥、杭州、南京、厦门、青岛、	济南、福州、南昌、合肥	青岛：面向日韩地区的门户
中南机场群	广州白云	深圳、武汉、郑州、长沙、南宁、海口		
西南机场群		成都、重庆、昆明	拉萨、贵阳	昆明：面向东南亚、南亚地区的门户
西北机场群		西安、乌鲁木齐	兰州、银川、西宁	乌鲁木齐：面向西亚、中亚地区的门户

注：根据全国民用机场规划梳理而得。

2.2 发展挑战

2.2.1 服务腹地受限，中转服务不足

（1）铁路公路等交通联系不足

江北机场与周边腹地城市主要通过高速公路联系，缺乏高速铁路、城际快铁等大运量、高速度的交通方式衔接转换，不能与周边成都、贵安、西安等城市机场形成抢占优势。同时，高速公路辐射半径为200～300公里，使江北机场辐射的腹地范围也十分有限。

（2）机场中转不足

尽管江北机场中转旅客量已经从2009年的94.3万人次增加至2012年的146.6万人次，但过站旅客比例仅为6.65%，过站旅客比例仍较低，与成都、昆明相比明显不足。首先，四川与云南作为旅游大省，国际知名的旅游目的地称号对其航空发展也极有裨益；其次，根据各自的区位特征，成都抢占了拉萨贡嘎国际机场、昌都邦达机场和林芝米林机场等高原机场的中转服务，昆明强调了东南西门户地位，已经奠定了一定的航空地位。但是，重庆江北机场目前还未形成自身明确的中转服务特征。

2.2.2 基地航空公司欠缺，国际航点不足

从引进的基地航空数量和影响力来看，四大航空公司仅有国航一家在重庆设立基地，重庆的基地航空多偏地方化，而其他三个机场至少有二至四家的大型基地航空。因此，重庆江北机场的份额则呈现出均质化特征，缺乏大份额的基地航空的引导，而这也是导致重庆市国际国内的中转服务不足的重要原因。

江北机场与重庆周边机场基地航空发展对比表　　　表2

机场名称	西安咸阳国际机场	成都双流国际机场	重庆江北国际机场	昆明长水国际机场
竣工时间	1991年	1956年	1990年	2012年（之前为昆明巫家坝国际机场）
基地航空	6个，东方航空公司西北分公司、天津航空西安分公司，海南航空公司长安分公司、南方航空公司西安分公司、深圳航空西安分公司、幸福航空的基地机场	6个，中国国际航空、四川航空、成都航空、中国东方航空、西藏航空、祥鹏航空的基地机场	5个，中国国航重庆分公司、重庆航空公司、四川航空重庆分公司、西部航空公司、山东航空公司	5个，东方航空云南有限公司、祥鹏航空、昆明航空、四川航空云南分公司、瑞丽航空有限公司（即将开航）

注：作者根据网络梳理而得。

3 重庆江北机场发展路径

3.1 客运

3.1.1 大中转战略

积极挖掘其地理区位特征，拓展航线中转功能，促进中转枢纽建设。

国内客运方面，重庆处于地理位置的中心区域，处于黄金交叉（东北—西南与东南—西北交叉）点位置，应积极建立以东北和华北经重庆中转西南、西北经重庆中转东南沿海的中转通道。同时，可以建立以云贵川藏为重点的高原中转网络，积极分担成都双流机场的市场范围。

国际客运方面，重庆地处亚洲中心，连接南北、承东启西，具备开拓中转航线的地理条件。世界层面，重庆可作欧亚（欧洲—北亚、东南亚）、欧澳桥接节点；亚洲层面，重庆可作中东和中亚、北亚、南亚和东南亚中转枢纽。

3.1.2 大联运战略

努力打造连接重庆江北机场至周边区县城市，拓展机场辐射的腹地范围。

重庆主城区层面，应积极规划引导轨道交通、快速路等，连接江北机场与周边城市组团，提升重庆江北机场的服务品质。而周边区县层面，应合理规划高速铁路、城际铁路、高速公路等，扩大辐射腹地范围，抢占成都、西安等机场的客流资源。

3.2 货运

3.2.1 大平台战略

依托机场构建三大平台，一是航空物流平台，即机场及国际物流分拨中心；二是航空产业发展平台，即机场周边的产业发展空间；三是航空保障平台，即机场新增的发展空间。通过对这些空间预控预留，确保航空指向产业在空间的聚集。

3.2.2 大物流战略

积极建立航空物流的同时，还应建立起"公—铁—水—空"一体化的思路，整合南彭商贸物流基地、团结村中心站、寸滩港等物流枢纽，建立起大物流策略。因此，需加强江北机场与南彭商贸物流基地、团结村中心站、寸滩港的便捷联系。

4 重庆江北机场规划建议

4.1 积极培育大型基地航空及引进大型物流商

重庆江北机场尚未形成真正的具备优势的基地航空公司，同时缺乏大型物流商进驻。因此，江北机场的客货运的枢纽地位难以形成。

重庆江北机场拥有基地航空公司5个，根据重庆江北机场内市场份额占比的统计，川航占比18%、国航占比17%、南航占比15%、东航占比11%等，各航空公司的占比相对平均，并未形成真正的具备优势的基地航空公司。同时，重庆江北机场的航空公司基本以国内航空公司为主，缺乏国外基地航空公司，将限制其国际/国内中转能力的发挥。因此，重庆江北机场应当努力培育国内基地航空公司，打造具有绝对优势的基地航空公司，同时积极引入国外低成本基地航空公司，推进其中转枢纽地位的形成。

货运方面，应引进国内外大型物流商入驻。引入顺丰、申通、圆通、中通、韵达、宅急送等国内物流企业，引入FedEx、UPS、DHL、TNT等国际航空物流巨头设立区域转运中心。

4.2 开辟国际/国内中转航线

国际中转方面，重庆地处中国内陆，1.5小时航程内覆盖中国2/3地区，3小时航程内覆盖全国，4小时航程涵盖东亚、东南亚和南亚，6~10小时航程通达中东和欧洲，具备欧亚中转驿站的区位条件，是欧亚航路的重要节点。

因此，重庆应以此为切入，培育以欧亚地区为重点的国际航线，促进国际与国内干线和支线的中转。重点发展以下的中转国际航线：欧洲与东亚之间中转，航程6000公里+2000公里左右；中东地区与东亚之间中转，航程4000公里+2000公里左右；东南亚/南亚与东北亚南亚之间中转，航程1500公里+2000公里左右；东南亚/南亚与欧洲（俄罗斯）中转，航程1500公里+3000公里；东南亚、东亚、南亚、中东、欧洲与西部地区中转，航程3000公里+500公里。

国内中转方面，重庆江北机场的当前客源构成中重庆主城与区域的比例为65∶35。国内客流中，过站旅客仅占9.8%，中转能力不足，国内中转枢纽地位尚未形成。江北机场应积极发挥黄金交叉点的区位优势，引导东北和华北经重庆中转西南及西北经重庆中转东南沿海的中转通道。

4.3 高速、市郊铁路引入机场，优化区域交通，拓展客流腹地

从江北机场客流的流向来看，四川客流占总客流的比例为20%，是主要区域客流的来源，而且近年来川东南区域客流增长较快，发展潜力巨大，这与四川较高的人口密度和四川与重庆较高的经济关联性有关。但是，重庆与成都的城市距离近，重庆江北机场的腹地范围受到成都机场的激烈竞争，特别是随着成都第二机场的选址建设，成渝等时可达线东移，川东南腹地受到挤压。因此，重庆江北机场必须立足于西部区域，积极拓展其腹地范围，抢占人流资源，特别是抢占川东南地区。

目前江北国际机场与腹地交通联系方式单一，主要是高速公路，而城市道路建设相对滞后，联系机场的交通通道主要以南北向为主，与机场相连的唯一高速公路——

机场高速功能也日趋复合。因此，加强机场与外部交通联系，拓展机场腹地，建议将高速铁路、城际铁路等大运量交通方式引入江北机场，将规划的渝万城际铁路支线由长寿北站引入江北机场，打造形成空铁一体化的综合交通枢纽，之后支线继续延伸至重庆北站，与重庆北站形成便捷的换乘；布局市郊铁路，在江北机场和T3航站楼设站，以客运联系为主，兼具货运功能；优化完善区域交通网络，新增"一横两纵"快速路等。打造空铁公一体化的综合交通枢纽，进一步拓展江北国际机场的客源腹地，增强江北机场的客运辐射能力。

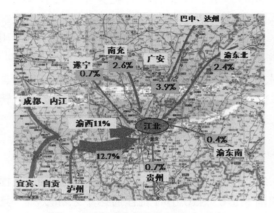 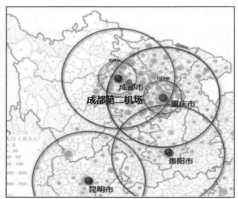

图 1　机场区域客流空间分布示意　　　　图 2　机场区域客流空间分布示意
（资料来源：重庆市临空都市区概念性总体规划）　（资料来源：重庆市临空都市区概念性总体规划）

4.4　进一步加强主城区公铁水空多式联运建设

打造以江北机场为核心的综合交通枢纽，完善重庆主城区交通网络，优化江北机场周边路网，加强其与主城区铁路、港口、公路枢纽的交通无缝衔接，提高多种交通方式的中转效率，积极发展公路物流、铁路物流、水运物流、航空物流等多种物流。

重庆主城区铁路枢纽东环线为城市客货铁路线，规划东环线走向为北碚—渝北—两江新区—南岸茶园—巴南—江津，最后在綦江与渝黔铁路接轨。该线与重庆主要铁路线衔接，具有十分重要的转换作用。新增联络线将机场预控铁路与主城区铁路枢纽东环线衔接，有利于江北机场融入重庆铁路枢纽，为公铁空联运的打下基础。

果园港是重庆长江上游航运中心建设的标志性工程，设计年总通过能力3000万吨，巴南区南彭贸易物流基地是国家级综合性公路物流枢纽，是重庆东盟国际物流大通道的战略基地，也是重庆未来"一江两翼三洋"国际贸易大通道的重要节点。建议增设主城区铁路环线果园港站和南彭站，使南彭、果园港、江北机场、团结村中心站等枢纽形成无缝衔接。

5　小结

随着"一带一路"战略的推进，重庆将迎来一个快速发展的机遇，而重庆江北机场也迎来重要的快速扩张机遇期。同时，江北机场的自身条件也面对几大挑战，例如服务腹地受限、缺乏基地航空等。本文研究国外机场相关案例，针对性地从客运与货运两方面，提出应对策略，并提出了培育基地航空、引进大型物流商、开辟中转航线、引入交通干线、强化公铁水联运等措施，积极引导江北国际机场的健康发展。

参考文献

[1] 重庆江北国际机场,重庆市生产力发展中心,重庆市规划设计研究院.重庆构建航空大都市发展规划研究 [R]. 2014.
[2] 中国城市规划设计研究院西部分院.重庆市临空都市区概念性总体规划 [R].

可持续的公共交通在山地城镇中的发展探索[*]

谭少华[❶] 李 奕[❷]

摘　要："一带一路"发展战略给山地城镇带来了前所未有的发展机遇，同时，山地城镇也面临着经济快速发展带来的交通供需问题。研究分析了公共交通作为城市交通体系的一部分是一种健康、可持续的交通系统，并在此基础上总结分析山地城镇交通系统的特征和公共交通建设的适用性；分别从山地城镇公共交通体系构建、独特交通景观建立、立体集约化发展、换乘设施的完善以及公共服务体系规划五个方面提出初步的策略。

关键字：公共交通；可持续；山地城镇；策略

"一带一路"战略给山地城镇经济发展带来了前所未有的机遇，城镇的综合功能全面增强。然而，快速的城镇化进程和交通机动化使城镇交通面临着前所未有的压力和矛盾，山地城镇也将面临经济发展带来的交通供需问题。因此，我们迫切需要详细分析、优化完善山地城镇交通系统，建立推进山地城镇可持续发展的公共交通体系。

1 公共交通——健康、可持续的交通系统

城市交通作为城市的一个重要子系统，应该以支持城市可持续发展为目标，一方面能够为社会各个阶层提供安全、舒适、快捷、低费用的交通服务；另一方面还可以最大限度地减少对环境的污染破坏，真正改善人们的生活质量，实现经济、环境、质量相互作用的良性循环。公共交通是一种可持续发展的交通形式，不仅体现了社会的公平性，也能体现能源、资源的集约和节约利用，更能满足人们出行需求，推进城市交通系统的可持续性。

1.1 公共交通的社会公平性

交通的目的是实现人和物在空间上的转移，而不是车辆的移动，因此应该根据各种交通方式运输人和物的效率分配道路空间优先使用权。在快速机动化道路资源紧缺的情况下，城市公共交通能够体现道路资源分配的公平正义，并能满足大多数人的需求。

例如，在所有的运输方式中，小汽车的运输效能是最低的一种，仅为公共汽（电）车

---

[*] 本研究受到国家自然科学基金项目（批准号：51278503；51478057）的资助。

[❶] 谭少华，重庆大学建筑城规学院。

[❷] 李奕，重庆大学建筑城规学院。

的 1/30～1/40，据相关统计，一辆 4 座的普通小汽车，占用的道路空间相当于一辆乘坐 40 名乘客的公交车或者 12 辆自行车的道路面积；一辆 10 米长的公交车相当于 600 米长的小汽车行车线；6 节车厢组成的地铁，相当于 10 公里长的小汽车的载客量。运送同样数量的乘客，公共汽车与小汽车相比，分别节省土地资源 3/4、建筑材料 4/5、投资 5/6，交通事故是小汽车的 1/10。

1.2 资源可持续发展

城市交通系统过度依赖土地、石油等不可再生资源，随着机动化的发展，资源消耗越来越严重。一辆大公共汽车占道面积约等于两辆小汽车，而载客数量却是两辆小汽车的 40 倍左右；公共电汽车完成单位客运量消耗的能源是小汽车的 1/10 左右。因此，要在山地城镇有限的土地资源上提高单位资源的使用效率，应该大力发展高效率的城市公共交通系统，特别是大运量的快速公交体系和城市轨道交通，实现资源集约利用，推进城镇健康发展。

1.3 环境可持续发展

城市机动车保有量持续上升，造成交通污染严重。北京 PM2.5 污染源，31.1% 来源于机动车，是主要的污染来源。在交通拥堵比较严重的城市，小汽车排放的气态污染物约占城市污染物总排放的 50%～80%，可吸入颗粒污染物约占总排放的 10%～20%。机动车尾气已经成为我国大中城市的主要污染源。研究表明，满载的公交车将可取代 10～40 辆其他机动车辆，可大大减少燃油消耗和二氧化碳的排放。

1.4 公众出行健康的可持续性

外科医生建议，人们每天应该有不小于 30 分钟的身体活动。Besser 和 Dannenberg（2005）在美国的一项研究发现，公共交通的使用者能够获得日常所需的身体活动时间，而且通勤列车用户在实现公众健康方面是最成功的。相关学者在加拿大蒙特利尔的一项研究显示，大约 11% 的乘客通过每天上下班或者上下学到交通场站的来回步行实现了每天 30 分钟的身体锻炼[1]。因此，鼓励发展公共交通，增加公共交通出勤比例，对公众健康也有一定的积极影响。

1.5 实现可持续的城市交通系统

国外有一项研究，运用系统动力学和世界城市的数据评价城市交通的可持续性政策。基于全球城市数据的城市动态模型评估不同交通发展情况，该模型可以为不同政策未来的发展预测交通可持续发展指标。通过 9 个指标进行评价，把环境影响、经济影响和社会的影响作为关键输出指标。研究以一个发展中国家的城市伊斯法罕为例（图 1）[2]。

通过 9 项可持续交通指标对伊斯法罕 2025 年预测的 14 种交通方案进行模型分析，得出结论：

①什么都不做。按照以往的趋势，继续增加伊斯法罕私人汽车保有量和出行不采取任何政策，可持续交通综合指数将继续下降。

②方案 A 增加道路投资和停车场的供应，这种情况是最坏的。即使地方政府投入了

方案	政策
0	什么都不做
A	增加私人基础设施，增加道路投资和停车场的供应
B	限制城市扩张
C	改善自行车设施
D	城市交通网络发展
E	有轨电车系统网络发展
F	改善巴士服务
G	BRT 网络发展
H	增加私人交通用户成本，固定公共交通用户的成本
I	使用低能耗低排放汽车
J	汽车共享和拼车
K	交通需求管理
L	增加混合用地
M	交通政策

图 1 2025 年伊斯法罕交通政策

更多的资金，可持续交通综合指数变化的比方案 0 还要糟糕。这种方案，虽然出行时间会缩减，但是环境和交通安全会变得更糟糕。

③在所有的方案中，最佳的可持续交通综合指数属于交通网络发展，包括地铁、有轨电车和 BRT。

④使用低耗能低排放的车辆对环境的影响是最小的。

⑤对私人交通的限制，带来更好的可持续交通综合指数。

⑥一些政策，如土地混合使用、汽车共享和减少交通需求在大城市中有很好的效果。

⑦综合交通政策产生最高的可持续交通综合指数。

伊斯法罕的这项研究也可以看出，发展城市公共交通有助于形成可持续的城市交通系统，同时为我国城镇发展公共交通策略提供了借鉴。

1.6 小结

公共交通系统是一种健康可持续的城镇交通系统，在"一带一路"战略契机下，山地城镇应该把握好机会，建立完善的公共交通发展策略，把交通规划的思维逻辑从兴建增量转化为改善存量。详细分析山地城镇交通系统的特殊性，根据山地城镇空间特点和交通特色制定公共交通发展策略。

2 山地城镇交通系统特征及公共交通适用性

2.1 山地城镇道路网络的特殊性

由于地形因素的影响，山地城镇地貌复杂、可建设用地少、道路网络随地形变化。道路为了适应地形的变化,不可避免会采用弯道、蛇形、之字形、螺旋形等多种形式自由布局,道路形态曲折变化。山地城镇道路网络一般呈"自由式"分布,部分平坦区域为方格网,城市总体路网呈现出"复合式"。

例如重庆渝中组团,渝中组团位于长江和嘉陵江两江交汇的渝中半岛区域,道路网受地形和历史因素影响呈现"自由式"的分布,是重庆最具山地城市特色的地区(图2)。

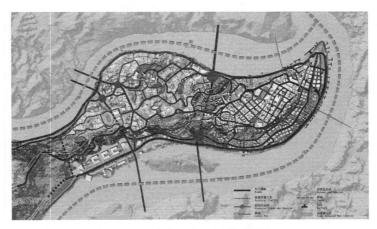

图2 重庆市渝中组团道路网络

2.2 立体化和多样化的交通模式

山地城镇建筑顺应山势层叠而立,高低错落的建筑排布形成了多样的立体空间,道路依托山势形成多层次的交通与截面。立体的交通使的山地城镇空间层次丰富、富有趣味和多样性,具有平原城镇、滨海城镇等难以比拟的特色景观。

立体空间也促使了山地多样的交通方式和设施生成。例如重庆除了平原城市常用的交通方式和设施外还有其特有的一些交通方式和设施:过江索道、户外自动扶梯、室外电梯、水上交通等。自动扶梯、室外电梯在解决山地城市竖向交通、短距离出行方面具有很大的作用,但是建设、运营成本很高,长距离出行方式还是要考虑公共交通。

2.3 山地城镇步行和公共交通出行比例较大

山地城镇因为地势高差比较大,城镇道路两侧一般不设非机动车车道。相对于平原城市,山地城镇公交出行和步行出行所占比例比平原城市高,对公共交通有较大的需求量。如图所示:重庆、贵阳、遵义等山地城市机动化交通出行方式中,以公共交通为主,占到了出行方式中的30%左右,远远高于北京、上海等平原城市(表1,图3)[3]。

不同城市居民出行方式比例 表1

城市	年份	方式(%)					
		步行	非机动车	公交	出租车	摩托车	私家车	其他
重庆	2002	62.67	——	27.1	4.38	——	——	——
	2007	50.39	——	35.09	5.09	——	8.15	1.28

续表

城市	年份	方式（%）						
		步行	非机动车	公交	出租车	摩托车	私家车	其他
贵阳	2002	62.4	2.7	26.6	1	1.6	4.9	0.7
遵义	2004	65.6	0.7	29.8	1.4	1.2	0.8	0.4
涪陵	2008	58.03	——	27.3	6.76	——	——	——
平凉	2012	64.34	8.43	18.34	1.69	2.64	3.98	0.57
上海	2004	29.2	30.6	18.5	5.2	5.2	11.3	——
北京	2000	32.7	38.4	15.5	1.6	2	9.4	0.4
成都	2002	30.8	43.8	10.2	4.7	2.6	6	1.9
承德	2007	43.6	23	19.3	1.38	5	5.1	2.62
郑州	2000	30.6	48.7	6.5	1.9	——	——	——
渭南	2011	44.9	23.2	10.3	2.1	5.6	8.7	5.2

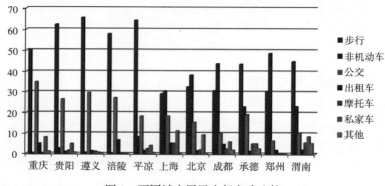

图 3　不同城市居民出行方式比较

2.4　山地城镇公共交通适用性

山地城镇由于自然山水环境呈现出"小集中、大分散"的土地利用布局，大量的山体、水体、沟壑将城市隔离成独立组团，每一个独立组团又形成相对独立的功能区。城市组团之间相距较远，因此在山地城镇建设中，相对的对外隔离使城镇建设内部形成了开发强度较高，混合度较高的复合型用地模式。这种用地模式大大减少了居民出行距离和时耗，非常有利于发展导向式的交通方式；而高密度的土地开发使城市交通建设成本低效率高，为发展公共交通提供了良好的条件。

山地城镇公共交通发展一直以来都处于全国前列。如贵阳市，在 2001 年公交承担的出行比例达到了 26%，在人口占全市 70% 以上的中心城区，公交出行比例达到 36%，远高于国内其他省会城市，而实现这一目标所投入的车辆只有平原城市的一半左右，公交设施也远不如其他城市[4]。另外，常规公共交通和出租车在山地城镇中的适应性较强，是中小城镇的主体交通方式，也是大城市轨道交通的主要接驳交通方式。

3 构建特色的山地城镇公共交通体系

3.1 根据山地城镇发展规模和路网形式，合理构建公共交通体系

山地城镇道路交通网络复杂，而且同等规模的情况下山地城镇道路宽度要小于平原城市。随着城镇化推进和经济发展，城镇用地和人口规模不断扩大，城市空间和用地也在不断蔓延，山地城镇旧城中心道路已经不能满足日常生活的需要，出现了交通拥挤等问题。随着城市组团的扩张，各个组团之间也亟须加强联系。确定公共交通在山地城镇发展中的主体地位的同时，应该结合城镇具体状况规划设计公交系统。

对于一般规模的城镇，应构建常规公交为主体、中巴和出租车为辅助，多方位、多层次的公共交通体系。常规公交应用广泛、覆盖面很大，主要承担居民的中短距离出行；出租车方便快捷、灵活机动，可减少步行距离，实现门到门服务；中小巴车在中心城区以外连接城郊之间的交通。因此一般规模城镇在城市中心城区构建常规公交＋出租车；城郊构建长途巴士＋常规公交。

对于规模大、发达的城市，轨道交通建设至关重要。应该以地铁、轻轨等轨道交通和快速公交系统等大容量公共交通作为城市的支持系统。例如重庆，在城市中心区主要采用常规公交＋出租＋轨道交通；而各个组团之间采用轨道交通＋出租车＋常规公交；其中轨道交通对于各组团之间的联系至关重要。主城区公交线路规划必须满足用地拓展的需要，加强片区之间的联系；

主城区公交线路规划必须满足用地拓展的需要，加强片区间的联系；增加新开发区与旧区之间的线路建设，如现居住片区与商业区、旧居住片区之间以及新开发商业中心与居住片区之间。组团间线路连接主要客流集散点，承担大部分的公交客流，线路沿主要的客流分布方向布设；跨组团线路主要连接城市内部主要公交枢纽站；城乡线路要扩大公交线网覆盖范围，方便城镇居民出行，推进城乡一体化建设，同时承担城市外围与骨干公交线路的换乘任务[5]。

3.2 建立独特的山地城镇交通景观

对于山地城镇来说，丰富多变的道路景观是体现山城三维空间特色的载体。山地城镇应该结合自身特点规划设计交通系统，形成独特的空间体验。

3.2.1 结合自然景观

山地城镇地形、地貌景观变化多样，交通模式立体多向，这些为公共交通景观设计提供了良好的条件。将山水等自然元素与公共交通的规划相结合，创造独特的山地城镇交通景观。如重庆长江索道不仅是居民日常的通行交通方式，也已经发展成重要的旅游景点，成为重庆独特的交通景观（图4）；皇冠大扶梯是重庆人上下山的交通工具，也是重庆特色的交通之一（图5）。历史和山城地貌的因素使这些老的交通方式成为今天山城独特的交通景观，在现在的公共交通规划中也应该充分利用自然景观，构建特色的山地城镇公共交通体验。

重庆轨道2号线穿越了重庆主城区的渝中区、九龙坡区和大渡口区，沿途有着丰富多变的城市景观。黄花园站到佛图观站沿着嘉陵江边的山体段，轨道交通沿途经历了优美的滨江景观，同时轨道交通也成为滨江重要景观元素。黄花岗和牛角沱站沿江修建，用高架

图4 重庆过江索道

图5 重庆皇冠大扶梯

支撑；李子坝站到佛图关站经过山腰，随着山势为爬坡路段；沿途站点设计与地形结合更为密切，整个滨江路段构成优美的城市景观（图6）。

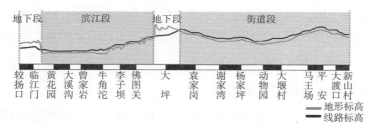

图6 重庆轨道2号线

3.2.2 结合山地建筑

山地城镇建筑空间的立体丰富和交通方式的多样性，会形成交通方式和建筑以及土地利用相融合的模式。例如交通的局部穿越建筑的底层，公交车停靠站与建筑空间相结合，局部的轨道交通车站穿越建筑中间，梯道与建筑一体化建设，地下空间交通与商业融合发展等（图7）。

重庆轻轨2号线袁家岗站到新山村站经过城市街道，采用高架于地面的做法，对城市空间环境影响较大。站点设计怎么达到与城市空间的融合非常重要。杨家坪为城市商业中心，地铁线路穿越步行街，形成了商业街独特的城市景观。李子坝站位于渝中区一居民楼的六楼和七楼，采用跨座式单轨，噪声仅为60分贝，成为全国震撼的风景（图8）。

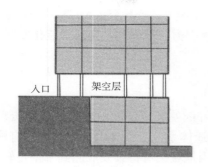
图 7　交通与建筑结合模式

图 8　重庆李子坝轻轨站

3.3　集约化立体化发展

在山地城镇中，地形高差形成了建筑多层的入口和临街面，为立体化设计提供了良好的条件，使交通空间与建筑的复合功能相结合形成另一种多元。由于建筑具有多个临街面，建筑会有多个出口与外面的街道连接，因此交通结构直接影响了建筑功能的划分。水平方向上，建筑功能得到新的扩展；垂直方向上，建筑楼层有机会拥有同等数量的客流量，从而形成混合化的功能布局。

例如香港九龙塘站的又一城，该建筑包括了铁路、出租车、常规公交、地铁、停车场、步行系统等的综合设置，同时又是轨道交通观塘线和东铁线的换乘站。该建筑几乎包括了城市中所有的公交系统，形成了该地区重要的换乘枢纽站，给该建筑带来了大量的人流以及丰厚的利润[6]。

山地城镇应该利用高密度开发的土地和地形优势，尽量使城市规划与交通规划耦合，建筑设计与交通体系构建紧密结合，互惠互利，实现集约立体化发展。

3.4　完善换乘系统

新加坡公共交通体系非常完善，其模式的成功经验有一点在于：强调"门对门"无缝交通接驳方式。紧密连接地铁与各个城市中心，在各个城市中心布置有若干大型购物中心、大量商务办公设施，同时将公民出行的换乘距离严格控制在很小的步行范围内，最大化实现公共交通的便捷性[7]。发达的山地城镇规划的轨道交通和快速公交系统难以实现"门到门"的出行，这种大容量的公交系统要实现其有效运行性，需要与多种交通工具之间有效衔接，实现便捷换乘。山地城镇交通工具多样发达，因此具有很好的优势。将大容量公交体系与常规公交、出租车、扶梯、电梯、步道、轮渡等交通方式统一规划调整，实现各种交通方式之间的无缝换乘。

3.5　加强公共交通服务体系规划

随着公共交通运力的增加，集散客流的规模也会进一步增加，因此，城市交通会出现超大客流影响的特征。完善和建立方便、舒适、智能的公共交通服务体系非常迫切。应该考虑在城市中建设方便各种交通换乘的枢纽中心，提高公共交通之间的衔接和换乘的高效性。完善公交乘客信息系统，实现公交信息透明化，提高公共交通服务水平。

采用先进的公交智能调度技术，建立智能公共交通体系。ITS（智能公交）是城市交通发展的优先选择。ITS中的重要子系统"先进的公共交通系统（APTS）"，能够动态地适应交通发展的需求，从本质上提高公共交通的吸引力，促进公共交通智能化发展。

4 总结

"一带一路"战略契机下，山地城镇有着良好的发展机遇。山地城镇道路资源稀缺，可建设用地少，公共交通是一种可持续的城市交通体系，对引导山地城镇健康有序发展、改善交通状况、促进土地集约高效利用以及实现山地城镇可持续发展起到了举足轻重的作用。本文在全面阐述公共交通健康可持续性的基础上，分析了山地城镇公共交通发展的适用性，并从规划角度提出相应的发展策略。

参考文献

[1] WasfiRaniaA,RossNancyA,El-GeneidyAhmedM. Achieving recommended daily physical activity levels through commuting by public transportation Unpacking individual and contextual influences.[J].Health&place,2013,23.

[2] HosseinHaghshenas,ManouchehrVaziri,AshkanGholamialam. Evaluation of sustainable policy in urban transportation using system dynamics and world cities data: A case study in Isfahan[J].Cities,2014.

[3] 冯红霞.山地城市交通与地形及土地利用协调方法研究 [D].长安大学,2014.

[4] 杨涛.基于土地利用的西南山地旧城交通建设对策研究 [D].重庆大学,2009.

[5] 王喆,王玮.西南山地小城镇公共交通规划研究 [J].小城镇建设,2013,1:31-35.

[6] 谭希.基于轻轨的重庆城市空间整合研究 [D].重庆大学,2012.

[7] 陈少青.大容量公共交通引导模式下的城市空间规划设计策略 [J].规划师,2013,11:11-15.

[8] 潘海啸.后世博上海低碳城市的交通与土地使用5D模式 [J].上海城市规划,2011,1:27-32.

[9] 王凤武.优先发展城市公共交通 建设和谐城市交通体系 [J].城市交通,2007,6: 7-13.

山地城市组团式布局与快速道路协调发展研究
——以重庆市主城区为例

曹春霞❶ 莫宣艳❷ 冷炳荣❸

摘 要：根据山地城市多中心组团式的空间结构特征，重点从快速交通体系构建的视角，探讨土地利用与交通发展之间的关联性。以重庆市主城区为例，从空间结构与快速网络体系、组团用地与道路网分布等方面，分析重庆主城区交通发展存在的问题以及交通拥堵的原因，定性、定量地研究组团式山地城市土地利用与快速交通的协调发展，提出优化城市空间布局与结构，合理构建快速路网体系，完善公共交通布局等应对措施。

关键词：山地城市；组团式；土地利用；快速交通；重庆

1 山地城市空间结构与交通协调发展的一般规律

1.1 组团式空间结构是山地城市基于规模效应下的重要布局方式

根据城市发展的规律，城市用地会在相对较优的区位上进行空间聚集，从而出现一定程度的聚集和分散，这是城市用地在空间发展上的一种有机生长过程，也是经济活动的规模效应在空间上的自我反馈。山地城市因其自然地理条件特殊，生态系统相对脆弱，受地形地貌的制约，适宜开发建设的用地较为局促，在发展的初期主要沿山体廊道、水系呈现带状分布，在空间进一步拓展过程中，往往需要突破原有山体、水系的阻隔，向外围地区进行跳跃式发展。与平原城市一般依托主要发展轴线进行连绵拓展的模式相比，山地城市在用地拓展上受交通条件的制约非常明显，呈现出不规则状态，因此多中心组团式成为其空间布局的一种普遍模式，也被认为是防止出现平原城市那种摊大饼式的无序蔓延的一种有机疏散方式。

关于组团城市的定义没有明确的权威解释，在大多数的研究著作中，一般采用的是邹德慈院士在《城市规划导论》（2002）一书中提到的"组团型形态（Cluster Form）"的概念，组团型形态是指"城市建成区由两个以上相对独立的主体团块和若干个基本团块组成，这多是由于较大的河流或其他地形等自然环境条件的影响，城市用地被分隔成几个有一定规模的分区团块，有各自的中心和道路系统，团块之间有一定的空间距离，但由较便捷的联系性通道使之组成一个城市实体"。

---

❶ 曹春霞，重庆市规划设计研究院。

❷ 莫宣艳，重庆市规划设计研究院。

❸ 冷炳荣，重庆市规划设计研究院。

多中心组团式的城市结构，是一种可持续的城市发展形态。这种城市形态是城市集中与分散的有机统一，它将山地城市分解为一系列较为独立、有完善的生产和生活设施的组团，将日常的通勤性交通限制在组团内部，使大部分人的日常活动都能在组团内完成，同时通过增设城市副中心，增强组团的吸引力，减小城市规模扩张后对城市中心的压力。这种结构既保持了城市的规模优势，又能避免由于城市规模过大带来的交通拥挤、环境恶化等城市病。

1.2 快速交通网络是解决山地城市空间有序发展、提升整体运行效率的核心

山地城市发展的各种深层结构原因形成了其用地空间发展规律性。但值得关注的是，组团式的空间格局也给城市基础设施投资带来巨大的压力，可能导致城市资源的极大浪费，影响城市的整体运行效率。从这一角度来看，为避免用地的过度破碎化，发挥重大交通设施的引导作用，构建相对节约紧凑的城市空间布局，是山地城市发展中需要重点审视的问题。

在城市整体规模增长时，内部各组团、各功能分区的空间规模和布局结构也伴随而生。城市土地利用格局与交通模式之间存在着一种客观的互动反馈关系，城市的演变就是城市用地与城市交通相互联系、相互制约的一体化演变。多中心组团式的空间结构需要相应的交通网络予以支撑。从交通的角度看，组团式的城市在各自的中心周围存在一定的服务与吸引范围，同时各组团的可达性也随着组团内人口总数以及组团的规模发展而不尽相同。吸引范围及可达性越大，汇集到城市各交通小区来的交通流强度亦越大。反过来，交通网络的发展又不断推动组团的进一步扩大。

对于山地城市而言，各组团具有各自的功能，交通联系密切，交通转换强度高，组团间交通联系的替代性较差，主要交通压力都会汇聚到快速通道上。解决跨组团之间的快速交通联系是土地利用与交通协调发展的重中之重。

2 重庆主城区的城市空间及快速路发展关联分析

2.1 重庆主城区空间格局的演变及其特征

重庆主城区是我国最典型的山地城市之一，拥有"一岛（渝中半岛）、两江（长江、嘉陵江）、三谷（西部槽谷、中部槽谷、东部槽谷）、四脉（缙云山脉、中梁山脉、铜锣山脉、明月山脉）"的大山大水格局。由于受山水的阻隔，在其城市空间的发展过程中一直秉承"多中心组团式"发展理念，逐渐形成了"多中心、多轴线、组团式"、"小分散、大聚合"、"线性葡萄串式"发展的紧凑城市用地模式。在城市用地形态结构上，重庆主城区划分为21个相对独立又相互联系的组团，每个组团既有劳动岗位，又有相应的生活服务设施，有利生产，方便生活。每个组团的建设尽量都集

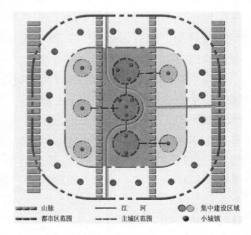

图 1 重庆市主城区城市空间结构示意图
资料来源：重庆市城乡总体规划（2007 版）。

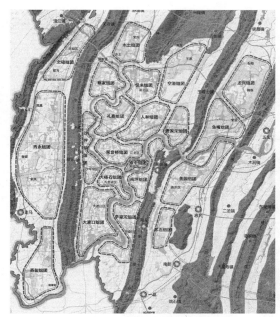 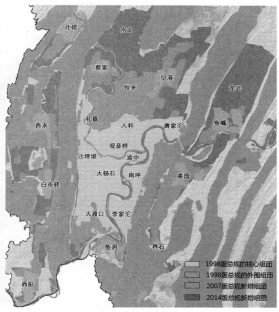

图 2　重庆主城区组团空间分布图　　　　　　图 3　重庆历版总规的主城区组团格局变迁

资料来源：重庆市城乡总体规划（2014 年深化）。　　资料来源：作者自绘。

中紧凑，职能既不过分单一，又突出重点。

从重庆历版总体规划的空间演变可以看出，其"多中心、组团式"的山地滨江城市格局不断得以强化，城市空间的拓展都是在大山大水的生态本底下逐步得以优化完善。为防止城市建设过于分散，不断提升外围地区组团与核心组团的协调发展，外围新区的拓展与核心地区的升级改造同步进行，并提出临近组团协调整合发展的要求，反映了在适度分散的前提下，集约紧凑发展的重要性。

重庆市坚持组团式的发展格局，有两个目的：一是引导组团的综合型发展，疏解城市中心的发展压力，缓减钟摆式的交通流量；二是通过组团与组团之间隔离带（公园、水域、山体等）的作用，防止出现连绵与摊大饼的城市空间扩张，提高城市生态环境质量。这种发展模式是基于有机疏散的原理，将不同功能用地进行有组织的集中和分散安排，利用河流、山体、城市绿地等自然地形将城市建设区划分为若干组团，既保持特大城市的规模优势，又避免交通拥挤、环境恶化等城市问题，从而实现生产、生活、生态的有机协同。

2.2　重庆主城区快速路发展概况

截止到 2014 年，重庆主城区快速路里程超过 360 公里，其快速路建设有三种模式：第一种是在主干道基础上升级为快速路。这项工作自 20 世纪 90 年代开始，目前内环以内的核心区域的快速路基本都是这种形式，其里程占据快速路总量的 17% 左右，与城市其他主次干道及支路具有较强的联系；第二种是依托原有的高速公路改建为快速路。这种形式是目前核心区域各组团与外围新兴组团联系的最主要方式，最典型的当属内环快速路，

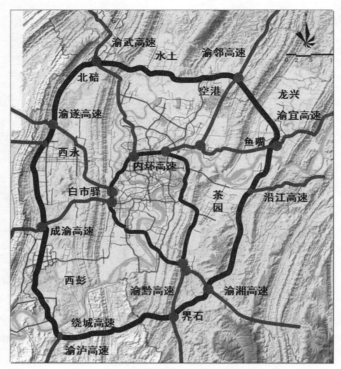

图 4 重庆主城区现状快速路分布图
资料来源：作者自绘。

这条高速公路于 2002 年建成使用，于 2009 年底取消收费，正式改为城市快速路，该条路总长 198 公里，基本串联起重庆主城区外围所有的新兴组团，同时，随着高速收费站外移至绕城高速，渝宜、渝湘、成渝、渝遂、渝武等高速公路位于内环至绕城之间的区段也承担了重要城市快速路职能；第三种是近年新修建的专用快速路，这部分快速路主要位于城市新开发区域条件适宜的区域，串联大型的居住区和产业园区，与城市主次干道联系密切。

2.3 重庆主城区快速路与城市空间格局的互动

总体上，组团式的空间结构与快速交通发展的相互作用关系日益明显，"多中心组团式"的城市空间布局与"环形 + 放射"状的城市快速系统相得益彰，同时，城市交通规划对城市空间结构的反作用开始凸显，两者之间的互动关系步入良性循环。

2.3.1 城市功能置换催生了快速交通的发展

随着空间结构的转变，土地利用性质的变化（用地置换）对改善交通起到了很大作用，主城区大量工业用地"退二进三"，释放出更多的道路空间以满足快速客运交通的需求，对改善城市交通问题，缓解中心城区交通压力起着举足轻重的作用，在一定程度上引导了城市核心区职能的向外疏解，推动了城市外围组团的培育。城市空间形态出现新的发展态势，北部片区和西部片区成为新的用地拓展方向，"多中心"的格局有所强化，用地扩张带动了交通设施的规划和发展，使得快速交通成为城市拓展的重要组成部分。

2.3.2 组团格局的强化改变了交通出行的部分特征

城市空间结构和土地利用格局的变化，使得交通出行特征发生了变化，组团城市交通出行特征开始凸显。跨组团出行比例有所增加，对组团间快速交通的需求急剧增加。城市空间的发展也导致居民出行特征发生变化，长距离交通出行需求越来越大，居民出行次数大幅增加，高峰时段拉长，对快速交通设施的承载能力提出了新要求。

2.3.3 快速交通的发展对组团城市的引导作用日益明显

快速交通设施的建设引导城市开发的现象更加明显，围绕快速交通干线的土地利用强度开始增加，开始形成组团间快速交通设施支撑城市土地利用开发的新格局。跨江桥梁、穿山隧道的建设速度不断加大，增强了组团之间的快捷连通；促进了城市空间结构的完善，进一步促进了组团式城市土地利用的合理化布局，对于缓解山地城市资源环境压力起到了一定的作用。

3 重庆主城区组团式城市格局与快速交通协调发展存在的问题

如前文所述，重庆主城区快速道路形成的原因较为复杂，发展基础的薄弱与战略性通道建设的不足导致快速路系统性较差，快速路网与城市路网存在较多的交织，对城市组团的发展的引导还存在一定的问题。

3.1 组团发展呈现明显的分化现象

3.1.1 内环以内地区的组团呈现粘连式形态，发展基本饱和

内环以内地区主要包括观音桥组团、渝中组团、南坪组团、大杨石组团以及沙坪坝组团、大渡口组团的部分区域，从2014年的现状用地来看，内环以内地区的组团除了天然的长江、嘉陵江的分界线外，基本呈现粘连式的发展，形成饼状结构。除少量零星用地外，发展已经基本饱和。

3.1.2 内环以外地区的组团处于起步发展阶段，且呈现不均衡态势

内环以外、两山之间的地区，除空港组团、人和组团发展较为成熟外，其他组团基本处于发展的初期，其中水土组团、蔡家组团、龙兴组团等尤为明显。用地类型上，主要为工业用地（外围）、居住用地，这些地区职住分离现象有所加剧，对城市快速路的承载能力形成较大的压力。

3.2 快速交通发展存在内外失衡的现象

由于重庆市快速路网是从原有的高速公路和部分主干路的基础上演变而来的，并未从总体规划的角度进行全面衡量，因此，导致快速交通在引导城市拓展的过程中存在着不均衡的现象。内环以内组团的快速路网基本上是和主干路网联为一体，没有发挥快速通道的作用；内外以外的组团则呈现两极分化，在原有高速路经过的沿线组团，其发展态势明显较好，而缺乏高速公路通过的组团，由于专用快速路的建设相对滞后，使得这些组团发展较为迟缓。

3.2.1 内环以内地区快速路网分布密度较大

内环以内地区的组团发展较为成熟，其用地属典型的高强度开发模式，以高人口密度、

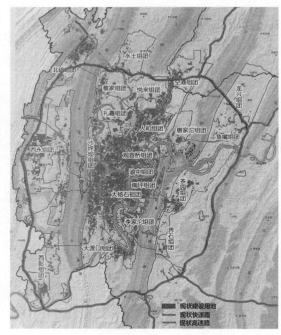 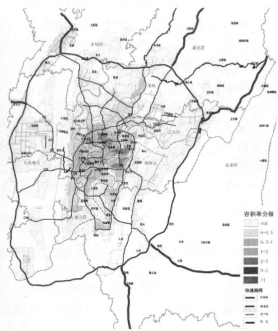

图 5　重庆主城区现状用地与快速路网叠加图
资料来源：作者自绘。

图 6　重庆主城区开发强度与快速路网叠加图
资料来源：作者自绘。

高建筑密度、高土地利用强度为典型特征，交通需求量较大，需要快速通道加强组团间的联系，属于典型"交通需求导向模式"，即组团式的用地结构发展到一定程度后必然产生对快速交通的需求。从快速路的形成原因来看，这些快速路并不是在规划前期阶段就确立的，而是在城市用地发展到一定程度时，直接在原有城市主干道基础上形成，基于功能需求的角度设置的。在这一模式下，快速路功能不清，与组团布局的关系模糊，与城市布局不协调，并且由于开口较多，与城市主次干道甚至是支路紧密相连，不得不承担大量城市主干路的功能，长短交通混杂，从而阻碍了城市组团的进一步发展。

3.2.2　内环以外地区快速路网分布密度较低

内环外的新兴组团，目前城市开发强度较低，快速路网尚未形成体系，快速路网密度明显低于内环以内区域，并且呈现不均衡的分布。西部槽谷与中部槽谷之间联系较为密切，北碚组团、西永组团、西彭组团都与中部槽谷有快速通道联系，这一点与西部片区城市的快速发展形成了较好的印证。两山之间北部的水土组团、悦来组团以及东部槽谷的龙兴组团、茶园组团都缺乏与外部的快速通道联系，从而直接导致了这些组团用地拓展相对较慢。

内环以外区域属于典型的"交通发展导向模式"，即快速路网发展到的组团区域，其用地就会相应地拓展较快。从快速路的形成原因来看，这些快速路也不是在规划前期阶段就确立的，而是基于城市拓展的需要，在原有的高速公路基础上形成的。正因如此，才导致这些快速路网并未形成体系，例如西部槽谷的北碚组团、西永组团、西彭组团之间就缺乏南北向的纵向联系，东部槽谷亦是如此。

4 重庆主城区城市组团与快速交通协调发展的对策与措施

4.1 强化片区网格自由式的路网结构，适应组团式的空间格局

根据《重庆城乡总体规划（2007～2020年）》（2014年深化），主城区城市布局呈"一城五片、多中心组团式"的形态，由五个功能相对完善、远景人口规模均超过百万的片区组成。位于两山之间的南、北、中三个片区大部分为城市建成区，相互间交通联系非常紧密，随着跨江桥梁的建设，长江和嘉陵江对北部、中部、南部三片区的阻隔作用逐渐减弱，交通骨架基本形成。东部和西部片区是中心城区的重要拓展区，到2020年东部、西部片区将形成功能齐全、设施完善、居住和就业相对平衡、具有中心集聚力和自我生长力的相对完整和独立的城市。

根据上述用地结构特点，结合主城区道路交通流的特征，需要建立功能明确、级配合理、相对完善的片区城市道路网络，构建与组团格局相适应的"片区网格自由式"的道路网系统。重点结合高速公路和快速路网的规划，修建穿越两山的隧道和跨越两江的桥梁，打通两山以外地区与中部区域之间的通道，加强各片区、组团间的快速联系，将各片区路网有机衔接起来，构建整个主城区的"片区网格自由式"道路系统。

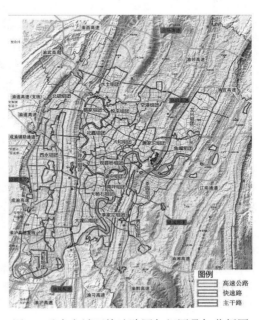

图7 重庆主城区快速路网与组团叠加分析图
资料来源：重庆市城乡总体规划（2014年深化）。

4.2 构建城区高速路、专用快速路、主干路快速车道相结合的综合型快速网络

为加强城市快速交通网络与城市空间结构的协调发展，重庆市的快速道路系统可以分为三种不同的类型：城区高速路、专用快速路和车道优先模式的干道型快速路。笔者认为此思路对于引导多中心组团式的城市格局具有较强的指导意义。结合《重庆市城乡总体规划（2007～2020年）（2011年修订版）》的相关要求，对综合交通规划提出的三种快速路模式进行优化完善后，将形成功能明确、级配合理、相对完善的快速网络体系，可以有效实现21个组团之间的有机联系，对于维持重庆市主城

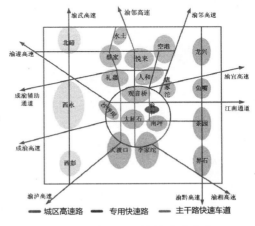

图8 重庆主城区快速道路分类示意图
资料来源：《重庆市主城区综合交通规划评估及优化》（2014）

区多中心组团式的空间结构,解决跨江桥梁、穿山隧道的交通瓶颈都具有积极的作用。

5 展望

尽管快速道路交通对组团城市的发展具有极其重要的意义,但从长远发展来看,地面交通主导的发展模式终究会遭遇发展的制约,对于规模较大的山地城市而言,过江桥梁、穿山隧道是不可逾越的瓶颈。多中心组团式的发展格局,会在单位土地面积上产生量大且集中的交通需求,这种需求模式难以依靠地面交通设施的增加来解决,发展大运量的轨道交通才是这些山地城市未来解决组团间快速交通联系的必经之路。

(备注:本文根据重庆市规划设计研究院与重庆市城市交通规划研究院共同参与的住房和城乡建设部课题《重庆主城区交通改善规划对策研究》的部分内容整理而成,在此对课题组所有成员一并致以谢意。)

参考文献

[1] 重庆市城乡总体规划(2007~2020年)(2014深化)[R]. 重庆市规划局,2014.
[2] 重庆市主城区综合交通规划评估及优化(2014)[R]. 重庆市规划局,2014.
[3] 重庆市主城区城市土地利用与交通协调发展研究[R]. 重庆市规划设计研究院. 重庆市城市交通规划研究所,2012.
[4] 重庆市五大功能区域发展战略[R]. 重庆市人民政府,2013.
[5] 曹春霞,何枫鸣. 基于职住平衡分析的重庆市主城区土地利用与交通协调发展研究[J]. 城乡规划,2013,3.

"一带一路"战略下山地城市轨道交通线网规划

郭洪洋[1] 刘福华[2] 周天星[3]

摘　要：在国家"一带一路"战略机遇下，沿线辐射范围内城市要抓住机遇，主动融入"一带一路"，进一步深化与"丝绸之路经济带"上城市在各层面上的经济合作，而交通基础设施建设作为"一带一路"战略的支点迎来了新的发展契机。城市轨道交通是未来城市交通发展的主要方向，山地城市作为特殊的城市形态，同样要建立以轨道交通网为骨架的城市客运系统，引导居民出行，缓解交通压力，加速外围新城建设，引导城市合理结构与功能的形成。在"一带一路"战略框架下，分析轨道交通发展与城市形态的关系，以处于"一带"辐射范围内的山地城市——内江——为研究对象，分析内江轨道交通线网构架的影响因素，并提出内江轨道交通线网构架的策略及构架方案。研究结论对内江这类处于"一带"辐射范围内的山地城市的轨道交通发展提供了方向，为类似城市发展提供新思路。

关键词：一带一路；山地城市；轨道交通；线网构架

1 引言

基于 John Friedmann 提出的区域经济空间结构演化的核心边缘理论[1]及陆大道点—轴渐进式扩散理论[2]，在"一带一路"战略实施初期，"丝绸之路经济带"上各国各种经济要素将向该区域集聚，聚集效应依赖并促进交通干线的发展，在交通系统的支撑下，经济带将成为具有强大集聚和扩散效应的发展轴，带动"一带一路"上各城市的发展。

随着各省市公交优先战略的树立，促进了各城市对公交发展模式的研究，轨道交通凭借大容量、快速、经济等优势，逐渐占据了大、中城市公交的主体地位，众多城市均在进行轨道交通规划，山地也是如此，如重庆轨道线网远景规划将形成"九线一环"的网络结构，总里程513公里[3]。

本文在"一带一路"战略下，以"目标导向+问题导向"的思路，以引导产业集聚、疏导交通和以人为本的基本理念，辅以"面、点、线"的层次分析法对内江市轨道交通的线网构架进行研究，探索出适用于类似城市的轨道交通线网构架新思路。切实把内江建设成为"一带一路"的综合枢纽和重要节点，打造成为川东南的发展极，更好地服务于"一带一路"建设。

---

[1] 郭洪洋，中铁二院交规院。

[2] 刘福华，中铁二院交规院。

[3] 周天星，中铁二院交规院。

2 内江市轨道交通线网构架影响因素分析

2.1 线网构架主要影响因素

轨道交通线网构架牵涉面广，影响因素众多，其中主要以城市的地形地貌形态、用地布局规划、城市空间结构、客流分布等最为重要，还有运营、主观决策等其他一些次要因素。

2.2 城市形态对线网架构的影响

轨道交通线网形态主要有轴线、射线、截射、放射+环结构四种形式（由于网格式形态在现代化城市发展进程中较少运用，本文未予考虑）。

（1）轴线结构：轴线结构中，轨道交通主要位于大运量走廊上，在山地城市客运交通中起着主要作用，其他方式作为轨道交通的接驳线路。

（2）射线结构：线网呈现明显的放射状，城市核心区首位度高，所有线路基本都汇聚于此，这种形态引导了城市的发展方向。

（3）截射结构：截射结构是通过截射点将向心客流分解，过境客流通过截线出行，截流与分流作用会降低核心区站点的负荷强度，同时可分散城市中心。

（4）环+放射结构：截射结构最主要的一种形式是"放射+环"结构，这种结构一般适用于城市规模较大的城市。"放射+环"就是在中心城区外围设置一条环线，其他线路与环线换乘，市郊铁路终点一般都位于环线上。"放射+环"结构最大优点是引导城市结构的优化，引导城市轴向发展。"放射+环"还能引导城市形态布局的优化，促进城市副中心的形成，推动城市向"多中心、多层次、组团式"方向发展。

综上，环+放射结构能更好地引导城市多中心的形成，疏解城市核心区的交通压力，适用于人口密度过大、交通拥堵的一般山地城市核心区。

2.3 内江市轨道交通线网构架的要素分析

国内用于轨道交通线网规划的主要方法以"点、线、面"要素层次分析法、层次分析法[4]和逐线规划扩充法为主。本文通过借鉴国内主要城市的发展经验，采用"面、点、线"的三要素层次分析法，对内江市的轨道交通线网构架进行了探讨。

1."面"层的分析：首先对内江进行"面"层的分析，拟定内江线网基本构架。

（1）基于城镇空间结构分析：城市空间结构将从以旧城区和东兴为核心，转变为以沱江为轴线的沿江网络化、组团化布局。城市将由"单城"向"三城"转变，由"单心"到"三心"转变，形成大三角和小三角双层联系。

（2）基于人口分布分析：到2020年，中心城区人口规模约110万人，远期控制总人口150万人，从模型大区统计分析人口规模

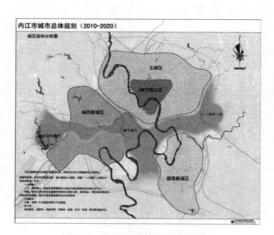

图1 内江城区结构分析图

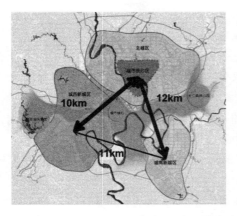 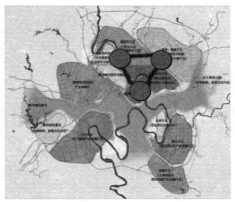

图 2　内江城市大小三角空间结构图

的变化情况来看,远期估算主城区、城西新城、城南新城人口规模分别为 100 万人、20 万人、30 万人,主城区是城市轨道交通系统的重点覆盖区域。

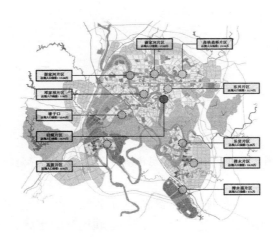

图 3　内江市 2030 年人口分布图

（3）"面"层研究的分析结论——构筑轨道交通线网基本构架形态：通过对内江"面"层因素的研究,可以分析出以下结论：

①由"旧城区、城西片区、邓家坝和东兴片区、高铁高桥片区"构成的主城区是城市轨道交通重点服务的区域。

②从发展时序上,近期集中服务范围为人口布局集中老城区、高铁高桥、谢家河邓家坝的城市三心区及城西居住区等重要组团,远期逐渐向外围人口增长较快的组团进行扩展。

③线网构架应是放射线结构,这是诸多客观因素影响下的选择,同时也是适应内江城市特点的。

⑤服务于总体规划意图,线网分布主要应按城市发展轴横向布置,并在城市发展轴线方向适当加强,以追求最大限度地吸引客流,并促进中心城由单中心圈层发展向轴向发展

转移。

2."点"层的分析

（1）内江大型的客流集散点，如火车站、汽车站、大型居住区、商贸中心、体育场等主要分布在城市主要发展轴上，线网布局应尽量按城市发展轴布设，且线网密度和换乘节点应适当偏重主城区。

（2）根据客流集散点的分布与城市发展轴布局，线网构架应是环或放射式结构，这样的线网结构方可最多地覆盖城市客流集散点并顺应城市发展格局。

3."线"层的分析：内江市是山地城市，地形与地貌环境的限制是城市空间扩展的主要制约因素，远景城市空间发展仍然维持组团结构特征。随着内江新城片区的规划建设及内江市外围新城的发展，城市轨道交通走廊确定应重点考虑以下因素：

（1）支持内江新城建设，增加内江主城与新城区的交通联系

图4　内江市老城区与城市新区轨道交通走廊示意图

（2）促进由内江旧城、谢家河片区、高铁高桥片区三者形成"小三角"的核心区发展。为促进都市区一体化发展进程，三大核心间需构建轨道交通走廊，加快核心间往返效率。

图5　内江市未来三大核心区间轨道交通走廊示意图

（3）支持内江市主城区主要发展方向、满足主要发展轴客运需求。

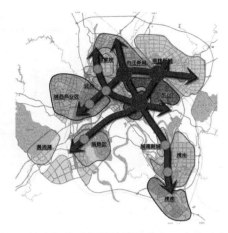

图 6　内江市主要客流轴线轨道交通走廊示意图

此外，要根据客流需求规模及特点，酌情构建三大核心区对城西片区、白马组团、城南新区、城北、城东等片区的轨道交通走廊。

3　内江市轨道交通线网构架策略与方案

3.1　内江市轨道交通线网规模

目前线网规模确定方法主要有：服务水平法、交通需求分析法、吸引范围几何分析法及回归分析法四种[5]。交通需求是决定规模最有意义、最直接的因素，其反映居民出行的需要程度。本文选用交通需求分析法确定线网规模[6]。

1. 交通需求分析法

（1）线网长度 L

$$L = Q \cdot \alpha \cdot \beta \cdot k / \gamma \tag{1}$$

其中：L：线网长度（公里）；

Q：居民出行总量；

α：公交出行比例；

β：轨道交通占公共交通的比例；

k：城市轨道交通换乘系数；

γ：负荷强度[7]（万人次/公里·日）。

（2）未来居民出行总量 Q

$$Q = m \cdot \tau \tag{2}$$

其中：m：城市人口规模

τ：人均出行次数（次/人·日）

2. 线网规模计算

基于交通需求的线网合理规模参数取值及计算结果如表 1 所示。

基于交通需求的线网合理规模　　　　　　　　　　　　　　　　表 1

重点研究区域	2020 年		2030 年	
	常住人口	流动人口	常住人口	流动人口
人口数量（万人）	110	10	150	15
出行强度（次/日）	2.5	3	2.6	3
全日出行量	275	30	390	45
全日出行总量	305		435	
公交方式比	30%		40%	
公交客运量	91.5		152.3	
轨道交通比重	25%		40%	
轨道交通出行量（万人次）	22.8		60.9	
换乘系数	1.1		1.2	
轨道全日客流量（万人次）	25.08		73.1	
负荷强度	0.6～0.7		0.9～1.0	
线网合理规模（公里）	35.8～41.8		73.1～81.2	

近期城市轨道交通线网合理规模约为 35.8～41.8 公里，远期城市轨道交通线网合理规模范围约为 73.1～81.2 公里。

3.2 线网方案

根据上述分析，以"三心"联系为核，以"三城"联系为本，轨道交通线网构架有三种构架组织，如图 7 所示。

A)"环+放射"　　　　B)"小环+放射"网络结构示意图　　　　C)"小环+放射+辅助"

图 7　内江城市轨道交通网络结构示意图

基于该思路提出两个方案。

（1）方案一：重点考虑"三核心"联系，在规划区层面以"三城"联系为根本，考虑内江现状道路网的实际建设条件构建"环+放射"网络。方案由 4 条线路组成，总长 89.1 公里，其中骨干线 64.1 公里，辅助线长 25 公里，线网密度 0.54 公里/平方公里。

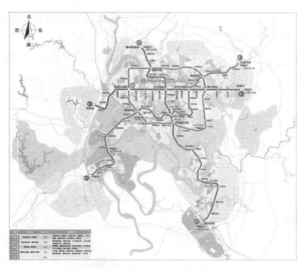

图 8　内江市轨道交通线网方案一

（2）方案二：重点考虑"三核心"联系，在规划区层面以"三城"联系为根本，在"三核心"间的内江老城与高铁片区之间考虑将现状最拥堵通道"西林大道—西林大桥"作为网络路径构建"环+放射"网络。方案由 4 条线路组成，总长 87.7 公里，其中骨干线 62.7 公里，辅助线长 25.2 公里，线网密度 0.53 公里/平方公里：

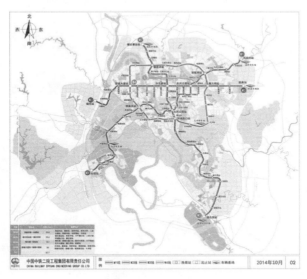

图 9　内江市轨道交通线网方案二

4　结论

本文从影响线网构架的地形地貌、地形地貌形态、用地布局规划、城市空间结构、客流分布等因素出发，提出了内江市轨道线网构架策略，重点从轨道交通整体空间形态、客流走廊、客流集散点三个方面分析，从中提取出三个线网构架方案，结合内江交通走廊和用地条件，提出了2个线网方案。

合理的轨道交通线网方案是优化城市空间结构的有效手段，可调整城市内部各项布局和功能，有利于城市核心区的建立与形成。有效构造一种城市中心与副中心协调发展的局面，发挥内江在"一带一路"战略支点建设中的作用，服务于四川省"一带一路"战略规划的全局。

参考文献

[1] 包卿，陈雄.核心——边缘理论的应用和发展新范式经济论坛[J].2006，8.
[2] 陆大道.论区域的最佳结构与最佳发展——提出"点—轴系统"和"T"形结构以来的回顾与再分析[J].地理学报，2001，56（2）.
[3] 丁千峰.重庆市轨道二号线运行及评价[J].计算机光盘软件与应用，2010，2.
[4] 李程垒，城市轨道交通TOD开发模式研究[D].北京交通大学，2008.
[5] 樊一江.新型城镇化需要交通运输先行引领[J].综合运输，2012，7.
[6] 戴洁等.步行环境对轨道交通站点接驳范围的影响[J].都市快轨交通，2009，5.
[7] 张涛,李旭锟,刘琨.轨道交通对我国城市群发展的导向作用研究[J].科技通报,2013,7.

快速公交（BRT）系统开发实践研究
——以重庆市为例

韩列松[1] 闫晶晶[2]

摘　要："一带一路"战略的实施涉及众多省市的基础设施建设、交通联通、相关产业发展、对外开放等内容，不仅强调通过骨干通道建设、关键节点构筑、设施网络完善和建设标准对接，实现互联互通，也倡导加快形成内畅外联、互联互通的综合立体交通体系和优化升级交通基础设施网络。快速公交（BRT）系统是一种高品质、高效率、低能耗、低污染、低成本的公共交通形式，充分体现了以人为本的发展理念，是构建宜居城市和智能城市的重要途径之一。本文结合当前BRT理论及国内外相关实践经验，以重庆市快速公交（BRT）1号线的建设实践为例，对快速公交（BRT）系统在山地城市的建设发展、特征、实施绩效、优势和问题等进行探讨，并提出相关建议。

关键词：快速公交（BRT）系统；重庆；开发实践

"一带一路"（即"丝绸之路经济带"和"21世纪海上丝绸之路"）战略的实施涉及众多省市的基础设施建设、交通联通、相关产业发展、对外开放等内容，不仅强调通过骨干通道建设、关键节点构筑、设施网络完善和建设标准对接，实现互联互通，也倡导加快形成内畅外联、互联互通的综合立体交通体系和优化升级交通基础设施网络。快速公交（BRT）系统是一种高品质、高效率、低能耗、低污染、低成本的公共交通形式，充分体现了以人为本的发展理念，是构建宜居城市和智能城市的重要途径之一，尤其对山地城市的便捷交通体系建设具有重要的借鉴意义。

1 有关BRT的基本解释

1.1 定义

对于BRT，国内外交通领域至今没有标准的定义，一种普遍的解释是"Bus Rapid Transit"，即"快速公交"，是利用改良型的公交车辆运营在公交专用道上，在道路时空分配上给予适当的优先权，兼具轨道交通容量大、速度快和比常规公交灵活方便特性的一种新型公共交通方式。BRT基本达到轨道交通的服务水平，其投资及运营成本又比轨道交通低得多，与常规公交接近。因此，可以认为BRT是"一种灵活的、由快速公交车站、快

---

[1] 韩列松，重庆市规划设计研究院。

[2] 闫晶晶，重庆市规划设计研究院。

速公交车、服务、运营方式、智能公交系统等元素集成的系统"。

BRT 系统与地铁、轻轨系统技术指标比较　　　　　　　　　　　　表1

交通方式	地铁	轻轨	BRT 系统
投资额（亿元/公里）	6～8	2～3	0.2～1
单向客运能力（万人/小时）	3～4	1～2	1～2
运行速度（公里/小时）	30～40	10～20	10～20
立项到完工时间（年）	8～10	4～6	1～2

1.2　BRT 系统特征

不同的城市在发展快速公交时，基本结合了本地的具体条件和客观需求，采取的方式也不尽相同，因为快速公交本身就具有很大的灵活性。其主要特征表现在以下几个方面：

（1）专用路权

快速公交的运营速度与能力主要取决于公交专用道的设置方式，全封闭的公交专用道享有绝对的道路使用权，可以避免与其他社会车辆混合使用，实现快速公交车辆在空间通行权上的优先。

（2）新型公交车

快速公交车辆具有大容量、低底板、环保型、高性能、现代化等特点，以适应"绿色交通"的发展要求。

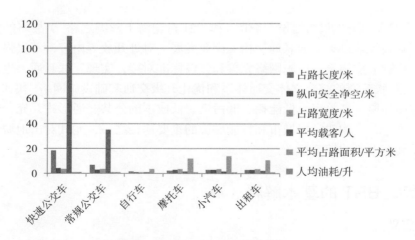

图1　各交通方式运输效益比较

各交通方式主要指标对比　　　　　　　　　　　　　　　　　　表2

客运方式	快速公交车	常规公交车	自行车	摩托车	小汽车	出租车
占路长度/米	18.5	7	1.5	2	3	3
纵向安全净空/米	4	3	1	3	3	3
占路宽度/米	3.5	3.5	1.0	3.5	3.5	3.5

续表

客运方式	快速公交车	常规公交车	自行车	摩托车	小汽车	出租车
平均载客 / 人	110	35	1	1.5	1.5	2
平均占路面积 / 平方米	0.7	1.0	3.8	11.7	14.0	10.5
人均油耗 / 升	0.075	0.125	0	0.7	1	0.75

（3）站台售检票

站台售检票以及自动售检票系统不仅减少了快速公交车辆停靠站时间，而且有利于公交企业提高运营管理水平。

（4）专用车站

专用车站具有车下售检票、水平上下车、乘客信息服务等功能，能够为乘客提供安全、舒适、便捷的候车环境与上下车服务。

（5）面向乘客需求的线路运营组织

通过采用直达线、大站快线、常规线、区间线和支线等灵活的运营组织方式，快速公交系统能够更好地满足乘客的出行需求。

（6）智能化运营管理

快速公交智能系统具有车辆自动定位、乘客信息服务、信号优先控制、车辆实时调度等功能，以提高快速公交的运营效率和管理水平。

2　国内外 BRT 相关案例

2.1　库里蒂巴

库里蒂巴是 20 世纪 60～90 年代以来巴西发展最快的城市之一，市区人口 159 万，市区面积 432 平方公里，市区交通工具总数 65.5 万辆；市域人口 277 万人，面积 1562 平方公里，市域交通工具共 80.5 万辆。库里蒂巴市平均每 3～4 人拥有一辆小汽车，是巴西小汽车拥有量最高的城市。

（1）开发背景

①库里蒂巴在市区面积和机动车保有量方面相当于我国的特大城市，但人口数只相当于我国的中等城市，其土地利用强度很低。

② 1960～1980 年，库里蒂巴经历了一段快速增长时期，城市需求剧增。1964 年，库里蒂巴重新编制城市发展规划，深化总体规划，推行 TOD 发展模式，控制郊区土地开发，整合公共交通系统，城市核心区呈现轴向带形发展趋势。

（2）BRT 建设特点

①将公交专用道建设在道路中央，降低项目建设的初期投资和运营费用，同时为今后建设高架轨道交通保留必要的道路用地。

②将不同的公共汽车系统在硬件和软件上集合为一个有机的整体网络，形成了较为完善的综合公共交通系统。共有巴士专用通道 74 公里，6 条公交主干道构成 250 公里长的"快速巴士"干线，340 公里长的直线通过布置在战略位置的中转站向主干道输送乘客。

（3）绩效

库里蒂巴的公交出行比例高达75%，日客运量高达190万人，其BRT系统利用地面常规公交解决城市交通问题，让人们从建设快速轨道交通高昂代价的困境中看到了一种更为经济的方式，同时，库里蒂巴也是实现交通建设与城市规划良好结合的最佳范例之一，从城市实际形成的土地开发强度来看，快速公共交通系统的确支撑了城市土地的高强度开发。

2.2 北京

北京快速公交1号线位于南中轴路，全长16公里，起点为市中心区的前门，穿越二环、三环、四环、五环到大兴区的德茂庄，紧邻地铁2号线，是北京南中轴主要交通干道，总投资6.53亿元。

（1）开发背景

①2004年3月18日建设部发布了《关于优先发展城市公共交通的意见》，要求各地大力发展公共交通，争取用五年左右的时间，基本确立公共交通在城市交通中的主体地位。

②北京快速公交1线2003年纳入规划，2004年初开始建设并被列入北京市政府为市民办的60件实事之一。

（2）BRT建设特点

①设车站17处，为中央岛式站台；配车90部，高峰发车间隔1分钟，平峰2～3分钟，全线行程37分钟。

②运营车辆采用18米铰接式左侧开门空调车，低底板，实现了水平登降，车内设有残疾人专座和儿童专用座椅。

③采用智能调度，从运营调度管理、乘客信息管理、智能企业管理三个方面进行智能化控制管理。

④站台售检票，站台宽5米，长60～80米，同时可停泊3～4辆车，部分站台还具有超车功能，方便运营调度，站台设有感应式屏蔽门。

（3）绩效

北京市BRT1号线的建立，整合调整了普通公交线路14条，减少了280部公交车，缓解了局部道路交通的拥堵，改善了道路环境。据北京市交通研究中心2006年3月对快速公交1线乘客进行的出行调查显示：乘客对快速公交减少出行时间、减少候车时间的满意度达到90%，南中轴路上35%以上的客流都吸引到了速公交1线，此外还吸引了部分小客车的驾驶者，成为北京南城地区百姓出行的首选。

2.3 其他

在欧洲、北美以及澳大利亚等发达国家，虽然小汽车拥有率非常高，并且已有轨道交通系统，但是根据各个城市的交通需求、城市土地规划以及城市的财政状况，BRT系统仍得到推广。

各国城市 BRT 系统特点　　　　　　　　　　　　　　　　　　　　　　　表 3

城市	人口（百万）	公交车道特性	日乘客量（人）	是否有地铁
库里蒂巴	2.8	城市干道中央公交专用道	1000000 以上	
波哥大	5	城市干道中央公交专用道	800000	
圣保罗	8.5	城市干道中央公交专用道	230000	是
波士顿	3	公交隧道		是
克里夫兰	2.0	城市干道中央公交专用道		是
布里斯班	1.5	公交隧道	80000	是
悉尼	1.7	道路边侧封闭式公交专用车道		是
兰考	0.1	道路边侧封闭式公交专用车道		
尤金	0.2	城市干道中央公交专用道		
哈特福德	0.8	道路边侧封闭式公交专用车道		
洛杉矶	9.8	高速公路的公交车道，混合交通车道	9400	是
迈阿密	2.3	道路边侧封闭式公交专用车道	12000	是
温哥华	2.1	公交专用车道，混合交通车道	14000～24000	是
阿德莱德	1.1	道路边侧封闭式公交专用车道	30000	是
纽约	18	高速公路的公交车道		是
利兹	0.7	混合交通车道		
基多	1.5	城市干道上中央公交专用道	150000	

3 重庆 BRT 系统

3.1 快速公交 B1 线建设历程

2003 年，重庆发展与规划委员会提出了"重庆快速公交建设方案"，并于 2005 年由 BRT 专家组和重庆市人民政府高级官员共同组成了 BRT 研究小组。重庆首条快速公交线路——高九路示范线于 2007 年底正式通车，全长约 12.34 公里，沿途设停靠站 7 座，首末站 2 个。为最大限度地保证 BRT 快速运行，BRT 客车在沿线的部分双向 6 车道地段通过护栏与社会车辆进行硬隔离，在道路中央留出两个公交专用道；双向 4 车道及立交等局部地段则采取混行。2008 年 1 月，首条 BRT 线路正式投入运营。

2009 年 9 月，高九路 BRT 示范线两端各延长 10 公里，全程达到 30 公里，途径重庆火车站、重庆市公安局、公园等人流密集区域。该线路延长后，日客运量保持在 2 万人次左右，与其他城市相比仍然偏低。

2010 年，为解决道路拥堵问题，BRT 专用道使用权适度放开，允许 9 座及 9 座以上客车等使用专用道。

2011 年 8 月，市建委和市交委联合发出《关于高九路快速公交示范线优化调整方案征集意见的公告》，对 B1 线高九路段进行调整，调整措施是将高九路 BRT 专用护栏的隔离方式调整为画线式隔离方式。

2012年1月，随着重庆经济社会发展，高九路人流车流大大增加，原先专为BRT设置的两个车道被取消，快速公交不再快速。同年4月，快速公交5个站台被拆除。

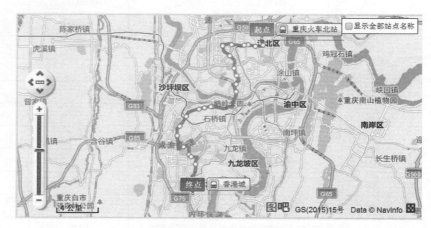

图2　重庆BRT线线路示意

（1）发展模式

重庆快速公交B1线是结合山地城市特有的道路条件，遵循城市有机更新的理念，秉承"尊重现实，最小干预"的原则，参照国外BRT相关技术标准，在既有城市道路上建设的快速公交系统。

重庆BRT发展模式与库里蒂巴、北京的比较　　　　　　　　　　　　　　　　　　表4

发展模式	特性	实例
作为整个公交的主体	建立完整的、覆盖城市大部分地区的快速公交网，快速公交网包括巴士专用道路系统以及公交换乘设施	巴西的库里蒂巴
作为地铁或轻轨的过渡	将快速公交专用道建立在道路中央，为今后建设轻轨或高架轨道交通保留空间，降低项目建设的初期投资与运营费用，还可以培养客流。在修建地铁或轻轨不成熟的条件下，将BRT专用道建在为它们预留的道路宽度范围内，用BRT缓解当前的交通问题	北京南中轴BRT
作为独立式快速公交走廊	独立的巴士快速公交系统是指建立一条或多条互不相关的快速公交走廊。随着快速公交的逐步发展，独立式的巴士快速公交可以变成快速公交网络	重庆B1线

（2）建设特点

一是专用路权。高九路采用双向六车道，设置护栏隔离式路中专用道，全线约6公里；其他路段采用四车道及立交，局部路段采用画线式路侧隔离，快速公交车辆同社会车辆分离的行驶方式。

二是快速公交站台。通过客流调查和近远期预测，结合沿线的用地规划，B1线沿线共设置9处站点，站间距1.1公里。为节约道路资源，提升快速公交的运营速度，其中有6处站点修在道路中央，错式布置，并配有天桥和地通方便乘客进出。为增添乘客的舒适度，35厘米高的专用站台与车辆地板齐平，20厘米车—站间隙让乘客可水平轻松登降车辆。站内LED信息显示屏为乘客显示即将到达的车辆线路和达到时间，以及线路图、换乘提示、站内指示图、语音播报等，帮助乘客第一时间掌握交通咨询，合理安排出行。另外，站内还设有票亭、报刊亭、座椅、盲道、IC卡电话等一系列便民设施，令乘客享受舒适放松的候车过程。

三是快速公交车辆。快速公交车辆为12米右开门大型公交客车，车内空间宽大，准载120人，是目前重庆最长、载客最大的公交客车。在安全配制方面首次采用前碟后鼓式刹车系统配置及安装有ABS系统，大大增加了车辆的安全性和稳定性，整车故障低于目前常规公交。BRT站台安全门设置于快速公交站台边缘，将公交车与站台候车区域隔离开来，在车辆到达和出发时可自动开启和关闭，为乘客营造了一个安全、舒适的候车环境。

四是智能交通系统。重庆通过与布里斯班友好城市的合作，运用其山地城市的先进技术，在高九路快速公交（BRT）采用澳大利亚DSRC短距离无线射频定位及通信技术，结合交警原有的管理系统搭建了一个全新的高度智能化集成的管理监控平台，对全线进行调度和监控控制。智能信息系统下分为定位子系统、路口信号优先子系统、站台子系统、车辆子系统、监控子系统、调度子系统等。

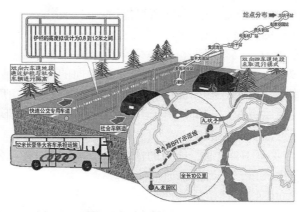

图3　重庆B1线公交专用道

（3）实施绩效

①在这个网络系统里乘客支出没有增加，出行时间有所减少。

②重庆快速公交B1线的建设，充分考虑了重庆的现实交通状况、城市规划布局、财力物力及对环境影响、人民的需求和愿望等多方面因素。

③BRT快速公交线路适应了重庆市主城区属于"多中心、组团式"的城市空间结构，针对主城区居民出行的规律性、方向性较强等特征，适量减少了城市居民的中、远距离机动车出行，在涉及组团与组团之间的交通出行方面有较好的应用前景，并在主城区范围内形成了一定规模的客运交通走廊，具有重要的客流支撑。

④重庆B1线的专用车道最终被拆除，但其掀起的"舆论风波"客观上促进了"公交优先"的理念深入人心，引发人们更加关心城市公共交通，关心交通污染问题，为快速公交系统的建设积累了经验。

3.2 重庆 BRT 系统的优势

各个城市对快速公交系统的理解不尽相同，因此，不同地方的快速公交系统也都是参照城市形态和交通体系展现各自的特色。重庆 BRT 系统的优势主要有以下几个方面：

（1）用相对较短的时间和较少的投资建设快速公交系统，缓解了城市中心区域的交通压力。

（2）扩大了城市地铁的服务范围，平衡城市交通方式的发展。由于地铁不可能服务到全部人口的活动范围，快速公交系统作为轨道交通服务外的客运走廊的延伸，将中等出行距离的乘客从常规公交中分离出来，增强了公共汽车线网的高机动性。

（3）节省巨额的投资建设费用。B1 线的建设成本远低于轨道交通，建设周期也要比轨道交通缩短很多，其运营成本也较轨道交通低。

（4）提升了城市的生活环境质量。

3.3 对重庆 BRT 的问题探讨

B1 线的开通，在很大程度上缓解了重庆交通"公交不便、私车增加、道路拥堵"的恶性循环，但从初期市民的质疑及其开通以来与交通拥堵问题的发展状况来看，现阶段重庆发展快速公交系统确实还存在着一些问题值得探讨。

（1）关于快速公交道的道路资源占用

从道路资源占用角度看，高峰时期，快速公交专用道一个车道一小时大约可通过 200 辆小汽车，最多 1000 人次；而同一时段快速公交车道单向的人流量是 3000～4000 人次。如果这些人用小汽车来完成运输，必须提供 3～4 个车道，从这个角度上讲，快速公交专用道为城市节约了不少道路资源。但是，由于 B1 线开通不久，还没形成一定的规模效应，确实在某种程度上造成道路资源的浪费。

改善方式：首先，在保证 B1 线通行能力的情况下，适度增加普通公交车的准入；其次，可以为专用道增设紧急出入口，作为紧急通道使用。

（2）线路的客流方向不均匀性

由于重庆市目前的城市多中心结构，导致其双向潮汐客流明显，且客流方向的不均匀系数较大。

解决方式：其一，BRT 线路的组织和区间车组织要尽可能多样化，高峰时段各 BRT 线路的车辆之间应合理调配；其二，首末站的蓄车能力要加强，以保证单向的高频率发车。

（3）关于站点分布

B1 线在开通初期设 9 对中途停靠站，平均站距约为 2 公里，而普通公交车的站距仅为 500～700 米。目前的 B1 线站距较长，某些站点位置的选择也不够合理，给市民乘车出行和换乘都带来了不便。

解决方式：对于不够合理的站点位置，在全线已开通运行，市民已基本适应站点分布的情况下再考虑重新选择站点位置已不够现实，这种情况下可以考虑适当增加站点数的设置。

3.4 其他建议

（1）枢纽建设

随着重庆市城市空间结构逐步向组团城市发展，城市公共交通枢纽建设的紧迫性已十分突出。城市公共交通枢纽的建设应分为4个层次来考虑：第一层次为轨道交通线网；第二层次为BRT线网；第三层次为常规公交线网；第四层次为主要交通节点。

（2）多条BRT线路路段共线问题

由于受BRT专用道通行能力和BRT站台容量的限制，原则上在中心区路段BRT共线不宜多于两条，局部较短路段可以三条，对于多条BRT共用路段，BRT车辆在路口可采用分道处理方式。

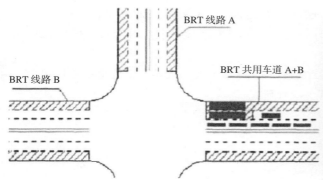

图4　多条BRT共用路段处理方式示意　　图5　美国高架快速路段BRT实景

（3）城市道路功能应随BRT建设逐步调整

某条道路一旦设置了BRT，道路的功能应该确定为客流通道，如果再赋予其机动车通道，交通组织将会十分困难，尤其对快速路，但对于快速路上设置BRT则有其明显的优点。

（4）BRT走廊规划建设

在城市的一般地区或外围地区选择一些对设置BRT道路条件较好的道路，作为BRT通道，今后根据BRT的线网，可以在这一通道上设置多条BRT线路，布局干—支模式线路或干—枢模式线路。道路规划与建设应与BRT系统规划紧密结合，在道路整治改造时，预留BRT专用道和中央侧式站台、子母站台及BRT车辆进站交织长度。

（5）BRT线路的长度

BRT线路长度受城市规模、线路功能、区域用地、场站设置条件、道路运行条件、区间车设置条件、营运的稳定性等因素的影响。一般来说，对于通过市中心的线路不宜太长，由于市中心设置区间车的条件较差，太长会对线路营运的稳定性有影响，以15～20公里左右为宜，对于组团之间的BRT线路可以适当加长。

4　结语

目前国内外对BRT系统建设并没有一个统一的标准和规范，其形式和功能也是多种多样的，其核心功能应是速度、运能、准点、稳定。中国大中城市的交通结构复杂，尤其是山地城市道路资源严重缺乏，城市用地开发强度高，和国外的一些大城市有较大的差异性。所以在建设BRT时一定要结合实际情况，因地制宜地保证BRT的核心功能，防止生搬硬套，追求形式而忽视了中国城市的实际情况。

参考文献

[1] 陆化普.发展公共交通的经验与启示.北京快速公交系统发展战略研讨会论文集[C].北京：2003：34-41.

[2] 余一村，刘伟铭.BRT在大中城市应用的适应性研究[J].城市公共交通.2009，8：23-26.

[3] 刘迁.从库里蒂巴的经验思考北京BRT系统建设.城市交通.2005，3(1):4-8.

[4] 赵杰，叶敏，赵一新，盛志前.国外快速公交系统发展概况[J].国外城市规划.2006，21(3)：32-37.

[5] 张那，扈万泰，杨院.重庆市快速公交发展研究[J].重庆交通大学学报.2009，2(1):19-25.

[6] 现代科技支撑重庆快速公交（BRT）项目研究．

慢行交通系统在山地城市中的综合应用
——以重庆市万州区为例

杨洪露[1]　刘贺楠[2]　甘永贵[3]　吴邦鼎[4]

摘　要：随着低碳绿色环保理念深入人心，节能减排渐成城市交通可持续发展的转变方向，倡导并推进步行、自行车等慢行交通，是解决中短距离和公共交通接驳换乘的重要途径，发展绿色、低碳慢行交通对缓解山地城市交通问题具有远大前景。本文以重庆市万州区为例，基于慢行系统及其出行特征，结合国内外慢行交通系统规划设计理念，借鉴香港、攀枝花等城市案例，探索山地城市特色慢行交通系统发展策略。

关键词：山地城市；慢行系统；步行交通；综合应用；万州

1　引言

山地城市街与市同构，一条条长长的石板街就是一部部步行生活的历史书，在清幽的石板街上一步步前行就是在城市悠远的历史中一页页地参阅。随着机动化的迅猛发展，步行空间逐渐被蚕食，安步当车的闲情逸趣被飞驰的汽车破坏殆尽，步行交通的行者转身成了交通弱者。眼下城市交通拥堵、尾气污染等问题日益加剧，山地城市居民开始怀念、期待回归过去朴素美好而宁静的城市交通环境。近年来，山地城市转变交通发展模式，大力发展绿色交通、低碳交通，促进交通节能减排，逐渐重视并开展了慢行交通的探索与研究，提倡以"公交优先，鼓励慢行，限制小汽车发展"为主旨的综合交通发展策略，建立山地特色的慢行系统，打造绿色低碳交通，构建和谐宜居城市。

2　慢行交通的内涵与实施途径

2.1　慢行交通的内涵

慢行交通指以步行和自行车为主体、以低速环保型助动车为过渡性补充的非机动车交通系统，呈早晚集中、短距优势的时空特征，是城市综合交通体系的重要构成部分，协调组织城市交通运行的重要补充。慢行交通是居民通勤出行、休闲健身中短距离出行的主要

---

[1] 杨洪露，重庆市万州区规划设计研究院。
[2] 刘贺楠，重庆市万州区规划设计研究院。
[3] 甘永贵，重庆市万州区规划设计研究院。
[4] 吴邦鼎，重庆市万州区规划设计研究院。

方式，中、长距离出行与公共交通接驳不可或缺的交通方式。慢行交通实现"步行＋公交"或"自行车＋公交"的无缝对接，优化配置交通资源，降低机动车出行比例及尾气排放，缓解机动车交通拥堵问题，为城市人居环境创造良好的条件。

慢行交通，是构成城市形象和城市景观的基本要素。其首要功能是解决日常3公里范围内的出行，慢行通道应直接、安全、连续；其次是解决最后1公里的接驳，衔接通道应便捷、高效；再其次是休闲、健身、游乐的重要方式，环境氛围应舒适、多样化，诸如座椅、小品等设施应配备齐全、人性化。慢行交通出行要求可归纳为：安全、连续、便捷、有效、多元和舒适。

2.2 慢行交通适用区域

山地城市在特定历史地理环境下多呈带状组团式布局，山环水抱，靠山临水，通常具有精美的河流山体、人文历史景观，山地城市多为山水之城。在自然条件苛刻和用地起伏破碎双重因子的作用下，桥梁过江跨河建设，道路纵坡大、红线窄、自由式布局，大大限制了以自行车为主的慢行交通出行。城市建设依山顺势、因地制宜，被坡地、堡坎、陡崖等自然要素切分为上下城，台地众多，平面上相近的两地需通过多条道路的绕行、转换才能通达，以步行为主的慢行交通却具有快捷便利直达的特点，优势明显。山地城市布局紧凑、人流密集，人车混行，常致步行者的生命遭受威胁。因此，弘扬山地步行传统，是实现山地城市综合交通发展的重要前提。

靠临江河区域景观资源禀赋丰富，道路布局灵活平坦，是发展自行车交通系统的有利区域，也是步行系统发生的高强度区域；城市内部道路蜿蜒起伏，交通拥堵，是发展自行车交通系统的限制区域，步行梯道跨台地出行的集中区域；外围区路网多为方格网状布局，基于道路的人行道路网络通达性较好，是发展自行车和步行的备用区域。

2.3 慢行交通实施途径

山地城市在发展绿色交通的过程中，采取交通源控制、出行方式引导、资源优化配置、交通运行管理等战略举措（图1），涉及城市空间形态（土地开发模式）、交通出行方式、交通设施设计、交通系统管理等诸多方法。

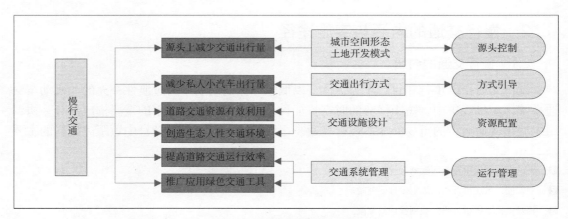

图1　慢行交通实施途径示意图

3 山地城市慢行交通现状及存在的问题

3.1 慢行交通现状

步行——让出行成为一种享受,是山地城市的历史传统,也是居民出行的第一方式,出行比例一般超过50%。山地城市功能分区明确,以居住、商贸、学校等为主的城市生活服务地区慢行通道窄而密,人气高而连通性差;以工业、物流等为主的城市功能服务地区慢行通道宽而疏,服务好而局部拥挤。

3.2 存在的问题

一是慢行网络系统性不足。尽端式的步行道导致步行通道中断,机动车道分隔步行通道致使慢行网间断;摆摊设点等管理问题使慢行空间被割裂,违背慢行者的心理期望,影响市民出行路径的选择,不利于慢行活动的发生或延续。二是慢行网络与其他交通方式衔接不畅(特别是公交系统)。如公交线路主要串联人流较集中的区域,站点布置未能与慢行通道接轨;再如居住小区范围过大,缺乏考虑慢行通道、出入口,或其设置不合理,与公交系统衔接低效,遏制了居民公交出行的积极性,使私家车出行比例居高不下。三是慢行系统环境品质低。慢行空间是行人享有最高优先权的慢行体验场所,但现实中却没有考虑步行者的真正需求,慢行空间缺乏与环境的融合,慢行空间环境差大大降低了行人慢行的可行性。

4 慢行交通系统在万州的实践

4.1 万州概况

万州位于重庆市东北部、三峡库区腹心,是渝东北经济中心、重庆第二大城市,属于独具三峡平湖风貌的山地城市。受地形、河流等自然条件的约束(图2),万州城市沿长江及其支流苎溪河两江(河)三岸发展,形成"一主两副、一江四片"的城市空间格局(图3)。

随着机动化进程推进,2014年底万州机动车保有量21.3万辆,但中心城区停车泊位缺口达3.8万个,城市交通拥堵严重,部分地段高峰小时车速低于10公里/小时,拥堵由核心区向周边蔓延。近年来,城市发展用地受限,山水分隔,伴随低碳、环保、健身的新追求和弘扬步行传统新观念的注入,步行梯道再次以新的视角进入市民的生活。

4.2 发展目标

以"交通促进城市,城市融合交通"为目标,结合万州城市科学发展要求和山水城市基底,重拾山城步行传统,倡导慢行出行,巩固完善万州综合交通体系。依托步行通道形成"连山之轴、串水之脉"的功能多元化慢行系统,回归人性化、宁静化的城市慢行交通出行环境,借势提升城市空间品质。

4.3 慢行策略的应用

4.3.1 城市空间紧凑多元化策略

万州为典型的组团式发展模式,强调"紧凑、功能复合、职住平衡"的城市空间结构和功能布局（图4）。利用慢行交通适用区域原理，推行以公交为导向的土地开发模式，加强交通与土地利用的协调发展，交通出行总量从源头上加以控制。

4.3.2 完善步行网络策略

万州城市两侧受南北向山脉走势的影响，城市内地与滨江区域形成数十米高差的台地或陡坎，东西向车行交通不畅（图5、图6、图7），通过加强步行系统补充完善机动车交通系统和慢行网络，是缓解轴向交通为主导、纵向交通通达不便的重要举措。因此，借鉴攀枝花城市慢行系统的发展思路，整合已成形的主要步行廊道，打通和增加步行通道，提高步行网络密度，完善慢行网络系统，对强化交通网具有积极意义。

  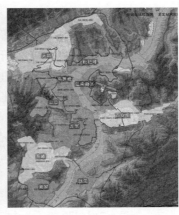

图2　影像图（2014年）　　　图3　用地规划图　　　图4　城市空间与形态图

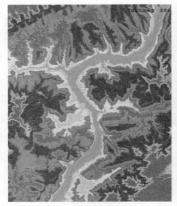 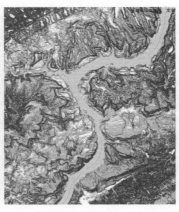 

图5　高程分析图　　　图6　坡度分析图　　　图7　起伏度分析图

4.3.3 分区差异化发展策略

吸取香港城市规划思路，提出万州老城、新城差异化发展。老城区的步行通道主要以改造、连通与升级为主。城市新区严格按照规范控制道路红线宽度，保证道路人行道设置条件，规划控制步行梯道，保留通道建设条件。滨江环湖区步道以垂直于山体等高线布局为主，密集布置以弥补道路人行道垂直服务的不足。滨江环湖外围区道路人行道以方格网状布局为主，人行网络通达性良好，专用步道作为人行道的补充，以局部连通人行道，补充完善道路人行网络为主（表1）。

万州慢行网络分区布局规划及特征表 表1

主题线路	区域特征	分布片区	骨架通道规划	重点控制要素
生活记忆	老城区或建成区，生活气息浓厚，具备厚重的历史文化气息	高笋塘组团	核心组团九大通道	休息平台、座椅、自动扶梯、垂直电梯、健身设施、标识系统
		枇杷坪组团西部与天城组团东部	两水北岸一带七纵	
休闲河畔	临江亲水区域	长江、苎溪河水岸沿线	两河三岸三线穿城	公共开敞空间、消落带处理、陡岩处理、绿化种植、健身设施、标识系统
运动挑战	以体育场和游泳馆为支点，以观音岩、戴家岩山脉为载体	龙宝组团北部区域	一片两心七大骨架通山达江	休息平台、座椅、标识系统、购物设施
显山秀水	城市新开发区或未开发区域，通道宽度易控制	江南新区组团	新城江南九条绿脉东西两片风光六线	梯道宽度、休息平台、座椅、自动扶梯、标识系统、购物设施
		枇杷坪组团东部天城组团西部		

4.3.4 "步行+公交"策略

机动交通体现城市效率，慢行交通展现城市品质。机动化交通是衔接慢行出行起始点和目的地的一种交通方式，慢行交通是机动化出行不可或缺的重要支撑；城市品质包含城市效率，城市效率的提高离不开慢行交通的支撑。统筹考虑城市品质、效率，实现慢行交通系统与机动系统合二为一，加强步行系统与公交等多种机动交通系统的衔接，营造城市慢行交通"慢行岛"，充分体现步行系统的交通性与休闲性并重、舒适性与安全性并举的特点（图8、图9）。公交站、场是交通量的重要体现，公交线路是交通流空间流动的窗口，优化设置公交线路、站场、设施，完善步行与公交站点的转换，充分发挥小区域内步行短距交通优势，将城市各个小区域圈与公交车站进行紧密连接，构建"步行+公交"的网络化出行模式。同时加强长途汽车站、客运码头等城市客运交通与公交车站的连接，有效补充步行系统在长距离出行的不足。

4.3.5 吸引元策略

挖潜城市历史古迹、旅游景点、公共服务设施、商业圈、文娱点等公共"吸引元"，利用步行交通系统串联吸引元，通过步行廊道连通城市魅力区，加强能充分展示城市魅力的"吸引元"之间的步行联系，让城市的魅力流动起来，让人们的脚步慢下来，为机动化向慢行交通转移，增进彼此交流创造良好条件（图10）。

4.3.6 构建特色慢行廊道策略

万州中心城区由于地形高差大，城市竖向上形成了"上山中城下水"的格局，滨江临水亲水区、城市公共生活区与外围山体被台地割裂。为打破这种僵局，识别和构建公共生活区直达滨江临水亲水区和外围山体的慢行快速通道，充分利用和完善配套城市交通设施，如电梯、自动扶梯、缆车等（图11），加强垂直江岸分布的街巷系统紧密联系，构建慢行通廊，实现城市生活相互交融，形成万州特色慢行廊道（图12）。

图8　高笋塘望江大梯道（俯视）　　图9　高笋塘望江大梯道（仰视）　　图10　南滨路慢行通道

 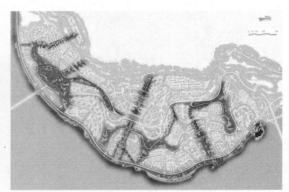

图11　岸上南山垂直电梯　　　　　　图12　"步链穿城"设想

5　结语

慢行交通作为中短距离的主要出行方式和城市综合交通体系的补充，能耗少且无污染，对缓解机动车交通拥堵、优化城市环境、提升城市品质具有积极作用。山地城市在用地紧张、生态环境脆弱、自然条件约束的前提下，发展慢行交通有自身的优势。本文探讨了山地城市慢行交通系统规划及其发展策略，指出更应尊重当地的地形特征和传承地方特色，创造充满生机活力、和谐、宜居和高品质的生态环境。

参考文献

[1]　深圳市规划国土发展研究中心.深圳市绿色交通规划研究及实施方案[R].2013.
[2]　熊文，城市慢行交通规划：基于人的空间研究[D].同济大学博士学位论文，2008.
[3]　吕晶，绿色慢行交通系统的城市设计方法研究——以中新天津生态城为例[D].天津大学硕士学位论文，2010.
[4]　万军，张航.基于低碳理念的城市慢行交通发展模式研究[J].公路运输，2010.7（75）.
[5]　万州区城市慢行交通系统规划.2014.

我国大城市 P+R 设施规划建设对山地城镇的启示

马佳琪[1]

摘　要：本文通过研究近年来我国大城市在停车换乘设施方面的文献资料与建设情况，重点对我国已有的停车换乘设施实例建设情况进行研究，对其中主要的大城市，包括香港、上海、北京进行了详细的分析。在分析已有发达城市 P+R 建设情况的基础上，对此设施在山地城镇规划建设发展中的启示作用做了概述，并重点关注了我国典型山地城镇——重庆在 P+R 设施方面的发展改进。最后，在现有成果与结论的基础上，对停车换乘的理论研究与实际建设在山地城镇中的未来发展趋势与创新提出了一些见解。

关键词：停车换乘；建设实例；山地城镇

引言

随着我国城镇化进程的迅速发展，小汽车数量激增，导致各大城市中心区出现道路拥堵问题；大城市向外蔓延扩张，尤其在居住向郊区发展的趋势下，造成了中心城区与郊区居住之间的通勤交通量迅速增加。为解决城市交通拥堵问题，加强中心城区与郊区的交通联系，近年各大城市积极发展公共交通，轨道交通等公交设施的规划建设迅速展开。停车换乘作为世界范围内有效缓解大城市中心城区交通拥堵的公共交通相关设施，其理论研究与实践活动都已取得很多成果。近年来我国许多大城市已经意识到停车换乘能为交通建设带来巨大的提升作用，并且在理论研究方面已有很多关于停车问题、设施规划方法等方面的成果，实际建设也在近几年迅速展开。此类研究与规划建设在北上广等发达城市已取得多方面的成果，其成果对于尚处于此设施研究与建设起步阶段的西部山地城镇来说，具有重要的启示作用。

在"一带一路"战略背景下，山地城市交通发展迅速，在重庆等山地城市，随着轨道交通的发展，引进了 P+R 设施，以增强轨道交通对城市交通问题的解决能力。将我国已有大城市的先进经验与成果引入山地城镇的建设中，具有重要意义。

1　P+R 研究概述

1.1　P+R 概念的定义

停车换乘（Park and Ride）是交通需求管理在静态交通领域中的一种应用。停车换乘广义的含义是指一次出行过程中为实现低载客率的交通方式向高载客率的交通方式转换所

---

[1] 马佳琪，重庆大学建筑与城市规划学院。

提供的停车设施，这里的转换可以是小汽车、摩托车、自行车、步行方式向地面公交、轨道交通、多人合乘车方式的转换。[1]狭义的停车换乘系统是指小汽车出行者在出行过程中利用停车换乘设施改变出行方式，变为公共交通出行的过程。本文所讨论的内容主要基于停车换乘狭义的定义。其具体做法就是通过在城市中心区以外地区的轨道交通站点、常规公交首末站及高速公路出入口附近等地区建设停车换乘设施，采取低价收费甚至免费的收费管理策略为私人小汽车、自行车等提供停放空间，并辅以优惠的公交收费政策，引导乘客换乘公共交通进入市中心，以减少私人小汽车的使用，缓解中心区域交通压力，最终达到促进城市交通结构优化的目的。[2]

从定义上看，P+R是一种设置在轨道交通站、地面公交站以及高速公路旁的停车设施，作为城市交通系统中一项静态交通基础设施，承担着车辆停泊的功能。[2]而依据P+R区位、功能、服务对象的不同，可以将其分为不同的类别，见表1、表2、表3。

P+R 区位分类列表　　　　　　　　　　　　　　　　　　　　　　表1

类别	停车设施的分布与设置
边缘 P&R 停车场（Peripheral P&R Lots）	市级中心区、次级中心区以及某些重要活动中心外围
市区 P&R 停车场（Local Urban P&R Lots）	距离 CBD：1.6～6.4 公里
近郊区 P&R 停车场（Suburban P&R Lots）	距离 CBD：6.4～48.3 公里
远郊区 P&R 停车场（Remote P&R Lots）	距离目的地：64.4～128.7 公里，主要位于新镇或小城镇内

资料来源：何保红. 城市停车换乘设施规划方法研究 [D]. 东南大学，2006.

P+R 功能分类列表　　　　　　　　　　　　　　　　　　　　　　表2

类型	设施特征	换乘方式
非正式 P&R 停车场（Informal P&R Lots）	路内或依附于配建设施停放为主，没有专门的公共停车场：毗邻公交站点或道路主干道节点处停放	常规公交、轨道、BRT、快速公交
联合使用 P&R 停车场（Opportunistic or Joint Use Lots）	停车换乘不是唯一的停车目的，该停车设施与其他建筑设施（剧院、购物中心等）共享，联合使用	
专用 P&R 停车场（Exclusive P&R Lots）	以停车换乘为主要目的，吸引周边地区客流换乘公交出行	
公交换乘中心 P&R 停车场（Transit Centers P&R Lots）	基于公共交通换乘枢纽点建设（枢纽设施配建），具有更高的停车换乘需求	

资料来源：何保红. 城市停车换乘设施规划方法研究 [D]. 东南大学，2006.

P+R 服务对象分类列表　　　　　　　　　　　　　　　　　　　　表3

类别	特点
轨道 P&R 停车场（Rail P&R Lots）	位于市郊铁路或者市内地铁首末站处，主要为通勤交通服务，具有较高的停车换乘需求，泊位从几百到几千个，一般利用率在 80% 左右
优先公交 P&R 停车场（Busway P&R Lots）	设置在公交专用道或者 HOV 系统附近，规模适中，一般在 500 个泊位以上，利用率在 60% 左右
普通公交 P&R 停车场（Express/Local P&R Lots）	主要服务于通往 CBD 或者主要就业中心的通勤交通，规模较小，一般在 25～100 个泊位，多数为免费停车，利用率一般在 50% 左右
合乘车 P&R 停车场（Park-and-pool）	没有固定公交时刻表，只是为轿车或者是客车合乘车主提供一个停车候客的场所。设施形式灵活，以自发形式为主

资料来源：何保红. 城市停车换乘设施规划方法研究 [D]. 东南大学，2006.

1.2 起源与目的

P+R 的起源是社会经济及交通行业快速发展的结果。19 世纪 30 年代,许多西方国家领先进入了汽车时代,出行者在出行过程中选择将小汽车停放在公交车站附近的街道,然后搭乘公交车继续出行,由此逐渐提出了建立停车换乘设施的提议,从而诞生了 P+R 的概念。

欧美各国在 19 世纪 60 年代以前基本上采取鼓励使用汽车的政策。随着汽车交通量的增加,停车以及相关问题日益严重,许多国家开始关注停车政策及法规的建立和应用。停车政策由原来的增加停车场容量,积极使停车供给适应停车需求,转变为利用停车政策促进城市交通结构调整,以达到控制城市交通需求的目的。P+R 设施提出的原始目的是为了提高交通便利性,后来才发展成为以解决城市交通问题为主。

2 我国 P+R 理论研究综述

我国的 P+R 理论研究起步较晚。虽然 P+R 概念早在 20 世纪 70 年代已经在西方国家出现,但是我国直到近年,随着城镇化进程的发展、城市的空间蔓延与轨道交通的建设,才开始逐渐兴起对 P+R 设施的理论研究。可以说,至今结合我国实际国情的 P+R 理论研究尚不深入,尚未形成理论系统,对实际建设的理论指导作用更是有待提升。

我国近年来主要关注与停车换乘行为相关的停车问题研究,与 P+R 设施布局和选址相关的研究以及 P+R 设施实施建设的效率评价和管理相关的研究,其中,对停车问题研究的内容占了较大的比例。

从事研究的学科主要有交通运输、经济管理以及建筑规划等,其中,交通运输与经济管理学科的学术研究比例明显高于建筑规划学科,即国内对 P+R 理论的研究主要集中在交通设施本身,而对其与城市建设的关系进行的理论研究仍较少。

3 我国大城市实施 P+R 建设的实例研究综述

大城市轨道交通停车换乘实施需要具备的条件有:机动车保有量较大;中心区功能集聚严重;高效的轨道交通的支撑[14]。而随着近年我国主要大城市城镇化的进程与城市的建设发展,这些条件已经基本具备,所以停车换乘的规划建设也有了实例。在我国轨道交通建设开展较早的大城市如香港、北京、上海等,已经有了一定规模的 P+R 设施建设,而在轨道交通建设全速推行的大城市如重庆、成都、南京等,也逐步实施了与轨道交通同步进行的 P+R 设施规划研究与建设探索。

上海等处于我国经济社会与城市建设发展前沿的大城市在停车换乘设施建设与管理方面的成就与经验,对山地城市如重庆的停车换乘设施规划建设具有重要的意义。

3.1 上海

上海市是国内除香港之外较早使用 P+R 系统的城市。实践证明,P+R 对上海的交通问题具有重要的意义。

《上海交通白皮书》指出，中心城外的"停车—换乘"枢纽是实现小汽车交通与中心城内公共交通有效转换的关键环节。根据交通区域差别政策，在外环线附近的主要公交站点规划和建设收费优惠的"停车—换乘"设施，鼓励小汽车使用者换乘轨道交通和公共汽车进入市中心。

上海从 2009 年起在地铁 1 号线锦江乐园站和 2 号线淞虹站开始 P+R 试点工作。以 2010 年世博会为契机，上海推动了 P+R 的建设。根据世博会交通需求预测，大量小汽车直接到达世博园区将对世博园区及其周围路网造成强烈冲击，因此提出分别在嘉定镇、安亭镇、青浦镇、松江新城、惠南镇设立 5 个永久性 P+R 站点，通过换乘轨道交通进入上海市区。世博会期间 P+R 分两层次对小汽车出行者进行截流：其中一个层次主要是供长三角地区通过高速公路进入上海的出行者进行停车换乘。出行者停车换乘，共提供 1570 个车位。世博会以后，部分世博会 P+R 停车场转为日常运行。上海规划 2015 年建设 P+R 停车场 15 个（图 1），主要分布在上海市的西南面和东面，依附于辐射状轨道交通网络，在外环线外布置与轨道站点有良好衔接的 P+R 设施。[3]

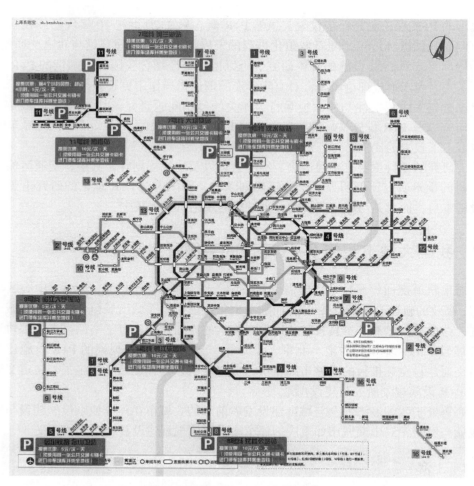

图 1　上海市现有 P+R 停车场分布图

资料来源：上海地铁。

3.2 香港

香港是一个高人口密度的国际大都市,得益于高水平的公交分担率,其交通发展并没有因人口的高密度而受到阻碍。香港是世界上小汽车密度最高的城市之一,香港将停车需求管理作为解决交通问题的主要手段,通过公共交通等高承载率的交通方式(图2),将停车换乘设施规划设置在人口密度相对较低的城市外围,解决城市中心区土地资源稀少带来的交通设施供给不足的问题。[3]

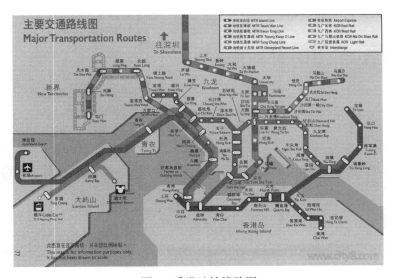

图 2 香港地铁线路图

资料来源:http://www.city8.com/map/5767.html.

2000 年,香港的公交出行比例占全部机动车出行总量的 90%,其中九龙铁路占了 31%,地铁承担了 20%,优先巴士占 36%[2]。1997 年,香港理工大学就待建中九广铁路的 P+R 规划,考察了沿途的上水站备选站点[15]。选择该站附近的 170 个露天停车位进行了停车场地设施调查、停车者行为调查和意向调查。通过这三项调查,掌握了香港地区 P+R 的主要特性,如 P&R 的使用者将以中等收入的有车家庭为主,停车成本的降低和出行时间的节约是选择 P&R 的首要因素,并将这一结果作为 P+R 停车设施空间设计的有力指导。

3.3 北京

北京作为人口超过 1500 万的巨型首都城市,已经明确建立起以公共交通为主导,多种方式协调发展的一体化交通体系,其中最关键的举措是制定不同时空范围内差别化的交通政策,并提供相应的交通设施供应。在主城区(城八区)以内必须以轨道交通为骨干,提供优质高效的公共交通服务。在外围新区、边缘集团则保持小汽车与公共交通的均衡发展。[2]

北京市目前运营轨道交通线路 16 条,运营里程达 442 公里,中心城轨道交通线网已经初步形成,日均客流量达 510 万人次。《北京市"P+R"停车场空间布局规划》中,

2020年在22条规划轨道交通沿线共设置71处换乘停车场,可提供停车位总规模约2万个,见图3。规划的71处换乘停车场中现状已建成22处,提供停车位约0.5万个,收费标准为2元/日,单个换乘停车场的停车位规模不等,最小的为40个车位,最大为750个车位。[16]

图3 规划中的北京市P+R分布

资料来源：何保红.城市停车换乘设施规划方法研究[D].东南大学,2006.

4 我国大城市P+R建设对山地城镇同类设施发展的借鉴启示作用

4.1 认知城市空间发展结构，合理规划规模

从发达城市的P+R设施已有建设来看，其对城市内所需规划设计的P+R设施规模确定的实践方法不尽相同，但都以城市发展扩张方向及未来问题为导向，这是对山地城镇引入同类型设施的最主要启示之一。山地城镇的空间扩展往往受到地形山水的强烈限制作用，若不能正确判断城市未来扩张方向以及正确预判城市未来可能出现的交通拥堵问题，则P+R设施的规划将无法得以有效实施，或者会导致已在建设的P+R设施后续使用效果出现严重问题。以重庆为例，现已建成及投入使用的P+R设施具有一定的规划依据，但对于各站的规模以及站与站之间的相互协调关系并没有充分的考虑，使得现有的部分设施使用率低下，而一些早应建设P+R的地区与站点却迟迟没有P+R设施的建设（如图4）。

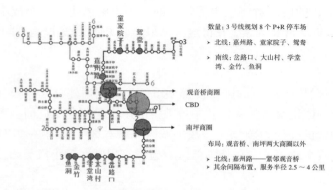

图4 重庆轨道交通三号线P+R设施分布情况

资料来源：作者自绘。

4.2 对 P+R 设施引入作用的正确判定

不同城市 P+R 设施的引入作用侧重不同，有的以解决中心城区交通拥堵问题为主，有的以带动郊区发展为主，有的以增强轨道交通运行效率为主，而山地城镇在引入 P+R 设施时需对其引入后所应起到的主要作用先做出合理的预判，并结合山地城镇特有的城市空间与交通特点，更有针对性地规划 P+R 设施。在"一带一路"战略背景下，还应对城市未来的发展趋势与经济社会的发展做出更具有前瞻性的判断，以达到后续建设的 P+R 设施在城市中的最佳效益。

4.3 P+R 设施建设后的持续管理与公众推广

P+R 设施建成只做到了设施引进的开端，而其是否能真正运行并起到应有的作用，还需要后续的管理与推广。我国大城市如上海、香港等，在设施的推广及管理方面有很多成功的经验，但有的城市如北京等在此方面也一直面临一些问题，对正面与负面的结果，在山地城镇 P+R 设施的管理与推广上都应该有所分析。以重庆为例，现有的 P+R 设施运行出现了一些问题（如图 5）。这些问题的解决，可借鉴已有的成功经验，避免再犯一些大城市犯过的错误。

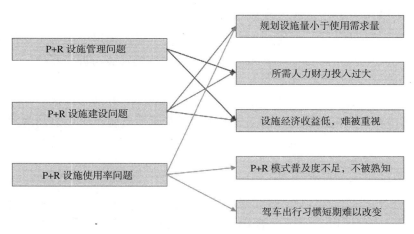

图 5　重庆 P+R 设施实施现状问题总结

资料来源：作者自绘。

5　P+R 的未来发展与创新

5.1　从狭义停车换乘到广义停车换乘的发展趋势转变

城市交通在城市化进程快速发展的背景下，趋向于多方式融合的、综合式的发展。各种运输方式将逐渐打破各自独立发展的格局，形成各种运输方式既有分工、又互相合作的发展模式，从而进一步转变成汇集多种交通方式于一体的交通换乘枢纽。而对停车换乘设施来说，未来也会向与其他更多的交通方式相结合的方向发展，即从狭义的小汽车换乘公共交通的研究范围，逐渐转变为广义的低载客率交通方式向高载客率交通方式的转变，形成高效的交通系统网络。按基于站点形式的不同，广义停车换乘设施主要包含 3 种形式：基于轨道交通站点的换乘、基于快速公共交通站点的换乘和基于常规公交站点的自行车换乘（图 6）。

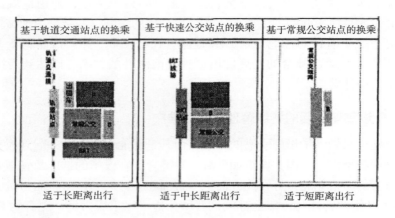

图 6 广义 P+R 枢纽分类

资料来源：邹迪明，李秋杰. 广义停车换乘枢纽在新城规划中的必要性探讨 [J]. 黑龙江交通科技，2014,9:183-184.

5.2 停车换乘与城市资源开发相结合

停车换乘设施的发展不应局限于一种城市交通公共设施建设的内容，仅依靠政府的规划建设，没有市场经济支撑的停车换乘，也难以得到持续发展与进一步推广。停车换乘设施的开发建设应与商业开发、服务设施设置等城市资源开发内容相结合：对其站内外及附属设施进行适度的资源开发，在站内设置复合的商业业态，并结合社区公共服务设施的设置，以提高城市轨道交通服务品质，拓展城市轨道交通服务范围，创造品牌效益，打造城市轨道交通生活圈，使城市轨道交通不仅仅作为一种交通方式融入市民生活。

5.3 停车换乘的智能化发展

基于智慧城市概念，将 P+R 的规划设计与智慧城市的研究成果和系统相结合，研究智慧交通方面的内容，可以使既有的 P+R 设施使用及管理方式发生质的飞跃。建立智慧停车换乘系统，包括智能车位信息检测与发布、换乘点人流与车流量监控与预测、错峰时间交通智能管理、公共交通信息汇总与发布等，换乘设施的信息与出行者的信息保持互换，提高整个道路交通系统的运行效率。

5.4 大数据背景下的停车换乘发展

由目前国内的理论研究综述内容可以看到，停车换乘理论研究的难点在于准确出行数据的进一步获取，而针对基于数据所建立的运算模型及方法已经有了很多的研究，所以如何在今后的研究中获取准确和大量的有效数据，决定了停车换乘理论研究的发展水平。在大数据的发展研究背景下，停车换乘与其结合，可以获得更多与停车换乘出行相关的数据，用以验证已有理论模型的可行性，并对设施的运行情况进行检测与观测，最后对停车换乘设施的规划设计提供数据依据。

6 结语

世界范围内已经取得大量理论研究与实例建设成果的停车换乘系统，在我国的理论研究与实践尚处于起步阶段。我国已有的对停车换乘系统的理论研究主要集中在停车方面，而对停车换乘与城市开发建设、系统性规划等方面的研究基本空白。关于停车换乘理论研究的未来发展，应该扩展研究的领域，覆盖更多的相关研究要素，并实现各相学科之间的协作研究。我国停车换乘的实际建设主要在具有一定轨道交通建设基础的大城市中进行，其中香港、上海、北京等是目前我国停车换乘设施建设处于前沿位置的城市。这些城市对P+R设施的建设成果是山地城镇引进此类设施的重要经验与依据。随着"一带一路"战略的推进，将会有更多的山地城镇规划建设轨道交通及P+R设施，对我国大城市已有的P+R设施建设研究应给予持续的关注与投入。

参考文献

[1] Turnbull K F, Pratt R H, Evans Iv J E, et al. TRAVELER RESPONSE TO TRANSPORTATION SYSTEM CHANGES. CHAPTER 3 - PARK-AND-RIDE/POOL[J]. Tcrp Report, 2004.

[2] 何保红. 城市停车换乘设施规划方法研究 [D]. 东南大学, 2006.

[3] 周昱妍. 江宁东山副城停车换乘规划设计研究 [D]. 南京工业大学, 2013.

[4] 范文博. 英国牛津城停车换乘发展经验与启示 [J]. 交通运输工程与信息学报, 2013,1: 40-46.

[5] 秦焕美. 停车换乘（P&R）行为研究 [D]. 北京工业大学, 2005.

[6] 易昆南, 李志纯. 随机动态交通网络中的停车行为 [J]. 长沙理工大学学报（自然科学版）,2006,2: 12-17.

[7] 田琼, 黄海军, 杨海. 瓶颈处停车换乘logit随机均衡选择模型 [J]. 管理科学学报,2005,1: 1-6.

[8] 陈群, 晏克非, 文雅, 王仁涛. 基于双层模型的城市P+R处停车泊位规模确定方法 [J]. 交通运输系统工程与信息, 2006,4: 66-69.

[9] 裴玉龙, 张茂民. 基于路网的换乘强度研究 [J]. 城市交通, 2004,1: 13-16.

[10] 刘有军, 晏克非. 基于GIS的停车换乘设施优化选址方法的研究 [J]. 交通科技, 2003,4: 85-87.

[11] 裴玉龙, 刘春晓. 停车换乘站位置选择及换乘需求预测 [J]. 长安大学学报（自然科学版）,2005,1: 60-63.

[12] 孙剑, 李克平, 熊萍. 城市中心区外停车换乘系统评价研究——以Visum的应用为例 [J]. 交通与计算机, 2006,5: 1-4.

[13] 陈刚, 周扬军, 程建学. 城市外围停车换乘(P+R)设施换乘效率的评价分析方法 [J]. 交通与运输（学术版）,2005,1: 10-13.

[14] 陶媛. 大城市停车换乘（P&R）系统的实施条件及规划设计方法研究 [D]. 北京交通

大学, 2008.

[15] Lam W H K, Holyoak N M, Lo H P. How Park-and-Ride Schemes Can Be Successful in Eastern Asia[J]. Journal of Urban Planning & Development, 2001, 127(2): 63-78.

[16] 李爽, 张晓东, 杨志刚. 北京市换乘停车场规划思考[A]. 中国城市规划学会. 城市时代, 协同规划——2013中国城市规划年会论文集（01-城市道路与交通规划）[C]. 中国城市规划学会，2013，9.

"一带一路"战略下山地城镇交通发展现状与展望

张兴平[1] 尹子民[2]

摘　要："一带一路"为山地城镇交通发展带来了机遇，本文在综合"一带一路"战略下山地城镇交通发展特征的基础上，分析了在"一带一路"战略下山地城镇交通未来的发展格局，并针对山地城镇交通的特征，提出实现"一带一路"战略下山地城镇交通未来发展的实施政策，具有较好的现实意义。

关键词："一带一路"；山地城镇交通；城镇化

推进"丝绸之路经济带"和"21世纪海上丝绸之路"建设，是党中央根据全球形势变化，统筹国内、国际两个大局做出的重大战略构想，也是中国首次出台的主动影响国际秩序的具有历史意义的区域经济一体化战略，将推动国内区域经济沿交通走廊向经济发展带转型，利用良好的区位优势推动沿线区域经济的快速发展，充分发挥其增长极的带动和示范功能。

丝绸之路首先得要有路，有路才能人畅其行、物畅其流。中吉乌铁路、中塔公路建设，"渝新欧"铁路货运班列等，无不是"一带一路"战略下中国推动交通等基础设施建设，加强与中亚各国边境口岸联动，推进互联互通，实现"一带一路"的重大战略。而在"一带一路"国内段覆盖了我国中西部的大部分地区中，新疆、陕西、甘肃、宁夏和青海等地的战略地位及发展类型虽然不同，但在依托自身区位优势和禀赋差异的基础上，都面临发展的薄弱环节——山地城镇地区的交通发展，更不用说西南重庆、四川、云南、广西等四个省区，其山地限制更为明显。因此，在"一带一路"战略推动下，交通成为释放山地城镇发展空间的动力，承载着重要的分工支撑体系和市场联结枢纽等。由此，山地城镇交通发展成为推进"一带一路"交通等基础设施建设的首要任务。

1　"一带一路"战略下山地城镇交通发展的特征

在"一带一路"的六条经济走廊中，山地城镇面积较大的省市主要分布在北线和中线及中心线上。在我国境内，西部、北部、西北部等地区地理位置和地形起伏变化，山地较多，因此山地城镇交通问题，便成为"一带一路"战略中必须解决的问题。

以往山地城镇地区的客观发展环境使得山地城镇与平原等地区的经济发展、城镇化等呈现出不同的特征。首先，由于山地地形起伏大，土地脆弱、生态敏感度高的特点，使得

---

[1] 张兴平，辽宁省锦州市科学技术协会主席。
[2] 尹子民，辽宁省锦州市科学技术协会。

山地城镇地区经济发展缓慢。其次，山地城镇地区由于区位条件及生态环境、资源等方面的限制，贫困问题较为突出，且城镇化发展水平较低，发展速度缓慢，处于全国平均水平之下，其中，由于地区经济差异产生的大量农村劳动力向发达地区集中的异地城镇化现象突出。再次，山地地区在城镇分布上出现城镇规模普遍较小、城镇布局比较分散的特征，这是由于山地地区的地形环境、经济发展水平限制，城镇之间缺乏便捷联系，因而，城镇结构呈现多层次分散的特征：一方面体现为各县市之间联系松散和相对独立，中心城市首位度低、中心性不强；另一方面体现为城镇与乡村之间的联系松散，县市对乡镇、农村的辐射能力有限。

在"一带一路"战略提出一年多的时间里，沿线各省和地区以及市县城镇无不抢抓机遇、积极布局，以使自己在"一带一路"建设中获得更好的资源和更为重要的地位，因此，在"一带一路"战略推动下山地城镇地区的交通呈现出新的发展特征。

1.1 山地城镇地区交通区位条件逐步改善

"一带一路"战略下的"新丝绸之路经济带"覆盖我国西北陕西、甘肃、青海、宁夏、新疆等五省区，西南重庆、四川、云南、广西等四个省区，使得众多西部发展落后的山地城镇成为经济发展的热点区域。虽然在以往的发展中，山地城镇地区交通系统建设起点低且发展缓慢，并且航空运输、铁路建设等对山地城镇地区的服务优势难以体现，但是由于"一带一路"战略的推动，山地城镇地区交通区位条件在逐步改善中。虽然长期的封闭固然由于地形复杂，生态敏感，但更多是交通建设的起点极低，造成山地城镇地区交通系统尤其是区域性交通通道建设缓慢且造价高，而"一带一路"战略却将发展的优势不断放大，为山地城镇地区的发展注入交通这支流动的大动脉，成为山地城镇交通发展的重要机遇。

1.2 宏观政策推动山地城镇地区综合交通体系建设

"一带一路"对高铁和航空节点县域、港口县域、外向型县域和产业转走县域等山地城镇地区都提出了发展新要求。传统而言，我国90%的城市高铁站点和100%的城市机场都分布在城市郊县，而在"一带一路"战略实施后，高铁和机场等城市交通节点的作用将进一步凸显。因而，涉及山地城镇交通的站点，要配合铁路和机场管理公司做好对枢纽站点的服务工作，并有效利用交通枢纽点的发展机遇。在"一带一路"区位优势的推动下，山地城镇地区正积极寻找打开关键地区的对外通道，区域内部基础设施的改善也在加速，改变以往交通通道单一且对区域服务不足、交通枢纽地位与交通通道设施不匹配的限制，提高山地城镇地区内部道路交通等级及覆盖率，使得山地城镇地区逐步从交通"死角"变为"枢纽"，从"边缘"变成"前锋"，构建"内畅外联"的综合交通体系。

1.3 "一带一路"使交通成为山地城镇新型城镇化的前锋

"一带一路"战略使得山地城镇地区的本地城镇化更具有现实意义。在区域交通综合体系的推动下，"县市—乡镇—农村"成为高度关联和互补的有机整体，提高了提升山地城镇地区县市的人口吸纳能力和乡镇的非农就业能力，推动了城和镇的协调发展。此外，作为城镇和地区发展的普遍模式，山地城镇区域合作也是未来发展的必然要求，作为贫困地区尤为如此。而"一带一路"战略下的山地城镇地区交通更是区域合作的前锋和基础支撑，推动了山地城镇地区将资源优势转化为产业和经济优势，推进了城镇化的发展。此外，在进一步完善基础设施、做好人才技能培训，迎接东部产业转移等方面，交通无疑是山地城镇地区在"一带一路"中发展的前锋和重点。

1.4 "一带一路"使交通成为城镇地区特色产业的支撑

"一带一路"为山地城镇发展外向型农业、推动边境口岸贸易发展和加快内外国家文化交流提出了新要求。由于山地城镇地区生态多样化明显，特色产业出众，特别是旅游成为山地城镇地区的热点产业，在以往的发展中由于山地城镇地区旅游景点较为分散，且很多景点距县城较远，县城通达景区的道路等级又很低，造成很多景点的交通可达性较差，严重制约了旅游资源的开发和旅游潜力的发挥，这也体现了交通对旅游生态等产业发展缺少支撑。在"一带一路"战略的推动下，在山地城镇内部进行旅游资源整合，提升景区交通可达性和服务水平，全面提高区域旅游产业品质；在山地城镇外部可与国内外著名旅游景区合作，开发区域旅游线路。当然，这些优势的实现更加依赖综合交通体系的大力支持，包括区域旅游通道的构建、旅游集散节点的培育等。

2 "一带一路"战略下山地城镇交通未来发展的格局

在"一带一路"战略的整体格局中，从国际而言，"一带一路"发端于中国，贯通中亚、东南亚、南亚、西亚及欧洲和非洲部分区域，东牵亚太经济圈，西系欧洲经济圈。无论是从西部经中亚、俄罗斯至欧洲，进入波罗的海；经中亚、西亚入地中海；经南亚入印度洋，还是从东部进入太平洋，中国都将融入整个世界。从国内而言，"一带一路"战略对中西部地区经济发展的意义尤为重大，占中国国土面积的80%、人口近60%的中西部地区，却只占全国进出口总量的14%，吸引外资总量的17%，对外投资总量的22%，GDP总量的1/3左右，区域发展很不协调。在"一带一路"大框架下，完善的交通基础设施将为"一带一路"战略下经济区域可协调发展打下坚实的基础。

在整体交通战略中，"一带一路"国内段覆盖了我国中西部的大部分地区，因此，要明确国内各省市地区的主要定位和发展趋势：如新疆作为"一带一路"沿线省市，将以"五中心、三基地、一通道"为核心；陕西位于丝绸之路经济带腹心地带，在"一带一路"战略下将通过建设中国与亚欧合作的承接点与聚合点；甘肃作为丝绸之路经济带中的重要西部省份，未来将承担起丝绸之路经济带黄金段的定位；宁夏和青海地处中国西部内陆，在"一带一路"战略下努力建设成为丝绸之路经济带建设的战略支点和战略基地。因此，各山地城镇地区要抓住交通基础设施的关键通道、关键节点和重点工程，优先打通缺失路段，畅通瓶颈路段，配套完善道路安全防护设施和交通管理设施设备，提升道路通达水平。

因而，在"一带一路"战略下山地城镇交通的未来格局中，作为承载"一带一路"大通道的基础，山地城镇交通是"一带一路"发展区域的辐射点、连接线和发散面。在"一带一路"战略下对外开放和区域发展的三大关键载体：无水港、高铁枢纽及自贸区中，山地城镇交通将起到重要的作用。如无水港作为交通运输网络在内陆地区的重要节点，是"一带一路"发展战略的交通枢纽、物流枢纽和经济中心，因而山地城镇交通作为关键脉络要配合无水港的建设，成为其发展终端和触手躯体的一部分。同样，山地城镇交通要积极配合高速铁路建设，拉近沿线各站点城市间的时空距离，使两地旅行时间大幅度缩短，并吸纳由高铁运输带来人流、信息流、知识流、资金流等生产要素大量，形成了集聚—辐射效应，推动区域经济发展。另外，自由贸易区作为促进全球各国经贸合作的有效制度形式和空间载体，是构建开放型经济的重要载体，而山地城镇交通是沿线延边贸易汇聚中心的基础，因此，必须充分发挥山地城镇交通的力量，全方位、多角度地实现内陆的对外开放。

作为"亚欧大陆桥"的一部分，山地城镇交通将成为建成"海、陆、空、铁、管"立体式综合交通网络体系的源泉，将为油气管道、港口海运、铁路、公路和跨海等通道提供承载力量，以此充分发挥山地城镇区域枢纽的联动、辐射、延伸、疏运等价值，并在功能、载体、平台等方面不断突破。因此，要注重在"一带一路"战略下实现山地城镇地区自然生态系统与城市建设相协调，城市地形地貌与交通、用地相协调，生态化的山地城市土地利用及交通协调等方面的发展。

3 实现"一带一路"战略下山地城镇交通未来发展格局的实施政策

"一带一路"关键是交通节点的打造和交通服务的一体化，前者是硬件，需要完善；后者是软件，需要兼容。只有软硬兼施，"一带一路"才能真正发挥其应有的作用，成为中国和沿线国家的商贸、文化等的沟通大动脉。而山地城镇地区交通建设的特殊性，使其成为"一带一路"的突破点，不仅有利于释放山地城镇地区承担高铁、公路等基础设施建设的比较优势，实现交通基础设施的互联互通，更是将宏大的'一带一路'构想逐步转化为人们看得见、摸得着的具体项目。考虑"一带一路"战略下山地城镇交通的综合性，在政策制定上需要综合以下方面：

3.1 明确"一带一路"沿线山地城镇的自身区位优势

作为"一带一路"的基础载体，山地城镇较多的省市地区应首要明确自身的区位优势，要综合考虑本地区适合参与丝绸之路经济带还是更适合参与海上丝绸之路？是处于"一带一路"的边角位置还是处于"一带一路"的关键枢纽位置？更甚者，采用怎样的介入方式，将自身经济发展通过综合交通连接为一体。比如，中西部中的陕西省，资源丰富，人口众多，又是古丝绸之路的沿线，应该积极参与丝绸之路经济带的建设。因此，从微小城镇交通出发，陕西省未来向西将可打通经过新疆连通中亚直达欧洲的陆上物流大通道，向东则可畅通经过山东直达日韩，远赴欧美的海上物流大通道；借助西咸空港保税物流中心建设，发展临空经济，形成"空中丝绸之路"。陆海空、立体化的交通物流通道的形成，将为陕西构建全方位的开放格局奠定更好的基础。

3.2 借助"一带一路"战略下的产业布局优化交通设施建设

山地城镇地区交通基础设施的建设应该借助"一带一路"战略下的产业布局优化调整

来进行。作为互联互通范畴中最重要的领域之一，山地城镇交通运输、基础设施应该是涵盖铁路、航空、管道等多种方式的互通和国际多次联运，其"基础设施建设"的外延要不断拓展，在"一带一路"战略下山地城镇基础交通设施建造的基础上，还应当考虑政府部门如何利用这些基础设施和政策便利为产业或者企业提供怎样有力的保障性服务。对于"一带一路"战略下的山地城镇地区而言，应在综合利用山地城镇生活空间和生态空间的基础上，根据其特殊性将产业和交通连接在一起，并通过"一带一路"这个有效的载体依据综合交通体系进行新的产业布局和调整，分类吸纳中西部地区相对低廉的劳动力要素，降低运输成本，使得广大山地城镇地区成为"一带一路"战略的力量源泉。

3.3 完善"一带一路"的资金调配制度，保证资金协调

对山地城镇地区的交通发展而言，复杂的地形、落后的生产力等固然给山地城镇地区交通发展造成困难，但究其根本，缺乏资金项目的有效支持，尤其在"一带一路"战略推动下，任何一个交通上的小环节都可能是重大交通项目的关键载体，资金项目的支撑性作用就更加得以体现。在融资政策上，山地城镇地区可以先确定一些优先发展的项目，在关键点上切入所需要的资金和技术援助；同时建立地区性资本市场，让私营户参与到基础设施建设中来，这样不仅能扩大资金来源，更能带动山地城镇地区的资本发展、产业投资。此外，政府要对于项目前期贷款融资、项目资本金、风险管控和分摊各个方面给以切实的优惠和制度保障，降低山地城镇地区公路等运输成本消耗及边境通关的费用，这将有利于大规模推进项目速度和互联互通的进度。

3.4 推进"一带一路"沿线山地城镇地区的贸易便利化

作为"一带一路"战略中国与周边国家运输服务一体化的一部分，山地城镇交通对于促进互联互通和推动通关便利化有重要的作用，不仅有助于开拓"一带一路"沿线地区市场，发展运输服务贸易，更有助于在对外联系的基础上推动山地城镇地区交通、物流等行业的快速发展，因此推进"一带一路"沿线山地城镇地区的贸易便利化对于山地城镇交通发展是非常有必要的。山地城镇要综合利用国家在丝绸之路沿线已布局的25个陆空开放口岸、12个海关特殊监管区域，提高山地城镇的开放程度及开放水平，如新疆等沿边地区与沿线国家合作建设跨境经济合作区，进一步创新海关监管模式，在有条件的跨境经济合作区实行"一线放开、二线管住、区内自由、封闭运行"的管理模式。同时，在全国范围内推进区域通关一体化改革，打破地区贸易壁垒，尊重市场和物流规律，这样才能给"一带一路"战略下山地城镇地区的交通基础设施建设带来更大的活力，从而带动经济发展。

4 结论

山地城镇交通发展的复杂性、综合性使得"一带一路"战略与山地城镇交通发展互为助益，对山地城镇交通而言，能否抓住机遇、迎接挑战，成为山地城镇地区交通发展的关键。虽然在"一带一路"战略推动下，山地城镇交通已经有了些许发展，呈现出较好的发展势头及新的特征，但发展的难度仍然很大，本文综合了"一带一路"战略下山

地城镇交通的未来发展格局，并在此基础上提出了相应的实施政策建议，具有较好的现实意义。

参考文献

[1] 吴勇. 山地城镇空间结构演变研究 [D]. 重庆大学，2012.

[2] 张军. 我国西南地区在"一带一路"开放战略中的优势及定位 [J]. 经济纵横，2014，11: 93-96.

[3] 王敏，柴青山，王勇，刘瑞娜，周巧云，贾钰哲，张莉莉."一带一路"战略实施与国际金融支持战略构想 [J]. 国际贸易，2015，4: 35-44.

重大交通设施布局与山地城镇空间的协调研究
——以市郊铁路渝合线为例

韩列松❶ 莫宣艳❷ 辜 元❸

摘　要：本文以市郊铁路渝合线规划、选线为例，探索重大交通设施布局与山地城镇空间的协调发展。研究认为协调二者关系需首先从国家和地区发展战略角度论证重大交通设施的必要性；其次，要与区域规划或城市发展相协调，在满足城市发展需求的同时，要引导城市功能和空间的合理布局；最后，要严格遵循历史文化保护相关法律法规，协调不可再生资源的保护与开发利用。

关键词：重大交通设施；城镇空间；协调；市郊铁路；历史文化保护

1　引言

重大交通设施的布局对山地城镇及区域发展的影响是长远的，是推动一个城市或区域快速发展的关键。同时，重大交通设施的布局对山地城镇发展的影响也是多方面的，除能加强城镇对内对外交流之外，还将引导城镇土地开发利用时序及方式，进而影响山地城镇空间结构的形成；反之，山地城镇空间发展的意志也左右着重大交通设施的布局。重大交通设施布局与山地城镇空间可互为影响关系，促使二者协调发展需要立足于区域发展战略，尊重客观事实规律，用长远的眼光解决矛盾，尽量使二者形成良性互动。

本文以重庆主城区至合川区市郊铁路（简称市郊铁路渝合线）的规划、选线为例，分析其规划布局与合川中心城市空间发展的相互影响关系，并试图总结重大交通设施布局与城市发展协调的相关原则，以供城市规划人员参考。

2　市郊铁路渝合线规划战略背景

2.1　新常态下重庆划定五大功能区，谋划全市科学协调发展，而合川区毗邻重庆主城区，具有承接主城区功能疏解和产业转移的巨大优势

2013年9月，中共重庆市委四届三次全会研究部署了重庆市五大功能区，将重庆划分为都市功能核心区、都市功能拓展区、城市发展新区、渝东北生态涵养发展区和渝东南

---

❶ 韩列松，重庆市规划设计研究院。

❷ 莫宣艳，重庆市规划设计研究院。

❸ 辜元，重庆市规划设计研究院。

生态保护发展区五个功能区域。五大功能区继承并细化了原重庆市"一圈两翼"空间格局，进一步明确了各区县功能定位，制定了差异化发展战略。

都市功能核心区和城市发展新区将共同承载重庆国家中心城市职能，其中都市功能核心区集中展现重庆历史文化名城、美丽山水城市、智慧城市和现代大都市风貌。都市功能拓展区将集中体现国家中心城市的经济辐射力和服务影响力。城市发展新区为全市未来工业化、城镇化的主战场，将成为集聚新增产业和人口的重要区域，是全市重要的制造业基地。渝东北生态涵养区和渝东南生态保护区为国家重点生态功能区，将在保护生态环境的前提下走特色化发展道路。

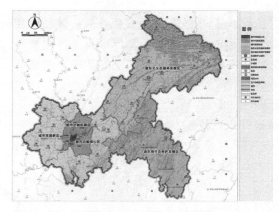 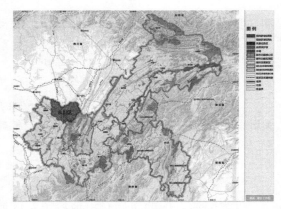

图 1　重庆市五大功能区划分图　　　　　　　图 2　重庆市合川区区位图

资料来源：《重庆市城乡总体规划（2007～2020 年）》2014 年深化。　　资料来源：由图 1 修改。

合川区位于重庆城市发展新区，是重庆的北大门、紧邻主城区，与主城区仅一小时的通勤距离，具有较好的区位优势。重庆市五大功能区发展战略确定了主城区工业及部分交通功能将逐步向城市发展新区转移和疏解，合川区作为主城区的传统腹地已具备承接产业及功能转移的条件和优势。未来合川区与主城区的社会经济联系将更加紧密。

2.2　合川区社会经济持续快速发展，部分区域与主城区呈连绵成片态势，与主城区客货交流也日趋紧密

近年来，依托良好的区位优势，合川区城市规模得以拓展，工业发展迅速，大型企业纷纷落户合川。同时，重庆主城区城市功能以向北、向西拓展为重心，客运联系呈现以西向为主的特征，主城区与合川区之间人员往来也日趋密切。据相关资料[1]表明，重庆主城与区县交通联系呈现明显的向心型特征，越接近主城，向心活跃度越高，联系越紧密；合川区与主城每日跨区交换量为 3.5 万人，占区县与主城区跨区交换量的 7%，位居第四；主城区发往合川区的客货交换量也分别超过 3000 辆/日和 1300 辆/日，明显高于其他区县。日趋紧密的客货交通给现有交通通道造成了巨大的压力，亟须获得大运量交通方式的支撑。

 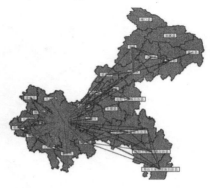

图 3　重庆主城区与区县每日人员交换量分布　　图 4　重庆主城区与区县货运 OD 分布

资料来源：专题研究报告《重庆市大都市区空间范围划定研究》。

2.3　合川区积极构建"美丽合川"，打造国家级、世界级旅游精品，促进历史文化遗产的保护与利用协调发展

合川区青山环绕、坐拥三江，历史悠久、旅游资源丰富，是巴文化的发源地之一。境内有钓鱼城古战场遗址、八角亭、文峰塔、陶行知纪念馆、育才学校旧址和涞滩古镇等历史文化遗址。其中，钓鱼城古战场遗址被欧洲人誉为"东方麦加城"、"上帝折鞭处"，是迄今中国境内保存最完好的古代军事城塞，是全国重点文物保护单位、国家级风景名胜区、国家三级博物馆，具有极高的旅游经济价值。结合"美丽合川"目标，政府认识到"要在保护中发展、在发展中保护，书写城镇化与历史文物共同发展的画卷"的重要性，积极开发和保护钓鱼城古战场遗址等历史文化资源，带动合川区文化休闲产业的发展，支撑打造富有文化特色的全国知名旅游目的地。

市郊铁路渝合线主要服务于主城区与合川区之间的交通运输需求，客货兼营，将极大地推动现代制造业向合川区的转移，促进合川与主城的深度融合，加快合川社会经济的发展，具有重要的战略意义。

3　市郊铁路渝合线方案介绍

结合以上战略背景，初步拟定了市郊铁路渝合线三个比选方案，铁路等级为Ⅰ级，设计列车时速 160 公里/小时，客货兼营。三个方案最大的区别主要体现在合川区中心城区的走向不同，如下图所示。

方案一：南线方案，经沙溪三次跨江。中心城区段线路布局于城市现状边缘，靠近城市近期建设区域，三次跨越嘉陵江，线路长度最短，避开了钓鱼城核心保护区。线路长度42 公里，具体走向：古圣寺—沙溪—东渡—花滩—合川西—渭沱北—黄泥坝—小安溪。

方案二：中线方案，穿越钓鱼城。线路布局城市近期发展区域，带动作用强，但下穿国家级风景名胜区和国家考古遗址公园—钓鱼城，其环境风险较大。线路长度 44 公里，具体走向：古圣寺—草街工业园—钓鱼城—虎头寨—渭沱北—黄泥坝—小安溪。

方案三：北线方案，走云门两次跨江。线路布局着眼合川远景发展区域，可带动城市向北和跨江发展，但线路沿线地形较为复杂、绕行远。线路长度 50 公里，具体走向：古圣寺—

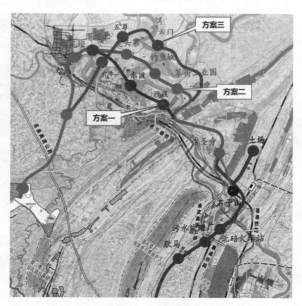

图 5 市郊铁路渝合线比选方案

资料来源：由《合川区城市总体规划（2004～2020 年）》实施评估（2014 年）图片改绘。

草街工业园—云门—五尊—大学城—小安溪。

4 市郊铁路与合川中心城区空间协调性分析

4.1 与城市空间拓展趋势的关系

分析现状合川区中心城区用地情况可知，经过 10 年的快速发展，2004 版合川区总体规划确定的"一心五片"的城市空间格局已初步形成。"一心"为核心区，"五片"为大学城片区、南溪—沙溪片区、草街—滩子片区、五尊—大石片区、思居—云门片区[2]。

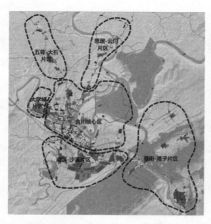

图 6 现状中心城区"一心五片"空间结构　　图 7 合川中心城区用地规划

资料来源：《合川区城市总体规划（2004～2020 年）》实施评估（2014 年）。

2003 年合川区中心城区城市建设用地规模为 18.1 平方公里，且主要集中于核心区，截至 2014 年底合川区中心城区城市建设用地规模已达 39.68 平方公里。10 年来，城市建设用地年均增长近 2 平方公里，城市建设用地的整体实施完成率近 64%。

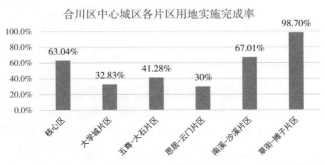

图 8　合川中心城区各片区用地实施完成率（2020 年规划目标）

资料来源：《合川区城市总体规划（2004～2020 年）》实施评估（2014 年）。

从各个片区城市建设用地实施完成情况来看，近 10 年合川中心城区建设主要集中于城市核心区、南溪—沙溪片区和草街—摊子片区。这三大片区具有临近重庆主城区的地缘优势，相对于城市北部片区，其发展动力较强。结合重庆五大功能区域发展战略布局来看，合川中心城区南部片区确定为与重庆主城区一体化发展的地区，同时也将是合川区未来 10 年集中精力优先发展的区域。构建与主城区一体化发展格局的战略对交通设施支撑，尤其是市郊铁路的规划布局，提出了现实要求。

将市郊铁路方案与城市现状用地、规划用地叠合分析发现，如下图所示，方案一、方案二和方案三由南至北逐渐远离城市南部片区。

方案一靠近城市南部片区，在近期可有效带动城市南部片区与重庆主城区一体化发展，同时其走线紧贴城市现状用地边缘，可避免大规模的拆迁；从远期规划来看，方案一走线位于城市中部，在支撑南部片区发展的同时还可对北部片区进行有效引导。

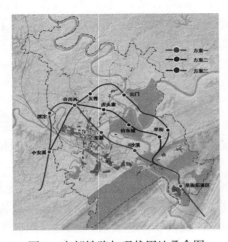
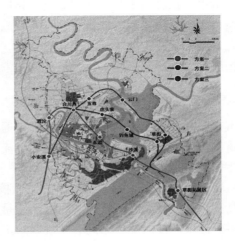

图 9　市郊铁路与现状用地叠合图　　图 10　市郊铁路与用地规划（2020 年）叠合图

方案二完全避开城市现状建设区域，虽能避免大规模的拆迁，但其走线两侧建设用地较为分散，不能充分发挥其社会经济带动作用，未来其使用效益将大打折扣。

方案三横跨思居—云门，覆盖城市北部片区，其意在拉动合川大城市骨架的形成，但其沿线覆盖城市用地较少，难以与城市南部片区形成集聚发展态势，辐射带动作用有限。

综上所述，方案一与城市空间拓展趋势结合得较为紧密，能够在近远期的城市发展中发挥重要的支撑和引导作用，符合上位规划对合川中心城区发展的战略要求。

4.2 与城市空间终极形态的关系

合川区为位于五大功能区中的城市发展新区，是未来工业发展的主战场，是重庆全市重要的制造业基地，同时也是知名旅游城市和城郊生态农业基地。根据合川区人口和用地城镇化相关研究结果表明，未来合川中心城区人口终极规模约为85万人，城市建设用地终极规模约85平方公里，其远景用地拓展方向、用地及空间布局形态如下图所示。

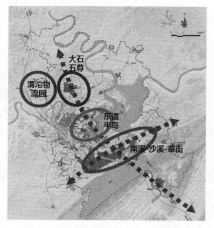 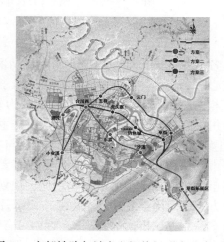

图 11　中心城区远景空间拓展方向　　图 12　市郊铁路与城市空间终极形态叠合图

分析市郊铁路与中心城区远景空间拓展方向及终极形态契合度可知，方案一走线基本沿着城市未来空间拓展方向重合，具有较高的交通走廊支撑作用，且处于空间形态下的中间位置，可充分发挥城区和区间交通功能，有效拉动城市发展。方案二、方案三均与城市空间拓展走廊有一定的偏离，覆盖范围和带动作用均不及方案一。

4.3 与城市用地和功能布局的关系

市郊铁路渝合线是客货兼营线，具有通勤和货运的双重功能，建成后将承担运输合川区与重庆主城区之间大量的通勤客流和货流。因此，渝合线走线布局需与城市用地和功能布局相协调。

从城市用地布局来看，合川中心城区核心区为老城区，布局有大量居住和商业用地，人口高度集聚，社会经济发展相对成熟，是合川区与重庆主城区人员和经济往来最为密切的区域。南溪—沙溪片区布局有大规模的工业用地，现已基本建设投产，是合川区工业发展较快的地区，具有较大的货运需求。草街—滩子片区为相对独立的组团，居住用地和工业用地均衡布局，由于其邻近重庆主城区，工业发展势头强劲，主要为主城区工业提供配套服务。五尊—大石片区、思居—云门片区为北部组团，发展规模相对较小，且距核心区较远，与重庆主城区客货联系相对较弱。

综合判断，合川区中心城区核心区与重庆主城区通勤需求最大，南溪—沙溪片区、草街—滩子片区货运需求较强，五尊—大石片区客货需求潜力较大，云门片区近远期均不是发展重点，未来客货需求较小。因此，方案一与城市用地和功能布局的协调性较好，未来可有效解决中心城区与重庆主城区的客货需求。

4.4 与城市历史文脉空间布局的关系

历史文脉是一个城市的灵魂。历史文化遗迹是历史文脉的重要载体，具有唯一性，是人类共同的财产，具有不可再生性。合川具有悠久的历史，境内钓鱼城历史文化遗址享誉全球。1982 年，"缙云山—北温泉—钓鱼城"被列入国家重点风景名胜区，钓鱼城历史文化遗址是其重要组成部分。1996 年，钓鱼城历史文化遗址被列为全国重点文物保护单位，成为重庆市唯一的"双国宝"单位。

图 13 东渡半岛保护控制区划　　图 14 东渡半岛历史遗迹分布

资料来源：《合川区城市总体规划（2004～2020 年）》实施评估（2014 年）。

国家及重庆市政府对历史文化遗产的保护具有明确的规定，认为"文物不可再生，重大建设工程应已保护文物为前提条件"。《缙云山—钓鱼城风景名胜区钓鱼城风景片区核心区详细规划》、《钓鱼城风景片区核心区规划成果》和《合川钓鱼城历史文化遗产保护规划》均对钓鱼城历史文化遗址的保护做了具体规定。梳理国家及重庆历史文化遗址保护的相关法律法规、相关保护规划，重大交通设施或建筑工程应遵循以下基本规定：应尽量避开不可移动文物，无法避开的，要实行原址保护或异地保护；不得在景观保护区内设立车站、取弃土场、施工场地和施工营地；穿越地质公园或风景名胜区，只能采用深埋隧道方式，对文物保护单位必须在振动安全距离以外或在建设控制地带采取深埋隧道的方式通过；争取使交通和建筑工程项目建设和后期运营达到对保护区景观"零影响"的目标；涉及风景名胜区的重大交通设施方案，必须通过国务院的审批。

从保护历史文脉的角度来看，市郊铁路渝合线方案一、方案二经过东渡半岛，均将对历史文物保护和开发带来影响。方案一跨东渡半岛鱼嘴，并设东渡站，区内历史文物基本已勘察整理完毕，对历史文物的影响相对较小；方案二下穿钓鱼城，并设置钓鱼城站，将促进钓鱼城历史文化遗址的旅游开发，与此同时也会对遗址的保护带来巨大的压力。具体分析如下：

方案一线路走向及站点设置均远离钓鱼城历史文化遗址保护区，做到了对钓鱼城的最大保护。该方案设置的市郊铁路东渡站与规划的钓鱼城主题公园紧密结合，将促进东渡半岛土地集约高效利用，同时有利于对钓鱼城历史文化遗址的可持续保护和开发利用。

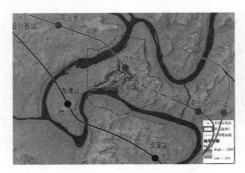

图 15　方案一、二局部走向

资料来源：作者自绘。

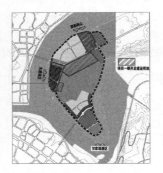

图 16　钓鱼城主题公园选址

资料来源：《合川区城市总体规划（2004～2020 年）》实施评估（2014 年）。

方案二线路直接下穿钓鱼城历史文化遗址，将对钓鱼城周边的地形地貌造成一定的负面影响；同时，市郊铁路钓鱼城站将吸引较多的客流直接到达钓鱼城核心保护区，人流集聚将不可避免地带来交通设施和其他服务设施项目的建设，会加大控制周边土地开发的难度。市郊铁路工程建设及后期运营带来的较大的机械振动，也将危及钓鱼城城墙、悬崖危岩等历史文物。可见，方案二不利于钓鱼城历史文化遗址的保护和可持续开发利用。

5　总结与启发

市郊铁路是影响区域发展的重大交通设施，尤其对山地城镇空间的形成和发展具有深远的影响。协调市郊铁路布局与城镇空间的关系应该着眼宏观、把握中观、着手微观，从服务于区域发展战略和需求的角度来思考问题，具体应遵循一些基本原则：一是在宏观上，要满足区域发展需求，从国家和地区发展战略角度论证重大交通设施的必要性；二是在中观上，要与区域规划或城市发展相协调，满足城市发展需求的同时引导城市功能和空间的合理布局；三是在微观上，要严格遵循历史文化保护相关法律法规，保护历史文化遗址、风景名胜区等不可再生资源的同时，促进其可持续的开发利用。

参考文献

[1]　重庆市规划研究中心. 重庆市大都市区空间范围划定研究 [R]. 2014.

[2]　重庆市规划设计研究院.《合川区城市总体规划（2004～2020 年）》实施评估（2014 年）[R]. 2014.

综合立体交通走廊理论与欧盟实践的启示

韩列松❶ 王 真❷ 张 臻❸

摘 要：本文对综合立体交通走廊概念的起源和演进做了系统梳理，明确了相关概念的内在逻辑和差异，同时对国内外相关理论研究进展进行了总结，明确了当前理论研究的热点和方向。以欧盟为例，梳理了"泛欧交通网络"政策提出的历史背景、演进历程和实施机制，以及在此基础上形成的核心走廊，重点介绍了莱茵—阿尔卑斯走廊的概况、规划编制的主要内容和关键行动。最后，总结了对长江经济带综合立体交通走廊的启示。

关键词：长江经济带；综合立体交通走廊；泛欧交通网络；核心走廊

1 概念溯源及理论进展

综合立体交通走廊来源于地理学的走廊概念。早在1949年，泰勒（Taylor，1949）在其城市地理学的专著中就提到了走廊，是一条沿着Adige河，由几个城镇与村庄组成的100公里长的廊道。1969年，韦贝尔（Whebell，1969）在《走廊：城市系统的一种理论》（Corridor：a Theory of Urban Systems）文章中第一次系统研究了走廊，将其描述为通过交通媒介联系城市区域的一种线状系统。

而交通走廊（有研究又称为运输走廊）的概念源自美国地理学家泰弗、莫瑞尔和古尔德（E.Taffe,Morrill 和 Gould，1963）构建的理论模型,他们将交通运输发展划分为六个阶段，在第六个阶段中，主要交通线路连接主要集散地和内陆中心，形成交通走廊。对交通走廊狭义的理解是交通设施组合成的线状地域，如"国际公共运输联盟"和"原联邦德国公共运输企业联盟"主编的《公共运输词》的定义，是指在某一地域内，连接主要交通流发源地，有共同流向，有几种运输方式可供选择的宽阔地带，是客货密集带，也是运输的骨干线路。也有对此概念更广义的理解，认为交通走廊还包括与线状交通设施带相互作用的相邻地域，如"百度百科"的定义，指由多种运输设施所组成的交通设施密集地带，以高效率的综合运输通道为发展主轴，以轴上或被其紧密吸引的区域内的大中城镇为依托，由产业、人口、资源、信息、城镇、客货流等集聚而成的带状空间地域经济综合体。有学者倾向狭义的理解（曹小曙，2003），认为交通走廊比走廊意指更为狭隘，第一，交通走廊限制在交通基础设施沿线的较为狭窄的范围内，因为交通走廊是走廊形成的必要条件之一，其范围不会

---

❶ 韩列松，重庆市规划设计研究院。

❷ 王真，重庆市规划设计研究院。

❸ 张臻，重庆市规划设计研究院。

超过同一区域内的走廊；第二，交通走廊最主要的功能是连接作用，所有发生的空间相互作用如人员、货物、信息的流动均要通过交通走廊来完成。

交通走廊伴随着城镇化进程的发展，本身的形态也在不断升级和演化。综合立体交通走廊是交通走廊发展的高级形态，是城镇化的空间组织模式进入城镇群阶段的产物，指有机整合衔接了水路、铁路、公路、航空、油气等多种交通运输方式及其交通设施，以及沿线城镇群内部的城际交通网而共同构成的大运量的复合通道。根据《规划》对其目标愿景的描述，综合立体交通走廊具备以下特征：以具有通航能力的大江大河为依托、交通组织网络化、交通运输结构合理、各种运输方式有效衔接、综合运输能力强、运营管理智能化、单位运力标准化等。综合立体交通走廊已成为交通走廊理论研究和建设实践的主流趋势。

根据曹小曙、闫小培（2003），毛敏、蒲云（2006）的研究，交通走廊的理论研究进展可总结如下：

（1）按交通走廊的空间尺度可划分为国家或国际、区域、城市三个层面，不同时期，学者们对不同层面交通走廊的研究重点各有不同。从交通走廊的规划建设来看，国内外首先都关注国家层面的交通走廊规划布局；20世纪90年代，对区域和城市层面的规划建设研究开始增多；21世纪以来，随着经济的全球化，国际经济合作的进一步加快，世界各国开始关注国际交通走廊的研究。区域交通走廊研究集中在人口、土地利用、产业以及交通走廊与城市化的发展等方面；城市交通走廊则集中在交通走廊规划和土地利用的影响方面。

（2）按客货运输方式划分，货运研究集中在集装箱多式联运，且多在国家和国际交通走廊的宏观层面，如大陆桥运输；客运研究集中在区域和城市交通走廊这两个中观、微观层面。

（3）按交通模式的进程，不同时期的研究重点也有所不同。早期侧重于交通走廊的扩张，及提高综合运输能力等方面；20世纪60至90年代较重视走廊内公路的建设与发展；20世纪90年代至今，较重视运输走廊内轨道交通的建设与发展；随着综合运输的发展，国内外学者开始重视运输走廊内各种交通方式的协调问题。

（4）交通走廊与区域经济、区域空间结构相互关系，特别是与大都市区、城镇群的相互关系开始成为国内外研究热点。交通走廊影响特性与评价方面研究较多，多数主要针对高速公路、轨道交通具体项目，从土地影响特性和经济影响效应方面进行研究，多为实证研究；对交通走廊本身的一些问题，如交通走廊的发展机制、空间演化、内部交通结构和通达性变化研究较少。近年来，交通走廊对所在地域社会经济、生态环境的影响成为关注热点。

2 欧盟"泛欧交通网（TEN-T）"及其核心走廊（core corridor）

2.1 "泛欧交通网（TEN-T）"的主要内容

泛欧交通网（Trans-European Transport Network，TEN-T）是集交通基础设施、运输管理体系以及定位与导航系统配套建设于一体的综合运输计划，旨在通过加强各种交通方式的整合，提高集疏运系统效率，促进国家网络互连，尤其加强边缘地区与核心地区之间的联系。这一网络的构建不仅能有效突破欧盟各成员的交通发展瓶颈，提升客货运输的通达性和流动性，还有助于欧盟内部的分工与协作，从而实现优势互补与协同发展，对于欧盟经济一体化具有重要意义，同时也在交通领域实现环境保护要求以促进可持续发展。

"TEN-T"政策主要包括两方面内容：一是关于铁路、公路、内河航运、航空及港口节点的综合交通网络规划；二是涉及成员国之间共同利益的一些优先项目的实施，比如成员国之间水运通道的打通与衔接等。主要内容即为"亚琛决议"选定的30项优先交通运输项目，其中，前期确定的14个项目的总投资达910亿欧元，并计划到2010年逐步在共同体范围内实施。而后补充的16个项目计划于2020年之前全面建成。在这30个优先项目中，有20项铁路运输项目、3项综合性运输项目、3项公路运输项目。

2.2 提出背景

1992年欧洲共同体通过了《马斯特里赫特条约》，宣告了欧盟的诞生，为"泛欧交通网"政策出台奠定了法律基础。1993年，欧盟在其白皮书《经济增长、竞争能力与就业》中，提出要提升对"TEN-T"的投资力度，并将其作为抑制1992～1993年间经济衰退的重要发展主题之一。

1994年欧盟在德国亚琛召开了委员会会议，做出了对原有"TEN-T"进行新建和扩建的决议，并把关系到欧洲共同利益的14项交通基础设施计划列为更高的优先项目，同时向该计划提供补助金。根据这个筹资规定，欧洲议会在1996年做出了"关于建设泛欧交通网共同指导方针的决定"，规定了目标优先项目和计划措施的基本内容，成为"TEN-T"政策的核心。2004年，考虑到成员国数量逐步增加，欧盟将优先项目进一步确定为30项，以构建欧洲共同利益体。

2011年，针对欧盟交通、能源和通信基础设施的不完善、效率低等问题，欧盟委员会提出"连接欧洲"（connecting Europe）计划，包括"连接欧洲交通"、"连接欧洲能源"和"连接欧洲通信"三个战略，TEN-T是"连接欧洲"交通战略的重要项目。

2013年，欧盟委员会、欧盟理事会与欧洲议会三方就建立"TEN-T"达成新的协议。至2030年，"TEN-T"将把欧洲现有的相互分割的公路、铁路、机场与运河等交通运输基础设施连接起来，构建统一的交通运输体系。欧盟现有的"连接欧洲"计划项目下的融资也将用于这个交通运输网络的建设，主要用于填补跨境交通运输环节的缺失、清理运输瓶颈以及提高运输体系的智能化水平。项目所需资金将主要由成员国负担，并吸纳欧盟交通运输和地区发展方面的资金。

2014年，欧盟委员会发布《欧盟交通基础设施新政策备忘录》，计划在2014年至2020年间投资260亿欧元拉动"TEN-T"基础设施的建设，至2020年相关投资可能会追加到5000亿欧元，以便构建单一市场的经济命脉，真正实现货物和人员自由流动；至2050年建成94个有铁路和公路连接的大型港口，修建38个有铁路直接连通大城市的大型机场，将1.5万公里铁路改造升级为高铁，以及实施35个跨境项目以减少交通运输瓶颈。

2.3 实施机制

2.3.1 管理架构

欧洲议会和会员国派代表共同组成交通专责委员会，可就任何有关"泛欧交通网"的计划和问题与各国进行协商和信息交流，必要的时候将相关项目纳入优先项目库。指派交通协调员，负责与各国合作制定工作计划和财政一篮子计划，同时向地方政府、运营商以及用户提供区域运输服务的相关信息和投融资建议。

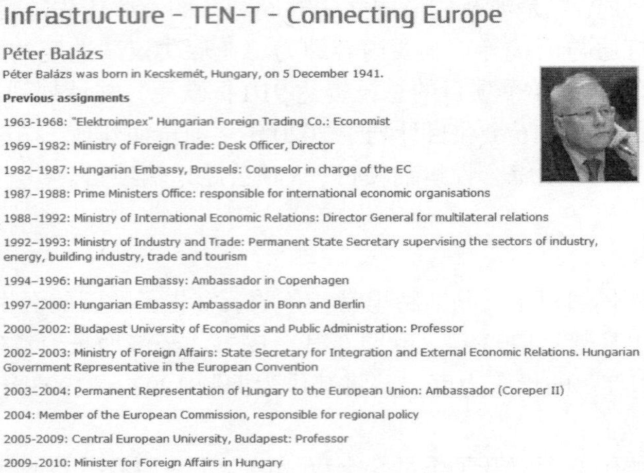
Infrastructure - TEN-T - Connecting Europe

Péter Balázs

Péter Balázs was born in Kecskemét, Hungary, on 5 December 1941.

Previous assignments

1963-1968: "Elektroimpex" Hungarian Foreign Trading Co.: Economist

1969–1982: Ministry of Foreign Trade: Desk Officer, Director

1982–1987: Hungarian Embassy, Brussels: Counselor in charge of the EC

1987–1988: Prime Ministers Office: responsible for international economic organisations

1988–1992: Ministry of International Economic Relations: Director General for multilateral relations

1992–1993: Ministry of Industry and Trade: Permanent State Secretary supervising the sectors of industry, energy, building industry, trade and tourism

1994–1996: Hungarian Embassy: Ambassador in Copenhagen

1997–2000: Hungarian Embassy: Ambassador in Bonn and Berlin

2000–2002: Budapest University of Economics and Public Administration: Professor

2002–2003: Ministry of Foreign Affairs: State Secretary for Integration and External Economic Relations. Hungarian Government Representative in the European Convention

2003–2004: Permanent Representation of Hungary to the European Union: Ambassador (Coreper II)

2004: Member of the European Commission, responsible for regional policy

2005-2009: Central European University, Budapest: Professor

2009–2010: Minister for Foreign Affairs in Hungary

图 1 “TEN-T”协调员

2.3.2 投融资机制和定期检讨

欧盟通过各种金融工具鼓励会员国按计划协作推进“泛欧交通网”建设。成员国可就优先项目库中的项目向欧盟申请基金，用以保障该项目优先实施，欧洲议会通过基金的分配要求和鼓励成员国承担相应的建设任务，并对资金用途和建设成果进行审核。当相关项目未能按规定时间完成时，欧洲议会有权对有关国家采取适当的措施，并在必要的时候对项目的可行性进行检讨。

自 1992 年开始，欧盟每隔 10 年发布一期关于交通运输政策的白皮书，白皮书的编制以国民经济发展阶段为依据，引导欧盟在未来一段时间内公路、铁路、水运、航空、管道运输的发展方向。2006 年，欧盟发布了“TEN-T”战略的中期报告，再次强调实施交通可持续发展战略，并就成员国数量递增、区域一体化进程加速、全球变暖和能源价格上涨等经济社会发展变化，提出了进一步实施白皮书战略的具体要求；2009 年，欧盟委员会出台的关于公共交通政策服务下如何更好建设综合交通网络的“绿皮书”，总结了“TEN-T”政策过去 15 年的实施情况，并指出“TEN-T”政策未来的执行方向和所面临的挑战与机遇；2011 年的新版白皮书中，提出要在 21 世纪中期建立一个具备竞争力和高效率的运输系统。

2.3.3 协调机制

跨境的共同利益项目由相关成员国与专责委员会共同制定方案，对于一些在技术上和财政上不可分割的项目，有关成员国将在一个组织架构下共同承担实施任务。

2.4 核心走廊

在“TEN-T”建设过程中，人们越来越清晰地认识到，单纯依靠公路设施的扩展满足交通增长是不可行的，在长途交通运输方面，重要的是推行整体性的联合运输方式，包括铁路运输、内陆水运以及沿海和远洋运输等，尤其需要通过高速铁路建设使日益增长的运输需求向铁路交通转移，缓解公路的拥堵和改善环境。"TEN-T"核心走廊正是在此共识之下提出来的。

"TEN-T"包括一级网络和二级网络。一级网络指"TEN-T"中联系各个主要节点的核心交通走廊，欧盟规定一级网络必须按照欧盟委员会制定的建设时序实施，并对其他通道和其他运输方式开放，以便于互联成网；二级网络指对一级网络进行延伸和补充的交通通道，以促进欧盟核心区交通节点及其腹地之间的密切联系，由欧盟各国自行建设，在选线和建设标准符合欧盟规定的基础上，可向欧盟申请一定的资金和政策支持。为提高二级网络的效率和密度，欧盟各国对现有网络扩张、加密、连通的路段和各类交通设施，都可申请纳入二级网络。

"TEN-T"核心走廊的确立始于1997年的赫尔辛基全欧交通会议，会议确定了10条泛欧铁路交通走廊，组成了中欧、东欧及东南欧的重要交通网；2001年，欧盟委员会在马其顿首都斯科普里主持召开了24国集团区域性交通会议，重点研究了修建贯穿巴尔干半岛的东西运输走廊和南北运输走廊问题，会议决定修建"十号南北走廊"，即从奥地利的萨尔茨堡经斯洛文尼亚、克罗地亚、南斯拉夫至马其顿的萨洛尼卡高速公路，并支持巴尔干国家的公路扩建工程，还决定对"八号东西走廊"（阿尔巴尼亚的都拉斯至保加利亚的布尔加斯）延伸至俄罗斯境内进行进一步讨论；2014年，在米兰召开的欧盟交通部长非正式会议确定了最新的"TEN-T"核心走廊的"九条走廊"方案（见表），其中七条为东西走向，欧盟旨在借此连接东欧与西欧，缩小东西欧的区域发展差距，用网络整合碎片化的运输资源，每条走廊至少涵盖三种运输模式、三个成员国和两个跨境段。

"TEN-T"九条核心走廊方案　　　　　　　　　　　　　　　　表1

走廊名称	选线
波罗的海至亚得里亚海走廊	以公路和铁路连接波兰西里西亚、奥地利维也纳、斯洛伐克普雷斯堡、阿尔卑斯山东部地区和意大利北部的工业区
北海至波罗的海走廊	连接波罗的海东岸与北海各港口
地中海走廊	连接伊比利亚半岛至匈牙利—乌克兰边境地区
东欧至地中海走廊	利用港口和高速公路贯穿北海、波罗的海、黑海和地中海的各交界点
斯堪的纳维亚至地中海走廊	自芬兰和瑞典出发，穿过德国、阿尔卑斯山抵达意大利各港口，并跨海拓展至意大利西西里岛和马耳他瓦莱塔
莱茵—阿尔卑斯走廊	从荷兰鹿特丹出发，经比利时安特卫普、瑞士、德国莱茵—鲁尔区、莱茵河—美因河—内卡河畔的各经济中心、意大利米兰的经济集聚区到达意大利热那亚
大西洋走廊	以高速铁路、常规铁路及塞纳河的内河航道，连接伊比利亚半岛西部、法国勒阿弗尔港、鲁昂和巴黎，并延伸至法国斯特拉斯堡与德国曼海姆一带
北海至地中海走廊	从爱尔兰和英国北部经荷兰、比利时和卢森堡延伸到法国南部的地中海地区
莱茵河—多瑙河走廊	以美因河和多瑙河航道为骨干，连接法国斯特拉斯堡和德国法兰克福的中间地带，经德国南部穿越奥地利维也纳、斯洛伐克普雷斯堡、匈牙利布达佩斯，最终到达黑海

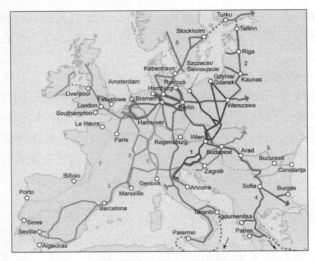

图 2 "TEN-T" 九条核心走廊方案

2.5 莱茵—阿尔卑斯走廊（Rhine-Alpine Corridor）

2.5.1 概况

莱茵—阿尔卑斯走廊是九条核心走廊中最繁忙的一条，穿越了五个欧盟成员国（荷兰、比利时、德国、意大利、法国和卢森堡）和瑞士。走廊的地域范围基本与欧盟的"蓝色香蕉"地带基本重合，走廊内总共居住了 7000 万人口，占欧盟人口的 13%，每年 GDP27 亿欧元，占欧盟 GDP 的 19%，拥有发达的制造业和商贸业，欧盟的主要经济中心，如比利时的布鲁塞尔和安特卫普，荷兰的兰斯塔德地区，德国的莱茵—鲁尔和莱茵内卡河地区，瑞士的巴塞尔和苏黎世地区，以及意大利北部的米兰和热那亚地区都位于该走廊内。

长江经济带与欧盟"蓝色香蕉"地带的比较　　　　表2

	国土面积		人口		经济体量	
	面积（万平方公里）	占比	数量（亿人）	占比	GDP（万亿元）	占比
长江经济带	205	20%	5.8	42%	26（人民币）	41%
蓝色香蕉地带	63	14%	1.1	40%	8（欧元）	60%

图 3　欧盟"蓝色香蕉"　　图 4　莱茵—阿尔卑斯走廊

莱茵—阿尔卑斯走廊也是欧盟各种运输方式的交通基础设施最密集、设施最先进的地区。莱茵河及其支流摩泽尔河、美因河、内卡河等内河航道构成了欧洲最大的内河航道，为大宗商品的运输，尤其北海港口与德国、法国和瑞士之间的商品运输提供了途径；走廊地区拥有8个海港，包括鹿特丹港、阿姆斯特丹港、安特卫普港和泽布吕赫港等世界级的港口，是欧盟进出口货物的主要门户；此外还存在59个多式联运平台，如杜伊斯堡就有9个分工明确的多式联运平台，其中5个拥有包括铁路、公路和内陆航运的3种联运方式；走廊的建设代表了欧盟交通基础设施发展的最高水平，如对高铁技术、LNG内河水运等先进技术的采用。

2.5.2 工作计划

由11个"TEN-T"协调员制定的工作计划，为2030年前核心走廊的建设行动奠定了基础，并在2015年6月得到批准。这些工作计划梳理了每条走廊的发展现状，为消除设施、技术、操作和管理等方面的瓶颈拟定了时间表，并提供了融资方案（来源包括欧盟、跨国、本国、区域和地方、私人和公共部门等）。在工作计划的制定过程中，相关成员国达成协议，通过举办论坛、涉及港口、内陆航道和区域的工作组来协调走廊内各项基础设施建设，同时辅以各种走访、座谈、交流以及国家和地方当局、私营和公共部门代表、相关成员国的民间组织等参加的双边会议等形式了解各方诉求。

莱茵—阿尔卑斯走廊工作计划对走廊内的各项设施现状进行了梳理，评估了各项设施达成欧盟"TEN-T"标准的情况，对交通市场进行了分析和模型预测，在此基础上提出了该走廊建设的目标：

改进跨境段交通，走廊沿线最严重的瓶颈出现在跨境地段和城市节点的周边地区，工作计划分别对公路、铁路和水运的瓶颈地区进行了梳理，打通断头路，各国设施具有互操作性并符合欧盟标准，发展多式联运，加强道路"最后一英里"的连接，特别是主要核心城市节点，以应对高峰时间交通拥堵的问题；处理好外部性、可持续性和创新等问题，例如通过河流信息服务系统（RIS）加强对内河航道的监管，在城市或公路沿线安装快速充电站点，在港口部署LNG设施等必需的基础设施以推动更清洁交通方式；考虑走廊对城市内部地区交通的影响，提高现有设施的运能，消除瓶颈。

图5 机场及与其相连的铁路

图6 内河航运

图7 水公联运港口

图 8　水铁联运港口　　　图 9　货运铁路

2.5.3　关键举措

设立种子基金作为撬动更大投资的杠杆。该基金作为现有融资工具如"连通欧洲基金"、"共同发展基金"或"欧洲投资银行贷款"的补充，主要为风险较高的项目融资。新的投资计划不仅提供了额外的融资渠道，而且将为好的项目提供支持和孵化。交通领域将按照以下三个标准甄选项目：可以产生欧盟附加值，有助于欧盟智能和清洁交通目标；经济上可行，同时可以产生较高的社会经济回报；已经成熟，可在未来三年内启动。

大项目投放于解决跨界地区的交通瓶颈问题。关键是实现客货运的分离，以尽可能地消除两者的冲突，减小运力的限制，创建高速和大运量的客货运网络，从而释放整个交通走廊的运能潜力。

符合欧盟"TEN-T"标准的改善项目获得更高的优先级，这些项目包括：铁路在车速、载重负荷以及列车控制系统（ERTMS）部署等方面符合欧盟要求的；内河航运在航道深度和驳船大小尺寸方面达到标准的；道路部署智能交通系统（ITS）的。

探索替代性的金融工具。为了满足长期而巨大的投资需求，需要找到对传统融资方法的替代方案。"TEN-T"协调员 Kurt Bodewig 教授建立了在最高效利用有限财政情况下的电位线（potential lines）方法。

保持相关方的充分合作。由于相关方在其负责的具体领域为走廊的发展提供了更多的视角，因此相关方的充分合作是实施"TEN-T"计划，特别是跨境项目的必要条件。

在九条核心走廊的整体框架下考虑本走廊建设是根本。由于莱茵河—阿尔卑斯走廊是整个"TEN-T"网络的一部分，因此具有整体框架的视野，该走廊实现与共线的其他核心走廊协调和互联互通，对整个计划的实施至关重要。

强有力的后续跟进措施。未来几年，将会有更为详尽的、有关本走廊发展建设的报告出台，有关论坛和工作组会议也将如期跟进，探讨的领域也将更为细致和深入，如应对气候变化的影响和温室气体减排、走廊进一步发展带来的经济增长，以及拟定项目的投融资工具等。

3　启示

加强国家层面的综合立体交通走廊规划建设的立法工作。根据依法治国理念，作为国家"路带"战略的一部分,将长江经济带综合立体交通走廊纳入拟制定的国土空间开发法,以法律法规的形式保障综合立体交通走廊各项目的顺利实施。

以综合立体交通走廊为先导,引导长江经济带乃至全国国土空间开发与发展。综合立体走廊的建设,为长江经济带的建设发展提供了承载的主体和发展主轴,进而推动我国东中西部互动合作,缩小沿海与内陆的差距,形成全面开发开放的格局。

打通与腹地联系的纵向次级交通走廊,最大限度地吸引区域交通流。充分发挥综合立体交通走廊多样化、大运量、高速度的优势,打通走廊的重点交通枢纽与腹地的纵向次级走廊,同时为铁路运输和内河航运做好最初一公里和最后一公里接驳服务,尽可能地使长江经济带乃至更大区域的交通量集中于综合立体交通走廊,从而使得走廊得到充分的利用,提高整个区域的运输效率。

大力发展多式联运。在长途交通运输方面推行多种运输方式的联运,发展江海联运和干支直达运输,尤其通过高速铁路建设使日益增长的运输需求向铁路交通转移,缓解公路的拥堵和改善环境。

鼓励相关各方积极参与,加强协作。建立由交通部和交通协调员组成的管理架构,在全国人大、国务院各部委、地方政府、运营商以及用户之间建立良好的合作关系。支持地方铁路局、道路运输企业、内河航运企业通过战略合作等模式进行全方位业务对接,在协作中充分发挥各段运输方式的比较优势,探索形成运价联动机制。

创新投融资模式。政府可利用如铁路发展基金作为种子基金,广泛吸引社会资本参与,逐步扩大建设资金规模,同时,中央政府通过基金的分配要求和鼓励地方政府承担相应的建设任务,并对资金用途和建设成果进行审核,保障优先项目库的项目按计划推进。

参考文献

[1] Ana Palacio, Pawet Wojciechowski. Rhine Alpine Work Plan of the European Coordinator. European Commission, 2015.

[2] European Coordinators. Core Network Corridors Progress Report. European Commission, 2014.

[3] Rhine-Alpine Core Network Corridor Study Final Report. 2014.

[4] 毛敏,蒲云. 交通运输走廊研究综述 [J]. 世界科技研究与发展, 2006,10.

[5] 曹小曙,阎小培. 20世纪走廊及交通运输走廊研究进展 [J]. 城市交通, 2003,1.

[6] 盛玉刚. 区域运输走廊布局规划研究 [D]. 东南大学, 2002.

[7] 张天悦,林晓言. 交通在区域经济协同发展中的助推作用——以泛欧交通网为例 [J]. 技术经济, 2011,8.

[8] 孙有望. 沿长江交通走廊形成的意义与发展战略 [J]. 长江流域经济文化初探, 1997,12.

山地城市用地布局与交通的耦合发展

杜莉莉 [1]

摘　要：我国城市化进程中，城市建设的重点逐渐由平原城市转向山地，山地城市具有地形地貌复杂、生态环境敏感、城市建设用地紧张等特点，其道路交通也具有一定的复杂性和特殊性，本文在研究山地城市用地布局和交通特征的基础上，探讨了二者的耦合关系，在此基础上提出山地城市交通与用地布局的一体化发展对策。

关键词：山地城市；用地布局；交通

我国是一个多山的国家，"山地面积约占全国国土面积的2/3，山地城市约占全国城市总数的一半[1]"，山地城市的科学规划与建设正日益成为当前我国城市化过程中备受关注的重要议题。对于山地城市建设来说，多变的地形条件带来了优美的山地景观条件，为城市景观创造提供了条件；但地形坡度较大不利于城市功能布置，特别是交通系统的布置受到很大制约和影响。

随着近年来山地城市社会经济快速发展，城市综合功能全面增强，城市交通面对城市化和机动化进程加快带来的交通压力和矛盾，如何根据山地城市的空间特征，科学合理做好交通规划建设是当前亟待解决的关键问题。本文正是探讨山地城市用地布局与交通的关系，提出契合山地城市发展的科学规划策略。

1　城市交通与用地布局的关系

道路交通是伴随城市发展而产生的，它是推动城市发展的基础，二者相互影响又相互促进。城市的交通模式往往因为城市的用地布局而改变。对于山地城市而言，自然地形条件特殊，空间资源相对紧缺，道路的可达性决定了交通对地形的要求较城市土地利用更加严苛，对山地城市进行合理布局，构建高效的交通方式，合理疏通布局是山地城市交通发展的主要方向，唯有这样，才能实现用地布局与交通二者间的协调，城市才会得以健康发展。

2　山地城市交通特征

2.1　居民出行特征

首先，山地城市居民的平均出行次数相对较低，这一点尤其表现在经济相对不发达

---

[1] 杜莉莉，江苏省城市规划设计研究院。

的小城市上；此外，由于山地城市具有地形起伏较大、道路坡度大的特征，居民出行时基本上不采用自行车等非机动车，以步行和公交为主，私人交通方式所占比例低，这与平原城市的差别很大[2]，见表1；另外，山地城市一般采用组团式空间结构，各组团之间一般都有河流或山脉阻隔，导致各组团之间的距离较大，故居民的中长距离出行比例较一般城市高。

山地城市与平原城市出行方式比较　　　　　　　　　　　　　　　表1

	城市	调查年份	方式（%）						
			步行	非机动车	公交	出租车	摩托车	小汽车	其他
山地城市	重庆	2007	50.39	—	35.09	5.09	—	8.15	1.28
	贵阳	2002	62.40	2.70	26.60	1.00	1.60	4.90	0.70
	遵义	2004	65.60	0.70	29.80	1.40	1.20	0.80	0.40
平原城市	上海	2004	29.20	30.60	18.50	5.20	5.20	11.30	—
	北京	2000	32.70	38.40	15.50	1.60	2.00	9.40	0.40
	成都	2002	30.80	43.80	10.20	4.70	2.60	6.00	1.90

2.2 道路交通特征

组团式山地城市由于其立体垂直的地形特点，导致城市的道路交通系统的非直线系数较大，道路线形中曲线较多，交通出行的实际路程增加，且西南山地城市的道路网一般结合地形布置，所以尽端路比较多，路网连通度较差，加之干道路网间距大、交通需求和交通供给不稳定，城市路网的可靠度也相对较差。此外，有别于平原城市的是，山地城市的交通方式更趋于多样化，除了步行、非机动车、公交、轨道交通、小汽车等交通方式外，还有过江索道、室外自动扶梯、缆车等交通方式和设施[3]（见图1）

图1　重庆过江索道（左）和室外扶梯（右）

3 城市用地布局特征

3.1 城市结构形式多样

山地城市由于地形和自然生态环境的特殊性和差异性，形成了多种多样的山地城市结构形态。道氏将其归结为下列三种：圆形、规则线型、不规则线形。在一定的规律下，任何形状的城市空间形态都是这几种基本类型在特定自然和社会环境下发展的结果。而随着城市的不断扩展，城市会克服小地形的限定，发展成更加复杂的城市形态。我国山地城市大致可以归纳为以下几种类型：紧凑集中型、放射型、带型、树枝型、环型、网格、带状综合型、分散组团型。

3.2 土地利用复合化程度高

山地城市建成区一般呈现多中心发展趋势，各片区内用地功能分区不明显，居住用地、公共设施用地和工业用地混杂，商住用地比例高，公共绿地和公用设施用地占比较低，土地复合化利用程度较平原地区偏高，这类地区以步行和公共交通为主的出行方式，限制了城市的有机疏解。

3.3 建设用地有限，集约化程度相对较高

山地城市的建成区一般较为集中地分布在河谷平坝或者丘陵低山地区，因为可建设用地非常有限，所以满足建设条件的用地使用强度较高，很多地块开发密度过大，人口密度也随之急速上升，使得城市交通难以承受，日益紧张。

3.4 山水条件优越，景观环境质量高

我国山地城市多高山丘陵和台地，地形地貌复杂，河流蜿蜒而过，自然景观丰富多样，山水环境自然天成，多数山地城市与周边山水有着良好的互动关系，"山、水、城、人"和谐共生。

4 用地布局与交通耦合发展对策

如何利用山地城市本身的特点和优势，探索出适合山地城市用地布局的交通发展模式，营造高品质的山地城市居住环境，笔者认为应从以下几方面考虑。

4.1 路网结构与城市形态相呼应

城市形态"不必守规矩"，道路网络"不必守准绳"，提倡"有机规划"。山地城市山脉绵延、沟谷交错的地貌特征无时无刻不在影响和改变城市道路走向，顺应地形的路网规划有助于形成富于特色的城市结构。在山地城市道路设计中，应在梳理交通问题的同时突出城市的空间特征，注重路网结构与城市形态的呼应。路网应平行于江河水道，沿等高线分层布局，使线形回环、高程拉开，增强城市空间的立体感、层次感。如沟梁"串珠型"的城市受极端地貌的制约，路网宜盘旋迂回于沟梁间，线形屈曲、竖向起伏大，城市空间因此盘桓交错，形态变化丰富；而丘陵"铬网型"城市的交通结构则宜由人工轴线主导，道路以纵横方向为主，局部弯折，线形平直，城镇形态会较为规整、轴线感突出（图2）[4]。

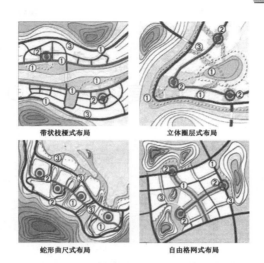

图 2 四种常见的与城市用地布局相契合的路网结构

4.2 倡导自然生态单元内科学高效土地的混合开发

将城市划分若干个自然生态基本单元：单元内提倡结合土地整治，单元外提倡结合自然生态保育，进行教育、娱乐、旅游、休闲等多种功能的尝试；允许单元内非城市快速道路系统的建设，依山就势，灵活处理。充分考虑各功能用地之间的关系，增加多种功能的混合性用地和建筑综合体的建设，应最先满足对地形条件要求较高的工业、交通设施等的需求，安排好广场和交通设施，留出一定数量的室外安全空间。

4.3 提升山地城市交通规划中步行系统的地位

由于山地城市出行方式两元性明显，步行系统可以延伸到机动车无法到达的区域，因此是机动交通的有利补充。结合城市用地布局，完善城市步行系统，结合城市功能，打造宜人的城市慢行系统，不仅能满足居民短距离出行需求，亦可延续城市风貌，提升周边土地的商业效益和土地价值。

4.4 交通系统与生态廊道相结合

利用山地城市良好的山水关系和自然环境，使道路交通系统与生态廊道建设有机结合，不仅可以缓解城市热岛效应、降低噪声，优化空气，保护生态环境多样化，为居民提供更好的生活环境，还能保持城市景观和乡村景观融合，充分发挥城市的生态优势。

参考文献

[1] Heping. Philosophy thinking on urban planning in mountainous region[J]. urban Planning，1998.

[2] 崔叙，赵万民，西南山地城市交通特征与规划适应对策研究 [J].规划师，2010，26.

[3] 肖竞，曹珂，契合地貌特征的西南山地城镇道路系统规划研究 [J].规划师，2012，6.

[4] 黄光宇. 试论山区城市的布局结构——兼评重庆山城的布局特点 [J].建筑学报，1983，5.

"一带一路"与山地城镇高速路下道口空间发展研究

杨倩倩[1]

摘　要：研究根据"一带一路"的机遇分析，着重探讨"一带一路"对山地城镇高速公路下道口区域空间发展的影响，并进一步探索下道口区域空间的发展机制，从而得出山地城镇高速公路下道口区域发展布局策略。最终实现在时间上抓住"一带一路"的时代契机，促进山地城镇空间的优化布局；在空间上依托高速公路经济带下道口节点空间的发展，进一步引导区域发展规划以及各个城镇的详细性规划，发挥其空间载体的作用，从而真正促进"一带一路"战略的实施落地，实现区域整体经济发展水平的提升。

关键词：一带一路；山地城镇；区域经济；高速路下道口

山地城镇通常受制于交通建设、资源等优势难以发挥，导致经济落后，"一带一路"战略以交通基础设施合作建设为先行，给沿线地区，尤其是欠发达地区的山地城镇带来了前所未有的重大发展机遇。本文着重探讨"一带一路"对山地城镇高速公路下道口区域空间发展的影响，有助于在时间上把握"一带一路"的时代契机，在空间上链接重要的交通节点，实现强抓机遇，依托交通，将山地城镇区位资源、信息、物流和人流普遍互联。这对于把握"一带一路"新的经济发展起点，优化山地城镇空间生产力布局，促进重点区域开发和提升具有重要的意义。

1 时空对接——"一带一路"与下道口空间发展研究的意义

1.1 "一带一路"战略的空间机遇

随着山地城镇交通网络的快速发展，高速公路下道口区域作为交通网络的节点空间，其经济作用愈发突出，道口地区往往聚集了大量市场、物流、工业企业和生活服务业，因而成为"一带一路"战略实施最重要的空间载体。而未来5～10年内，随着高速公路复线的通车，以及环线铁路相继规划建设，山地城镇的交通格局将发生巨大的变化，尤其是快速交通和大运量交通的建成将深刻地影响未来经济城镇空间发展格局，因而将促使高速路下道口区域发展出现井喷效应，这也使其在空间上为"一带一路"沿线城镇的战略落地起到了强有力的支撑作用。

---

[1] 杨倩倩，重庆大学建筑与城市规划学院。

1.2 高速公路下道口交通节点空间发展的时代机遇

高速路下道口区域的经济发展是一个渐进的过程，交通发展时序在其中扮演一个十分重要的角色，目前山地城镇高速公路下道口虽发展迅速，但以依托初步建成的高速公路网络的道口经济发展还仍处于初级阶段，大多数下道口区域作为政策飞地，多是以低端资源、服务聚集为特点的生活性场所。"一带一路"战略的提出将使得高速公路下道口作为战略空间载体成为政策高地，直接鼓励工业企业的进入和聚集，将促进专业市场从生活资料向生产资料扩展演变，从而滋生出庞大的服务业需求，成为时代新经济节点区域。同时，"一带一路"战略的提出，也对区域发展进行了宏观方向的指引，将有助于避免因山地城镇高速公路下道口区域发展的快速兴起带来的区域定位不正确所导致的产业趋同与重复建设的问题。

由此看来，一方面，"一带一路"战略对山地城镇高速公路下道口区域空间发展具有宏观指引的作用，有助于正向促进区域交通节点的优化布局；另一方面以道口经济为节点的高速公路网络的形成将进一步促进高速公路经济带的形成与发展，这也将反向支撑"一带一路"战略在空间上的落地建设（图1）。因此，实现"一带一路"战略与山地城镇高速公路下道口发展的时空对接，对进一步指导新时代山地城镇交通规划建设提供了理论基础，也对未来研究山地城镇交通规划和城镇空间优化布局具有重要的现实意义。

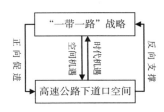

图 1 "时空对接"关系图解
资料来源：作者自绘。

2 "一带一路"与高速公路下道口空间发展影响机制

"一带一路"的建设在相当长一段时间内将作为中国全面对外开放的总体方略，因而在推进"一带一路"沿线高速公路下道口空间发展建设中，应该以区域及区域经济理论为起点对空间进行宏观把控，考虑区域空间的安排以及对未来发展进行战略布局定点，尤其是关注高速公路下道口经济节点如何承接战略机遇的问题。与此同时，也必须认识到，顶层规划战略最终将通过微观空间具体设施的落地而实现，因此，也必须考虑微观层面对宏观层面的反向支撑，而区域交通则在其中起到了链接宏观、指导微观建设布局的作用。因此，"一带一路"战略与山地城镇高速公路下道口空间发展影响机制应从宏观、中观、微观三个层面考虑，通过多层次的理论与空间实践的链接，从而更好地指导山地城镇高速公路下道口空间的优化布局（图2）。

2.1 宏观层面的理论梳理

2.1.1 山地城镇与区域发展理论

山地城镇多处于内陆西部，发展受其特殊的地理区位以及自然环境限制，通过"一带一路"交通建设先行的战略导向，为其创造了局部区域的区位发展优势。但需要说明的是，中国的经济带和经济区各具特点，高速公路建设的区位效果尤其是间接效益是很不均衡的。一般而言，公路建设投资东

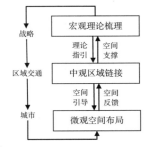

图 2 "一带一路"与道口空间
发展影响机制图解
资料来源：作者自绘。

部优于西部,因为除自然因素外,区域的历史、文化等因素都会对区域发展所需的资本引入产生影响[1]。因此,区域发展要因地制宜,切不能借助"一带一路"带来的区位优势盲目跨越式发展,而是应该从区域角度分析国内各地区的积极性和比较优势,从而依托沿边前沿地区以及内陆重点经济腹地区的发展格局,创造良好的发展环境;此外,山地城镇的发展本身受其脆弱的生态承载能力的约束,区域交通规划和城镇建设应注重对生态廊道和自然生境的保护,避免快速发展造成的不可修复的生态损失。

2.1.2 弹性规划理论

"一带一路"的战略初期,一定程度上沿线区域将作为战略落实的"试验场",尤其以交通基础设施合作为先行的规划建设实施的实效性仍处于探索阶段,并未形成较为成熟的规划建设体系。因此,山地城镇高速公路下道口区域在快速发展的同时难免对复杂的市场背景和政策环境有所不适,反而容易在战略机遇期造成区域交通规划建设缓慢、城镇盲目发展等问题。因此,引入弹性控制方法的理念有利于应对动态变化的外部环境,尤其是山地城镇错综复杂的地域特征,从而促进下道口区域的可持续发展。弹性规划理论也使得我们认识到在规划建设中高速公路道口经济发展是一个渐进的过程,交通发展时序在其中扮演了一个十分重要的角色,"一带一路"沿线道口区域很有可能率先发展壮大起来,占得先机并优先获得要素聚集,但发展从区域的角度来看,并不是孤立单一的发展,而是整体区域协调发展,因而发展还应该更多地考虑环境条件、特色资源等后发优势,为区域内山地城镇的后期发展蓄力,避免错失时代发展机遇;此外,弹性规划也对未来存量空间的再开发提供了思路,使得山地城镇能更加从容地抵抗外在环境变化[2],为"一带一路"战略的落地实施提供更加充分的空间支撑。

2.2 中观层面的区域链接

中观层面的梳理主要是起到承接宏观理论,并进一步指导微观空间的作用。一方面承接对山地城镇区域发展理论以及弹性规划理论的认识:首先,通过对区域综合实力的认识,增强区域间的交流与评价定位,实现区域交通规划建设的渐进式链接;其次,通过对山地脆弱的自然生态环境的认识,实现规划建设的生态链接;最后,通过对山地城镇区域发展阶段的认识,明确高速公路对区域经济的影响存在若干个发展时间阶段,从而实现区域发展的动态链接。另一方面,中观层面也将进一步发挥"一带一路"战略的空间指导作用,实现对区域内高速公路下道口的整体谋划,通过城市全局范围和境内高速公路沿线道口两条线索的研究,比较定位梳理现有以及规划下道口的经济定位与特色,并研究其产业经济关联性,为在整体层面具体确定目标道口经济定位,突出自身特色和实现相互协作奠定了基础。

由此看来,中观层面遵循"区域交通—产业—功能—空间布局—城市发展"的研究思路[3],旨在链接区域交通发展与城市发展的关系,以进一步促进"一带一路"战略在微观空间的落实。

2.3 微观层面的空间布局

微观层面基于中观层面重点研究特色经济产业定位的空间需求与流线关系,更多从城市层面对高速公路道口地区的发展做出规划安排,主要从三方面指导道口区域的空间布局:一方面,对目标道口进行空间评价,着重是对道口空间进行需求分析与环境承载力评价,分别根据经济产业发展空间需求，依据环境承载力分析确定空间发展方向、规模和开发边界等，并从空间管制的角度明确生态环境、自然资源以及景观风貌的管控线；另一方面，制定目标道口空间发展策略与设施配置，主要是根据产业关联与生产生活流线整合组织要素空间，勾勒集约利用土地的空间格局，安排配置基础设施和社会服务设施等；最后，考虑到规划实施的可行性，还应当注重研究针对道口空间发展中存在的政策、法规限制提出解决策略和方法，促进政策与空间的衔接落实，从而实现顶层设计对城镇空间优化布局的作用。

微观层面是真正实现"一带一路"战略节点空间定点落地建设的关键层次，与城市发展紧密联系，并关乎战略是否能够真正落地实施的问题，因此，这也使得"一带一路"战略的空间反向支撑作用在这个层面发挥到最大。

3 "一带一路"与高速公路下道口空间发展策略

考虑到"一带一路"战略仍处于探索阶段，因此以动态规划理念为出发点，将高速公路下道口区域空间发展策略研究分为两个阶段，分别是近期策略研究和远期策略研究，以充分协调"一带一路"战略在宏观、中观、微观三个层面上的衔接和落实。其中近期策略研究主要是以问题为导向展开，重点衔接中观和微观两个层面；远期策略研究主要是以目标为导向展开，重点衔接宏观层面。将策略研究分为两个阶段，一方面有助于山地城镇在近期发展中依托交通，实现在战略初期强抓机遇，使得沿线高速公路下道口具备初步发展动力；另一方面有助于山地城镇在远期发展中整体统筹，实现区域内道口空间的联动式规划管理，促进区域空间的可持续发展。

3.1 近期策略研究

近期策略研究，落实到中观和微观层面，以各个下道口发展背景为出发点，结合宏观战略布局和地方上位规划，从而制定具体的城市层面的空间布局策略。

3.1.1 科学定位

一方面在承接宏观区域定位的同时，应进一步从区域层面转向城市层面，从城市全局的角度整体谋划区域内高速路各下道口的具体经济定位，通过比较分析空间特性及产业分布，避免各自为政，重复配置，造成恶性竞争的问题；另一方面还应当注重保护山地城镇的地方特色资源，并有意识地借助高速公路的有利条件进行相应的引导，实现地方特色定位，以依托地方资源促进下道口区域之间的差异化发展，弥补山地城镇发展限制，从而为后期城镇的发展持久蓄力。

3.1.2 微观布局与实施

微观层面的空间布局更多是以交通区位为基点，对下道口区域的土地利用进行合理规划。因此为避免开发功能过于单一，促进下道口区域土地功能的混合利用，有助于实现不同功能之间的互补与相互支撑，从而保证下道口区域健康和可持续发展[4]。

近期发展更重要的一环便是促进战略逐步的实施落地，因此规划实施也应该作为策略研究的重点。例如进行合理的项目策划，较为发达的道口地区应有目标地进行招商引资，较落后地区则应考虑制定限制产业进入清单，从而引导道口地区向较高水平发展；另外还应当多方引入市场力量、民间资本，并考虑独创的融资模式，为道口地区经济发展提供充足的资金保障；此外，新的战略起点还应该加强制度层面的设计，为更好地承接宏观战略促进道口地区经济可持续发展创造宽松的政策环境。

3.2 远期策略研究

远期的策略研究更重要的是承接宏观的战略理念，辅助区域综合战略目标的实现。因此，策略研究一方面重视区域发展的态势研究，以便于及时更新"一带一路"战略对区域交通发展以及道口经济发展的新态势，通过外部因素分析，从而预测道口经济未来发展模式与升级转型方向以及不同发展阶段道口经济的聚集模式，探索最优的发展路径；另一方面在对发展态势的宏观把握上辅以生态为底和弹性规划等策略性思维引导，对充分把握战略机遇，实现空间定点连线也具有重要的指导意义。

远期可持续发展离不开科学的管理，因此还应该为支持高速公路下道口区域的空间建设规划发展战略提供管理技术、组织以及政策支持。建立有效的管理协调机构，尝试采用高科技、跨区域的管理方式，提高管理效率，并考虑对跨行政区的发展项目给予一定的政策优惠，以促进整体区域的协调发展。

4 小结

"一带一路"建设，是一项宏大的系统工程，而高速公路下道口作为高速公路经济带节点区域，既可以以交通经济带的形式宏观承接"一带一路"战略，又可以以经济节点的形式微观链接城镇布局与建设，从而对战略实施起到了有效的空间支撑作用。但同时我们也应该注意到，战略的实施落地需要实现多层次的空间对接，只有通过对机遇的时空分析，合理确定其在区域发展中的层次和功能，才能充分发挥各个下道口在高速公路沿线及影响区域的经济带动作用。随着"一带一路"进入实际操作阶段，也应该认识到，尽管"一带一路"提供了巨大的发展机遇，但在时间和空间上实现多层次的链接并非易事，作为一个整体来说，"一带一路"涵盖了多个地区，但沿线地区千差万别、利益诉求各异，尤其是发展较为缓慢的山地城镇，在面对"一带一路"带来的向西开放发展的空间机遇，借助交通先行建设促进发展的同时，避免快速开放造成的后续发展问题是更值得考虑的。

总之，未来山地城镇高速公路下道口空间发展路径，应依托"一带一路"战略机遇，不仅仅要关注时空机遇带来的自上而下宏观层面的空间指引，还要关注物质层面自下而上的微观反馈，从而创造具有整体性的"战略—交通—城市"的互动关系链接网络，更好地实现区域空间的可持续发展。

参考文献

[1] 董千里. 高速路网与区域经济一体化发展研究 [M]. 北京：人民交通出版社，2007: 32.
[2] 刘堃, 仝德, 金珊, 李贵才. 韧性规划·区间控制·动态组织——深圳市弹性规划经验总结与方法提炼 [J]. 规划师，2012，(5)：36-41.
[3] 周乐. 区域交通功能提升与城市发展 [J]. 城市规划通讯，2011: 14-16.
[4] 邓毅新. 区域交通功能提升与城市发展 [D]. 天津大学，2010: 37-49.

山地城镇经济可持续发展铁路选线思考

胡新明[1]

摘　要：铁路是国家一带一路战略的重要连接线，在一带一路建设中将发挥重要作用，起到不可替代的基础设施功能，为此，本文从山地地区面临的地形、地质和环境特征出发，简述了山地城镇地区经济可持续发展中，铁路选线要避免线路通过严重地质不良地段和防止发生严重工程地质灾害，以规避重大工程风险；为确保山地隧道工程的顺利建设和运营安全，选线设计要高度重视隧道产生的各种风险，把握好设计原则；要把"绕避重要环境敏感区、环境保护目标，合理选择线路方案、车站站址，以实现环境保护区与区域经济发展双赢"作为环保选线的工作原则，使山地铁路工程对生态环境影响达到最小化，环境、社会效益最大化，是实现山地城镇地区经济可持续发展和一带一路战略顺利实施的关键。

主题词：山地城镇；持续发展；选线原则

我国幅员辽阔，又是多山的国家，山地面积占三分之二以上，而且崇山峻岭密布，水系发育，地质灾害种类繁多；铁路是国家一带一路战略的重要连接线，在一带一路建设中将发挥重要作用，起到不可替代的基础设施功能；在山地，铁路建设必然要面对各种严重的地质灾害，只有不断依靠科技进步，去制服诸如滑坡、泥石流、岩溶涌突水、溶洞、暗河、危岩落石、煤层瓦斯、膨胀岩、滑坡顺层、高地应力诱发的岩爆及软岩大变形等一道道难题。其次，山区地形地貌多变，森林资源、野生动植物资源丰富，分布有较多的自然保护区、风景名胜区、水源保护区、森林公园和文物古迹等，因此，做好铁路选线设计，从设计源头上、规划上减少灾害发生时对铁路运营的影响，同时使铁路工程对生态环境影响达到最小化，环境、社会效益最大化，是确保山地城镇地区经济可持续发展和一带一路战略顺利实施的关键。

1　要高度重视地质选线

地质选线的目的是选择经济合理、安全稳定的线路方案，避免线路通过严重地质不良地段和防止发生严重工程地质灾害，以规避重大工程风险，确保国家重点工程建设技术可行，安全可靠，确保山地城镇地区经济可持续发展和国家一带一路战略的顺利实施。

因此，在地形地质复杂地段，铁路选线更应坚持"地质选线"原则，即坚持线路应绕避全新活动断裂或在断裂较窄处以大交角通过，重点工程必须置于"安全岛"内和绕避不

---

[1] 胡新明，中铁二院工程集团有限责任公司。

良地质地段三大地质选线原则：

（1）铁路线路始终要坚持"绕避为主"的原则，通过桥跨或者进洞的方式躲避艰险山区灾害群。

（2）隧道应"早进晚出"，确保在山坡稳定部位设置洞口，并综合考虑地形和岩土的地震动放大作用，合理定位和设防隧道出口，路基高程应高出可能出现的堰塞湖水面最大高程，避免被淹没。

（3）铁路线路定线尽量要做到"宁高勿低"，这样就可以在不良地质灾害群的上界进行安全定线。

（4）铁路线路定线力争做到"多填少挖"，尽量减少对艰险山区原地形地貌的扰动。

（5）铁路线路所经地区尽量选择地质灾害发育相对薄弱的"廊道"通过，最大限度地降低灾害风险。

（6）尽可能控制桥高和路基填方及切坡高度。不设傍山短隧道群，减少展线，预留限坡调整余地，最大限度地减轻地震次生灾害的危害和创造抢修条件。

（7）线路尽量以简单工程通过全新活动断层，避免以高路堤、深路堑、陡坡路基或高桥通过，如以长隧道穿越全新活动断层，选择最窄部位大角度通过，具体位置不宜距洞口过远，顺坡排水，埋深不宜过大，结合隧道救援方案合理确定穿越位置，并根据断层活动速率的百年预测值，采取扩大隧道直径预留变形缝和加强结构强度等措施，应对断层发展可能产生的位移变形。

（8）线路应避免进入煤矿采空区，尤其是无资料记录的小煤窑。灰岩地区要注意避开溶洞、暗河等，平坦地区注意避开松软地基。

2 高度重视隧道产生的风险

隧道工程是典型的岩土工程，隐藏工程多，受地质因素的影响大，施工风险高，为确保隧道工程的顺利建设，应高度重视隧道产生的各种风险，构建较为切实可行的评估体系原则，为设计提供强有力的技术支撑。

（1）复杂岩溶隧道设计中，要重点防止突水突泥等地质灾害的发生，为此，要精心进行隧道方案的比选，尽量避开岩溶暗河发育的不良地质体，选择风险最小的线路走向方案。

（2）大断面客运专线隧道设计中，应重点控制大断面隧道初期支护的变形，防止坍塌。应按"早进晚出"的原则进行洞口位置的选择，尽量减少边仰坡的开挖高度，洞口段应设置超前长管棚，确保进洞施工安全；应细化大断面隧道监控量测的设计。

（3）对于瓦斯等不良气体隧道，安全设计的重点应该是防止不良气体燃烧和爆炸。按照尽量绕避煤系地层或其他不良气体地层，缩短不良地质段隧道长度，为此要适当增加钻孔数量，准确判定不良气体成分、含量、压力等有关参数；在衬砌结构、辅助坑道、运营通风等方面采取可靠措施，确保施工和运营安全；编制指导性施工组织设计，严格技术交底，针对可燃性气体的特点制定相应的应急预案。

（4）在浅埋山地城镇隧道和下穿结构物隧道安全设计中，要特别注意对山地城镇管线和地面结构物的保护，严格控制结构物的沉降，设计中要对主要建筑物进行必需的安全评估，采取的工程措施要满足有关部门的要求。

（5）水下隧道安全设计的重点应该是：防止大量水涌入隧道，这就要求，在设计中应首先查明地层的透水性、冲刷深度，确保安全的覆盖层厚度，根据不同的地质情况，选用针对性的预加固措施。

（6）对于长度大于10公里的特长隧道，应首先进行单洞双线和双洞单线隧道方案的比选，并优先选用双洞单线隧道方案，可有效降低施工风险，同时有利于运营期间的相互救援和安全疏散。每个特长隧道均应进行针对性的安全疏散和防灾设计，满足运营列车在各种工况下发生事故时的救援和疏散的需要，对于大于20公里的特长隧道，应在隧道中间位置设立防灾疏散"定点"。

3 要高度重视环保选线

实现铁路建设与自然环境高度的和谐与统一，实现铁路建设与环境保护的协调发展，是实现一带一路战略的必然要求，在山地城镇化铁路建设中铁路选线要把"绕避重要环境敏感区、环境保护目标，合理选择线路方案、车站站址，以实现环境保护区与区域经济发展双赢"作为环保选线的工作原则：

（1）确保线路不进入珍稀濒危野生动物的栖息地。线路方案的选取应确保不影响珍稀濒危野生动植物的栖息地及其生存环境的完整性和连续性，最大限度地绕避自然保护区。方案研究以尽量减小对自然保护区的影响为原则，在线路方案选择上，须最大限度地绕避自然保护区的核心区、缓冲区。

（2）铁路交通是地方经济发展、旅游资源开发的重要基础服务设施。方案研究充分考虑对景区资源的保护，最大限度地绕避风景名胜区的特级保护区、一级保护区，线路以不穿越核心景区，不影响核心区的自然和人文景点、景观为原则，保护好沿线的景观资源。同时，线路和车站的选取为景区资源的开发和功能的合理利用提供了较好的基础作用，充分发挥铁路的社会服务功能，做到铁路线路走向、车站设置方案与景区发展规划协调，真正体现铁路与山地沿线旅游开发、地方经济发展的和谐统一。

（3）对于受地形地貌、工程地质和自然保护区、风景名胜区的分布区位，以及受工程技术条件限制，线路无法绕避而需通过自然保护区等环境敏感区时，应充分进行方案比选，优化通过保护区的工程形式，尽量采取以隧道方式通过。

（4）最大限度地绕避沿线水源保护区的一级保护区，使山地沿线城镇的水源地不因工程建设和运营受到污染。

4 结语

铁路是国家一带一路战略的重要连接线，在一带一路建设中将发挥重要作用，起到不可替代的基础设施功能，提高铁路选线的质量，从源头上夯实山地城镇经济持续发展之基，对一带一路战略的顺利实施具有重要意义。

（1）艰难山区，地质、地形及环境复杂，长大隧道众多，隧道工程存在高地应力、岩溶及岩溶突水、涌泥、有害气体及瓦斯突出、软弱围岩变形、重力地质灾害、脆弱的生态环境等高风险因素，因此，抓好地质选线，通过良好的线路设计可减轻甚至规避风险，从源头上控制铁路工程风险就是抓住了工程风险源头。

（2）高墩大跨桥梁和隧道工程是不可逆工程，不具备拆除重建的条件，因此必须是遗产工程，不允许是遗憾工程和灾害工程。因此对不良地质地区，必须做好规划设计、主动设计、超前设计、动态设计工作。

（3）在山区城镇可持镇经济发展中铁路选线应高度重视环境保护，使铁路建设与自然环境能够高度和谐与统一，实现环境保护与区域经济发展双赢目标，使铁路在一带一路建设中成为经济之路、环保之路、幸福之路。

参考文献

[1] 卿三惠，黄润秋，李东等.活动构造区山地环境铁路选线研究[J].地质力学学报，2006，6.

[2] 何振宁.铁路地质选线及主要技术原则.复杂艰险山区铁路选线与总体设计论文集[C].北京：中国铁道出版社，2010.

[3] 田良.公众参与环境影响评价的意义[J].西南交通大学学报（社会科学板），2005，3.

山地城镇的步行交通可持续发展研究

孙莉钦 [1]

摘 要：山地城镇地形复杂，步行和车行是主要的交通方式，而步行交通作为车行的结构性补充，在山地城镇交通发展中意义重大。本文所说的车行交通指的是小汽车交通，分析了山地城镇步行交通存在的问题，特别是和车行交通之间的矛盾，并从人车关系演变出发，明晰了人车之间的关系，提出了人车和谐的步行交通和车行交通整合模式。

关键字：山地城镇；步行交通；车行交通

前言

我国的山地地域众多，分布广泛，约占全国陆地面积的 2/3，山地城镇占全国总城镇的 1/2[1]。山地城镇的发展是区域乃至国家关注的重要话题，同时也是构建和谐社会，落实科学发展观的重要使命。交通作为山地城镇发展中的一个重要层面，如何结合山地特征，寻找适合山地城镇的交通体系是山地城镇建设需要研究的问题之一。

机动化时代，作为山地城镇传统交通方式的步行交通正不断受到快捷迅速的车行交通的侵蚀，然而受地形影响较大的山地城镇的出行并没有因为车行交通的增加而变得方便快捷。因此需要对步行交通和车行交通进行博弈分析，提高山地城镇的运行效率，促进山地城镇步行交通的可持续发展。

1 山地城镇步行交通建设的必要性

山地城镇地形复杂，坡度大，非机动车交通很少，人们出行主要以步行交通和汽车交通为主。由于山地城镇车行交通路网结构先天不足，需要步行系统作结构性的补充，对于跨城区相对较远距离的出行多采用车行交通出行，而各城区内短距离交通步行出行所占比例较大。以重庆为例，根据对城区交通调查显示，居民出行方式结构为：公共交通 27.1%，辅助交通 0.53%，出租汽车 4.38%，小汽车 4.73%，其他 0.59%，步行 62.67%[2]。通过与国内其他非山地城市主要出行方式的比较，可以明显看出步行交通是山地城市居民最主要的出行方式。因此，对于山地城镇交通发展而言步行交通意义重大。

另外，山地城镇可建设用地较少，步行交通能节省道路空间。从下表中可以看出，正

---

[1] 孙莉钦，西南科技大学土木工程与建筑学院。

常步行者占用的道路空间只有1平方米,小汽车正常行驶时占用的道路空间是步行的80倍[3]。若能提高步行交通方式出行比例,则可大大提高道路利用效率,节约土地资源。同时,步行交通建设有助于公共交通发展,促进城镇低碳发展。

各交通方式比较　　　　　　　　　　　　　　　表1

交通方式	常见速度（km/h）	车头间距（m）	车道宽度（m）	占用道路面积（m²）	车均载客数（人）	平均每位乘客占用道路空间（m²）
步行	4	1	1.0	1	1.0	1.0
自行车	15	8	1.0	8	1.0	8.0
摩托车	30	20	2.0	40	1.2	33.0
小汽车	40	40	3.0	120	1.5	80.0
公共汽车	20	25	3.5	88	60.0	1.5

资料来源:黄娟,陆建.城市步行交通系统规划研究.现代城市研究,2007,2:48-53.

步行交通在山地城镇发展中意义重大,但城市交通建设中重车行轻步行,减少了步行者的活动空间,致使步行环境日益恶化。因此,步行交通与车行交通孰重孰轻还要从山地生态发展的大背景中考量。

2　山地城镇步行交通存在的问题

（1）人车通行相互干扰

步行体系很不完善,对人性化需求考虑不足,特别是坡度较大地区及视线受地形遮挡地区的步行与机动交通交叉部位,不仅不能满足行人的便捷性和舒适性要求,甚至威胁到人身安全,可见人车通行相互干扰的严重性[4]。

（2）缺乏对步行交通的管理保护

步行交通管理滞后,缺乏行人优先的思想。主要表现为:利用人行道开店占道经营;广告牌违章设置在人行道上;在人行道上停放交通工具等。由于山地道路受环境所限步行道断面较窄,加之以上的各种管理缺陷,步行者被迫进入车行道,不仅加重了坡道的路况复杂度,也使行人的安全受到威胁。

（3）步行空间缺乏活力

一方面为了适应汽车速度带来的视觉冲击力,道路周边环境、建筑体量、建筑细节等都被迫放大,使人们在步行中失去了感知的媒介,减少了步行的乐趣;另一方面由于车行交通受坡度等因素的限制,在道路建设中拉长了点与点之间的距离,提高了步行出行的难度,街道中的行人大大减少,功能单一的步行空间失去了传统的步行小路中丰富的交往活动与活力。

（4）车行挤压步行空间

山地城镇由于地形限制,其道路建设难度大,路幅也较一般平原城市窄,但随着机动车的日益增长,路幅宽度不断增加,在用地紧张地段,人行空间被车道、停车位挤压或侵占,步行空间越来越少[4]。

（5）步行设施系统性差

许多山地城镇也采取了架空桥或者地下通道的方式解决交通问题，但大多数并没有受到人们的欢迎[5]。天桥或者地下通道对于人而言就意味着绕行，除非别无他路，否则人们宁愿不顾危险横穿马路。究其原因，城镇中修建天桥或者地下通道只是为了舒缓人流拥挤问题，方便行人过街，减少人流与车流的相互干扰[5]。而且存在于局部地区，并没有和步行设施、城市建筑、人车转换地等形成有效的联系、构成系统的山地步行体系，影响了其效应的发挥。

山地城市步行与车行交通组织合理与否，决定着城市各种用地功能的发挥，而车流与人流的合理集散甚至影响整个城市功能的发挥。因此，对于这些问题，除进一步反思现有步行规划体系外，更应当把握步行与车行交通的关系，梳理山地步行交通与车行交通整合的新理念，更好地指导山地交通规划与建设。

3 正确认识步行交通与车行交通

3.1 人车关系的历史演变

在汽车成为主流交通工具之前，大多数城市依然采用人车混行的组织方式，当时机动车在速度与数量上十分有限，因此街道空间可以承受多种交通工具与行人共享。但是，随着技术的飞速发展，街道空间机动化带来的冷漠和衰退，城市丧失了原有的社会人文特色，在经历了无奈和消极的人车对立阶段后，人们逐渐意识到现代城市不仅需要方便安全且迅速的车行交通体系，也需要与人的需求相适应的轻松自然且有助于身体健康的步行交通系统。由此，人们开始寻求人车和谐之路，既不是完全的人车分离，又存在人车共处，步行和车行能够平等共存，减少两者间的冲突。这种人行的回归不是简单意义上的逆转，它既包含现代机动交通的物质文明，又合乎人性环境的城市建设，是结合了机动化的步行化[6]。

3.2 山地步行交通与车行交通的关系

山地环境下步行与车行交通之间的确存在矛盾，集中体现在两个方面：争夺空间和速度差异[6]。空间的争夺实质是争夺可利用的土地资源，城市不可能无限扩张，尤其是山地城镇，地形复杂，建设用地有限，再加上小汽车数量的增加，其结果必然是车行道路挤占居民的道路和生活空间，步行空间缩小。至于速度差异，步行与车行交通之间相差10倍以上，沿街景观为适应车行速度而在细节尺度等方面被放大，具有视觉冲击力的大广告、简洁的建筑界面、高大的建筑体量成为城市的主要特点，宜人的步行空间不断受到侵害，街道生活逐渐丧失活力[6]。此外，为了更好地发挥汽车的效率，城市的道路网格局也被改造，道路将城市分成不同的功能区，各个区之间由高效的道路系统联系，人们无法步行达到。总之，在这样的速度差异之下，山地环境下步行与车行交通所需的空间和规模相差甚远，步行空间很容易越来越被忽视。

虽然车行交通对步行有一定影响，但完全脱离机动车交通的步行化必然走向失败。美国密歇根州卡拉马祖市的中心环状街道系统由于车行不便而走向衰落就是一个典型的例子[6]。对于山地城镇而言，城镇与地形的肌理形成一个整体，由于大量山体、水域、沟壑等天然地貌的隔离作用，形成了分散在自然山水环境中独立的单元。为了完成人们的出行目的，车行交通不可缺少。因此，城市步行交通建设不能脱离车行交通的支撑，步行交通建设的终极目标不是取代车行交通，而是改变生活环境的一种手段，也是恢复车与人之间平衡的一种尝试。

4 山地城镇步行交通与车行交通和谐发展模式

4.1 运用城市设计理论强化立体步行交通体系

城市设计自身兼有理论形态与实践形态的双重属性，并在长期的探索中形成了一定理论与方法。通常意义上，城市设计主要与人实际感知的空间形态和活动相关，致力于营造"精致、雅致、宜居、乐居"的城市，注重结合城市环境营造个性化特色化的空间形态。立体化步行空间彰显城市的品质，结合与山地城镇融为一体的独特背景环境，运用城市设计理论整体控制城镇空间，把握立体步行交通系统整体构架，创造人们接受的多功能立体空间，提高土地利用效率。

（1）结合地形建设立体步行交通体系

山地城镇的基本地形可分为丘、山脊、山坡、冲沟、谷地、阶地、河漫地等，多种基本地形单元组成复杂起伏的地形，并在空间上形成三维形态[7]。复杂的地形虽然给步行交通的布局和设计带来困难，但赋予了山地城镇步行交通以独特性，为步行道创造丰富多样的立体空间提供了有利条件。同时，步行交通方式由于适应性较高，可以适应不同的地形条件，且对地形改造的要求较小，可以依照原有地形条件，按照依山就势的方式进行建设，通过地形的高差创造出独特的立体步行交通体系，在垂直空间上实现人车共存。

（2）系统化立体步行交通体系

与平原城市相比，山地城镇适宜建设用地少，通过开发和利用竖向空间，建设立体化步行交通系统解决地面空间资源短缺的问题，适应城市发展需求。山地城镇较多数呈多中心结构布局，同时中心的聚集度较高，在中心区或者人流聚集地用架空的人行通道直接连通商业、办公、餐饮、医院、娱乐和学校等地的主要出入口，通过架空人行通道将散布于各处的单一功能的过街天桥串联成一个有机的整体，形成系统化的立体步行交通体系[5]。这样不仅有效地疏导了人流，又使人群不必跨越繁忙的城市街道就可直接进入楼层，同时也能使人们从心理上接受人行天桥。高集聚的城市加上完善的立体步行交通体系既能方便市民出行，保证城市交通的安全顺畅，有效减少人车冲突，又能降低对车行交通的依赖，提高土地利用效率。

4.2 车行交通空间瘦身，提高路网密度

法国南特城市的50人质大街将原来8车道的街道改造成2车道的机动车专用道，节约下来的空间步行空间的设计[4]。许多城市通过拓宽道路解决交通拥堵问题，但是在山地城镇中，由于地形复杂用地紧张，地形改造投入大且交通建设困难，因此，拓宽道路在山地城镇交通发展中不可取。在山地城镇，适当降低车行道路的路幅宽度，提高道路网密度，是解决交通问题的有效途径。山地城镇可建设用地少，降低车行道路路幅宽度，节约更多的空间进行步行建设，以保证行人的安全。同时，山地城镇道路网布局与平原城镇不同，道路间距可以灵活处理，缩小道路间距提高路网密度以缓解交通量的压力。车行交通路网

尽量沿等高线布局，充分发挥地形优势，既尊重地形走向和生态环境不受破坏，又能合理利用空间，实现人车和谐。

4.3 运用视觉原理融合界面

人车速度的差异造成了对街道空间尺度需求的差别，步行视觉需要细腻亲切的小尺度界面，车行视觉更容易识别简洁的大尺度界面。因此，界面尺度也需要融合两者的差别。步行者和车中的人由于速度和距离差异，所观察到两侧的层面不同，步行者注意的是小尺度界面，车行中的人观察到的是中尺度甚至是大尺度界面。距离步行者最近的界面需要细腻的尺度，可以通过墙面材质、细节造型设计、丰富协调的色彩等要素处理，结合人行道空间的绿化小品和精美铺地等构造细腻亲切的小尺度空间[4]。距离人较远的界面可采用相对简洁的尺度或非常简洁的尺度，细小的材质很难辨认。通过沿街界面分级处理[4]，满足不同距离和不同速度观赏者的视觉感知，创造富有活力的步行空间，吸引步行方式的选择。山地城镇范围内地形高低错落、转折有序，利用视觉原理与地形相结合，在坡道、边坡、峰坎等处通过对建筑及周边地物地貌的细节处理，打造宜人的步行空间，转移行人的疲劳注意力，增加步行乐趣。

4.4 强化规划师的责任，加强交通管理与监督

作为设计指导城市空间和城市交通建造的城市规划师，他们的规划和设计理念决定了设计成果的实现期望率。因此，对于山地城市建设，规划师要首先确立人车和谐的规划与设计理念，不能一味按平原地区的规划设计思路提高机动车道路密度，通过机动车道路划分地块区规划建造以机动车为主要交通方式的城市，而是要充分意识到步行交通对山地城镇在绿色出行、安全出行、提高土地利用效率、增加室外交往空间等方面上的积极意义，并以此为核心探求人车和谐的山地城镇交通设计方法，运用到山地城镇的城市规划、城市设计、街道空间设计、建筑设计等各个阶段。

另一方面，当前社会下的城市规划多表现为一种政府行为，领导的意志对城市规划的影响很大。还应该多鼓励公众参与到规划和交通管理工作中来，深层次参与政府交通管理决策，增强其在与政府交涉中的影响力，同时加大对交通违法惩治力度，确保人车有序互动，这一点在城市功能集聚度较大的山地城镇中将会发挥更大的作用。

5 小结

步行交通与车行交通之间一种相互依存、相互促进的互动关系，二者通过一系列的循环反馈过程，将有可能达到一种"互补共生"的稳定平衡状态。当代城市生活不可能倒退回传统的步行时代，虽然山地地形地貌对便捷的车行交通带来一定的建设复杂度，但独特的山地地形地貌却为步行交通的发展创造了得天独厚的自然优势，在土地资源有限的条件下，如何对步行交通和车行交通进行整合，不仅能够解决人车冲突的问题，提高街道的活力，还能提高山地城镇土地利用效率，对山地城镇可持续发展具有很强的理论和现实意义。

参考文献

[1] 肖竞,曹珂.契合地貌特征的西南山地城镇道路系统规划研究[J].规划设计,2012,28(6):43-48.

[2] 雷诚,范凌云.生态和谐视角下的山地步行交通规划及指引雷诚.2008城市发展与规划国际论坛论文集:73-80.

[3] 黄娟,陆建.城市步行交通系统规划研究[J].现代城市研究,2007,2:48-53.

[4] 闫雪.人车和谐的街道空间设计[D].湖南大学硕士学位论文,2010.

[5] 王纪武.山地城市步行系统建设的集约观[J].2003,19(8):79-82.

[6] 孙靓.城市步行化——城市设计策略研究[M].南京:东南大学出版社,2012.

[7] 邓柏基.山地城市步行系统规划设计初探[D].重庆大学硕士学位论文,2003.

专题三
山地城镇规划建设

西南山地欠发达地区的"三生"空间功能优化

张 臻❶ 彭瑶玲❷ 杨培峰❸ 陈 敏❹ 杨 乐❺

摘 要：西南山地欠发达地区是我国经济发展和生态环境建设矛盾极为尖锐的地区，在提升生态环境品质前提下实现跨越式发展，对全面建成小康社会具备国家意义。以具有典型特征的重庆渝东北生态涵养区为例，2014 年其城镇化水平已达到 43.2%，正处于城市化进程起飞和加速的关键阶段，面临着重大历史发展契机，也伴生出一些生态改善与经济发展的新问题。针对研究区生态环境、经济社会发展模式和城市软环境等制约因素进行多视角分析，探讨在新常态和新型城镇化发展背景下欠发达山地创新转型的内涵，凝炼"生态—生产—生活"空间协调、功能优化的"面上保护，点上开发"的开发模式，对应"三生"空间指出其三大主体功能：生态空间需夯实生态涵养基础及提升水源涵养能力，生产空间需优化城镇空间结构及促进大众创业、万众创新，生活空间需营造生活场所及优化人居环境，旨在提高研究区城镇后续规划和建设的科学性。

关键词："三生"空间；功能优化；创新转型；欠发达山地地区

近年来，伴随着工业化进程的加速，我国城镇化进程快速推进。城镇化水平由 1981 年的 20.16% 提高到 2014 年底的 54.77%，年均提高 1.05%；与此同时，城镇建成区面积由 6945 平方公里扩张到 47855 平方公里，扩张近 7 倍。持续的大规模开发建设给资源环境保护带来了巨大压力，部分地区资源环境容量已趋极限，生态脆弱性加剧，环境灾害频发。"当前中国城市化发展中存在土地资源透支、环境资源透支、能源资源透支、水资源透支，四个透支的问题已经十分严重"（周干峙，2005）。因此，十八大报告明确提出"要按照人口资源环境相均衡、经济社会生态效益相统一的原则，控制开发强度，调整空间结构，促进生产空间集约高效、生活空间宜居适度、生态空间山清水秀"，这标志着以生产空间为主导的开发方式将向"生产 - 生活 - 生态"空间协调的开发方式转变，以土地的生产功能为主导的开发方式将向土地的"生产—生活—生态"功能整体最优的开发方式转变。

本次研究选取区域为重庆渝东北生态涵养区，涉及万州、开县、云阳、垫江、梁平、丰都、忠县、奉节、巫山、巫溪、城口等 11 个区县的行政辖区，横跨川东平行岭谷和盆周山地两个地理单元，除梁平、垫江、城口外其余 8 个区县属于三峡库区（图 1），属于

---

❶ 张臻，重庆大学建筑城规学院。
❷ 彭瑶玲，重庆大学建筑城规学院。
❸ 杨培峰，重庆大学建筑城规学院。
❹ 陈敏，重庆大学建筑城规学院。
❺ 杨乐，重庆大学建筑城规学院。

典型的西南山地欠发达地区，面临着极为突出的生态保护与经济发展矛盾。研究区作为国家重点生态功能区——三峡库区水土保持生态功能区和秦巴生物多样性生态功能区（图2），肩负着保护国家水资源和长江中下游生态安全的重要使命，集中重庆全市37.9%的国家级、市级自然保护区、森林公园、风景名胜区、湿地，环境保护任务繁重（图3）；同时位于秦巴山、武陵山连片特困地区（图4），其中8个区县属于国家级贫困县，肩负着国家全面建设小康社会中最繁重的脱贫致富奔小康的使命，发展压力极大。

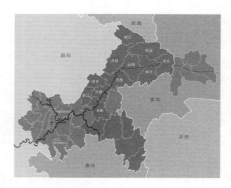

图1 研究区范围

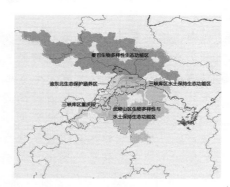

图2 研究区与国家级生态功能区的空间关系

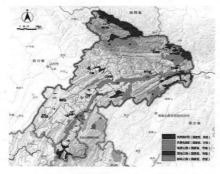

图3 研究区自然资源空间分布

图4 研究区与国家级连片特困地区的空间关系

目前研究区城镇化水平已达到43.2%，正处于城市化进程加速发展的关键时期。随着长江经济带战略的实施，长江三峡国家公园的建设，区域交通格局的持续改善，研究区面临着巨大发展机遇。其"生产—生活—生态"的空间协调和功能优化，直接关系到长江经济带建设和三峡工程综合效益的持续稳定发挥，对加速中西部转型发展、协调发展具有国家意义，对重庆市建设国家中心城市，实现整体性、互补性发展也具有重大意义。

1 研究区生态环境建设及社会经济发展存在的问题

近年来，研究区不断加强生态环境保护与建设的力度，生态环境得到改善，社会经济全面发展，GDP总值、人均GDP等相较2007年都增长了3倍，但依然面临着诸多问题，主要表现在：

1.1 生态环境问题仍然突出，生态保护压力仍然巨大

三峡蓄水后水流速变缓，水体自净能力降低，2014年长江干流水质从蓄水初的Ⅱ类为主降为Ⅲ类为主，水质略有下降，但总体为优，然而由面源污染导致的次级河流污染加剧。2007～2014年研究区施用化肥折纯量和农药施用量总体呈上升趋势，加之畜禽养殖规模迅速增长，导致大量化学物质进入水库，面源污染日趋突出。据统计次级河流中约55%的污染物来源于农业面源污染，超过工业和城乡居民生活所产生的污染物总量。随着经济的快速发展，工业污染负荷亦呈加重趋势，研究区单位工业排污系数是全国平均水平的1.5倍。受资金、技术、治理理念的制约，水污染防治措施难以全面实施，水环境保护压力巨大。

森林资源丰富，但生态功能有待提升。2014年森林覆盖率虽已达到47.25%，高于我国西南地区平均水平，但林地质量不高，多为疏林或幼林和次生人工、半人工林，森林退化现象较为明显。森林树种结构单一，以用材林为主，原生森林植被大幅度减少，森林生态系统呈现森林→疏林→灌木→草地→裸露荒山的逆向更替。沿岸景观树种较为单一，景观价值未充分发挥。

水土流失严重且呈加剧趋势。研究区强度以上水土流失面积6764平方公里，约占总面积的20%，是重庆市水土流失最为严重的地区。由于工程兴建，人口迁移，工矿企业搬迁等导致的人为水土流失日趋严重。由于位于我国地势第二级阶梯的东缘，陡坡耕地的比例高达70%，分布和石漠化地区、水土流失较严重地区具有较高的一致性，导致水土流失风险增加，石漠化面积扩大。

1.2 社会经济发展水平相对较低，产业发展滞后，居民就业和生计压力仍较大

由于受到主体功能区划限制，加之严酷的自然环境和长期的国家投入缺失，导致研究区经济总量较低，2014年全区人均GDP仅为重庆市平均水平的60.17%。区域发展差距显著，其中万州区一支独大，GDP总量、城镇人口规模等方面均远高于位于第二位的开县（表1）。

研究区各区县GDP、城镇人口对比（2013年）　　　　表1

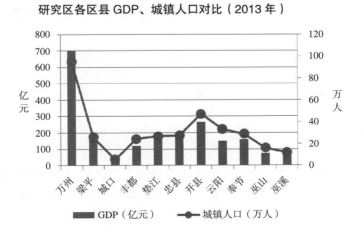

经济增长方式未实现根本转变，仍处于以"量"的扩张为主的粗放增长与资源环境问题的困扰中。缺乏统筹的产业体系规划，各区县产业政策都追求大而全，导致同质化严重，加剧了资源浪费。农业生产更多地依赖对自然资源的过度开发，农产品加工深度和精度皆不足，知名企业及品牌不多；工业基础薄弱但发展迅速，但多以"嵌入式"为主，多为"两头在外"的简单加工模式，与当地资源禀赋关联度较低，传统产业比重大，高技术产业比重小；第三产业发育不足，仍以传统商贸、餐饮、运输服务业为主，生产性和生活性服务业尚处较低层次，其中旅游业依然未突破"门票经济"，带动能力弱，大景区格局尚未形成，缺乏高水平旅游品牌的打造营销，拥有国际级旅游资源但缺少国际级的旅游品牌产品。

研究区就业困难与贫困问题突出，2013年城镇人均可支配收入（20596.9元）、农村人均纯收入（7782元）相当于重庆市平均水平的83.7%和93.2%。

1.3 城市软环境建设较为滞后

科教文卫等社会服务设施供给能力尚不能适应社会需求；信息设施供给能力弱，特别是农村信息化水平较弱，信息闭塞，导致优质特色农副产品"养在深闺人未识"；创新环境建设滞后，科研机构和大专院校未找到与企业的准确接口，科技成果转化率低，产品的科技含量和附加值低；R&D经费投入少，导致教育落后，人才匮乏，先进的技术无法及时地开发利用与推广，严重制约经济增长质量。

软环境建设的相对滞后进一步削弱了中心城区的吸引辐射能力。城市人口集中度都低于50%，人口外流严重，是流出市外人口最多的地区，2003年至2013年，净流出人口由175.76万人增加至281.37万人，且呈加速趋势。

2 创新驱动，绿色转型的路径选择

在经济发展新常态和新型城镇化的背景下，应规避传统的以"量"的积累为主导的粗放发展模式，对受生态约束的研究区而言，必须转换发展动力，让创新驱动发展，促进发展方式从规模速度型粗放增长向质量效益型集约增长转变。

创新发展包含三个层面，第一层为发展模式的创新，即对研究区的国土空间实行"面上保护，点上开发"。"面上保护"是要切实保护好研究区的不可再生自然、人文资源，提升其在全国生态安全格局中的生态屏障关键作用；"点上开发"则是要避免"一哄而上、无序开发，多点开花"，依据资源环境承载力来优化产业人口布局，引导经济活动和人口往承载力高的地区集聚，使资源得以集约使用。并通过提供优质的公共服务，增加城镇的聚集能力和水平，从而减少对保护区域的生态环境压力，实现"社会—经济—自然"复合生态系统的功能最优。

创新发展的第二层内涵为技术创新。当前我国已经置身于知识经济、经济全球化的新环境中，传统的生产力要素如区位、自然资源、一般劳动力等在经济发展中的地位日趋弱化。为突破资源环境的约束，激发区域经济发展的内源动力，研究区除传统的资源保护与利用之外，需培养本地的创新生态系统，以创新提升区域竞争力，将知识与技术作为重要的生产力要素纳入重点支持领域，减少初级产品的生产总量，使资源得到有效利用和真正保护。

创新发展的第三层内涵为大众创新。针对国际国内的经济形势，中央在《2015年国务院政府工作报告》中提出要"大众创业、万众创新",2015年3月国务院印发《关于发展众创空间推进大众创新创业的指导意见》,旨在通过增强经济内生动力来支撑和促动技术和发展模式创新。研究区应构建众创空间等创新创业服务平台,激发群众创造能力,激活资源要素的潜在价值,从而增强经济发展的内源动力。

3 "三生"空间规划及功能优化

"社会—经济—自然"复合生态系统是一个综合的功能整体,不仅需具有结构上的完整性,还必须实现功能上的连续性,其中以功能优化为核心和最终目标。从空间上看,人们从事生产经营活动的空间即生产空间,需依据资源禀赋和承载能力、比较优势和发展潜力来优化产业空间布局。人们社会活动、消费、休闲娱乐的场所即生活空间。生产—生活空间需集约节约利用国土资源,需以产业链为纽带构建城镇群落体系,做到"点上开发";生态空间即指除了生产空间和生活空间以外的国土空间,是生产空间、生活空间的基础条件,为保持生态系统的完整性、共轭性,需"面上保护"。三生空间互相关联,在一定条件下还可相互促进。

3.1 生态空间

通过对研究区山系、水系、绿系的规划和保护,构建区域生态屏障,提升水源涵养能力。

山系保护方面,严格保护大巴山、巫山、武陵山等大型山体作为区域生态屏障,明月山、黄草山、方斗山等条状山体作为山系廊道,建立重要山体保护名录。严格保护双桂山、小三峡国家森林公园等24处森林公园,对15°～25°之间的坡耕地实施坡改梯,以防止新的水土流失,对禁建区、地质灾害区实施生态移民(图5)。

水系保护方面,构建以长江为一级廊道,大宁河、小江等直接汇入长江干流的为二级廊道,任河、龙溪河、浦里河等非直接汇入长江干流的为三级廊道,长江的二级支流和部分重要的三级支流为四级廊道,三个区域水源涵养区(东部、北部、西部),六个国家级湿地公园的水系保护格局。在建成区根据具体地段和功能确定蓝线、绿线,其中蓝线由各级河道按相应的防洪标准水位线或护岸工程划定,绿线在现状建成区段按现行控规控制,在尚未建成区段,长江沿线两岸绿线宽度各不少于50米,二级廊道为20～30米,三级廊道为20～30米,四级廊道为不少于10米,水库沿线不少于30米,并对岸线进行合理利用。在非建成区,注重沿江生态保护,建设以河漫滩植被、湿地和农田为特征的景观带(图6)。

绿系保护方面,保护9处自然保护区、13处风景名胜区、2处地质公园,增加森林生态系统的服务功能。根据不同生态区,不同海拔进行植物配置,在地带性植被基础上,增植持水能力强的树种,保护森林生态系统的水源涵养能力;进行林相改造,点缀种植色叶、开花乔木,提高景观异质性;保护珍稀濒危动植物的栖息地,提升生物多样性、生态系统完整性和稳定性;在平行岭谷地区适度推进农业规模化,加快高标准农田建设,扩大测土配方施肥范围,鼓励畜禽粪便生态利用。25°以上陡坡耕地大力发展果林,提高农业经济效益,防治水土流失,控制面源污染(图7)。

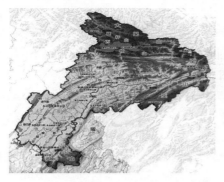
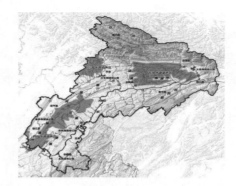

图5 山系保护　　　　　　　　　图6 水系保护

在山系、水系、绿系保护基础上，加强空间管制（图8）。针对核心生态资源，如自然保护区、森林公园、风景名胜区、水源保护区、永久基本农田保护区等，应划定"基本生态控制线"，减少人类活动对环境的影响，并逐步建立以资源价值量为依据的生态补偿机制；针对毗邻核心生态资源的区域，应实行建设管制。引导非农产业相对集中布局，借鉴和延伸城市管理模式和机制，建立适合农村的垃圾、污水后期运营维护机制。

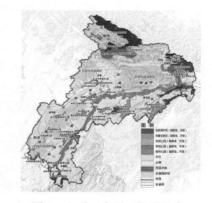

图7 绿系保护　　　　　　　　　图8 山系、水系、绿系叠合

3.2 生产空间：

基于区域的生态承载力和比较优势实行差异化特色化发展，优化生产空间布局，优化生产模式，提升生产能力，以产业发展促进城市功能优化。形成以万州区为中心，沿主要交通走廊和经济轴线培育增长点的开发格局（图9）。

3.2.1 重点发展万州，集聚以知识产业集群为主导的生产发展空间

万州发展水平相对最高，经济聚集能力最强，应加快推进工业化，承接重庆大都市区和中国东部产业转移；加快推进信息现代化，依托高校和科研机构，吸引消化和吸收国内外科技创新成果，吸引资源循环利用类生态环保创新要素向万州聚集，超越常规发展高端产业并形成企业集群，以此带动区域整体发展的科技含量。重点发展商贸服务、环保服务、

临港物流、会展咨询等生产性现代服务业和健康、文化、养老、教育、体育、三峡旅游配套等生活性现代服务业，建立区域级中心。依托公铁水空多式联运的交通区位优势建立区域交通枢纽。

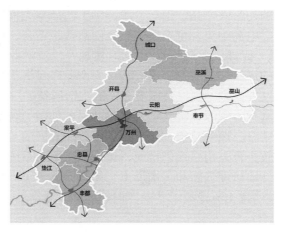

图9　国土空间开发格局

3.2.2　差异化、特色化发展各中小城市，有重点地发展小城镇

开县—云阳具备一定发展基础，应重点加强与万州的产业协作，承接万州及其他发达地区的产业转移，修建与万州的快速通道，形成"万开云半小时经济圈"，依托已有工业园区发展与自身特色资源相关联的循环型资源加工业和劳动密集型加工业，顺应人口外流趋势，对劳务经济进行引导。

垫江—梁平农耕条件优越，应大力推进农业现代化，工业基础较好，应适度推进工业化，资源环境承载能力相对较强，因地制宜推进城镇化，承接生态脆弱地区人口转移。发挥紧邻重庆大都市区的优势，推广"农旅结合"、"文旅结合"，实现农业的"第六产业化"。

丰都—忠县作为重庆市几大经济单元的重要联结点，应集中发展新型资源加工业和劳动密集型产业。以忠文化、鬼文化和三国文化为核心，以产业为基础，以交通为纽带，促进丰都、忠县、石柱抱团发展。但紧临长江干流，应以水污染作为评估重点，实施严格的污染物排放总量控制和环境准入标准。

奉节—巫山、巫溪—城口作为三峡旅游资源最富集区域，应针对现在"一流资源、二流开发、三流包装"的窘境，整合"自然景观、历史文化、高峡平湖"三大世界级旅游资源，策划高质量的营销策略，加快旅游国际化进程，打造具有震撼力的旅游目的地。将农副产品加工、商贸物流、特色工业等与旅游业深度融合，加快实施泛旅游全产业链。有效整合、串联鄂西神农架、湘西张家界，实现抱团发展，构建大三峡旅游圈和高山度假金三角。但应严格控制开发强度，在现有城镇基础上进一步集约开发，提升城镇的旅游配套服务功能。

有重点地发展小城镇，发挥其"人口蓄水池"和"城乡缓冲带"的作用。对资源承载力较高、具有特色资源、区位优势的小城镇，培育成为文化旅游、商贸物流、资源加工、交通枢纽等专业特色镇。

3.2.3 构建信息与知识集成的虚拟生产空间，促进"大众创业、万众创新"

充分利用信息化带来的信息和商品运销扁平化趋势及其个性化、多样化消费趋势，建立以各中心城区为枢纽、村镇服务站为支点的电商网络体系，引入或培育知名电商企业，搭建与信息化配套的营销网络平台，让原本聚集在大城市的人才、技术、农资等先进生产要素快速进入，让原本的初级农产品、生态资源、手工艺品与先进制造业相结合，与农产品品牌塑造和营销销售、电商物流、生态旅游、个性消费相结合，形成具有渝东北特色的"互联网"+新产业格局，促进"大众创业"，同时实现一二三产业的有机融合，从而彻底改变原本低效、低收益的局面，促使资源优势转化为产业和经济优势，并通过改变经济结构促进城乡社会结构的发展，进一步提升城乡居民的生活质量。

充分利用重庆市丰富智力资源并将其引入研究区绿色创新、转型发展中，搭建企业与高校、科研机构的利益共享、风险共担、互惠互利、共同发展的"产学研"合作平台，鼓励创新以增加竞争力，政企合力构建众创空间，建设创新生态系统。选取有特色的农副产品、旅游产品，有针对性地研发创新和艺术加工，使其提档升级。帮助特色工业园区企业集群建立信息网络，促进信息交流及技术共享。创建产学研联结的人才互补模式，实现"万众创新"。

3.3 生活空间

3.3.1 营造利于交流、交往的生活场所

知识经济与信息革命，减少了人们社会、经济联系的时空距离，使人们具备更多时间关注自我发展，为满足多元化需求，生活空间将更为开发，更能提供多元服务。人们工作的地点和方式将更加灵活，生活与工作呈现同质化特征，生活空间与生产空间的边界将十分模糊，促使办公场所、居住场所、教育场所、商业场所和休闲娱乐场所功能上的融合。为满足新的知识生产和创新需求，保护生态环境，增强生活空间游憩、娱乐交往功能，需培育新的城市多功能聚集体，营造有活力的中心，构建一个有利于交流、交往的生活场所空间。

3.3.2 优化人居环境，提升空间品质

特色城乡空间的塑造是山地人居环境优化的重要内容，也是最能让城乡居民、游客参与、体会和感知的部分。相较平原城市，山地城市呈现出一种介于山水之间张弛有度的整体联系性，更具层次感、连续性、序列感，地域特征明显。宏观层次控制"山—水—城"的整体联系性，中观层次协调各城市、城镇与山水的生态联系，微观层次精雕细琢城镇内部空间，延续城市文脉与人文风貌，通过生态环境品质的提升、公共开敞空间的梳理，将城区作为大景区的组成部分打造和经营，凸显"城区景区化"特色（图10）。

4 结语

通过"三生"空间的布局优化，形成以山水、田园、森林等生态空间为分隔，长江、次级河流、主要交通廊道为轴带，万州为中心，其他区县为拱卫，网络化城镇集群布局的"山水相依、田林相嵌、文景相融、城缀其间"美丽山水田园画卷；通过三生空间的功能优化，突出区域特色，科学配置资源协调，促进生态保护和社会发展的协调发展，从而让城乡居

民共同分享发展水平提高带来的红利，实现秦巴山区、武陵山区、三峡库区和人类的共同福祉。

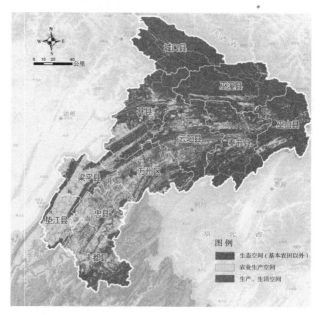

图 10 "三生"空间布局

诚然，"三生"空间的理论研究还较为欠缺，地方规划实践也处于探索中。对西部欠发达山地而言，更是有相当巨大的工作空间和范畴。未来，可继续从社会、经济、生态、文化等多个层面综合思考和分析跨越式发展问题。其目的不仅停留在为城市提供一个良好的生活、生产环境，而是通过这一过程使城市的经济、社会发展在生态保护的前提下不断更新、调整，为促进西部欠发达山地可持续发展提供充足的研究支撑。

参考文献

[1] 雷亨顺，林建. 可持续：中国三峡库区 [M]. 重庆：重庆大学出版社，2009.

[2] 车乐，吴志强. 知识与生态空间互动论 [M]. 广州：华南理工大学出版社，2013.

[3] 余世勇. 三峡库区生态改善与经济发展协同推进研究 [M]. 北京：中国农业出版社，2013.

[4] 秦琴. 渝东北地区产业发展战略研究 [M]. 成都：西南交通大学出版社，2012.

[5] 潘爽. 资源约束条件下区域经济发展的国际经验研究——以日本、德国为例 [D]. 长春：吉林大学，2010.

[6] 张臻，何波，杨乐，何志明. 基于山地人居环境优化的生态空间规划研究——以重庆大都市区为例 [C] // 中国城市规划学会. 城乡治理与规划改革——2014 中国城市规划年会论文集. 北京：中国建筑工业出版社，2014.

[7] 赵万民，李云燕. "后三峡时代"库区人居环境建设思考 [J]. 城市发展研究. 2013,9:73-77.

[8] 郑晓兴,张浩,王祥荣.长江三峡库区(重庆段)沿江区域生态功能区划[J].复旦学报(自然科学版).2006,6: 732-737.

[9] 袁兴中,熊森,李波,徐静波等.三峡水库消落带湿地生态友好型利用探讨[J].重庆师范大学学报(自然科学版).2011,4: 23-25.

[10] 俞孔坚,黄国平等.高科技园区的发展战略与生态规划[J].城市发展研究.2001,3.

[11] 武占云."三生"空间优化及京津冀生态环境保护[J].城市.2014,12: 26-29.

[12] 杨培峰.恢复生态学视角下生态脆弱地区的城镇化问题思考——以重庆三峡库区为例[J].城市发展研究.2010,2: 183-190.

[13] 尹科,王如松,姚亮,梁菁.基于复合生态功能的城市土地共轭生态管理[J].生态学报,2014,1: 210-215.

以组团隔离带划定为例探索美丽重庆建设

辜 元[1] 张 臻[2] 罗江帆[3]

摘 要：重庆以山水而著称于世，伴随着过去20余年城市的快速拓展，"多中心组团式"的城市结构正在因组团之间自然隔离要素的消失，而逐步呈现出"蔓延式跳跃"扩张。为维护山水城市格局，沟通城市内部与外围山水的联系，重点从刚性保护组团隔离带内的生态要素、控制宽度与划定方法、转移机制三个方面论述了其规划的核心内容，在后续的组团隔离带实施管理层面，指出需从传统的控制性管理朝基于生态功能的调控管理转变，并提出了动态管理、多方监督、协同规管、法规制定等建议。

关键词：组团隔离带；共轭生态管理模式；"多中心组团式"城市结构；组团粘连蔓延

1 组团隔离带划定的背景

1.1 "速度重庆"向"美丽重庆"转变

重庆是一座因山水而著称的城市，城依水生，城临山建，自古即有"片叶浮沉巴子国，双江襟带浮图关"的美誉。然而，随着城市化进程的快速推进，城市建设工程技术的提升，近20年的时间，重庆主城区城市人口增加了约450万人，增速达到约5.7%，城市建设用地规模增加了约370平方公里，增速达到约6.6%，城市建设用地范围跨越"两山、一槽谷"向"四山、三槽谷"拓展，"多中心组团式"的城市格局正在因组团之间自然隔离要素的消失，而逐步呈现出以槽谷为单元的"蔓延式跳跃"扩张，城市正面临着人口、土地与水资源、环境承载力之间的巨大压力（图1）。

目前，生态文明理念与新型城镇化建设正在积极倡导绿色发展、循环发展、低碳发展，城市建设正从单纯注重"量"的扩张逐步转变为注重"质"的提高。重庆主城区美丽山水城市建设是通过对山、水、城本底资源特征与相互间关系分析，从而提出城市内的山系、水系、绿系的空间保护与利用格局，逐步实现"山水交融、错落有致、富有立体感的美丽山水城市格局"。城市组团隔离带的划定则是城市绿系保护与利用的核心内容。

---

[1] 辜元，重庆市规划设计研究院。
[2] 张臻，重庆市规划设计研究院。
[3] 罗江帆，重庆市规划设计研究院。

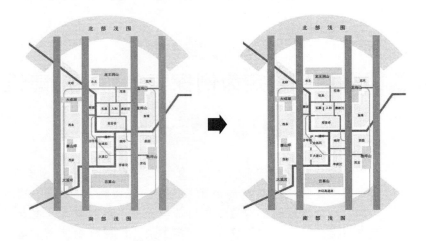

图 1 "多中心组团式"城市格局因组团隔离带的消失而发生粘连

1.2 城市底线规划，延续上层次规划理想

历版"重庆市城市（乡）总体规划"都始终坚持城市"多中心组团式"的空间格局，以顺应城市的自然山水格局。

《重庆市城市总体规划（1996~2020年）》明确城市组团与组团之间以河流、绿化和山体相分隔，要"保护并塑造好城市的天际轮廓线，严格保护主城各组团之间的绿化隔离带"。

《重庆市城乡总体规划（2007~2020年）》明确提出隔离绿带是主城区"一城五片、多中心，组团式"空间格局的重要组成部分，对于保持主城区"组团式"城市形态结构具有重要作用，必须加以严格的保护与控制，并且从隔离绿带构成类型、保护控制措施等方面提出原则框架（图2）。

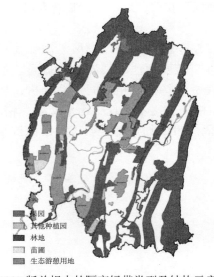

图 2 2007版总规中的隔离绿带类型及结构示意图

图 3 组团隔离带规划

《重庆市主城区组团隔离带规划》则明确了北碚—西永、西永—西彭、北部地区、沙坪坝—大杨石、沙坪坝—大杨石—大渡口、渝中—大杨石、沙坪坝—蔡家、南坪—李家沱—鱼洞、中梁山、铜锣山10组组团隔离带，控制总面积约205平方公里（图3）。

然而由于组团隔离带的管控线一直没有通过法定程序成为城市规划管理的依据，受到城市建设用地的快速扩张与房地产对优势生态资源侵占的影响，隔离组团之间的关键性生态廊道被侵蚀，未形成连续的带状，如现状北部地区悦来—礼嘉—人和组团隔离带由照母山公园、园博园、环山等斑块状大型绿地组成，使得组团之间粘连情况严重，城市内部与外围山水绿地缺乏有效沟通（图4、图5）。

为保护城市基本生态环境，维护城市"多中心组团式"空间结构，有必要严格划定组团之间的生态廊道或斑块"底线"，确保组团隔离带保护有"线"可依。

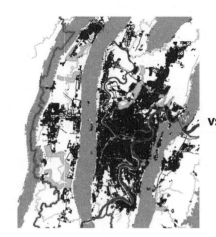 vs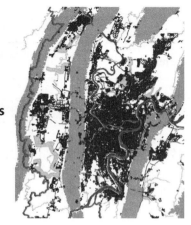

图4 组团隔离带规划　　　　　图5 组团隔离带现状情况

2　组团隔离带划定的意义

主城区整体山水格局为"一岛、两江、三谷、四脉"；"四山"等平行岭谷南北向贯穿，长江、嘉陵江两江水系东西向流经，集中进行城市建设开发的三个槽谷则呈南北向狭长、东西向较短窄的特征。由此，各个城市组团多呈南北划分组合，组团之间的天然隔离带多为城市内部的独立高丘以及联系东西两侧山体的非建用地，相较汇入两江的、穿越组团内部的南北向的次级河流及两侧滨河生态绿地而言，容易被城市建设用地侵占，较难形成连续性的带状生态廊道空间（图6）。因而，组团隔离带的作用旨在一方面防止城市组团粘连，突出重庆"多中心组团式"山水城市特征；另一方面也在加强城市内部与外围山水之间的东西向联系，与南北向汇入两江的次级河流共同打造城市山水网络体系。

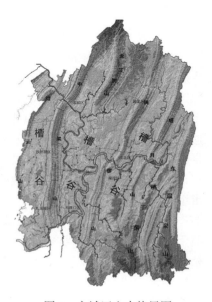

图6 主城区山水格局图

3 组团隔离带划定的核心内容

3.1 刚性保护组团之间的生态资源，维护多中心组团式城市格局

鉴于老版《重庆主城区组团隔离带规划》仅是从主城区宏观层面初步勾勒的隔离带保护框架，缺乏管控的具体对象与要求，本次组团隔离带在划定过程中一是明确了具有组团隔离作用的战略性资源的保护名录；二是划定了城市绿线，包括组团隔离带中的城市公园和生态绿地。

保护名录的制定是结合城市组团边界线，经过翔实的调查与论证，确定具有隔离作用的大型城中独立山体和次级河流、城市北部山脊线、城市中部山脊线为组团隔离带内的战略性生态资源，应予以刚性的保护。保护名录的制定确保了在城市建设过程中，政府或开发商不得随意侵占山体或对次级河流填埋封盖，是城市建设的禁区（表1）。

组团隔离带内的生态要素保护名录　　　　　　　　　　　　　　　　　　　　　　　表1

大型城中独立山体	照母山、石子山、枇杷山、浮图关—鹅岭、平顶山、申家坪、半山、芝麻坪、金鳌寺、牛斗山、凤凰山、龙岗山
次级河流	梁滩河、后河、张家溪、桃花溪
山脊线	中部中央山脊线、北部中央山脊线

城市绿线划定的内容包括城市组团之间具有隔离作用的、需要保护的城市公园与城市生态绿地，以确保斑块状的保护名录对象与城市公园、城市生态绿地一起构成连续的带型组团隔离带，以防止城市组团建设粘连。城市绿地划定的重要作用不仅明确了城市公园绿地建设的刚性控制，更重要的是明确了对具有公园作用与生态隔离作用的生态绿地的量化控制，使得城市组团的建设不得随意侵占不属于规划强制性内容的非建用地，即城市生态绿地。

3.2 严格控制组团隔离带宽度，确保系统完整的隔离带网络

组团隔离带划定的另一个重要作用即是在防止城市建设无序蔓延的基础上，维护城市生态系统的连续性与完整性，沟通城市与外围山水系统的联系。由此，从维护生态多样性，保障生物物种的迁徙和栖息，同时参考相关生态廊道研究资源，本次组团隔离带划定确定了组团隔离带宽度不小于100米的原则。同时，考虑到当前局部城市组团之间已经发生粘连或隔离带所及范围已规划为城市生产、生活用地，则以一个地块或主干道两侧防护绿化带为边界划定，一方面保障了隔离带的连续性与隔离带系统的完整性，为今后进行"复绿"建设留有余地；另一方面也从空间上落实了组团隔离带的控制红线，定量化地控制住了城市组团隔离带空间范围（图7）。

主城区东、西两个槽谷受山脉限制，各个组团在南北方向上具有强烈的蔓延粘连倾向，鉴于现状主要为未建成区，因此该区域组团隔离带的划定以能够有效控制城市南北向蔓延粘连为目的，组团隔离带宽度控制在100米以上；主城区中部槽谷区域多为现状建成区，人口稠密，建筑密度较大，在现行条件下，不可能大面积地拆房建绿，由此根据现状建设和控规情况，结合中部中央山脊线和北部中央山脊线的保护，在组团之间划定和控制能够

图7 以照母山段为例示意组团隔离带控制范围划定方法

用于组团隔离带建设的用地。根据实际的建设状况，在上述划定方法的指导下，划定6组组团隔离绿地，包括北碚—西永—西彭组团隔离带、水土—悦来—空港—人和组团隔离带、大杨石—沙坪坝—中梁山—大渡口组团隔离带、南坪—李家沱组团隔离带、龙兴—鱼嘴组团隔离带、茶园—界石组团隔离带，涉及5大片区21个组团，对维护主城区组团式空间格局，以及沟通四山、两江与城市内部绿色开敞空间具有重要作用，隔离带控制总面积约109平方公里（图8、图9）。

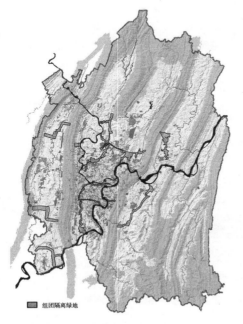

图8 主城区组团隔离绿地空间布局与现状用地叠合图

图9 主城区组团隔离绿地空间布局与规划用地叠合图

3.3 尊重组团隔离带内已有的现状与规划，提出转移机制

前文已提及局部城市组团之间已经发生粘连，或已规划了一些重大项目，或在大型城中独立山体、山脊线、生态绿地（非建用地）内部已开发建设了一些居住、休闲项目，若简单以"搬迁复绿"均质化的手段对待隔离带内各种建成或在建项目，将极大地触及一些地区政府或群众的合法利益，引发政府官员与社会基础的质疑。

组团隔离带控制红线实际上是一条"管理控制线"，而并非意味着控制线内的所用用地都具有相同的性质与功能。从维护城市空间结构、保障生态系统完整性的角度，组团隔离带的管控有必要尊重已有的现状与规划，通过对生态敏感度、生态区位、空间资源条件、现状土地使用经济价值等方面评估，明确隔离带内的保护名录对象，划定绿线的城市公园与生态绿地的面积不得减少，不得随意置换调整，坚决清退已有的和规划的生产、生活用地；生态区位不敏感区域的现有或规划的生产、生活用地，应通过调整绿地率、开敞空间等保障隔离带的连续性，同时可保留或适度发展文化休闲、体育健身等项目，形成联系城乡的绿色脉络，提高市民日常活动与山水的融合。

对于需要清退和调整的用地，本次组团隔离带划定还借鉴了"开发权转移"和"容积率银行"等方法，对组团隔离带内因后退控制红线而需清退的约1平方公里的规划用地，提出了可在发展备选地中进行建设用地等量置换的机制；对组团隔离带内因建筑强度、高度控制带来建筑总量减少的约2.8平方公里的规划用地，提出了可进行容积率异地平衡的转移机制；对组团隔离带内需进行"复绿"的约4.6平方公里现状建设用地，可运用占补平衡指标市场化交易等手段，给予在隔离带外奖励适当的规划空间、规划容积率指标的机制（图10）。

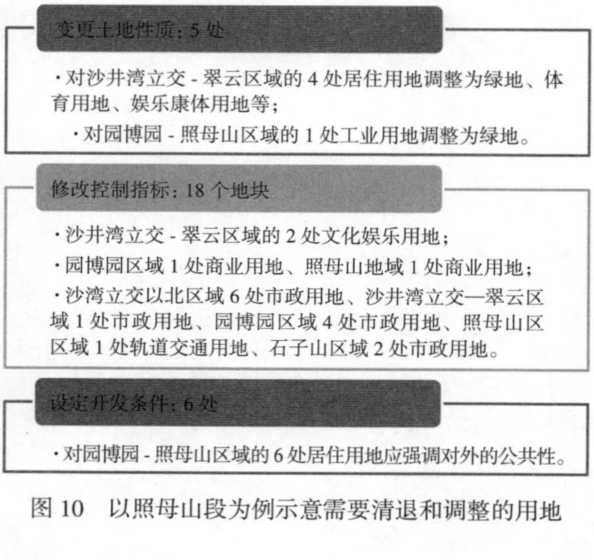

变更土地性质：5处
- 对沙井湾立交-翠云区域的4处居住用地调整为绿地、体育用地、娱乐康体用地等；
- 对园博园-照母山区域的1处工业用地调整为绿地。

修改控制指标：18个地块
- 沙井湾立交-翠云区域的2处文化娱乐用地；
- 园博园区域1处商业用地、照母山地域1处商业用地；
- 沙湾立交以北区域6处市政用地、沙井湾立交—翠云区域1处市政用地、园博园区域4处市政用地、照母山区区域1处轨道交通用地、石子山区域2处市政用地。

设定开发条件：6处
- 对园博园-照母山区域的6处居住用地应强调对外的公共性。

图10 以照母山段为例示意需要清退和调整的用地

4 后续的实施管理建议

为有效推动组团隔离带的实施，发挥其维护主城区"多中心组团式"城市格局的作用，

本次划定工作不仅提出了刚性保护、严格控制、平衡转移的规划措施，还对后续的实施管理提出了基于"社会—经济—生态"的共轭生态管理模式，强调从土地使用动态变化、多方参与监督、规划管理协同、法规政策制定的角度推动组团隔离带的建设，实现城市经济效益与生态效益共赢。

4.1 全面监测组团隔离带生态服务功能变化，实施动态管理与优化调整

进一步开展组团隔离带内的生态本底调查，利用RS技术对具有隔离作用的大型城中独立山体、次级河流、城市中央山脊线、城市公园、防护绿地、生态绿地等和已有建设情况进行调查和鉴定，利用GIS技术建立生态资源的信息管理平台，构建基于生态服务功能的生态监测体系和土地生态管理评价考核指标体系，对自然和人类的开发活动所引起的生态服务功能变化进行动态监测和评价，用以优化调整开发利用方式和综合治理。同时，通过长期监测数据的积累和分析，可以进行预测、预报、预警和影响评价，为政府及有关决策部门提供科学依据。

4.2 加强部门协作、专家咨询和公众参与，完善组团隔离带监管体系

在完善生态监测及管理系统基础上，建立政府部门、专家小组和公众参与等三个层次的监管体系。

加强各政府部门的统一协调，明确各责任单位的职责；落实组团隔离带生态服务管理责任制，将土地的生态功能管理作为一个重要的考核内容。

成立专家小组，对土地的生态管理提供咨询和指导。对于生态敏感区的开发和利用，必须经过专家小组的论证；同时定期召开专家会议，对土地生态管理的措施精细评估和调整。

公众是土地管理最直接的利益相关者，在很大程度上公众的意愿代表着组团隔离带利用的得失；最基本的条件是土地的开发和利用不得影响他们的生产、就业和生活质量。可通过生态教育和宣传使公众了解组团隔离带生态管理的基础，成为最为有力的监管者。

4.3 加强组团隔离带规划与相关规划的衔接，实现规划与管理协同

考虑到本次隔离带划定工作是在主城区整体层面确定其空间结构及布局，内部生态要素保护对象等，为方便实际实施管理工作与公众参与监督，扩大组团隔离带的影响，一方面各个分区行政管理部门应在大比例尺的地形图上，结合现状情况，开展具体的划界落实工作，并纳入控制性详细规划进行管理，实现"图纸空间"向"实地范围"的转变；另一方面也需通过具体研究绿化隔离带内部及周边区域的关系，做出一定的开发指引，使范围内的资源通过合理定位得到更有效的保护，使其与周边区域实现有机的、良性的互动。

同时，由于隔离带的规划控制也涉及大型城中独立山体、次级河流、城市中央山脊线、城市公园、防护绿地、生态绿地等生态要素的保护，因而也应与市级部门编制的相关专业专项规划相衔接，实现规划与管理的协同。

4.4 注重法律法规体系建设，促进隔离带规划向城市公共政策的转变

为协调城市建设发展与组团隔离带保护控制之间的关系，应将隔离带规划中的强制性

内容转变为政府及公众团体共同遵守的行为准则和价值标准。建议结合组团隔离带划定规划的批准，制定并颁布对应的"组团隔离带管理规定"或"组团隔离带管理条例"，以法律法规或者政府文件的形式保护控制重要的生态要素，指导城市建设开发，类似主城区"四山"的保护与控制，即由市人民政府签令颁布《重庆市"四山"地区开发建设管制规定》来保障执行。

考虑到现状组团隔离带内已有一定量的建成及在建项目，其保护控制措施势必会对部分利益主体造成影响，建议相关的法规文件应在依据"组团隔离带专项控规"的基础上，明确利益相关者的拆迁安置与补偿、违法建设的利益追究、合法建设的社会义务约定等问题，以利于城市规划管理与规划执法，使得维护城市空间结构和保护生态资源的目的得到真正实现。

5 结语

重庆主城区两江合抱、青山纵隔，拥有得天独厚的自然山水本底条件；而同时重庆主城区作为国家中心城市的核心载体，全市的政治、经济、文化中心，各类要素大量集聚，城市用地规模急剧扩张，正面临着城市快速发展背景下与优质山水资源共生共荣的难题。本研究作为重庆主城区美丽山水城市建设实践与探索的一个组成部分，着力于对城市组团隔离带的构建和空间管控政策这两个影响城市空间有序拓展与城市生态系统网络构筑的主要矛盾的探讨；未来可继续针对组团隔离带中生态环境要素综合治理、生态构成要素与城市建设活动关系处理、生态基础设施建设、生态补偿机制设计、综合游憩系统构建、城市文化归属感营造等方面进行更加深入的探讨，以推动主城区美丽山水城市建设，使重庆成为一座"望得见山、看得见水，记得住乡愁"的城市。

参考文献

[1] 重庆市规划设计研究院.重庆市城市总体规划（1996～2020年）.

[2] 重庆市规划设计研究院.重庆市城乡总体规划（2007～2020年）.

[3] 重庆市规划设计研究院.重庆市主城区组团隔离带规划.

[4] 邹畅.重庆"多中心、组团式"山水城市空间格局的规划实践——以《重庆市主城区组团隔离带规划》为例[J].科技创新导报，2012，9.

[5] 韩玮，王永波，王培鉴，罗国庆.浅议非城市建设用地中的绿地保护——以重庆市都市区为例[J].重庆建筑，2010，4.

[6] 董戈娅.重庆都市区非建设用地规划及管理控制方法研究[D].重庆大学，2007，4.

[7] 崔敏，刘文敬."绿道"理念指导下的森林城市建设实践——以重庆市都市区绿色空间串联网络规划为例.经济发展方式转变与自主创新——第十二届中国科学技术协会年会（第四卷），2010，11.

[8] 胡萌，林宝存.组团隔离带亟须立法保护[N].重庆日报，2004-10-19.

[9] 周之灿.我国"基本生态控制线"规划编制研究.转型与重构——2011中国城市规划年会论文集[C].2011，9.

[10] 徐源，秦元．空间资源紧约束条件下的创新之路——深圳市基本生态控制线实践与探索．生态文明视角下的城乡规划——2008中国城市规划年会论文集[C]．2008，9．

[11] 盛鸣．从规划编制到政策设计：深圳市基本生态控制线的实证研究与思考[J]．城市规划学刊，2010，12．

[12] 闫水玉，赵柯，邢忠．美国、欧洲、中国都市区生态廊道规划方法比较研究[J]．国际城市规划，2010，2．

[13] 肖化顺．城市生态廊道及其规划设计的理论探讨．中南林业调查规划，2005，2．

[14] 李敬．生态园林城市建设中的生态廊道研究[D]．安徽农业大学，2006．

[15] 左莉娜．基于生物多样性理论的城市生态廊道系统构建研究[D]．西南交通大学，2012．

[16] 蔡云楠，肖荣波，艾勇军等．城市生态用地评价与规划[M]．北京：科学出版社，2014．

[17] 何梅，汪云等．特大城市生态空间体系规划与管控研究．北京：中国建筑工业出版社，2010．

[18] 朱强，俞孔坚，李迪华．景观规划中的生态廊道宽度[J]．生态学报，2005，9．

[19] 尹科，王如松，姚亮，梁菁．基于复合生态功能的城市土地共轭生态管理[J]．生态学报，2014，1．

"多规融合"视角山地城市生态红线划定方法研究
——以贵州省桐梓县城乡总规为例

王 正[1] 蒋 智[2] 刘 建[3] 娄 进[4]

摘 要："多规融合"规划试点初步解决了城镇发展在建设用地指标与用地空间上的矛盾，提出了规划融合的全新思路。山地城市复制试点地区"多规融合"经验不足于解决规划融合中的城镇用地空间与生态基本空间的协调问题。本文以"多规融合"的视角，以贵州省桐梓县城乡总规为例，研究山地城镇生态红线划定的特殊性，提出山地城市生态红线划定方法。

关键词：多规融合；山地城市；生态红线

十八届三中全会《中共中央关于全面深化改革若干重大问题的决定》中提出："要健全自然资源资产产权制度和用途管制制度，划定生态保护红线"，生态红线的划定正式上升为国家战略。环境保护部《生态保护红线划定技术指南》强调生态红线对于维护生态安全格局、保障生态系统功能、支撑经济社会可持续发展具有重要作用。国家发改委、国土部、环保部和住建部四部委联合下发《关于开展市县"多规合一"试点工作的通知》，明确了统一中期年限和目标年限，统一规划目标和指标体系，统一城市开发边界、永久基本农田红线和生态保护红线，构建市县空间规划衔接协调机制等四项试点任务是"多规融合"的核心内容。生态保护红线不仅是生态红线保护的核心内容，也是"多规融合"城镇规模、空间边界、空间管控的基础，是确立城镇建设空间与生态基本空间的前提。

1 生态红线规划概述

1.1 生态红线的界定

红线作为通用名词已被国土、水利、林业、环保等多个管理部门作为界定用地区域的边界，不同类型红线的管控内容、管理部门、涉及规划以及实施方式都不同（表1）。

红线及生态性红线分析　　表1

名称	管控内容	管理部门	涉及规划	实施方式
耕地红线	"18亿亩"红线	国土部	《土地利用总体规划》	目标分解、强制实施

---

[1] 王正，重庆大学建筑城规学院。
[2] 蒋智，广州科城规划勘测技术有限公司重庆分公司。
[3] 刘建，重庆师范大学地理与旅游学院。
[4] 娄进，贵州省桐梓县住房和城乡建设局。

续表

名称	管控内容	管理部门	涉及规划	实施方式
水资源控制红线	用水总量、用水效率纳污红线/水质达标率	水利部	《水域保护规划》、《水源地保护规划》	目标分解、行政问责
水土保持红线	崩塌滑坡危险区、泥石流易发区面积	水利部	《水土流失保护规划》	目标分解、强制实施
林地红线	林地面积保有量、森林面积保有量、蓄积量、湿地面积保有量、生态恢复治理面积	林业部	《林业生态红线保护规划》	目标分解、强制实施
生态功能红线	一级管控区、二级管控区	环保部	《生态保护红线规划》	目标分解、强制实施
城镇增长边界	城镇建设区范围	住建部	《城乡总规》	目标分解、强制实施

根据《国务院关于加强环境保护重点工作的意见》和《环境保护法》对于生态保护红线的规定，结合《生态保护红线划定指南》的要求，生态保护红线是指依法在重点生态功能区、生态环境敏感区和脆弱区等区域划定的严格管控边界，是国家和区域生态安全的底线，耕地及永久基本农田不纳入生态保护红线。生态保护红线所包围的区域为生态保护红线区，对于维护生态安全格局、保障生态系统功能、支撑经济社会可持续发展具有重要作用。本文中生态保护红线简称生态红线。

1.2 生态红线规划在"多规融合"中的作用

"多规融合"规划包括国民经济与社会发展规划、城乡规划、土地利用规划、环境保护规划、林业保护规划等的协调与融合，其核心在于通过规划的协调，引导人口增长和转移、产业用地选择、城镇规模和边界、基础设施和公共服务设施在空间位置和规模一致，以及规划目标的一致；融合基准和管控内容是城市开发边界、永久基本农田红线和生态保护红线综合形成的城镇、农业、生态空间布局"一张蓝图"。在融合过程中，国民经济和社会发展规划是融合的龙头，是确立规划融合的方向和目标；土地利用总体规划是规划基础，建立起城镇空间和永久基本农田的极限容量；环境保护规划是底线，反映区域环境最大承载能力和承载空间；城乡总体规划是载体，通过城乡建设落实融合目标、城镇边界、承载空间。

依据《生态保护红线划定指南》对生态红线的定义，结合"多规融合"管控内容（表2）可以看出，生态红线集主体功能区规划、土地利用总体规划、环境保护规划、城乡总体规划、林业保护规划、水域保护规划对基本生态空间管控总体要求于一体。生态红线主要体现了"多规融合"基本生态空间管控的核心内容。

生态红线与"多规融合"规划的关系　　　　表2

规划类型	核心内容	融合管控内容	管控方式
《国民经济与社会发展规划》	落实上位主体功能区规划的内容，提出融合的规划定位、产业目标、项目库、用地规模	主体功能区分类控制边界	引导+强制
《土地利用总体规划》	城镇建设用地指标、农村居民点建设用地指标、耕地指标、永久基本农田指标和范围	建设用地边界、永久基本农田边界	强制

续表

规划类型	核心内容	融合管控内容	管控方式
《城乡总体规划》	城镇用地拓展方向和位置、空间管制三区四线、人口规模与用地规模、基础设施规模与位置	城镇空间增长边界、空间管制边界	强制
《环境保护规划》	重点生态功能区、生态环境敏感区和脆弱区分区控制、环境工程	生态红线	强制
《林业保护规划》	林地面积保有量及位置、森林面积保有量及位置	林业红线	强制
《水域保护规划》	水源保护区、河流分级保护、流量分配、水土流失管理	水域保护边界	强制

2 山地城镇生态红线规划的特殊性

2.1 山地城镇生态红线的要素

山地城镇区别于平原型城镇，更侧重于对生态安全格局的适应。山地城镇生态红线要素主要包括水源涵养区、水土保持区、生物多样性区、石漠化区、自然保护区、森林公园、地质公园等具有重要生态功能和生态环境敏感、脆弱的区域，如饮用水水源一级保护区，风景名胜区、森林公园、郊野公园和湿地公园的核心区，自然保护区核心区及缓冲区，珍稀濒危野生动植物物种天然集中分布地，一、二级保护林地，坡度大于25%的成片山地，河道、湖泊、水库、湿地及其保护范围，其他为维护生态系统完整性和生态红线需要进行严格保护的林地、生态廊道等区域。

2.2 生态红线规划对山地城镇空间的影响

山地城镇生态格局主要包括高程相差较大的地形地貌、丰富多样的动植物资源、纵横交错的河流水系以及泥石流、滑坡、崩塌等地质灾害。山地城镇复杂的生态格局导致城镇用地被各类生态用地分割包围呈组团式布局，城镇空间拓展困难。通过生态红线规划对山地城镇的重点生态功能区、生态环境敏感区和脆弱区进行分析，划定城镇发展的生态安全格局底线，充分利用生态红线各类生态要素形成城镇天然的生态屏障和隔离带，控制城镇组团摊大饼式发展。在生态红线确定的城镇用地范围内，控制城镇用地的无序扩张，促进山地城镇向紧凑的多中心组团式发展，形成山、水、田、林、城和谐共生的山水格局。

2.3 山地生态红线的管控措施

依据《生态保护红线划定指南》的要求，生态红线是通过重点生态功能区保护红线，生态敏感区、脆弱区保护红线，禁止开发区保护红线以及其他生态保护红线进行空间叠加与综合分析，形成包含各类红线的空间分布图，在此基础上进行分区管控。

我国山地环境在近年城镇化和工业化快速发展的过程中都不同程度地受到破坏，山地环境的生物多样性减少，生态系统更加脆弱，自我修复功能严重下降，因此，山地生态红线的管控着眼于对山地环境脆弱性的恢复和维护。

山地生态红线主要包括以禁止开发保护红线和重点生态功能区为主的核心管控区、生态强敏感、脆弱区为主的一般管控区和一般敏感、脆弱区为主外围协调区。其中，核心管控区以保护和优化功能为主，不允许任何开发建设活动，保持生态环境的原真性和强化生态系统的自我维持能力；一般管控区以维育和控制为主，对已被破坏的生态环境进行针对性修复，对现状完整环境进行维护，严格控制城镇建设行为，在不损害生物多样性保护的前提下，可适度进行生态旅游开发建设等活动；外围协调区位于城镇开发边界内，以建设协调为主，通过生态廊道、景观节点保护具有一定生物多样性和景观特点的区域，对开发建设的强度、方式进行整体控制和引导。

3 桐梓县生态红线划定的方法实践

3.1 桐梓县生态红线规划的背景

根据《贵州省"多规融合"改革试点工作指导意见（试行）》的意见，桐梓县作为贵州省11个"多规融合"试点县市之一，由住建局牵头，发改、国土、水利、环保、林业等部门参与。以城乡总规为载体落实城乡发展目标与规模的统一、城乡基本空间边界和城乡空间控制策略的统一（表3）。生态红线规划作为城乡总规环境保护专题的重要内容，对主体功能区规划、土地利用总体规划、环境保护规划、林业保护规划、水利保护规划进行生态空间整合，提出统一的生态基本空间。

桐梓县"多规融合"参与规划及其主要内容　　表3

融合规划类型	融合部门	生态管控内容	管控载体
《国民经济与社会发展规划》	发改委	主体功能区分区控制	生态红线
《土地利用总体规划》	国土局	建设用地边界、永久基本农田边界	
《城乡总体规划》	住建局	城镇空间增长边界、空间管制边界、生态红线	
《贵州省赤水河流域环境保护规划》	环保局	赤水河支流桐梓河保护边界	
《林业生态红线规划》	林业局	林业生态红线	
《桐梓县水源保护区规划》	水利局	水源保护区控制边界	

3.2 技术路线

依据《生态保护红线划定指南》的要求，桐梓县生态红线界定为重点生态功能区保护红线，生态敏感区、脆弱区保护红线和禁止开发区保护红线三个类型。通过综合评价，形成重点区域空间叠加，最终得到三级生态红线保护边界（图1）。

3.3 桐梓生态红线的划定方法

3.3.1 重点生态功能区保护红线划定

根据桐梓县实际情况，选择比较重要的生物多样性维持、土壤保持和水源涵养3种生态系统服务功能建立评价模型，对重要生态功能区生态系统服务功能进行综合评价。

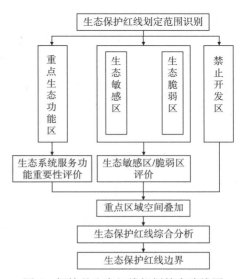

图1　桐梓县生态红线规划技术路线图

（1）生物多样性维持功能评价

生物多样性维持功能评价采用于生境多样性的评价方法，主要考虑生物多样性保护服务能力指数；多年生态系统净初级生产力平均值；平均年降水量；多年平均年均气温数据以及海拔参数，综合评价得出生物多样性评价（图2）。

（2）土壤保持功能评价方法

以通用土壤流失方程 USLE 为理论基础，建立降雨侵蚀力、土壤可蚀性、坡长坡度和地表植被覆盖等指标体系获取潜在和实际土壤侵蚀量，以二者的差值，即土壤保持量来评价生态系统土壤保持功能的强弱（图3）。

（3）水源涵养功能评价方法

采用降水贮存量法，即森林生态系统的蓄水效应来衡量生态系统涵养水分的功能（图4）。

（4）生态系统服务功能综合评价方法

将各因子进行空间融合，综合反映生态系统服务功能空间演变特征（图5）。

图2 生物多样性评价　　　　　图3 土壤保持功能评价

 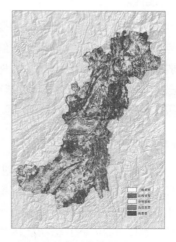

图4 水源涵养功能评价图　　　　图5 生态系统服务功能评价

3.3.2 生态敏感区／脆弱区保护红线划定

选择水土流失敏感区、石漠化敏感区、河湖滨岸敏感区和重点饮用水源地等因子的生态敏感性进行评价。

（1）水土流失敏感性评价：选取降水侵蚀力、土壤可蚀性、坡度坡长和地表植被覆盖4个指标进行水土流失敏感性评价（图6）。

（2）石漠化敏感区评价：石漠化敏感性主要取决于是否为喀斯特地形、地形坡度、植被覆盖度等因子。根据各单因子的分级及赋值，利用GIS空间叠加功能，将各单因子敏感性影响分布图进行乘积计算，得到石漠化敏感性综合评价数据（图7）.

（3）河滨带敏感性评价：河滨带敏感性评价包括全县范围内河流滨岸带的敏感性评价（图8）。

（4）湖滨带敏感性评价：将桐梓县大（中）型水库纳入生态红线管控范围，并按照《生态功能红线划定技术指南》的规定，划分湖滨管理区。湖泊和水库的缓冲距离一般设置为100米。

（5）重点饮用水源地评价：重点饮用水源地根据其级别，划分为城市级、乡镇级等，本评价中将城市级和乡镇级集中饮用水源地均纳入全县生态红线管控范围（图9）。

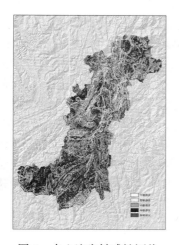

图6　水土流失敏感性评价

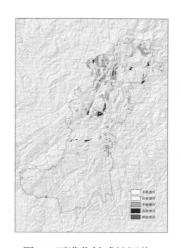

图7　石漠化敏感性评价

图8　河滨带敏感性评价

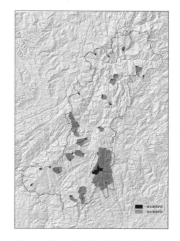

图9　重点饮用水源地评价

3.3.3 禁止开发区保护红线划定

桐梓禁止开发区涉及的区域有柏菁自然保护区柏芷山林区、柏菁自然保护区菁坝大山林区、柏菁自然保护区黄莲林区、天门河饮用水源地、娄山关风景名胜区、凉风垭森林公园以及零星的湿地保护区等（图10）。

3.4 桐梓生态红线划定结果

桐梓县生态红线保护边界包括一级管控区、二级管控区和三级管控区（图11、图12），其中生态红线一级管控区面积为113.35平方公里，占整个桐梓县土地总面积的4.16%，主要分布在桐梓县北部的柏芷山和菁坝大山山区、黄莲乡的黄莲林区、南部的娄山关、凉风垭森林公园、天门河水源地保护区以及容光乡、花秋镇和风水乡交界处，这些地区都是桐梓县生态资源较为丰富的重点区域，一级管控区内全面禁止任何形式的城镇建设开

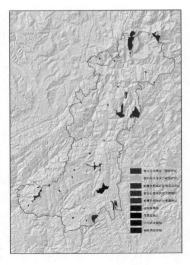

图10 禁止开发区保护红线

发，保持生态环境的原真性和强化生态系统的自我维持能力；生态红线二级管控区面积为2082.04平方公里，占桐梓县土地总面积的64.89%，主要分布于官仓镇和燎原镇的东南部、娄山关东部、茅石和马鬃的绝大部分区域，楚米、大河和夜郎的西部，以及黄莲、木瓜、羊蹬和狮溪的大部分区域。二级管控区内的城镇建设需受到严格的限制和管控，以维育和控制为主，对已被破坏的生态环境进行针对性修复，对现状完整环境进行维护，严格控制城镇建设行为，在不损害生物多样性保护的前提下，可适度进行生态旅游开发建设等活动。三级管控区城镇建设区，面积70平方公里，占桐梓县土地总面积的2.18%，以建设协调为主，通过生态廊道、景观节点保护具有一定生物多样性和景观特点的区域，对开发建设的强度、方式进行整体控制和引导（表4）。

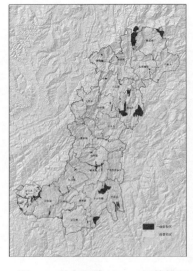

图11 生态红线一、二级管控区

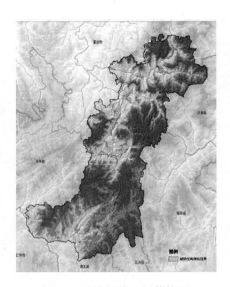

图12 生态红线三级管控区

表 4 桐梓生态保护红线面积统计

管控区	面积（平方公里）	占桐梓土地总面积比例（%）
一级管控区	133.35	4.16
二级管控区	2082.04	64.89
三级管控区	70	2.18
合计	2355.39	73.56

3.5 生态红线规划对桐梓城镇空间拓展的引导

基于生态红线对城镇用地布局的要求，生态红线一级管控区内的居民点和集镇应逐步向三级管控区内城镇建设用地转移；生态红线二级管控区应控制城镇规模的扩张，加强生态环境的恢复工作（图13、图14）。重点发展生态红线三级管控区内的城镇，保留生态廊道和景观节点，保护山水格局，降低人均建设用地和提高产业发展强度，提升土地利用效率（如图15）。

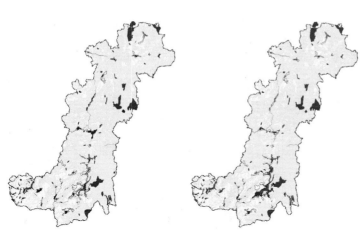

图 13 现状城镇用地布局图　　图 14 规划城镇用地布局　　图 15 中心城区用地布局

4 结语

新型城镇化规划把生态文明理念全面融入城镇发展，生态保护红线的划定对生态空间的有效保护和城镇空间集约、高效建设具有重大的指导意义。生态文明已经作为政府施政、规划指导的主导思想，生态红线在不同类型的空间规划中的支撑作用越来越重要。本文通过对桐梓生态红线规划的实践的总结，以期对其他山地城市生态红线的划定具有一定的帮助。

参考文献

[1] 中国共产党第十八届中央委员会第三次全体会议公报 [M]. 北京：人民出版社，2013.

[2] 生态功能红线划定技术指南. 2015.

[3] 国家新型城镇化规划（2014～2020年）. 2014，3.

[4] 贵州省"多规融合"改革指导意见（试行）. 2015，4.

[5] 燕守广，林乃峰，沈渭寿. 江苏省生态红线区域划分与保护 [J]. 生态与农村环境学报，2014，30.

[6] 刘晟呈. 城市生态红线规划方法研究. 2012 中国城市规划学会年会，2014.

[7] 李英汉. 基于湖泊保护视角的流域生态红线划定——以合肥市巢湖流域为例 [M]. 中国环境科学学会学术年会，2014.

[8] 李若帆，吴佳明，王亚男. 基于生态文明建设层面的生态红线划定实践——以《天津市生态用地保护红线划定方案》为例 [J]. 城市，2014，12.

[9] 李天威，耿海清，马牧野，张辉，朱源，刘磊. 我国新型城镇化生态红线管控探析 [J]. 环境影响评价，2014，7.

[10] 陈海嵩. "生态红线"的规范效力与法治化路径 [J]. 现代法学，2014，4.

城乡统筹视野下的山地城市旅游城镇化发展路径研究
——以重庆市武隆县为例

冷炳荣❶ 李 鹏❷ 钱紫华❸

摘 要：新型城镇化是我国未来城镇化发展的主导方向，但需要各个地区结合自身的特点选择合适的城镇化道路。山地地区占了我国陆地面积的三分之二，并且城镇众多，因此山地城镇的城镇化道路抉择将是我国落实新型城镇化任务的重要实践。本文从旅游城镇化的视角，探索了旅游城镇化的内涵、特征以及城乡统筹模式的转变。并以重庆市武隆县为案例，探讨了武隆县旅游城镇化的发展过程、特征以及主要问题，文章最后针对问题提出了解决问题的发展路径。

关键词：山地城市；旅游城镇化；路径；武隆

1 引言

2014年中国城镇人口为7.49亿，城镇化率达54.77%，自2010年开始已进入了"城市（镇）主导"的时代。而1978年城镇化率仅仅为19.7%，1978～2014年城镇化率年均增长0.97个百分点，如此快速的城镇化进程世界罕见。随着"城市（镇）主导"时代的到来，中国城镇化这一热点问题的研究视角逐渐从关注城镇化发展速度、空间格局、动力机制向重视城镇化质量、城镇化的特色化与差异化、农民工市民化等领域转变[1-4]。十八大以后，新型城镇化、特色城镇化在国家政策层面得到高度关注，特别是2014年国家出台了《国家新型城镇化规划（2014～2020年）》，对于国家城镇化的发展具有里程碑意义[5]。

我国山地区域面积大、范围广，占我国土地面积的三分之二，山地城镇众多，全国1.1万个建制镇中有57%的镇位于山地区域，其中大部分位于中西部地区。因此，山地城市将是承载特色城镇化的重点地区之一，由于大多数山地城市山水资源丰富且品质高、历史悠久，旅游价值较高，旅游城镇化也成了山地特色小镇发展的重要拉力，成为特色城镇化的一种典型类型。本文试图探讨旅游城镇化的基本内涵，研究旅游城镇城乡统筹模式与快速城镇化背景下的传统城乡统筹模式的异同，以及旅游城镇化的发展路径抉择。文章最后以重庆市武隆县为案例，研究旅游城镇化这一特色模式对武隆县发展的重要影响。

---

❶ 冷炳荣，重庆市规划设计研究院。
❷ 李鹏，重庆市规划设计研究院。
❸ 钱紫华，重庆市规划设计研究院。

2 山地城市旅游城镇化的基本内涵

2.1 概念

随着社会发展的进步、经济水平的提高，消费行为逐渐向体验、享乐型消费转变，"消费经济"、"体验经济"转变已成为一种时尚。旅游作为消费与体验的一种重要生活方式，对于促进经济增长的作用越来越明显。旅游城镇化（也称旅游城市化，tourism urbanization）最早是由 Mullins 于 1991 年提出的[6-7]，Mullins 认为旅游城镇化是一种基于后现代享乐主义的城市形态，是一种建立在享乐的销售与消费基础上的城市化模式。国内学者对旅游城镇化的研究也在逐步增加，研究视角主要从旅游与城镇发展关系、旅游对于推动城镇化发展的作用等方面进行定义[7-8]。陆林认为旅游城镇化可从城镇化和旅游两个方面进行解读：从城镇化角度看，旅游是推动城镇化快速推进的一种动力；从消费角度看，旅游城镇化是指为满足现代享乐型消费的城市功能改变与提升的发展过程，是一种新的城镇化模式。

笔者认为，旅游城镇化是指在消费观念向享乐与体验转变的背景下，依托特色的旅游资源，带来人口快速集聚、建设用地迅速扩张、城市生活方式的快速扩散，是一种有别于依托工业化发展带动城镇化发展的新型城镇化模式。旅游城镇化并不是一种简单的本地城镇化过程，通常是为满足外来旅游者的需求出现的一种城镇化现象，由于旅游的淡旺季差异具有较大的季节波动性与不稳定等特征。

2.2 类型

不同学者从资源条件、城市功能等角度将旅游城镇化划分为不同的类型。美国学者 Gladstone 在引入"区位商"概念后，将旅游城市分为旅游都市（tourist metropolises）和休闲城市（leisure cities）两类，在此基础上，根据旅游资源类型的差异，将旅游城市划分为以自然旅游资源为主的度假休闲类城市化和以资金密集人工旅游资源为主的都市休闲类城市化[7]。

陆林根据旅游在城市功能中的地位，分为专门旅游城市的旅游城市化、转型城市（老工业城市、新兴城市）的旅游城市化、综合性城市的旅游城市化[9]。

笔者认为，根据旅游城市资源禀赋、城市职能的差异，可将旅游城镇划分为观光型城镇化、度假型城镇化、旅游城市型城镇化、综合型城镇化五类（见表1）。观光型城镇化是指依托特色的自然和人文景点，为满足观光游客的旅游接待（宾馆、特色商场、标志建筑等）带来的城镇化扩张，通常此类城市旅游景点和城区距离较远，代表城市有黄山、张家界、九寨沟；度假型城镇化是指，依附独具特色的山水资源，气候适宜居住且环境优雅，用地条件较好，大量的休闲度假地产、酒店公寓得以建设，这种城镇化通常是外来季节性人口居住带来的城镇化，把度假地作为"第二居所"，代表城市有三亚；旅游城市型城镇化是指，城市建成区范围内特色景点丰富，城区即景点，有历史文化名城类景点（如大理、丽江）以及资金密集型的人造景点（如拉斯韦加斯、深圳）；综合型旅游城镇化是指，多种特色旅游资源综合带来的城镇化发展，代表城市有秦皇岛、杭州。

旅游城镇化类型划分　　　　　　　　　　　　　　　表 1

类型	资源依托	表征	代表城市
观光型城镇化	独特的自然、人文景观	以观光旅游为主，城市规模扩张主要受旅游接待设施需求的影响	黄山，张家界，九寨沟
度假型城镇化	独特的自然、人文景观；适宜居住的气候与用地条件	休闲度假地产、酒店公寓建设比重高，一般作为"第二居所"	三亚
旅游城市型城镇化	城市建成区内特色旅游资源密布	城区即景区	丽江，大理
综合型旅游城镇化	多种特色资源综合	综合型	秦皇岛，杭州

2.3 特征

旅游城镇化作为一种新型城镇化类型，具有强关联性、季节波动性、绿色低碳、乡村城市化等特点。

（1）强关联性：旅游业作为产业关联性很强的一个综合性产业，可以创造大量直接或间接的就业机会，根据世界旅游组织的研究经验，旅游业每增加 1 个直接就业，可拉动 5～7 个间接就业机会。因此，旅游业的发展可以快速吸纳农村剩余劳动力，促进农业人口向非农产业转移，推动城镇化发展。以旅游业为主导的地区，存在大量"离土不离乡"、从事与旅游相关非农产业的农民，虽然"职业"出现了转换，但"身份"并未改变，在我国的人口统计中并没有包括在城镇人口统计范围之内，也即是这些地区实际的城镇化水平比官方口径还要高一些。

（2）季节波动性：受气候条件和人的旅游出行时间等影响，旅游资源丰富的地区表现为很强的季节波动性，特别是对于资源单一的观光型旅游和季节性休闲度假（如消夏避暑）地区更为明显。由于旅游的季节波动性，也就带来大量的短期临时工等灵活就业方式，兼业人员多，而旅游的兼业特点又和农民倾向的"离土不离乡"特性非常吻合，也非常适合我国山地农民就地就业选择。

（3）绿色低碳性：旅游城镇化是有别于传统的工业城镇化的一种发展模式，走的是无污染、低能耗、绿色低碳的发展道路，避免我们国家过去工业发展带来沉重的环境代价，符合生态文明建设的需要。

（4）乡村城市化：由于旅游产业关联大，乡村地区非农化快速发展，农家乐、休闲农庄等形式不断出现，城市生活方式向农村扩散。旅游业发展大大改善了农村地区的服务配套、基础设施以及生活环境，提升生活品质。旅游业带来的就地城镇化使得农村居民收入大大提高，缩小了城乡差距，朝向城乡和谐共存、城乡统筹的方向发展。

2.4 旅游城镇化的发展趋势

旅游城市的城镇化和旅游业的发展密切相关，而旅游业的发展又跟社会经济发展水平紧密相连，根据国际经验可划分为四个发展阶段[10]（表2）。中国（包括重庆）都已经进入了度假型旅游的发展阶段，依托良好的自然山水资源，建设度假型酒店、休闲度假地产，已成为满足这一基本需求的发展动向。旅游城镇化类型与旅游业发展阶段存在一定关联，现在中国已逐步进入了度假型旅游城镇化阶段。但城镇化类型和本地旅游资源禀赋有很大关联，有很多旅游城市由于用地、气候等条件的限制，不论社会经济发展如何也只能作为观光型旅游城市。由于资源的差异性，度假型旅游有山地度假（摩洛哥）、滨海度假（马尔代夫）、温泉度假（德国的巴登巴登）、滑雪度假（奥地利的基茨比尔）等不同形式，相应的城镇化扩张模式不尽相同。

基于国际经验的旅游业发展阶段划分 表2

发展阶段	人均GDP判定标准	旅游需求导向	中国进入时期	重庆进入时期
观光旅游发展阶段	1000～2000美元	观光型旅游	2003年	2003年
休闲旅游发展阶段	2000～3000美元	休闲多样化旅游，出国旅游增长期	2006年	2007年
度假旅游初步阶段	3000～5000美元	向度假型旅游升级	2008年	2009年
度假旅游成熟阶段	5000美元以上	进入成熟的度假经济时期	2011年	2011年

资料来源：根据参考文献[10]及中国、重庆统计年鉴整理。

3 山地城市旅游城镇化城乡统筹发展模式

不同的城镇化发展方式决定了城乡统筹模式的差异性，根据城镇化发展动力的不同，可将其划分为快速城镇化、快速工业化背景下的城乡统筹模式与特色城镇化背景下的城乡统筹模式两种，这里仅讨论旅游城镇化背景下的城乡统筹模式问题。

在快速城镇化背景下探讨我国的城乡统筹模式问题主要是以城市主导、城乡兼顾的传统模式，而在特色的城镇化发展（如旅游城镇化）背景下城乡关系呈现较大差异，我们需要探讨快速城镇化背景下的传统城乡统筹模式和特色城镇化背景下的新型城乡统筹模式的异同性。

未来武隆的发展将是做大做强旅游及相关配套产业，那么未来武隆的城乡关系也将是通过以旅游为龙头、"因乡兴城"的城镇化模式进而实现城乡统筹发展。

城乡关系的判读一直是城乡空间布局、城乡人口分布的重要依据。武隆这一类旅游城市的城乡关系和一般的工业城市有着很大的不同（图1和表3）。针对一般的工业城市，我国现阶段城乡关系主要提倡"工业反哺农业、城市支持农村"的发展战略,通过城镇化的带动，实现"以城带乡"的城乡统筹发展；而对于乡村旅游资源丰富、"以旅游立县"的武隆而言，产业体系和旅游业发展紧密相关，由于乡村地区旅游资源以及休闲度假地产的开发，带动

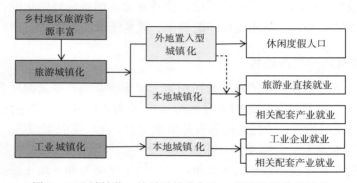

图1 工业城镇化、旅游城镇化与人口集聚发展关系示意

城镇地区服务配套产业的快速发展，提供很多的非农就业岗位，也即是武隆通过"因乡兴城"的城镇化模式，实现城乡一体化发展。在现实的案例中，存在两种现象：一是城乡职住分离现象，存在很多家住巷口镇但长期在仙女山附近从事旅游服务业的个案；二是城乡服务分离现象，由于旅游资源开发导致大量的农村人口长期从事非农业工作（如星级农家乐的大量兴起），家庭成员到城镇购买服务的现象大量出现，如生活消费品、公共服务设施等。

快速城镇化与旅游城镇化背景下的城乡统筹模式对比　　　　　表3

	快速城镇化下的城乡统筹模式	旅游城镇化下的城乡统筹模式
城镇化模式	工业城镇化	旅游城镇化
城乡关系	以城带乡	因乡兴城
城乡互动	城市支持乡村，工业反哺农业	乡村支持城市
就业形式	工业就业与服务配套就业	

4 重庆市武隆县旅游城镇化发展实例

4.1 基本概况

武隆县位于重庆市的渝东南地区，距离重庆主城2小时车程，地形以山地丘陵为主，海拔1000米以上的地区占48%。2007年由于独特的喀斯特地貌类型，成功入围世界自然遗产名录。此后，武隆的旅游发展进入快车道，2014年旅游接待达1908万人次，是2007年的12倍，旅游收入占GDP的80%左右，成为名副其实的旅游大县，旅游景点主要有天生三桥、仙女山旅游度假区、芙蓉洞等，景点主要集中在仙女山镇和江口镇。

4.2 武隆县旅游城镇化发展特征

（1）旅游引领，增速领先全市。武隆的旅游收入占GDP的比重是非常高的，2014年达到了81.6%,同期三亚才是62.5%,旅游对社会经济发展的引领作用是毋庸置疑的（图2）。旅游业由于产业关联强，带动农民增收上作用显著，武隆全县农家乐394家，其中星级农家乐103家，农家乐的床位数占到了接待床位数的30%以上，农民人均纯收入的增速也快于重庆全市（图3）。

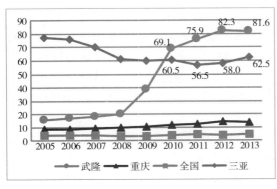

图2　旅游收入占GDP的比重（%）

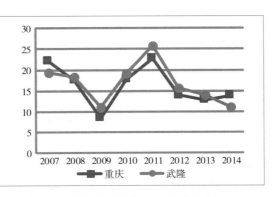

图3　农民人均纯收入增长率（%）

（2）点上建设，过度集中。上文提到武隆已开发的景点主要集中在仙女山镇和江口镇，特别是仙女山镇，既靠近世界级旅游资源，海拔又在1000米以上，非常适合重庆"火炉"的夏季消暑纳凉，导致仙女山镇的度假地产快速扩张。仙女山镇目前已经开发的建设用地为5.58平方公里，其中度假地产用地共计350公顷（包括配套道路和绿化用地），占城市建设用地的63%，这种大规模、小户型（户均53平方米）的度假地产开发也对风景旅游资源造成了较大的破坏（图4）。

图4　武隆县仙女山度假地产开发现场勘查照片

（3）旺季设施"吃紧"，淡季有待开发。武隆旅游旺季时间集中在4至10月份，特别是"五一"、"十一"黄金周，接待人数严重超过接待设施的承载量，水电供应短缺，床位也严重不足，时常出现游客迫于无奈"私家车过夜"的现象。而淡季，虽然武隆也在策划滑雪、赏雪等旅游活动，但整体上还是游客有限，有待进一步挖掘。

4.3　武隆县旅游城镇化规划发展路径

（1）全域旅游：由点到面，建设"中国武隆公园"。为应对武隆目前旅游开发过分集中在某几个景点上，充分利用武隆的旅游品牌效应，带动全县旅游产品的开发，提出"由点到面"的全域旅游发展路径。挖掘乡村旅游资源，发展高山错季蔬菜、高山草食牲畜、高山有机红茶、特色林果业、特色古寨（如苗族村寨）等旅游产品，建设"中国武隆公园"。

（2）方式引导：由观光游、度假游向体验游转变。随着旅游业的发展，旅游将向体验游的方向转变，目前武隆还主要集中在观光游方面，度假游也主要集中在房地产置业这一层级，休闲娱乐等活动与当地经济衔接不紧密。未来需适应旅游方式的变化，在乡村旅游方面，结合农特产品，建设生态农场，消费者可自行种植、采摘；利用国家旅游度假区吸引高端人群集聚的先决条件，积极发展疗养保健、休闲健身等健康产业；借助文化旅游的兴盛，吸引文化人才与创意型人才，依托乌江影视基地、仙女山创意产业园与"印象武隆"等产品，发展文化创意等体验产业。

（3）布局形式：分散布局，提升品质。为构建合理的城镇空间结构，避免过分向仙女山镇集中的不利局面，适应武隆的山地地形条件，规划采取"组团式"布局的理念，这样可以更好地保护生态本底资源，山、城相衬，旅游接待节点与大的旅游环境可以相得益彰，提升全县旅游的品质。

5　结语

新型城镇化是我国未来城镇化发展的主导方向，但需要各个地区结合自身的特点选择合适的城镇化道路。山地地区占了我国陆地面积的三分之二，并且城镇众多，因此山地城镇的城镇化道路抉择将是我国落实新型城镇化任务的重要实践。本文从旅游城镇化的视角，探索了旅游城镇化的内涵、特征以及城乡统筹模式的转变。并以重庆市武隆县为案例，探讨了武隆县旅游城镇化的发展过程、特征以及遇到问题之后的解决路径。

今后一段时期内，各个地区探索新型城镇化的发展实践将是直接面临的一个问题，在一些资源特色鲜明、工业发展欠缺的小城镇采取旅游城镇化这一绿色环保、低碳节能的发展路子也是一个不错的选择，期待更多的小城镇加入旅游城镇化这一讨论主题中，并针对旅游城镇化出现的一些问题能够找到可行的办法。

参考文献

[1] 李京文. 城市化健康发展的十个问题 [J]. 城市发展研究，2003，10（2）：37-43.

[2] 仇保兴. 中国特色的城镇化模式之辩——"C 模式"：超越"A 模式"的诱惑和"B 模式"的泥淖 [J]. 城市规划，2008，11：9-14.

[3] 许坚. 健康城市化与城市土地利用 [J]. 中国土地科学，2005，19（4）：62-64.

[4] 韦亚平. 人口转变与健康城市化——中国城市空间发展模式的重大选择 [J]. 城市规划，2006，30（1）：20-27.

[5] 中共中央，国务院. 国家新型城镇化规划（2014～2020）[Z]. 2014.

[6] Mullins P. Tourism urbanization [J]. International Journal of urban and Regional Research，1991，15（3）：326-342.

[7] 陆林，葛敬炳. 旅游城市化研究进展及启示 [J]. 地理研究，2006，25（4）：0741-0750.

[8] 李柏文. 国内外城镇旅游研究综述 [J]. 旅游学刊，2005，25（6）：88-95.

[9] 陆林. 旅游城市化：旅游研究的重要课题 [J]. 旅游学刊，2005，20（4）：10.

[10] 徐汎. 全球化背景的世界旅游业及中国旅游业的转型 [J]. 北方经贸，2007（6）：117-118.

消费文化视角下西部山地乡镇发展策略研究
——以重庆市云阳县龙角镇风貌改造为例

肖阅峰 [1]

摘 要：伴随着网络时代的全球化浪潮和新型城镇化的不断推进，消费文化逐步在中国市场占据主导地位并延伸至西部乡镇地区。部分位于旅游景区沿线的西部山地乡镇开始被纳入新的城乡格局中的消费体系，并以此为契机力图寻求"新常态"下的发展道路，迎合当下大众的主流消费。本文将从消费文化视角，结合乡镇风貌改造和产业发展中的普遍问题，以笔者参与的重庆市云阳县龙角镇风貌改造项目为例，从消费主题、消费空间、本土消费、消费文化架构等方面对龙角镇这一以单一消费文化为基础的自我更新发展进行剖析，并对消费文化背景下西部山地城镇的发展策略提出自己的思考。

关键词：消费文化；山地城镇；发展策略；本土消费；多元架构

1 "消费文化"相关理论综述

1.1 "消费"

"消费"一词最早解释为"消磨、浪费"之意，在14世纪《圣经》中便有所记载。伴随着社会生产力的发展，消费的定义逐步由贬义的"浪费"过渡到具有中性含义的"消耗"。发展至今，"广义的消费"是指所有购买和使用商品的行为。

1.2 "消费社会"

20世纪初，城市化的迅速发展产生了各种商品和休闲设施并引起人们消费方式和生活方式的转变。德国社会学家格奥尔格·齐美尔（Georg Simmel）注意到了消费模式和城市化之间的联系，并把城市新兴阶层的社会心理与城市的发展结合起来，认为在城市化过程中，社会竞争、平等和仿效的趋势以及差异、个性和区分的趋势将成为资本主义消费时尚的核心动力。因此，资本主义开始由对生产过程的控制转向对消费过程的控制，并衍生出了消费社会。与此同时，消费开始引起现代社会的文化思考，消费本身开始构建成为一个具有文化意义的自组织领域。

---

[1] 肖阅峰，重庆大学建筑城规学院。

1.3 "消费文化"

消费的层次　　　　　　　　　　　　　　　　　　　　　　表 1

消费的层次	消费的对象	消费的目的	消费的特点
初级	使用价值	经济适用	注重廉价和使用
中级	交换价值	证明消费能力	注重炫耀
高级	符号价值	表现个性、品味和地位	注重自我价值的实现

资料来源：季松，段进. 空间的消费——消费文化视野下的城市发展新图景 [M].

"消费文化"源于"消费社会"，在资本主义后期发展成熟，并随资本扩张向全球蔓延。20 世纪初，企业和商家开始借助现代媒体等宣传途径，通过对商品的文化包装，试图凭借其符号意义的联想诱发消费者的购买欲望，并由此形成了崇尚意义、符号、精神消费而脱离商品物质属性的文化——消费文化。随着西方社会的主流文化意识形态在全球范围内传播，消费文化于 20 世纪 80 年代登陆我国，市场经济体制的初步建立和改革开放程度的日益加深使中国迅速卷入到全球化的浪潮中并出现了明显的消费化倾向：从以前以解决温饱为目标的生活方式到 21 世纪无处不在的品牌消费，消费文化逐渐开始改变我国居民的生活方式和价值观念，使消费从物质层面转向精神层面。随着消费文化的兴起与发展以及居民消费水平的上升，文化、休闲等消费活动开始呈现出较大幅度的增长趋势，部分西部山地乡镇因其便捷的旅游区位、迥异于城市的文化体验和空间景观，而逐渐成为消费文化的热点，越来越被纳入新的城市总体消费体系之中（表 1）。

2 研究背景

2.1 西部山地乡镇的改造发展之路

改革开放以来，伴随着我国经济的快速发展，城市化进入了飞速发展阶段，党中央在十六大报告中提出了旨在实现以工促农、以城带乡、城乡互动、协调发展的城乡统筹发展战略。30 年来的快速城市化，为西部山地乡镇的发展带来了机遇，但同时亦留下了病症——乡镇同质化现象。由于在开发建设过程中往往采用简单粗暴的方式：注重速度规模，忽视空间品质；注重效益业绩，忽略民生就业；注重即时的单独发展，忽略系统的战略规划，导致大多数乡镇空间特色缺失、文化趋同，缺乏乡村的灵动与个性，呈现出"千镇一面"、"如法炮制"的面貌。另一方面，部分历史古镇以旅游文化推动经济发展，通过对新建筑进行立面符号拼贴或装饰来统一建筑风貌并以此协调新旧建筑，虽然这是一种在短期内易获得经济效益的做法，但对于大多数偏远西部乡镇来讲，他们没有天生的人文历史资源，亦无法像过去快速城镇化阶段那样拥有大量的资金大拆大建，所以大部分西部乡镇仍处于发展瓶颈之中。作为城市群体中数量庞大的一部分，乡镇发展在整个城市发展中具有重要作用，如何在国家经济增速放缓、城市消费扩张的新城乡格局中看待乡镇发展，保护和传承西部山地乡镇的历史人文和自然山水，避免快速建设中乡镇个性的缺失，可能需要我们对西部山地乡镇有一个重新的认识和定位。

2.2 消费文化下西部山地乡镇的发展契机

当下西部山地乡镇已不具备廉价劳动力优势，产业也面临着城市的市场竞争，我们的资金、资本更面临着如何寻找更加富余的空间的问题，所以消费自然而然成为我们当下经济增长最主要的驱动力。过去我们一直觉得乡镇只是一个生产基地，在于提供各种农产品，先生产，后生活，有了生产再来配套生活基础设施。而如今，伴随着我国新型城镇化的推进，乡镇俨然成为我们最主要的消费市场，他们创造了更多的消费机会，并提供各种消费场所，为城市居民提供各种消费需求。可以想象，我国大部分人口主要生活在城市里，城市的总体消费水平是乡村人口的两倍甚至三倍，如何把这部分人群的消费需求进行认真的研究，或如何研究城市在乡镇领域的消费作用，这不仅仅是经济学领域的人群消费机制，同时也是城乡规划层面对新的城乡格局的把控。随着"新常态"下的经济增速放缓、经济结构的优化升级，创新必将成为乡镇发展的最大驱动力，深刻认识各行各业的升级挑战和变革机遇，思考乡镇能为城市提供怎样的消费场所和空间，并如何通过这些消费改变乡镇面貌，提高居民生活水平，改善基础设施，可能是当下我们城乡规划工作者必须充分认识的。

3 基于消费文化的龙角镇改造发展策略

3.1 项目概况

龙角镇位于重庆市云阳县南部，距县城 33 公里，距重庆 319 公里，距龙缸国家地质公园 41 公里，是三峡工程的移民搬迁镇，是原龙角片区 7 个乡镇、12 万人口的政治、经济、文化中心和交通枢纽，亦是龙缸景区的重要展示门户。龙角镇整体街区位于高差较大的山地地形中，呈带状分布，境内有一条主干道穿镇而过。其特色产品为"贵妃鱼"，因唐代杨贵妃而得名，并与"诗圣"杜甫有割舍不断的渊源。据记载杜甫于公元 765 年在磨刀溪、泥溪河交汇处的龙角一带留下了"寒花开已尽，黄蕊独盈枝"的名句。

3.2 消费文化的主题确立

消费文化的空间产生离不开主题的创作，正如艺术创作中运用具体的艺术形象来反映其中心思想。通过确立一个特定的文化主题并以此衍生出某一时间、某一地点、某种风情、某种思想状态，都可以使乡镇空间演变成为一种文化内涵深刻、细节丰富、值得回味和逃避现实的消费场景。当文化成为被消费的对象时，其同样表现出的商品特征，也必定符合市场经济的规律，满足消费者的消费需求，因此出现了所谓的"消费者主权"，即消费者的喜好成为文化再生产的依据。从消费文化的内容上看，随着都市人群的消费经验日趋丰富，对消费产品的眼光日渐挑剔，人们开始在城郊追求一种彰显自我个性的消费服务，而非从众心理；人们的消费公益意识也在不断加强，例如近年来环境污染等诸多问题使得人们更加重视消费的天然环保性，许多消费者希望通过自身消费绿色产品来体现自己的生态环保意识，成为"绿色食品（或称天然食品）"的消费者。而"贵妃鱼"作为现代都市人群寻求绿色食品的一种消费载体，它既符合人们"回归自然"寻求"乡村生活方式"的现实渴望，又满足人们追求个性彰显自身价值的心理诉求，因此对于久居城市、远离自然、处在全球城市面貌趋同化浪潮下的都市人群来说有很大的吸引力。鉴于龙角镇为三峡移民的搬迁镇，新兴的生活方式和地方文化早已被同质化的浪潮所湮灭，急需一种崭新的面貌来自我更新，根据其特殊的地理位置和旗下以唐文化为背景的"贵妃鱼"品牌，笔者试图从消费文化的角度对本次项目提出更新改造策略，将唐文化作为发展框架的主题，以此弥补南方地区罕有的唐文化体验。至此，特定的唐文化主题成为消费空间生产的媒介，龙角镇的乡镇面貌成为消费文化空间的载体（表2）。

龙角镇风貌改造发展框架　　　　　　表2

形象口号		"最美通道，穿越唐朝"
改造目标		以唐文化为内涵，风貌改造为手段，打造云阳至龙缸景区沿途最美景观节点
改造原则		因地制宜，以人为本：充分开发利用现有资源，尽可能减少建筑及环境改造工程量，避免大规模施工，以降低造价，提高经济效率
		品味文化，多元体验：以唐文化为主题，体现文化和产业特色，打造集餐饮、旅游、住宿、体验等功能为一体的多元消费体验
		发展旅游，改善民生：提升城镇风貌，改善人居环境，增加就业机率，提高居民生活品质
改造系统框架	建筑风貌系统改造	贵妃鱼餐馆
		部分底层墙面
		卷帘门
		店招
		路标指示牌构筑物
	公共环境系统改造	节点广场
		雕塑小品
		公共区域防护栏杆
		环境绿化
	市政设施系统改造	路灯
		人行道铺装
		交通导识
		道路边沟盖板
		垃圾桶

资料来源：作者自绘。

3.3 消费文化的空间营造

20世纪中叶，亨利·列斐伏尔（Henri Lefebvre）较早察觉到城市的功能正在从生产型向消费型转化，并进一步提出了"空间不仅是社会关系的容器，也是一种被使用或消费的产品。[1]"法国社会理论家让·鲍德里亚（Jean Baudrillard）在《消费社会》一书中进一步阐述道：消费与现实社会的关系并不仅仅是经济关系，同时还是社会大众交流的实践；消费者的消费动机是对商品符号的理解，符号和象征意义是消费者了解社会的方式，消费文化和日常生活的关系为"日常生活审美化"[2]。为此，"消费"赋予了乡镇公共空间更多的社会意义，其本身也可成为"商品"的一种附加符号，甚至就是一个消费符号。为营造整个镇区的消费文化空间，我们将整个镇区分为重点改造区域和非重点改造区域，并从中选取具有较大开敞空间、人流分布和核心产业相对密集的六处贵妃鱼餐馆（图1），对龙角镇独有

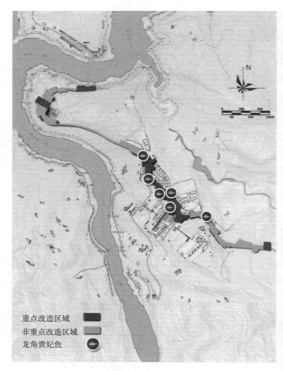

图1 龙角镇风貌改造前分区图
资料来源：作者自绘。

图2 改造前贵妃鱼餐馆

图3 改造后贵妃鱼餐馆

的贵妃鱼饮食消费文化进行重点改造（图2、图3），这样一方面避免对整个镇域进行大规模的改造施工，节省经济开支、减轻对山地高层建筑整改的难度；另一方面也避免同传统历史文化古镇一样利用各种消费文化的符号堆砌建筑风貌，反而利用改造前后的建筑风貌对比增强"贵妃鱼"消费文化体验的空间识别性。这样一来，"贵妃鱼"不仅彰显了自己作为现代消费文化符号的商品价值，亦使龙角镇这一单一消费产品所滋养的空间成为后续消费的对象，形成消费文化空间。另外，由于基础市政设施是乡镇改造中最易实现、覆盖面积最大的空间载体，从游客对消费文化空间的需求来讲，随着游人的文化素养上升，传统的本土文化或异域文化都会影响消费者的消费观念，导致他们自觉亲近与文化相关的消费或符号，所以，将唐文化符号化、实体化并注入整个市政设施建设中，无疑是整个风貌改造中最能营造消费文化氛围的手段。如果说龙角镇街道空间的符号建构和拼贴手法与其他地区并无显著差异，那么通过利用主干道两边的路牙和人行道铺装上的"唐代图案"（图4）对唐文化的不断暗示便是龙角镇对消费文化的最大经营。它们从人三维视角的各个高度都给予了消费文化符号的强烈冲击，并以此形成了一条集聚活力的纽带，将龙角镇中的贵妃鱼餐馆和公共空间串联起来，形成一个完整的消费文化空间体系。

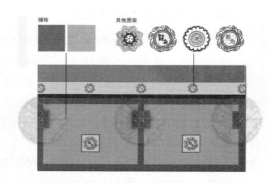

图4 龙角镇主干道路牙喷图及人行道铺装
资料来源：作者自绘。

3.4 消费文化的延伸——"本土消费"

为迎合消费文化的需求，往往容易忽略本土空间属性和本地居民诉求，从而导致本土文化遗失，使本土空间完全沦为新文化的活动中心和生产消费资本的工具。列斐伏尔认为"不应该简单地将消费看作是一种消极的、否定的行为，而应该将消费场所看作是一种自由的、具有发明和创造性的生活场所。[1]"同时，从本地居民的需求结构看，他们在注重自身生活品质的同时，亦更加注重情感的需求，更加关注基础设施建设同自己的亲密关系程度，偏好那些更能实现乡镇功能价值、满足自身文化诉求同时还能彰显家乡价值的感性设施。所以除了为迎合城市游客对"唐"文化进行的主题渲染，我们更加注重了对当地居民公共空间的营建。在整个街区的空间规划中，我们根据现有建筑的布置情况在主干道两端保留了多处视线通廊（图5），一方面照顾游人沿途的视觉享受，使之能眺望至远山；另一方面亦可保留原始山地空间特色，在起伏的空间序列中丰富居民视野。在平面上，我们根据消费者进入龙角镇的路径感知选取了5处标识性较强的开阔地块作为公共空间的景观

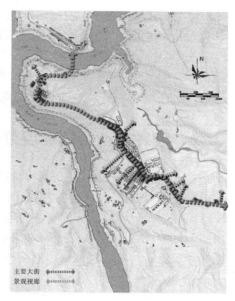

图5　龙角镇风貌改造视觉通廊分析图
资料来源：作者自绘。

节点，并基于各自现状保留它们在整个乡镇中承担的原始生活生产功能，再对该节点进行整体的文化环境改造；同时结合当地的生活生产方式，利用当地材料、现状废弃物、原始农耕文化构筑方式等对部分开敞地块进行景观、雕塑、灯光等设计，并以此表达唐文化内涵，营造乡镇生活场景，延续本地场所精神。随着游人和居民（二者皆可视为空间的消费者）同环境之间的相互作用，龙角镇的空间记忆和场所精神得到了延续，公共环境为适应其生活生产需求亦衍生出了更多的消费空间，并不断持续更新，既而特定的文化载体创造出了特定的环境空间，环境的消费空间又反过来塑造了"新"的消费文化。

3.5 政府主导下消费文化的多元架构

为进一步扩大"贵妃鱼"的品牌影响力，龙角镇政府积极发挥了政府部门的主导作用，在消费文化投资、产品营销推广、食品质量监管、政策法规支持等方面为"贵妃鱼"饮食文化的开发和保护提供了大量的帮助。利用自身官方网络平台，并兼顾同其他旅游、文化、经济类媒体平台的合作进行积极推广，同时还利用电子商务、移动终端等新兴网络平台多维度扩大消费文化信息的流动和辐射范围。为了降低开发成本和风险并提高资本运行的效率，政府还选择了部分精英商户（指那些资金相对雄厚或是有相关营销经验的"贵妃鱼"老板）作为合作者，下放部分特权给他们，如让政府进行前期的资金补助和店面装修；让他们成为乡镇同外界接触的展示媒介；抑或指定这些餐馆作为政府部门的"对口就餐点"，使政府和居民联手构成消费文化的资本拥有者并参与后续消费文化的开发。这种方式无疑带动了本地居民创业的热情，同时又减轻了他们本地创业的负担；既改善了当地的就业环境，又促进了本地产业

的经济增长。在利益的驱动下，乡镇消费空间的使用者和生产者——村民将与政府的利益趋于一致，并顺应消费文化的空间生产不断成长，以获得自身利益的最大化。当然，为了避免政府部门的权利下放不均，导致乡镇产业经营的恶性竞争和发展差异化，政府部门应当适度还权赋能，让居民进行产业链的自由创新，自主选择是否与政府部门合作，并最终通过市场机制来调节和引导本地消费文化产业的发展，带动乡镇的整体协调发展。2014年，一条与一、二、三产业协调互动的"第六产业"带"百里生态经济走廊"在云阳成型，走廊以张飞庙为起点，终点设在龙缸景区，途中涉及盘龙、凤鸣、龙角、蔈草、清水5个街镇乡，通过串联作用，把两大旅游景区融为一体。至此，消费文化发展下的龙角镇将具有更大的发展前景。

4 西部山地乡镇发展策略之思考

基于笔者调研，西部山地乡镇的特殊性主要在于大多远离城市，地形复杂，高差较大，且通常呈带状分布，交通耗时较长；但其特殊的地理位置又往往孕育了独特的地理环境、自然风光以及地域文化。对于新常态下城乡格局中的消费需求，文化消费或许可成为当下西部山地乡镇经济增长最主要的驱动力。为此，通过结合龙角镇风貌改造实践和对消费文化的相关思考，笔者对西部山地乡镇的发展提出了几点策略：

4.1 "品牌特色，多元体验"，线上线下多种途径宣传

通过发挥自主创新作用，在新的经济增长模式下，整合本地各种要素资源作为发展动力。结合消费文化中的城市消费需求，营造特色体验主题和体验过程，为消费者创造一种"流连忘返"的消费体验。利用本地特色产品打造品牌效应，并将其他同一消费文化产业链下的产品进行多种途径的展示和宣传，以此带动相关农产品的销售。结合电子商务，线上线下同时运营和消费；利用政府主导下的媒体宣传，形成多元化的宣传途径，力争做大做强具有本地特色的消费文化产品。

4.2 "重点控制，以点带线"，通过消费者的路径感知营造消费空间

鉴于西部山地乡镇的交通劣势和产业结构单一，大多数乡镇的发展都相对滞缓，缺乏发展资金，所以无法通过大规模的城市开发手段促进其经济发展，亦无法通过"古镇式"的商业业态复制制造大量甚至波及整个镇区的建筑符号或产品。通过结合山地乡镇的带状布局和山地地形特征，利用消费者的路径感知来营造乡镇的空间序列，以消费符号烘托文化氛围，对重点区域进行消费文化空间的着力打造，并以此为辐射点带动整个镇区的协调发展，也许是当下西部山地乡镇所面临的发展资金短缺之尴尬的解决之道。

4.3 "因地制宜，保留特色"，消费文化与本土文化相结合

保留山地地貌特征，依托周边景区的旅游资源，营造富有山地地域特色的景观和建筑形态；在带状街道空间中保留视觉通廊和公共开敞空间，保证自然与乡镇的空间渗透，形成"多孔隙"式的山地布局形态。在营造主题消费文化的基础上，注重本土文化的保护，在保留本地生活生产方式的同时融入消费文化的创作，创造出既能满足外地游客消费需求又能满足居民生活生产的消费文化空间，提高居民生活品质，改善基础设施建设，避免在

利益的驱使下，使山地乡镇空间完全沦为新文化的活动中心和消费资本生产的工具。

4.4 "还权赋能，公众参与"，加强政府合作

"权"是指产权，"能"是指财产权利的"权能"。通过对居民在镇区中门面或其他建筑产权的确立，确保居民的房子可以自住、出借、出租、出售、抵押、质押等，以此增加居民创业自由度，鼓励居民本土创业。同时减少政策性投资和干预，适当依托政府资源带动消费增长，让居民根据自身情况选择消费经营的出资方式，在政府主导的消费文化体系下通过市场机制的调节对本土消费产业进行统一运营。结合上位规划，协同周边乡镇进行资源整合，并以此形成消费文化产业链，推动区域经济的整体战略发展。

5 结语

在中国的西部山地乡镇空间中，消费文化正以一种新兴的姿态切入其中，并形成一部推动城乡发展、社会变革的巨大引擎。传统乡镇的现实空间正与以交换价值和抽象价值为主导的消费文化空间进行博弈，乡镇空间正在资本的绑架下有选择地实现嬗变。尽管乡镇空间对城市有着强烈的依存关系，但城市消费也对乡镇空间有着强烈的需求关系，这说明在消费文化的新语境中，城市对乡镇正由过去的显性剥夺向隐性规训[3]转变。中国的空间资本化现象不仅局限在狭义上的城市地区，同时也在广大的乡镇地区开始登上资本运作的舞台，消费文化对于乡镇发展的影响，也许会使中国的部分乡镇面临空间异化、文化遗失或是社会矛盾的累积等危险，但像龙角镇这样以单一消费文化为基点来满足城市消费文化需求并获得自我更新的发展策略无疑是成功的，只是还需我们在一条通过因地制宜实现经济社会复兴、完成本土空间重塑的路径上走得更稳更完善！

参考文献

[1] Lefebvre Henri.The Production of Space[M].Oxford: Blackwell Publishing，1991.

[2] （法）让·鲍德里亚.消费社会[M].刘成富，全志刚译.南京：南京大学出版社，2001.

[3] （法）米歇尔·福柯.规训与惩罚[M].刘北成，扬远婴译.北京：生活·读书·新知三联书店，2003.

[4] （英）迈克·费瑟斯通.消费文化与后现代主义[M].刘精明译.南京：译林出版社，2000.

[5] 季松、段进.空间的消费——消费文化视野下城市发展新图景[M].南京：东南大学出版社，2012.

[6] 唐代剑，池静.中国乡村旅游开发与管理[M].杭州：浙江大学出版社，2005.

[7] 肖长耀.磁器口历史街区发展演变之思考——从消费文化的视角展开[J].室内设计，2008，04.

[8] 高慧智.消费文化驱动下的大都市边缘乡村空间转型——对高淳国际慢城大山村的实证观察[J].国际城市规划，2014，01.

[9] 曹海涛.城乡统筹导向下长治市"城边村"转型模式及规划策略研究[D].西安：西安建筑科技大学，2013.

基于云南"城镇上山"的山地"产城融合"模式研究

文 勤❶ 李斌云❷ 冯 雪❸

摘 要：2011年，云南提出"城镇上山"的城市建设战略构想，谋求云南城镇发展的新篇章，为此涌现出大批新的城市新区、产业园区、工业园等，但由于缺乏配套设施，新区在人口聚集、产业承接等方面存在严重缺陷，新形势下的"产"、"城"如何融合，如何发展，成为我们应该思考的方向。当前，在我国新型城镇化、产业发展转型升级的背景下，本文以云南城镇上山建设为基础，重点研究山地城镇建设中"产、城"关系，提出模式多样、功能复合、配套完善、职住平衡、绿色低碳、文化特色、多维立体等发展策略及发展路径，并通过要素控制，提出紧密型融合、边缘性融合、分离性融合等典型的山地"产城融合"发展模式。期冀在城镇上山、工业上山的土地利用模式转变发展中，以山地产城融合发展为题展开一些思考，让未来的城市产业结构更合理、土地利用更集约、生态环境更优美、设施配套更完善。

关键词：城镇上山；山地；产城融合；发展模式

2011年，云南省提出"守住红线、统筹城乡、城镇上山、农民进城"的发展思路，引导"城镇上山"和"工业项目上山"，推动城镇尽量向山坡、丘陵发展，多利用荒山荒坡搞建设，少占或不占优质农田，努力实现城镇朝着山坡走、良田留给子孙耕的目标，以实现土地高效利用和城镇化科学发展，探索具有云南特色的城镇化道路。经过四年的发展建设，云南的山地城镇建设取得了较大的成绩，如：大理海东新区、玉溪研和工业园区等项目。

随着城镇上山建设的推进，云南各地城市拓展开始向山地发展，涌现出一大批城市新区、产业园区、工业园等，由于缺乏产城配套设施的考虑，新区在人口聚集、产业承接等方面还有待提高，迫切需要朝着产城融合方向发展。

产城融合即产业与城市融合发展，以城市为基础，承载产业空间和发展产业经济，以产业为保障，驱动城市更新和完善服务配套，以达到产业、城市、人之间有活力、持续向上发展的模式。

1 "产城融合"对于云南"城镇上山"的意义

1.1 是云南省特色城镇化的重要措施

城镇化是农村人口不断向城镇转移，第二、三产业不断向城镇聚集，从而使城镇数量

---

❶ 文勤，昆明市规划设计研究院。
❷ 李斌云，云南省城乡规划设计研究院。
❸ 冯雪，昆明市规划设计研究院。

增加、规模扩大的一种历史过程。城市的发展离不开产业的支撑，没有产业，城市再漂亮都是"空城"，城市在发展产业的同时，也是在推进城镇化，农村人口向城市转移，在城市能就业，才是城镇化的本质。因此，城市产业发展才能促进农村人口向城市转移，农村人口转移才能为产业发展提供劳动力保障，二者是相辅相成的关系。在云南省城镇上山的背景下推进产城融合，也是推进全省特色城镇化的重要进程。

1.2 是形成良性产业结构的必然选择

产城融合发展就其核心来看，是促进居住和就业的融合，即居住人群和就业人群结构的匹配。产业结构决定城市的就业结构，而就业结构是否与城市的居住供给状况相吻合，城市的居住人群又是否与当地的就业需求相匹配，是产城融合发展的重点。

产业结构与就业结构密切相关，根据配第—克拉克定理[1]和库兹涅茨对配第—克拉克定理[2]的延伸，随着经济发展和人均国民收入水平的提高，劳动力在各产业之间的变化趋势是，第一产业逐步减少，第二、三产业逐步增加。但当工业化到达一定阶段以后，第二产业就不可能大量吸收更多劳动力，第三产业对劳动力具有较强的吸附能力。随着云南产业的进一步发展，按前述定理分析，全省第三产业的比重将进一步提高，促进产业结构趋于合理。

因此，在引导农民进城、城镇上山的发展方式中，产城融合发展能有效促进聚集区内就业结构和人口结构的匹配，反之，产业结构、就业结构、消费结构相互匹配，亦能促进聚集区产城融合的发展。

1.3 促进云南各地产业转型发展

近年来，随着城市规模的迅速扩大和产业结构的不断调整，我国许多城市的产业都面临着不同的转型处境，云南省的产业发展同样面临着升级转型的新挑战。

随着国家"一带一路"、"长江经济带"等国家战略的实施，云南以"一区一兵一中心"的发展定位为目标，依托门户区位，扩大对外开放，将成为新兴产业的重要载体。在转型发展的新时期，伴随全球化的深入推动、产业转型及升级的发展要求，以及城市空间不断生长，云南的城市反正面临寻求新的思路。为实现全省"调结构、促升级"的重要使命，在城镇上山的战略基础上开拓产城融合发展的新路子将成为一种大趋势。

2 山地产城融合发展难点

2.1 重产轻城、产城关系松散

当前，产业和城市"两张皮"的现象比较普遍，有的在规划产业园时，偏重于单一的生产型园区经济，缺乏城市的依托；有的在规划城镇时，偏重于"土地的城市化"，有明显的"产城脱节"现象。同时受到云南特殊的地形、距离等多方面因素的影响，产城关系较为松散。

2.2 产业发展多样、需求复杂多变

从云南现状产业发展情况来看，初步形成了以旅游、化工、烟草、能源、生物制药、

绿色食品等产业，门类众多。在产业升级和社会经济转型要求的带动下，未来将面临大量产业项目的开发，不同项目对场地、配套等要求参差不齐，给产城融合发展提出更多挑战。

2.3 地形变化复杂、用地布局受限

在云南的地形构成中，山地占了93%以上，自然地理特征以高原山地为主，地形条件复杂，各县市海拔高差相对较大。在城镇上山战略的带动下，未来城镇建设将主要以山地开发为主，为用地布局等带来了较大的挑战。

3 山地产城融合发展策略

3.1 模式多样

不同规模等级的城镇由于资源环境承载力不同、发展基础和条件不同，因此在产城融合上要采用模式多样的策略。明确不同层级，不同职能，不同产业类型的城市、城镇在产城融合发展中的模式。产城融合要结合城镇各自的特点，产城融合并不是说所有产业都要产城融合，就一些对居民生活和环境有严重干扰和污染的产业是做不到产城融合的，这类情况需要产城适当分离，以便捷的交通方式将二者联系起来，达到高效率运转的目的；对居民生活和环境无干扰或干扰较小的产业就要做到产城融合，达到以产兴城、以城促产的目的。

3.2 功能复合

产城融合区是一个功能复合的综合片区，是生产、居住、交通等功能高度复合，一体化发展，是转变功能分区带来的产业布局和城市功能隔离。建设中要建立功能复合的开发意识，在各项建设中，产业功能区要与周边城镇融为一体，做到以产为基、以产兴城，新老一体、协同发展。

城市新区的建设往往是从单功能的拓展开始，比如产业大区、居住大区、教育大区等，但随着新区的不断发展，单种功能的集聚效益逐渐达到最大值，必然需要新的服务配套功能的进入，新区才能进一步健康发展。这样的案例屡见不鲜，如：苏州工业园区，从成立之初的单纯工业区，通过植入居住、配套服务等功能，最后转变为城市综合功能区，近年又通过建设科教创新区、中央商务区、生态科技城及生态旅游度假区等功能，使其转变为苏州最具代表和影响力的新区，从高新技术产业、现代工业为主导的高新区转变为高端服务业集聚、宜业、宜居、宜商、宜游的国际化现代新城区。

在新型城镇化发展的带动下，云南县城级以上城市多在总体规划中提出了构建城市新区的思路，以功能复合的策略发展城镇新区，对云南城镇化持续发展具有重要意义。

3.3 配套完善

配套完善是指作为城市新区，公共服务设施配套按照城市配套标准配置，满足新区发展需要。为促进"产城融合"发展，基础设施和公共服务设施建设可从以下几个层级进行考虑。

根据主导功能不同进行分层级、分类配套。根据功能不同可按生产性服务设施和生活行服务设施进行分类，根据产城发展关系可按城市级、分区级和社区级分类。城市级公共服务设施强调的是城市对区域的服务能力，体现的是城市职能；分区级公共服务设施是内部生产、生活服务，重点强化服务水平；社区级公共服务设施是有针对性的加强小型服务的配套，主要在提高改善产业工人的日常生活水平，便于吸引高素质人才，加快产业发展。

3.4 职住平衡

单一功能的园区和新城建设容易导致钟摆式、潮汐式的上下班问题，给城市交通带来极大的干扰。为避免钟摆式交通问题，各个新城或园区内要实现就业在园区、新城内自己创造，即在某一给定的地域范围内，居民中劳动者的数量和就业岗位的数量大致相等，大部分居民可以就近工作；通勤交通可采用步行、自行车或者其他的非机动车方式；即使是使用机动车，出行距离和时间也比较短，在一个合理的范围内，即职住平衡。在职住平衡的状态下，既能保证新城、园区的经济活力，有利于减少机动车尤其是小汽车的使用，减少交通拥堵和空气污染，又能避免钟摆式、潮汐式的交通问题，大大减少交通压力。

3.5 绿色低碳

云南的产业导入和发展坚持以符合"低碳、生态"要求为原则。不走传统工业化老路，强化生态文明下绿色发展路径，注重环境保护、改进产业模式、创新引领，对进入产业提出准入门槛要求，加快对现有产业转型升级，引导产业向"低碳、生态、智慧"方面发展。

在产业选择突出绿色低碳的基础上，更要突出山地生态文明建设，积极探索山地空间科学利用，确保"青山绿水、金山银山"共存，以保护云南的生态格局，建设"七彩云南、美丽中国"。

3.6 文化特色

保持特色，塑造内涵，以"特色化、本地化"推进城镇化发展。云南历史悠久、民族文化多彩多姿、内容丰富、精品纷呈。在两强一堡战略的引导下，云南的产业发展必当包含文化商旅产业，本地文化产业化发展将成为云南建设中的特色与亮点，典型的有彝族、回族、白族、傣族、哈尼族、纳西族等民族文化，彝人古镇、大理古城、大研古城等"营城"历史文化，恐龙谷为代表的自然遗迹文化。因此，在建设过程中有必要打破传统规划模式，突出考虑如何赋予城市建设的内涵，从全新的角度出发，重新定义和规建具有实际内涵和空间形式的新区形态。除此之外，在建筑特色塑造上，结合地方代表性文化和传统建筑风格，将传统文化及建筑元素加以体现，突出云南城镇建设的特色价值。

3.7 多维立体

结合山地地形、地貌，保护坝区优质耕地，促进土地资源节约、高效利用，转变建设用地方式，充分利用低丘缓坡土地资源，采取多维立体的策略，分别从宏观、中观、微观等不同尺度做好山地开发利用。

宏观尺度控制整个区域保护与发展关系，确立生态优先、精明增长的土地利用策略，引导开发方向。中观尺度控制好对山体、河流的保护与利用，相山、梳水、延绿、筑景，打造显山露水、山水通城的山地、组团、生态园林示范的特色空间。微观尺度控制好对地形、水系的利用，强调道路和建筑依山就势、顺应地形，营造特色鲜明的城市风貌。

4 山地产城融合发展模式

4.1 紧密型融合

新区产业多元化、功能聚集，公共服务设施完善，其水平甚至高过中心城区，多导入市级乃至区域级的文化艺术中心、休闲度假基地和商务会展中心，同时，注重综合环境营造和生态宜居形象塑造，并选取生态绿地、山体和水系等特色要素进行景观亮点打造，系统提升园区整体形象与品质。该型布局模式适用于发展高新技术产业等污染较少的产业园区，适用于新城型建设区。

4.1.1 紧密融合Ⅰ型布局模式——中轴布局

依托一条或多条景观大道、绿化通廊等形成主要发展轴线，将园区的管理办公机关、商务办公、行政部门、居住等配套服务设施在该条轴线上集中布局，同时沿轴线形成多个等级和不同类型的中心，生产区沿中轴线周边进行平行布置，使园区的生产区、管理服务区、生活区共同构成"一条轴线、多个中心"平行发展的态势（图1、图2）。

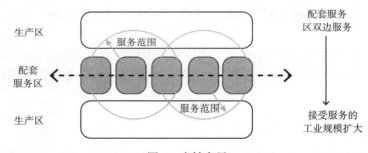

图 1 中轴布局

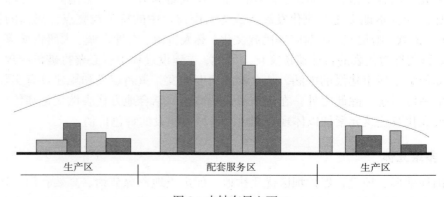

图 2 中轴布局立面

4.1.2 紧密融合Ⅱ型布局模式——中心布局

中心布局模式可细分为单中心和多中心两种布局模式。单中心模式指产业园区中只有一个中心，通过中心的服务配套服务周边的产业区。多中心布局模式指每个组团均是功能完善的产业组团，各组团均拥有之间有一定间隔，能够较好适应地形较为复杂的山地，该布局模式能保证每个组团均衡发展，并保持良好的生态环境，还能依据具体情况的变化灵活调整和改变布局（图3）。

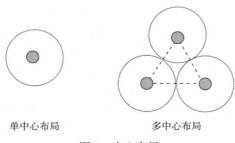

图 3 中心布局

4.2 边缘型融合

园区以生产性和高端生活性服务业为主，多以区级和市级配套为主，创意研发、创新产业占产业结构比重较大，如商务办公、会议酒店、金融、信息咨询等，同主城联系密切，并在一定程度上反哺主城，具有一定的辐射扩散效益。典型的有平行布局模式，即产业区与配套服务区并联布置，并且各有自身的发展轴线与交通干道，互相成平行发展与垂直联系的态势（图4）。

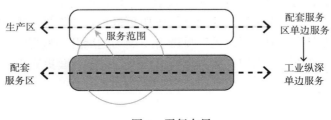

图 4 平行布局

4.3 分离型融合

园区以工业为主导，建设少量职工宿舍，并按需求配建工业邻里中心，产业园区功能单一，允许一定程度的环境污染，园区与城区间建立快速便捷的交通系统，使两地间联系紧密，形成高效的产城关系。分离融合型典型的有一心多核布局模式，即产业园区中设置一个以商业、居住、管理服务等主要功能的中心区，在各个进行产业发展的组团中设置次一级中心，适用于依托主城型的产业园区和新城型的产业园区规划布局（图5）。

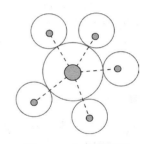

图 5 一心多核布局

产城融合模式特质一览表　　　　　　　　　　　　　　　　表1

类型	紧密型融合	边缘型融合	分离型融合
功能结构	生产+生活+生态+科研创新+新兴服务，功能完善	生产+居住+创新研发等功能多样化	产业主导，职住分离
园区性质	综合产业新城	复合型产业新区	独立产业园区
关注焦点	经济+社会+生态+文化+产业	经济+社会+创新	经济发展
产业结构	服务业主导	工业+服务业	工业主导
配套设施	突破"配套"概念，市级乃至区域功能植入，博览中心+商务中心+文化艺术中心+休闲基地+CBD	城区和市级配套，商务办公+会议酒店+金融+信息咨询等生产性服务设施	工业邻里中心，居住+商贸+餐饮等社区级公共服务
母城关系	互融互促，一体化发展，带动区域整体发展	日益密切，反哺母城，辐射扩散效益	依赖城区，职住联系
空间形态			

5　结语

产城融合这一理念在我国已提出多年，真正实现产城融合发展难度较大，在新型城镇化发展的推动下，要建设产城融合发展的新区，必须规划先行，对其进行系统全面的空间布局、服务设施与基础设施配套。近年来，云南城市建设取得了较大的成就，但沿海区域相比，城市建设仍显滞后，未来城市建设还将经历更进一步的发展，在城镇上山、工业上山的土地利用模式转变发展中，以山地产城融合发展为题展开一些思考，以期未来的城市产业结构更合理、土地利用更集约、生态环境更优美、设施配套更完善。

注释

1. 随着经济的发展，人均国民收入水平的提高，第一产业国民收入和劳动力的相对比重逐渐下降；第二产业国民收入和劳动力的相对比重上升，经济进一步发展；第三产业国民收入和劳动力的相对比重也开始上升。
2. 根据配第—克拉克定理和库茨涅茨的相对国民收入理论，产业结构由劳动密集型向资本密集型，并最终向技术或知识密集型产业转换。

参考文献

[1]　刘畅，李新阳，杭小强. 城市新区产城融合发展模式与实施路径[J]. 城市规划学刊，2012，7.

[2] 王丽华.产城融合发展模式及策略思考[J].中国集体经济，2012，31.
[3] 邹伟勇，黄炀，马向明，戴明.国家级开发区产城融合的动态规划路径[J].规划师，2014，6.
[4] 欧阳东，李和平，李林，赵四东，钟源.产业园区产城融合发展路径与规划策略——以中泰（崇左）产业园为例[J].规划师，2014，6.
[5] 孙念念.山地城镇工业园区的用地选择与利用研究——以涪陵龙桥工业园区规划为例[D].重庆大学硕士学位论文.

基于生态红线的山地城镇用地布局研究
——以贵州省桐梓县为例

蒋 智[1]

摘 要：新型城镇化规划把生态文明理念全面融入城镇发展，对城镇健康持续的发展具有重要意义。生态红线规划是生态文明实践的重要内容，对山地城镇用地布局产生积极有效的影响。本文结合贵州省桐梓县生态红线的划定工作，反思了近几年山地城镇空间拓展的变化影响，提出了在生态红线管控下山地城镇土地利用的布局原则和实施策略。

关键词：生态红线；山地城镇；空间布局

近年来，西部地区山地城镇建设快速发展，城市规模急剧扩张，城镇空间的变化对原本和谐的山水格局造成了结构性和功能性的冲击。虽然城镇化和工业化是当前城镇发展的必然趋势，但现行的城镇建设模式造成了山地城镇空间与生态保护空间的截然对立。随着新型城镇化规划、国家生态保护红线规划的实施，生态文明建设被放在突出的地位，既是对近年山地城镇无序拓展秩序的扭转，也是传统城乡规划所倡导的"天人合一"的回归。

1 山地城市空间拓展的反思与生态红线的提出

1.1 回顾与反思

桐梓城市规划区 2005 年与 2014 年人口与用地规模对比　　　　表1

	2005 年	2014 年
人口规模（万人）	10.2	17.2
城市建设用地（公顷）	549	1340.81

自 2005 年来，位于黔渝交界处的桐梓进入城镇化和工业化快速发展阶段，乡镇人口向中心城区转移加快，城市规模迅速扩张。近 10 年来，中心城区规模增加了 2.5 倍（表1），友好的山水格局关系被打破，原本用地紧张的山地小城面临巨大的挑战。城区外围山地缓坡的耕地、沟谷逐渐被城镇建筑物覆盖（图1）。城市周边的耕地、林地等生态涵养地即将消失，城市发展进入不可持续的阶段。

---

[1] 蒋智，广州科城规划勘测技术有限公司重庆分公司。

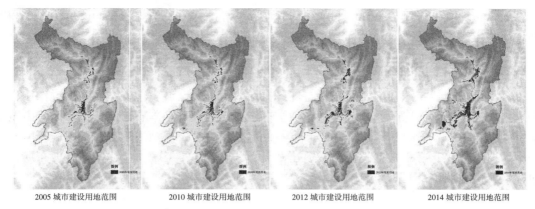

| 2005 城市建设用地范围 | 2010 城市建设用地范围 | 2012 城市建设用地范围 | 2014 城市建设用地范围 |

图 1 桐梓县城市规划区用地拓展评价分析图

1.2 生态红线的提出

生态红线是我国近年来提出的全新概念，也是环境保护的重大转变的象征。2005 年，深圳市出台了《深圳市基本生态控制性管理规定》，划定包含六类土地在内的保护红线，保护范围达到市域面积的 50% 以上；2013 年，广州市出台了《广州市基本生态控制线管理规定》，对生态补偿和生态管控机制进行制度化管理，通过《广东省生态控制线划定工作规程》和《广东省生态控制线划定工作方案编制技术指引》等规章整合各类规划中的生态控制线成果。2014 年，环境保护部正式提出国家生态保护红线体系，国家生态保护红线体系是实现生态功能提升、环境质量改善、资源永续利用的根本保障，具体包括生态功能保障基线、环境质量安全底线和自然资源利用上线（简称为生态功能红线、环境质量红线和资源利用红线）。基于生态功能红线对城镇用地布局具有直接关系的原因，本文仅从生态功能红线角度分析生态红线对城镇用地布局的影响。

2 基于生态红线的城镇用地布局研究

2.1 城市用地布局原则

2.1.1 生态导向原则

生态导向以生态优先为前提，是将生态环境保护作为规划发展的首要原则，有效地保护林地、水库、水渠、农田等生态基底要素，维护区域生态平衡。在山地城镇土地利用布局过程中，以生态红线为依据，严格控制管控区城市建设的肆意发展，科学选择城镇拓展方向和用地，适度控制城镇规模的扩展，高效利用建设用地，减少对生态环境的影响。

2.1.2 城乡协调原则

新型城镇化是以城乡统筹、城乡一体、产城互动、节约集约、生态宜居、和谐发展为基本特征的城镇化，但土地的城乡二元结构决定了城乡土地利用存在较大的差异。城乡用地的空间配置需严格按照城镇化和工业化发展方向、常住人口转移趋势以及生态保护空间的敏感性进行调整，从而促进城乡在空间分布、能量流动和环境保护的协调优化。

2.1.3 弹性控制原则

城镇用地拓展是一个动态和渐进发展的过程，在生态红线管控的基础上，根据区域的自然属性特征和发展趋势，建立起弹性控制原则，才能保障土地利用布局的可操作性和增强生态环境的持续性。

2.2 山地城市用地布局技术路线

根据生态红线技术指南要求，生态红线在保障国家和区域生态安全具有关键作用，是生态平衡的最小生态保护空间。通过叠加生态红线管控区和基本农田保护边界形成山地城镇空间增长边界。人口和用地规模的确定不仅取决于城镇发展预测，还在于区域环境容量的承载要求。在此基础之上，协调城镇建设空间和生态基本空间，优化城镇用地布局，构建起适宜山地城镇空间布局的模式（图2）。

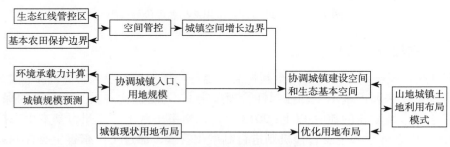

图2 山地城镇土地利用布局研究技术路线

2.3 城市用地布局策略

2.3.1 生态红线控制范围的确定

生态保护红线主要包括重点生态功能区、生态敏感区/脆弱区、禁止开发区三类红线的划定。重点生态功能区红线划定由生物多样性维持功能评价、土壤保持功能评价、水源涵养功能评价、生态系统服务功能综合评价构成（图3）；生态敏感区、脆弱区红线划定由水土流失敏感性评价、石漠化敏感区评价、河滨带敏感性评价、重点饮用水源地评价构成（图4）；禁止开发区红线划定主要包括自然保护区、湿地公园、森林公园、风景名胜区、地质公园、自然文化遗产地和饮用水源保护区7类（图5）。

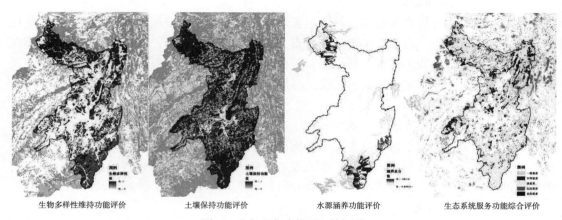

| 生物多样性维持功能评价 | 土壤保持功能评价 | 水源涵养功能评价 | 生态系统服务功能综合评价 |

图3 重点生态功能区红线评价

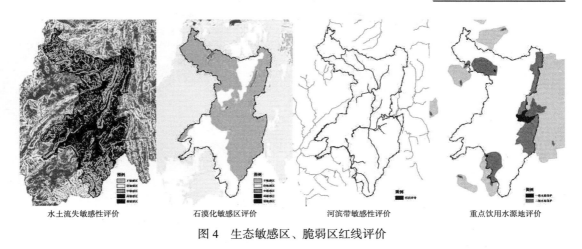

水土流失敏感性评价　　石漠化敏感区评价　　河滨带敏感性评价　　重点饮用水源地评价

图4　生态敏感区、脆弱区红线评价

根据桐梓县生态红线规划，生态控制根据各自重要程度分为一级管控区和二级管控区（图6）。

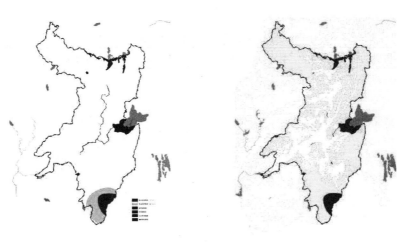

图5　禁止开发区评价　　　　　图6　生态红线管控区

2.3.2　城市空间增长边界的确定

城镇空间增长边界是控制城镇无序蔓延而产生的一种技术手段和政策措施，也是城镇在某一时期进行空间拓展的边界线。桐梓城市空间增长边界由生态红线和基本农田保护红线叠加形成（图7、图8）。

2.3.3　城市用地规模的判断

根据生态红线规划，桐梓县中心城区非生态用地139.68平方公里，城镇空间增长边界范围内用地规模为43.54平方公里。通过对用地适宜性、矿产资源分布、地质断裂、水源利用度、煤炭采空区等因子占地面积和相互叠加综合分析，桐梓县城区适宜城市建设的用地规模为33平方公里（图9，表2）。桐梓县中心城区人口规模的预测在采用自然增长、机械增长、产业带动等方式基础上，还充分考虑环境承载力的影响，包括综合水资源承载力、水环境承载力、大气环境承载力、生态环境承载力、土地承载力等因子，综合预测规

图 7　永久基本农田边界　　　　　图 8　城镇空间增长边界

划至 2030 年，中心城区人口规模为 33 万人。

桐梓城市用地条件适宜性分析表　　　　　　　　　　　　　　表 2

城市规划区内适建判定因子	规模（平方公里）	与用地适宜性重叠规模（平方公里）
用地适宜性	88.67	—
生态红线因子	139.68	81.94
城镇空间增长因子	43.54	34.33
矿产资源因子	—	—
地质断裂因子	4.22	0.71
水源利用度因子	2.77	1.08
煤炭采空区因子	46.56	5.42

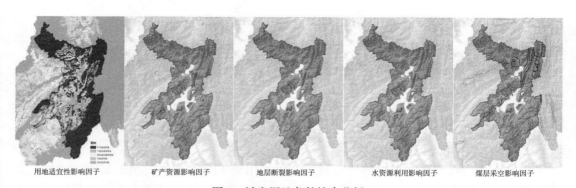

用地适宜性影响因子　　矿产资源影响因子　　地层断裂影响因子　　水资源利用影响因子　　煤层采空影响因子

图 9　城市用地条件综合分析

2.3.4　城市山水格局的确立

桐梓县中心城区包括娄山关镇、燎原镇和楚米镇的集镇范围。城市用地主要分布在相对集中娄山关老城及燎原、楚米坝子所在的山谷地区，被东山、南山、凤凰山围合，天门河、榛溪河、南溪河、桐梓河贯穿其中，具备良好的山水城市条件基础。桐梓城市用地布局立足于生态本底，考虑与周边山体形成天然的融合。采取建设用地与生态用地适度穿插的布局方式，将具有生态功能的生态用地特别是带状河滨地区、自然山体作为城市中的"绿心、绿带"，使生态建设与耕地保护有机统一。桐梓县中心城区外围的东山、南山、罗汉山—虎峰山—狮子坡三山分城的格局，形成连片的绿楔和通廊，有效改善城区的生态环境。

2.4 城镇用地布局的优化

基于以上综合判断，桐梓县城区用地布局主要向西和向北进行拓展，形成东控、西拓、北接、南拓的拓展趋势。在优化娄山关、楚米空间结构的基础上，向东发展杨柳田、小西湖，并控制无序增长；向西重点发展燎原、黎丝坝，适度发展杨柳坪；向北发展元田坝，连接楚米；适度向南拓展田坝（图10、图11）。

图10 桐梓县城区用地拓展趋势图

图11 城市用地布局结构图

依据生态红线规划的要求，城市范围内生态红线一级管控区内的居民点应逐步向居住条件好、生态敏感度低的地区转移；生态红线二级管控区应控制城市建设的扩张，加强生态环境的恢复工作；重点发展城市空间增长边界以内的用地，降低人均建设用地和提高产业发展强度，提升土地利用效率，加快基础设施建设，以点带面，盘活全县的城镇发展和生态保护（图12）。

3 结语

生态红线的划定不是限定城镇发展，而是促进城镇更高效、更健康、可持续的发展。在生态红线管控下进行城镇用地布局调整，才能更科学地实现"尊重自然、顺应自然、保

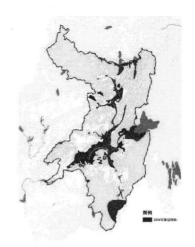

图12 桐梓县城区用地布局优化图

护自然的方针,才能实现给自然留下更多修复空间,给农业留下更多良田,给子孙后代留下天蓝、地绿、水净的美好家园"的目标,才能建设好"美丽中国"。

参考文献

[1] 深圳市基本生态控制线管理规定. 2005.
[2] 国家生态保护红线—生态功能红线划定技术指南(试行). 2014.
[3] 国家新型城镇化规划(2014～2020年). 2014,3.
[4] 燕守广,林乃峰,沈渭寿. 江苏省生态红线区域划分与保护[J]. 生态与农村环境学报,2014,30.
[5] 王正,蒋智,黄芳,卢俊洁. 基于生态导向的环境脆弱区规划路径探讨——以仁怀茅台空港园开发区为例[R]. 2014(第九届)城市发展与规划大会,2014,10.
[6] 符娜,李晓斌. 土地利用规划的生态红线区划分方法研究初探[R]. 中国地理学会2007年学术年会,2007.
[7] 李井海. 基于实施视角下的生态红线规划探索——以成都为例[R],2014中国城市规划年会,2014.
[8] 李若帆,吴佳明,王亚男. 基于生态文明建设层面的生态红线划定实践——以《天津市生态用地保护红线划定方案》为例[J]. 城市,2014,12.
[9] 中国共产党第十八届中央委员会第三次全体会议公报[M]. 北京:人民出版社,2013.

山地县级单元城市旧城更新改造研究
——以四川省石棉县旧城更新改造为例 [1]

郭海娟[1] 赵 彬[2]

摘 要：山地县级单元城市是山地人口、经济、产业集聚区，也是山地未来城镇化的主战场，现阶段这类型城市的发展以新区开发和旧城更新同步为主，其中旧城更新是促进新区疏解旧城功能的原始动力，也是城市整体形象提升和核心竞争力提高的重要推动力。但在面向实施的更新改造中，往往面临着诸如空间拓展难、挖潜平衡难、实施完善难和利益协调难等建设难点。本文以石棉县中心城区旧城更新改造为例，通过对石棉县旧城更新过程中的问题和难点进行梳理，提出一系列面向实施的旧城更新策略和方法，并用项目实践进行佐证。为这类城市的旧城更新改造提供一种面向实施的具有可持续发展的规划路径。

关键词：山地县级单元城市；旧城更新；面向实施；空间拓展；生态安全；城市特色

1 引言

我国是一个多山的国家，山地约占我国国土面积的2/3，山地城市约占全国城市总数的1/2，其中县级单元城市约占山地城市的2/3，且多为山地河谷型城市。山地县级单元城市多是山地地区人口、产业的集聚区，也是山地城镇化发展的主战场，在新型城镇化进程中的作用超过平原城市。现阶段在新型城镇化和第二轮西部大开发建设的推动下，山地县级单元城市的发展以新区开发与旧城更新同步为主，旧城更新是促进新区疏解旧城功能的原始动力，也是城市整体形象提升和核心竞争力提高的重要推动力。

但在现阶段山地县级单元城市旧城更新往往面临着空间拓展难、城市内部挖潜平衡难、设施完善难和利益协调难等诸多难题，阻碍着山地旧城更新空间的拓展、价值的提升和环境的改善。面对这些难点和问题，笔者以四川省石棉县为例，以"均衡城市功能、挖潜城市空间、重塑城市特色、保障城市安全和提升城市魅力"为更新任务，探讨了山地县级单元城市综合价值提升的旧城更新方法。

石棉县位于四川省雅安市最南端，是唯一以"矿"命名的县级单元城市，在建国初期因"石棉矿"开采而设县，城市依山临水而建，内有大渡河和楠垭河穿城而过，石棉县同时是一个少数民族聚居县，素有"藏彝走廊"之称。

---

[1] 郭海娟，江苏省城市规划设计研究院。
[2] 赵彬，江苏省城市规划设计研究院。

2 石棉县中心城区旧城更新存在问题

2.1 旧城空间拓展难

2.1.1 城市可用土地有限，旧城开发强度大

与大多数山地河谷型城市一样，石棉县中心城区面临着土地资源稀缺与城市快速发展空间需求的矛盾。石棉县中心城区河谷两岸坡度小于25°的范围约9.6平方公里，其中河流面积约4.1平方公里，城市可建设用地仅5.5平方公里左右。其中老城区占地面积约80公顷，有置换可能的用地仅约22公顷。其次，老城区建设开发强度大，现状老城核心区容积率普遍达2.0以上，新区达4.0以上；建筑密度高达50%，"握手楼"处处可见，近期面临改造的一些棚户区建筑密度达到70%。

2.1.2 旧城功能冗杂，新建组团发展动力缺

石棉县在长期的城市发展过程中形成了单中心、多组团的带状城市格局，城市在两河交汇处形成旧城核心区，是城市功能、人口和产业的集聚区。由于土地资源的限制，新建组团间相聚较远，彼此联系不便，新建组团往往通过过境交通与老城区保持联系，彼此间缺乏动力支撑，功能设施发展缓慢。

图1 单中心多组团的带状城市发展格局

另外，现状旧城更新和新区拓展多以政府为主导，新建组团开发中约72%的住房为安置房，这些地区开发设施配套不足，无法带动城市功能的发展，居民生活的基本需求还是依托老城区，不能达到疏解旧城功能的作用，相反加剧了老城功能发展与城市建设的矛盾。

2.2 旧城有机更新操作复杂

现状老城区地块规模小，可用于直接更新的地块平均面积约1.5公顷，地块内部要实现多功能用地开发难度大；其次，现状老城区房屋建设多为居民的自建房，用地琐碎，整

体改造难度大；另外，现状老城区旧城更新多是项目导向型的开发模式，地块更新多是点状开发，缺乏整体呼应关系，导致城市空间紧张凌乱。

2.3 城市风貌梳理不足

石棉有着良好的自然山水环境，但在城市建设中，"山水城林"融合欠佳，在石棉城内，常有连续约1公里的城市建设遮挡了山水界面，阻断了山水关系，山水城市风貌缺失。

石棉县素有"藏彝走廊"走廊之称，是成都周边少有的少数民族聚居区；同时又有丰富的川矿文化、川西文化特色，但在现状城市建设和城市更新中，未能将文化要素在城市风貌中展现出来。

2.4 旧城更新策略缺乏

由于缺乏统一整体的更新策略指引，现状旧城更新混乱。新置换出的土地，不分区域不分条件都建成了点式高层，破坏了山体轮廓线；新建建筑缺乏与传统建筑的呼应，建筑风格差异大；城市更新中，对临山和临水区域的控制不明晰，导致城市建设活动侵占山体、河流岸线，破坏自然生态的同时也增加了城市的安全威胁。

2.5 城市安全隐患突出

石棉县位于龙门山活动断层、鲜水河活动断层、河西走廊带交汇区域。中心城区有"回隆——顺河村"地震断裂带经过，由于人工改造，断层活动的原始地形地貌遭受强烈破坏，据推测，石棉城区内断裂带全新世可能仍有活动。

石棉县在"5.12"汶川地震、"4.20"芦山地震中不同程度受损，加之人为建设活动的加剧，城市周边的次生地质灾害显现，主要包括泥石流、滑坡、危岩、崩塌几种类型，属于地质灾害重点防治区域。

现状中心城区人口密度高，人均建设用地面积仅为83平方米，加之消防通道不健全，开敞空间紧缺等问题，中心城区在消防、人防、洪涝灾害等方面安全隐患较为突出。

3 石棉县中心城区旧城更新改造策略

3.1 生态优先考虑，保障城市安全

对于地质灾害易发的山地河谷型城市，生态保育是城市建设中的首要任务，规划要走生态优先发展道路，城市建设活动应对地质灾害提前预测和防护，保障城市安全。

3.2 核心功能优化，保持城市活力

面对城市有限的可开发用地，旧城更新要注重资源的整合。从宏观的功能定位到中微观的功能置换，通盘考虑。引入新型功能，从城市层面协调更新地块功能布局，有秩序地实现内部功能疏解，重构旧城功能、拓展旧城空间的同时，实现城市综合价值的提升。

3.3 挖潜存量土地，高效集约发展

在城市建设中把城市建设、经济转型和维护生态结合起来，划定城市"置换型、价值

提升型"用地范围,确定存量土地开发目标,对现有土地进行挖潜,盘活存量。

对于"置换型"用地,合理改变土地的使用性质,确定适宜的开发强度;"价值提升型"用地,保持现状用地性质不变,适当调整土地的开发强度。

3.4 多方参与互动,多元利益体现

旧城更新作为城市再开发建设活动,涉及政府、开发商、居民等多方利益,为确保各方利益,规划应引导多方参与,平衡各方利益,并明确各方在旧城更新中的职责,保障旧城更新顺利开展。

3.5 显现山水品质,提升城市形象

山地河谷型城市有着天然的山水自然环境,规划应保留自然山水绿廊,突出山水特色。通过山水特色塑造,打造山水品质,丰富城市形象,提升城市内涵,带动社会效应,增强城市的感召力和影响力。

4 石棉县旧城更新改造实践

4.1 引入经济策划,优化城市功能结构

4.1.1 引导功能疏散,加强市场引导

石棉县中心城区现状大量的行政办公、城中村、棚户区等用地占据着核心区黄金地带,部分工厂企业、交通场站用地拥挤在老城,不仅使土地使用违背级差地租原理,土地使用效率不高,而且也是中心城区活力缺失的重要原因之一。

规划对老城区进行功能疏散引导,为市场开发用地提供可能。引导零碎布局的或闲置的工业用地、行政办公用地、交通场站用地向新建组团搬迁,实现旧城功能的疏解。置换出的用地用于公益性与市场性开发,规划以商业、文化、娱乐休闲等功能为主,并适当增加绿化、广场和公共用地,改善城市环境,提升城市形象。

石棉县中心城区旧城组团主要功能用地置换对比表　　　　　表1

	现状	规划	现状	规划
居住用地	15.14	18.53	18.84	23.06
工业用地	2.83	—	3.52	—
商业服务业设施用地	8.49	13.96	10.56	17.37
公共管理与公共服务设施用地	11.34	9.67	14.11	12.03
行政办公用地	6.01	—	7.48	—
交通场站用地	1.05	—	1.31	—
商住混合用地	8.06	8.97	10.03	11.16
绿地与广场用地	2.67	6.48	3.32	8.06
旧城组团面积	80.37	80.37	100	100

图 2　用地功能调整示意图

4.1.2　提倡混合开发，注入街巷活力

对置换型的用地提倡混合开发，注入街巷活力。从城市整体角度考虑，对开发用地与周边区域地块进行联动开发，带动周边地块功能提升，提高城市活力。

现状中心区的商业多沿街设置，缺乏立体的商业设施，规划对置换出的用地提倡立体化的整体建设，在立体空间中丰富商业业态类型，充分利用地上、地下空间，引导商业多层次、立体化开发，提升土地的综合效益。

同时对多个改造片区进行联动开发，错位承担公共服务设施功能，实现多个片区的整体活力提升。

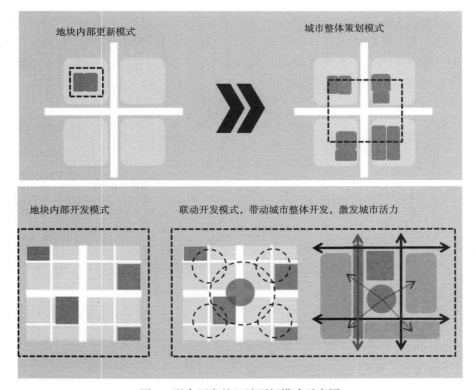

图 3　混合开发的旧城更新模式示意图

4.1.3 营造特色空间，恢复城市记忆

石棉县中心城区旧城现状开发强度大，改造过程中经济置换难度大，对于旧城更新改造不提倡大拆大建，而是进行适度保留，对有特色的空间进行特色功能植入，改善区域活力。

在老川矿街区的改造中，规划对其并非整体拆掉，而是对质量较好的民国时期留下来的新式里弄建筑进行修缮，适度进行扩建。规划引入新型服务产业，植入川矿文化、川西建筑文化、地方饮食文化，结合现代商业业态和时尚元素，将无形的城市文化转化为有形的城市空间载体。规划将其建设成川矿文化街区，营造以川矿文化为主题，专属石棉城市的文化记忆场所，提升城市品位，带动城市发展。

4.2 多方科学校核，确定合理开发强度

对于旧城更新中开发强度的确定我们提出"三步曲"方法：第一步，根据用地性质、土地级差低价、城市环境需求、交通和基础设施容量等给出基准容积率；第二步，将基准容积率与现状容积率进行比对，根据生态景观和视线廊道控制要求，明确底线控制容积率；第三步，面向实施的开发强度控制，规划将更新地块进行基本控制单元划分，在基本控制单元内结合地块实际情况，对无法达到建设强度要求的，对容积率进行转移，在基本控制单元内基本平衡，实现土地开发强度的平衡变动，并促进城市用地的高效合理使用。

4.3 精明应对不利条件，积极减弱消极影响

通过相关专业部门分析，石棉县中心城区内有活动的地震断裂带一处，规划根据《建筑抗震设计规范》GB500112010规定，建议石棉县城规划区内要避让的丙类（民用）建筑物最小避让距离宜为断裂带两侧各25米，学校和医院等公共设施宜断裂带两侧各40米。

对于现状存在和潜在的泥石流、滑坡、崩塌及不稳定斜坡等，规划以相关部门的分析为基础，确定地质灾害位置后强调对地灾点提前进行工程防护，采取工程防护后确定安全的区域进行适度开发建设引导；控制建设活动为非生命线工程、低强度开发工程，并结合疏导空间建设城市开敞空间，规划在实际自然灾害的地貌基础上两侧各控制不小于20米的防护绿化带。

石棉县地质灾害防护控制　　　　表2

断裂带	（民用）建筑物最小避让距离宜为25米；学校和医院等公共设施最小避让距离40米
泥石流 滑坡、崩塌、危岩	修筑拦渣坝、排导槽，使用拦挡、支护工程，排导、引渡等防护工程提前加固和预防。地灾两侧疏导后控制20米防护绿带

对于已建的处于地质灾害区域内的建筑，旧城更新中要求对周边地区进行工程加固，对于存在较大安全隐患的经过专业机构评定进行拆除，若不能拆除的对其进行工程加固、维修，安全达标后使用。

4.4 山水城林互融，促进特色要素彰显

4.4.1 划定组团空间增长边界

石棉现状的建设朝着山体、水体蔓延趋势明显，过渡的城市开发建设活动，破坏了自

然生态环境。规划以生态恢复和生态保护为基本原则，打造良性发展的生态空间，并采取原生态维护方式来维护整体区域内的山林风貌。

规划提出划定组团空间开发边界的手段，严格控制城市建设活动无序蔓延。老城组团以大渡河、楠桠河和鸡公山形成天然的城市边界，城市建设活动在划定范围内进行，抑制大量的建设活动向山体、河流扩张。

4.4.2 搭建山水联系框架

结合城市水系、山体打造城市主要景观绿廊，划定水体控制线和山体保护区域，形成"三幕、两河四带、八楔"的山水景观框架。

"三幕"由城北山林、鸡公山山林、北部山林形成的绿化生态屏障；"两河四带"是由大渡河、楠桠河交汇形成的滨水绿化带；"八楔"是结合冲沟、滑坡点、山体等从城市外围楔入城市的八条绿楔。

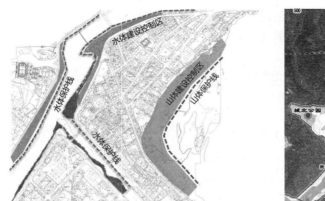 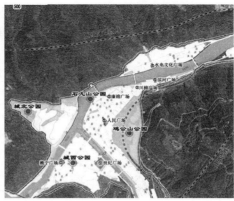

图 4　山水联系框架构建示意图

通过山水框架的构建，合理塑造山水城市空间轮廓，形成向水面逐层跌落的整体建筑态势，引导城市良好微气候循环，建设美丽宜居城市。

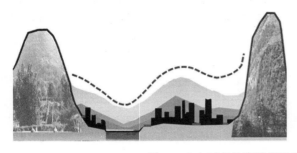 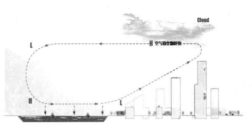

图 5　山水城市轮廓线塑造及微气候循环模式示意

4.4.3 延续旧城传统风貌

保护石棉传统风貌景观，延续旧城亲切宜人的街坊尺度，新建片区街坊尺度控制在适宜的尺度，突出城市的宜居性。合理布局新建高层建筑成团成组，呼应山体轮廓线的走势，保障城市"显山露水"的整体形态。

保留川矿社区和利吉堡社区，打造中心城区两个特色风貌街区。川矿社区保护和延续传统风貌，引导其由工矿区居住区向城市功能区转变；利吉堡社区引入藏族、彝族民族文化特色，重点打造成民族旅游休闲文化街区，在保持城市传统文化传承的同时，提升城市辨识度和城市在区域中的号召力。

4.5 多方参与互动，保障公平实施

规划根据项目属性对项目进行分类，分为公益性项目、核心地块商业开发项目、居住区更新项目三类,引导政府、开发商和居民进行主导角色分配。道路的改造、环境综合整治、文化设施建设、公共服务设施建设等公益性项目以政府为主导；核心区的商业地段的开发项目以开发商为主导；社区层面与居民日常生活息息相关的项目以社区居民为主导。不同类型的项目明确了主导角色后，由设计单位按照现状和城市建设要求编制出城市更新设计导则，再由不同的利益群体针对项目的类型进行主导、干预和控制，共同决定中心城区更新改造的策略和重点，以此推动中心城区更新的有序实施。

不同项目类型的角色分配　　　　　　　　　　　表3

属性	项目类型	角色分配
公益性项目	道路的改造、环境综合整治、文化设施建设、公共服务设施建设	政府为主导、开发商协助、社区居民参与
核心地块商业开发	中心城区核心区的商业地段的更新	开发商主导、政府引导、干预和控制
居住区更新	建筑外立面改造、公共服务设施设置、街道环境整治、地块内部公共空间设计	居民主导、政府引导

5 小结

山地县级单元城市的旧城更新是一个问题导向型的研究过程。对于类似的山地河谷型城市的旧城更新更应从问题梳理着手，以解决问题的方式促进城市空间的整合、功能结构的调整，并引入市场的调节思维，结合社会的发展需求，促进经济、社会、环境全面协调可持续发展。

注释

1. 资料来源：《石棉县城市总体规划（2014～2030）》、《石棉县中心城区控制性详细规划》、《石棉县总体城市设计》。

参考文献

[1] 黄光宇. 山地城市学原理[M]. 北京：中国建筑工业出版社，2006.

[2] 黄光宇. 山地人居环境的可持续发展[R]. 山地人居环境可持续发展国际学术研讨会，

重庆，1997.

[3] 毛芸芸. 山地人居环境空间形态规划理论与实例探析 [D]. 重庆大学，2009.

[4] 吴丹. 基于社区的"三元互动"旧城更新规划策略研究 [D]. 华中科技大学，2012.

[5] 谢世雄. 旧城更新过程的控规容量指标研究 [D]. 中南大学，2010.

[6] 李楠. 山地城市规划设计研究与实践 [D]. 重庆大学，2009.

[7] 卢峰. 生态视野下的山地城市设计研究 [J]. 南方建筑，2013，2.

新常态背景下乡村人居环境优化策略
——基于秦巴山区城乡统筹示范区实践研究

李晓娟❶ 陈磊钦❷

摘 要：立足于经济新常态诉求，基于地处秦巴山区的实际特征，以建设适宜农村居民生活的地域空间为目的，从人口、空间、经济和设施等方面入手优化人类聚居环境。提出通过划分主体功能区域实施空间管制、发展特色产业加快经济发展、以异地和就地城镇化推进人口转移、加快设施建设强化城乡间的联系以及完善城乡公共服务等对策，重点解决乡村地区产业发展、人口转移、基础设施建设和民生保障四大核心问题。

关键词：新常态；城乡统筹；人居环境；乡村；秦巴山区

引言

人居环境的二元特性，在我国城市和乡村地区实行的两套不同人居环境发展政策，导致了城乡居住环境的资源投入方式和外在表现形式的巨大差异[1, 2]。伴随我国进入新常态阶段，统筹城乡成为目前社会经济发展的一个重要任务，是改善乡村环境、缩小城乡差距、促进城乡资源合理配置的有效途径。近年来，关于乡村人居环境方面的研究越来越多，但多数是基于乡村自然环境本身的研究[3-9]，而对特殊时期背景下及特殊地理环境的乡村人居环境的研究还较少。本文以南宫山城乡统筹示范区为例，基于其特殊的地域特征，以乡村人居环境作为研究切入点，探讨秦巴山区城乡统筹的发展战略及对策。

1 研究区概况及人居环境特征

1.1 研究区概况

南宫山城乡统筹示范区（以下简称"示范区"）地处陕南秦巴山区，在安康市岚皋县东南部，南与重庆接壤，岚河与S207横贯其中，景观条件良好。全区包括蔺河、溢河、花里和孟石岭四个镇，辖43个行政村，2012年户籍总人口3.1万人，常住人口25285人，60岁以上老年人口4699人，外出务工9906人，农民人均纯收入约5914元。该区是岚皋县开发建设条件最为成熟的地区，其率先建设对岚皋的发展具有重要的示范带动作用，但典型的秦巴山区地理特征，使其统筹城乡发展面临诸多困难。

---

❶ 李晓娟，石家庄市城乡规划设计院。
❷ 陈磊钦，西安中交第二公路工程局有限公司。

1.2 人居环境现状特征

1.2.1 地形连绵起伏，道路蜿蜒曲折

秦巴山区地形连绵起伏，相对高差较大。示范区地处大巴山深处，相对高差 1936 米，其中，最高海拔 2267 米，最低海拔 331 米，分别位于花里镇南宫山山顶和孟石岭镇河谷处。区内山路崎岖险阻，现有道路多弯急路窄、坡度较大，加之多数县级和乡级道路未按照统一规划和标准进行建设，技术等级低且路面水毁严重，导致区域内道路通行能力较差，县城、集镇与居民点间的通达度低，难以满足居民生产和生活的需求。这在很大程度上制约了区域社会经济的发展，边缘化现象日益加重。

1.2.2 自然资源丰富，经济发展缓慢

秦巴山区具有丰富的自然资源，以魔芋、富锌富硒茶、烤烟、桐油和中药材等特产资源及自然景观资源最为突出，其水资源是西北地区乃至全国水质最好的地区。近年来，秦巴山区经济发展迅速，但由于其经济基数小，仍落后于其他地区（图1）。主要表现为居民的整体收入较低，2012 年示范区农民人均纯收入处于陕西省中下水平（图2）。地区工业经济规模较小，外出务工和农业经营性收入是居民收入的主要来源，2012 年外出务工半年以上的人口 9906 人，占全区户籍人口的 31.5%，外出务工地点以上海、江苏、深圳等沿海地区和河北、山西等重工业地区为主。由于大量人口外出务工，常住人口较户籍人口少 6208 人，占户籍总人口的 19.7%。村庄人口大量减少，从事农业生产的人口逐渐以老人和妇女为主，传统的农村生产生活方式已不适应社会发展的需求，区域经济发展极为缓慢。

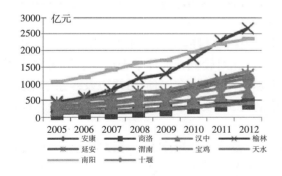

图 1　秦巴山区及周边地市 GDP 历年变化趋势

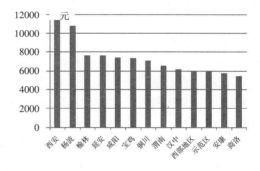

图 2　2012 年农村居民人均纯收入比较

1.2.3 自然灾害频发，生态环境恶劣

受地形地质条件影响，气温受海拔高度影响垂直变化明显，降水时空分布不均，极易形成局部强降雨，致使山洪、泥石流、滑坡和崩塌等灾害频发[10-11]。同时，显著的区域性、群发性和突发性等特征使灾害预测难度加大，已对当地居民的生命财产安全构成重大威胁。

示范区属于岚皋县地质高、中、低易发区。其中，灾害高易发区主要分布于岚河两岸低山河谷区斜坡部位，面积约 24.6 平方公里，以人工削坡为主，形成的临空面在暴雨及久雨天气极易产生崩塌和滑坡，目前有地质灾害隐患点 6 处，其中滑坡 5 处、泥石流 1 条。灾害中易发区主要位于岚河河谷两侧及部分中低山区，地质环境条件较差，生态环境破坏

严重。区内其他地区属灾害低易发区，地质灾害发生的频率相对较低。据《岚皋县2012年地质灾害防治预案》统计，区内具多处地质灾害隐患点，威胁到906人（表1）。目前，示范区已发生多次自然灾害，特别是"8.7"和"7.18"特大暴雨引发的滑坡、泥石流等灾害，直接对居民的生命财产安全构成严重威胁。

示范区地质灾害威胁村庄和人口　　　　　　　　　　　　　　　　　　　表1

镇名称	花里镇	溢河镇	蔺河镇	孟石岭镇
主要受威胁村庄	祁家院子滑坡、郑家院子滑坡	溢河小学滑坡、王家老屋场滑坡、杨家坡滑坡	草坪村滑坡、碳洞坪滑坡、双河口滑坡、武学大路下滑坡	乱石窑滑坡、陈家院子滑坡、姚家湾泥石流
威胁人数/人	51	369	272	214

资料来源：《岚皋县2012年地质灾害防治预案》。

1.2.4 居民点分布散乱，设施配置困难

秦巴山区地形破碎、沟壑纵横，耕地总量少、分布散，且以深山地区的坡地为主。城乡居民点分布呈沿河两侧集中、山地内分散的特征。此外，破碎的地形条件使建设用地紧张，城乡建设活动受到限制，导致现有居民点规模较小、基础设施和公共服务设施配置难度加大。

耕地和可建设用地极其紧张，居民点分布散且规模小。2012年示范区内耕地总面积78043亩，43个行政村中人口规模在1000人以上的有4个，占村庄总数的9.3%；500~1000人的有23个，占53.5%；不足500人的有16个，占37.2%。因大量剩余劳动力以劳务输出为主，相当一部分人员常年在外务工且有不断扩大趋势，使村庄的人口规模逐渐变小，农村居民点闲置地和空置废弃房的数量日益增多，农村空心化、村庄空废化、耕作主体老弱化问题显著。

居民点集聚程度低，空间差异显著。示范区内行政村的平均分布密度为0.1个/平方公里，同省内一些代表性地区相比，空间集聚程度相对较低，大体呈聚居少、散居多的特点（表2）。现有居民点主要分布在地形较为平坦的河谷阶地、河流沿岸以及水系密集区，其中岚河沿线两侧居民点数量占区内居民点总量的39.5%；而在地形条件复杂、生存环境恶劣的中、高山区，居民点分布相对较少。

与此同时，由于受到地形和农业耕作的影响，设施配置难度大，难以满足公共设施建设运营的经济门槛。现状基础设施和公共服务设施的建设水平较低，设施配置少、等级低且布局分散。此外，因农村建房缺少统一规划设计指导，加之村民意识薄弱，建筑布局杂乱无章、管道乱铺、生产生活垃圾乱倒以及污水乱排等现象严重影响到农村居民居住环境。

陕西省多个地区居民点集聚概况　　　　　　　　　　　　　　　　　　表2

名称	村庄数（个）	分布密度（个/平方公里）
示范区	43	0.104
西安，户县	518	0.404
咸阳，泾阳	231	0.296
渭南，华县	242	0.215
榆林，神木	629	0.082

2 人居环境指导下的城乡统筹发展战略

2.1 发展原则

2.1.1 突出生态优先

秦巴山区属于南水北调水源涵养区及秦岭野生动植物保护的重要功能区，生态环境优越，在城镇化和工业化快速推进的进程中，必须坚持生态优先的原则，当各种因素发生矛盾时，其他因素都要让路于生态因素，做到人类经济活动的生态合理性优先于经济与技术的合理性，以创造宜居的居住环境为目标。

2.1.2 注重民生改善

解决农村问题、实现城乡统筹发展的关键就是要解决农民的生存与发展问题。面对"黄金发展期"和"矛盾凸现期"并存的特定时期，因社会事业发展不足所引发的贫富差距、社会公平等问题集中突显，为提高农民生活水平，在经济发展的同时，应更加注重各项社会事业的发展，使发展成果惠及广大人民群众。

2.1.3 助推经济发展

秦巴山区经济发展相对滞后，区域差距明显，但城乡差距较小，因此，应在"城"与"乡"彼此促进、"城"与"乡"同步发展的基础上，推动区域经济实力的整体提高。通过经济发展增强区域对劳动力的就地吸纳能力，从而推动人口转移和就地城镇化，提高居民收入，缩小与区域外界的差距。

2.2 发展思路

秦巴山区城乡统筹是一项系统性的工作，不能错误地理解为"缩小城乡差距"，或者简单地认为是"迁村并点"、"社区建设"等。因秦巴山区特殊的地理环境特征，"城"与"乡"之间的差距并不大，而是区域整体经济发展水平相对落后；同时，因居民点分布散、规模小且多处于灾害威胁区，简单的"迁村并点"并不能从根源上解决问题。

在秦巴山区乡村人居环境优化时，应立足于区域特征、生态环境和社会经济等特点，以缩小区域差距、缓解人与自然、社会之间的矛盾与冲突为目的，以促进发展、推进发展为重点，解决产业发展、移民搬迁、基础设施建设和民生保障四大核心问题，着重体现空间统筹和"生态、避灾、扶贫"思想，发展绿色、特色产业，以异地和就地城镇化推进人口转移，加快完善与各级居民点相连的基础设施和配套覆盖全域的公共服务设施，创造宜居、宜业的人居环境（图3）。

3 乡村人居环境优化对策

3.1 划分主体功能区域实施空间管制，规范空间建设秩序

将城乡作为整体实施空间管制，能在一定程度上缓解城乡之间的资源分配矛盾，减少自然灾害带来的损失，促进土地和空间的合理利用。秦巴山区作为南水北调的水源涵养区及秦岭野生动植物保护的重要功能区，合理地实施空间管制，对于生态建设与环境保护具有十分重要的意义。

示范区通过划分明确的空间管制，制定不同功能区的实施要求，解决矛盾与冲突问题。

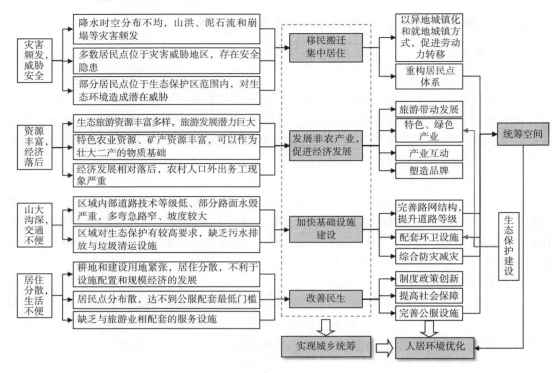

图3 秦巴山区城乡统筹思路构建流程图

以人口、资源、环境协调为发展前提,从统筹发展、设施配套和生态保护三方面着手,制定区域空间发展战略;在空间发展战略的指导下,将示范区划分为城镇村建设区、农业生产区、风景旅游区、生态涵养区和基础设施廊道五个区进行管制,并提出相应的管制措施和保障机制,从而规范空间发展秩序,实现资源的优化配置,使城镇功能合理分工(表3)。通过区划对区内产业发展、居民点体系重构、公共服务设施配套、基础设施及防灾减灾设施建设进行空间布局和引导,以保障规划在空间上得以落实,促进城乡统筹顺利推进。

示范区主体功能区域划分　　　　　　　　　　　　　　　表3

管制分区	城镇村建设区	农业生产区	风景旅游区	生态涵养区	基础设施廊道
管制类型	居民点建设用地区、有条件建设区以及独立工矿区等	基本农田保护区、一般农地区、林业发展区和牧业用地等	涉及纳入各级森林公园、风景名胜区范围,具有重要休闲游憩功能	水源保护区、地质灾害区防护绿地	涉及交通、水利用地等
主要分布区域	沿交通干线及岚河等河流沟道分布	中低山区,沿沟道分布	南宫山及南宫湖景区片区	岚河和蒲河等地表水源地;花里—孟石岭低山河谷区	现状及规划公路和区内市政管线工程等

3.2 积极培育绿色、特色非农产业,推动区域经济快速发展

城乡统筹的核心动力在于产业,发展区域特色产业可推动城乡统筹发展。秦巴山区地方特色资源丰富、旅游资源得天独厚、水资源优势突出,但该资源优势未能转化为经济优

势,城乡经济发展仍相对落后;受地形限制,城市开发建设不能大规模进行,产业发展只能小型化、特色化。应充分发挥区域特色,发展绿色、特色等非农产业,并将其作为就近吸纳农村富余劳动力的主渠道。

示范区实施"旅游带动发展"策略,实现"三产互动"发展。以生态旅游为龙头,深度挖掘南宫山名胜旅游、南宫湖风景旅游及其他民俗体验旅游等资源,带动以"吃、住、游"为主的旅游服务业的发展,同时积极发展农特产品和特色工业品等旅游商品,通过发展旅游将区域特色产品销售出去,实现地区经济快速发展(图4)。

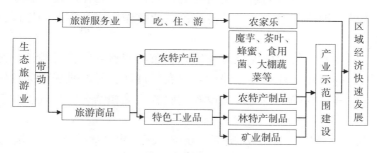

图4 "旅游带动发展"框架图

非农产业发展与社区建设相结合,促进"产居互动"发展。鼓励发展"家庭工业园区",即结合移民搬迁和社区建设,将原有宅基地和土地腾空,引导居民通过集资方式在闲置土地上筹建新厂房,进行规模化生产。该方式即避免了简单家庭式作坊存在的技术力量薄弱、环境污染等问题,又节省了土地、便于管理,地区产业发展的同时也提高了居民的生活水平,实现"产—居"一体化发展。

3.3 有序推进农民异地城镇化和就地城镇化,推动劳动力转移

经济学家认为,人口迁移理论的关注重点是城乡之间的劳动力市场均衡问题,因此改变城乡之间的"推力"和"拉力"对于农村劳动力转移具有重要的推动作用[12]。

首先,促进人口向外转移,将异地城镇化作为城乡统筹发展的一个重要形式。秦巴山区耕地少且分布散,经济发展条件有限,已支撑不起收入水平标准不断提高的大量人口在此生存,应积极推动劳动力转移,实现异地城镇化。通过拓宽转移渠道和培训技术,鼓励在城市工作稳定、收入较高的农民及位于灾害多发区的农民离土进城、向外转移。对于离土进城而又自愿"两放弃一退出"[1]的农民,可通过宅基地换住房、经营权换股份的方式推动人口转移速度,这不仅有助于提高农村居民的收入水平,也可减少灾害对农民自身及财产安全的威胁,从而加快城乡统筹发展。

其次,与非农产业发展相适应,推动地方产业化,推行"离土不离乡"的就地转移模式。农村劳动力是以乡镇企业等非农产业为载体的,农村劳动力转移一方面依赖于农业劳动效率提升对劳动力的释放;另一方面依赖于非农经济发展对就业的吸纳力。对于一些无法在城市稳定就业和生活的农民,可以继续留在农村或小城镇,通过就地兼业,解决生存问题。以重点镇和新型农村社区为载体,吸纳富余劳动力以推进人口集中居住;通过有产业支撑的重点镇城镇化、农村社区化,形成以重点镇和农村社区为中心的生活圈;提升其公共服务,

使其成为人口聚集的基础单元，同时避免城乡面貌的同质化发展，构建新型城乡的形态与关系。

3.4 加快实施灾害区域移民搬迁，改善乡村人居环境

进行"生态、避灾、扶贫"移民搬迁，是一个从根本上解决秦巴山区环境恶劣地区居民安全和生存发展的宏大移民工程，也是一个加快推进城乡经济一体化发展的重大举措。城镇化和工业化的快速推进，农业机械化水平不断提高，促进农业规模化生产，需从事农业生产的人口变少，促使农村剩余劳动力外流，农村"空壳化"现象显著。闲置的农村宅基地使原本紧张的用地遭到浪费，以及传统的农业耕作模式和零散的居民点已不再适应社会发展的要求。

从示范区实际出发，村庄居民点体系优化和布局调整须与移民搬迁相结合，对分散的和处于灾害威胁区的村庄实施迁并，建设新型农村社区，并鼓励居民向社区集中。新型农村社区的选址建设和规模确定应与公共设施的服务门槛相结合，实现公共设施配置均等化和运营经济化。

基于以上思路，示范区最终形成"集镇—新型社区—集中居住点"三级居民点体系。其中，集镇即蔺河、溢河、花里和孟石岭镇镇区；是各镇的政治、经济、文化中心及农村人口城镇化的重要落脚点。新型社区以区位和经济发展条件较好的集中居住点为中心，聚集周围一般集中居住点后，形成具有一定规模的，具备良好生产、生活环境，且能为周边一定区域提供公共服务的集中居住区，人口规模控制在 1000～3000 人。集中居住点包括新型社区内集中居住点和独立集中居住点。其中，新型社区内集中居住点具有一定规模且位置相近，交通联系便利，能实现公共服务设施共享；独立集中居住点指一些交通条件较好、不受地质灾害威胁、用地条件较好的行政村，但距集镇和新型社区较远，需要通过完善道路体系，加强与集镇、新型社区的交通联系，以共享公共服务设施，人口规模控制在 400～1000 人。

3.5 完善各等级居民点设施体系，推进公共服务均等化

推进城乡基础设施建设和改造，建立连接各级居民点的基础设施体系。因对外交通联系不便及居住分散等的特征要求加强以交通为核心的基础设施建设，从而建设与各级居民点相连接、以干线交通为重点的交通体系。示范区通过加宽路基路面、增设护栏和会车区域、整治沿途景观等一系列具体改造措施，提高 S207 和溢河—上溢公路通行能力和车行安全水平，改善旅游交通条件；通过维护整修、治理病险等措施，改善县、镇道路，增强社区间，社区与县城、集镇、旅游景区及省道等干线交通的联系。同时，配套完善给水排水、环卫等基础设施，进行河道整治与岸堤建设。此外，应注重设施配套与产业发展相协调，便于不同门类产业间的生产协作。

满足设施门槛需求，统筹推进基本公共服务均等化。按照不同类型居民点的职能等级及其空间影响范围，配置相应的公共服务设施，以全面提高居民生活质量，使居民在享受教育、医疗卫生、文化和养老配套等方面达到公平化。

3.6 以土地流转和教育培训为重点，加强制度政策创新

通过就地兼并和异地转移实现集中居住和异地城镇化的居民，面临着土地流失和农耕

地距离变远的现实，亟待解决农民收入、社会保障及用地置换等问题。针对以上问题，可重点从教育培训和土地流转两方面来加强与创新。

一是加快推进农民培训制度创新，促进有欲望进城的农民工异地转移。因地域条件限制，秦巴山区农村的教育水平和职业技术水平普遍较低，通过创办教育培训机构对农民工进行知识补缺、职业技能、就业指导以及权益保障等方面的培训，实现"培训—就业—权益保障"一体化的就业培训模式。

二是加快推进土地流转政策创新，促进农业经营适度规模化。通过农用地特别是农村耕地流转适度集中和规模经营，将土地集中到有能力的生产经营者手中，促进农业高效、稳定经营，实现由小农经济向"农业规模经济"转变，从而解决了传统小农经济结构、土地分散和人地矛盾突出等问题。其中，对于就地兼业的居民，可保留原有土地，并鼓励进行土地规模化生产；对于异地城镇化的居民，在自愿、有偿和多样化方式并存的原则下，对原有土地可采取保留和接受补偿两种方式。保留即可通过承包的方式将原有土地承包给当地有能力生产经营的居民手中，既不会使原有土地撂荒又可获取一小笔的经营性收入；补偿即可通过一次性政策补偿和多次性政策补偿，从而将土地经营权交回政府手中，由政府再次承包给就地兼业的经营生产者。

4 结论

在新常态背景下，加之特殊地域环境的限制，探讨乡村人居环境的优化策略，对于推动类似地区人居环境发展具有重要的现实意义。研究认为秦巴山区人居环境的优化应以产业发展、移民搬迁、设施建设和民生保障为重点，着力解决人与资源、社会的矛盾与冲突、经济发展落后、耕地和建设用地紧张、居住分散、自然灾害严重等问题，通过实施空间管制、推动人口转移和异地城镇化以及重构与移民搬迁相结合的居民点体系等。

注释

1. 自愿"两放弃一退出"指自愿申请放弃宅基地使用权和土地承包经营权，退出集体经济组织。

参考文献

[1] 吴良镛. 人居环境科学导论 [M]. 北京：中国建筑工业出版社，2001:143.

[2] 吴良镛. "人居二"与人居环境科学 [J]. 城市规划，1997，3:4-9.

[3] 赵万民，史靖塬，黄勇. 西北台塬人居环境城乡统筹空间规划研究——以宝鸡市高新区为例 [J]. 城市规划，2012，33（4）:77-83.

[4] 李健娜，黄云，严力蛟. 乡村人居环境评价研究 [J]. 中国生态农业学报，2006，14（3）:192-195.

[5] 李伯华，刘沛林，窦银娣. 乡村人居环境建设中的制度约束与优化路径 [J]. 西北农林科技大学学报（社会科学版），2013，13（2）:23-28.

[6] 马小英.新农村背景下的乡村人居环境规划研究[J].现代农业科技,2011,8:396-397.
[7] 李伯华,窦银娣,刘沛林.转型期城郊型乡村人居环境建设模式研究——以长沙市望城区光明村为例[J].2013,3:6-9.
[8] 宁越敏,项鼎,魏兰.小城镇人居环境的研究——以上海市郊区三个小城镇为例[J].城市规划,2002,26(10):31-35.
[9] 胡和兵,林逢春.安徽省城市人居环境评价与分析[J].现代城市研究,2005,10:52-56.
[10] 巩玉红,蔡文华.陕南秦巴山区资源与环境问题及可持续发展对策[J].资源与环境,2009,25(12):1112-1146.
[11] 孙果梅,况明生,曲华.陕西秦巴山区地质灾害研究[J].水土保持研究,2005,12(5):240-243.
[12] 峦峰.城市经济学[M].北京:中国建筑工业出版社,2012:117.

山地小城镇城乡居民点统筹规划布局模式初探
——以云南省临沧市云县幸福镇为例

刘作燕❶ 张 林❷

摘 要：山地小城镇因受自然条件的影响，城乡居民点呈分散式布局，导致村庄存在规模小、交通条件差、设施配置不足、产业发展缓慢等问题。本文以云南省临沧市云县幸福镇为例，对山地小城镇城乡居民点统筹规划布局进行深入研究，从现状布局、居民点规模、设施状况等方面分析山地小城镇城乡居民点的布局特征及存在的问题，提出山地小城镇城乡居民点统筹规划的方法与思路，探讨了山地小城镇城乡居民点统筹规划布局模式、城乡居民点用地统筹、城乡产业统筹、城乡设施配套规划等，对山地小城镇城乡一体化建设中居民点规划提供建议与参考。

关键词：山地小城镇；城乡居民点规划；城乡一体化

在新型城镇化背景下，城乡居民点统筹规划成为城乡一体化发展中最重要的组成部分。目前关于城乡居民点统筹规划的研究从城市角度出发的有李亚奇的《城市规划区内城乡居民点统筹规划初探》、杨欣瑜的《铜川中心城市城乡居民点统筹布局模式及规划策略研究》，从小城镇角度出发的有刘瑾的《城乡一体化镇村居民点体系规划研究——以山东广饶县城乡一体化示范区为例》，从乡村建设角度出发有徐菊芬的《集聚引导下农村居民点建设对城乡空间的重构——以江苏省为例》，而具有独特性的山地小城镇城乡居民点统筹规划研究却几乎缺失，因此本文以幸福镇为例，深入分析山地特征与居民点分布之间的关系，对山地小城镇的城乡居民点统筹规划进行探索，为山地小城镇城乡一体化发展提供一些思路。

1 幸福镇概况

幸福镇位于云南省临沧市云县西南部，境内三条河流贯穿，地形自然形成三槽之状（如图1）。最高海拔2905米，最低海拔760米，属于典型的山地小城镇。镇政府驻地距县城距离44公里，距离临沧市临翔区40公里，临沧重要的二级路贯穿幸福镇，是内地通往东南亚国家的必经之路，也通往临沧西部四个县的必经之路。全镇国土资源面积662.3平方公里，辖18个

图1 幸福镇山地形态

---
❶ 刘作燕，云南省城乡规划设计研究院。
❷ 张林，云南省城乡规划设计研究院。

村民委员会 194 个村民小组 209 个自然村，村庄数量较多。属于亚热带气候，素有"头顶香蕉、脚踏菠萝"之美称，物华天宝，资源丰富。少数民族比例较大，占总人口的 54%。据分析少数民族大部分以"大杂居、小聚居"的模式居住在山区或者半山区。

2 幸福镇城乡居民点分布现状及存在的问题

2.1 城乡居民点分布现状研究方法

利用 GIS 数据叠加分析法，将幸福镇地形地貌进行数据化分析，得出坡度、坡向、高程等数据，并将其与交通、人口分布、居民点规模、经济条件、公共服务设施满意程度、基础设施满意程度、民族分布等要素进行叠加，得出它们之间的相关性，进而明确影响居民点分布最主要的因素，为下一步解决居民点分布中存在的问题奠定基础。

2.2 城乡居民点分布现状分析

（1）坡度影响居民点分布及居民点的交通条件。通过地形地貌、交通条件、人口分布、居民点规模等要素的相关性分析，表明坡度较小的区域交通条件相对较好。居民点大多分布在坡度较缓的坝区和半山区，山区居民点规模和数量都有所降低，另外交通条件好的区域人口密度也较大。

（2）地形影响资源分布与经济条件。通过分析表明：森林资源主要分布在山区海拔较高区域；经济水平较高区域主要分布在坝区及森林资源矿产资源丰富的区域、交通条件好的区域。

（3）居民点规模影响基础设施、公共服务设施数量。通过发放问卷调查，得出 18 个村委会 194 个村民小组居民对基础设施及公共服务设施的满意程度（如图 2），并将该信息与居民点的分布及规模大小进行叠加分析，得出居民点分布越密集、规模越大的区域基础设施和公共服务设施配置越好，而居民点分布较散且规模小区域基础设施和公共服务设施的满意程度越低。

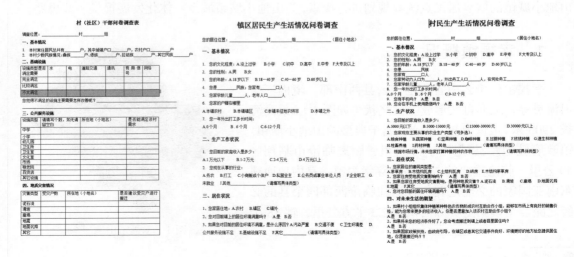

图 2　问卷调查表

（4）地形条件与产业发展相关。因地形条件影响，居民点分布较散，而产业分布也依托居民以分散不成规模的形态布局，距离居民点较远的区域则是生态林地。受地形条件影响，因山地坡度较大，粮食、蔬菜种植往往布局于坡度较缓的居民点周边，而其他区域因坡度较大不适宜大规模种植传统农业。

（5）乡村居民点建设和管理长期处于混乱无序和低水平状态，不仅浪费土地资源，而且乡村人居环境也较差。因为城乡用地管理混乱，城乡居民点建设中存在粗放用地、圈地现象普遍，这种土地低效、无序利用的发展模式，更加剧了城乡用地的扩张，同时急需在规划区范围内对城乡基础设施进行统一安排建设。

2.3 城乡居民点分布存在的问题

第一，山地条件导致大部分居民点交通条件差、村庄分布散，部分村庄依托交通呈线性发展，农田少，耕地坡度大，农业种植产出低。第二，村庄分布散导致村庄数量多，公共资源无法均衡化配置，乡村居民点基础设施、公共服务设施不足。第三，地形条件与民族文化特性结合，形成大杂居、小聚居的居民点分散化集中布局。第四，镇区居民点分布集中且规模相对较大，设施配套相对完整，经济条件好，与村庄居民点之间表现出较大的城乡差距。

3 幸福镇城乡居民点统筹规划布局模式

3.1 规划思路与规划方法

（1）技术路线

在城乡居民点分布现状的基础上，分析出其存在的问题，并充分考虑公众参与，以问卷调查、抽样调查、走访问谈等形式得到居民诉求，最后综合现状问题，提出规划思路与方法。

（2）居民诉求

通过公众参与征求居民的意见，得到居民诉求：50%以上的人对居住环境不满意，主要原因有交通、基础设施、公共服务设施条件差等；95%的人愿意加入农村互助小组，规模化生产；77%的人期望经济条件好转后迁往镇区或者条件好的区域居住；92%的人期望政府引导搬迁。

（3）以分散化的集中布局模式引导搬迁

根据幸福镇自身特点及居民发展意愿，以符合山地形态的"分散化的集中布局模式"首先将地质灾害影响居民点分区向条件好的区域进行集中布局，未来将条件差的村庄搬迁至条件好的区域，形成分片区集中布局。

（4）城乡用地增减挂钩

通过分析城乡居民建设用地现状分布、人居集聚、劳作半径、交通便捷、产业布局、生活习性、资源承载能力等，明确人口聚集或迁移方向，构建幸福镇新型社区体系，分散的大量农村建设用地会往条件好的区域集中，规划以城乡用地增减挂钩理念，人口迁移后，建设用地跟着迁移，而原有宅基地复垦，实现用地集约化。

（5）"人地关系"矛盾转变为人地协调

"人地关系"矛盾是人口增长较快、建设用地无限制扩张、生态环境遭受破坏的根本原因，通过控制人口规模、转变发展模式，以高效集约的生产方式构建人地关系协调，通过人口聚集、产业聚集实现人居环境良好、产业发展高效，迈向可持续发展的第一步。

3.2 幸福镇城乡居民点统筹规划布局模式

（1）基于城乡一体化的"分散化的集中"布局模式

因地形条件因素幸福镇许多居民点分布于条件较差的区域，且居民点数量较多、分布较散。根据居民诉求，未来大部分居民希望在经济好转后搬迁到条件好的区域居住，笔者运用 GIS 叠加分析城乡居民点中地质灾害影响区、基础设施公共服务设施优势区、村民劳作半径、村庄建设规模、交通便捷程度、村庄人口聚集规模等数据，分析出最具优势的区域，作为未来城乡人口迁移的基础依据。

但是由于受山地条件的限制，人口聚集不可能进行大规模的聚集，而是根据地形形成小片区的聚集，即"分散化"的进行集中，最终达到集约与聚集的效应（如图3）。因此优势区域的选择也会根据区域分片区选择，通过分析在幸福镇筛选出 15 个优势区域，并将 15 个优势区域划分片区，未来各片区内的分散居民点将逐渐向优势点聚集，最终根据城乡空间发展需求实现城乡居民点空间的最优重构。

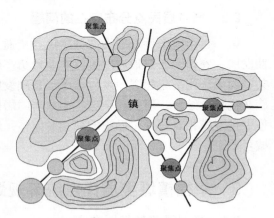

图 3 "分散化的集中"布局模式

最后根据水资源承载能力、坡向分析、高程分析、坡度分析综合分析建设用地的适宜性，并将适宜性评价与村庄优势区域叠加，得到村庄发展的最优建设区，作为村庄发展引导建设的最佳区域，也成为未来城乡居民点迁并的新型社区所在地。

（2）城乡居民点统筹发展引导

在"分散化的集中"布局模式引导下，构建城乡居民点的空间布局体系，以"一级新型社区——二级新型社区——三级新型社区"的结构体系来统筹城乡居民点的发展，各片区内条件差的村庄逐渐向新型社区核心区集中，各级社区按人口进行设施配置（如图4）。一级新型社区：幸福镇区（幸福村委会），规划人口 24852 人。二级新型社区：勐底村（规划人口 3394 人）、帮洪村（规划人口 2693 人）、控抗村（规划人口 2044 人）。三级新型社区：掌龙村（规划人口 1137 人）、海东村（规划人口 1385 人）、忙峨村（规划人口 1454 人）、干坡

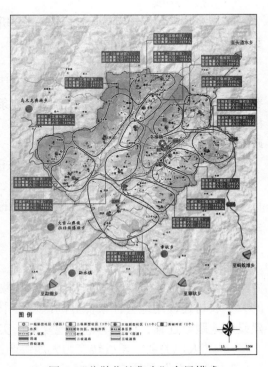

图 4 "分散化的集中"布局模式

村（规划人口1741人）、邦信村（规划人口1338人）、红岗村（规划人口1857人）、盘村（规划人口1226人）、灰窑村（规划人口1452人）、慢遮村（规划人口1582人）、邦挖村（规划人口1391人）。

（3）城乡居民点用地统筹布局

通过统计镇域范围受地质灾害影响的村庄的数量、规模、分布等，明确受地质灾害影响的搬迁户。另外提出全域城镇化，从设施均衡化、人口就地城镇化等各方面考虑条件较差的村庄向条件好的村庄或者镇区搬迁，明确了需要搬迁的城乡居民点建设用地面积。按照城乡居民点分布指引部分人口转移到条件更好的村，还有一部分人口迁移到镇区，根据迁移人口规模新增建设用地，迁移后的村庄建设用地远期复垦为农田，达到城乡用地的增减挂钩，避免"一户多宅基地、建设用地指标重复"等情况，实现城乡居民点用地的一体化管理及一体化建设。

4 幸福镇城乡居民点统筹布局规划实施策略

4.1 产业发展统筹布局

（1）通过一、二、三产关联化发展建立城乡经济纽带

第一，以"企业+合作社+基地+农户"的模式加快第一产业规模化发展。通过问卷调查，农民了解现状三个农业园成立后农民收益翻倍，95%的农民愿意成立农村互助小组，以农业园的模式发展农业，因此根据各片区的海拔及地形条件，成立八大农业园，以种植甘蔗、咖啡、坚果、核桃、速生林为主，形成不同海拔不同种植类型。八大农业园76953亩耕地，未来通过规模化种植后，每亩增收1800元，农村经济将在现有基础上每年增长1.5亿。第二，以农业资源为支撑，结合镇区区位优势，构建绿色产品循环产业区，集原材料聚集、生产、加工、销售于一体的高原特色农产品循环产业经济区。第三，结合城乡农产品资源，规划林果产品收购、销售、物流于一体的物流产业区，面向于临沧南汀河流域各城镇林果产品。

（2）通过大力培育新兴产业构筑城乡产业融合新格局释放镇域发展活力

以促进社会资源和生产要素的优化配置为重点，科学确定城镇产业定位。充分发挥区位、资源优势，改造提升传统产业，推进产业转型发展，培育发展战略性新兴产业，大力促进生产性服务业、消费性服务和文化旅游产业的发展，实现资源共享、优势互补，形成特色鲜明、错位发展、良性互动的产业发展格局。空间发展模式采用点——轴发展模式，以点带线、以线带面的发展模式促进、带动全镇的经济循环发展，加快一二三产业联动（如图5）。

（3）通过探索新的体制机制提升城乡产业支撑能力和综合承载能力

用足、用活国家和省、市、县优惠政策。充分利用大美临沧品牌，抢抓机遇，做强产业园区，助推幸福镇区建设步伐。创新产业协同发展机制。实施优惠政策，引导镇区结构调整，培育中小型企业。建设一批现代农庄，创建"国际知名、全国一流、西部领先、云南样板"的高原特色农业品牌。在镇区打造集商贸、餐饮、休闲等为特色街区，积极拓展旅游市场。借助观光农业和乡村旅游业的发展，使核心圈与周边乡村形成良性互动。建设以临翔区、云县为重点的半小时人流、物流、信息流、资金流核心圈。完善非公经济发展机制，放宽非公经济市场准入条件，完善服务体系，壮大非公经济队伍。鼓励和支持优势小微企业运用资本扩张、联合和业务合作等方式，增强自身实力。

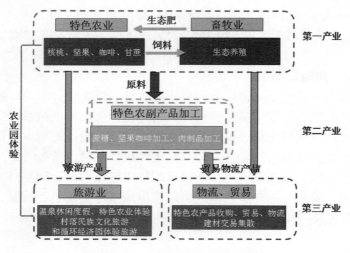

图 5　一二三产业联动模式图

4.2　公共服务设施统筹布局

引入"人口市民化"、"就地城镇化"概念，取消农村户籍制度，农村各级居民点根据不同特点形成一、二、三级新型农村社区，不同的社区根据人口规模等级配置符合聚居规模的公共服务设施和基础设施，实现城乡公共服务设施配置一体化。一级社区：规划设置镇的行政办公服务设施，包括人民政府机构、派出所等；医疗设施包括医院防疫站、敬老院；居委会、中学、小学、幼儿园；体育场馆、科技站、图书馆、影剧院；百货店、药店、农贸市场、特产市场、储蓄所、便利店、游客服务店、农家乐、自驾车宿营地；二级社区：门诊所、小学、幼儿园、文化活动中心、健身设施、农贸市场、社区服务中心、管理用房、敬老院、储蓄所、科技站、药店、便利店；三级社区：卫生站、幼儿园、健身设施、社区服务中心、管理用房、农贸市场、老年人护理中心、储蓄所、科技站、药店、便利店。

4.3　基础设施统筹建设

为保障城乡居民点统筹规划实施，需要统筹考虑城乡居民点的基础设施配置，为城乡发展提供支撑保障。按照居民点的人口规模和等级，基础设施根据新型农村的级别不同规划设置不同的基础设施。一级社区：燃气站、开闭所、自来水产、污水处理厂、邮政支局、电信支局、消防站；二级社区：燃气站、配电室、污水处理设施、邮政所、电信所、消防点；三级社区：配电室、污水处理设施、邮政所、电信所、消防点。

5　结语

幸福镇依据自身的山地特征，从城镇自身发展需求、居民诉求出发，探索了山地小城镇城乡居民点统筹布局的模式与规划思路，对于城乡统筹规划具有一定的参考价值，下一步为保障城乡居民点统筹规划能够实施，要进一步深入探索其实施机制和保障体制。

参考文献

[1] 李亚奇,孟静. 城市规划区内城乡居民点统筹规划初探 [J]. 小城镇建设.

[2] 刘志安,于立. 滇中城市群"分散化集中"发展趋势探讨 [J]. 规划师,2012,S2.

[3] 杨欣瑜. 铜川中心城市城乡居民点统筹布局模式及规划策略研究 [D]. 西安建筑科技大学,2013.

[4] 刘瑾,张妮娅. 城乡一体化镇村居民点体系规划研究——以山东广饶县城乡一体化示范区为例 [N]. 2012中国城市规划年会论文集.

[5] 徐菊芬,孙晓玲. 集聚引导下农村居民点建设对城乡空间的重构——以江苏省为例 [N]. 2011中国城市规划年会论文集.

初探山地城市中小学地震应急避难场所与周边环境的关系

肖和叶[1]　符娟林[2]　杨洪露[3]

摘　要：本文首先分析我国在中小学地震避难场所建设中存在的主要问题，然后以绵阳市涪城区5所中小学为例，通过借鉴日本中小学地震应急避难场所建设的成功经验，从安全性、可达性和联合性三方面阐述山地城市中小学地震应急避难场所与周围环境的关系，提出正确处理两者关系的措施和建议。

关键词：山地城市；中小学；避难场所；周边关系；绵阳涪城

1　引言

"5.12"汶川地震后，我国城市地震应急避难场所各项建设速度明显加快。关于平原城市如北京、成都、厦门等地应急避难场所理论的研究相对成熟，而山地城市[1]的研究较为滞后或起步较晚。日本地震频发，在将中小学建设成"第一避难场所"方面积累了丰富的经验。该国不仅注重校园地震应急避难场所的内部硬件和软件设施建设，也注重处理场所与校园周围环境的关系，如校园周边留足够宽的道路，保证周边建筑足够的空间，学校选址应靠近其他公共设施及建立便捷的校内外联系等。

赵万民等人研究指出，我国平原城市利用公园、绿地、广场等空旷场地建成主要的应急避难场所，山地城市则以校园与体育场馆为主[1,2]。目前国内关于研究中小学避难场所建设主要有郑婷从规划设计研究角度谈中小学校[2]，何力从避难设计策略的角度谈中小学防灾[3]，马东辉、翟亚欣等人从规划对策研究的角度谈中小学抗震疏散[4]等，而关于山地城市中小学地震应急避难场所与周围环境关系的研究论述甚少。

2　山地城市中小学地震应急避难场所存在的问题

一是校舍建筑质量较差。在地震中，我国山地城市中小学校较少为师生提供应急避难的场所，一旦地震则成为重灾区。大面积的校舍倒塌，夺去众多师生的生命；二是技术规范和标准执行不力。山地城市用地紧张，人口密度大，城区中小学实际招收人数超过规划设计标准人数，"大班制"现象普遍存在，造成疏散通道受阻，影响紧急疏散；三是避难面积不足。由于校园内山体、水域等区域不能作为地震应急避难场所，以及人多

---

[1] 肖和叶，西南科技大学土木工程与建筑学院。
[2] 符娟林，西南科技大学土木工程与建筑学院。
[3] 杨洪露，重庆市万州区规划设计研究院。

地少、招生超额等原因，导致校园内人均有效避难面积不足；四是防范意识淡薄，管理不科学。相关部门对中小学地震应急避难场所的宣传不力，致使师生应急避难的意识低，同时学校管理者为了方便管理，实行封闭式的管理模式，导致中小学避难场所与校外衔接不紧密。

3 实证分析

3.1 绵阳市涪城区概况及其他

绵阳市是四川第二大城市，位于四川盆地西北部，嘉陵江支流涪江中上游。下辖涪城区是该市城市核心区，地处涪江西岸，境内丘陵起伏、沟谷纵横，地势呈西北高、东南低。

"5.12"汶川地震后，涪城区把学校定为应急避难场所，其中将58所公办学校建成避难场所。本文研究对象是涪城区内的绵阳第十二中学、绵阳中学实验学校、绵阳南山中学双语学校、绵阳南山中学实验学校、青义国泰小学等5所中小学。

3.2 影响因素

3.2.1 安全性

（1）基地选址

基地合理选址是关系到地震应急避难场所安全的前提条件。山地城市由于地形地貌的限制，许多中小学建在有一定坡度的地块上。中小学地震应急避难场所建设，对学校周边环境和校园内部坡度的控制范围，要进行科学合理的调研和分析，以确保安全性。如果校园周边地形高差过大，山体岩层破碎，容易诱发滑坡及崩塌等灾害的区域，就不能建立地震应急避难场所。在调研的5所学校中，其中3所就不能直接作为地震应急避难场所。青义国泰小学因周围疏散道路过窄，建筑物离校园过近；南山中学实验学校因校园内部坡度较大且周边地势过高；第十二中学因外部疏散道路过窄且周边被高压线环绕。因此，山地城市中小学地震应急避难场所须综合考虑校园内部和外部因素（表1）。

调研的5所绵阳市涪城区中小学周围环境状况　　表1

校名 周边环境	绵阳市第十二中学	绵阳中学实验学校	绵阳南山中学双语学校	绵阳南山中学实验学校	青义国泰小学
周边建筑	以低层和多层为主	以多层和高层为主	周边建筑离校园较远	建筑较少	以低层和多层为主
周边疏散道路	东侧道路宽7米，北侧道路宽16米	北侧道路宽8米，西侧12米	南侧道路宽12米	南侧道路宽18米	东侧道路2米
出入口数量及位置	2个；东、北侧	2个；北、西侧	2个；南侧	2个；南、西侧	1个；东侧
周边地形地貌	西侧是坡度较缓的丘陵	南侧和西侧地形复杂	北侧高差大	东侧、西侧和南侧地形复杂	地势较平坦
主校门口	铝合金式推拉门	钢筋混凝土式	自动伸缩门	钢筋混凝土式	铁制推拉门
围墙	砖砌墙	铁栏围墙	铁栏围墙	砖砌墙	砖砌墙

（2）周边建筑环境

山地城市中小学周边建筑是影响地震应急避难场所安全性的重要因素。周边建筑与校园保持合理间距，建筑不能过高，质量满足抗震设防标准；对于离校园过近的建构筑物进行拆除，严控周边建筑高度，危旧建筑或重建或加固处理。青义国泰小学和第十二中学周边的建筑对校园避难场所构成了极大的威胁。以青义国泰小学为例，教学楼与居民楼建筑的间距太小，建筑质量较差，一旦发生强震有可能导致居民楼倒塌，引发次生灾害危及校园安全（图1）；校园地震应急避难场所离建筑太近，危及避难场所的安全（图2）。因此，山地城市中小学地震应急避难场所周边建筑必须与校园保持适当的安全距离，同时确保周围建筑达到国家抗震设防标准。

图1 青义国泰小学教学楼旁

图2 青义国泰小学操场旁

3.2.2 可达性

（1）疏散道路

《汶川地震灾后重建学校规划建筑设计导则》（教发[2008]26号）明确规定校园选址应保证校门前有不小于7米宽的校外道路。疏散道路在灾时起到交通运输及避难疏散通道的作用，疏散道路的宽度与其周围的建筑物倒塌的范围有密不可分的联系（表2）。疏散道路应处于建筑物倒塌的范围之外，以保证灾时道路的通畅。第十二中学校前的塔灯街路车行道6米，在道路红线和建筑物之间仅有3米左右，东侧多为3层低层建筑，高度约10米。按表1计算建筑物倒塌范围为6米，影响疏散道路的畅通。因此，拓宽中小学地震应急避难场所周边的宽度，以满足疏散道路宽度的要求（图3、图4）。

建筑物倒塌范围　　　　　　　　　　　　　　　　　　　　　　　表2

建筑物层数	倒塌范围	建筑物层数	倒塌范围
1~2层	H	3~6层	2/3H
10~16层	1/2H	烟囱	10米

（2）服务半径

根据现行国家技术标准规定，中学、小学的服务半径分别为1000米和500米。平原城市的地形地貌较单一，以网络状、放射状的道路系统为主，道路布局较规则，避难场所

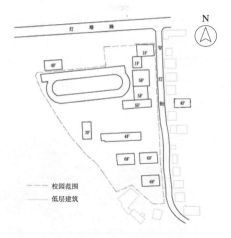

图 3　绵阳第十二中学简易平面图　　　图 4　绵阳第十二中学外的宝灯街路

的服务半径可以通过这种空间距离的方法进行划分。对于山地城市中小学避难场所周边地势较平坦的地区可以借鉴平原地区划分的方法，但对于周边地形地貌较复杂区域，建议以到达校园避难场所时间来划定服务半径。紧急避难场所以步行 5~15 分钟为服务半径，固定避难场所步行 30 分钟为服务半径，中心避难场所以步行 60 分钟为服务半径。

绵阳中学实验学校周边环境较复杂，以山地丘陵为主且有高架桥通过，与周围社区居民联系不紧密，连通性差，不利于四周居民快速疏散到校园地震应急避难场所，可达性较差（图 5、图 6），其应急避难场所以步行时间长短划分避难场所较为合理。青义国泰小学周边比较平坦，可采用空间距离来划分服务半径（表 1）。因此，对于中小学避难场所以空间距离划分服务半径的方法较适合平原城市的中小学，对山地城市中小学并不完全适用，应做到因地制宜。

图 5　绵阳中学实验学校的高架桥　　　图 6　绵阳中学实验学校周边地形（俯视）

（3）出入口

校园出入口的数量及方位决定避难人员能否迅速地到达中小学地震应急避难场所。学校的主要出入口不宜设置在城市交通主干道上，应在不同方向设置两个以上的出入口，以便避难人员集散。青义国泰小学设置一个出入口，严重违规；南山中学双语学校在同一方向上设置两个出入口，其设置不利于来自于不同方位的避难者迅速到达避难场所（表1）。中小学兼地震应急避难场所校门宜采用伸缩门、铁质或不锈钢门等，以便迅速开启。第十二中学、青义国泰小学及南山中学双语学校采用校门上空无障碍设置（图7），便于避难者迅速到达避难场所。但绵阳中学实验学校和南山中学实验学校采用混凝土大门，遇上强震时，大门一旦倒塌，将严重影响避难场所的畅通（图8，表1）。

图7 绵阳市第十二中学主校门　　　图8 绵阳南山中学实验学校主校门

（4）阻隔因素

阻隔因素是影响山地城市中小学应急避难场所可达性的一个重要因素。阻隔因素主要包括校园附近的河流、立交桥、铁路、山体等，阻碍避难人员通往地震应急避难场所等安全地带。绵阳中学实验学校和南山中学实验学校周边地形复杂，且有高架桥通过，严重影响校园地震应急避难场所吸纳避难人员的能力（图5、图6，表1）。因此，山地城市中小学地震应急避难场所规划设计时应该充分考虑周边的阻隔因素。

3.2.3 联合性

山地城市中小学避难场所的联合性是指对空间距离比较近的避难场所进行联合设计和共同使用场地，包括山地城市中小学避难场所与周围中小学校园的联合、与周围公园绿地的联合、与周围广场的联合及与其他开敞空间的联合，以提高综合防灾减灾的能力。南山中学实验学校、绵阳中学实验学校和绵阳外国语实验学校毗邻，灾时应设立综合性的地震应急避难场所，统一进行管理，发挥场所的整体优势（表1）。

4 措施和建议

山地城市中小学地震应急避难场所不同于平原城市中小学，有其自身的特殊性。下面是关于正确处理其与周围环境关系的一些措施和建议。

4.1 选址综合考虑周边地形地貌

校园选址是直接关系到校园整体安全的决定性因素。多数山地城市中小学的选址不是平坦开阔的区域，选址时须经过科学合理的调查研究，掌握大量的基础资料。对于潜在风险较大的已建好的学校可以通过工程措施或者校园整体搬迁的方式，保障校园周围环境的安全。

4.2 场所应与校外联系紧密

中小学应急避难场所应该在不同的方向上设置两个以上出入口，保证灾时即使有一个出入口出现状况可以通过其他出入口进入避难场所；设置可拆除的围墙，平时作围墙使用，灾时可迅速拆除，提高校园避难场所的疏散能力；同时让社区居民参与避难场所建设，提高居民的应急避难意识。

4.3 保持周边疏散通道的畅通

疏散通道是否畅通，关系到避难人员能否快速到达避难场所，以及灾后救灾物资是否顺利运输到避难场所的关键性因素。因此，疏散道路规划时应考虑道路两侧建筑物倒塌是否会影响疏散道路的畅通，同时要注意山地城市立体交通较多，考虑对灾时交通的影响。

4.4 建立和完善地震避难场所体系

山地城市中小学避难场所在山地城市的避难场所体系中占有非常重要的地位，仅仅发挥单个避难场所的功能是远远不够的，应通过交通联系，把各个避难场所联系成为一个整体，可提高城市避难场所体系防灾减灾的能力。

4.5 加强规范和技术标准的执行力度

山地城市中小学是很容易发生灾害的地方，必须加强相关技术规范和标准的执行力度。相关部门在执法时应认真履行职责，把山地城市中小学应急避难场所可能出现的问题消除在萌芽状态中，建立一整套自下而上的监督体系，让公众参与避难场所的监督。

5 小结

山地城市地形较复杂，公园绿地、广场等应急避难场所压力大，中小学地震应急避难场所可有效缓解城市避难场所压力。我国对山地城市中小学避难场所的研究甚少，理论和实践经验不足。山地城市中小学避难场所建设不仅要考虑校园内部因素，也要注重周边环境因素。本文试图从安全性、可达性和联合性三方面探究山地城市中小学地震应急避难场所与周边环境的关系，并提出处理两者关系的措施和建议，以期为山地城市中小学地震应急避难场所与周边环境关系的研究提供借鉴和参考。

注释

1. 山地城市是广义概念。山地包括地理学划分的山地、丘陵及崎岖不平的高原，约占全国陆地面积的69%。山地城市是指城市主要分布在上述山地区域的城市，形成与平原地区迥然不同的空间形态和生境。
2. 郑婷在《作为城市地震应急避难场所的中小学规划设计研究》中，从城市高度与系统布局角度对中小学规划设计提出了相应策略。
3. 何力在《中小学防灾避难设计策略初探》中，从宏观、中观和微观角度深入研究得出关于中小学防灾避难设计策略，并对此提出一些设想和建议。
4. 马东辉、翟亚欣等在《中小学校作为避难疏散场所的规划对策研究》中，研究我国中小学校建筑和规划在避震疏散结构体系和避灾要求方面存在的问题，提出适宜于城市规划和建设的中小学校避难疏散利用对策。

参考文献

[1] 李薇. 山地城市避难场所规划技术策略初探[D]. 重庆大学硕士学位论文，2010.

[2] 赵万民，游大卫. 防震视角下的山地城市防灾开敞空间优化策略探析[J]. 西部人居环境学刊，2015，30(01)：73-80.

[3] 郑婷. 作为城市地震抗震避难场所的中小学的规划设计研究[D]. 哈尔滨工业大学硕士学位论文，2011.

[4] 何力. 中小学防灾避难设计策略初探[D]. 重庆大学硕士学位论文，2010.

[5] 胡强. 山地城市避难场所可达性研究[D]. 重庆大学硕士学位论文，2010.

[6] 马东辉，翟亚欣，范波. 中小学校作为避难疏散场所的规划对策研究[J]. 灾害学，2010，10.

新趋势下四川欠发达山区县域城镇化路径思考
——以万源市为例 *

张丽娜❶　杨培峰❷

摘　要：基于对国家当前城镇化发展新特点及新趋势的研判，从人口、生态、产业、空间四个关键要素的发展特征与趋势切入，通过对四川省60个县的面状分析与单个县的点状实例调查，总结了新趋势下四川欠发达山区县域城镇化面临回流人口融入难、城镇化发展生态压力大、传统产业发展困难、土地利用粗放浪费等困境，进而针对欠发达山区县域城镇化建设提出社会融合、产业发展、生态保育、土地利用等方面的建议和意见。

关键词：新趋势；四川省；欠发达山区；县域城镇化；发展路径

1 引言

西部地区是经济落后的区域，《中国农村扶贫开发纲要（2011~2020）》确定的14个集中连片特困地区中共680个贫困县，其中有68.8%的贫困县分布于西部地区，这些地区大多集中于山区、高海拔地区，生态条件恶劣。同时西部地区也是国家重要的生态涵养地区，《全国主体功能区规划》中的国家重点生态功能区总面积为386万平方公里，其中约76%的面积分布于西部地区。因此，处理好西部欠发达山区城镇发展与生态保护的关系，实现西部地区城镇化可持续发展，是我国整体推进新型城镇化进程中的重要组成部分。但值得注意的是当前的发展环境已不允许重复传统相对粗放和高消耗的工业化路径。西部地区需要基于自身特点，适应宏观环境变化，探索出一条适合自身的转型发展路径。

四川省作为我国重要的资源、能源大省，全省183个县（市、区）中有60个县为连片特困地区县，60个贫困县多位于山区（图1~图3），占据四川省75.2%的土地面积，而截止2013年底其平均城镇化率仅为27.4%，严重滞后于全省（44.9%）和全国（53.73%）的平均水平，但其又是区域可持续发展的重要生态屏障。因此，欠发达山区县域城镇化的转型发展研究对省域乃至西部地区城镇化的可持续发展具有重要意义。本文选取四川省欠发达山区县级城市单元为研究主体，以当前城镇化发展新特点和新趋势为着眼点，分析欠发达山区县域城镇化的发展困境，并以基础性的实例研究做支撑和补充，通过文献综述、实践调研、数据分析等多重方法，总结出推进地区发展的特色城镇化路径。

---

*重庆市社会科学规划（培育）项目"城乡统筹影响下山区发展的路径设计及规划调控研究"（编号2013PYLJ02）。

❶ 张丽娜，重庆大学建筑城规学院。
❷ 杨培峰，重庆大学建筑城规学院。

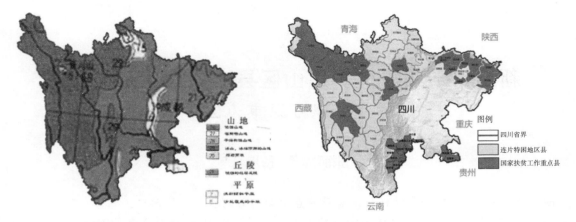

图1 四川省地貌类型示意图
资料来源：作者依据中国地貌类型图改绘。

图2 连片特困地区县在四川省的分布示意图
资料来源：作者自绘。

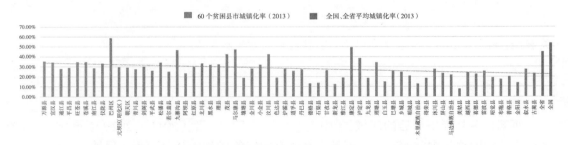

图3 2013年四川省60个连片扶贫县与全省、全国平均城镇化率对比图
资料来源：四川省统计年鉴2014。

2 当前城镇化发展的新趋势

我国当前正处于城镇化激烈变革时期，西部地区应该深刻意识到这一时期赋予的特殊机遇，准确研判城镇化发展的新趋势新特点，积极推进城镇化转型发展。

2.1 人口流动——东部吸引力减弱，中西部农民工回流趋势显现

一方面，随着传统产业由东部地区向中西部发展地区转移，农村人口长距离外出务工意愿逐减，表现为中西部地区的农民工逐渐回流。人力资源和社会保障部门提供的数据显示，2013年东部地区农民工比上年减少0.2%、中部地区增加9.4%、西部地区增加3.3%[1]；另一方面，据调查目前农村回流劳动力在就业上表现出明显的向县级及非农业产业转移的倾向，对以县城为中心的县域城镇化发展具有重大影响[2]。

2.2 生态保护——资源环境制约日益加剧，绿色转型势在必行

西部地区具有生态涵养、调节气候、资源供给和生物多样性等重要生态功能，是全国性的生态安全屏障，也是全国生态环境最脆弱的地区。十八大以来，我国高度重视西部地

区生态文明建设，对生态敏感区或者限制发展区的县市，GDP已经不列入政绩考核指标内。种种形势表明传统的高消耗、高污染的工业化路径难以为继，城镇化绿色转型发展势在必行。

2.3 产业发展——从传统资源消耗型走向知识创新型

一方面，随着工业经济时代的逐渐消亡，传统资源消耗发展路径行不通，再加上生态环境约束趋紧，国际国内形势倒逼城市产业发展转型。另一方面，知识经济正在全球范围内迅速蔓延，我国东部发达地区已率先进入以信息化产业和科技创新为主要业态，以科技、人才和文化为核心竞争力的发展转型阶段。我国产业经济发展正在由传统资源消耗型走向知识创新型，信息化、知识和产业创新正在成为生产力诸要素中最活跃的因素。

2.4 空间发展——从粗放式的土地扩张转向注重内生活力的存量优化

2013年以来，随着国家实行最严格的土地管理制度，可出让土地的减少，房产购买力的减弱，使得地方政府主要收入来源的土地出让已逐渐增长乏力，土地财政将难以为继。在这种情况下，较发达地区的城市发展趋向于脱离土地财政，逐渐从粗放式的土地扩张转向注重旧城更新和土地集约使用的"存量规划"思维。如2007深圳总体规划第一次从增量转向存量规划；上海总规2015也提出"严守用地底线，实现建设用地零增长甚至是负增长"的观点。

3 城镇化发展新趋势下四川欠发达山区县域城镇化发展困惑

3.1 新趋势下四川欠发达山区县域城镇化的发展困惑分析

3.1.1 人口回流趋势渐显，如何解决回流人口的本地安置问题

如图4、图5，全省常住人口自2010年起呈不断上升态势，且增量速度不断加强，人口流出总趋势不变，但是增幅明显趋缓，可见省域人口回流趋势正初露端倪。据《中国流动人口发展报告2014》调查显示：目前流动人口发展整体上呈现向大城市和小城市两端集聚的态势，如此县级城市越来越趋于成为城镇化发展的主要载体。在此情况下，回流人口的县域城镇化，以及他们生活的城市融入将成为欠发达山区县域城镇化面临的重要问题。人口规模不仅涉及城市建设用地规模，还关系基础设施配套和公共服务设施水平，这对本来社会服务设施就供不应求的欠发达县市来说无疑是极大的挑战。

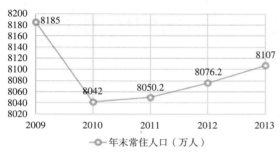

图4　四川省常住人口情况（2009~2013）

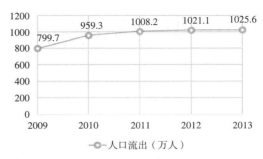

图5　四川省人口外流情况（2009~2013）

备注：人口外流 = 年末总户籍人口 – 年末常住人口。

资料来源：四川省统计年鉴2014。

3.1.2 环保标准要求更高，城镇发展普遍面临生态压力

川西与川东北是贫困县市主要集中的区域，同时也是我国重要的生态涵养基地，在西部大开发战略和全国主体功能区规划中，其生态环境保护都被列为重要内容，使得地区城镇发展普遍面临较大的环保压力，也限制了地区常规的工业发展以及建设开发行为。这些地区往往具有丰富的生态资源丰富，同时又经济力量薄弱，单靠地方内生力量无法将这种资源优势转化为经济优势，容易陷入生态保护与经济发展互相遏制的困境（图6～图8）。

图6　生态功能区在四川省的分布示意图　图7　特困区在四川省的分布示意图　图8　特困区与生态功能区叠合图

资料来源：作者自绘。

3.1.3 经济基础薄弱，难以支撑产业经济创新

欠发达山区大部分县级城镇经济发展滞后（如图9）。一是，地形地貌复杂，难以实现农业现代化；二是，产业一般以农副产品加工、建材、冶金等粗加工业为主。同时由于环保标准高、交通不便利，以及现代化信息化程度低等，产业园区发展多处于起步阶段；三是，地区旅游资源虽然极其丰富，但是旅游业的发展却处于初级阶段，基础设施配套滞后和缺少有效的监管，难以形成支柱产业。整体产业发展缓慢，现代化信息化程度低，人才吸引力弱，难以支撑知识经济发展和产业创新。

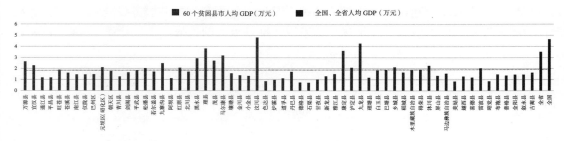

图9　2013年四川省60个连片扶贫县与全省、全国人均GDP对比图

资料来源：四川省统计年鉴2014。

3.1.4 土地指标有余，如何有效控制土地资源的过度消耗

从经济效果来看，扩张性土地财政模式短期内刺激了经济的增长，一定程度上也在城镇化的快速发展进程中起到了重要的作用。但也导致土地资源消耗过快，带来后续城镇化

发展将受用地限制，难以维持可持续的经济增长等一系列城市问题。

欠发达地区发展较为缓慢，城市可利用土地指标仍有余地，土地仍有一定的增量空间，土地财政仍有发展余地。这种情况下，如何有效利用城市剩余不多的土地资源和避免土地资源的过快消耗，将成为四川欠发达山区县域城镇化转型发展中的重大课题。

3.2 万源市城镇化发展现状的实地调研发现

本文选取四川省万源市作为研究样本，更深入彻底地反映当前城镇化的实际情况，可以说万源是四川欠发达山区"县域城镇化"的缩影（图10）。万源位于国家秦巴生物多样性生态功能区，也是国家秦巴山区扶贫攻坚重点县，生态敏感度高、贫困现象突出、城镇化发展滞后等特征明显，是欠发达山区县级城市的典型。本文通过对万源市的实地调研，深入分析万源城镇化发展的微观机制，佐证上诉县域城镇化发展困境，并进一步补充在实践环节中更加具体和意想不到的问题。

图10　万源市在四川省的区位分布图
资料来源：作者自绘。

3.2.1　人口：人口流出增速趋缓，人口回流趋势初步显现。

依据万源市人口数据分析反映，2011年常住人口达到谷底，2012年和2013年按照年均2000人左右开始慢慢回升；人口流出仍在增长，但是2011年后增幅明显回落，2013年甚至不升反降低。说明万源市人口流出的增量速度在迅速减缓，显示劳动力外流动能基本释放，并初步呈现人口回流的态势（图11、图12）。

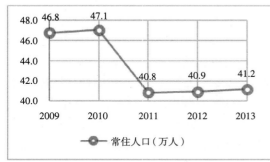

图11　万源市常住人口情况

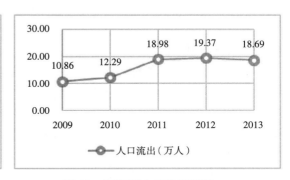

图12　万源市人口外流情况

资料来源：万源市统计年鉴（2010～2013）。

3.2.2　生态：城镇的生态化转型仍然面临很多问题

万源市属国家层面限制开发的重点生态功能区，其发展目标为加快实现生态化转型，使"生态名片"成为万源社会经济转型发展的新契机。然而在其生态化转型过程中却并非一帆风顺，还面临着新的问题。

（1）产业生态化转型困难重重

万源市生态资源优异，富硒农产品、生态旅游、红色旅游等特色产业优势突出。但是目前为止其支柱产业仍以建材、初级能源开发、轻化工、冶金工业等传统重工业为主，而农副产品加工业和旅游业尚处在起步发展阶段。产业生态化尚未成形，且困难重重。

如万源市星博士儿童家具厂，是一家被四川省命名为"农林业产业化重点龙头企业"，也是万源市引以为傲的生态产业化品牌产业。但是笔者通过实地考察和走访，发现由于生态保护限制，禁止砍伐树木，而本地山地条件限制，林业难以实现规模产业化，家具厂意外地从"本土依赖"变成了"两头在外"，林木原材料均从外地进货，大大增加了生产成本，一定程度上限制了企业的成长空间。

（2）中心城区环境品质差

万源市整体环境品质差。一是，中心城区位于多山环绕的峡谷地带，用地条件受限，难以支撑高品质环境建设；二是，城市可利用土地资源有限和单中心集聚模式下的大量人口，导致城市人口密度过高（2013年中心城区人均建设用地仅49平方米/人）、空间拥挤，交通堵塞，城市建设品质低下；三是，城市山水等生态资源丰富，却没有得到有效的利用，城市总体生态品质不佳，表现为：城市内部开放空间不足，城市山水体系未显，生态环保意识差，城市环境质量不断恶化（图13）。

图13　2013年万源中心城区照片

资料来源：http://image.baidu.com/i?sg=123&tn=baiduimage&lm=-1&ct=201326592&z=0&word=%CD%F2%D4%B4。

3.2.3　产业：以资本投入型为主，对本地劳动力带动不大

万源市第二产业比重提高速度较快，但第三产业比重仍然偏低。工业主要以建材（水泥）、矿产开采等为主，产品附加值较低；第三产业以传统批发零售、餐饮住宿为主，旅游服务业仍在起步阶段。从重点项目投资情况来看，目前万源市经济增长在很大程度上仍然比较依赖资本投入型产业，对本地劳动力的带动力不大。总体来说，万源经济发展滞后，产业整体层次较低，维持地方基础设施运转已是捉襟见肘，更加难与支撑产业创新和信息化技术的全面发展（图14～图16）。

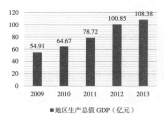 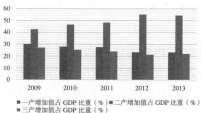 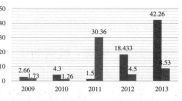

图14　万源地区生产总值示意图　　图15　万源市产业结构比重示意图　　图16　万源市重点项目投资情况

资料来源：万源市统计年鉴（2010～2013）；万源市投资促进局历年签约项目统计表（2010～2013）。

3.2.4 空间：城市土地利用模式仍以"增量扩张"为主导

（1）城市土地利用以外延扩张为主，且增量速度不断加快。

①城市土地利用以增量扩张为主

万源市中心城区主要沿着城市主要河流呈南北轴向扩展，城市土地利用以增量扩张为主。2014年中心城区新增建设用地面积为384.2公顷，老城区存量建设用地再开发面积为118.1公顷（图17、图18）。

②城市建设用地增速加快

如表1，万源市中心城区城市建设用地从2006年到2012年以年均0.42平方公里/年的速度在增长，2012年到2014年则加速到0.6平方公里/年。

万源市中心城区城市土地利用面积及拓展速度（单位：平方公里） 表1

范围		建设用地规模（平方公里）			2006～2012年		2012～2014年	
		2006年	2012年	2014年	城市土地扩展面积	年均扩展速度（平方公里/年）	城市土地扩展面积	年均扩展速度（平方公里/年）
中心城区		3.1	5.6	6.8	2.5	0.42	1.2	0.6
其中	太平组团	2.7	4.8	5.1	2.1	0.35	0.3	0.15
	官渡组团	0.4	0.8	1.7	0.4	0.07	0.9	0.45

资料来源：万源市总体规划（2007、2013）。

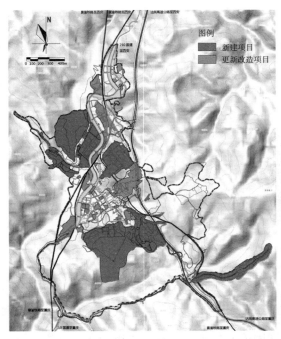 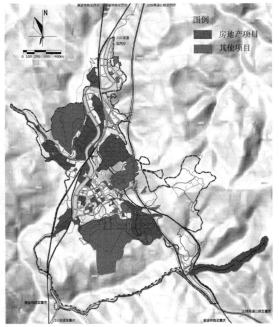

图17 万源市中心城区更新改造项目用地条件分析图　图18 万源市中心城区房地产项目用地条件分析图

资料来源：作者自绘。

③城市土地实际增量速度远高于规划用地控制速度

《万源市城市总体规划 2013~2030》规划万源市中心城区 2015 年城市建设用地面积为 8.4 平方公里，2020 年 9.8 平方公里，2030 年 11.9 平方公里。规划城市建设用地规模以约 0.1 平方公里/年的速度增长，可见实际拓展速度（0.42~0.6 平方公里/年）远远高于规划用地控制速度。2013 版总规确定的城市最终开发边界内总用地指标为 13.17 平方公里，则可能提前用完。

（2）土地财政是地区发展重要的经济来源

从 2014 年中心城区用地条件分来看，中心城区房地产项目用地面积达到 229.3 公顷，城市总体开发项目中有一半以上都是房地产开发项目（如图 18）。从万源市近年财政收入情况来看，土地出让金与房地产业相关税收占地方财政收入的比重较高，可见城市发展仍然比较依赖土地财政（如图 19、图 20）。

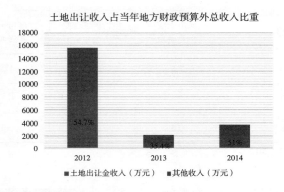

图 19　万源市土地出让收入占当年地方财政预算外收入比重

资料来源：万源市财政决算报告 2012~2014。

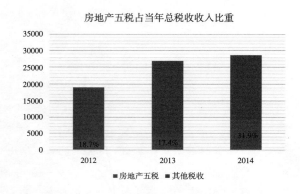

图 20　万源市房地产五税占当年地方总税收收入比重

资料来源：万源市财政决算报告 2012~2014。

通过对四川欠发达山区县域城镇化普遍发展困境的分析，以及万源市的实证分析，可以发现：回流人口的城镇化、城镇化发展生态压力大、传统产业发展困难、土地利用粗放浪费是其城镇化发展普遍面临的难题。在城镇化发展的新形势下，传统工业化和城镇化的老路行不通，这种情况下如何立足自身特点，适应宏观环境变化，找到应对性的发展路径？是欠发达山区县域城镇化发展亟待解决的问题。

4 城镇化发展新趋势下四川欠发达山区县域城镇化发展路径思考

基于上诉认识和分析，笔者认为，在新的发展形势下，欠发达山区县域城镇化发展路径转型应重点关注"人的平等、生态保护、信息化和绿色产业"等关键要素，发展路径转型下的空间转型的应重点关注"土地的集约利用和逐步摆脱土地财政"。

4.1 人口城镇化路径：关注城镇化质量，不断促进流动人口的社会融合

4.1.1 对于城镇化的考核应该更加"看重质量而不是数量"

首先应该端正价值观导向问题，从"追求数量"的城镇化评判标准转向"注重城镇化质量的提高"。人口的回流，造成常住人口的基数变大，城镇化率可能不升反降，所以评判欠发达山区城镇化水平应该更看重社会服务设施、生态保育程度和居民生活质量等。

4.1.2 加大政策倾斜力度，完善基础公共服务设施建设

欠发达山区经济普遍落后，地方财政捉襟见肘，基础设施建设投资渠道单一，市场化程度低，过度依赖财政资金和土地出让金，光靠本地发展难以支撑地区发展所需的基础设施建设，仍然需要依靠外来资金的投入，这就需要国家在宏观层面加大政策倾斜力度，引导资金流入，以完善地区公服设施与基础设施建设。

4.1.3 公共设施重点在交通和民生工程

首先应当突破当前丰富资源禀赋下的交通阻碍问题，加强交通设施的投入；其次地区城镇化发展应更加关注民生工程建设，其核心是社会服务设施供给，如保障性住房、公共交通、教育、卫生、医疗、生态环境等。

4.2 生态保育路径：严格保护生态环境，建设特色生态城镇

4.2.1 建立精细化生态管理机制，更加严格地保护生态环境

欠发达山区城镇化发展要立足于生态保护，针对生态涵养区与贫困山区相叠合的区域，应采取更加精细化和更加严格的生态环保对策。竖向层面，应科学划分县域生态敏感等级，分层分级制定相应保护措施；横向层面，建议建立"面上严格保护、点上引导开发"的弹性管理机制，在切实保护好生态保护区不可再生自然资源的基础上选择性地引导开发。

4.2.2 关注建设品质、建设特色生态城镇

充分认识和利用城镇不同自然生态特征，拟定适合的城市空间发展策略，将重点放到提升城市空间品质上来，合理布置城市开敞空间，构建绿色、蓝色生态网络，围绕地区独特的生态特征和文化特色，建设特色生态城镇品牌。

4.3 产业发展路径：强调绿色、特色发展路径，着力构建特色生态产业品牌

4.3.1 加强信息化建设，以推动地区发展

传统城镇化依赖的资源要素受限于交通，但信息化时代特征则不同，所以在信息化已

成为城市发展重要动力的今天，依靠"信息高速公路"和"电商平台"建设提高城市竞争力，实现地区城镇化跨越式发展将大有可为。山区生态资源优势通过交通和信息化输出，欠发达山区脱贫致富，经济崛起将指日可待。

4.3.2 聚焦"生态优势和产业创新"，实现绿色、特色和创新发展

首先应该正确认识自身生态资源特色，充分发挥生态优势，培育地区特色生态产业、旅游产业、物流服务等相关服务业，其中重点扶持和培育特色鲜明的生态产品，积极构建绿色、特色产业集群。其次，应充分利用好知识经济时代来临的契机，进行产业创新，积极推进"生态产业化、产业科技化和发展现代化"，依靠自身文化特色、生态优势和科学技术因地制宜地找寻新的经济增长点，推动地区跨越式发展。

4.3.3 加强跨区域协作，共建特色生态产业品牌

针对同一山区，区位靠近的县市域单元往往具有高度的资源同质性特征，应积极引导建立区域联动发展机制，围绕地区特色资源，共建地区特色生态产业品牌。

4.4 空间发展路径：节约集约利用土地，逐步摆脱土地财政依赖

4.4.1 增量与存量并存，做到节约集约用地

受地形、环保等条件制约，欠发达山区城市增量土地供应有限，如何做到节约、集约用地，对于城市可持续发展至关重要。保证土地供应的可持续性关键要做到：①充分考虑到地区"地形复杂、生态脆弱和可利用土地资源有限"的区情，严格控制用地增量速度，合理划定城市开发边界；②盘活用地存量，已建设用地的再开发利用，必须避免传统土地出让模式的种种弊端，以改善居民生活质量为核心，创新土地管理机制和拆迁补偿方案，培育城市内生活力；③加强对城市建设各个层次的规划引导，以提升城市空间品质为核心，优化用地结构。从而有效提高城市土地利用效率，促进城市紧凑集约发展。

4.4.2 内生动力与外生动力兼修，逐步摆脱土地财政依赖

土地财政受土地资源有限性制约，若对土地财政长期过分依赖，县域经济发展将后劲乏力。但是广大欠发达山区财政内生能力弱，财政模式单一，不可能一下子摆脱土地财政桎梏。逐步摆脱土地财政依赖，首先应强化土地开发项目管理，充分提高土地利用效益；其次应积极培育生态产业及相关服务业，培育内生经济动力；最后仍需国家给予一定的政策倾斜，通过扩大生态补偿、加强财政转移支付、加大金融政策、产业政策帮扶力度等途径减轻地方财政压力。

5 结语

与东部发达地区出现的城镇化质量问题如：雾霾、生态资源瓶颈、区域失衡等不同，欠发达山区县域城镇化现状无论是在 GDP 增长还是人口增长，城镇化建成区增长等方面都与之不同，如何在城镇化发展滞后的前提下兼顾公平与效率、质量与数量、生态与发展之间的平衡将成为其城镇化转型发展的关键，同时也成为发展的难点。

在新型城镇化快速推进的背景下，城镇化发展正面临各种发展因素的变化，传统城镇化发展模式难以适应，必须探索出一条符合时代精神、适应资源和环境条件的新道路。欠发达山区县域城镇化须立足于自身生态本底和社会经济现状，从人口、生态、产业、空间

四方面入手，以改善居民生活品质为核心，不断完善县域公共设施和基础设施建设；以保护生态环境为前提，着力建设生态城镇；以产业经济发展为根本，走绿色、特色可持续产业发展道路；以土地集约利用为原则，逐步摆脱土地财政依赖，以此稳步推进欠发达山区县域城镇化健康可持续发展。

参考文献

[1] 国家卫生和计划生育委员会流动人口司. 中国流动人口发展报告2014[M]. 北京：中国人口出版社，2014.

[2] 李郇. 面临新型城镇化的三个规划转型问题[J]. 城市与区域规划研究，2015，7(1): 1-15.

[3] 赵民，陈晨，郁海文."人口流动"视角的城镇化及政策议题[J]. 城市规划学刊，2013，2: 1-9.

[4] 李晓江，尹强，张娟，张永波，桂萍，张峰.《中国城镇化道路、模式与政策》研究报告综述[J]. 城市规划学刊，2014，2: 1-14.

[5] 朱金，赵民. 从结构性失衡到均衡——我国城镇化发展的现实状况与未来趋势[J]. 上海城市规划，2014，1: 47-55.

[6] 王凯，李浩. 山地脆弱人居条件下的城镇化之路——中国西部地区城镇化发展的特殊路径[A]. 中国科学技术协会、重庆市人民政府. 山地城镇可持续发展专家论坛论文集[C]. 中国科学技术协会、重庆市人民政府. 2012，11: 3-13.

[7] 黄亚平，林小如. 欠发达山区县域新型城镇化路径模式探讨——以湖北省为例[J]. 城市规划，2013，7: 17-22.

[8] 仇保兴. 如何转型 中国新型城镇化的核心问题[J]. 时代建筑，2013，6: 10-17.

[9] 中共中央国务院. 国家新型城镇化规划（2014～2020年）[M]. 北京：人民出版社，2014.

山地城市新型城镇化路径探索
——以四川省巴中市为例

李竹颖[1] 邹 会[2]

摘 要：新型城镇化背景下，探索保持城镇化数量与质量全面协调发展的道路对于山地欠发达区域具有重大的现实意义。本文以巴中市这一具有典型山地特征的欠发达城市为例，针对其城镇化过程中的问题与形成缘由，重点探索其实现新型城镇化的路径，扭转低质量的异地城镇化现象，以期为推进山地城市新型城镇化提供一条有效的路径。

关键词：山地城市；新型城镇化；异地城镇化

1 概念解析

1.1 传统城镇化

传统城镇化单一地追求农村人口到城镇人口的转变，忽略了过程中生活方式的转变及产业发展的有效支撑，主要体现为"粗放型工业推动下城镇人口规模量的增长、城镇空间无序膨胀、资源大量消耗、城镇环境显著恶化、城乡关系愈发不协调"等[1]，是一种粗放式的发展模式。

1.2 新型城镇化

新型城镇化，顾名思义，区别于传统城镇化，是"以城乡统筹、城乡一体、产城互动、节约集约、生态宜居、和谐发展为基本特征的城镇化，是大中小城市、小城镇、新型农村社区协调发展、互促共进的城镇化"[2]。新型城镇化更重视人居环境质量的提升，强调在环境友好、经济高效的前提下与工业化协同发展，倡导的是一种适度、健康、合理的发展速度及因地制宜的多元发展路径，是一种内涵式的发展模式。

2 山地城市城镇化问题剖析与形成缘由

2.1 问题剖析

由于社会发展水平、地域经济差异等多方面的因素导致地域平衡被打破，较发达地区的"拉力"与欠发达地区的"推力"共同促使一定规模的人口从一个地域流向另一地域[1,3]。

---

[1] 李竹颖，成都市规划设计研究院。
[2] 邹会，成都市规划设计研究院。

在此过程中，山地城市由于地形、交通条件等制约因素往往成了一定区域内的欠发达地区，从而成了该区域的人口流出地，其城镇化过程主要表现为低质量的异地城镇化和回流进城（镇）。以巴中市为例，巴中的城镇化在很大程度上领先于工业化，但巴中的城镇化并不是靠自身的工业化来驱动的。与诸多欠发达的山地城市相同，巴中市绝大部分的人力资源外出务工，外出务工的劳动力去往其他城市工作一定年限后，一部分留在当地，一部分回到家乡并进城地镇，仅有一小部分的劳动力回乡务农。由此可见，低质量的异地城镇化和回流进城（镇）是山地城市城镇化的两大主要方式。但这一城镇化路径往往与以下问题相伴相生：

2.1.1 减缓本地工业化进程

大量低成本的劳动力从欠发达地区输送到较发达地区，促进了较发达地区产业的聚集与发展，使其拥有源源不断的劳动力支撑，加快了较发达地区的发展；而欠发达地区由于劳动力的缺失以及技术、资金、环境、观念的落后，工业化进程滞后且缓慢，与较发达地区的差距愈发明显。

2.1.2 空巢现象突出引发土地资源浪费

目前，我国城乡空巢家庭超过了50%，部分大中城市达到70%，农村留守老人约4000万，占农村老年人口的37%。对于土地资源本就稀缺的山地城市而言，空巢现象的突出将引发土地资源的浪费。对于大部分外出务工的农村劳动力来说，无论是在务工所在城市还是在农村，都会在当地拥有自己的住房，而在非节假期间，农村大部分仅有老人及小孩留守的住房都存在闲置的情况。

2.1.3 身份受质疑

外出务工农民由于户籍等问题，并未享受到城镇居民的待遇，多数农民在大城市中扮演着最底层的角色，尤其在住房、医疗保障、子女进城上学等问题上无法得到妥善安排，其生活方式的转变未进入城镇化行列，仅仅体现在地域空间的转移。由于家庭氛围的缺失以及缺乏子女的看管和照顾，空巢老人普遍面临着经济收入低、生活质量差、精神生活单调、医疗及隔代教育问题突出等现象；同时，由于父母长期在外打工，农村留守儿童心理、生理以及道德行为问题日益突出。

2.2 形成缘由

产生以上现象与问题的主要因素有以下两个方面：

2.2.1 产业支撑不足，城市吸纳能力有限

山地城市由于丧失发展先机，经济发展水平往往较低，缺乏规模化产业支撑，无法提供充足的就业岗位；与此同时，财政收入不足带来的基础配套设施缺乏等问题导致山地城市的人口吸纳能力不足，辐射力有限，难以满足农村劳动力，特别是有文化的年轻劳动力的个人发展要求，从而导致山地城市逐步沦为人口流出地，本地城镇化进程缓慢。

2.2.2 劳动力过剩，城镇发展用地不足

产业支撑与城镇吸纳能力的不足，导致山区农村劳动力的大量过剩，而城市地区由于地形的限制，扩展空间有限，发展用地相对缺乏，无法承载农村人口的转移，更是加剧了农村劳动力过剩的现象，从而导致大量的劳动力到沿海地区寻求就业机会及优越的生活环境。

3 山地城市城镇化案例借鉴

3.1 重庆市

重庆针对自身大城市与大农村并存的山地城市特点，通过对市场要素的改革，把城市生产要素与农村土地、人力等资源融为一体，进行现代化开发，并利用大城市的引擎效应，带动农村地区发展。至2012年，重庆市工业化水平达到49.44%，城镇化率已达到56.98%，基本实现了城镇化与工业化的协调发展。重庆市通过发挥都市圈的辐射聚集作用及次级经济中心的传递作用，以小城市经济发展为落脚点，以乡镇工业发展为核心，带动大农村地区发展劳动密集型的非农产业，有效实现工业化带动城镇化同步协调发展。其具体措施如下：

3.1.1 延长产业链，建立城乡分工协作体系

重庆市通过延长产业链与城乡合理分工协作，形成城乡之间相互联系、相互发展的良性循环，将农村与城市由依附型发展关系转变为联系型发展关系。城市重点发展高附加值的加工制造业中心，农村则全面建设农副产品加工中心，提升农副产品的加工技术；城市通过提供经济及技术的支撑拉动农村地区发展，农村地区则依靠资源及人力支持城市建设。

3.1.2 突出中心，合理安排发展时序

在物力财力有限的情况下，重庆市选择优先做大做强主城区，发挥其极核效应，增强自身辐射带动能力；在发展城市的同时，注重对农村地区基础设施的建设，为融入城乡产业链条提供完善的配套支撑。

3.1.3 完善配套与就业，引导农村人口向城市聚集

重庆市以完善的城市公共配套体系和大量的城市就业机会为主要吸引物，增强城市吸引力与凝聚力，并出台相应配套政策，鼓励农村人口向城市集中，最大化地实现就近城镇化。

3.2 铁佛镇

铁佛镇位于巴中市通江县南部低山区，距通江县城约30公里、平昌县城约40公里，是省级小城镇建设试点镇。截至2010年年底，铁佛镇镇区面积3.7平方公里，常住人口约2万人，城镇化率达到41.11%，已接近巴中市区——巴州区、恩阳区平均水平，并高于周边乡镇。

铁佛镇公共服务设施配套相对完善，包括完全高中、中心小学、中心卫生院等居民生活所需基本设施，以及高档旅馆、商业、文化娱乐等提升城镇化水平的公共设施。同时，镇域内聚集了从事优质粮油、畜产品和林产品的初深加工以及物流等工业企业共15家，辖区内多个村形成了果蔬、水产、家禽等特色农业基地。铁佛镇因其特定的区位，通过完善的服务配套和适宜的产业发展直接带动了周边6个乡镇的经济发展，对外围7个乡镇亦有一定的辐射作用。

3.3 小结

对于城市而言，产业的发展尤其是契合城乡二元特征的产业将提供大量的就业机会，为容纳农村剩余劳动力提供载体，以城带乡，从而成为城镇化的主要动力；而对于小城镇和农村地区而言，则可以通过完善配套服务设施以吸引人口及产业的聚集，实现以镇带村，

辐射带动周边乡镇发展。

4 山地城市新型城镇化路径探索

4.1 构建城乡体系，合理引导人口集聚

山地城市的发展往往呈现出城市能级较低而农村地区广大的特征，从而带来"小城市带大农村""带不动"的问题，因此，加快构建层级分明、科学有序的城乡体系，形成快速吸纳农民回流进城入镇的格局对于推进山地城市新型城镇化有着至关重要的作用。

首先，明确城乡不同的发展思路与方向，其中大中城市主要承担工业化和经济发展的重任，小城镇实现服务三农的基本职能，包括服务型城镇与产业承接镇。

其次，完善城乡等级结构，通过建立涵盖用地条件、交通条件、发展条件、水资源条件等在内的评价体系，进一步挖掘筛选出发展潜力较好的战略性空间资源，构筑新城，并将其作为城市与乡村的过渡层级，使其成为推进新型城镇化的重要抓手与形成"增长极"的重要支撑，从而构建起"多点多极支撑"的城乡体系。

4.2 做强城市产业，明确城市产业转型方向

山地城市的城市发展水平、工业化水平往往处于初级阶段，其未来的发展应当充分发挥其后发优势，克服可进入性差、用地条件有限等劣势，明确城市产业转型方向，在做强优势产业的同时，基于资源条件，找准突破点，切入新兴领域，实现自身的跨越式发展。

以巴中市为例，巴中市拥有丰富的劳动力资源，职业教育培训亦有一定的基础，因此，可借鉴"中国声谷"扬州的成功经验，引导省际内较为分散的呼叫业务走向适度集中，引导企业自办走向服务外包，做强劳动力支撑与基础设施支撑，发展呼叫产业及软件研发、人才培训、数据处理等衍生产业。同时，可充分利用自身丰富的特色自然资源优势，适度承接部分绿色产业，健全人才引进政策，做强专业化服务，大力发展健康产业。

4.3 因地制宜地进行公服配置，提升吸纳回流劳动力的能力

由于山地城市人口分布不均，普遍呈现出城市公服承载力不足，农村公服利用率低下的现象。针对这一问题，对上述问题，提出以公共服务设施为吸引物，构建集约高效、因地制宜的公共服务设施保障体系，引导人口的合理流动与集聚。具体措施如下：

4.3.1 集中与分散相结合的公共服务设施配置模式

传统的公共服务设施配置主要是按照服务半径或者以村镇为单位的标准化公服配置模式，这种配置方式良好地适用于地势较为平坦、人口分布较均匀的地区，但在山地城市中，均衡的配置模式则会导致一些矛盾，如城区的"超大班"，农村地区的"一师一校"现象。集中与分散相结合的配置模式，区别于传统均衡配置模式兼顾覆盖率而忽略使用效率的做法，更适用于山地城市。

首先，应根据山地城市各乡镇人口密度、居民点分布特征、地形及交通建设等条件，对市域进行政策分区。在政策分区基础上，打破各个区内的行政边界与城乡差别，有选择性地将能吸引人口聚集而不影响生产生活的公共服务设施按照人口密度集中布局，使公服作为吸引要素引导山区居民下山，进镇集聚。

以教育设施为例（表1），由于在人烟稀少的山区无法同时兼顾服务半径与起建标准，因此应相应提出不同于其他地区的配置措施。人口稀疏的地区学校集中配置于乡镇镇区内，通过建立寄宿制学校解决学生走读时间长以及留守儿童生活保障问题，而人口密集的丘陵区可根据服务半径相对均衡地进行配置。

教育设施分区配置一览表　　　　　　　　　　　　　　　　表1

地区类型	小学		初中		高中	
	服务范围（平方公里）	配置原则	服务范围（平方公里）	配置原则	服务范围（平方公里）	配置原则
A类地区（人口密集）	7（11）~30	寄宿制每个乡镇2个	23~57	每镇1个	102~205	每4个乡镇1个
B类地区（人口稀疏）	15（25）~68	寄宿制每乡镇1~2个	50~125	每镇1个	225~450	每6个乡镇1个
C类地区（人口极少）	50（83）~225	寄宿制每乡镇1个	167~417	每3个镇1个	750~1500	不配置

4.3.2 动态弹性化的公共服务设施配置模式

城镇化是个循序渐进的过程，公共服务设施建设亦是如此。动态弹性化配置是指随着城市发展，按照需求分时序、有计划地进行建设，即限定单项公服设施的服务人口规模上限，并根据服务人口规模上限预留设施的用地规模；只有当现状设施的服务人口超出限定规模时，才启动第二个同类项目。这种配置模式能有效避免同期开发建设导致的资金周转困难、公共服务设施闲置浪费等问题，使资源集中有效地投放，提升公共服务设施的吸纳回流能力。

5 结语

山地城市只有立足于自身的优势，对产业及功能进行合理配置，以环境友好的发展模式探索一条健康的、可持续发展的新型城镇化路径，才能形成一定的经济实力及竞争优势。本文意在通过对巴中这一典型山地城市城镇化路径的分析与探讨，为欠发达的山地城市发展提供一些指引。当然，城镇化路径是一个随着时代动态变化的过程，本文部分分析内容尚存在一些局限性，还有待城乡规划者们在未来的实践中不断深化与补充。

参考文献

[1] 黄亚平，陈瞻，谢来荣. 新型城镇化背景下的异地城镇化的特征及趋势[J]. 城市发展研究，2011，8: 11-16.

[2] 胡杰，李庆云，韦颜秋. 我国新型城镇化存在的问题与演进动力研究综述[J]. 城市发展研究，2014，1: 25-29.

[3] 黄亚平，林小如. 欠发达山区县域新型城镇化路径模式探讨——以湖北省为例[J]. 城市规划，2013，7: 17-22.

山水城市意象设计初探
——以重庆市滨江地带为例

罗德成❶ 徐煜辉❷

摘　要：传统"城市意象"理论认为，城市意象可以被创造和优化。山水城市意象因城市空间环境的独特性而具备特有的内涵和塑造方法。在众多山水城市中，传统的城市空间塑造往往只针对物质环境进行形态设计，忽略了城市意象可以在"意象要素"引导下进行创造和优化的前提。文章从"山水城市意象"的内涵解析出发，提出城市意象要素可以在传统五要素的基础上分级，结合重庆市滨江地带城市意象塑造案例，通过市民意象地图提取出宏观、微观意象要素，并选取个别要素进行具体设计，进而提出从宏观意境表达（表"意"）到微观具象设计（表"象"）的山水城市意象设计新思维。

关键词：山水城市；城市意象；意象地图；山水意境；重庆市；滨江地带

早在20世纪60年代，凯文·林奇就指出人与其所处的城市环境具有双向作用，即表现为城市意象，而通过人类对环境的调整，可以使环境与人类的感知形态和抽象过程互相适应[1]，也就是说：城市意象是可以被创造和优化的，通过对感知的对象（城市空间环境）进行意象控制，进而实施设计，以达到塑造城市意象的目的。两江（长江、嘉陵江）交汇、四山（缙云山、中梁山、铜锣山、明月山）延绵的自然基础赋予了重庆优美的山水格局，特别是两江四岸的滨江地带，是城市山水特色要素的集中区域。

1 山水城市意象内涵解析

1.1 山水城市意象概念

凯文·林奇提出："城市意象是城市环境与观察者之间相互作用的结果，是个人对外部物质世界概括的心理图像，它是直觉结合以往体验的产物，它转移信息并指导行动"[1]。城市意象是城市居民与其所处环境之间的一个互动机制：居民感受真实环境，而环境影响居民建立头脑中的"主观环境"，以便形成容易识别的记忆[2]。由此，山水城市意象的概念可在此基础上予以延展：是指以山水城市文脉为整体认知基础，通过对具有山水特色的城市空间环境进行感知，进而建立起的对山水城市空间环境的认知关系。

一般条件下，山水城市意象具备以下四个基本要点：

---

❶ 罗德成，重庆市规划设计研究院规划三所。
❷ 徐煜辉，重庆大学建筑城规学院。

①感知对象易被识别，易被感知，易建立，即具有个性特色；

②感知对象与感知者之间、感知对象之间要有关联，这种关联可以是空间和形态上的关联，也可以是某种情感上的意蕴；

③感知对象需具备美学意义，形成让感知者心情愉悦的记忆；

④凸显山水意境，升华感知者的认知，彰显山水城市特色。

1.2 山水城市意象内涵

山水城市意象具有两大内涵特征：美学意义和山水意境，前者强调单个感知对象的外在审美形态，是山水城市意象塑造的准则；后者强调由山水环境介入而共同构成的一种整体想象空间，是山水城市意象塑造的目标[1]。

1.3 城市意象的再认知

1.3.1 城市意象的时空差异

城市意象在一定程度上会出现时空差异：时间差异表现为同一城市在不同历史时期内所呈现出的形态差异，空间差异表现为不同城市的地域特征所带来的城市具象差异[3]。重庆有着悠久的历史和独特的山水城市风貌，从城市空间到建筑空间，都是这些差异累积与生长的表象。

1.3.2 意象要素的层级差异

凯文·林奇将物质形态的研究内容归纳为"道路、边界、区域、节点、标志物"五类元素，学界将之称为"城市意象五要素"。然而之于设计实践，针对不同的城市，在整体城市结构层面，五要素的表象可能大致相同，但若继续向更微观的层面演进，其具象及意象就会出现大的差异。例如道路要素，以网格状道路为底的平原城市和以自由分散道路为底的山地城市之间就有完全不同的设计手法。因此，需要在凯文·林奇传统五要素的层面之下提取出特定城市更加微观的要素，以指导特定城市意象的塑造。

2 重庆城市大山水环境意象的概述

重庆山水城市空间格局根基深厚且表现为大山大水的壮美气势。古时"倚山筑城，以江为池"，到清代跨嘉陵江、近代跨长江形成了"两江四岸"的格局，发展至今，山水格局也更加丰富，城市与更大范围内的山水环境发生关系，城市山水结构发展成为"四山、两江、七河、三城"，整体上呈现出山环水抱之势。

图1 重庆大山水环境

"因天材，就地利"的城市营造法式与"显山露水"的山水理念共同造就了重庆如今"山城"、"江城"的美誉。总体上讲，沿两江向四岸延伸，城市基底呈现出"V"字形的态势，使得城市总体空间环境由低至高呈现出"前江、中城、后山"的格局；组团簇群状的布局让山水贯通，城市与自然融合；建筑高低错落，由江岸至山体的多层建筑轮廓线变化有致，且与背景山体轮廓线互相呼应（图1）。滨江地带作为城市水、陆的过渡空间，聚集了大量的山水要素和城市活动，具有高度的山水环境意象代表性。

3 重庆滨江地带山水城市意象设计

3.1 基于市民意象地图的微观要素提取

选取重庆市两江滨江地带中山水要素和城市活动高度集中的区段（沿嘉陵江从高家花园大桥向东至大佛寺长江大桥段，沿长江从鹅公岩大桥向东至大佛寺长江大桥段）进行调研。调研分为专业组和普通组共两组[2]，通过对两组认知草图[3]中所有的意象因子进行提取、分析、归类，最后绘制成综合意象地图[4]（图2），并由此得出传统城市意象五要素下的微观意象要素（表1）。

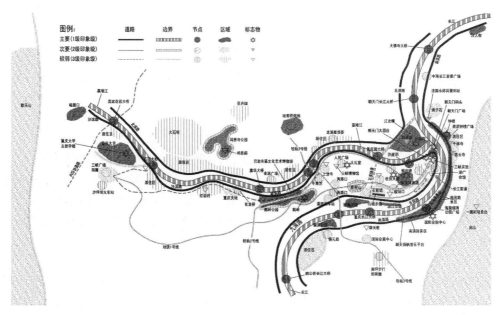

图2 综合意象地图

微观意象要素分类表　　　　　　　　　　　　　　　　　　　　表1

宏观意象要素	微观意象要素	意象因子
道路	滨江路	北滨路、沙滨路、嘉滨路、长滨路、九滨路、南滨路
	步道	山城步道、滨江步道
	传统老街	白象街
	轨道交通线	地铁1号线、轻轨2号线、轻轨3号线

续表

宏观意象要素	微观意象要素	意象因子
边界	江岸线	长江、嘉陵江
	山体公园边界	鹅岭公园边界、鸿恩寺公园边界、枇杷山公园边界……
	上下半城分界	上半城与下半城的高差界线
区域	商圈	解放碑商圈、观音桥商圈……
	滨江现代住区	东方港湾、春森彼岸、融侨半岛……
	滨江传统街区	磁器口、弹子石、石板坡、白象街区域……
	滨江景区公园	珊瑚公园、铜滨公园、南滨路景区……
节点	车站	菜园坝车站（火车站、汽车站）
	跨江大桥	石门大桥、嘉陵江大桥、朝天门长江大桥、大佛寺长江大桥……
	广场	朝天门广场、解放碑中心广场、南滨钟楼广场……
	历史意义聚集点	上清寺、化龙桥、铜元局、通远门、东水门……
标志物	建筑物	重庆大剧院、国际金融中心、鸿恩阁、南滨路钟楼……
	构筑物	解放碑、朝天门码头、长江索道……
	山峦	鹅岭

3.2 要素设计——宏观表"意"下的微观表"象"

由宏观到中观，由表"意"指导表"象"，这是一个以凸显山水意境为目的、以塑造城市意象为路径的山水城市空间环境设计思维，以此提出的对应性设计要点，才能指导微观意象要素的具象设计。

3.2.1 道路类

山水城市道路要素的特征在于山水环境之间的萦回曲折和高低起伏所带来的出行体验上的感官变化。由此，提出其宏观表"象"的导控要点：提升滨江路、步道的意象强度；加强滨江路与城市腹地的联系；完善步行体系，建立滨江步道与山城步道的联系。

根据宏观表"象"的导控要点，针对道路类的微观要素分布，列举选取滨江路和步道两类进行具象设计方法研究。

（1）滨江路

①加强滨江路与腹地的联系，注重车行通道、步行通道和视线通廊三个方面的联系。②新建路段，可以根据道路等级和所承载的交通流量大小，在满足防洪需求的前提下适当降低等级较低、流量较小路段的路面标高，以增强其亲水性。③优化滨江路景观，提升出行乐趣。

（2）步道（包括山城步道和滨江步道）

①山城步道

A. 体系优化：将现状不连贯的、破败的山城步道进行整改和串联，形成一个完整的步道体系。B. 设计优化：功能活动方面除重点满足传统山城步道交通、生活场所功能外，增加旅游相关的功能设施；交通流线上结合地貌进行高低起伏、曲折变化，营造"步移景异"的多视点步道体验过程；空间形态上由步道与环境、建筑、构筑三种方式围合，形成小广场、日常生活节点、亭、廊等空间；空间尺度上，主要 D/H 值宜控制在 1 到 2 之间。

②滨江步道

A. 结构优化，建立与腹地的关联。有滨江路上跨、滨江路下穿、步行空间上跨、步行空间下穿四种方式（图 3）。B. 设计优化。功能活动上重点满足休闲游憩、观景、健身三大主体功能；交通流线上利用江岸地带高差设置步道，并建立与腹地的关联；空间形态上由步道与环境、构筑两种方式围合，形成滨江小广场、亭、廊等空间；铺装上硬质、软质结合，宜用软质铺装进行空间区分。

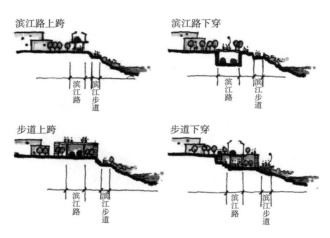

图 3　滨江步道与腹地的四种联系方式

3.2.2　边界类

山水城市边界要素的特征在于山、水、城之间的界线关系，使人在沿这些界线进行线性移动的时候能够体验山水之趣。由此，提出其宏观表"象"的导控要点：着重强化城市内山体水系、绿地公园的边界；弱化消极意义的边界。

根据宏观表"象"的导控要点，针对边界类的微观要素分布，列举选取长江、嘉陵江边界进行具象设计方法研究。

（1）长江、嘉陵江岸线

①增强沿江岸线的连续性体验。如整合后的南滨路景区，通过对江岸一系列有特色且相关联的主题功能进行整合，形成一个高度连续的沿江岸线的体验带。针对长江北岸，整合由朝天门码头至长江索道、长江滨江公园至珊瑚公园一带的体验空间。

②优化岸线利用方式，增强亲水性和活力。

A. 分台设计岸线，合理布局功能。进深较小的岸线段采用直立、斜坡相结合的阶梯式生态挡墙，在挡墙面上利用绿化植物进行视觉软化处理；进深较大的岸线段尽量采用自然堤岸。B. 优化高架滨江路下的消极空间。打通高架路下的通道，建立由岸线到腹地的联系（图 4）。

③注重岸线环境景观设计，提升美学效果。

A. 岸线空间形态多样化。在进深较大的岸线，设置"放大"的空间节点，将原来单调的线性空间改造成为"点、线"结合、收放有序的岸线空间（图 5）。B. 岸线植物种植

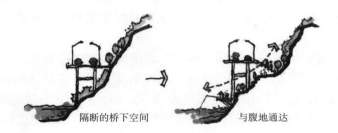

图 4　高架滨江路下的空间贯通

宜采用黄桷树、大叶桂樱、山桐子、常绿油麻藤等本土植物；在配置上采用上层乔木、中层灌木、底层花草的立体形式。

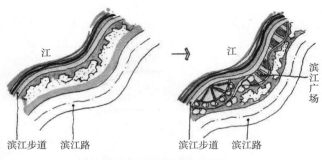

图 5　岸线空间形态优化

3.2.3　区域类

山水城市区域要素的特征在于城市各建成区与自然环境的相互穿插、掩映，整体上呈现出虚实相生的意境。由此，提出其宏观表"象"的导控要点：提升各滨江城市功能区域的意象强度；优化城市建设区域和绿地环境的相互关系，强调簇群式的建筑布局；协调各区域间的视线关系，显山露水[5]。

根据宏观表"象"的导控要点，针对区域类的微观要素分布，列举选取滨江现代住区、滨江景区公园两类进行具象设计方法研究。

（1）滨江现代住区

①保持界面通透，显山露水。避免连片开发，建筑布局留出视线通廊，引山、水之景入城（图6）。

图 6　显山露水的建筑布局

②建筑高度布局采用前低后高的形式，提高江景的利用率，降低建筑带给滨江空间的压迫感，并且保持一个较为开敞的视线关系。

③以保证后排建筑的江景视线、保证背景山体的可见性为目的，合理确定前排建筑高度。

（2）滨江景区公园

①通过高差的变化对线性空间进行划分，建筑、绿地、广场应该相互交织穿插。

②将传统的水平分区模式转化为垂直分区（如铜滨公园），各功能区之间通过高差变化进行区分，不仅带来空间体验上的乐趣，还能保证各功能区对江景的良好视线，突显山地特色（图7）。

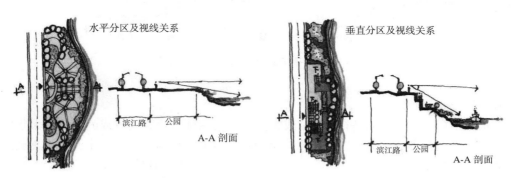

图7　滨江绿地公园的两种分区模式

3.2.4　节点类

山水城市节点要素的特征在于沿山体水系的序列分布，使节点空间及其内的活动与山水融合。由此，提出其宏观表"象"的导控要点：强化沿山体水系的节点意象；节点的空间环境设计充分考虑山水景观因子。

根据宏观表"象"的导控要点，针对节点类的微观要素分布，列举选取跨江大桥进行具象设计方法研究。

（1）跨江大桥

①大桥设计精细化。形态上展现重庆山城、江城的特色；融入"三峡文化"、"巴渝文化"等重庆文化特征；可适当选用明快的色彩进行点缀。

②桥下空间的优化利用。将桥下消极空间改造成为垂钓、纳凉、休憩、公共厕所等公共服务空间，优化空间环境，提升活力（图8）。

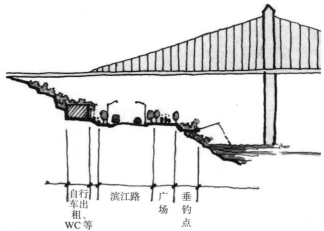

图8　多功能复合的桥下空间

③结合大桥设计城市通廊。在桥头周边留出绿化开敞空间；控制两侧建筑的高度，使其在纵向和横向轮廓线上都处于低点（图9）。

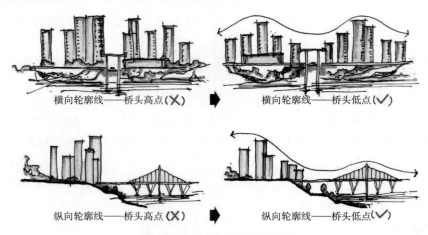

图9 桥头通廊建筑高度控制

3.2.5 标志物类

山水城市标志物要素的特征在于：或因其高度引领城市轮廓线，或因其位置聚焦山水视线通廊，或因其本身的造型融合山水城市特色而具有强烈的冲击力。由此，提出其宏观表"象"的导控要点：重点优化标志物的位置、高度、周围的视线通廊及其造型设计。

根据宏观表"象"的导控要点，针对标志物类的微观要素分布，主要对建筑标志物、构筑标志物两类进行具象设计方法研究。

（1）建筑标志物

①依据区域内地形地貌走势、功能布局、建筑布局、现状建筑轮廓线、背景山体轮廓线等综合确定建筑标志物的大体位置。

②依据周边建筑、环境、背景山体轮廓线确定建筑标志物的高度。A.选取一个或者多个人流集中的视点，以保证建筑标志物的可见性为前提，确定其高度范围。B.建筑标志物通常在高度上占据主导地位，但其高度不能扰乱背景山体轮廓线的完整性，不能扰乱整个建筑轮廓线的韵律感[6]。

③通过建筑形态、色彩、材质等强化建筑标志物的可见性和对比性。

（2）构筑标志物

①结合纪念意义和主题寓意设计构筑标志物的造型。

②留出适当的视线通廊，增加其可见性。严格控制标志物四周的建筑高度，保持背景轮廓线在标志物区段较低的趋势，避免出现太高的建筑扰乱视线。

4 结语

山水城市意象不仅仅强调对单个感知对象的认知关系，还强调由众多感知对象所共同产生的对城市整体的认知关系，这种认知关系也即是感知者所感悟到的山水意境。山水城市意象的设计首先应该建立一种整体性的设计观，将城市意象要素分为宏观和微观两个层面分别进行设计，通过对宏观要素的设计，掌控凸显山水意境目的下的微观设计方向，进而针对相应的微观要素进行具象设计。这种由整体到局部、由宏观到微观、由意境到具象的设计观，在城市空间环境的优化设计中融入对山水意境的表达，能够使山水城市的特色更加鲜明。

注释

1. 传统中国画作品中对山水意境可归纳为以下几个特征：主从有序、虚实相生、萦回曲折、气韵生动。
2. 专业组由从事城市规划设计及相关专业的人士组成，这类受访者有着较专业的知识背景，对于城市意象也能够从专业的角度去完成认知草图；普通组是在重庆市9大主城区内随机发放40份认知草图问卷，其结果与专业组进行对比。
3. 认知草图，是指受访者徒手绘制调研范围内的草图，草图中需要表达其认为最有趣和最重要的特征因子。这些因子即是意象因子，而通过对某些意象因子共性的归类，就可以提取出微观意象要素。

参考文献

[1] （美）凯文·林奇. 城市意象[M]. 方益萍，何晓军译. 北京：华夏出版社，2001.
[2] 顾朝林，宋国臣. 城市意象研究及其在城市规划中的应用[J]. 城市规划，2001，25(3)：70-73，77.
[3] 刘铨. 当代城市空间认知的图示化探索[J]. 建筑师，2009，4: 5-14.
[4] 徐磊青. 城市意象研究的主题、范式与反思——中国城市意象研究评述[J]. 新建筑，2012，1: 114-117.
[5] 卢济威，王一，宋云峰. 建构山水型城市"起居室"——丽水市滨水区城市设计[J]. 建筑学报，2005，2: 18-21.
[6] 徐煜辉，吕翀. 三峡库区城市轮廓线要素研究[J]. 新建筑，2007，5: 16-19.

从"城镇上山"到"城镇被上山"

韩列松[1]　钱紫华[2]

摘　要：云南省和国土资源部先后提出"城镇上山"和"低丘缓坡地利用"的政策后，"城镇上山"开始在全国范围内广泛推行。从实施情况来看，"城镇上山"尽管实现了地方基本农田的有效保护，但同时也带来了诸多负面作用，比如生态环境的破坏、土地的低效利用、城市的安全隐患等。部分地区不顾发展实际情况，强行推行"城镇上山"，城镇为了"上山"而"上山"，继而沦为"城镇被上山"。基于当前政策的实施现实，应对"城镇上山"政策持有更为审慎的态度，切忌搞运动式的"削山建成"和数量上的"跨越式"扩展；对于"城镇上山"政策的推行，则更应小心谨慎，快速、全面、广泛的执行，注定会造成相关政策各种的走样与变形。

关键词：城镇上山；政策；规划；反思

1 "城镇上山"政策的提出

2011年1月，云南省政府第52次常务会议上，明确提出了切实抓好基本农田保护工作，多用坡地、荒地搞建设，建山水城市、山地城市、田园城市的城镇化发展思路。2011年8月，云南省人民政府正式出台了《关于加强耕地保护促进城镇化科学发展的意见》。同年9月，云南省第九次党代会上的报告指出，要按照"守住红线、统筹城乡、城镇上山、农民进城"的要求，完善城镇发展思路，转变建设用地方式，严格保护耕地尤其是坝区优质耕地，用好用足国家低丘缓坡地综合开发试点省差别化土地政策，引导城镇、村庄、工业向适建山地发展，建设山地城镇。对于云南省这一政策，百度百科将之称为"城镇上山理论"[1]。

2011年10月底，国土资源部对云南、宁夏低丘缓坡地开发利用情况进行了现场调研。调研工作开展后，2012年3月，国土资源部正式出台了《低丘缓坡荒滩等未利用土地开发利用试点工作指导意见》，并确定了重庆、云南、浙江、湖北、宁夏等11个省（市、自治区）作为政策实施的试点省份。自此，云南省的"城镇上山"转变为"低丘缓坡地利用"政策，开始在全国范围内推行。

2 "城镇上山"政策的推行

国土资源部确定了"低丘缓坡地利用"的试点省份后，相关省市陆续开始执行。甘肃省、

---

[1] 韩列松，重庆市规划设计研究院。
[2] 钱紫华，重庆市规划设计研究院。

湖南省相继出台了《关于低丘缓坡等未利用地开发利用试点工作的指导意见》；湖北省出台了《低丘缓坡荒滩等土地综合开发利用试点工作暂行办法》；贵州省组建了"全省低丘缓坡荒滩等未利用土地开发利用试点工作领导小组"；山东省确定在东营、滨州两市和青州、安丘、昌乐、沂南、沂水、莒南等6县（市）开展试点工作，提出5年内开发未利用地为建设用地15万亩；广西的首批试点在梧州市、防城港市、玉林市辖区范围内进行，每市选择2~3个项目区开展试点，期限为2012~2016年，年均建设开发规模控制在2万亩以内。至此，"城镇上山"和"低丘缓坡地利用"的相关政策提出仅一年时间内，已在全国范围内广泛推行。

2.1 云南全省范围的"城镇上山"

云南提出"城镇上山"，一定程度上是有其现实需求的。云南山区、半山区占全省总面积的94%，盆地、河谷平地仅占6%，可利用的平地资源相当有限。全省面积在10平方公里以上的山间盆地，目前已被建设用地占用近30%[2]。推进山地城镇建设，可以破解传统城建方式的相关弊端，实现坝区农田的有效保护。

根据2011年出台的《关于加强耕地保护促进城镇化科学发展的意见》[3]，云南省对"城镇上山"政策的实施，采取了严厉的激励约束机制。具体而言，将坝区耕地保护纳入各级政府绩效考核和主要领导离任审计范围。对于成绩突出的单位和个人，予以表彰奖励；对于工作成效差的政府有关责任人，按照规定进行严肃问责；对考核名次位列末尾的2个州（市），由省人民政府通报批评并对主要领导进行约谈。云南采取考核政策来推动"城镇上山"，实施过程中难免出现一些问题[4]：一是大面积"城镇上山"，出现了明显的求快、求大、求多的现象。全省范围的推广，低丘缓坡资源较少的怒江州与迪庆州都被列为省级开发试点；为了争取更多的资金以及政策上的优惠和扶持，各州（市）出现了抢着、赶着"上山"的问题；在快速推进的过程中，诸多地方都暴露出缺乏开发经验、缺乏有效监管的现象。二是大面积"城镇上山"，出现了明显的保耕地与保生态之间的矛盾。"城镇上山"提出的核心是为了切实保护坝区优质耕地，减少非农建设对坝区优质耕地的占用。在实施过程中，缓坡地的大量开发导致了区域内生态环境的变化，如土壤侵蚀、植被破坏、生物多样性损失和水环境的变化等，引发了一系列的生态环境问题。

2.2 宁夏低丘缓坡荒滩的利用

宁夏启动低丘缓坡荒滩的利用，也是基于宁夏全域的发展现实。截至2010年年末，全区未利用地面积109.12万公顷，占全区土地总面积的21.01%，是全国未利用地比例较高的省区。其中可供开发利用的土地面积25.21万公顷，主要分布在银川市、石嘴山市、吴忠市和中卫市，处于贺兰山东麓、黄河以东的鄂尔多斯台地、中部干旱带及卫宁北山地区[5]。

2012年2月，根据《国土资源部关于开展低丘缓坡荒滩等未利用地开发试点工作的通知》精神，宁夏部署编制完成了《宁夏回族自治区低丘缓坡荒滩等未利用地开发利用专项规划（2011~2015年）》，并于7月通过了国土资源部组织的评审。随后，国土资源部复函批准了宁夏的开发利用试点工作，首批试点在银川市、吴忠市、中卫市市辖区范围内进行，试点工作要通过开发低丘缓坡荒滩等未利用地及劣质农用地，实现各类建设少占地、不占或少占耕地。

从试点效果来看，低丘缓坡荒滩等未利用地的利用，重点用于了银川、吴忠、中卫等 6 个重大工业聚集区的项目建设。项目的建设在一定程度上带动了地方经济的发展，但也出现了一些问题：一是明显的低效利用，诸多项目占地动辄几十上百平方公里，但地均产出大多都低于 5 亿元/平方公里；二是大量项目重点都是以能源化工、冶金冶炼，且较多都是沿黄河布局，名目都是"生态工业园区"，实际存在较大的污染现实和风险问题。

2.3 陕西延安的"削山造城"

继云南全省城镇上山和宁夏广泛利用低丘缓坡荒滩之后，2012 年 4 月，陕西延安正式启动了"削山造城"运动。按照城市实施的"中疏外扩、上山建城"发展战略，延安将通过"削山、填沟、造地、建城"，用 10 年时间整理出 78.5 平方公里的新区建设面积，在城市周边的沟壑地带建造一个两倍于目前城区的新城。

延安"削山造城"主要有两大动因[6]。一是出于疏解城市发展的需要。延安地处黄土高原丘陵沟壑区，市区沿河谷地带发展布局，属典型的"线"型城市，现状 36 平方公里的建成区容纳了 50 多万人，上山建设新区可以缓解城市发展压力。二是出于保护革命旧址的需要。延安市区分布了 168 处革命旧址，这些旧址很多被城市建筑严重压抑或蚕食，已不复当年旧貌，革命旧址保护现状堪忧。通过新区的建设，可以起到保护革命旧址的作用。

延安"削山造城"运动争议很大。尽管部分专家认为延安"削山造城"是可行和有工程质量保障的[7]，但不少媒体结合对一些专家的采访和现实情况，指出延安"削山造城"存在很多问题[8]。有被采访专家指出，削山填沟将带来黄土高原地质形态的变化，延安新城将面临诸多地质和生态的不稳定性。同时，建设过程中出现的暴雨，尽管对新城建设的地基夯实虽有一定好处，但由于黄土高原土质松软，经雨水冲刷后，极易造成新城地基下沉、塌陷，对新城未来的地基安全带来重大安全隐患。此外，一些新城区域建成之后，将与老城区形成上百米的高度落差，这将使新城的地基、供水、排水以及水土保持等方面都面临较大考验。

3 "城镇被上山"：云南某县案例剖析

在国土资源部相关政策正式出台以前，已有专家明确提出，"城镇上山"和"低丘缓坡地利用"的操作，要遵照"局部探索、封闭运行、规范操作、结果可控"：一是要避免地方政府借助相关政策，大规模圈占集体土地，圈而不用；二是要避免因为低丘缓坡地鼓励措施的出台，造成各地蜂拥而上，出现不可控制的局面。但从这几年全国的推行情况来看，随着"城镇上山"和"低丘缓坡地利用"政策广泛的推行，部分地方已出现了不顾发展实际情况，强行推行"城镇上山"，城镇为了"上山"而"上山"，继而沦为"城镇被上山"。这里以云南某县的试点工作为案例，剖析部分地区"城镇被上山"的具体现象。

3.1 云南某县概况

云南某县地处滇中腹地，全县辖 3 乡 4 镇，国土面积 1464 平方公里。2013 年全县常住人口 21.15 万人，其中城镇人口 6.27 万人，城镇化水平为 29.64%，全县居住着汉、彝、苗等 31 个民族，其中少数民族占总人口的 22.7%。2013 年，全县实现生产总值 35.62 亿元，财政总收入 2.91 亿元。

3.2 城镇上山试点申报

2011 年 9 月，国土资源部部署了云南省开展低丘缓坡土地综合开发利用的试点工作，将 8 个州（市）列为国家级试点。在国土资源部的大力推进下，云南省随后发布了《云南省加强耕地保护推进低丘缓坡土地综合开发利用试点实施方案》等文件。

随着国土资源部和云南省系列政策的推动，云南某县启动了《低丘缓坡土地综合开发利用实施方案》的相关研究工作，经多方选址和科学论证，提出了"山水园林宜居城、民族文化特色城"的定位目标。2012 年 11 月，经省国土资源厅批准，该县开始实施山城低丘缓坡土地综合开发利用试点项目。这一项目，也被正式列入 2013 年云南省第一期低丘缓坡土地综合开发利用试点项目。

3.3 城镇上山规划启动

试点申报成果后，该县开始推动系列的规划编制工作。由于"城镇上山"，原来编制的相关规划将不再适用，需要从"建设用地上山"、加强坝区耕地保护的角度，对原有的系列规划进行完善。具体而言，重点涉及土地利用规划、城镇近期建设规划、林地保护利用规划等三个规划，这也是云南省低丘缓坡试点过程中广泛开展的"三规合一"的调整工作。"三规合一"调整的重点，分别是土地利用规划调整基本农田与建设用地的布局，城市规划调整建设用地的规模布局，林业规划主要调整林地的保护范围界线。这项工作中土地利用规划充当了龙头，其他规划都必须以土地利用规划调整的结果为编制依据。

按照程序对土地利用规划调整后，该县以近期建设规划的形式对城市总体规划的用地布局进行了调整，具体图 1 所示。按照近期建设规划，2015 年县城人口为 6.1 万人，城市建设用地达到 6.4 平方公里。

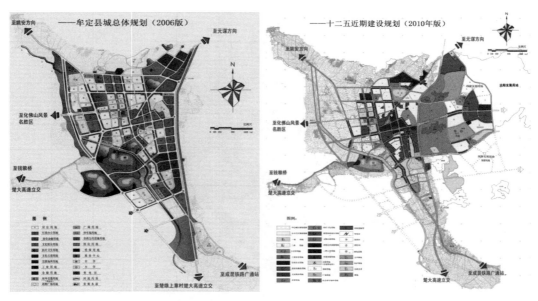

图 1 云南某县的调整前后的城市用地布局对比

该县全域1464平方公里范围内山地占到了90%，但县城所在的坝区较大，面积达80平方公里。规划的县城后续发展即使涉及对农田的侵占，但因为总量确实较小，基本上都可以不称之为问题。现实情况是，为了更好地实施"城镇上山"，近期建设规划基于土地利用规划调整的结果，在重点保留县城发展现状用地后，将县城近期可能拓展的3平方公里，调整了2平方公里至县城东面的山地区域。而这一区域，正是该县低丘缓坡土地综合开发利用试点项目所在。随后，该县单独针对东部4.6平方公里范围、2平方公里建设用地的区域，进行了城市设计与控制性详细规划的编制。

这次规划布局的调整，无疑是为了迎合"城镇上山"而"上山"。该县城的发展自古以来一直都是利用良好的平坝区域，沿南北向通道带型发展，同时适度向东西延展。由于规划用地规模不大，县城原有规划遵循了集中集约发展的要求，方案较为合理。迎合"城镇上山"的规划调整后，总体用地布局被强行划分为东西两个组团，西部组团以原老城为主，适度扩展；东部组团则为山城组团，定位为文化和旅游发展区域；为了保护基本农田，两个组团之间还保留了近2公里距离的农田。该县城规模偏小，完全不具备向东跨越式的增长动力，尤其是向山上跨越式发展，调整后的方案显然背离了县城发展的基本规律。

3.4 城镇上山规划的实施

2012年底，随着该县项目试点的获批，东部山城建设项目也正式予以启动。在前期完成了1∶500数字化地形图测设和城市形象设计、控制性详细规划的基础上，东部山城建设项目按照控制性详细规划，先后启动了山城项目的主干道建设工程。截至2014年年底，该县已完成了山城环道、南干道、北干道（局部）的主体挖方工程，完成了南干道和北干道两侧的给排水工程建设，已投资达5100万元（图2）。

图2 云南某县东部山城干道总体实施情况

尽管相关干道的建设是完全按照控制性详细规划予以实施的，但县里却发现实施后的效果较之预期存在较大的差异。一是已实施了 2/3 的山城北干道（道路红线 50 米），道路标高设计过低，剩下的 1/3 如果继续实施并与山城环道接驳的话，道路纵坡将出现急剧提升的情况（远大于 5%），满足不了主干道交通组织的需求。二是已实施的山城环道，由于严格遵循了道路纵坡的设计规范（均小于 4%），出现了大量的挖方。按照现有的施工结果，道路两侧现状地块与已施工环道均存在 0.5～10 米不等高差。这意味着道路两侧现状地块如果引进项目和启动建设，后续还将有大量的挖方工程，结果无疑令投资方难以接受。三是按照现实施工预算，政府在该项目的投资将会大大超出之前预算的 11.4 亿元，这对于一个年财政收入不到 3 亿的小县而言，显然是难以接受的结果。适逢县级领导班子的人员调整，该县暂停了东部山城的实施工程（图 3）。

图 3　云南某县东部山城北干道和山城环道实施现状情况

3.5　城镇后续的被上山

该县"城镇上山"工程，无论是规划方案的调整还是控规干道的实施，总体而言都是不成功的。"城镇上山"对于该县城而言，不仅需要立即停止实施，还需要对已施工区域的利用进行后续调整，将经济损失减少到最小。

县级领导班子调整过后，有规划设计机构针对该县"城镇上山"工程后的状况提出了相关调整建议：一是建议县城按照调整前的规划布局实施，慎提"城镇上山"；二是尊重东部山城的建设现实，完成已实施道路工程，将之发展成为体育休闲旅游区（比如郊野公园、山地自行车赛场地等），编制体育休闲旅游区发展规划；三是对于东部山城局部地块，考虑前期的建设投入，可考虑适度引进少量高端居住项目，但原则不再扩大其他建设行为。

这一建议提出来后，并未被县里采纳。县里坚持"城镇上山"工程必须予以继续推动，其原因在于：一是该县"城镇上山"工程属于已报国土资源部备案的省试点项目，省级下达的补助资金 3000 万元已投入使用，县政府行为不可能"出尔反尔"；二是该县的规划经过了因为"城镇上山"的一次调整，县领导提出不可能反复修改规划，避免所谓的"一届政府一届规划"的诟病（图 4）。

案例事件发展至此，尽管东部山城项目后续实施困难重重，该县依旧坚持要实施"城镇上山"项目。按照县里的说法，这叫做"开弓没有回头箭"。东部山城项目在经历了"试点申报"和"上山实施"后，进入"城镇被上山"阶段。

图 4　云南某县后续规划调整建议

4　城镇上山现象的反思

"城镇上山"自 2011 年在云南全省推行以来,相关政策得到了国土资源部的大力肯定。从全国的部分试点工作来看,"城镇上山"为地方基本农田的保护取得积极作用的同时,也带来了诸多负面作用,比如生态环境的破坏、土地的低效利用、城市的安全隐患等。与此同时,由于国土资源部与地方的大力推动,部分地方出现了城镇为了"上山"而"上山",继而沦为"城镇被上山"的现象。"城镇上山"政策的颁布与实施,一直存在较大争议。从"城镇上山"发展至当前的"城镇被上山",亟须对这一政策的实施予以反思。

4.1　"城镇上山"要检讨

尽管"城镇上山",通过"削山、填沟、造地"整理出大片的城市建设用地,可以减少城市发展对耕地农田的侵蚀,但大量地方"城镇上山"过程中形成对生态环境的破坏,造成对城市建设的安全隐患,将会造成难以逆转的损失。从这方面看,"城镇上山"作为一项政策去广泛推行,是存在明显问题的。对于"城镇上山",我们应持有更为审慎的态度,切忌搞运动式的"削山建成"和数量上的"跨越式"扩展。"城镇上山"一定要讲求因地制宜[9]:一是需要对全域资源环境进行详细的分析调研,摸清家底;二是要以空间规划为平台,因地制宜统筹配置各类山地资源,实现优地优用、地尽其用,形成特色明显、差异化的区域用地格局。

4.2　政策推行要适宜

"城镇上山"这一政策值得商榷,而"城镇上山"这一政策的推行同样也值得商榷。我们看到,云南省从 8 个调研组、40 个典型县(市、区)调研工作伊始,到"城镇上山"

政策的颁布，总共历经了 8 个月的时间。尽管工作过程是严谨的，但由于调研工作存在既定的"城镇上山"导向，难免会影响调研工作形成的结论。此外，国土资源部在全国 11 个省（市、自治区）范围推行试点、云南在全省范围广泛推行工作，这些都为"城镇上山"运动形成了天然的政策温床。随着自上而下的系列政策驱动，"城镇上山"在执行过程中被过分解读和放大，出现了文中所涉及的"城镇被上山"现象。考虑到政策在实际操作层面的情况，政策推行的方式与力度也要适宜。如果政策本身都还有值得完善的地方，政策的推行则更应小心谨慎，快速、全面、广泛的执行，注定会造成相关政策的各种走样与变形。

参考文献

[1] 城镇上山 [EB/OL]. http://baike.baidu.com/view/6921391.htm，2015-04-20.

[2] 明庆忠，王嘉学，张文翔. 山地整理与城镇上山的地理学解读——以云南省为例 [J]. 云南师范大学学报（哲学社会科学版），2012，44(4)：48-53.

[3] 云南省人民政府. 关于加强耕地保护促进城镇化科学发展的意见 [R]. 云政发【2011】185 号，2011-8-30.

[4] 费燕. 云南"建设用地上山"战略实施中存在问题与对策研究 [D]. 云南财经大学，2013.

[5] 宁夏回族自治区人民政府. 关于印发宁夏回族自治区低丘缓坡荒滩等未利用地开发利用试点工作方案的通知 [R]. 宁政发【2012】74 号，2012-5-2.

[6] 石志勇. 上山再造一个延安城？——陕西延安近 80 平方公里新区建设调查 [EB/OL]. http://news.xinhuanet.com/local/2013-08/24/c_117077025.htm，2013-08-24.

[7] 王卉，刘彦随等. 延安"上山建城"技术没问题质量有保证 [EB/OL]. http://www.cas.cn/xw/zjsd/201407/t20140731_4169624.shtml，2014-07-31.

[8] 赵锋. 延安"上山造城"面临三大考验 [EB/OL]. http://www.cb.com.cn/economy/2013_0810/1008001.html，2013-08-10.

[9] 彭瑶玲，曹春霞."削山造城"引发的对山地城镇化的反思 [A]. 中国城市科学研究会，中国城市规划协会，中国城市规划学会等. 中国城市规划发展报告（2012～2013）[C]. 北京：中国建筑工业出版社，2013: 231-241.

山地城市土地利用与交通协调发展研究
——以重庆市主城区为例

冷炳荣❶　曹春霞❷　易　峥❸

摘　要：山地城市由于地形等原因，面临空间布局分散、交通组织困难等问题，为应对这些问题，规划一般采取多中心组团式的空间发展理念，从而提高城市运营效率。重庆作为典型的组团式发展城市，从组团式发展的视角出发，结合2007年交通调查数据研究主城区组团的土地利用特征和交通发展特征，分析二者之间的协调发展关系。研究得出，组团内合适的土地利用结构以及组团中心性的塑造，是解决组团城市交通问题的重要宏观性内容。

关键词：多中心组团城市；土地利用；交通出行

1　引言

我国正处于快速城市化时期，2014年城镇化率达54.77%，城镇人口增长迅速，而特大城市是吸纳我国"农转非"城镇人口最为密集的地区，流动人口众多[1]。由于城镇人口的增加、城镇建设用地规模的迅速扩大以及城镇居民收入条件的改善，导致特大城市的城市交通出现了很多问题，如高峰时刻道路拥堵不堪、流动人口集聚地区挤不上公交（如北京的唐家岭）[1]等现象。国内很多城市也在探索解决交通问题的"药方"，如大多数城市采取提高城市交通设施供给改善交通设施支撑能力，缓减机动车增长的压力，有些城市甚至执行严格的交通管制措施来为交通问题分忧，如北京市发布了工作日高峰时段机动车尾号"限行令"[2]，广州市采取调控中小客车增加量的限制措施[3]。

城市交通问题异常复杂，和社会经济发展、城市空间布局有着密切的联系，增加交通供给仅仅是改善交通的手段之一，而采取交通需求、交通供给以及交通管制措施"三管齐下"策略是未来改善交通问题的重要内容。土地利用作为产生城市交通的源头，一定程度上决定了城市交通的产生、吸引与交通方式选择等[2, 3]。

针对特大城市，从用地结构优化的视角探讨土地利用与交通的协调关系，更能从宏观角度把握特大城市的交通改善对策。超过200万人口的特大城市，由于空间跨度大，若不重视土地利用布局与交通发展的协调关系，很容易导致大运量、宽尺度的钟摆式交通，或者大面积区域由于公共服务设施的缺乏导致长距离的交通需求。组团，作为特大城市空间发展的重要组成单元，组团式发展（或者多中心发展）一般作为特大城市解决城市"交通

---

❶　冷炳荣，重庆市规划设计研究院。
❷　曹春霞，重庆市规划设计研究院。
❸　易　峥，重庆市规划设计研究院。

病"的基本理念,通过相对独立的组团塑造缓减组团之间不必要的交通需求,解决特大城市交通上的规模"不经济性",目前针对组团城市的交通组织、居民出行方式、组团式小汽车出行特征等方面也取得了一定的研究成果[4-6]。

本文以重庆市主城区为例,结合居民出行调查数据,从多中心组团城市视角探讨土地利用与交通的协调发展问题,是一个比较新颖的研究视角,为特大城市的交通缓减提供一定的参考。

2 组团城市与组团式交通

2.1 组团城市的基本概念

关于组团城市的定义并没有明确的权威解释,在大多数的研究著作中,一般采用的是邹德慈院士在《城市规划导论》(2002)一书中提到的"组团型形态(Cluster Form)"的概念[7]。组团型形态是指"城市建成区由两个以上相对独立的主体团块和若干个基本团块组成,这多是由于较大的河流或其他地形等自然环境条件的影响,城市用地被分隔成几个有一定规模的分区团块,有各自的中心和道路系统,团块之间有一定的空间距离,但由较便捷的联系性通道使之组成一个城市实体"。这种发展模式是基于有机疏散的原理,将不同功能用地有组织地集中和分散布局,利用河流、山体、城市绿地等自然地形将城市建设区划分为若干个组团,既保持特大城市的规模优势,又避免交通拥挤、环境恶化等城市问题,从而实现生产生活的大致平衡,既可提高城市运行效率,亦可保持良好的自然生态环境,是一种非常适应自然的城市形态,见图1。早期的重庆城就是典型的呈现组团形态的城市[9],由于受跨江(长江、嘉陵江)、山地地形的阻隔,早期的城市发展主要围绕水运条件优越地区、地势平坦地区进行开发建设。

图 1 组团城市发展模式 [8]

根据邹院士对组团形态的定义,组团城市具有两个典型的基本特征:

(1)受自然阻隔形成的自然适应性。在城市建设初期,形成组团城市形态的主要原因是受自然山水特征的限制,导致横跨自然山水的交通出行极为不便,也即形成了与河流、山地相适应的城市形态,而这些位于组团与组团之间的河流、山地也就成了天然的组团隔离带。

(2)组团发展的相对独立性。由于组团与组团之间具有一定的距离,各个组团形成相对独立的空间单元,组团内部职能向综合化方向转变,组团与组团之间相对独立,组团内部交通是交通出行的主体,跨组团出行比例较低。

2.2 由组团城市向多中心城市的转变

对于特大城市而言，由于城市规模的不断扩大，组团隔离带不断被蚕食，传统意义上由于受自然山水阻隔形成的组团型特大城市越来越少，组团城市逐渐向多中心城市转变。

原来的典型独立式发展转变为依靠城市多中心职能塑造的多中心组团城市，城市自然形态特征将逐渐打破，目前重庆发展趋势是向多中心组团城市发展，因此，加强多中心城市功能的建设是探讨土地利用和交通协调发展的重要议题。

2.3 组团城市土地利用特征与组团式交通

2.3.1 组团城市土地利用与组团式交通

分析组团城市的交通发展方式及交通出行特征时，首先需要明确组团城市中各个组团的用地构成关系，倘若各个组团的用地构成合理、开发方式得当，则组团城市的交通出行主要集中在组团内部，不出现大规模的钟摆式交通，这与平原城市的摊大饼式发展相比具有较为明显的优势，如出行距离减少、交通堵塞较少等。因此，这种组团式城市和组团式交通是一种值得提倡的城市发展形态和城市交通组织方式。

2.3.2 组团中心性与组团式交通

根据加拿大维多利亚交通政策研究所的研究成果[10]，距离不同商业中心的远近和私家车的使用存在负相关关系，距离大型商业中心越近，驾车出行的比例越低，反之亦然，见图2。Barnes 和 Davis（2001）研究对比了洛杉矶和芝加哥后得出，洛杉矶和芝加哥虽然城市密度大致相当，但是由于洛杉矶缺乏强有力的中心，导致对汽车依赖比芝加哥大很多。中心区域人流量大，车流密集，道路异常繁忙，停车位拥挤并且成本较高，同时距离城市中心越近的居民，由于在较短时间内即可到达服务中心，就越倾向于选择步行、公共交通的出行方式；对于离中心越远、公共交通不够方便的居民，则更多地选择私家车出行。因此，组团中心的成熟程度和组团内部交通出行比例有着密切的联系，成功的组团中心在一定程度上缓减了跨组团出行的可能性以及对私家车出行的依赖。

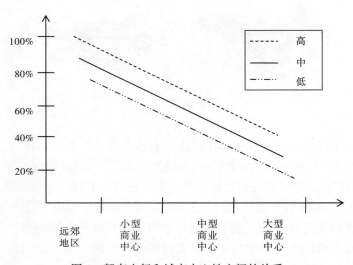

图2 驾车出行和城市中心性之间的关系

3 重庆市主城区土地利用特征与交通协调发展量化分析

重庆市主城区自1983年版总规首次提出"多中心组团式"的城市空间结构以来，1998年版总规和2007年版总规都一直秉承"多中心组团式"的发展理念，尽量做到组团内土地利用结构基本合理，城市生活功能基本完善，以此减少山地阻碍、两江阻隔带来的城市发展瓶颈。2007年版总规（2011年修订）将城市建设用地1158平方公里的范围划分为21个组团，这21个组团的塑造已经超越了自然山水阻隔形成组团的概念，特别是随着组团隔离带的逐步蚕食，规划打造的是"功能上的多中心、布局上的山水特色型组团式"的空间结构体系。

通过对土地利用结构和交通出行调查的空间叠加，研判与评估重庆主城区多中心组团式城市空间结构与组团式交通的协调发展程度，研究成果作为总规实施改善的参考依据。

3.1 组团塑造富有成效，"一主四副"是交通出行的集中区域

（1）将组团边界与交通小区边界叠合后，纳入居民出行调查的交通小区是741个（2007年抽样调查是248个），共汇总的出行次数是5.7万次，其中组团内部出行3.9万次，组团内部出行比例占68%，说明重庆主城区整体层面上组团的塑造是基本成功的，大部分出行都在组团内部发生，缓减了组团间的交通压力。

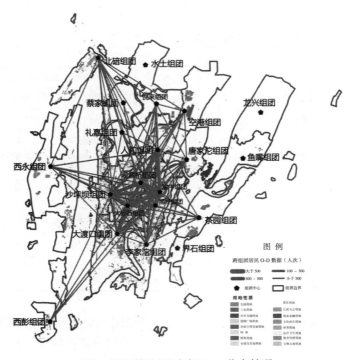

图3 组团间居民出行O-D分布情况

（2）"一主四副"是交通出行的集中区域。从各个组团居民出行的总体吸引情况来看，仅考虑对其他组团的吸引情况，渝中、大杨石、沙坪坝、观音桥组团、南坪组团的吸引量最大，

见图3,"一主四副"的空间格局明显,也反映了"一主四副"是重庆主城重要的交通吸引点,和五个组团的市级定位相对应。

3.2 组团内土地利用特征与交通协调发展分析

为分析组团内土地利用与交通发展的协调程度,从主城区21个组团中选择若干个组团作为研究组团内部土地利用与交通发展的基本案例。综合考虑组团的成熟程度、区位、规模,选择了渝中、观音桥、大杨石、沙坪坝、南坪、人和、北碚、空港等8个组团进行案例研究。

3.2.1 组团内土地利用与交通协调发展的主要特征

3.2.1.1 组团内土地利用结构的合理性是缓减跨组团出行的重要前提

通过对前面八个组团土地利用特征分析发现(见表1),合理的土地利用结构对交通出行影响主要表现在三个方面:一是,合理的土地利有利于职住关系的近距离平衡,减少钟摆式的通勤交通问题;二是,适宜的公共服务设施用地控制,可满足居民公共服务设施的需求,减少跨组团购物、就学、就医等不必要的交通出行;三是,道路面积得以保证,机动车道的数量供给较为充足,对于缓减交通堵塞起到一定的作用。因此,土地利用结构的合理性是缓减城市跨组团交通出行的重要前提,如渝中组团、大杨石组团、北碚组团的土地利用结构较为合理,除具有市级层面的特殊职能之外,从土地利用结构上基本满足职住平衡关系。

土地利用结构的合理性对交通出行的影响 表1

组团	土地利用结构	交通影响
渝中组团	基本合理	职住用地比例基本平衡,有利于遏制钟摆式通勤交通的问题
观音桥组团	居住用地比例偏高	将存在大量的居民需要到其他组团就业的情形
大杨石组团	基本合理	公共服务设施比例偏高一些,对周边组团具有一定的交通吸引力
沙坪坝组团	公共服务设施用地比例较高	教育科研设计用地比例偏高一些,其他公共服务设施(医疗)也较高对周边组团形成较大吸引力,同时工业用地比例适当可缓减沙坪坝组团的交通压力
南坪组团	居住用地比例偏高	教育科研设计用地比例偏高(就业密度偏低),职住存在失衡现象
人和组团	居住用地比例略有偏高,但可认为基本合理	土地利用结构对跨组团交通影响不大
空港组团	公共服务设施比例偏低	公共服务设施比例低,导致对公共服务设施跨组团需求大大增强
北碚组团	基本合理	教育科研设计用地偏高,但居住用地适当,并有19.7%的工业用地作为就业岗位提供对象,职住平衡

3.2.1.2 土地利用布局方式与过境交通的引导是组团式交通畅通程度的考量

土地利用结构合理,但是用地布局不合理,也会导致不必要的交通出行产生,同一用地性质过于集中,大地块的问题将会暴露出来,如相对长距离出行增多、机动车出行比重增加等。另外,结合重庆市主城区受江河分割的影响,跨江交通是组团沟通的主要瓶颈,在组团土地利用布局时,需要考虑土地利用空间布置带来的组团内部交通和过境交通之间的交通流量"叠加"关系,这是组团式交通畅通程度的重要考虑因素。如观音桥组团的土地利用布局与交通存在三个方面的问题：一是，大量公共服务设施布局与重要交通干线红锦大道有关，造成过境交通和组团内部交通相互挤压，空间冲突明显；二是，观音桥居住用地比例偏高，存在大量的通勤交通流穿梭于组团内外之间；三是，从和渝中组团联系的主要桥梁交通流量（表2）分析，渝中组团"北上"特征明显，观音桥组团是跨江过境交通流的南北联系重要通道，将承担更多的"北上"过境交通的压力，而过境交通通过的地区也是组团中心地段所在，导致观音桥组团跨组团出行不够通畅（图4）。

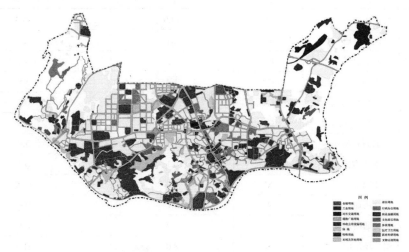

图4 观音桥组团2007年城市建设用地现状

渝中组团对外主要桥梁流量情况（2010年和2011年）[11]　　　　表2

主要桥梁		全日交通流量（pcu）	
		2010	2011
北上	嘉陵江—渝澳大桥	18.8	22.7
	黄花园大桥	15.9	15.3
南下	长江大桥	14.7	18.4
	菜园坝大桥	6.1	6.9

3.2.1.3 土地利用开发模式的差异直接决定了跨组团交通出行的比重

在组团建设的过程中，组团土地利用开发模式、建设时序直接决定了该组团建设是否成功。由于我们强调的组团并非单一功能的组团，而是提倡组团的综合性，进而减少长距离出行以及私家车出行比例，达到组团式交通的理想目的。从建设时序和开发模式来看，可能在组团建设的初期是受某类要素推动的，如工业区建设、楼盘开发等，但在开发的过程中一定要注意与之相适应的配套建设，如工业区组团周边的中低端住房配套，高端楼盘周边的中高端公共服务设施的配套以及针对不同收入阶层的公共服务设施配套等。人和组团就是在这些方面的一个反面例子。从人和组团的土地利用结构分析可认为职住用地控制是基本平衡的（见表3），但由于人和组团最初开始于高端楼盘的开发（见图5），也即入住的居民主要是中高收入阶层，工作稳定并且不在人和组团工作上班，品质高端的公共服务设施配套并没有相应地得到发展，导致人和组团出现"工作出现大量跨组团出行"和"服务需求大量跨组团出行"的双重局面。从居民出行调查数据分析可以得到印证，人和组团跨组团出行比例高达74.3%，并且跨组团出行方式中私家车出行比例较高，达8.3%，是除空港组团之外最高的，和本组团的高端居住楼盘多是一致的（见图6）。

人和组团2007年土地利用构成表　　　　　　　表3

序号	用地性质		用地代号	面积（平方公里）	占城市建设用地比例（%）
1	居住用地		R	14.9	40.3
2	公共设施用地		C	4.1	11.1
	其中	行政办公用地	C1	1.2	3.4
		商业金融用地	C2	1.4	3.8
		体育用地	C4	0.1	0.4
		医疗卫生用地	C5	0.1	0.3
		教育科研用地	C6	1.1	3.0
		文物古迹用地	C7	0.1	0.3
3	工业用地		M	6.8	18.5
4	仓储用地		W	0.2	0.6
5	对外交通用地		T	0.2	0.6
6	道路广场用地		S	8.0	21.7
7	市政公用设施用地		U	0.5	1.3
8	绿地		G	1.8	4.9
9	特殊用地		D	0.4	1.1
	城市建设用地合计			36.9	100.0
	水域及其他用地			0.9	—

图5　人和组团低容积率居住用地分布

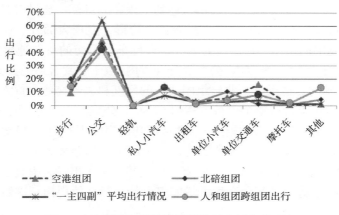

图6　人和组团与其他组团跨组团出行方式对比

3.2.1.4　鼓励组团内部解决交通出行，减少机动车出行

通过组团内外出行方式的出行比例分析发现（图7），组团内出行以步行为主，八个组团的步行出行比例都达到60%～70%左右，而跨组团出行中机动车出行比例高达70%～80%（包括公交和私家车等），因此，限制交通出行在组团内部将有利于发展绿色交通，减少机动车出行情况。从出行时耗分析（图8），组团内出行时耗大致相同，在18～22分钟之间，而跨组团交通出行时耗都在40分钟以上，引导出行向组团内部出行集中，是发展组团式交通的基本目的。

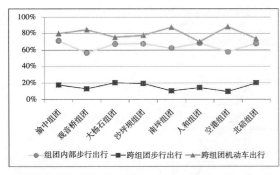

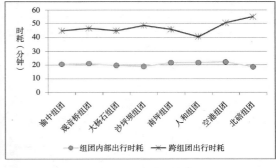

图7　组团内外步行出行比例对比　　　　图8　组团内外出行时耗情况

3.2.2　组团中心性与交通发展要素分析

3.2.2.1　组团中心的塑造是缓减跨组团出行的重要手段之一

组团中心承担着服务本组团的重要职能，组团中心塑造的成功程度直接关系到组团内外出行情况。结合居民出行调查数据，选择拟具有组团中心性的交通小区作为组团中心的分析单元，称为中心交通小区，组团内其他交通小区称为非中心交通小区。以北碚组团为例，2007年建设用地为17.2平方公里，北碚组团的绝大部分出行发生在组团内部，内部出行占96.8%，而通过对组团内中心交通小区和非中心交通小区分析得知，至中心交通小区的出行特征非常明显，见图9，特别是文化娱乐购物、上班等出行目的基本上是和中心交通

小区发生联系，也即说明了组团中心的塑造达到了预期的目标。通过对具有中心性交通小区的服务半径分析，以 1500 米为服务半径做正六边形，发现大部分居住用地位于组团中心 1500 米的服务范围内（图 10）。按照步行、自行车、公交的一般速度计算，大致是步行 20 分钟左右、自行车 10 分钟以内、公交 5 分钟以内，位于非常合适的公共交通服务范围，是一个非常值得借鉴的合适尺度。北碚组团适宜的尺度和关于交通出行方式的出行调查相一致，调查得出，步行出行占整个出行方式的 67.8%，公交占 22.2%，见图 11。究其原因，有两个方面：第一，在适宜的组团规模下，塑造成功的组团中心则在 20 分钟公交车程（含 10 分钟车程和 10 分钟等车的时间）范围内，跨组团出行将会大大减少，另外适宜的空间尺度也会带来交通出行方式的转变，以公交出行代替私家车出行，提高公共交通的出行能力；第二，组团中心塑造成功就会产生大量的多目的出行，使得出行次数大大减少，提高组团运行效率。

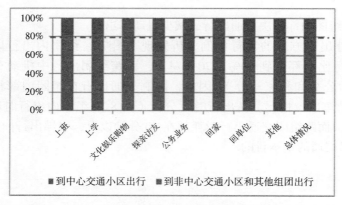

图 9　北碚组团中心交通小区出行情况

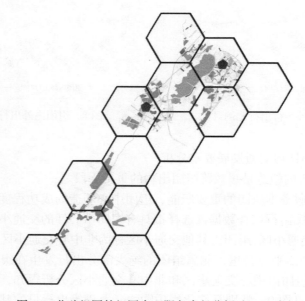

图 10　北碚组团的组团中心服务半径分析（1500 米）

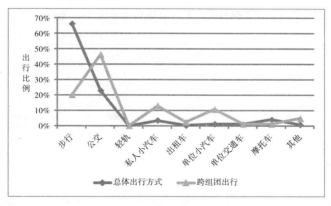

图 11　北碚组团出行方式构成

3.2.2.2　不同交通发展理念下确定适宜的组团规模，是规划组团中心的重要依据

将组团视为超大型城市解决城市问题的重要理念，适宜的组团规模就是组团中心配置的重要前提，具体的确定方法可借助于不同交通导向下的适宜距离进行分析（见表4和图12）。以步行为主导的组团规模可认为20分钟步行圈范围内是比较合适的，大致对应10平方公里的空间范围，此类组团目前在重庆主城这种大尺度视角下已经很难形成，一般可考虑在居住区层级进行配置，主要布置居住区级（街道、社区）公共服务设施、日常需求的商业设施等；以公交为主导的10分钟车程（一般还需要10分钟待车和步行至公交站点的时间）为适宜的组团规模，一般公交车行速度为30～40公里/小时，大致对应50～70平方公里空间范围，这也是目前公交主导出行背景下的一种适宜空间尺度，此类组团既可形成一个相对独立的组成单元，缓减特大城市的交通压力，又可满足居民出行的便利性，到达公共服务设施中心（或者就业中心）在一个舒适的交通出行范围内；若考虑到轨道交通，一般轨道行驶速度为65～75公里/小时，轨道运行5分钟的车程大致对应6000米的距离，考虑到轨道站点的辐射能力，选择轨道出行的可能性大致为轨道站点周边的10分钟步行距离，再加上5分钟的候车时间，组团规模宜在为80～120平方公里。

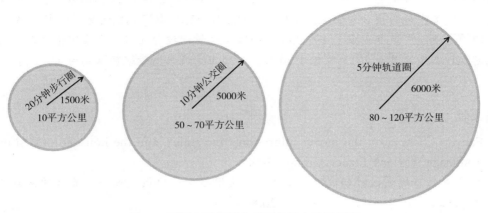

图 12　不同交通发展方式下的适宜组团规模

倡导的绿色交通方式的适宜距离（单位：米） 表4

出行方式	速度	单位	5分钟距离	10分钟距离	20分钟距离
步行	1～1.4	米/秒	360	720	1440
自行车	16～20	公里/小时	1200	2400	5000
公交	30～40	公里/小时	2400	5000	10000
轨道	65～75	公里/小时	6000	12000	24000

4 结论与讨论

目前，特大城市基本上都遇到了严峻的交通问题，也采取了很多交通处理措施，其中通过空间结构的调整引导城市向多中心转变，是宏观层次缓减交通问题的重要方面。组团，作为特大城市空间发展的重要组成单元，通过引导组团内合理的土地利用结构以及适宜的空间布局方式，减少不必要的跨组团交通出行，进而提高城市运行效率。通过分析发现，重庆市大部分交通出行发生在组团内部，组团引导成效显著，但是也存在一定的问题，如在外围组团的开发建设过程中，土地功能单一、组团内没有成型的组团中心等现象，导致对跨组团通勤出行与非通勤出行的过度依赖。在未来的规划建设过程中，重庆应秉承组团城市的基本空间架构，引导外围组团的合理建设行为，为中心组团分担交通压力，努力实现将重庆建设成"不塞车城市"的建设目标。

注释

1. 北京唐家岭是有名的流动人口集聚区，根据调查八成以上的居民来自农村及县城，主要的交通工具是公交，被调查者反应"上下班最痛苦的就是挤公交，经常挤得公交车门都关不上"。
2. 2012年4月，北京市发布了《北京市人民政府关于实施工作日高峰时段区域限行交通管理措施的通告》，通告提出了"按车牌尾号工作日高峰时段区域限行的机动车车牌尾号分为五组"的限行策略，如自2012年4月9日至7月7日，星期一至星期五限行机动车车牌尾号分别为：3和8、4和9、5和0、1和6、2和7（含临时号牌，机动车车牌尾号为英文字母的按0号管理，下同），其他时间也采取了相应的尾号限行策略。
3. 2012年7月，广州市颁布了《广州市中小客车总量调控管理试行办法实施细则》，《细则》规定：2012年8月至2013年6月30日，广州市小汽车增量配额限制为12万辆。

参考文献

[1] Fan C C. China on the move: migration, the state, and the household[M].London：Routledge: Taylor& Francis Group，2008.
[2] 北京市城市规划设计研究院. 城市土地使用与交通协调发展——北京的探索与实践[M]. 北京：中国建筑工业出版社，2009.
[3] 闫小培,周素红,毛蒋兴. 高密度开发城市的交通系统与土地利用——以广州为例 [M].

北京：科学出版社，2006.

[4] 叶彭姚，陈小鸿. 功能组团格局城市道路网规划研究 [J]. 城市交通，2006，41(1)：36-41.

[5] 田宇. 基于功能布局的组团城市交通出行特征 [D]. 交通大学，2010.

[6] 万霞，陈峻，王炜. 我国组团式城市小汽车出行特征研究 [J]. 城市规划学刊，2007，169(3): 86-89.

[7] 邹德慈. 城市规划导论 [M]. 北京：中国建筑工业出版社，2002.

[8] 黄光宇. 山地城市学 [M]. 北京：中国建筑工业出版社，2002: 28-37.

[9] 易峥. 重庆组团城市结构的演变和发展 [J]. 规划师，2004，20(9): 33-36.

[10] Todd Littman, Rowan Steele. Land Use Impacts on Transport: How Land Use Factors Affect Travel Behavior [EB/OL].[2012-4-10]. http://www.vtpi.org/.

[11] 重庆市规划局，重庆市城市交通规划研究所. 重庆市主城区交通运行分析年度报告 2011[R]. 2012.

山地型历史文化名城站前核心区城市设计初探
——以阆中火车站为例

崔 宁[1] 张 屹[2] 任秋洁[3]

摘 要：阆中是我国著名的历史文化名城、国际知名的休闲度假旅游目的地、以风水文化为特色的山水园林城市。阆中火车站未来将是游客出入阆中的主要通道，是地区的门户节点，是阆中的第一印象。站前核心区域的城市设计，从区域结构设计、山水引导型平面布局、多样化立体化游线营造、历史文化传承等方面探讨了山地型历史文化名城火车站站前核心区的城市设计策略和方法，以期为我国其他城市提供借鉴。

关键词：历史文化名城；阆中火车站；城市设计；山水；文脉；活力

1 背景

阆中是我国著名的历史文化名城、国际知名的休闲度假旅游目的地、以风水文化为特色的山水园林城市。阆中古城位于阆中市核心区域，是我国唯一一座严格按照唐代风水理论修建并完整保存下来的经典风水古城，自古有"南丽江、北平遥、东歙县、西阆中"之称。

中国自古就有崇尚自然的哲学理念，强调人类活动要符合自然规律，提倡"天人合一"的发展观。在古代城邑的选址和规划布局中，十分强调风水观念，主张"因天时，就地利"，讲究与自然生态环境的结合，使山、水、城有机融合，体现的是一种朴素、健康的生态思想。阆中正是在这样的思想指导下形成的"风水之城"，是我国风水瑰宝的集中展示。

纵观阆中的城市发展史，正是城与山、城与水的互动体现。

公元前314年秦惠文王置阆中县，筑城于四面山环、三面水绕的阆中半岛，开启阆中围城时代；明清至民国时期，冷兵器时代结束，城市突破城墙限制向外围发展；20世纪90年代，受山地限制半岛内已无发展空间，城区突破嘉陵江天堑向南岸拓展；2000年左右，道路穿过南岸山体，联络七里片区，城市发展有了新突破；如今，行政办公、商业、交通枢纽等功能跨江南移，七里片区发展日趋成熟，为了争取更多建设用地，大幅度开山填谷；未来，随着兰渝铁路阆中火车站的完工和投入使用，城市建设的重点将转移到以丘陵地形为主的江南片区。

本次城市设计着眼于江南片区阆中火车站站前核心区域，重点探究山、水、城的依存关系，力求将中国传统的哲学理念、将历史文化名城的传统底蕴，与现代生态文明精神和

---
[1] 崔 宁，中铁二院工程集团有限责任公司。
[2] 张 屹，中铁二院工程集团有限责任公司。
[3] 任秋洁，中铁二院工程集团有限责任公司。

可持续发展思想理念充分结合，建构城市对外扩张与自然生态演进的平衡机制，创造山地型立体文化生态脉络的空间结构模式，实现历史文化名城的可持续、传承性发展。

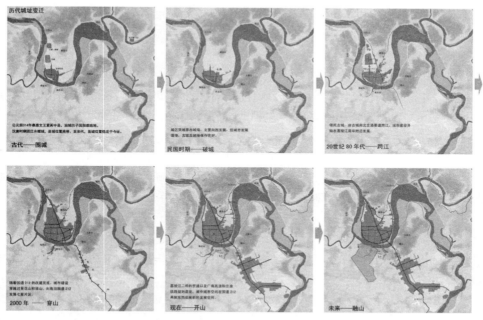

图1 阆中城市建成区扩展图（参考《阆中城市总体规划（2012～2030）》附图制作）

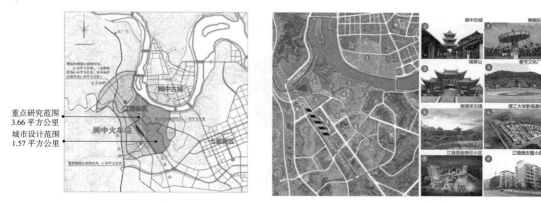

图2 阆中火车站区位及设计范围示意图　　图3 周边已有项目分布示意图

2 站前核心区开发存在的问题

江南新区，由南津关而入，与古城隔江相望，自古以来都是千载风水文脉聚集地。区域内制高点——锦屏山，有"天下第一江山"之美誉。本次城市设计范围是江南新区的阆中火车站站前核心区，设计面积1.57平方公里。周边已建成了部分景点和设施，如熊猫乐园、成都理工大学阆中影视基地（在建）、南津关古镇、锦屏山、春节文化广场、江南首座商住小区（在建）、江南镇镇区等。重点研究范围则扩展至整个江南核心区，充分考虑与阆中古城、南津关、锦屏山等重点区域的衔接关系。

《阆中城市总体规划（2012～2030）》对江南片区的定位为以居住、休闲娱乐为主的功能片区。江南片区的控制性详细规划正在编制过程中，该区域过去的发展建设一直处于无详细规划指导状态。随着近年来城市的扩张和经济的发展，江南新区的开发建设逐步加快，逐渐凸显以下几方面问题：

2.1 功能杂乱，缺乏活力

在重点研究范围内，聚集了高等教育院校、现代游乐园区、风景名胜点、纪念性广场、古镇、火车站、安置小区、已有场镇等多种功能物业形态，零散分布，缺乏规划协调，建筑风貌各异。开发建设多各自为政，对自然环境破坏较大，绿化用地往往考虑不足，甚至牺牲公共利益占用绿地，将公共空间、滨水岸线等私有化，缺少与之相配套的商业服务设施和公共服务设施。在历史文化方面考虑不足。功能布局缺乏联络性，交通流线紊乱，分布零散，导致规划设计区域内部缺乏人气和吸引力。

2.2 地域特色缺失，场地历史遗失

"千城一面"是我国当前城市建设过程中的显著问题，在现代快速的城镇建设背景下，历史文化名城的新城发展建设也面临着缺失传统地域特色的严峻挑战。首先，现代建筑单体设计往往以多层和高层为主，商业建筑体量庞大，建筑立面设计力求简化，对传统建筑尺度和灵活多变的街巷空间关系造成严重冲击；其次，设计手法雷同，导致传统建筑风貌往往演化为简单的穿衣戴帽式立面改造；再次，城市对场地的传统文化的漠视，也造成了城市历史文脉的断裂。

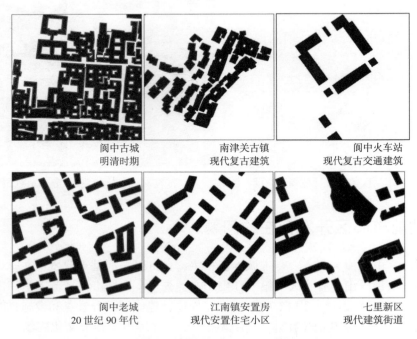

| 阆中古城 | 南津关古镇 | 阆中火车站 |
| 明清时期 | 现代复古建筑 | 现代复古交通建筑 |

| 阆中老城 | 江南镇安置房 | 七里新区 |
| 20世纪90年代 | 现代安置住宅小区 | 现代建筑街道 |

图4　阆中不同时代的街巷空间肌理对比示意图

2.3 空间缺乏体验性和连续性

城市文脉特色应在一定区域内形成连续而丰富的行为体验，从火车站站前广场，经站前商贸片区，至锦屏山、南津关，跨嘉陵江，最终达到阆中古城一线，未来将是阆中极其重要的传统民俗文化体验游线。由于缺乏统一规划和历史遗留问题等方面的原因，沿线土地产权较为复杂，多处用地已出让，个别地块已有设计项目即将开工建设，对保持游线的连续性和传统民俗文化、城市风貌体验的完整性提出挑战。

3 城市设计目标和发展愿望

3.1 设计目标

充分考虑结合场地周边既有业态，将江南新区阆中火车站核心区定位为"形成以对外交通枢纽为核心，以旅游接待、商贸购物、高校配套、休闲娱乐、生态维育、传统历史文化承载与传播等功能为骨架的城市生态型站前核心区。"

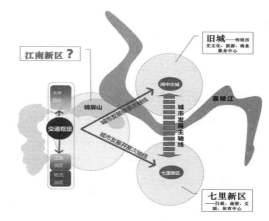

图 5　阆中城市整体发展结构示意图

3.2 发展愿望

3.2.1 愿景一：创造一个城市中心

结合阆中火车站打造综合交通枢纽，周边进行较高密度开发。车站周边将会有大量的企业办公、休闲娱乐、餐饮服务酒店公寓等功能需求，为便捷交通所带来的大量人流服务，最终形成一个以交通引导型的城市门户和商贸服务新中心。

3.2.2 愿景二：创造一条文化时空游线

文化时空游线即阆中火车站—商业旅游区—站前生态综合体—锦屏山水街—南津关—阆中古城的传统民俗文化步行体验游线。

阆中拥有近三千年的历史，民俗文化璀璨夺目，山、水、城融为一体，从古至今一直以"天人合一"的至善境界为发展目标，被历代堪舆家视为最理想的风水宝地。阆中火车站是未来旅游人群出入阆中的主要交通方式之一，火车站至古城沿线景点众多，现在已开发的有南津关古镇、春节文化广场、锦屏山、阆中古城等，有利于整体打造经营，为游客创造完整的文化时空步行体验。

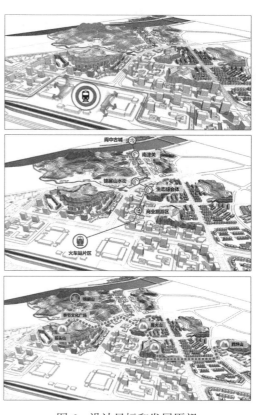

图 6　设计目标和发展愿望

3.2.3 愿景三：创造一条生态休闲廊道

生态休闲廊道即锦屏山—春节文化广场—前头山—冒火山—四坪山山地生态休闲廊道。

场地内多山，地块内部多为保留山体，通过用地控制主要绿化通道，利用地形高差设置天桥跨越市政道路，使连续的生态走廊成为可能。串联的绿地公园可承载各类城市活动，展示城市发展。城市公共空间、绿化公园、自然山体和水流的结合创造了绿色生态的自然环境。综合的绿化、水体系统不仅担负着城市之肺的功能，同时也为人与自然之间的交流提供了良好的平台。为居住在这里的人群提供了较为优越的绿色生活环境。

4 设计方案

4.1 区域结构联通

规划设计区域对外通道和内部通道的设置均充分考虑地形因素，规划道路尽可能避让山体，降低对自然环境的影响与破坏。考虑到兰渝铁路从规划区域西侧边界通过，本次设计明确提出东渗、西隔、南北联动的空间发展策略。向东通过公共活动动线和多样的活力功能配置，与阆中古城、南津关拉近时空距离形成串联的整体；向西与兰渝铁路适当隔离，避免噪声污染和景观影响；向南、向北分别与影视学院、居住社区形成功能联动补充，通过商业、服务业配套吸引人流，提升区域人气。

规划设计区域总体空间结构为"一心、两轴、五片区"。"一心"所指站前综合交通枢纽核心，以交通功能为主导，以阆中火车站站房为标志性建筑，是区域人流最为集中的场所。功能上，围绕站前广场，餐饮、娱乐、购物、商贸、旅游、交通换乘、住宿等多种业态复合型布局，综合形成站前服务中心，是区域发展的引擎；"两轴"分别为西南—东北向联络阆中古城的文化传承轴和西北—东南向联络七里新区的服务开发轴；"五区"从南到北依次为山水生态居住片区、站前综合服务片区、江南拆迁安置片区、锦屏风景名胜片区、阆中古城片区。

上述空间发展策略及空间结构均以尊重原始地形地貌为基本出发点，强调与周边区域的城市空间连接，结合山体、水系空间格局延续，使得江南新区核心区域与阆中古城、七里新区实现完整融合。

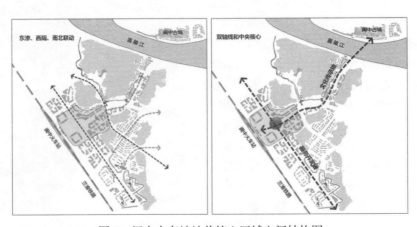

图 7　阆中火车站站前核心区域空间结构图

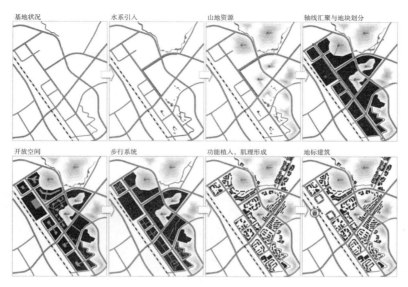

图 8　阆中火车站站前核心区域建筑平面方案推导演化过程

4.2　山水引导型平面布局

本设计充分尊重场地内部原有地形地貌，重点关注规划区域内的山和水。

一方面，对设计范围内的山体均加以利用和改造，尽可能维持原有生态，保持山体原貌。每个地块中心以保留山地形成地块内部高点，设置"城市观景阳台"，建设开发用地环绕或半环绕保留山体分布，相邻地块山体高点之间预留联络绿化通道，并和站前广场等公共开敞空间形成视觉交流通道，以此引导视觉轴线的汇聚，指导地块划分。

另一方面，为了延续原有城市水系，提升区域环境品质，打造城市活力空间。设计方案将南北两侧既有水源联通，引入内部地块，在不同的功能区域以不同的形态特征出现——

图 9　阆中火车站站前核心区域整体鸟瞰图

在住宅区多以湖的形态呈现，形成临水而栖的环湖居住组团；在商业街区，建议设置硬质溪道，利用地形高差形成叠水形态，打造休闲式滨水空间；在锦屏山麓区域降低建筑密度，以自然水体为主题，打造游憩型生态湿地和临水空间；在古镇区域建议打造灵活多变的小桥流水诗意亲水空间。

首先，以山为轴，以水为脉，在此基础上划分公共开放空间，从根本上保证公共资源的合理分配。其次，从人的步行行为习惯出发，在地块内部引入相互关联的连续步行系统。再次，将各功能模块植入，结合传统历史文化特色，确定符合功能特征的对应的空间形态和街巷关系，以此推导生成建筑平面肌理，完成本次城市设计的建筑方案平面。

图10 阆中火车站站前核心区域城市设计总平面

4.3 多样化立体化游线营造

设计以步行优先为原则，主要步行游线有两条，即上文提到的文化时空游线和生态休闲廊道游线。

阆中火车站是未来阆中旅游的重要集散点，火车站至阆中古城一线是未来阆中旅游的黄金通道。在进行该游线的特色空间营造时，应该注重分段处理。各区段之间由于功能的不同，既要有空间形态上的差异以满足功能所需，在观感和体验上又要有所延续。从火车站和站前广场的巨大开敞空间，到南津关古镇、阆中古城的传统小尺度巷道空间，街道尺度和建筑体量的过渡极为重要。站前商贸区段、锦屏山麓水街区段提供了这样的过渡区间。为避免城市主干道的影响，过渡区间采用步行内街的形式，在地块内部营造适宜步行的连续小环境。建筑尺度和街道宽度折中，限制建筑高度，单体建筑围合形成院落，院落之间空隙营造巷道空间，多个院落聚集组合成坊，坊与坊之间留空成街。通过对街、巷、院、坊拼接组合关系的复制和扩展，将阆中古城原有城市肌理和空间形态加以继承和扩展，营造出和传统街巷关系如出一辙的步行体验空间。

区域内部保留山体较多，主要景点有锦屏山风景名胜区、锦屏山麓生态湿地、春节文化广场、前头山林地花园、冒火山中央游憩公园等。通过景观廊道的设置，局部地段可利用高差设置天桥跨越市政道路，避免步行流线和车行流线的平面交叉，实现连续的立体的生态休闲廊道。

4.4 历史文化传承

历史文化是阆中独特魅力的集中体现，其形成了特定的城市性格并在当地居民特有的生活方式中呈现。本次设计充分考虑城市功能布局及基地周边发展现状、道路交通、自然景观等，对纵贯江南新区的核心区域的历史文化传承轴线进行了重点设计研究。主要包括入口空间、中心节点、公共通道、街巷空间等方面，充分考虑同传统历史文化的联系和影响。

4.4.1 入口和重要节点

入口是建立规划设计区域与周边功能联系的关键性节点。设计根据地块不同的功能布局及与周边地块的联系设置地块入口：（1）火车站站前广场前昊天大道与落下闳大道"T"字交汇处是区域内最重要的入口节点，设计在两侧商业地块预留街头绿地，结合站前广场形成喇叭状开敞空间，外围形成连续的商业界面，引导吸引人流，形成人气聚集的城市形象展示节点；（2）阆南桥街和落下闳大道"T"字交汇处是中部商贸片区的入口，同时也是衔接规划区外围南津关古镇的重要节点，地块背山面江，远眺阆中古城。设计结合阆中历史典故，结合地形设置纪念性标志建筑——落下长公水广场，创造具有可识别性的视觉汇聚中心。

图11 阆中火车站站前核心区、锦屏山麓生态湿地、南津关古镇二期扩展区鸟瞰效果图

4.4.2 公共通道和街巷空间

公共通道是组织基地内部各项功能的动脉。在文化传承主轴线的公共通道设计中,以水的流动引导公共空间的流动,制造活力聚集人气。街巷空间设计遵循人流的集散流动规律,控制街道尺度和建筑体量的有效过渡,在站前商贸区段和锦屏山麓水街区段尽可能采用内街形式组织引导步行交通,恢复阆中传统建筑的街、巷、院、坊空间组合关系。

4.4.3 其他

通过细化设计导则,严格控制历史文化传承轴沿线的建筑风貌,保证建筑材质、色调、装饰构件的协调统一,控制建筑高度和商业建筑贴线率,控制建筑界面开口,引入戏台、灯笼等传统文化元素,结合阆中风水文化、三国文化、春节文化、科举文化等民俗特色,提供多元化的非物质文化遗产承载平台。

5 结语

城市的发展离不开传统文化根基。历史文化风貌的传承与发展,是不同历史时期城市发展必须面对和解决的课题。我国目前正在加速推进城镇化进程,在城市规划建设中,应该用文脉延续和历史文化传承的手法缝合城市空间,使新、老城区共同组成和谐的整体,建筑风貌、文化生活一脉相承。历史沉淀和形态延续的特点决定了城市风貌特色与传统、历史相关的一面。阆中古城的历史就是阆中最好的名片,而阆中火车站为核心的站前区域则是具有地域特色、文脉传承的活力新中心,以利于阆中作为历史文化名城的继承和发展。

参考文献

[1] 四川省城乡规划设计研究院. 阆中市城市总体规划(2012~2030)[R].2013.
[2] 历史风貌保护与城市建设的传承与发展——以天津为例 [J]. 袁小棠,运迎霞.
[3] 张成,叶斌,苏玲. 转型期历史文化名城保护的整体观——以南京为例 [J]. 城市规划,2011,S1.
[4] 文脉视角下的城市空间营造策略——以佛山东平河一河两岸城市设计为例 [J]. 规划师,2014,30.
[5] 李光旭,王朝晖,孙翔,姚燕华. 广州市历史文化名城保护规划研究 [M]. 规划 50 年——2006 中国城市规划年会论文集(中册).

叠台亲水·凤舞山城
——重庆南岸区滨水广场设计

白 旭[1] 李 婧[2]

摘 要："一带一路"是国家发展、民族复兴的重要战略。而其实施也面临着可持续发展的严峻挑战，向环境改善提出了要求。重庆，作为中国西南的中心城市，茶马古道的起点，向世界展示着她的绿色、宜居、活力。而广场作为"城市客厅"的代名词，不仅是市民和八方来客共享休闲时光的公共场所，更是一个城市向外界展示的历史、文化、发展和未来的重要窗口。为了营造更好的山城环境，增加更多的城市公共活动空间，重庆市正在努力为市民打造更多的休闲活动广场，而南岸区滨江广场的规划设计就这样应运而生。

关键词：重庆；山地；广场；滨水

1 项目背景

1.1 研究背景

重庆市委市政府将"一带一路"战略已提到重要的战略层面，并为了更好地融入其中而积极努力。2014年底，重庆正式出台《贯彻落实国家"一带一路"战略和建设长江经济带的实施意见》。意见将重庆定位如下：重庆处于丝绸之路经济带、中国—中南半岛经济走廊与长江经济带"Y"字形大通道的联结点上，具有承东启西、连接南北的独特区位优势，是丝绸之路经济带的重要战略支点、长江经济带的西部中心枢纽、海上丝绸之路的产业腹地。

图1 重庆城市风貌

从地理、历史与现实等因素来看，包括重庆在内的川渝地区又是古代南方丝绸之路即茶马古道的起点。重庆地理位置优越，紧邻长江，但作为中央直辖市和国家中心城市，其目前的国际化程度和国际影响力还相对较低。"一带一路"是国家发展、民族复兴的重要战略，对重庆这座西部城市而言，则是从传统意义上的三线工业城市走向前沿的重要契机。如何依托重庆山地优势，在发展硬实力的同时不断增强其软实力的影响，将是重庆未来发展的重要课题。

---

[1] 白旭，北京清华同衡规划设计研究院。
[2] 李婧，北方工业大学建筑与艺术学院。

1.2 基地条件

本案位于长江、嘉陵江两江交汇的节点，与江北嘴和渝中半岛隔江相望。区位条件优越，景观资源丰富，两江交汇点，独揽美景。南岸区 CBD 同江北中央商务区、渝中半岛，隔江三足而立。重庆大剧院、朝天门广场作为江北、渝中的地标建筑，南岸滨江城市广场与其隔江相望，形成良好的对景。

基地紧邻长江，季节性特征明显，狭长山地地形，约占地 5 公顷。南北纵深 156 米，东西沿江约 460 米。基地内部场地较为复杂，南北场地高差 40 余米，滨江路距江面夏季高差则达 20 余米。

1.3 基地评述

经过反复的现场调研和资料分析整理，基地的特色可以归纳分为三方面。首先，滨水是本案的一大特色，季节性的场地特征和多变的滨水生态岸线成为项目的重要自然资源；第二大特色在于场地现状复杂的山地地形特征。现状地形狭长，高差悬殊，这种独特的地形地貌特征为本项目独特的山地休闲广场提供了重要的基础条件；第三大特色在于尊重历史文脉，将本案作为重庆崭新闪亮的新名片，成为迎接各方宾客聚会庆典，欢聚一堂的重要公共活动场所，成为展现新时代重庆文化和发展的重要城市节点。

综合运用好现有的山、水、树、林自然元素，充分利用平面及立体构成、视觉感知等美学设计手法，精心组织各种景观元素，将其打造成具有亲水性、地域性、文化性、标志性、生态化设计特征，集休闲、娱乐、观光、集会为一体的最美丽的城市客厅，正成为本次设计的核心内容。

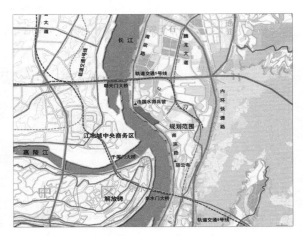

图 2 区位分析

资料来源：重庆市政府部门。

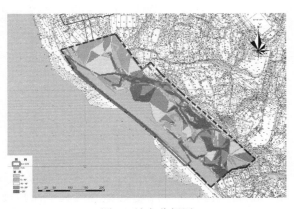

图 3 坡向分析图

资料来源：重庆市政府部门。

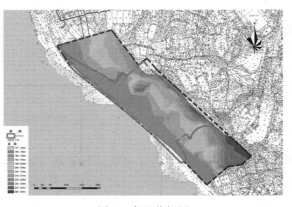

图 4 高程分析图

资料来源：重庆市政府部门。

2 规划设计目标

作为城市客厅的南岸广场，通过"亲水叠台·凤舞山城"的空间意象，展现重庆的山城特色，成为城市最美丽的客厅。南岸滨江广场未来将承担市民集会、文化生活、商业休闲及旅游观光等综合职能。因此，在分析和借鉴国内外城市中心广场成功建设经验的基础上，笔者认为本片区的功能定位为：

- 创新智能的城市开放空间
- 活力汇聚的城市文化中心
- 绿色生态的文化休闲场所
- 独具魅力的旅游展示窗口

3 规划目标及理念

3.1 规划目标

综合交通体系、景观生态体系，为重庆打造一个充满时尚活力，具有新时代新生活方式代表性的地标。充分利用场地得天独厚的地理优势，结合周边环境、当地文化特征，为市民营造一个集商业服务、休闲娱乐、节庆集会等多种功能需求于一体的亲水性广场。

3.2 规划理念

- 尊重地域文化，崇尚文化特色，突出时代特色

充分结合周边文化主题，突出当地文化特色，最大限度地提高广场亲水性的同时注重航线保护，并将亲水性与安全性相结合；尽可能结合场地地形，减少土方量，突出重庆地区的地理特色；合理配置广场配套设施、商业服务设施等，力求该广场既能满足功能需要又能展现当地文化特色、建筑风格等亮点。

- 倡导亲水设计，注重对江景的积极利用

最大限度提高广场亲水性的同时注重航线保护，并将亲水性与安全性相结合；充分考虑广场与朝天门、江北嘴的景观视线效果；梳理场地内部交通流线与外界交通联系。

- 立足现实，面向未来，积极采用新型设计理念

设计在积极利用地形的条件下，面向未来，采用最新的绿色生态理念，创造一个生态系统完整的绿色广场。

3.3 规划构思

如果在直辖新重庆的版图上巧妙地将重庆行政40个区县点线相连，就会生成一只姿态优美、比例谐调、神韵鲜活的"火凤凰"图案：主城九区为心脏，长江为主动脉，凤尾为壮丽的三峡库区，头、颈、胸、腹为富饶的渝西走廊，凤腿为厚积薄发的渝东南少数民族地区。

规划方案结合现状的滨江景色，以"叠台亲水，凤舞山城"为设计主题，巧妙地运用了江、台、树、林、山、泉、建筑、广场等空间要素，堆山造景，植树成林，形成背山面水的广场空间格局，以轴线均衡对称的设计手法，塑造了大气磅礴、层层叠叠的亲水滨江

台阶、凤凰飞舞的主体广场，草木交融的覆土建筑、富于变化的喷泉景观，创造出广场与地域文化、基地特点融为一体的突出特征。广场空间依山面江分成三个部分逐层展开，依次为160～195米高程的亲水大台阶和平台广场、195～198米高程的核心主广场，以及198～220米高程的观景台和音乐厅的覆土绿化广场。

  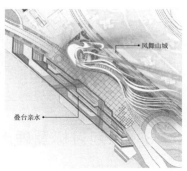

图5　火凤凰　　　　　　图6　重庆版图　　　　　　图7　方案构思

4　规划特色

4.1　亲水多元化

根据地域特色和地形地势等现状条件，广场空间依山面江分成三个部分逐层展开，依次为160～195米高程的亲水大台阶和平台广场、195～198米高程的核心主广场，以及198～220米高程的观景台和音乐厅的覆土绿化广场。将用地按主要功能划分为六个功能区，分别为：滨水广场区、音乐厅主体区、市民广场区，观景台区、商业和配套服务设施区、景观协调区。

图8　总平面图

资料来源：作者自绘。

广场空间的三部分划分，第一部分为亲水广场区（160～195米）：滨水广场由亲水大台阶和平台广场组成。位于整个规划区最南边，临江区域，属亲水性公共活动空间，结合长江四季水位的变化，取场地特有的山形地貌起伏之势，亲水大台阶和平台广场不仅设计了层层叠叠的大台阶、颇具震撼力的滨江大喷泉，还创造出高程160米、165米、175米、180米等不同设计标高和大小不同的亲水平台，它们高低错落、空间独特，极具趣味性，满足了市民休闲零距离的亲水体验，满足了人们不同的活动需求。滨水广场以开阔的景观水面为特色，结合滨水平台，设计大型喷泉、水幕电影，形成具有震撼力的水主题广场。通过新型科技手段为市民提供难忘的城市体验。

第二部分为市民广场区（195～198米）：市民广场区即核心主广场区，居于基地中部，设计成相对平坦、开阔的综合性广场空间。大面积平坦开阔的广场在设计上最大限度地保障了广场的使用面积，以满足集会、演出和众多游客的使用需要。主广场上设有与市民嬉戏互动的旱喷泉景观、传承着大禹精神的夫归石雕塑、错落布置的开阔草坪，以及馨香四溢桂花树树阵设计，形成了开合有序、各具主题的广场空间．她是整个滨江广场的核心部分，与大台阶、观景台、音乐厅共同构成这座城市最美丽的客厅。

第三部分为音乐厅广场区（198～220米）：位于整个规划区域的北部区域，包含景观台和音乐厅主体建筑两部分，结合地形地势条件，与周围环境相协调，主要由音乐厅前广场、音乐厅主体建筑、喷泉、铺地、绿化、景观小品组成。音乐厅独特的覆土建筑造型，配合智能化的建筑科技，加上立体化的步行平台，体现绿色生态的城市智慧。草木交融的覆土建筑、富于变化的喷泉景观、广场曲线型制高点观景台、音乐厅的空间造型，创造出一种凤凰昂首腾飞的空间形态，呼应重庆市域轮廓的火凤凰造型，寓意重庆吉祥和谐，展翅腾飞。

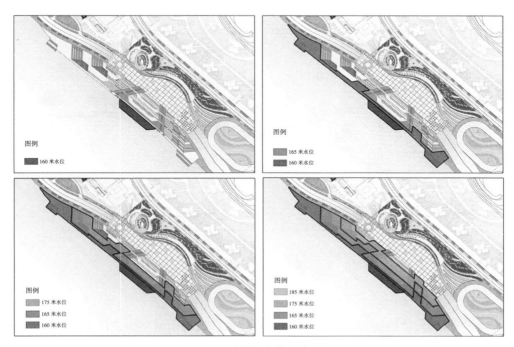

图9　季节性水位示意图

资料来源：作者自绘。

4.2 空间全景化

规划了两条控制全区的景观轴线，一条从北入口起，由北向南穿过整个场地抵达江边，作为整个规划区域的纵向轴线，将建筑、绿化、广场、台阶、水面有机组合为纵向共享带状空间。另一条是横向滨水轴线，是以广场、平台、水面、绿地生态环境为依托的横向生态亲水性休闲空间。

广场纵向以轴线均衡对称的设计手法，塑造了大气磅礴、层层叠叠的亲水滨江台阶、凤凰飞舞的主体广场，草木交融的覆土建筑、富于变化的喷泉景观，创造出广场与地域文化、基地特点融为一体的突出特征。

以东西向的延伸、向江面空间拓展形成亲水性滨水休闲空间。沿着步行系统和景观路向南漫步，人的视线被引向滨水广场区，亲水大台阶、平台广场、植被等有机结合形成一个高低错落、具有独特趣味的休闲空间，满足了市民休闲零距离的亲水体验景点高潮，足以让人驻足停留。同时滨水广场与朝天门、江北嘴景观相协调，相互呼应。

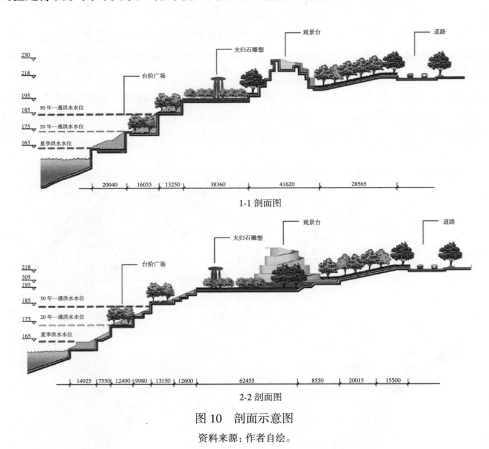

图 10　剖面示意图

资料来源：作者自绘。

规划设计结合现状的滨江景色，以"叠台亲水，凤舞山城"为设计主题，巧妙地运用了江、台、树、林、山、泉、建筑、广场等空间要素，堆山造景，植树成林，形成背山面水的广场空间格局。结合地形，建筑空间与绿化、广场、交通等空间组成封闭性、半封闭性、开放性相结合的多样化空间，各个空间大小伸缩变化、视线感观收放有序、景观主题软硬相间，给人以"移步异景"的深切感受。这些空间互相渗透、互相补充、互相协调，使空间形成多层次、多样化的态势，形成了一个空间协奏曲，最大限度地满足了市民及游客娱乐、休闲等需要。

4.3 生态智能化

滨江南岸城市广场将以其先进智能的建设模式、低碳立体的设计网络、绿色生态的空间形象，展示新时代重庆山城的都市魅力，形成重庆新的地标和城市重要的开放空间。大台阶、大广场、大草坪、大喷泉作为核心设计元素，音乐厅独特的覆土建筑造型，配合智能化的建筑科技，加上立体化的步行平台，体现绿色生态的城市智慧。亲水广场以开阔的景观水面为特色，结合滨水平台，设计大型喷泉、水幕电影，形成具有震撼力的水主题广场。通过新型科技手段为市民提供难忘的城市体验。

亲水平台照明
扶手的嵌入式节能灯以及地埋的金卤灯等对平台功能照明。

喷泉照明
水下灯对水体喷泉进行景观照明，可采用变色灯方式。

堤岸步道照明
地埋灯采用节能灯或者LED光源结合栏杆扶手的照明

水体边界照明
水下灯采用LED或金卤灯光源对堤岸进行照明，以冷色调为主。

构筑物照明
嵌入式的洗墙灯对构筑物进行局部照明，光色为暖色调。

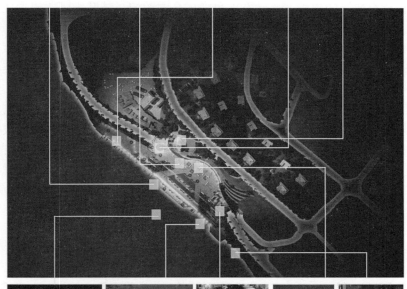

水幕表演照明
利用水体喷泉、激光投影和彩色投射灯进行节庆日的水幕表演照明。

水上景观照明
对水上的船体或其他设施进行点缀式彩色光的景观照明。

台阶照明
以满足功能安全为主，采用嵌入式灯具对台阶进行照明。

绿化照明
采用混光照明方式对绿化水体进行泛光照明。

水体堤岸照明
采用低色温的水下灯对边界堤岸进行照明。

图11　布灯设计意向图

资料来源：作者自绘。

从照明的角度分析，绿色环保的主要表现形式为节能。能源的节约将直接导致不可再生资源的消耗，减少了对生态环境的破坏。由于照明在整个电能消耗中比例相当大（约为10%～15%），因此照明的节能在整个节能环节中起着举足轻重的作用。全面节能是整个照明系统实现绿色环保的标志。照明领域的科技创新也往往与节能环保密切相关，最新的技术成果使照明产品效率更高——节能，寿命更长，减少环境污染，同时还提供更高的品质提升效果。规划着重通过以下几方面来体现绿色、科技的理念。

利用风能、太阳能。包括使用可直接利用风能、太阳能的照明器具及利用风能、太阳能发电提供照明用电；使用光纤、LED、高显色性及高光效 HID 等最新照明科技成果，提高照明质量、进一步降低能耗；引入先进的照明控制及运营管理系统，以实现全面节能及提高管理质量的目标。

4.4 景观系统化

景观设计采用外引内联、点、线、带、面相接合的手法，依山就势，建立带状景观绿化系统，音乐厅屋顶采用覆土绿化，将背景绿化与广场绿化融为一体，并逐步将绿色引至江边，建设一个景致、文化、生态融于一体的园林景观。结合广场景观设计的总体原则，绿化设计依据地势高程可分为四大层次：

最高的观景平台区和音乐厅覆土屋顶为自然种植区，采用大量的乔木作为基础种植，形成天然的绿色屏障，也作为广场区的绿色背景。常绿、落叶乔木搭配种植，常绿乔木考虑"远有势，近有质"的树种，落叶乔木也考虑高大荫浓、枝叶细腻、树形优美、干皮有特点的品种，地被材料的选用考虑叶形细致、花期长、管理粗放但不易形成"疯长"的状况。

在自然种植区与广场之间的流线型交接地带，选用2～3排香樟作为过渡。香樟树种枝叶茂密、冠大荫浓、树姿雄伟，与上部的自然种植形成呼应；而它的树干英姿挺拔，生长亦十分循规蹈矩、和谐协调，又与下部的广场种植形成过渡。

在广场区主要以硬质铺装为主，局部点以成块的草地为广场增添了绿色与活力。为增加广场的绿量而又不影响广场的使用，在与夫归石雕塑相对应的广场另一端设计了一个桂花树阵。桂花可以赏花，又能闻香，还具有丰富的文化意义。"物之美者，招摇之桂"，桂花一直是世上美好、高雅事物的象征，历代民间也皆视桂花为吉祥之兆。考虑到种植区域位于南滨路穿广场隧道上方，覆土厚度可能不足，可采用室外盆栽的形式，也丰富了树阵的林下空间。

5 结语

视野宏大的"一带一路"是一个大战略，是一次理念与行动上的转型。重庆积极主动地融入"一带一路"的建设，努力打造成为其中的重要枢纽和展示平台。在不断加强经济发展的同时，更加注重软实力的建设，而重庆南岸区滨水广场的塑造不仅承载了城市浑厚的历史文化底蕴，更传达出了面向今日、面向未来的时代精神特质。本案将借此机会为重庆南岸区实现城市品质的提升与宜居生活的改善，为未来的发展做出积极的探索实践。

图 12　效果图

资料来源：效果图公司。

参考文献

[1] 叶琪．"一带一路"背景下的环境冲突与矛盾化解 [J]．现代经济探讨，2015，5: 30-34.
[2] 蔡武．坚持文化先行 建设"一带一路" [J]．求是，2014，9: 44-46.
[3] 王冲．重庆融入"一带一路"战略的新机遇 [J]．对外传播，2015，4: 75.
[4] 霍建国．"一路一带"战略构想意义深远 [J]．人民论坛，2014，15: 33-35.
[5] 杨凯凌．城市广场景观意象建构 [D]．重庆大学，2012.

基于偶然性视角的山地城镇可持续发展探讨

田 静[1] 丁兰馨[2]

摘 要：城市的发展从某种程度上来说偶然性极强，受到社会、环境、文化等诸多因素的影响。随着"一带一路"战略构想的提出，跨区域宏观战略会增加这种不确定性。然而，目前的规划往往忽略偶然性因素对城镇发展的影响。本文基于"一带一路"战略，首先分析了影响城市发展的偶然性因素，如政策、经济、文化等；其次结合案例，探讨由于偶然性因素的考虑欠缺而引发的城镇发展问题；最后，总结出山地城镇规划应对不确定偶然性因素的一些对策建议，以期对山地城镇的可持续发展建设提供一定启示。

关键词：山地城镇；偶然性；可持续发展；

1 引言

城市是一个复杂的系统，由社会、环境、文化等多种要素构成。因此，其发展具有很强的复杂性和不确定性。在规划初期，我们就有必要对影响城市发展的偶然性因素进行深入的分析。二战前后，城市规划曾被简单地认为是一种物质空间形态的规划与设计行为。在这样的理论指导下，规划师有意无意地忽略掉了城市发展和规划本身的复杂性和不确定性，导致城市功能结构单一。但从 20 世纪 60 年代开始，规划界开始认识到城市发展的复杂性和不确定性，进而开始对现代功能理性主义进行了严厉的批判。莫里斯·布朗在《城市形态》中对于终极蓝图式规划规划也进行了强烈的质疑："每一个规划在实施的过程都很容易遭遇不可预知的事件。作为公共政策的一个实施手段，规划必须拥有承受这些变化的能力"。

目前，随着"一带一路"战略构想的提出，国家的城镇发展提升到了一个新的阶段，所面临的不确定因素也更加复杂。一方面，随着我国社会经济呈现出"新常态"趋势，城镇发展方式及其趋势呈现出新的特征；另一方面，合作发展空间的拓宽，城镇内部的各种利益关系更加复杂，城镇各组成要素之间相互影响的作用机制更加难以把握。因此，今天的城镇规划比以往任何一个时代更需要考虑城镇发展所要面临的偶然性因素。

但是，在目前的规划中，由于缺乏对偶然性因素的分析考虑，致使规划缺少对不确定的社会发展的弹性和适应性，最终导致规划失效。首先，城市规划过分规范化与教条化，缺乏灵活性与弹性，忽略了对城市的偶然性因素进行考虑，如社会学、生态学和人文科学。最终导致城市扩张极快，不但造成农业用地的紧张，社会财富的巨大浪费，更使得区域环

---

[1] 田静，重庆大学建筑城规学院。
[2] 丁兰馨，重庆大学建筑城规学院。

境变得越来越糟。其次，城市规划对法律法规的过分强调，缺乏对人的社会生活以及行为活动的人性化考虑。致使社会交往空间丢失，人们的活动空间减少，最终使得城市社会活力降低。

本文从分析影响城市发展的偶然性因素出发，然后结合案例，探讨规划失效的原因，最后针对规划问题，结合"一带一路"战略背景，提出城镇发展应对不确定性因素的一些对策建议，以期对山地城镇的可持续发展建设提供一定启示。

2 城市发展的偶然性

2.1 偶然性的哲学概念

偶然性是事物发展过程、状况及其结果中所发生和出现的一种不确定性，它影响和牵制事物发展的基本方向、总的趋势和某种结果。一般来说，偶然性是由事物内部的非本质原因同外在因素相联系而引起的。客观事物的发展表明，偶然性背后都是有根据和原因的。因此，我们在认识世界和改造世界的过程中，如果发现某种偶然的策略对事物的发展有利，就应该设法巩固和推广这种策略使其成为必然性。相反，如果发现这种策略导致某种不利因素的出现，那么我们就应该及时地制止它，并尽量避免它的出现。即使是出现了不利于事物发展的偶然性，也要想方设法化不利因素为有利因素，促进事物向好的方向转化。

2.2 偶然性与城市的关系

偶然性是城市的基本属性。从系统论的观点来看，城市是一个由多种要素：空间、水、动植物、人口、各种人类活动等，以及多种相互作用：人地关系、人际关系、城乡关系、城市与区域关系等，构成的一个复杂开放的巨系统。在城市系统中，每一种要素、相互作用的变化都可能导致整个城市系统发生质的变化。城市系统的复杂性决定了城市在发展过程中的不可逆性、不稳定性和难以预测性。从这点出发，城市系统的复杂性和偶然性是一种必然会存在的特性，也是城市规划无法回避的一个问题。

城市规划的本质是未来导向性，是关于未来的预先安排。这种特质决定了规划和偶然性之间存在着必然的联系。这就需要在对过去和现状充分了解的基础上，借助事物过去一段时间的发展过程的分析研究，找到过去到现状之间的关联性，并将这种关联性由现状延伸到未来，从而预测未来事物发展的可能趋势。总而言之，关于未来的不确定性是无法消除的，规划只能通过理性的预测和判断对未来可能出现的偶然性要素做出预先的安排。

2.3 影响城市发展的偶然性因素

影响城市发展的偶然性因素，即不确定因素，大致可分为外在因素和内在因素（图1）。从外在因素来说，城市发展的偶然性受政策、经济、文化、区域环境的影响。任何一个规划只有在特定的社会环境中才能发挥作用。因此城市的发展必然受环境中的各种偶然性因素的影响。这种偶然性可能是由环境自身的客观演化引起，也可能是由某些政策、经济、文化或某些事件等人为因素引起。从内在因素来说，城市发展的偶然性受规划系统本身影响。规划机制无法完善运行、决策者认识有限、管理规定不具有指导价值都会触发这种偶然性的发生。

图1　影响城市发展的偶然性因素

图片来源：作者自绘。

3 偶然性因素考虑欠缺导致城镇发展的不可持续

3.1 经济规划忽略城镇发展脉络导致规划失效

规划初期，在借鉴其他城市的成功经验时，如若不对当地的政策、经济、区域功能这些偶然性因素进行深入的分析，并做出相应的柔性控制，那么，在实践中，规划往往会和城市实际的发展情况发生冲突，最终导致规划失效。某个城市规划的成功，是规划本身和某些特定的偶然性因素相互作用的结果。每个城镇都有其各自的发展脉络，因此影响各个城镇发展的偶然性因素也彼此不尽相同。规划时，必须要考虑各个城镇的政策发展目标、经济发展状况以及区域发展环境，不能单纯照搬其他城市成功的规划策略。如果不加思考地直接挪用照搬，规划势必会缺少对当地不确定性的社会发展的弹性和适应性，最终不会按照预先的设想发展而达不到预期目标。台湾宜兰科学园区就是一个经济规划失败的案例。该科学园区的规划面积共70.63公顷，介于宜兰运动公园与宜兰行政中心之间，最初的规划预估可创造82000名直接、间接就业机会，每年产值效益高达900亿元以上（图2、图3，表1）。但是，该园区在选址时未重视当地既有之城镇发展脉络与产业结构，准备引进通信服务产业、数位创意产业以及研发产业；并且在规划园区面积时，忽略了研发产业所需用地特性与传统制造园区的不同。所以，该园区目前的状况是，只有0.5公顷确定进行开发，剩下70.5公顷形同荒废，连一栋厂房大楼都没有（图4）。

图2　宜兰科学园区基地图

图3　宜兰科学园区开发愿景图

图4　宜兰科学园区现状图

资料来源：http://bgacst.e-land.gov.tw。

台湾宜兰科学园区开发计划   表1

区位	宜兰城南基地位于宜兰市南郊,介于宜兰运动公园与宜兰县政中心之间
范围	基地东北侧为宜兰市都市计划区(4.1公顷);东南为宜兰县政中心地区(39.56公顷);西南侧为非都市土地(26.97公顷)
面积	面积共70.63公顷
产业引进	1. 通信服务产业 2. 数位创意产业 3. 研发产业
计划人口	1. 基地厂房用地面积为34.82公顷。 2. 各产业类别引进员工人数合计约13000人
开发进度	1. 都市计划变更(主要计划):2006年11月22日主要计划发布实施。 2. 都市计划变更(细部变更):2006年11月29日细部计划发布实施。 3. 城南基地非都市土地开发计划及细部计划:2007年9月2日核发开发许可。 4. 环境影响评估说明书:2007年8月4日同意备查。 5. 环境影响说明书审查结论变更及环境影响差异分析:2009年6月14日通过,2009年10月同意备查。 6. 私有土地征收案于2007年12月31日完成私有土地取得。 7. 2008年10月2日进行整地及公共设施等工程动土典礼。 8. 2011年8月完成第一期主要道路工程,2012年3月完成公共设施工程,现可提供厂房总面积34.82公顷。 9. 计划2013年兴建标准厂商,预计2014年提供厂商承租。

资料来源:http://bgacst.e-land.gov.tw。

3.2 城镇规划缺少民众参与导致"千城一面"

规划初期,如若不加考虑决策者和管理机制这些偶然性因素;那么,在实践中,城镇发展势必会受到决策者有限知识结构的影响,从而导致各个城镇的规划毫无当地特色,造成千城一面的格局。我国幅员辽阔,各区域各有不同的特色。但是,现阶段的规划多以"自上而下"的方式进行,不仅底层民众缺乏参与改变自身生活环境的机会,而且限于规划者有限的认识,城镇规划呈现出的主观性较强,不能反映当地城镇的特色。江苏省江阴市华西村和四川广汉西外乡,其城镇格局均是棋盘式排布,毫无当地特色(图5、图6)。而对比传统的古镇,不难发现各个古镇均有自身的特色。重庆龙潭古镇纵横交错的小巷以及遗留下的古建筑反映了其深厚的历史(图7);四川黄龙溪古镇沿江展开的形态反映了山地城镇依山而建,临水而居的民居传统(图8)。究其原因在于传统古镇是以"自下而上"的方式形成的。为了信息

图5 江苏省江阴市华西村　　图6 四川广汉西外乡　　图7 重庆龙潭古镇　　图8 四川黄龙溪古镇
　资料来源:来自网络。　　　资料来源:朗逸工作室自绘。　资料来源:《重庆龙潭古镇　资料来源:《历史古城镇逆向
　　　　　　　　　　　　　　　　　　　　　　　　　人居环境保护发展研究》。　空间景观构成及其演化》。

交流，村民自发形成了村落；为了经济交流，村民自发形成了集市；为了文化的传承，村庄中必然会有祠堂、庙宇、水井。不同的文化和历史背景，造就了不同的村镇形态。反观现状，正是囿于规划者有限的文化背景和知识结构，导致了我们的城镇规划形态结构的局限性。

3.3 空间规划无视社会需求致使城镇活力降低

在规划过程中，如若无视社会文化、社会环境这些偶然性因素，那么，城市发展格局势必不能协调与规划相关的各利益主体——仅体现管理者和规划者的意愿，而无视城市中个人的愿望和需求，这样必然会导致城市活力的降低。由于文化背景、生活环境、利益相关性等方面的差异，不同城市的社会群体有着不同的价值观和不同的社会需求。但是目前，城市规划主要是通过对空间引导实现对人的经济活动的引导。此时，管理者和规划者是受益体，而民众的社会诉求被忽略，没有适宜的城市空间实现个人的愿望和需求。如成都人行道上的茶馆，规划对城市休闲活动空间的剥夺，导致民众只能在车水马龙的人行道上喝茶聊天，实现社会交往、休闲需求（图9、图10）。而在重庆，受地形影响，人们历来有在梯坎上进行经济交流和休闲活动的习惯（图11）。而在新一轮的规划中，这种梯坎空间的社会属性被忽略，人们只能在地下通道或者人行道旁进行这种社会交流活动（图12）。具有本土特色的社会需求不能得以实现，也间接地抹杀了城市的历史遗存以及城市特色，造成城市整体活力下降。

图9　人行道上的茶馆　　　图10　成都街景　　图11　梯坎上的活动　图12　单调的梯坎空间

资料来源：作者自摄。

4 偶然性对山地城镇可持续发展的启示

城市规划在实践上遇到的诸多问题与偶然性欠缺考虑有着紧密的联系。如若我们总结过去实践中存在的问题和不足，那么对探寻当前新型城镇化发展方向将会有重要意义。偶然性是作用于城市规划的基本规律，规划所遇到的种种偶然性因素是规划失效的根本原因。规划能否对未来种种偶然性因素有着比较全面的认识，是否针对这些偶然性因素做出了充分的安排，是体现规划合理性的重要方面。如果我们对城市规划中的偶然性因素和规划应对的认识越深刻，就越能掌握规律，从而更好地做好城镇规划。

4.1 改善规划全过程，实施动态规划

改善规划全过程，就是在现有规划方法框架下，实施动态规划，全面改善规划的适应能力。这能有效应对政策、经济这些偶然性因素所引发的变化，从而避免规划与城市实际

发展情况发生冲突。实施动态规划，就是关注城市发展的阶段性，充分考虑城市在发展过程中可能面临的种种偶然性，强调城市不同发展阶段所应采用的不同发展战略。从社会效益、经济效益的角度，明确城市发展要达到的阶段性目标，以及城市在这个阶段中所能承受的风险。所有的阶段性目标都应该是为战略性的远景目标做准备。这种思想方法借鉴了渐进性规划和连续性规划思想，有利于适应和及时应对随时出现的不确定性问题。当然，我们也需要随时调整战略性的远景目标。

4.2 上下结合，实现公众参与

上下结合，就是结合"自上而下"和"自下而上"两种方式，实现规划的公众参与。这能有效应对规划本身存在的偶然性因素，避免城市发展受决策者的主观影响而毫无特色。上下结合，可以实现由上层规划策略控制引导下的下层多样化建设。"自上而下"，就是规划者结合经济因素、社会因素、自然因素等要素，进行多方面分析得出的合理的规划方案。"自下而上"属于传统的规划方法，是将近期的建设内容、建设规模、建设位置的详细数据进行上报。而公众参与，就是居民和规划者一起商讨社区的未来方向，不再是规划者单方面的主观臆想。这相当于扩大了决策者的数量，扩大和延展了智力作用空间，有利于获得更全面的信息，也有助于及时改善规划。

4.3 结合城镇实际，实行倡导型规划

结合城镇实际，实行倡导型规划，就是在新常态发展模式下，规划者应有意识地接受并运用多种价值判断，以此来保障各个团体的利益。这能有效应对社会文化、社会环境这些偶然性因素，避免公众的社会利益被剥夺，导致其社会需求无法满足。从偶然性因素的角度来讲，规划者对于城镇的价值判断应该是不确定的，这取决于规划者以哪个利益团体的角度看问题。而就社会整体利益本身来看，只有真正受规划本身影响的群体对规划才有真正的发言权。只有给公众充分表明自己价值立场的机会，规划才能够真正有效地对复杂的、不确定的城镇发展做出准确合理的判断和决策。

5 结语

城市规划中的偶然性因素对规划的影响在某种程度上要大于确定性因素。因此，在城市规划中引入偶然性思考的思路对山地城镇的可持续发展建设具有重要意义。通过分析规划的失效案例，明确了政策导向、区域发展情况、决策者知识结构、社会文化的表现形式都是影响城市发展方向的偶然性因素。在"一带一路"的战略背景下，面对更加开放的合作环境，如若能在规划前期对这些偶然性因素做出预先安排，如实施动态规划、实现公众参与、实行倡导型规划等，那么规划就有很大的弹性来应对未来发展中可能出现的偶然性问题，使远期发展目标得以实现，从而保证山地城镇的可持续发展建设。

参考文献

[1] Christensen KS. copying with uncertainty in planning[J]. American Planning Association

Journal. 1985, 51(1): 63-73.

[2] 李景奇. 城市规划的"复杂性"、"社会性"与"非科学性"解读. 北京论坛 (2013) 文明的和谐与共同繁荣——回顾与展望.

[3] 付予光, 李京生. 国内城市规划关于不确定性研究综述 [J]. 上海城市规划, 2010: 1-5.

[4] 刘艺. 城市规划中应对不确定性问题的解决思路 [J]. 科技与创新, 2014: 132-142.

[5] 汤海孺. 不确定性视角下的规划失效与改进 [J]. 城市规划学刊, 2007: 25-9.

[6] 李峰. 城市规划中的不确定性研究初探 [硕士]: 同济大学, 2008.

[7] 于立. 后现代社会的城市规划: 不确定性与多样性 [J]. 国外城市规划, 2005: 71-4.

[8] 武敬杰, 李晓云. 关于偶然性问题的辨证思考 [J]. 吉林化工学院学报, 2004: 96-8.

专题四
山地人居环境建设

重庆市法定城乡规划全覆盖工作探索和实践

周晓萃 ❶

摘　要：为进一步完善空间规划体系，解决法定规划覆盖不全、专业专项规划尚有缺口并在法定规划层面落实不够等问题，推动城乡统筹、有序发展和落实规划依法行政要求，重庆市自 2013 年起开展了法定城乡规划全覆盖工作的探索和实践，目前已取得阶段性成果。本文梳理了该项工作开展的背景与意义，总结已构建的工作机制和取得的工作进展，分析当前存在的问题，并从保障工作进度和规划质量方面提出工作建议。

关键词：空间规划编制体系；法定城乡规划；专业专项规划；全覆盖；重庆市

中央城镇化工作会议提出，要加快形成统一衔接、功能互补、相互协调的空间规划体系，推进规划立法工作。近年来，空间规划体系的改革与完善逐渐被一些学者作为重要议题提出和研究[1-5]。重庆通过开展法定城乡规划全覆盖工作，以期搭建和优化空间规划编制框架、弥补规划缺口，掌握各项规划形成机制并理顺相关规划之间的关系，为实现规划多层次、全方位的协调，促进城乡一体化发展和推动依法行政奠定基础，同时也为其他地区深化空间规划体系研究以及开展空间规划的相关工作提供参考。

1　开展法定城乡规划全覆盖工作的背景和意义

1.1　城乡一体化发展的需要

重庆是直辖体制、省域架构。特殊的市情决定了城乡统筹的任务较重。但就目前情况看，重庆市域内仍有 18 个远郊区县未编制城乡总体规划，区县城区控规覆盖率仅 80% 左右，乡规划和村规划编制缺口较大，村规划覆盖率不足 20%。去年对远郊区县的规划抽件督察发现，近半的镇、乡项目在规划许可时没有法定规划作为依据，还有些规划编制年代久远，已经无法适应当前经济社会发展需求。因此，需要开展法定城乡规划全覆盖工作实现城乡一体化发展。

1.2　总规深化完善的需要

从重庆主城看，2011 年，对 07 版城乡总规进行修订并获得国务院批复，修订后，城市建设用地规模增加了 323 平方公里，在此基础上，完成了主城区分区规划以及控规方案全覆盖等工作，但相应的专业专项规划并未及时、全面编制完成。去年，为贯彻落实市委市政府提出的"科学划分功能区，加快五大功能区建设"要求，体现重庆作为美丽山水城

---

❶　周晓萃，重庆市规划研究中心。

市的功能定位，开展了总规深化工作，深化后的总规内容也急需编制专业专项规划进行落实。从远郊区县看，近五年来，各区县总规也基本经历了一轮修编，城市空间都有了较大程度的拓展，拓展以后，也需要编制相应的法定规划和专业专项规划进行支撑。

1.3 保障项目落地的需要

由于专业专项规划缺口大，系统性不强，统筹协调不够，使一些基础设施和公共服务设施落地困难。重庆市域除交通以外的专业专项规划缺乏系统性，预研预控不够，重大基础设施规划支撑不足；主城区电力、排水、社会基本服务、防灾等专业专项规划未能全覆盖，远郊区县缺口更大；部分已有的专业专项规划偏重于宏观指导，空间管制要求未能有效落实到控规。这些不足直接导致变电站、垃圾站、公厕、安乐堂等市政公共服务设施落地难，实施矛盾大，建设成本高等诸多问题。因此，加快推动城乡规划全覆盖，不断深化完善规划编制体系，做好规划衔接和协调，是保障规划实施和项目落地的迫切需要。

2 法定城乡规划编制体系的构建

2.1 工作过程

2013年初，重庆市重点开展了"规划的规划"研究工作，提出了"规划全覆盖工程"，开展了规划编制体系的研究。在对现有各项规划进行全面梳理的基础上，结合总规深化的要求策划了一系列规划项目，形成了适宜重庆市特殊市情的城乡规划编制体系。在充分征求市级部门、有关单位及各区县政府的基础上，在编制体系基础上提炼形成了"重庆市法定城乡规划全覆盖工作计划"，并于2014年1月通过了市规委会的审议。其后，经过调研、召开专题座谈会以及再次征求相关单位意见，借鉴国内其他城市先进经验，形成了工作计划并上报市政府。2014年7月，市政府办公厅正式印发《重庆市法定城乡规划全覆盖工作计划》（渝府办发〔2014〕70号，后简称《工作计划》）[6]，该项工作随即正式启动。

2.2 体系特点

根据重庆市"直辖体制、省域架构"的特殊市情，将空间规划编制体系划分为市域、主城、区县（含区县域和区县城）、镇（乡）、村五个层级和法定规划、专业规划、专项规划三大类型。法定城乡规划全覆盖工作是法定规划编制的全覆盖，是专业、专项规划的全覆盖以及专业、专项规划涉及空间管控的相关内容落实到法定规划中的过程。法定规划是《重庆市城乡规划条例》中明确规定必须制定的规划，包括城乡总体规划、城市规划、镇规划、乡规划和村规划。专业规划是指涉及空间布局、与城乡规划紧密相关的专业类规划，由各有关专业部门牵头组织编制，规划管理部门予以配合，包括交通、市政、能源设施、水利设施、防灾减灾、公共服务设施、生态保护、风景名胜区等规划。专项规划是由规划管理部门牵头组织编制的法定规划体系之外的相关规划，主要包括两个方面内容：一是法律法规明确要求编制的专项规划；二是根据规划编制办法的要求，在总体规划编制中需要进行专项研究的内容。

本次法定城乡规划全覆盖工作共包含68项（类）规划，按规划层级划分，市域25（类）项规划，主城区35项（类）规划，远郊区县8项（类）规划；按规划牵头单位划分，由市规划局牵头推进的法定规划和专项规划共19项（类），由市级相关部门单位牵头推进的专业规划共38项,由区县政府(管委会)牵头推进的法定规划和专业、专项规划共11项(类)。

3 法定城乡规划全覆盖工作实践

3.1 工作目标

按照《工作计划》要求,主城区法定城乡规划全覆盖力争在2年内,并确保在3年完成,到2016年底,主城区法定规划、专业规划、专项规划按工作进度编制完成并审查批准,实现主城区城乡规划一张图;市域法定城乡规划全覆盖力争在2年内,并确保在4年完成,到2017年底,市域法定规划、专业规划、专项规划按工作进度编制完成并审查批准,实现全市城乡规划一张图。

3.2 工作机制

3.2.1 搭建工作构架,统筹协调推进

在市级层面,依托市规委会办公室对工作计划进行全面统筹协调,通过建立市级部门联席会议制度,定期研究协调相关工作。同时,主动向市人大、市政协相关领导和专委会专题汇报,接受专项工作指导。在市规划局内部,成立了工作领导小组,并设立市域区县组、主城规划组、交通市政组、历史文化组、技术保障组等五个工作小组。各区县及市级相关部门也落实了相应的工作机制。

3.2.2 加强对各层级规划成果和规划空间管控内容的统筹

一是建立市区两级规划内容的协调机制。拟定《重庆市法定城乡规划全覆盖主城区区级专业专项规划编制导则》,对市区两级同步分级开展的规划项目,分级细化职责,在编制的内容、深度、标准、成果形式等方面各有侧重,同时要求市级项目组参与各区方案的审查、校核,以便市区两级成果更好衔接、有效整合。二是建立专业规划涉及空间内容审查机制。在专业规划成果审查阶段,由市规划局对规划中涉及空间方面的内容进行专项审核,并与牵头专业部门进行协调,确保专业规划内容最终能够法定化,并落实集约节约利用土地等基本原则。

3.2.3 明确规划审查及法定化程序

市规划局对《工作计划》中涉及项目编制及报批内容、工作流程进行了细化,拟定《重庆市城乡规划相关专业专项规划编制与报批规定》(以下简称《规定》)并上报市政府待批复。《规定》明确了组织编制主体应组织规划编制单位对方案进行初审和论证,再组织专家咨询和部门行政评审。重大规划可邀请国内知名专家参与审查;专业规划编制和审查过程中,组织编制主体应与规划部门密切协调,将涉及规划用地及空间布局的内容交规划部门综合平衡,规划部门应就相关内容提出书面审查意见。组织编制主体组织修改形成规划方案时,应就规划部门书面意见的采纳情况进行专题说明,并将其作为规划方案上报审批的附件。对区级规划明确了由区规委会或区政府常务会,会同市级相关部门审定后纳入市级规划成果一并进行法定化的总体原则。

3.3 工作完成情况

截至目前,68项规划已全面启动,其中2项规划已编制完成并获批复,10项规划

已完成审查拟报批,13项规划已有初步方案,27项规划正在编制初步方案,5项规划处于启动阶段,3项常年性的控规动态完善、镇规划、村规划和远郊区县规划按正常程序推进。

4 法定城乡规划全覆盖工作思考

4.1 项目进度

目前尚有50%的项目需在2015年完成编制但仍未形成初步方案,在工作进度上出现迟滞现象。究其原因:一是对规划全覆盖工作的理解或重视程度还不够,个别牵头部门表露出工作难度大、难以开展的为难情绪,还有单位认为规划编制就是规划部门的事,参与积极性有待加强;二是工作经费问题,个别单位因为编制经费未纳入年度预算,需向财政部门单独申请专项资金,或与编制项目组沟通过程中就工作经费未达成一致意见,导致前期工作无法按计划开展。

4.2 规划衔接和协调

4.2.1 市、区两级编制衔接

目前已出台的相关编制指导意见明确了原则性的问题,但未进一步明确市级规划与区级规划审查和报批等衔接机制。如中小学幼儿园布局规划,市级层面只明确区级规划的内容、标准和深度,但在区级规划编制过程中,市级规划项目组对各分区项目的审查和统筹未做明确要求。又如,绿地系统布局规划,市级层面规划已经对各类绿地进行了布局,并已达到控规深度,但由于各区在园林方面的工作除了绿地系统空间管控外,还有植物配置、浇灌设施安排等内容,因此也需要在各区开展绿地系统专业规划。但区级层面规划能否落实市级规划的绿地布局和规模,涉及与土地权属单位的协调,协调结果需要反映在市级层面规划成果中,但目前未明确市级绿地系统规划是否应在区级项目编制审查完成后再进行报批。

4.2.2 相关规划的衔接协调

对同类型的规划用地的协调机制还需进一步明确。如涉及绿线、蓝线规划的美丽山水城市规划与防洪专业规划、绿地系统规划的内容协调,又如涉及山系保护的生态空间管控规划、自然保护区系统规划、"四山"生态休闲游憩规划等。其次,文化、体育和卫生设施规划都设置有街道社区级设施,从集约用地出发,可在各区统一编制街道及社区公共服务设施规划,对同级公共服务设施进行统筹,但当前各设施布局规划和区级设施规划编制内容及深度上尚需进一步对接和协调。

4.2.3 与控制性详细规划的衔接

目前重庆市主城区已实现控规方案全覆盖,拟借助本次专业专项规划的全面编制进行动态完善。郑州市近年来也开展了40多项专项规划编制,最终是以规划部门牵头制定了"城市红线、蓝线、绿线、紫线、黄线'五线'导则",将专业专项规划成果纳入控规管理。如今,重庆市也将完成大量专业专项规划编制,但如何对大量的规划成果进行入库,入库内容和顺序等工作仍有待进一步研究,相关机制有待进一步完善。

5 工作建议

5.1 关于工作进度

本次规划全覆盖工作在工作期限内编制完成既定规划项目，保证项目进度是首要任务，要分级建立统筹和督促机制。针对市级和主城区的规划项目，要依托市规委会办公室加强对项目进度的督促，定期收集全方位动态信息，对照工作计划倒排编制进度，继续通过上门对接和专题会议进行工作调度，对未按计划推进的项目提前预警；对远郊区县的规划项目，进一步加强督促和检查，并通过年度实绩考核促进区县规划全覆盖。

5.2 关于规划衔接和协调

市规划局作为本次工作的主要牵头和配合单位，应进一步梳理规划间的关系和协调性，厘清共性和个性问题，对规划编制、审查及报批的衔接机制进一步明确，做好各级、各类规划空间管控内容及其与控规之间的衔接和协调，确保规划成果最终法定化。针对市级层面的规划项目，利用好市规委会专家咨询机制，邀请市内外知名专家加强对重点项目、重要环节的技术审查，同步强化专业专项规划与法定规划的对接，争取完成一项、平衡一项、法定一项、入库一项；针对区县层面的规划项目，帮助区县建立专家审查机制，指导做好各阶段审查，确保市级和区县级规划项目在工作内容和深度方面协调一致。

参考文献

[1] 周建明，罗希. 中国空间规划体系的实效评价与发展对策研究 [J]. 规划师，1998，14（4）：109-112.

[2] 王金岩，吴殿廷，常旭等. 我国空间规划体系的时代困境与模式重构 [J]. 城市问题，2008，4：62-68.

[3] 王利，韩增林，王泽宇. 基于主体功能区规划的"三规"协调设想 [J]. 经济地理，2008，28（5）：845-848.

[4] 曲卫东，黄卓. 运用系统论思想指导中国空间规划体系的构建 [J]. 中国土地科学，2009，23（12）：22-27，68.

[5] 苏强，韩玲. 浅议国家空间规划体系 [J]. 城乡建设，2010，2：29-30.

[6] 重庆市人民政府办公厅关于印发重庆市法定城乡规划全覆盖工作计划的通知（渝府办发〔2014〕70号）. 重庆市政府信息公开网. 2014.（注：为优质高效推进法定城乡规划全覆盖工作，结合实际情况，经报市政府批准同意，在66项规划项目基础上新增《重庆市主城区地下空间规划》和《主城区街道社区划分及综合服务中心布点规划》两个专项规划。）

差异需求下"哺育式"城乡统筹规划方法探索
——以重庆市北碚区江东片区五个乡镇为例

吴 鹏❶ 任泳东❷

摘 要：位于北碚"江东花木及旅游农业产业带"的江东五镇（金刀峡镇、柳荫镇、静观镇、三圣镇、天府镇）是我国中西部典型的农业型区域，也是重庆市委、市政府在北碚区进行的统筹城乡发展重要试点。为提高哺农工作的实效性，避免"撒芝麻式"的自上而下粗放式哺育，本文以重庆市北碚区江东片区五个乡镇的城乡统筹为例，尝试以乡村为切入视角，通过分析村落间差异性的实际需求，综合谋划村落间的差异化发展，并探索性地将物质空间的规划与城市发展目标、社会经济政策相结合，以期形成具有可持续性、可推广性的"哺育式"城乡统筹规划办法。在需求层面：综合衡量区域整体城镇发展要求、建设现状、自然要素等基本条件，制定差异性的政策分区，并在此基础上根据各乡村资源特点进行村落群的划分，明晰各个村落发展目标、发展需求和特色产业，以实现更大规模的社会资源统筹分配；在供给层面：整合农林、水利、财政、发改、规土等部门涉及生态补偿、片林建设、农田水利等内容的工程补助、建设资金及其他政策资源，针对村落特点，有针对性地进行政策、资金、设施等方面的"哺育"，避免村落内的同质竞争。最终实现更具特色化的"内生式造血"与更具针对性的"哺育式输血"的双结合，以实现区域的可持续性发展。

关键词：哺育式规划；城乡统筹；重庆北碚；开门规划

1 引言

在过去以城市为中心的城市化改革推进过程中，不论是土地指标、劳动力还是产业建设，城市对农村更多的是资源的占有，城乡差距不断扩大，越来越多的乡村走向衰落，城乡资源的互补、城乡关系的重构势在必行、迫在眉睫。为更好地实现城乡资源互补、生态共生、城乡经济共荣，2014年《国家新型城镇化规划》提出"坚持工业反哺农业、城市支持农村和多予少取放活方针，加大统筹城乡发展力度，促进城镇化和新农村建设协调推进"的发展战略，这是自2004年十六届四中全会首次提出"工业反哺农业、城市支持农村"以来，"城市支持、哺育乡村"理念的再次重申，意味着为更好地促进城乡公平和实现区域协调发展，城市反哺农村已成为当今中国解决城乡发展失衡的重要选择，这是工业化发

---
❶ 吴鹏，深圳市城市规划设计研究院有限公司。
❷ 任泳东，深圳市城市规划设计研究院有限公司。

展到中、后期阶段的必然路径,对于推动城乡一体化、实现新型城镇化有着重要的积极作用。

从政府及其各职能部门的宏观反哺主线而言,对农村地区的"哺育"工作主要包含农村基础设施建设、农村人力资本培育、农村产业培育、农村医保福利建设、农村信息文化建设等方面。由于国内目前农村地区面临的困难众多、待哺面广,公共财政在农业、交通、教育、产业等领域的"哺育"避免不了分配不足和分配不均等问题。另外,农村地区的经济体系若单纯依赖政府及其行政部门的扶持,而不去挖掘自身资源和产业,也将成为"无本之木,无源之水"。为此,一方面,城市对农村的扶持需量力而行,按需分配,将有限的资源最大化、最高效地反哺给农村;另一方面,农村需要以产业和经济发展为主要抓手,强化自身内生力量,由依靠暂时性的"输血发展"转向可持续性的"造血发展"。

2 研究对象

在我国"城市哺育农村"实践进程中,重庆市自20世纪90年代即开始推行"大城市带动大农村"的发展战略(简仕明,1997)。近年来,重庆以"缩小三个差距、促进共同富裕"为目标,提出了"'三大投入'、'二项贴息'、'六种补助'的扶持政策"(邓勇,2012),在改善农民生存环境、助推村民脱贫致富等方面取得了一定成效。但重庆"集大城市、大农村、大库区、大山区和民族地区于一体"[1]的特征明显,在未来的城镇化进程中,"大城市"如何带动"大农村"依旧是重庆亟需解决的重大课题。一方面,"大城市"决定了重庆反哺能力有增强的基础与动力;另一方面,"大农村"决定了重庆城乡二元矛盾突出,统筹城乡发展任重道远。据国家统计局数据显示,2013年,上海、北京、天津、重庆的城镇化率分别为88.02%、86.30%、78.28%和58.34%,较之其他直辖市,重庆市农村地区待哺面极广,如何发掘各地真实急需,实现高效对口服务,显得尤为迫切。此外,如何激发农民自身建设能力,发挥村庄能动性,也应成为探索实现村庄可持续性发展的必要命题。

北碚区位于重庆市区西北郊,是重庆都市圈的重要组成部分。2013年10月,北碚区委常务会审议通过了《关于优化区域布局推进科学发展的意见》,按照发展特色鲜明、功能定位准确的要求,北碚江东片区五镇(金刀峡镇、柳荫镇、静观镇、三圣镇、天府镇)基本纳入柳荫都市农业发展区范围,是未来服务于全市的重要都市农业示范基地。但从近年江东片区五镇的三产产值数据来看,第一产业的发展并未能成为支撑区域五镇发展的基础产业(图1)。同时,对于北碚江东五镇这样一个典型农业型区域而言,广大农村地域的物质空间建设、交通设施建设、产业经济建设等方面都离不开城市的扶持与哺育。如何促进农业的崛起,如何开展更高效的哺农工作,将成为未来发展的重要命题之一。

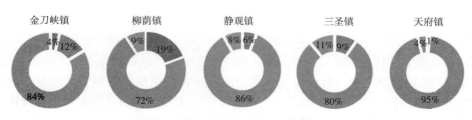

图1 五镇三产产值及比重(2012年)

资料来源:北碚区及各镇统计公报。

为更好地在规划管控前期阶段介入城市发展和解决以往哺农工作过于粗放的现状，本研究以"农"为主要落脚点与发力点，探索结合哺农工作的城乡统筹办法，尝试将物质空间的规划与城市发展目标、社会经济政策相结合，在梳理农村自身特色与资源基础上，甄别农村不同的发展需求，并回馈给政府及其相关职能部门，以期提高哺农工作的实效性与农村自身生长力。

3. "哺育式"城乡统筹规划方法的实践探索

3.1 基本原则与框架

本研究尝试打破传统城市"自上而下"的分配哺育方法，探索性地以乡村为主要切入视角，通过梳理各村自然环境现状、农业生产要求、生态安全控制条件、城镇发展要求、自身优质资源等，对区域内的各村社进行差异性的特色村落划定，明晰各个村落的发展定位与发展需求，并将其最急迫的发展需求明确回馈给政府及其相关职能部门。整合规划、工程、资金及其他政策资源的部门，统筹对各个村落需求短板的哺育次序与重点，使上级公共财政对农村经济发展进行更高效、更有针对性的扶持，避免农村"无哺育"的空有梦想无力实现的等待，同时避免农村"单纯依靠外力反哺"的不可持续发展（图2）。

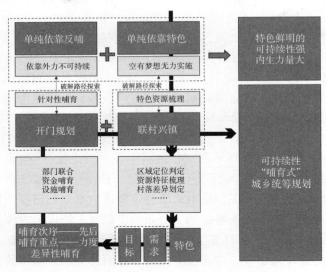

图2 "哺育式城乡统筹规划"的基本技术框架

资料来源：作者自绘。

首先，"分区管控"——通过对自然本底、基本农田、地质条件、地灾限制、四山管控、国土利用现状等诸多因子的叠加评估，对北碚江东五镇整个区域进行了五个政策分区划定。

其次，"联村兴镇"——打破传统垂直单向的城乡体系结构，侧重立足乡村，综合考虑各村自然环境现状、农业生产要求、生态安全控制条件、城镇发展要求、自身优质资源等，结合政策分区划定，对区域内的各村社进行差异性的特色村落划定，从更加扁平的视角探索符合北碚江东五镇的城乡互动模式。

最后,"开门规划"——建立统筹农村地区各类涉农规划、建设管理要求以及实施政策措施的平台。整合关于土地整治、产业结构调整、生态补偿、片林建设、农田水利、农业布局、村庄改造等各部门的规划资源、工程资源、资金资源及其他政策资源,综合谋划地区发展。

3.2 分区管控

空间上,针对不同的地形地质要求、城镇发展要求、建设现状、自然要素,制定差异性的政策分区,对区域空间发展策略进行总体把控(图3,表1)。

3.2.1 现状条件

首先依据自然环境现状、农业生产要求、生态安全控制等条件的约束,把控全局,明晰空间发展格局,进行四区划定。重点制定基本农田保护区、生态空间布局结构和空间分区管制。考虑生态安全和生态承载力的威胁,构建与城乡发展体系相平衡的自然生态体系,形成城乡生态安全格局,保障、促进、引导城乡可持续发展。

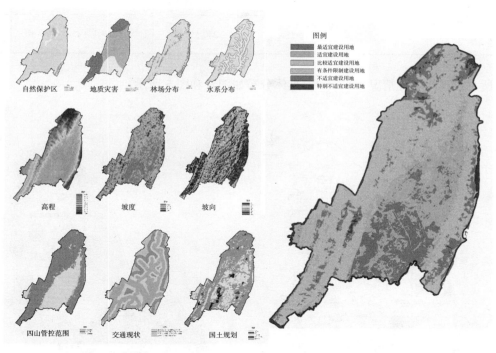

图3 基于多因子评价的适应性分析

资料来源:项目组成果。

用地适宜性评价因子及权重　　表1

一级指标	二级指标	1分	3分	6分	9分	一级权重	二级权重
生态安全因素	四山保护	重点控制区	四山四线范围	一般控制区	其他区域	3	0.3
	林地保护区	林地范围	—	—	其他区域	3	
	自然保护区	核心保护区	一般保护区	协调保护区	其他区域	4	

续表

一级指标	二级指标	1分	3分	6分	9分	一级权重	二级权重
自然因素	高程	>550米	350~550米	250~350米	<250米	3.5	0.2
	坡度	>30%	25%~30%	10%~25%	<10%	5	
	坡向	北	西北、东北	东、西	南、东南、西南	1.5	
自然灾害	地灾	地质灾害危险区	—	地质灾害中等危险区	地质灾害一般危险区	10	0.2
社会经济因素	土地利用	林地耕地	基本农田	居民点	采矿用地、城乡建设用地	6.5	0.25
	交通	离省道3000米以上或者离县乡道2000米以上	离省道2000~3000米或者离县乡道1000-2000米	离省道1000~2000米或者离县乡道500~1000米	离省道<1000米或者离县乡道<500米	3.5	
环境适宜性	滨水环境	—	>550米	250-550米	250米以内	10	0.05

所有村现状资源情况详见表2，具体分布如图4和图5所示：

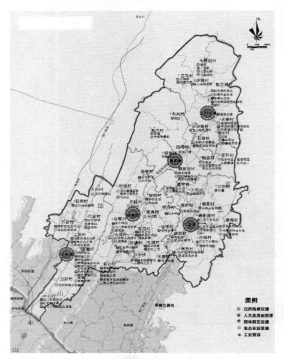 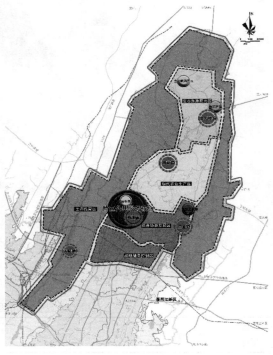

图4　各村现状资源情况　　　　　　　　　图5　差异性政策分区
资料来源：项目组根据调研整理成果。　　　资料来源：项目组成果。

表2 各村现状资源情况概况（部分节选）

镇名	村名	等级	产业职能	自然风景资源	人文及历史资源	园林园艺资源	生态农业资源
金刀峡镇	偏岩社区		政府所在地		偏岩古镇、巴渝古镇风情体验区		葡萄种植园、辛家坡休闲农庄
	永安村	中心村	以种植果树及生产粮食为生（种植脆红李、柑橘、葡萄等）	煤矿、二龙洞、七星石林、七星溶洞			
	七星洞村	中心村	传统农业、煤矿务工和养殖业				
	五马村	中心村	传统的农耕	古树群	徐家大院		
	小塘村	中心村	生态农业、畜牧业	金刀峡风景区			
	胜天湖村	中心村	种植业、养殖业、旅游业和矿山企业四大块	胜天湖风景区、煤矿	巴渝古镇风情体验区	环美园艺场	利畅农业基地
	小华鋆村	中心村	传统农业、生态旅游	金刀峡风景旅游带			
	石寨村	中心村	种植业、养殖业（冬桃、脐橙、花木、花椒、翌红李）			胜天湖牧养殖场	利畅农业基地
	响水村	中心村	种植、畜牧养殖	煤矿			鑫豪农业、绿箭生态农业
静观镇	兴城社区		静观镇中心（社区承担了党建、社会治安综合治理、计划生育、科教文卫、环境、社区服务、社区民政、社区劳动保障等工作职能）				
	花园村	基层村	花卉种植、第三产业及花木种植	石灰石		花木之乡、园林园艺休闲观光基地	无公害蔬菜种植专业合作社
	中华村	基层村	生态农林业				
	吉安村	基层村	生态农业			花木种植	合创园
	和睦村	基层村	生态农业、以种植业养殖业为主				合创园

续表

镇名	村名	等级	产业职能	资源			
				自然风景资源	人文及历史资源	园林园艺资源	生态农业资源
静观镇	陡梯村	中心村	花卉种植、观光旅游			多彩园艺	合创园
	金堂村	基层村	花卉种植、种植粮食和蔬菜为主			花卉种植	七一水库农家乐、葡萄园
	集真村	中心村	生态农业、休闲旅游、以花木为特色，工业企业为支柱，果木为补充				合创园
	罗坪村	基层村	生态农业（以种植业养殖业为主）			花木种植	
	塔坪村	基层村	生态农业、观光旅游（蔬菜葡萄）		塔坪古寺		花椒专业合作社、花漾稊谷农家乐
	大坪村	基层村	生态农林业				
	双塘村	基层村	花卉种植、休闲旅游（主要种植草坪、花卉、林木）			乡村嘉年华	
	九搜村	基层村	花卉苗木种植、观光旅游		王朴烈士陵园	花木种植、盘扎工艺	
	天星村	基层村	花卉苗木种植、观光旅游			花木种植	
	万全村	中心村	花卉苗木种植、观光旅游（主要有腊梅花、桂花、茶花等花木）		蜡梅文化旅游节（蜡梅之乡）		
	素心村	中心村	花卉种植、休闲旅游		蜡梅博览园	重庆农谷、和谐天香、华夏养生示范基地	陶花源休闲山庄
柳荫镇	XX社区						
	柳荫村	中心村	场镇所在地、旅游服务	森林资源			
	永兴村		种植经济作物	溶洞			
	合兴村		种植经济作物、养殖业	溶洞			种植养殖业

3.2.2 引导性政策分区

在可持续发展目标指引下，结合重庆市四山管制要求、江东五镇土地资源的实际利用状况、生态保护要求和聚落体系布局特征，依照资源保护要求、适宜建设标准等多项约束条件，并结合重庆主城、两江新区及北碚区的发展需求，对城乡建设空间进行合理引导。在四区划定的基础上，围绕重庆主城、两江新区及北碚区的发展需求，针对不同的地形地质要求、城镇发展要求、建设现状、自然要素，制定差异性的政策分区。

3.2.2.1 综合协调发展区

指按城市标准进行建设，用地构成比例较合理、公共服务设施及市政基础设施较为完善的地区。该片区未来的主要工作为：以提高片区综合服务能力为核心，积极推进片区建设和功能培育，促进产业结构向高新技术产业和先进制造业方向转变。

3.2.2.2 战略储备控制区

主要针对静观镇南部纳入两江新区管辖范围的区域。未来发展重点：服务两江新区的战略性储备控制区域，远期以配套两江新区产业为主，积极探索收益共享或项目有偿转让等协作模式，加强与两江新区的沟通对接，提高物流配送等生产性服务水平，遵循相应的板块功能定位，远期重点发展低排放、低污染的清洁制造、生态休闲产业及高新技术产业等。

3.2.2.3 现代农业生产区

主要针对柳荫、静观镇现状农业基础较好的以农业生产为主的村镇地区。未来发展重点：围绕"柳荫都市现代农业发展区"发展要求，大力发展花卉苗木、蔬菜林果、体验农业、农产品加工等产业，重点发展都市型、生态型、观光型、外汇型和品牌型等现代农业。

3.2.2.4 生态旅游观光区

主要指金刀峡国家5A风景名胜区和偏岩国家历史文化名镇、胜天湖生态旅游区。未来发展重点以发展旅游及其相关产业为主，旅游发展区结合地形和资源条件，加强服务配套设施建设，强化城镇公共服务功能建设，提升镇区对北部整个生态旅游片区的辐射力。

3.2.2.5 生态维育区

主要指北碚江东片区位于四山管控区内的山区。未来发展重点：以重点生态功能区保护和建设为重点，建设一批水源涵养、水土保持、洪水调蓄、生物多样性维育重点生态功能区。强化"四山"地区生物多样性保育、生态服务功能和城市防灾功能，维护城市生态安全，对已破坏的生态系统，结合生态建设工程做好生态恢复与重建工作。

3.3 联村兴镇

打破传统垂直单向的城乡体系结构，侧重立足乡村，从更加扁平的视角探索符合北碚江东五镇的城乡互动模式。一方面，在管理层面打破传统行政边界，尊重乡村作为经济细胞单元的作用；另一方面，尊重区域服务均等公平，强化城镇作为公共服务单元的作用。

3.3.1 "联村"视角下的村庄产业整合

为实现资源优势、市场需求的有机结合，实现区域优势的有机结合和产业专一化、多样化发展，本次规划以村为基础，充分挖掘发挥本地资源优势，不再强调不同村发展不同主导产业，而是以地域范围和资源禀赋确定区域的主导产品，使一个村或几个村或者更大的区域联动发展，通过大力发展特色产品，推进"四化"建设，提高农民人均收入。

将资源相似、区位相邻的村落联动发展，构建特色村落。通过土地流转、宅基地整理、土地托管等相关措施,划分统一经营区和自主经营区。区域联动,依托各村特色资源,在区域范围内因地制宜、清晰定位,打造巴渝古镇风情体验村落、生态旅游村落、观光农业体验村落等,"一村落一特色",通过区域内产业联动,提高农民组织化,进而提高产品的产业化水平、有机化水平,每个村落发展具有本村落的农产品或旅游产品(图6,表3)。

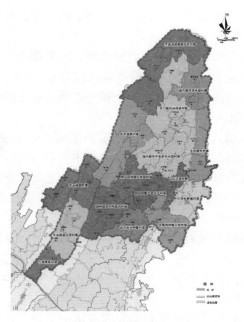

图6 联村规划图

资料来源:项目组成果。

联村规划分区表　　　　　　　　　　　　　　　　　　　　　　　表3

规划分区	包含村落
生态涵养修复型村落	七星洞村、五马村、永兴村
生态涵养型村落	合兴村、中华村的全部以及柳荫村、吉安村、和睦村、响水村、东升村、卫东村的部分
生态修复型村落	大田村、石佛村、石家村、代家村、中心村
生态修复示范基地	工农村、支星村、五新村
金刀峡风景旅游型村落	小塘村、小华鎣村、西河村的全部以及石寨村、响水村的部分
巴渝古镇风情体验型村落	胜天湖村、永安村
现代都市生态农业示范型村落	麻柳河村、明通村、天宫村、是平村的全部以及柳荫村、响水村、石寨村、东升村、卫东村的部分
园林园艺休闲观光型村落	金堂村、花园村、大坪村、双塘村、素心村
花卉苗木种植型村落	九堰村、万全村、天星村
渝台风情展示体验型村落	陡梯村、集真村的全部以及和睦村、吉安村的部分
渝台良繁产品生产型村落	楼房村、罗坪村、塔坪村
江东工业型村落	德圣村、春柳河村、古佛村的部分
中医药种植村落	亮石村、德龙村的全部以及茅庵村的部分 德圣村、春柳河村、古佛村、茅庵村的部分

3.3.2 "强镇"视角下的城镇产业振兴

3.3.2.1 完善区域交通基础设施

疏通区域交通（重点镇与区、镇与市之间的联系），以交通引导城镇拓展，以交通支撑乡村发展。统筹交通与生活性服务业，优化镇与镇、镇与区、镇与市的交通联系，为居民提供协调有序、集约高效的出行服务；统筹交通与生产性服务业，依托重大交通基础设施及站场枢纽，发展物流、科技研发、信息服务；统筹交通与"三农"发展，塑造有利于农业生产、农村建设、农民生活的交通模式。

3.3.2.2 统筹区域公共服务设施

基于整合的交通网络和聚落体系配置基本公共服务设施，通过交通、聚落和设施体系"三位一体"的整合、调整与优化，逐步实现区域效率和公平兼备的基本公共服务均等化。按照聚落体系规划中各级聚落的功能定位，建立城乡融合、多层次、全覆盖、功能完善的综合公共服务体系。

3.3.2.3 统筹市政基础设施

区域统筹，加强市政基础资源的管理，确保基础资源在城乡间合理的分配；从城乡一体服务的角度规划布置大型市政基础设施，大力推动城市基础设施向农村延伸；合理确定乡镇和村级市政设施服务标准，提高乡村的市政综合服务水平。

3.4 成果应用

为更好更实际地指导城乡建设和项目落地，整个规划在"5个政策分区＋分区管控策略＋联村兴镇策略"外，增添了"开门规划＋一个实施导则"的内容：意图在常规空间规划外，梳理在城乡统筹各个环节可借力的优惠政策及来源部门，以更好更实际地指导城乡建设和项目落地；除此之外，对不同类型的乡村聚落未来应着重发展的项目和可因借的政策来源也作了相关梳理和建议，结合各个部门可因借的工程、资金和政策资源等，制定"重点村落实施指引卡片"和"相关部门补助指引表"，差异性地对各个村落的发展需求进行哺育（图7）。

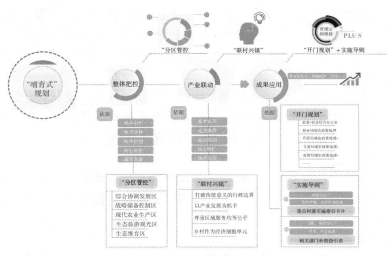

图7 "哺育式城乡统筹规划"成果体系

资料来源：作者绘。

3.4.1 开门规划

建立统筹农村地区各类涉农规划、建设管理要求以及实施政策措施的平台。整合关于土地整治、产业结构调整、生态补偿、片林建设、农田水利、农业布局、村庄改造等各部门的规划资源、工程资源、资金资源及其他政策资源，综合谋划地区发展（图8）。

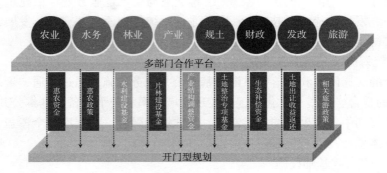

图8　开门规划基本模式

为实现农村农业经济发展、资本的形成和资本的累积，一方面需要依靠自身力量，通过统筹城乡产业结构布局，促进农业发展，提高农民收入；另一方面，需要借助外来援助与资助，如政府财政支农政策、财政支持与农村金融发展等。

3.4.1.1 三农财政政策

主要梳理包括农业综合开发产业化经营、农业示范、农业科技成果转化、农业配套服务以及专项补贴的一些相关政策，如：重点扶持农产品加工、设施农业和流通设施等项目；鼓励建设标准农田、蔬菜生产、现代农业园区、园艺类良种繁育生产等各种专项农业示范项目；促进现代种业、农产品加工、废物利用、农业污染防治等涉农产业的技术成果转化；为农产品流通销售、节水灌溉、农机购置等农业配套服务项目寻找资金补贴。

3.4.1.2 农业发展政策

主要梳理包括集体农业经济、农业产业化和规模化发展的相关政策。创新发展多种形式的新型农业经营主体，并给予经营主体一定的资金投入和财政补贴；鼓励发展特色农业产业，对于符合条件的项目提供贷款优惠；对具有一定规模的种植大户免费提供科学施肥、测土配方技术服务。

3.4.1.3 农村社会保障政策

主要梳理包括农业保险、产业扶持和贫困保障的相关政策。设立农业保险基金，鼓励农户入保，并给予保费补贴；鼓励农户参与特定的产业扶持项目，给予参与群众种苗和资金补助；建立贫困保障机制，对贫困户给予一定的资金补贴。

3.4.1.4 农村土地管理政策

主要梳理土地流转的相关政策。鼓励土地规模经营与发展农业现代化，允许农民以多种形式流转土地承包经营权，对流转农户和规模经营主体进行奖励与奖补，推动传统农业向现代农业转变。

3.4.2 实施导则

通过"联村"对村庄产业资源进行整合，根据资源条件和现状特征差异，划分了如巴渝古镇风情体验型、现代都市生态农业示范型、园林园艺休闲观光型、花卉苗木种植型、江东农产品加工型等村落。不同的村落因发展阶段与现状发展基础差异，对下一阶段最紧迫的发展需求也不同，如在采空区地灾范围的生态修复型村落，在近期更需要生态移民搬迁补助，以推进地质灾害多发区的居民转移安置工作；如金刀峡风景旅游型村落和巴渝古镇风情体验型村落，虽然也会有农产品加工方面的需求，但在近期更需要的是旅游专项资金，以更充分地利用金刀峡自然风景区、偏岩古镇、胜天湖、五马村徐家大院等优质风景旅游资源，大力发展休闲度假、观光旅游及旅游服务。

为此，规划需统筹各个村落实际发展需求和各个部门可因借的扶农资源，差异性地对不同的村落进行更有针对性的"反哺"，值得提出的是，差异性的"哺育"并不是对扶持的村落有所偏颇，而是对扶持次序、扶持重点的综合把控和统筹，可结合近期行动计划制定，对各部门资金支持方向提供指引建议（图9）。

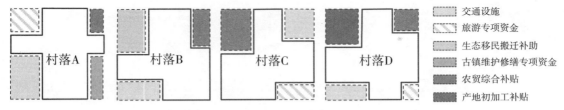

图9　不同村落在同一时期发展需求的差异性示意

以开门规划和联村发展为核心，整合农委、交通局、旅游局等各部门关于土地整治、经济发展、生态保护、设施建设、村庄改造等涉农专业项目、工程、资金及其他政策资源，根据各村落自然条件、资源禀赋、产业发展、村庄建设及区位特征的不同，引入与之发展相匹配的项目工程，利用项目落地指导村落空间布局，引导村落未来发展重点与特色建设，近期优先引导有条件的重点村落建设（表4）。根据不同部门重点项目、政策的不同，差

续表

金刀峡风景旅游村落（金刀峡、柳荫）

简介：依托金刀峡的天然地理优势，以发展生态自然旅游为目标，将其打造成为宜赏、宜游、宜玩、宜身的自然村落。峡谷流水，建设生态环保示范村，宜居村落。

项目类型	项目名称	主要牵头单位	建议及政策指引
主题项目	峡谷生态旅游	旅游局、交旅公司	旅游专项补助资金
	生态环保示范村	环保局	生态环保试点资金补助
	编制《大金刀峡风景区旅游规划》	规划局、国土局	主要解决景区发展策略、空间形态、建设用地等问题
配套项目	旅游通道（森林防火通道）	旅游局	农村公路建设资金补助
	旅游服务配套项目	旅游局	旅游专项补助资金
	生态移民搬迁工程	镇政府	退耕还林生态移民搬迁补助项目
	水资源涵养项目	水利局	水资源涵养专项补助
一般项目	生态村镇建设	镇政府	
	森林培育工程	林业局	公益林建设投资和森林生态效益补偿基金
	防火基础设施建设	林业局	林地中关于小于等于3%服务设施用地（或修建管理用房和设施）指标的使用
	调汇经济产业基地	环保局	生态环保试点资金补助

园林园艺休闲观光村落（静观镇）

简介：以园林园艺示范园为中心，带动花卉苗木业的相关发展，深化扩大现有苗圃基地，发扬川派园林园艺文化，并积极研究试验观赏花木新品种，科技创新。大力发展花木旅游，生态观光项目。

项目类型	项目名称	主要牵头单位	建议及政策指引
主题项目	园林园艺展示园	农委	
	花卉苗木新品种试验项目	科委	国家农业专项补贴（农业综合开发专项-园艺类良种繁育及生产示范基地项目）——农业综合开发办公室
	规模苗圃基地建设	农委	国家农业专项补贴（农业综合开发产业化经营项目）——农业综合开发办公室
	中国蜡梅种植资源开发利用产业化基地建设	农委	国家农业专项补贴（农业综合开发专项-园艺类良种繁育及生产示范基地项目）——农业综合开发办公室
配套项目	修建农田水利工程	水利局	
	乡村道路建设	交通局	农村公路建设资金补助
	良种繁育及生产示范基地项目	科委	龙头企业带动产业发展和"一县一特"产业发展试点项目——财政部良种繁育示范村
	发展新型农村合作金融组织试点	农委	农村改革试点补助
	生态休闲旅游	旅游	农村改革试点补助
	绿道网建设	旅游局	旅游开发建设补助
一般项目	特色村镇建设	建委	
	休闲养生会馆	镇政府	
	农村集体经营性建设用地入市试点	镇政府	农村改革试点补助

现代都市生态农业示范村落（柳荫、金刀峡、三圣）

简介：农业现代化的趋势越来越明显，生态性的要求也越来越高。主要发展效益农业，以有机生态蔬菜为主，为重庆主城区提供蔬菜供给；与高校合作，研究增产增收生态种植，实现"农业-生态-旅游"的相互促进；同时，积极开展基础设施建设，建设有机食品基地。

项目类型	项目名称	主要牵头单位	建议及政策指引
主题项目	规模效益农业（以蔬菜为主）	农委	国家农业专项补贴（国家现代农业示范区旱涝保收标准农田示范项目） 国家农业专项补贴（扶持"菜篮子"产品základ基地） 国家农业专项补贴（一般产业化项目扶持） 国家农业专项补贴（现代农业园区试点申报立项） 良种直补 农资综合补贴 测土配方施肥补贴 编制设施农业用地的管理办法 更加注重为农业发展提供完善的基础设施条件和配套服务举措
	城市建设用地指标分配到农村试点	规划局	农村改革试点补助
	规模副业	农委	在国家年度建设用地指标中单列一定比例专门用于新型农业经营主体建设配套辅助设施（农业综合开发专项-农业综合开发产业化经营项目）——农业综合开发办公室
配套项目	乡村道路建设	交通局	更加注重为农业发展提供完善的基础设施和配套支撑服务
	有机食品基地建设工程	农委	国家农业科技成果转化
	修建农田水利工程	农委	国家农业专项补贴（中型灌区节水配套改造项目）
	土地承包经营权抵押担保试点	镇政府	规模农业融资政策
	供销合作社综合改革试点	镇政府	国家农业专项补贴（农业综合开发产业化经营项目）
	农村集体产权股份合作制改革试点	镇政府	在符合规划和用途管制的前提下，允许农村集体经营性建设用地出让、租赁、入股，实行与国有土地同等入市、同权同价，加快建立农村集体经营性建设用地产权流转和增值收益分配制度
	农村集体经营性建设用地入市试点	镇政府	农村改革试点补助
	绿道网建设	旅游局	旅游开发建设补助
	乡村农家生旅游	旅游局	
一般项目	生态村镇建设	科委	
	农村生物质能源建设工程	科委	国家农业科技成果转化
			农村清洁能源补助
	农业信息化工程	农业部	国家农业专项补贴（农产品促销同资金）
	农田水利设施产权制度改革和创新运行管护机制试点	水利局	农村改革试点补助
	与南大学技术合作实验基地项目	科委	国家农业科技成果转化
	设立农业保险基金试点	农委	编制保险管理办法
	粮食生产经营主体经营的贷款试点	农委	农业融资政策

江东工业园村落（三圣镇）

简介：结合其资源基础和区位优势，以发展农副产品的加工、果蔬物流等低污染产业为主，使其成为重庆主城的重要果蔬生产加工及物流基地。

项目类型	项目名称	主要牵头单位	建议及政策指引
主题项目	江东农副产品加工	经信委	国家农业专项补贴（农业科技成果转化） 国家农业专项补贴（一般产业化项目扶持） 国家农业专项补贴（一农产品产地初加工补助项目） 国家农业专项补贴（扶持项目）——国家扶贫办 国家农业专项补贴（现代农业园区试点申报立项） 国家农业专项补贴（农业综合开发产业化经营项目） 国家农业专项补贴（一般产业化项目扶持）
	江东果蔬物流港	经信委	国家农业专项补贴（冷链物流和现代物流项目） 国家农业专项补贴（新网工程）
	编制《江东工业园区总体规划》	规划局、国土委	主要解决规划管理、建设用地以及空间布局等问题
配套项目	乡村道路建设	交通局	道路升级改造工程
	红豆杉种苗基地建设	林业局	国家农业专项补贴（农业综合开发专项-园艺类良种繁育及生产示范基地项目）
	农户宅基地使用权退出试点	镇政府	农村改革试点补助
一般项目	资源类二产业转型	发改委	

中医药种植示范村落（三圣镇）

简介：结合当地红豆杉种植基础，同时与两江新区医药研发合作，建立中医药材种植与供应基地。将当地的华佗庙与中医文化的结合，打造中医药特色文化村落，将养生与旅游相结合，开展休闲养生项目。

项目类型	项目名称	主要牵头单位	建议及政策指引
主题项目	中药材生产基地	农委	国家农业专项补贴（农业综合开发专项-园艺类良种繁育及生产示范基地项目） 林下种植扶持补助 护林专项补助 林业产业项目贷款贴息 林地中关于小于等于3%服务设施用地（或修建管理用房和设施）指标的使用
配套项目	中医药特色文化村建设	建委	
	农村集体经营性建设用地入市试点	镇政府	农村改革试点补助
	土地承包经营权抵押担保试点	镇政府	农村改革试点补助
一般项目	与两江新区医药研发合作	科委	国家农业专项补贴（农业综合开发专项-园艺类良种繁育及生产示范基地项目）——农业综合开发办公室

异化引导村落功能互补、产业联动发展，形成"一村落一特色"、"一特色一品牌"的重点村落发展格局，为远期其他村落建设起到了示范带动作用（表5）。

相关部门补助指引表（部分节选） 表5

部门	补助政策	建设内容	村落
林业局	公益林建设投资和森林生态效益补偿基金	森林培育工程	金刀峡风景旅游村落
	林地中关于小于等于3%服务设施用地（或修建管理用房和设施）指标的使用	防火基础设施建设	
	国家农业专项补贴（农业综合开发专项-园艺类良种繁育及生产示范基地项目）——农业综合开发办公室	红豆杉加工基地建设	江东工业园村落
	公益林补偿政策	矿山植被恢复工程	生态修复示范村落
	国家农业专项补贴（现代农业园区试点申报立项）——农业综合开发办公室	规模水果类种植	
	林下种植扶持补助	林下经济作物种植基地	
	旅游开发建设补助	森林生态旅游基地建设工程	
交通局	农村公路建设资金补助基础设施建设补助	交通设施建设	巴渝古镇风情体验村落
	农村道路建设补助 更加注重为农业发展提供完善的基础设施条件和配套支撑服务	乡村道路建设	现代都市生态农业示范村落
	农村公路建设资金补助	乡村道路建设	园林园艺休闲观光村落
	道路升级改造立项	对外道路交通建设	江东工业园村落
农委	农村改革试点补助	农民合作社、家庭农场、村转社区等农村基层党组织建设试点	巴渝古镇风情体验村落
	农村改革试点补助	以农村社区、村民小组为单位的村民自治试点	
	国家农业专项补贴（国家现代农业示范区旱涝保收标准农田示范项目） 国家农业专项补贴（扶持"菜篮子"产品生产项目） 国家农业专项补贴（一般产业化项目扶持） 国家农业专项补贴（现代农业园区试点申报立项） 良种直补 农资综合补贴 测土配方施肥补贴 编制设施农业用地的管理办法 更加注重为农业发展提供完善的基础设施条件和配套支撑服务	规模效益农业（以蔬菜为主）	现代都市生态农业示范村落
	国家农业专项补贴（农业综合开发产业化经营项目）	规模副业	
	国家农业专项补贴（农业科技成果转化）	有机食品基地建设工程	
	国家农业专项补贴（中型灌区节水配套改造项目）	修建农田水利工程	
	编制保险理赔管理办法	设立农业保险基金试点	
	农村改革试点补助 规模农业融资补助	粮食生产规模经营主体营销贷款试点	
	农村改革试点补助	农村集体产权流转交易市场建设试点	渝台风情展示体验村落
	农村改革试点补助	农村集体产权股份合作制改革试点	
	农村改革试点补助	发展新型农村合作金融组织试点	
		园林园艺展示园	园林园艺休闲观光村落
	国家农业专项补贴（农业综合开发产业化经营项目）	市级苗圃基地建设	

续表

农委	农村改革试点补助	发展新型农村合作金融组织试点	园林园艺休闲观光村落
	国家农业专项补贴（农业综合开发专项 - 园艺类良种繁育及生产示范基地项目）	中药材生产基地	中医药种植示范村落
	林下种植扶持补助		

4 结语

本研究通过"分区管控"+"联村兴镇"+"开门规划"策略联合，探索"哺育式"城乡统筹创新路径，形成可应用于在项目实施前期指引多部门哺农工作的城乡统筹规划成果：一方面，在"政策分区"导向下的空间建设统筹基础上，深入了解各乡村资源基础，并制定联合村落发展的产业计划和项目计划；另一方面，针对城乡统筹工作的系统性和复杂性，以及各部门同步出台各类政策的状况，在空间上加强与其他部门在空间政策上的协调，提出城乡统筹政策建议，确保空间规划的有效实施。以当地产业与特色为突破口，为政府及其相关职能部门在进行哺农工作之前对哺育力度与次序提供更明确的引导性建议，解决广大乡村主导型区域的城乡统筹问题进行尝试和探讨，逐步实现农村地区更具特色化的"内生式造血"与更具针对性的"哺育式输血"的双结合。通过介入、协整乡村实际需求与部门实际政策供给，为解决广大乡村主导型区域的城乡统筹问题进行尝试和探讨。

注释

1. 资料来源：国务院关于推进重庆市统筹城乡改革和发展的若干意见，国发〔2009〕3号。

参考文献

[1] 深圳市城市规划设计研究院有限公司.北碚区江东片区五个乡镇城乡统筹战略研究（报审稿）.2014，8.
[2] 贺雪峰.地权的逻辑——地权变革的真相与谬误[M].上海：东方出版社，2013.
[3] 刘晋文，蒋峻涛，刘泽洲.大都市近郊地区美丽乡村规划编制的探索与创新——以南京美丽乡村江宁示范区规划为例[C]// 城市时代，协同规划——中国城市规划年会论文集，2013.
[4] 赵之枫.城市化加速时期集体土地制度下的乡村规划研究[J].规划师，2013，4:99-104.
[5] 杨梦婕.农村金融助力城乡统筹路径研究[D].成都：西南财经大学，2011.
[6] 孟繁之.新型农村社区建设精细化设计——以苏北地区村庄规划为例[J].规划师，2013，3: 20-21.
[7] 翟彦宁，农村土地承包经营权流转机制研究[D].北京：中国农业科学院，2013.
[8] 罗富民，四川南部山区农业集约化发展研究——基于农业分工演进的视角[D].成都：西南大学，2013.
[9] 宁可，王世福，刘珺.城市反哺乡村的必要性及可行性分析[J].南方建筑，2014，2:32.
[10] 简仕明.重庆实施"大城市带动大农村"战略途径初探[J].重庆社会科学，1997，3.

湖南丘陵地区水体规划策略研究
——以隆回县城南片区为例

赵广英[1] 李 晨[2]

摘 要：本文以湖南隆回县城南片区城市设计项目为例，从"经营"的视角出发，在水源的选择、水体水量、流量方面进行量化测算，制定面向管理的水体规划策略，保障滨水空间有水可用；同时，结合滨水空间的形态设计，在空间形态、商业业态以及景观生态之间构筑低丘缓坡地开发模式。

关键词：水体规划；水量；经营；开发模式；丘陵

1 江南丘陵地区城市的地理特征

江南丘陵地区主要分布在我国东部，秦岭淮河以南、南岭山脉以北区域，幅员辽阔，是我国著名的亚热带季风区。城市气候温和，降雨集中，前后干湿且差异巨大。夏季受东南季风影响，降雨集中，6~7月降雨量占全年70%，温度偏高，水体进入丰水期，多数城市降雨充沛，地下水位升高，景观水面水源充足。冬季受西伯利亚高压影响，气候干燥，少雨，降雨量约占全年10%，水体进入枯水期，多数城市降雨偏少，部分河道干涸，景观水面缺水严重，地下水开采过多造成水位下降。江南丘陵地区城市地形呈低山、丘陵和盆地交错分布特点，水体流域面积交错，有利于城市雨水的汇集。"江南好，风景旧曾谙；日出江花红胜火，春来江水绿如蓝。能不忆江南？"江南自古就享有人间天堂之美誉。江南水乡文化特点突出，河湖交错，水网纵横，小桥流水、古镇小城、田园村舍、如诗如画；古典园林、曲径回廊、魅力无穷；吴侬细语、江南丝竹、别有韵味。

2 水体规划中常见的问题

城市规划常出现水量难以控制的情况，规划对水量预测重视程度不够。来自住建部2010年的数据，2008~2010年对351个城市的调研结果显示，有62%的城市都发生过内涝事件，其中内涝发生过3次以上的城市有137个，57个城市的最长积水时间超过12小时，逢大雨必涝已成为很多城市的通病；同时，全国669座城市中有400座缺水，其中110多个城市严重缺水，许多城市旱季面临取水困难，不得不采用紧急调水措施救急，很多地方地表水不足导致地下水超量开采，造成地面不均匀沉降[1]。水体规划的过程中，对

---

[1] 赵广英，深圳市城市规划设计研究院。
[2] 李晨，深圳市城市规划设计研究院。

水源水量预测、竖向设计的考虑欠缺。

规划编制过程中水体的决策机制存在漏洞。目前，水体规划尚停留在定性决策的阶段，其根本原因来自两方面。一来规划设计单位受财力、人力资源限制，方案设计少有市政人员的全程配合；二来规划方案的决策主体更注重水体形式和美观的要求，依赖抽取地下水平衡水体的观念根深蒂固。加上水文资料收集困难，鲜有单位编制水系专项规划等，多种原因共同形成了水面大小难以量化、决策出现失误的现实。

"重建设轻管理"思想严重。有了水面并不能解决所有问题，丰水期水面上升，滨水环境幽美；枯水期河道水位下降甚至干涸，滨水空间形同虚设，水体沉积物带来荒草丛生，景观效果较差，规划设计对水体的管理和维护考虑不充分。水体动物、植物物种相对单一，物种往往很难形成完善的生物链，动物或植物没有天敌，常会造成动植物繁衍泛滥，需要大量人力进行维护管理，进而增加水体经营成本，同时水体也浪费了创造巨大生态价值和经济价值的资源。

3 基于经营策略的水体规划思路

基于经营策略的理水思路重点解决三个方面的问题。即水从哪里来，有多少；干湿两季水面多大，流量如何管理；水体周边物产、经济活动与休闲活动在空间上如何整合。其过程可分为如下三个阶段：

首先，逻辑分析阶段，着重进行场地的地形、水文分析。找出现有或潜在的水体路径和节点，保障水体的工程可实施性，分析流域集水区面积和汇水线，解析水系的结构。收集城市地理物产特征，尤其是和地方文化相关的经济要素和动植物资源。其次，量化设计阶段。该阶段可根据季候特征、集水流域大小以及地方径流系数等参数，模拟和计算水源的量，统计各个流域雨水水量的数据，为理性设计提供技术参考。最后，综合设计阶段。在已有材料的基础上制定水体路径和节点，明确点－线－面等形态的平面布局与竖向设计，制定水源管理方案。结合产业需求和功能定位确定滨水地块的用地性质，从形态上保障水体与建筑界面的咬接关系，进而针对物产和经济活动模式，平衡经济产出和生态效益，形成独具地域特色的经济、生态和空间环境。

4 湖南隆回城南片区水体规划实践

4.1 项目背景

隆回县是国家级贫困县，经济水平位列湖南省中西部各县下游，城市建设速度相对缓慢。伴随着"十二五"规划的深入实施，隆回经济迎来了新的增长契机，诸如小商品商贸城、火车站、汽车交易市场、健康产业园以及新行政中心、文化中心和体育中心的北迁等重大项目，为城市发展注入了新的驱动力。城南片区也迎来了新一轮的招商引资机遇，城市建设秩序亟需规范，居民生存环境亟需改善，土地开发管理亟需规划指引。

4.2 地形、水文分析

规划范围内高程位于242～290米区间，南高北低，西高东低，地形有一定起伏，属低丘缓坡地形,清风溪地处沟谷地带,高差约为20米。整体坡度较小,15°以下占绝大部分,南部和西部局部地块地形坡度略高于15°,属有条件建设区(图1)。城南片区水系丰富,河网密布,是集江、河、湖、溪为一体的自然生境。西部与中部片区地势较低,且相对较为平坦,大部分水体为人工水体(水田、池塘等),形成较为典型的灌溉河道。其中清丰河与紫阳溪水量较多,且流速快,水质情况较好(图2)。规划区内总计水体面积约为5.56公顷,通过GIS平台对城南片区的小流域进行分析,按照汇流方向进行分区,划定三八水库、清丰河、紫阳溪、七里溪等4个集水区域(图3)。

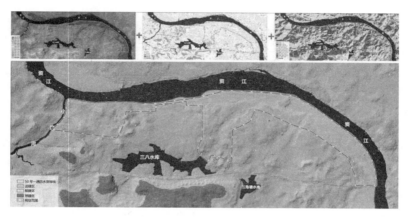

图1 城南gis地形分析

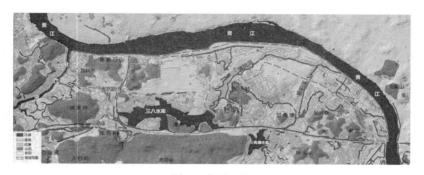

图2 水系现状

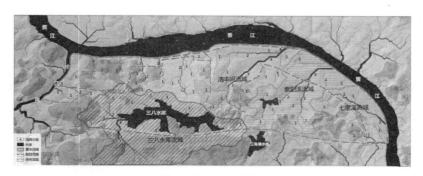

图3 城南水文分析

4.3 水量预测

降雨量：隆回地处中南地区西部，四季分明，春秋时间短，夏冬时间长，冬冷夏热，雨热同季，夏秋多旱，属典型的亚热带季风气候。1957～2002 年均降雨量 1427 毫米，年均蒸发量 1306 毫米，降雨集中在 4～7 月。全年降水集中在春季和初夏，此期为雨季，前秋和冬季为少雨季，1～6 月降雨量递增，7～12 月降雨量递减。6 月份最多，桃洪镇多年平均值为 206.8 毫米，极端最多为 1998 年的 442.4 毫米。12 月份最少，极端最少为 1999 年 0.1 毫米，多年平均雨日 172.8 天[2]。

桃洪镇降雨量情况表　　　　　　　　　　　　　表 1

月份	多年平均降雨量	占全年百分比	时期特征
3～4 月	269.4	20	春雨连绵
4～7 月	673.4	51	雨热同季
9～翌年 1 月	327.2	24	

资料来源：隆回县志编纂委员会. 隆回县志（1978～2002）[M]. 北京：团结出版社，39-40.

暴雨强度、雨水流量和年产水量：暴雨计算采用邵阳市气象局 1987 年测定的邵阳地区暴雨强度公式、雨水流量公式，测算各流域暴雨强度、雨水流量（表 3），在水体规划时充分考虑雨季雨水排水要求，通过暴雨强度和雨水流量公式测算水体暴雨排水需要。年产雨量则是枯水期水源补给和管理的主要依据，不计算蒸发、渗漏、居民以及动物取水等因素的产雨量可以用对应时间段的降雨量参数反推，通过面积反算的办法计算各流域的雨水量，经多年降雨数据统计，隆回地区年均降雨量 1427.5 毫米，基于 gis 水文分析的流域划分，结合地表径流系数，分别计算出各子流域的年雨水产雨量（表 3）。

暴雨强度：$q = 19.53308(1 + 0.58169 \lg p)/(t+10)^{0.83178}$　（L/s·hm²）

公式中 $t = t_1 + mt_2$；t—降雨历时（起点取 10～15 分钟）；t_1—地面径流时间，取 10 分钟；t_2—管内雨水流行时间；m—折减系数，暗管 $m=2$，明渠 $m=1.2$；p—重现期，城市一般地区 1 年[3]。

雨水流量：$Q = 167\Psi \cdot F \cdot q$

Ψ—综合径流系数；F—汇水面积（hm²）；q—雨水暴雨强度（L/s·hm²）[4]。

年雨水收集量：$Q_y = \Psi \cdot H \cdot F$

Q_y—年雨水量（万立方米）；Ψ—综合径流系数；F—汇水面积（平方米）；H—年降雨量（毫米）。

不同用地性质的径流系数　　　　　　　　　　　　表 2

用地名称	径流系数	用地名称	径流系数
一类居住用地	0.62	工业用地	0.68
二类居住用地	0.68	仓储用地	0.86
行政办公用地	0.72	交通枢纽用地	0.86

续表

用地名称	径流系数	用地名称	径流系数
商业服务业设施用地	0.60	城市道路用地	0.8
文化娱乐用地	0.60	公用设施用地	0.6
体育用地	0.60	绿地	0.2
医疗卫生用地	0.80	广场用地	0.8

资料来源：邵阳市城市规划设计研究院. 隆回县城市排水规划说明书. 2012.

蒸发和渗漏：县城（桃洪镇）多年平均年蒸发量1306.1毫米，全年7~9月蒸发量多年平均值为557.1，占43%，是同期降雨量的1.6倍，12月到翌年2月蒸发量最少，多年平均值138.0毫米。隆回多年水面蒸发量为885毫米，变化幅度为700~950毫米，桃洪镇变化区间650~900毫米，为高值区[5]。计算水库渗漏量时，常规的方法是根据水库水位观测成果反推水库的渗漏量，城南现存的水体有水库、湖泊、溪流以及灌溉渠等多种形式，渗漏量的确定十分复杂[6]。规划上可通过三八水库库容和径流量比较，近似估算规划区渗漏情况。三八水库目前蓄水量为 42.83×10^4 立方米，汇水流域年降雨总量为 302.99×10^4 立方米，按照多年平均地表径流80%入库率计算，年流入水库约为 242.39×10^4 立方米。刨去灌溉用水 140×10^4 立方米，若主要考虑蒸发和渗漏损失，根据规划水面面积和多年平均年蒸发量参数，测算年蒸发量在 39.18×10^4 立方米，则实际可供使用的雨水量约 63.21×10^4 立方米。水库下游景观水面主要是人工水体，规划有完善的防渗措施，水源流失以蒸发为主，蒸发量参照景观水面和水库的比例进行近似估算（表3）。

城南片区开发后，三八水库作为规划区主要的生态景观保障水源，为清丰河、紫阳溪进行水源调节，通过水源的产水量，扣除蒸发因素，折算出各水系可供用于景观水面调节的雨水量（表3）。

各子流域水源情况　　表3

水量预测	流域面积（平方米）	综合径流系数	雨水流量（立方米/秒）	景观水面（平方米）	防洪水面（平方米）	年汇水量（万立方米）	年蒸发量（万立方米）	可用水量（万立方米）
三八水库	2123291	—	—	300000	—	302.99	39.18	203.21
清丰河	1209336	0.5	13.12	31708	51952	86.29	4.14	64.89
紫阳溪	986729	0.6	12.85	49774	49774	84.48	6.50	61.08
七里溪	638155	0.6	8.31	8804	8804	54.64	1.15	42.56

4.4 水源经营维护

规划设计方案紧扣"水"的主题，将水系作为体现隆回最具特色城市文化的载体，主题功能围绕水系组织，综合现状水系分析与城市功能结构，确定水系的主脉络，构建水道，疏通节点形成总体水系方案。主干溪流有三条，包括联系清风湖与资江的清丰河，沟通三角塘水库与资江的紫阳溪，以及东侧延伸大塘至资江的七里溪（图4）。

图 4 水系系统规划

合理的水体面积及布局形式可以提高居住适宜度和改善城市生态环境,进而带动水面周边地块开发。水面率选取根据《城市水系规划导则》的要求,按邵阳地区水面率为 5%～10%,城南片区生态水面应该控制在区间 27.75～55.50 公顷,其中保留现状水库 30 公顷,综合确定水面面积 39.03 公顷[7]。平均水深按 1 米计算,一个换水周期至少需要 39.03 万立方米水源补给。

溪流汇水可满足雨季景观水面的需要,旱季可通过暗渠对清丰河与紫阳溪两区域补水,保障景观和生态水面。规划通过三八水库调蓄的方式调控清丰河景观水面,采用暗渠补给资阳溪水面。三八水库可用于调蓄的水量约为 63.21 万立方米,清丰河水体景观用水量 64.89 万立方米,紫阳溪景观需水量 61.08 万立方米。按照隆回旱季需要补水的时间 9 月到翌年 4 月,综合考虑溪流本身汇集降雨,蒸发、渗漏等因素,水源可保证换水周期 2 次/月,可满足景观水面的需要。

城南地势南高北低,清风湖(三八水库)水位高程为 266 米,资江入水口高程为 249 米,未来元木山水电站建成后资江常年水位为 245.5 米,自南向北落差约 20 米。规划通过设水闸,进行分段调节,保障各分段内水面的水面高程要求。河道水系竖向采用逐级退台,实现水系逐级流动,保障各段水面水位。其中清丰河水体共分为四级水位,清风湖堤坝至环城南路为第一级,竖向高程为 256 米;环城南路至张子路为第二级,竖向高程为 253 米;第三级为张子路至紫阳路,竖向高程 252 米;紫阳路至资江段为第四级,竖向高程 249 米。其余紫阳溪在规划区内高程为 246 米,与资江水位持平;七里溪水位高程为 250 米,实现向资江常水位期的自排(图 5)。

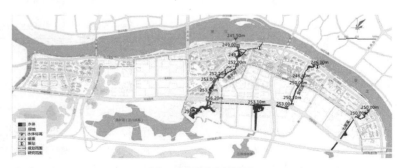

图 5 水体标高设计

水体补水由上游清风湖（三八水库）开闸自流，三条水系均能向资江实现自排。在 50～100 年一遇暴雨时需开动下游排涝泵站抽排内水。由于小河道环境容量小，自净能力较弱，通过设置闸门控制水流，过滤水面悬浮物。在营造水体时引入自然生态系统，包括净水微生物、净水植物群落、水生动物、鱼类及底栖动物的放养等，构筑以水生植物、水生动物为主体的生物群落，形成纵横交错的食物网生态系统，保障整个水系的水质净化要求[8]。同时成立综合开发常设机构，用以保障水体经营和管理，建立以水生物产、水源管理相结合的运作方式。

4.5 空间形态和业态与生态关系

基于生态、业态和空间形态规划思路的水体经营，需要建立以水体和滨水环境为核心的产业协同框架，同时充分利用现有的山体和缓坡，形成土地空间的集约高效的复合开发设想。城南主要的业态为零售商业、休闲产业以及以金银花为代表的医药健康产业，城市赋予本区的主要职能为生态居住、商业休闲。故滨水空间和沿江界面业态宜采用底部商业上层居住的开发模式。同时极大限度地保证斑块均质、廊道连通的生态基质，结合爬坡地形，形成山谷风和城市主导风向相结合的通风走廊，营造富有丘陵地特色的局部小气候（图 6）。在开发建设和生态保护平衡的过程中，植入乡土景观理念，引入梨园、柑橘园、李园、桑园等地方特点的经济林，形成一批诸如"文化梨园"、"休闲橘园"等具有浓郁文化气息的城南名片。绿地植被不仅考虑城市绿地景观美学的需要，还适度种植独具当地特色的金银花、油茶、百合、苡米、朝天椒等经济作物，增加景观乡土气息。结合水上、水边和水下的动植物群落形成富有田园特色的生态环境（图 7）。

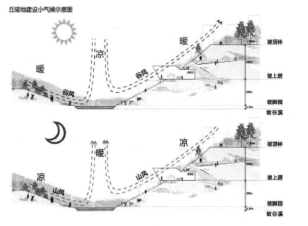

图 6　局部生态小气候

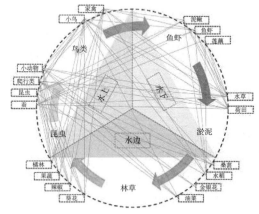

图 7　生态循环关系示意图

总之，低山丘陵地形滨水环境的开发模式不但注意地形和产业的结合，还特别关注空间、业态和生态的关系组织。形成了"丘上林草丘间塘，商住两用田园房，坡上坡下商渔果，缓坡沟谷生态廊"综合开发模式。真正实现生态环境保护、产业平衡、原住民的经济活动与城市休闲活动在空间上的统筹安排（图 8）。

图 8 滨水经济模式

5 结语

城市与水作为营城活动中的重要旋律，涉及工程领域的方方面面。本文旨在从"经营"的角度，就水体大小确定、水体管理方式以及滨水空间、业态与生态环境平衡的角度提出建设思路。然而，其内容往往需要规划、排水、景观和工程预算等诸多工种协同解决，量化处理的方法和过程尚需不断的磨合，才能从根本上克服既有规划思路的弊端，形成浓厚的地域文化特色，增加居民收入，同时又实现土地投入产出最优、生态环境良好的土地经营策略。

参考文献

[1] 茅天轶. 水元素在城市规划建设中的作用 [J]. 工程建设与管理. 2013，11（4）：62-63.
[2] 隆回县志编纂委员会. 隆回县志（1978-2002）[M]. 北京：团结出版社. 2006：39-40.
[3] 邵阳市城市规划设计研究院. 隆回县城市排水规划说明书 [R]. 2012.
[4] 邵阳市城市规划设计研究院. 隆回县城市总体规划（2006～2020）说明书 [R]. 2013.
[5] 隆回县志编纂委员会. 隆回县志 [M]. 北京：中国城市出版社. 1994：69-70.
[6] 程春龙，束龙仓，鲁程鹏，陈荣波. 应用 MODFLOW 和 LAK3 计算水库渗漏量 [J]. 工程勘察. 2013，7：31-34.
[7] SL 431—2008. 城市水系规划导则 [S].
[8] 邵高峰. 城市滨水地区水系工程规划研究 [J]. 广州大学学报（自然科学版）. 2012，11（4）：63-67.

宁波鄞州四明山地区城乡发展的新常态与规划对策
——对东部沿海典型大城市边缘区的观察与思考

王光鹏[1] 赵艳莉[2] 谢 晖[3] 马 威[4]

摘 要：当前，我国经济社会发展和城镇化建设进入新常态，城市边缘区也面临发展转型。东部沿海大城市边缘区发展因素更加复杂，问题更加突出，影响更加深远，在发展新常态下规划转型更为迫切。本文以宁波市鄞州四明山地区为例，发现该区域出现了人口增长趋于滞缓、城镇扩张动能减弱和产业瓶颈约束增强等新常态，针对这一变化，提出划定底线、调控规模，突出特色、完善体系和集聚产业、旅游替代等发展对策。新常态下，东部沿海大城市边缘区的规划转型主要体现在三个方面，即规划模式从惯性扩张到弹性增长的转变，规划基点从以地为本到以人为本的转变，规划视角从边缘角色到功能主体的转变。

关键词：城市边缘区；新常态；规划对策

改革开放以来，我国经历了长达30年左右的高速经济增长和快速城镇化建设。当前，国内外环境发生深刻变化，我国经济社会发展逐步进入增速换挡、结构调整、改革攻坚的新常态，城镇化也进入以提升质量为主的转型发展阶段。城市边缘地区作为城市地域结构的重要组成部分，各种因素错综复杂，对环境变化十分敏感，也面临规划转型的问题。如何更好地适应发展新常态，推进城市边缘区规划转型，关系到新型城镇化战略实施的效果和成败。东部沿海地区经济社会发展和城镇化建设走在全国前列，其大城市边缘区的发展因素更加复杂，问题更加突出，影响更加深远，在发展新常态下规划转型更为迫切。本文以宁波市鄞州四明山地区为例，探讨东部沿海大城市边缘区发展面临的新常态，并探索规划其规划对策。

1 城市边缘区概述

1.1 概念内涵

城市边缘区是在城市化快速推进时期普遍出现的一种现象，是1936年德国地理学家赫伯特·路易斯（H.Louis）在研究德国柏林城市地域结构时率先提出的。比较全面地阐述这一概念的是普内尔（R.G.Pryor），他认为城市边缘区是城乡间土地利用、社会、人口特

---

[1] 王光鹏，宁波市城乡规划研究中心。
[2] 赵艳莉，宁波市城乡规划研究中心。
[3] 谢晖，宁波市城乡规划研究中心。
[4] 马威，宁波市城乡规划研究中心。

征的过渡地带,位于中心城连续建成区与外围几乎没有城市居民住宅及非农土地利用的纯农业腹地之间,兼具城市和乡村特征,人口密度低于中心城区而又高于周围农村的区域[1]。顾朝林等人于20世纪80年代初从地理学和城乡规划学的角度最早开展了国内城市边缘区的研究[2],一般认为,"城市边缘区是城市发展到特定阶段所形成的紧靠城区的一种不连续的地域实体,是处于城乡之间,城市和乡村的社会、经济等要素激烈转换的地带"[3]。通俗地讲,城市边缘区就是"城市和乡村之间的过渡地区"[4]。随着城市化的快速发展,城市功能外溢、城市空间向郊区蔓延,城市边缘区作为城市与乡村功能交错的区域,成为城市空间扩展影响最敏感的地区[5]。由于城市边缘区具有过渡性、动态变性和混杂性等特征,对其空间界定难以形成一致的标准,既有基于经验的定性判定,也有基于指标的定量界定,从可操作性、便于统计资料获取等角度,国内往往结合行政边界划定,于伟等认为"采用乡级政区界定能够兼顾研究范围的动态性和稳定性,同时便于获取资料,提高了可操作性"[6]。有的研究者在确定城市边缘区内边界时采用城市建成区实际空间边界,这种做法比较符合城市边缘区的内涵[7]。

1.2 发展特征

城市边缘区的发展不仅需要满足当地经济发展的要求,同时还需要承担为中心城区服务的功能,其主要功能有如下六个方面[8]:中心城区人口和住宅外迁承接之地;制造业集聚之地;现代化农业发展基地;科研教育基地、现代商贸和旅游建设之地;大都市大型基础设施建设之地;城市生态、安全保护屏障之地。周婕也总结提出城市边缘区的三个特征[9]:①它必须与城市建成区毗连,兼具城市与乡村的某些功能,但在行政上属于郊区乡(镇)管辖;②它的非农产业比较发达,在经济收益结构中都占有较大比重;③它的人口密度介于城市建成区与一般的郊区乡村之间。结合自身发展条件,在内外力的共同推动下,大城市城市边缘区的发展动力和模式各异,总结起来,有产业园区发展带动、房地产发展带动、大学城发展带动、旅游发展带动以及其他大型设施、大型活动开发带动[10]等几种典型的发展模式。由于受城市与乡村作用力的共同影响,城市边缘区具有显著的城乡过渡性、边界不稳定性和动态变化特性,加之社会、文化及价值观的强烈反差,使得这一地区承载了城市化进程中的诸多矛盾与问题[11-12]。如用地布局混乱、土地利用粗放、生态破坏严重、人口特征复杂、空间景观破碎等。一直以来,城市边缘区的发展模式和道路都是规划研究的热点和难点。

2 鄞州四明山地区城乡发展新常态与规划探索

2.1 区域概况

鄞州四明山地区为宁波市鄞州区的一部分,东至宁波市绕城高速西段,北、西、南至鄞州区行政边界,涉及8乡镇一街道,其中含洞桥、鄞江、龙观、章水全部,横街大部,高桥、集士港、古林小部分,石碶街道一小块,区域总面积约447.96平方公里,常住人口18.86万,现状城乡居民点建设用地2394公顷,人均127平方米。其东面以宁波城市建成区边界——绕城高速为界,北、西、南面以乡镇行政边界为界,距离城市建成区边界20~30公里,承担了自来水厂、污水处理厂、垃圾填埋场、工业集聚区等城市职能,区域内经济活动以第二产业占主导,是典型的城市边缘区。

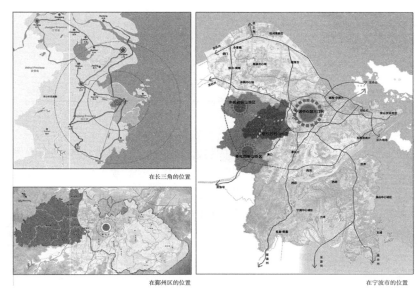

图 1　区域概况

2012 年各乡镇产业结构　　表 1

	生产总值（万）	第一产业		第二产业		第三产业	
		产值（万）	比重（%）	产值（万）	比重（%）	产值（万）	比重（%）
鄞州区	10876479	384298	3.5	6805554	62.6	3686627	33.9
横街	319188	23865	7.5	246941	77.4	48382	15.1
洞桥	203229	14690	7.2	159946	78.7	28594	14.1
鄞江	136436	17923	13.2	87227	63.9	31286	22.9
龙观	63142	10086	16	30350	48	22706	36
章水	60422	13863	22.9	27029	44.7	19529	32.4

2.2　发展新常态

2.2.1　人口新常态：增长趋于滞缓

一方面，户籍人口增长越来越慢。从鄞州全区来看，2000 年以来，户籍人口即维持低增长态势，户籍人口增长率长期在 0.3% 以下，大部分年份在 0.2% 以下。鄞州四明山地区从 2008 年以来，户籍人口开始负增长，呈缓慢减少态势。

本地户籍人口　　表 2

	2005 年	2007 年	2008 年	2009 年	2010 年	2011 年	2012 年
横街	40869	41187	41148	41090	41058	40984	40846
鄞江	23021	23204	23364	23379	23363	23361	23333
洞桥	21074	21459	21568	21681	21766	21804	21832

续表

	2005 年	2007 年	2008 年	2009 年	2010 年	2011 年	2012 年
龙观	11291	11385	11412	11414	11405	11405	11388
章水	26635	26692	26747	26654	26486	26335	26153
合计	122890	123927	124239	124218	124078	123889	123552

注：根据统计年鉴。

另一方面，随着产业往东西部转移、机器换人的进一步推进，企业的用工需求在减弱，宁波市外来人口流入也出现逆增长趋势，据统计，2013年宁波市登记流动人口为432.1万，与2012年相比减少42.9万，为近20年来首次下降。以鄞州四明山地区五个主要乡镇来看（横街、洞桥、鄞江、龙观、章水），2010年外来常住人口44678人，2013年这一数字为50674，三年平均每年增长仅约2000人，速度已大大放缓。

2.2.2 城镇新常态：扩张动能偏弱

区域范围内分布有4个建制镇和1个集镇，但长期以来，城镇建设投资严重不足，根据统计，2013年，5乡镇城镇建设投资规模平均只有8955万，投入最多的横街为14090万，最少的章水仅3385万，而同期，宁波市8个重点建设的卫星城市试点镇平均城镇建设投资达到34694万。小城镇发展规模偏小，建成区人口规模均不突破3万，其中洞桥、龙观、章水低于1万，现状城镇规模与2020年规划目标相差甚远。

城镇规划用地汇总表　　　　表3

镇区	镇区现状人口规模（万，2013年）	规划（至2020年）		
		人口（万）	用地（公顷）	人均（平方米）
横街镇	2.73	5.0	513	102.6
鄞江镇	1.94	4.5	486.2	108.0
洞桥镇	0.80	5.7	626	109.8
龙观乡	0.80	1.5	164.4	109.6
章水镇	0.90	1.7	185	108.8
合计	7.17	18.4	1974.6	107.3

注：根据各乡镇总体规划整理；现状人口规模根据村镇建设年报。

2.2.3 产业新常态：瓶颈约束增强

根据相关规划汇总统计，区域内城人居城乡居民点建设用地达到127平方米，建设用地不集约，城乡建设面临的土地、生态等资源瓶颈约束越来越严格。一方面，随着经济社会发展和耕地保护之间的矛盾日益突出，国家对土地用途的管制越来越严格。要求落实最严格的土地管理制度、切实保护耕地特别是基本农田，在目前实施的土地利用规划中，各乡镇建设用地指标十分有限。国家对山林地的保护控制同样十分严格，严格限制林地转为建设用地，严格控制林地转为其他农用地，严禁擅自改变重点生态公益林地的性质和随意调整面积、范围和保护等级。另一方面，对生态环境保护越来越重视，尽量避免产业发展对生态的破坏。例如，鄞州四明山区域共种植花木6829亩，花木种植户约2000户，其中禁止开发区1469亩，鄞州区已经在实施退花还林的相关措施。

2.3 规划策略

针对城乡发展的新常态，规划提出鄞州四明山地区优化发展的对策，主要体现在以下几个方面。

2.3.1 划定底线，调控规模

借鉴深圳基本生态控制线划定经验，根据本地区实际情况，划定区域生态底线。根据实际情况，鄞州四明山地区划入生态底线范围的地域包括：（1）一级水源保护区：包括皎口水库、周公宅水库、溪下水库、樟溪河等几处水源保护区；（2）风景名胜区和森林公园保护范围：包括五龙潭风景名胜区和中坡山森林公园；（3）一级保护林地；（4）基本农田；（5）坡度25°以上的山林地；（6）水域。经梳理，区域内生态底线范围为349.7平方公里，占区域总面积78%。在生态底线控制范围内实施严格保护，除下列情形外，禁止在基本生态控制线范围内进行建设：（1）重大道路交通设施；（2）市政公用设施；（3）旅游设施；（4）公园。

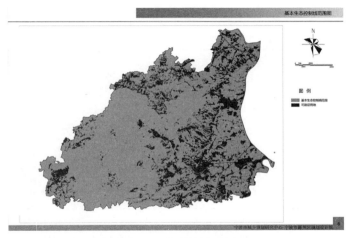

图2 鄞州四明山地区城乡统筹规划（一）

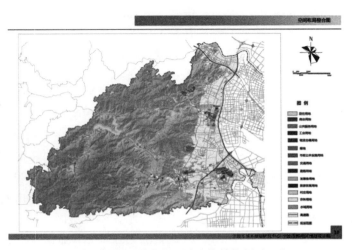

图3 鄞州四明山地区城乡统筹规划（二）

在现有人口发展趋势下，人口的大规模增长难以维系。规划预测，2030年，区域常住人口规模为22万，按城镇化率70%计算，城镇人口15.4万，农村人口6.6万。2020年，区域常住人口规模20.0万，按城镇化率55%计算，城镇人口11.0万，农村人口9.0万。与现有各镇总体规划相比，建议未来人口规划目标适当调减。在生态保护、耕地林地保护双重压力下，规划提出"建设用地总量不增长"的原则严控城乡建设用地规模，通过增减挂钩、存量挖潜来优化空间布局，提升功能品质，促成人口结构优化和合理布局。

2.3.2 突出特色，完善体系

鄞州四明山地区对于宁波市打造"山海宜居名称，亚太国际门户"具有战略价值，是宁波推进新型城镇化的首选示范区，是大都市功能提升的重要载体，是发展休闲健康经济的承载区。区域总体发展定位为：宁波大都市西郊生态涵养基地、浙东山村地域城乡统筹示范区、宁波文化之根风情古镇体验区、最具宁波特色山水休闲度假区。在区域总体定位目标指引下，根据各乡镇资源特色对各自的定位和职能进行差异化的引导。

各乡镇定位与职能引导 表4

乡镇	定位策划	职能
鄞江-龙观	风情古镇 山水小城	鄞州四明山旅游集散中心、历史文化名镇、山地运动、生态人居、文化创意、休闲健身、养老地产
横街（含集士港西部）	浙东竹海 世外桃源	鄞州四明山旅游集散副中心、竹文化主题旅游、竹加工产业、休闲度假
洞桥	农业基地 工贸小城	鄞西南乡镇工业集聚区、农业科技示范基地
章水	四明山心 生态疗养	特色农业、康体疗养、红色旅游、养老地产、古村落旅游

完善城乡居民点体系，形成中心镇——一般镇—综合安置点（中心村）—基层居住点四个层级，引导公共设施合理布局，教育医疗设施按分级分类均衡配置，适度向发展核心地区倾斜；优化交通网络，完善停车设施，建立"公共停车场+乡村临时停车场"相结合的停车服务体系；对给水工程、排水工程、电力工程以及环卫设施进行统筹规划，完善防灾市政体系，促进区域型重大设施共建共享，为城乡建设提供支撑。

2.3.3 集聚产业，旅游替代

以生态为导向，以集聚为手段，统筹三次产业发展，引导空间优化布局。引导传统农业向现代农业转变，以农业园区、基地为载体进行集聚，提升效益；引导工业向园区进一步集聚，生态化、集约化生产，鼓励新兴产业，引导山区工业、农村工业逐步退出；引导服务业向现代服务业发展载体集聚，鼓励发展文化创意、健康休闲等新型业态。

大力发展休闲旅游，形成产业替代效应。以灵秀山水为基底、四明文化为基因、乡野体验为基础、休闲养老为拓展，将鄞州四明山地区打造成为宁波大都市西郊的大型山水公园、风情古镇慢城生活体验区和最具宁波特色的山水休闲度假区。按照"一个核心、一条环线、七大主题功能区、五大主题脉络"组织旅游资源，完善旅游配套，规划形成旅游集散中心—服务驿站—特色旅游服务点三级旅游配套服务体系。

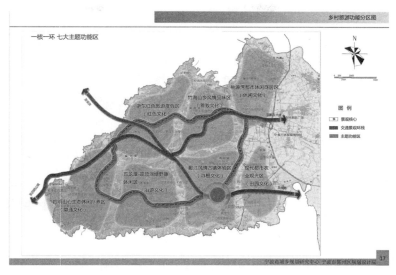

图 4　鄞州四明山地区城乡统筹规划（三）

3　规划思考

在经济新常态和新型城镇化的浪潮中，东部沿海大城市边缘区率先感受到发展潮流的变化，其规划模式、规划基点和规划视角都在发生转变。

3.1　规划模式转变：从惯性扩张到弹性增长

在人口低生育率、淘汰落后产能、产业向中西部回流等因素影响下，支撑边缘区小城镇发展的人口因素发生了重大变化，不可能继续维持惯性扩张态势。未来小城镇的发展将发生分化，部分文化、生态、产业资源突出的小城镇将持续获得发展动能，保持适度扩张，而发展条件一般的小城镇则有可能陷入停滞，甚至出现萎缩。

3.2　规划基点转变：从以地为本到以人为本

传统的城镇化发展高度依赖资源要素特别是土地资源的投入，在规划人口增长预期下不断拓展用地规模，做大乡镇工业集聚区，客观上促进了经济增长和人口集聚。但应该注意到，在这一过程中，城镇面貌、公共服务和基础设施建设并没有同期跟上，而且产业人口由大量外来人口支撑，并不是一种真正的城镇化。新常态下，城乡发展应更多围绕人的需求，不断完善基础设施和公共服务设施，因地制宜推进小城镇特色化发展。

3.3　规划视角转变：从边缘角色到功能主体

长期以来，城市边缘区在城市发展中被边缘化，被动接受城市功能辐射，作为城市的菜篮子、大水缸、运动场和垃圾场，为城市配套。新型城镇化背景下，应充分体现人的发展主体地位，高度重视城乡一体化，城市边缘区的资源价值也应进一步挖掘，不仅仅是被动承担城镇配套职能，还应发挥功能主体地位，主动输出优质产品和服务，如生态农产品和绿色 GDP、休闲资源和健康生活方式、乡土文化与乡愁记忆等。

参考文献

[1] Pryor R J. Defining the Rural-urban Fringe [J].Social Forces, 1968, 2: 202-215.

[2] 顾朝林, 陈田, 丁金宏, 虞蔚. 中国大城市边缘区特性研究 [J]. 地理学报, 1993, 4.

[3] 周婕, 谢波. 中外城市边缘区相关概念辨析与学科发展趋势 [J]. 国际城市规划, 2014, 4: 14-20.

[4] 吴良镛. 吴良镛城市研究论文集 1986～1995[M]. 北京: 中国建筑工业出版社, 1996: 40.

[5] 郭思维, 荣玥芳, 张云峰, 吴光莲. 城市边缘区研究述评 [J]. 规划师, 2012, 7: 57-62.

[6] 于伟, 宋金平, 毛小岗. 城市边缘区的内涵与范围界定述评 [J]. 地域研究与开发, 2011, 5: 55-59.

[7] 吴娟. 上海城市边缘区的特征研究. 上海城市规划 [J].2013, 1: 93-99.

[8] 王宏. 城市边缘区发展模式研究: 以青岛李沧区为例 [D]. 青岛: 青岛理工大学建筑学院硕士学位论文, 2012, 6.

[9] 周婕. 大城市边缘区理论及对策研究——武汉市实证分析 [D]. 同济大学硕士学位论文, 2007.

[10] 钱紫华, 孟强, 陈晓键. 国内大城市边缘区的发展模式 [J]. 城市问题, 2005, 6: 11-15.

[11] Haregeweyn N, Fikadu G, Tsunekawa A, et al. The dynamics of urban expansion and its impacts on land use/land cover changeand small-scale farmers living near the urban fringe: A case study of Bahir Dar, Ethiopia[J]. Landscape and Urban Planning, 2012, 106(2): 149-157.

[12] 许新国, 陈佑启, 姚艳敏. 城乡交错带空间边界界定研究进展 [J]. 中国农学通报, 2009, 25(17): 265-269.

京郊乡村旅游可持续性调研
——以爨底下村为例

胡天汇 ❶

摘　要：门头沟爨底下是京郊保存形式完好且旅游开展旺盛的一个村庄，旅游是村民生活的一种新常态。但这个常态的可持续性堪忧，本文通过实地调研和访谈等方式对该问题从三个层面展开分析。乡村旅游的可持续性危机体现在村民为主体的旅游开发模式下旅游产品的单一化；旅游产业结构单一化后全村产业链的崩塌以及村内社会结构的动荡；乡村依然后续无人的危机。现以爨底下为例表明乡村旅游发展的困境。

关键词：乡村旅游；可持续性；爨底下

1　引言

从 1996 年至今 10 多年的开发历程中，京郊门头沟镇爨底下村的旅游发展已经步入一个稳定的态势，在京郊的各个古村落中也是旅游资源保存最为完整、旅游发展最为完善的一个村落。针对其现有的旅游资源优势和参与式接待开发模式等已经有了较多研究分析，且都对于旅游产品单一化等提出了一定的质疑，单从调研结果看，旅游开发已经彻底改变了村民的生活方式与村庄的社会现状，村民们已经逐渐满足现有的产业结构，且形成了一套新的适应于游客的生活方式。这种生活方式逐步替代传统的村民生活方式成为其新常态。然而这种常态是否可以作为一种稳态继续，且有足够的推广价值，本次调研主要从旅游产品、产业结构和村民留守意愿三个方面分析爨底下旅游的可持续性，试图以管窥豹探讨乡村旅游的有关问题。

2　村民开发主体下旅游产品的单一性

调研中对村落的旅游产品体验仅两个小时即可完成。许多研究也指出爨底下旅游产品的单一性限制其旅游开发的可持续性，这是村民利益主导的乡村旅游开发模式引起的，有一定的必然性。如何协调乡村旅游和宣传中的遗产旅游之间的关系，做到遗产的深度解读和保护，是爨底下旅游可持续需要面对的第一问题。这或许需要通过降低旅游在村民生活中的地位，削弱旅游的乡村性做到。

---

❶ 胡天汇，北京大学城市与环境学院。

2.1 村民提供的旅游产品

对爨底下旅游可持续性的质疑主要集中在其旅游产品的丰度上。调研中观察，其最为主要的参与性旅游项目为食宿，衍生项目包括黑车，其他民俗类项目受节日而定。

食宿均以爨底下村民单户民宿形式存在，全村人几乎都参与到该旅游服务中。村落的建筑特色决定基础设施不可能建设得过于现代化，因而在住宿接待设施、公共卫生、饮食品种上的游客满意度不高[1]。村民自发经营也带来黄金周"土豆丝35元一盘，住宿400元一宿"的定价混乱。然而对此进行统一规范化管理，从自主独立向社区控制的共生经营模式转变，又产生了乡村伪城镇化的难题。在农家乐改造中设定多项标准，例如厕所一定要有瓷砖等，将有乡土特色的住宅改造成类似城市宾馆的标间，反而在内部装潢的层面失去其山地四合的乡村特色[2]。

又由于一般地铁出行离村庄最近可以到达一号线的苹果园站，唯一的公交车892路经55站后只能到达斋堂镇，据村民称这是试图带动斋堂其他村落的共同发展，而从斋堂镇发往爨底下村的m15路公交约半小时一趟，产出斋堂镇上新的黑车产业，一般35元/人即可避开门票收费从斋堂直接拉入村内，也有长期停留在苹果园公交站试图以200元/人拉客的黑的。

2.2 旅游开发主体分析

村民开发旅游主要将其作为收入来源，故旅游产品"来钱快"是其必然选择，集中于吃穿住行这类基本需求的浅层开发上，这也是乡村旅游的通病[3]。现爨底下村民主要文化程度不高，初中以下占96%，认为最赚钱的服务中餐饮占到66%，住宿34%[4]。

在乡村旅游核心吸引力的构成中，相较于乡村物质空间，可以直接转换为可见村民收入的仅为乡村文化，而乡村文化主要表现为传统生活，最为直接的表现就是吃穿住行。这也是大多数社区主导的乡村旅游主要采用的体验式即农家乐生活的原因。毕竟发展初期，以家庭为单位的村民受到开发理念、资金限制及项目竞争等的影响，期待短期收益而忽略对乡村内涵以及可持续等理念的理解，导致乡村旅游产品偏快餐化。

作为乡村的同时，爨底下也是一个重要的文化遗产地，故《北京古村落旅游发展规划》中称"古村落旅游以体验性休闲游为主要方向；旅游服务以高端传统文化体验为主；古村落旅游产品应该以感受乡村风貌，品尝传统饮食，体验非村落文化遗产，了解传统文化为主"，对古村落的旅游开发还有遗产保护开发、宣扬传统文化的诉求。

二者的矛盾，使村民作为执行旅游开发的主体，依然主要受利益驱动，对可能影响收入的潜在文化因素不加以考虑，仅关注单一的可带来直接收入的旅游产品。例如部分村民为了扩大接待能力私建民房，将区级文物保护单位双店院开发作为旅游纪念品商店[5]，并有协助逃票等行为。由于门票收入主要归集体所有，还需要逐层按比例上交给斋堂、门头沟等各级政府，而逃票可以使门票转为村民的直接收入。一黑车司机称"你们这35元反正也是要做门票钱的，不如直接给我作车票钱，我把你们拉进去，看门的都认识我们这些镇上的车"。这些不规范化又由于村民内部的礼俗社会结构而无法得到完全的改变。

2.3 乡村旅游到遗产旅游

乡村作为目的地的主要吸引力包括实体的景观和虚拟的文化。爨底下的主要特色和遗产性展现在聚落建筑和民风民俗上，其农耕文化、生活形态以及田园景观一定程度上是一般乡村的共有属性。

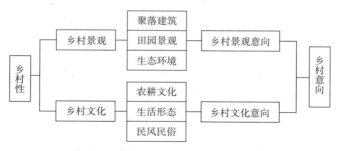

图 1　乡村旅游核心吸引力示意图 [6]

爨底下乡村和遗产地的身份二重性导致其旅游开发模式的二重性。一方面作为乡村旅游，它更强调乡村生活的本土化和游客对于食宿等日常的参与体验，试图用第三产业辅佐第一产业发展解决三农问题。一方面作为遗产旅游，它也希望这种社区开发模式可以更好地保护历史传统村落，通过深度游的挖掘带给人传统文化和美的体验。前者的利益主体是村民，后者的利益主体是政府。有研究认为或许可以通过社区主导开发的 CBD 模式完成二者之间的协调 [7]。但这已经是爨底下的开发模式，依然在村民的最终执行阶段有各种疏漏。

爨底下主要的优势在于它保留了完整的物质空间即遗产性，这也是吸引游客前往的主要原因，但目前提供的单一旅游产品主要在于其乡村性，即食宿。尽管有导游解说和游览路线设计，但深度不足。欲扩大其旅游产品，还需要认真地完成由乡村旅游到遗产旅游的转变。这个转变或许需要弱化旅游在村民生活中的地位，以降低它的乡村性达成。

3　全村旅游开发的产业单一化危机

全村皆旅的方式已经导致了产业结构的单一化，村民们主要收入依赖于旅游业和游客创收，年收入较多，产生了一定的依赖性，而且村民现阶段以及未来的一段时间内不打算进行其他收入来源的开发。这意味着旅游业在村民生活中的比重可能会过大，并彻底改变其生活方式。爨底下的旅游产业一枝独秀，稳定性堪忧，一旦有动荡，可能极大地影响村民生活。

3.1　旅游业在村民收入的地位

据村委会统计，旅游业发展之前村民人均年收入为 700~800 元，而 2000 年古村落游的旗号打响后旅游收入明显好转，年接客 3 万~5 万人，爨底下住宿接待的收益逐渐增多，做民宿的村民年收入至少可以达到 2 万，多则有 10 万 [1]，村收入过百万，至 2010 年接客高达 12 万人次，年收入近千万 [2]。

这些旅游创收成为村民包括村庄的主要收入，据 2006 年一份调查 [4] 看，村民中仅从事餐饮、住宿经营活动的人数比重就高达 90%，且基本已经投入 1 万元以上的资金用于旅游开发，对目前的旅游收入满意度较高，对旅游业的依赖性较强。而从地方看，依靠珍贵的古村遗产资源和国家级历史文化名村等头衔，区镇政府多次提出爨底下村应调整产业结构，大力发展旅游产业，旅游经济占经济总量的95%以上[7]。

可见爨底下的旅游业发展已经趋于饱和，产业单一化已经成为经济的一大特征。

3.2 村民个体的生活方式改变

在较短时间尺度内是产业结构的变化。村民的生活方式主要围绕旅游产品的提供展开，从传统农村生活的一产向旅游服务业的三产转变。主要为游客提供专项的食宿、搭车，并附带着在村庄门口拉客等行为。由于它们是村民的主要收入来源，因而在三产上的分配时间明显增多，一产则处在荒废的状态。村庄中的石磨、梯田等均沦为摆设和装饰。一客栈老板称，其日常为准备饭菜招待游客，没有游客时则等游客，村民的生活重心发生改变。

这直接导致了产业链条断裂[7]。随着全村皆旅的模式开发，原有的农村经济产业链崩坏，农家乐所需的所有蔬菜、肉类、果品等基本上从外面采购，作为旅游纪念品的蜂蜜等土特产品也并非本村生产而是皆从邻村收购。村民的生活中仅是借用祖传的这个完整的物质形态在内部经营各项旅游服务并获取收入，传统的乡村生活不再存在。

稍长的尺度，看村民的生活方式也随着游客数量发生变化。具体表现为，每年入冬后京郊游客数量减少，山中气候湿冷建筑老旧不宜人居，经过10来年资本积累的村民跑到在北京城内购置的第二套房源中享受暖气过冬，村庄处于彻底空心化的状态。而随着春暖花开游客们涌向京郊，村民们再回到村中重新收拾布置宅院，迎接下一帮的游人。这种周期性的洄游状态已经成为爨底下村民的生活常态。

这或许是一个好消息，旅游给他们带去了新的生活方式，而不再被束缚在土地上；或许也是一个坏消息，它意味着乡村旅游到最后也只是将乡村转化为非乡村，再将这个空壳展示给人们看，就像乌镇一样。

3.3 全村旅游对村庄社会生活的影响

旅游业已经完全改变了村民的生活方式，并影响到村庄。随着旅游业的蓬勃发展，村庄内的社会矛盾逐渐展现，乡土式的社会结构发生波动。

以旅游招待为单一收入来源和生活中心的全村旅游模式也产生了一定的社会矛盾。只要旅游在村民生活中的地位还是那么高，那么由住宅位置这类先天资源分配不均引起的收入差异就一定会产生村庄内部矛盾，为吸引更多客源采用的拉客等经营竞争行为也将破坏原有的村庄内的和谐关系。例如受地理区位影响，游客喜欢选择山脚的村民进行住宿，导致山上村民的年收入只有山下的一半[1]。部分村民产生一定怨言，认为旅游开发后收入差距扩大且人际关系有一定的弱化。传统关系遭到破坏。

爨底下村民对旅游开发影响的认知[8]　　　　　　　　　　表1

问卷题目	得分（1表示不赞同，5表示十分赞同）
旅游开发后本地人收入差距逐渐增大	4.10
旅游开发后本地人的人际关系恶化	3.77
对旅游业发展现状感到满意	3.38

这些怨言在各研究中都有所提及,但从实际调研访谈中看,它们可能由于题目设计(人们倾向于肯定做答)等原因部分夸大了爨底下由旅游带来的社会矛盾。"村子里都是姓韩的"是村民再三强调的一点,商业化的利益争端并未真正触摸到这个村子的社会网络。

4 乡村旅游是否可以留住村民

即便旅游的产品单一化与产业单一化的问题可以得到解决,最后我们可能还需要面对乡村空心化的问题。从时间上看,村民的孩子们基本在外读书,回来承接家业的可能性不大,现在农村内的主要村民以中老年为主,随时间变迁,本村也将面临现在村落普遍面临的问题,除老年人口外无滞留人口的问题。与其说是乡村旅游能否留住村民,不如说是乡村能否留住村民。

4.1 村民对村庄的重要性分析

如果我们认为爨底下仅作为一个遗产旅游地开发是足够的,那么原村韩姓村民的存在与否是无关紧要的,可以有外来资本和人口接盘,但那时候的爨底下也仅仅是一个位于乡村的有良好物质形态的景点式旅游的遗产点,而非中国历史文化名村。

但如果我们认为它还需要承担起乡村旅游的重担并作为一个典型的传统文化载体,那么村民还是有必要被留下。毕竟对乡村旅游而言永久性村民的存在是必须的[9],居民是传统乡村文化的载体和传承的纽带,以家庭(血缘)为基础的人与人的社会群体价值也正是爨底下古村历史文化价值取向所在。

4.2 最后一代人——村民的留守意愿

经过对本村村民的调研发现,尽管现阶段旅游主导了村民的生活,但由于现村民的村庄生活年限长于旅游开发年限,不同于其他的商业化进程,韩姓村民之间的感情仍然较好,对村庄生活有较深的感情,对将来留在本村落养老有较深的意愿。

但下一代人就不一定,孩子们有在外读书的,有已经在单位工作的,村民称是否继承现有的客栈还需要看孩子的意愿,或许也会考虑将客栈租给外人。目前这个出租的比例相当之低,在30余户村民中只有两三户由外姓人经营,但未来的事情就无法预期了。或许下一代会回来将民宿作为他们的本业,或许飘荡在外将其出租作为固定的收入来源,或许统一卖给集体进行开发经营。从村中人口组成看,第一种可能性相对较小,在愿意留守的最后一代人后会没有接班者。

5 结语

维护村子的新常态,完成从旅游历史文化村到可持续旅游生态村的进程,需要的不仅仅是对旅游产品的重新设计,更重要的是重新调整旅游在村民生活中的地位。爨底下的现状是全村的产业经济和生活均围绕旅游业展开,这破坏了它作为村庄的一面,并进一步导致旅游在居民收入中的地位过重,产生旅游产品单一化。后续无人的状况使得村民主体的旅游开发模式难以延续。

这或许也是诸多背负着历史文化名村旗号的村庄的通病。遗产的性质要求村庄保留其物质形态，禁止各种层面的开发。单一的旅游业下村民的生活方式又发生极大的转变。在现代化的进程中村庄生活逐渐瓦解，尽管这种消逝可能是现代化城镇化进程的必然结果，但却导致以"名村"闻名的遗产的内在文化的破坏，使得有遗产性质的村庄旅游变得不可持续。

唯一的解决方式是恢复这个村庄作为村庄的功能，而逐渐弱化旅游在村民生活中的重要色彩，留住村民不仅仅是留住村民的个体，仍然需要留住其后代，留下乡村和城市。但这种留下对村民而言是否公平，又需要另当别论。

参考文献

[1] 童碧莎. 我国古村落旅游的住宿接待模式研究——以北京门头沟区爨底下村为例 [J]. 北京交通大学学报（社会科学版），2008，7（4）：104-107.

[2] 李婉君. "农家乐"发展瓶颈与"深度游"转向——以历史文化名村爨底下为例 [J]. 理论界，2013，5：55-58.

[3] 周玲强，黄祖辉. 我国乡村旅游可持续发展问题与对策研究 [J]. 经济地理，2004，4：572-576.

[4] 胡彬. 浅析北京郊区民俗旅游发展问题——以门头沟区爨底下村为例 [J]. 首都师范大学学报（自然科学版），2006，6：74-78.

[5] 潘运伟，姜英朝，胡星. 京西古村落遗产旅游可持续发展探索——以爨（川）底下村为例 [J]. 北京社会科学，2008，3：26-30.

[6] 尤海涛，马波，陈磊. 乡村旅游的本质回归：乡村性的认知与保护 [J]. 中国人口·资源与环境，2012，9：158-162.

[7] 邹统钎，李飞. 社区主导的古村落遗产旅游发展模式研究——以北京市门头沟爨底下古村为例 [J]. 北京第二外国语学院学报，2007，5：78-86.

[8] 何仲禹，张杰. 旅游开发对我国历史文化村镇的影响研究 [J]. 城市规划，2011，2：68-73.

[9] Dernoi L A. About rural and farm tourism[J]. Tourism Recreation Research，1991，16（1）：3-6.

基于雨洪控制的丘陵城市土地利用规划研究

刘 贝[1] 高 青[2]

摘 要：城市化进程导致城区土地利用格局发生显著变化，因城市不透水面积增加及传统的排水方式，造成暴雨径流汇流速度加快，导致中国城市雨洪灾害频发，造成了重大的社会经济损失，甚至危及人民生命安全。

本文针对这一问题，使用地理信息系统（GIS）中的最小耗费路径分析对湿地生态廊道进行辨识。运用景观生态学关于廊道与网络的分析方法，把河流与水系看做水景观元素中的廊道和网络，将有助于帮助规划人员在更大的尺度上理解丘陵景观形成与发展的机制。同时，研究采用GIS流域分析对小流域径流结构进行建模。本文以望城区滨水新城为研究对象，研究结果包括滨江片地区潜在湿地生态廊道以及湿地所在流域的径流结构。在对研究结果进行耦合分析的基础上，进一步从城市用地布局、道路交通布局和绿地系统规划方面提出丘陵城市土地利用规划策略。

关键词：雨洪控制；地理信息系统；土地利用规划

1 引言

雨水引发的城市雨洪灾害问题正成为当下人们关注的热点之一。丘陵地区雨水充沛、湿地丰富。城市化进程导致城区土地利用格局发生显著变化，为了满足城市建设用地扩张的需求，原有的洼地被填埋，行洪排涝的河道被缩窄，原有的蓄滞洪区也已成为建筑的聚集地。因城市不透水面积增加及传统的排水方式，造成暴雨径流汇流速度加快，无法及时下渗的雨水给城市的防洪排涝带来压力，同时，城市市政排水设施不健全，规划设计不尽合理。这些因素都导致中国城市雨洪灾害频发，造成了重大的社会经济损失，甚至危及人民生命安全。

本文针对这一问题，使用地理信息系统中的最小耗费路径分析对湿地生态廊道进行辨识。运用景观生态学关于廊道与网络的分析方法，将河流与水系看做水景观元素中的廊道和网络[1]，将有助于帮助规划人员在更大的尺度上理解丘陵景观形成与发展的机制。同时，研究采用GIS流域分析来对小流域径流结构进行建模。研究的主要目的在于：（1）保护丘陵地区重要的湿地水体斑块；（2）基于最小耗费路径方法计算潜在湿地生态廊道；（3）基于流域分析方法对丘陵小流域径流结构建模；（4）通过耦合分析制定出利于小流域生态保护的丘陵城市土地利用规划策略。

---

[1] 刘贝，长沙市城乡规划局望城区分局。
[2] 高青，东南大学建筑学院。

2 基本理论

2.1 国外雨洪控制的相关研究

国外采用的雨洪管理技术体系主要有 BMPs、LID 和 WSUD 技术体系。

2.1.1 BMPs 技术体系

BMPs（Best Management Practices）即最佳管理措施，为美国 20 世纪 70 年代提出的雨水管理技术体系。1972 年美国通过了联邦水污染控制法修正案，BMPs 这个词汇首次被引用。美国环保局把 BMP 定义为"特定条件下用于作为控制雨水径流量和改善雨水径流水质的技术、措施或者工程设施的最具成本效益的方式"。BMPs 一般分为工程系措施和非工程性措施。工程性 BMPs 设施指通过设施本身的结构和功能去除来自雨水径流中的污染物，减少对下游的侵蚀、预防洪涝、提升地下水的回灌。如渗透设施、雨水湿地、生物滞留区域、透水铺装、绿色屋顶等（图 1、图 2）。非工程性 BMPs 设施指法规性的条文或管理性措施等，主要遵循以下三个原则：(1) 新建和改建的规划、设计、建造工程过程中，将不利影响最小化。(2) 不透水和透水铺装要良好维护，尽量减少暴露和释放的污染物。(3) 通过教育和培训使人们提升对城市雨水径流带来的问题和通过 BMPs 解决这些问题的认识[2]。

图 1　悉尼街头的雨水花园　　　　　图 2　多伦多城市雨水塘

2.1.2 LID 技术体系

LID（Low Impact Development）即低影响开发，是 20 世纪 90 年代美国马里兰州的乔治王子县首先提出的一种基于 BMPs 创新的雨水控制利用的综合技术体系，美国低影响开发中心将其定义为：一种创新的雨洪管理技术，它的基本原理是模拟自然[3]。

早期的 BMPs 体系主要通过塘和湿地等末端措施对雨水进行控制，后来人们逐渐认识到该体系存在的缺陷：末端的雨水控制措施效率较低，城市空间有限致使其使用范围受到限制，有的滞留塘虽然在局部区域缓解了洪峰，但在更大的范围内反而有可能增加下游的雨洪威胁。

LID 的提出正是对 BMPs 的一种补充。LID 的措施主要通过土壤覆盖物和植物群落作用对径流进行过滤并促使其下渗，减少收集与传输，以及通过减少不透水铺装面积、延长雨水径流流动的通道和汇流时间等技术的综合使用来模拟开发前原有场地中的储存、渗透以及径流排放总量和速度等水文功能。其主要措施包括生物滞留区域或雨水花园、植被浅沟与过滤带、洼地、绿色屋顶、透水铺装等，这些措施除具有雨水控制作用外，其中有的还具有一定景观功能或其他使用功能，适合用于新城开发和城市翻新改造。LID 不仅具有适用性强，而且由于它的采用可以减少集中式的 BMPs 设施，且其造价与维护费用与传统雨洪管理措施相比较低，可以节省很大一部分费用[4]。

2.1.3 WSUD 技术体系

WSUD（Water Sensitive Urban Design）即水敏感城市设计，于 1994 年在澳大利亚被 Whelan 等人首次提出，是一种相对较新的水管理方式，其概念主要是基于制定一种城市发展规划，目标是通过规划设计出具有良好水文功能的景观性设施来维护和模拟开发前的自然水文循环，减少城市发展对水循环系统带来的消极影响，让城市环境设计具有"可持续性"[5]。其着眼点较 BMPs、LID 更为广泛和全面，除雨水管理外主要内容还包括：减少流域之间水的传输以及城市区域雨水的收集利用。

在 WSUD 中雨水管理方式使用最为广泛，重视暴雨管理的多目标，并涉及城市设计与景观设计以及暴雨管理基础设施相互结合的一个积极的认识过程，倡导将雨水管理纳入城市规划与设计中，提出了一系列可供选择的规划设计实践措施，旨在改变传统的城市规划与设计，达到暴雨管理的多重目标。

2.2 国内雨洪控制的相关研究

经过几十年的研究与发展，中国借鉴国外经验并根据自己国家国情，正在逐步形成和提倡一套具有中国特色的雨水控制利用体系。

俞孔坚、李迪华、刘海龙在《"反规划"途径》一书中系统地讨论了城市与区域发展的"反规划"途径。以浙江台州为例，从宏观、中观、微观三个层次上，系统介绍了区域和城市生态基础设施的规划步骤，其中包括如何与现行城市规划体系的衔接，如何通过生态基础设施形成健康的城市形态。同时，在微观尺度上以一个实际工程为例，说明如何与洪水为友，建设生态基础实施[6]。周玉文在"城市雨洪利用问题的探讨"中，分析了城市雨洪利用工程对城市排水系统的影响，并且提出了雨洪利用工程的规划设计理论[7]。童建平在"城市绿化、雨水排放、水环境保护的有机结合——武汉新区四新地区雨水排放系统建设模式规划研究"中，指出了武汉新区四新地区正处于快速城市化时期，如何协调城市规划建设、面源污染控制和排水系统建设的关系，满足现代城市发展和生态环境保护的要求，是亟待解决的问题。其结合四新地区有利的建设条件，首次提出了大区域建设面源污染控制与城市雨水系统相结合的生态雨水排放系统，在四新地区形成一种结合城市绿化景观控制城市面源污染、削弱城市径流水涝、利用和保护城市水资源相结合的可持续的雨水排放系统[8]。

3 案例研究

3.1 案例概况

研究选取湖南省长株潭大河西先导区境内的望城区滨水新城核心区为研究对象。根据长沙市望城区行政隶属关系，该区域属于高塘岭街道、白沙洲街道、大泽湖街道和月亮岛街道，包括了黄田村、回龙村、西塘村、南塘村、腾飞村、胜利村以及莲湖社区 7 个村。根据先导区 2009 年遥感数据解译的结果，该地区的土地利用情况如表 1 所示：

滨水新城地区土地利用现状   表1

土地类别名称	面积（公顷）	占总用地比例（%）
总用地	4048.52	100
城市建设用地	415.42	10.26
水体	1059.5	26.17
农田	1372.34	33.90
林地	653.12	16.13
草地	2.68	0.07
村镇建设用地	537.14	13.27
弃置地	8.32	0.21

滨水新城核心区土地肥沃、水源丰富，是农业耕作条件非常优越的种植区。如上表所示区内耕地面积与水体面积占用地的绝大部分。其中水体达到了26.17%，主要包括张家湖等11个水体斑块。同时，该区为望城滨水新城开发的重点区域，根据上级规划的要求区域内重要的湿地水体必须得到保护和控制。从整个区域角度来看，滨水片地区是先导区内马桥河口湿地—谷山生态廊道[9]的重要部分。因此，原有湿地的保护与新城开发之间的平衡对区域生态也有重大意义。

3.2 研究过程

3.2.1 研究方法

研究利用ERDASIMAGINE v9.2对长株潭大河西先导区2009年Landsat-7遥感数据进行解译提取土地利用、水体与植被等矢量图层。研究中的遥感数据及数字高程模型（DEM）数据均由中国科学院计算机网络信息中心国际科学数据服务平台下载。所有数据在ARCGIS支持下编辑转化为与国家1∶250000基础地形数据库一致的投影坐标系用于研究。研究使用GIS中的最小耗费路径分析以及流域分析工具辨识湿地水体间的潜在生态廊道以及湿地水体所处的小流域径流结构。整个研究分析技术框架如图3所示。

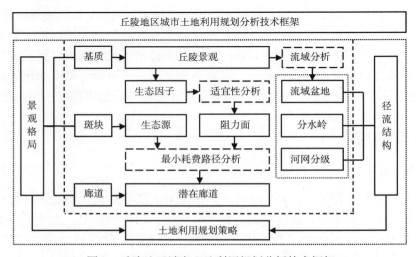

图3 丘陵地区城市土地利用规划分析技术框架

3.2.1.1 基于最小耗费路径模型分析的潜在湿地廊道辨识

最小耗费路径模型与国内学者提到的最小累积阻力模型、最小耗费距离模型、最小费用距离模型、耗费表面模型、累积耗费距离模型和有效费用距离模型同属一个概念；由于其简洁的数据结构、快速的运算法则以及直观形象的结果，最小费用模型被认为是景观水平上进行景观连接度评价的最好工具之一[10]。它基于图论（Graph theory）的原理，可以表示每个单元距最近源点的最小累积耗费距离（Accumulative cost distance），目的是用来识别与选取功能源点之间的最小耗费方向和路径[11]。其基本公式1如下：

$$MCR = f_{\min}\sum_{j=n}^{i=m}(H_{ij} \times R_i)$$

其中，f是一个单调递增函数，反映了根据空间特征，从空间中任一点到所有源的距离关系。H_{ij}是从空间任一点到源j所穿越的空间单元面i的距离。R_i是空间单元面i可达性的阻力值[12]。空间单元面上的阻力值总和构成阻力面。由于阻力面计算的目的主要是反映相对趋势，所以相对意义上的阻力系数和因子的权重仍然具有意义[13]。本文中，研究选取滨水新城重要的湿地水体共11个，包括汭水、胜利大丰渔场、斑马湖东湖、锅底湖、小湖河坝、小湖、张家湖、马桥河、西塘、罗家湖、大泽湖，使用ARCGIS计算其斑块质心作为生态源。此外，研究使用滨水新城的高程、坡度、坡向、土壤类型、植被指数以及用地现状生态因子数据（图4）叠加用于构造阻力面。

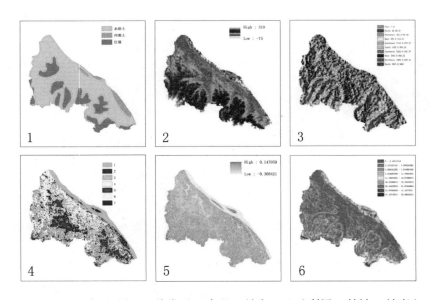

图4 土地生态因子（1.土壤类型 2.高程 3.坡向 4.土地利用 5.植被 6.坡度）

3.2.1.2 基于流域分析的小流域径流结构辨识

最小耗费路径分析反映了相邻源斑块在阻力面上耗费最小路径。然而，它缺乏对各源斑块之间在空间结构上直观的表达。GIS流域分析则有效地弥补了这一不足，它能够便捷地对自然径流建模。流域分析模型应用于研究与地表水流有关的各种自然现象如洪水水位及泛滥情况，或者划定受污染源影响的地区，以及预测当某一地区的地貌改变时对整个地区将造成的影响等，应用在城市和区域规划、农业及森林、交通道路等许多领域，对地球表面形状的理解也具有十分重要的意义[14]。如图 3，GIS 流域分析可以提取地表水流径流模型的水流方向、汇流累积量、水流长度、河流网络、流域盆地、分水岭以及对河网分级，它们共同构成了流域径流结构。本文使用研究区域数字高程模型（Digital Elevation Model，DEM）（如图 4-2）作为量化地表特征的输入数据进行水文分析。

3.3 研究结果

3.3.1 基于最小耗费路径分析的潜在湿地生态廊道分析

生成阻力面是计算潜在生态廊道的前提。一个流域的形成，是该流域中气候、地貌、水平衡、土地利用以及人类活动等因素的综合反映[15]。土地生态适宜性分析正是对多种生态因子的综合叠加计算。通过将各生态适宜性因子加权叠加研究得到综合土地生态适宜性评价结果，权重的设定由层次分析法（AHP）确定，在此不赘述。根据联合国粮农组织（Food and Agriculture Organization of the United Nations，FAO）制定的适宜性综合分类标准，研究将适宜性评价结果分为四个适宜性等级。对等级由低到高赋予阻力系数 25、50、75、100 构成阻力面（图 5）用于最小耗费路径模型分析。潜在湿地生态廊道计算结果如图 6 所示，该湿地廊道全长 14607 米。

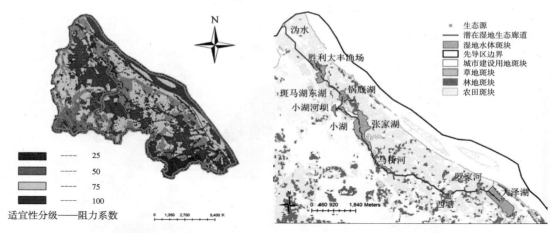

图 5 土地生态适宜性评价结果　　　　图 6 潜在湿地生态廊道

3.3.2 基于流域分析的小流域径流结构模型

研究使用滨水新城的高程数据（数字高程模型 DEM）进行流域分析，得到其水文流向（图 7-1）、流量（图 7-2）、河网（图 7-3）、汇水盆地（图 7-4）、分水岭（图 7-5）以及河网分级（图 7-6）。分析结果显示，根据地形走势滨水新城境内分布着两个径流水系（水系 A 与 B），径流长度共计 40269 米。如图 7-6 所示，黑灰度的深浅代表了径流水系中的不同径流等级，越深颜色显示的径流等级表示该径流拥有更大的径流量。滨江片地区由于位于自然径流水系 A 与 B 的三级河道，承受了来自高地汇集的雨水径流，形成了已有的 11 处湿地水体。滨水新城境内分布着两个汇水盆地，每个盆地又由若干分水岭组成。

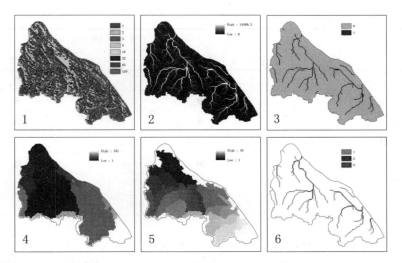

图 7 流域分析结果（1.流向 2.流量 3.河网 4.汇水盆地 5.分水岭 6.河网分级）

4 基于雨洪控制的丘陵城市土地利用规划研究

遥感解译、景观格局、最小耗费路径分析与流域分析的集成应用，为小流域生态环境分析提供了一种新的途径。这一途径可以作为丘陵城市土地利用规划的技术框架。规划与管理人员需要提出利于保护流域生态的土地利用空间格局，而上述分析正有助于完成这一过程。研究在上述分析的基础上提出滨水新城土地利用规划策略。

4.1 基于流域保护的土地利用规划

土地利用方式的改变将影响水质和地表径流量，生态流域的土地利用应着重考虑自然适宜性和环境相容性（表2），使其布局更为合理。

河流地区与土地使用类型相容性分析[16]　　　　表2

土地使用类型	不同区位河流环境	
	城市中心区	一般地区
公用事业设施	■	■
一般事业单位设施	○	●
教育事业	○	●
高级住宅区	●	■
普通住宅区	○	○
游憩设施	■	■
医疗卫生设施	□	●
文化娱乐	■	■
大中型商业设施	●	■
一般零售业	●	●

续表

土地使用类型	不同区位河流环境	
	城市中心区	一般地区
餐饮业	●	●
金融业	●	●
航运设备	●	■
仓储业	□	□
旅游接待业	■	■
无污染工业	□	○
充分相容■	中度相容●	低度相容○	不相容□

传统的城市土地利用规划常以牺牲自然过程和格局的安全、健康为代价，而以生态流域保护为先导的土地利用规划，是在对丘陵谷地、水系分析基础上，从现状水系出发，采用不同的平面高程，尽量保留丘陵基地的特色，不改变现有水流走向，同时减少土方工程量的用地布局模式。居住、公共管理与公共服务设施、商业服务业设施用地考虑自然景观要素的利用，可以适当布局在生态流域附近，但必须控制开发密度和强度，以保证水文环境周边的基本渗水性和水文调节功能。工业、物流仓储业应考虑远离生态流域布局以减少污染。公共绿地应根据径流河道以及潜在湿地廊道的位置布局，这样可使径流河道远离不透水表面，减小地表溢流对径流河道的排水量。如图8所示，本文研究结果与滨水新城控规土地利用规划中的水系规划基本吻合，证明研究该规划具有一定的客观、科学性。

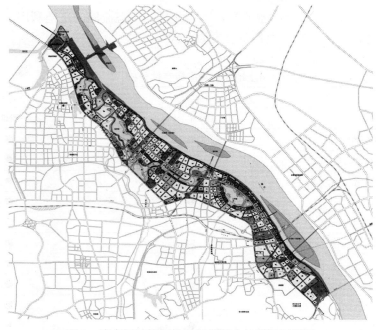

图 8 滨水新城控制性详细规划土地利用规划图

4.2 适应汇水地形的路网形态和道路竖向

丘陵城市地形条件较复杂，方格路网虽然利于用地内建筑的布局，具有高度的可达性和连通性，但在丘陵城市它的适用性却大大降低。丘陵城市道路网应考虑城市用地分区，结合地形起伏、山川河流等进行规划，为避免交通对自然斑块造成的割裂，城市道路应契合潜在湿地廊道的走势，采用带状——网格的路网形式。这种路网结构能较好地处理城市建筑与外部自然环境的联系，在道路建设时，主要道路结合地形沿沟谷、河流平缓地与等高线相切布置，将小山岗和湖泊湿地等包围在街坊或小区中，路网规划时尽量与河流、湿地等廊道系统平行，并且保留一定距离的自然缓冲带。沿着主干道系统可以快速便捷地组织整个交通网络（图9）。

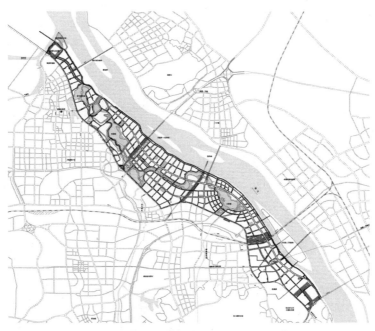

图 9　滨水新城控制性详细规划道路系统规划图

在城市竖向设计，除考虑城市本身的排水问题以及道路交通，应根据小流域内的汇水盆地及其内部的分水岭作为水管理单元来进行地面标高设计，在此基础上再进行给水、雨水、污水规划。

4.3 基于雨洪调蓄的绿地系统规划

城市绿化是间接利用雨水的重要载体，经过植物的直接吸收利用、绿化区域土壤下渗回灌地下、下凹绿地滞留雨水等方式，可以减轻将近40%的雨水径流。[17]因此，城市绿地系统规划不仅能调蓄降雨时城市内产生的大量地表径流，过滤和净化地表径流的初始冲刷污染物质；而且还会成为重要的城市景观，为城市居民提供重要的文化、休憩场所。

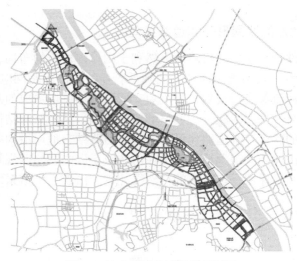

图 10　滨水新城公园绿地规划图

由于丘陵地形地貌的复杂，山丘、河床、沟壑等自然要素往往切割、插入甚至穿过城市，使城镇用地呈现出零散状，同时也形成了许多不规则的块状、带状和楔状绿地。绿核＋绿道＋绿网是一种适应丘陵城市空间的绿化模式。所谓"绿核"，从区域层面指的是具有相当面积的大块绿化空间，如森林公园、风景名胜区、湿地等；从城市层面，"核"指的是建成区范围内大面积的公园绿地、广场绿地、街头绿地以及小游园、生产绿地、居住区附属绿地、单位附属绿地等（图10）。所谓"绿道"，即区域或城市建成区范围内的线状或带状城市绿地。具体可分为两类：一类是自然绿带，如沿自然河道、溪谷、山脊的绿带，另一类是人工绿带，如人工的铁路、公路、步道、水渠等而建立起来的绿色开放空间（图11）。所谓"绿网"，由纵横交错的绿带、绿廊和绿轴组成，并串联各类"斑块"的绿化网络（图12）。

图 11　滨水新城绿道分析图　　　　图 12　滨水新城区域绿网分析图

综上所述，本文通过运用地理信息系统空间分析对生态廊道与自然排水方式进行模拟分析，在此基础上得出的土地利用规划策略将能够为丘陵地区城市规划人员在土地利用规划尺度上实现防止城市化进程对小流域生态造成的不利影响提供科学、客观的依据。

参考文献

[1] 徐慧，徐向阳，崔广柏.景观空间结构分析在城市水系规划中的应用 [J].水科学进展，2007，18(1): 108-113.

[2] Office of Research and Development Washington. The Use of Best Management Practices in Urban Watersheds[M].Washington: United States Environmental Protection Agency，2004，EPA/600/R-04/184.

[3] Prince George's County, Maryland. Department of Environmental Resources[M].Low-Impact Development Design Strategies，June 1999.

[4] Unified Facilities Criteria Design: Low impact Development Manual[M].U.S Army Corps of Engineers.October 2000，UFC/3/210/10.

[5] URS Australia Pty Ltd. Water Sensitive Urban Design Technical Guidelines for Wrstern Sydney[M].Upper Parramatta River Catchment Trust，2004，ISBN0/7347/6114/7.

[6] 俞孔坚，李迪华，刘海龙."反规划"途径 [M]．北京：中国建筑工业出版社，2009.

[7] 周玉文.城市雨洪利用问题的探讨 [J].给排水，2007.

[8] 童建平.城市绿化、雨水排放、水环境保护的有机结合——武汉新区四新地区雨水排放系统建设模式规划研究 [R].中国城市规划年会，哈尔滨，2007.

[9] 长沙市规划管理局，深圳市城市规划设计研究院，长沙市规划设计咨询有限公司.长沙市大河西先导区空间发展战略规划 [R]. 2008.

[10] 吴昌广，周志翔，王鹏程等.基于最小费用模型的景观连接度评价 [J].应用生态学报，2009，20(8): 2042-2048.

[11] 张小飞，王仰麟，李正国.基于景观功能网络概念的景观格局优化——以台湾地区乌溪流域典型区为例 [J].生态学报，2007，25(7): 1707-1713.

[12] 王瑶，宫辉力，李小娟.基于最小累计阻力模型的景观通达性分析 [J].地理空间分析，2007，5(4): 45-47.

[13] 俞孔坚，乔青，李迪华.基于景观安全格局分析的生态用地研究——以北京市东三乡为例 [J].应用生态学报.2009，20(8): 1932-1939.

[14] 汤国安，杨昕.ArcGIS 地理信息系统空间分析实验教程 [M].北京：科学出版社，2006.

[15] 牛文元.理论地理学 [M].北京：商务印书馆，1992.

[16] 刑忠.边缘效应：重庆建筑大学博士论文 [D].重庆大学建筑城规学院，2000，85，87.

[17] Rebekah R.Brown.Inpediments to Integrated Urban Stormwater Management: The Need for Institutional Reform．Environmental Management，2005，9: 466-468.

对地形复杂地区竖向设计的思考

金 鑫[1] 周 艺[2] 金智仁[3] 任 栋[4]

摘 要：竖向设计在城市建设中起着重要的作用，其重点是对场地在高程上的安排与协调。由于目前整个规划体系对竖向考虑的缺失，使竖向设计主要集中在微观的规划设计层面，缺乏从宏观到微观的统筹考虑。在地形复杂地区，这种对竖向因素考虑的欠缺，最终导致城市开发难度及开发成本的增加。因此"将竖向作为重要的影响因素，贯穿于各个层次的规划编制过程中"是在地形复杂地区编制规划的重点。本文提出了"两个提前"，一是在总体规划编制阶段提前介入对场地竖向的思考，提出竖向控制要求，加强对下层次规划的引导；二是在控制性详细规划编制阶段提前介入对工程实施的考虑，从可实施性角度出发，进一步提升竖向设计的合理性。通过采用"两个提前"的工作方法，从规划编制的角度来看，可弥补竖向设计在宏观规划层面的缺失，提升竖向设计在中观规划层面的可实施性；从城市建设的角度来看，多方面考虑地形及竖向等因素，可降低未来城市开发的难度及成本。

关键词：地形复杂地区；竖向设计

1 概述

竖向设计是作为满足道路交通、场地排水、建筑布置和维护等方面的综合要求而进行场地利用改造的专项技术。目前，规划编制过程中，对竖向的分析往往存在着"总规阶段欠缺考虑、控规阶段分析不足、修规阶段各自为战"的情况。究其原因，主要是竖向设计更偏向于工程与实施，在通常情况下仅作为影响城市发展的补充因素考虑，在传统的规划编制思路中得不到足够的重视。

然而在多山地区，地形的复杂性成为制约城市发展的重要因素。地形上的空间限定、竖向设计的合理与否，直接影响到城市规划的实施性、土地开发的经济性、基础设施建设的可行性、地方特色自然条件的延续性、城市开发建设的安全性等多方面问题。因此，如何将地形条件和竖向设计作为规划重点考虑的影响因素，贯穿于规划编制过程中，如何在城市总体规划及控制性详细规划阶段深化对地形和竖向进行分析研究，是本次论文探讨的重点。

本次论文提出了三个新的概念，包括总规层面的地形分区、竖向设计单元；控规层面的竖向分区。

---

[1] 金鑫，广东省城乡规划设计研究院。
[2] 周艺，广东省城乡规划设计研究院。
[3] 金智仁，广东省城乡规划设计研究院。
[4] 任栋，广东省城乡规划设计研究院。

地形分区：根据地形地貌和高程的分析，划定地形分区，根据各个地形分区的特点，进行可建设用地选择。

竖向设计单元：在地形分区内部，根据竖向特征评价，划定竖向设计单元（竖向设计单元与控规管理单元基本一致），并提出竖向设计指引，指导下一层次规划的竖向设计。

竖向分区：根据地形地质结构和高程分析，以上层次规划主干路网为骨架，满足防洪排水和现状一些限定因素的情况下划定"竖向分区"。竖向分区的划定是解决具体场地内道路和地块竖向设计的基本单元。

2 存在问题

2.1 总规层面——竖向缺少衔接性和统筹性

一是由于总体规划阶段对竖向因素考虑的不足，在编制道路专项规划时，容易出现某条主干道的选线存在难以贯通、建设工程量过大等问题，导致总体规划对主干路网的控制失效。

以西南地区某市为例，总体规划确定近期建设一条新区和旧城之间的快速路，总体规划对该快速路的选线重点考虑交通的通达性，但过高的建设成本使其近期难以实施；而道路专项规划重点考虑了工程造价因素，但其选线使得新区和旧城之间的交通转换过于复杂，不能起到很好的连接功能。

图1 西南地区某市总规及道路专项规划道路选线差异分析

二是由于缺少总规层面对道路竖向的统筹考虑，导致在编制控制性详细规划时不同设计单元的道路设计"各自为战"，临近设计单元之间同一条道路在竖向上难以衔接。

以粤西地区某工业区为例,按照最初设想,将进行多阶段的实施建设,工业区一期地形条件较好,工业区总规确定路网时缺少对竖向的研究,而控规只对一期范围进行了场地竖向整理,缺乏对园区竖向的整体考虑,以至在园区一期建设基本完成、进入二期规划建设阶段后,出现了二期若延续一期道路竖向设计则二期土地平整的填挖方工程量过大,难以进行就地土石方平衡的问题,最后由于工程预算过高被迫停止了园区二期的建设。

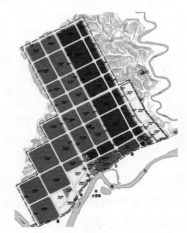
图 2 粤西地区某产业园规划方案

图 3 粤西地区某产业园建成效果影像图

2.2 控规层面——竖向缺少关联性和实施性

一是控规阶段道路竖向设计对道路和场地的关系分析不够深入,在道路竖向设计时未考虑场地开发对道路的要求,出现道路与场地无法直接连接的问题,降低了道路的使用效率,也增加了场地的使用难度。

图 4 桂东地区某产业转移园

以桂东地区某市为例，其产业园区控规在进行道路竖向设计时，主要考虑了道路设计方案实施时的工程量和排水要求。场地现状标高为101米，而场地周边规划道路的最大标高仅为53米，若土方平衡则场地标高高于临近场地的道路标高近30米，道路无法直接联系场地，为与道路联系需要场地在使用时分台处理，而分台处理导致同一高程空间尺度过小，不符合该园区产业使用的要求；若不土方平衡导致场地整理运输成本过高，则方案无法实施。

二是控规阶段对地形条件和土方平整的基本工程要求理解不够深入，其道路和场地的竖向设计在实施建设时增加了用地开发的难度与实施建设的成本，甚至出现实施建设无法推进的情况。

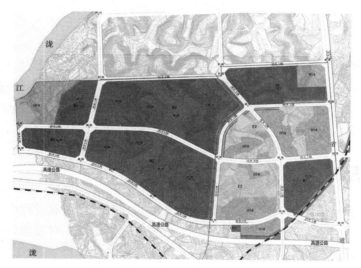

图5　某工业产业园控规竖向规划图

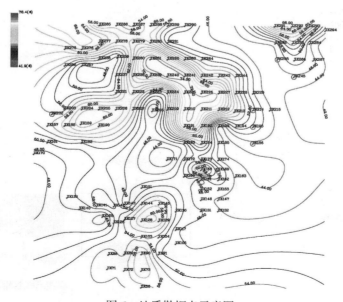

图6　地质勘探点示意图

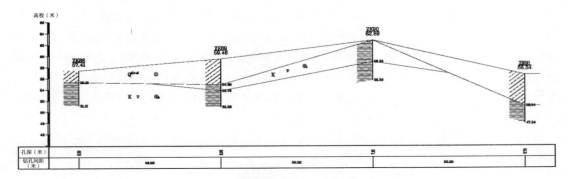

图 7　地质勘探点剖面示意图

2.3　管理层面问题

竖向因素考虑的不足还会使规划主管部门在进行规划管理时候出现问题。表面合理的设计方案可能要以对地形进行大幅整理作为前提，在审批这类型详细规划时，规划主管部门无法判断场地竖向设计是否合理，给规划管理带来了较多的麻烦。

3　解决思路

将"竖向作为重要的影响因素，贯穿于总规和控规的规划编制过程中"是解决以上问题的关键。目前，对竖向设计的考虑多从控制性详细规划开始，对场地处理工程量的考虑多集中在修建性详细规划阶段。

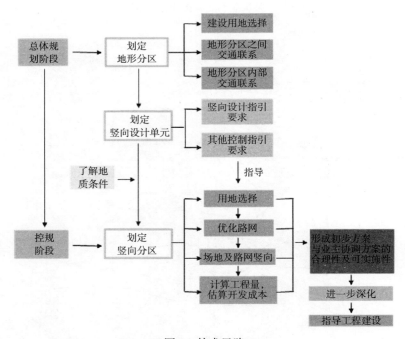

图 8　技术思路

针对这种情况，本文提出了"两个提前"：

一是在总体规划编制阶段，提前介入对场地竖向的思考，提出竖向设计指引，加强对下层次规划的引导；

二是在控制性详细规划编制阶段，提前介入对工程实施的考虑，从可实施性角度出发，进一步提升竖向设计的合理性。

通过采用"两个提前"的工作方法，从规划编制的角度来看，可弥补竖向设计在宏观规划层面的缺失，提升竖向设计在中观规划层面的可实施性；从城市建设的角度来看，多角度考虑地形及竖向等因素，可降低城市开发的难度及成本。

以竖向为重要影响因素，从总规到控规的规划技术思路如下：

4 总体规划阶段解决方案

宏观层面的城市总体规划，极少将竖向作为编制规划的重点考虑因素。本文提出在总体规划阶段提前介入对场地竖向的思考，主要包括两方面的内容，一是从竖向出发加强骨架路网选线的合理性；二是提出竖向设计指引，加强对下层次规划的引导。

4.1 "地形分区"划定及骨架路网搭建

4.1.1 基于地形及高程因素划分"地形分区"

地形复杂地区与平原地区相比，地形的多样性和高程的复杂性是其最显著的特征。在这样的地形地貌特征影响下，一是会增加城市开发难度，使城市难以呈现连片发展空间形态，组团式的空间布局成为其必然选择；二是会对城市功能的布局、道路交通的组织、基础设施的安排等产生重大影响。

基于以上情况，我们尝试提出"地形分区"的概念，即在规划初期，根据地形和高程的分析，按照大致的地形地貌分布情况划分"地形分区"，通过"地形分区"，对地形复杂地区的用地选择进行分类考虑。

地形分区概念的提出改变了以往对城市规划区的通盘式用地适宜性评价方法，而是根据各地形分区自身的地形条件分别进行评价，可进一步提升用地选择的合理性。

4.1.2 地形分区影响下骨架路网搭建思路

地形分区之间的交通联系，即快速路和交通性主干道的骨架路网设置，以可实施性为前提，顺应地形，避免建设长距离的隧道，避免开山挖方，避免对地形地貌产生较大影响，保证道路通达性的同时减少基础设施建设的工程量及投资成本。

4.1.3 地形分区影响下内部路网搭建思路

地形分区内部路网，即城市生活性主干道的设置。该类型道路同时承担交通和生活的功能。道路的选线要兼顾主干道两侧的用地开发，重点分析道路与场地之间的竖向关系，增加主干道两侧可开发建设用地的规模。

4.2 "竖向设计单元"划定及竖向设计指引要求

4.2.1 基于竖向特征评价划分"竖向设计单元"

在确定建设用地空间框架以后，需对每一个地形分区进行竖向特征评价，主要是坡度分析、高程分析及用地平整工程量预估。根据评价结果对地形分区进行细化,形成竖向特征较一致的竖向设计单元,再结合现状发展条件、交通条件、政策条件等因素,确定每个单元的主导功能。

4.2.2 基于竖向设计单元的竖向设计指引要求

竖向设计单元与控规管理单元基本一致,以竖向设计单元作为基本单元提出竖向设计指引要求,作为下层次规划进行竖向设计的重要依据。

竖向处理方式:根据单元的主导功能和现状竖向特征评价内容,提出不同的场地处理方式,包括台地式、平坡式、混合式等类型。

适宜建设高程范围:对各个单元进行设计高程的预估,重点考虑基本单元内部的场地与主干路网的竖向关系,提出基本单元的适宜建设高程范围。

4.2.3 基于竖向设计单元的其他指引要求

适宜建设的用地功能:根据各设计单元的竖向处理方式,提出与设计场地相匹配的适宜建设用地功能。例如以平地为主的设计单元适宜设置工业及仓储用地,以台地为主的设计单元适宜设置居住功能,地形较复杂的设计单元适宜设置休闲度假或一类居住。

路网组织形式:根据各设计单元的竖向处理方式,提出与场地竖向较吻合的路网组织形式,合理的路网组织形式会提升道路与场地的竖向匹配度,增加道路两侧土地开发量的同时减少土地开发难度。平坡式多采用方格路网,较复杂的地形则适宜设置自由式的路网。

开发强度:受地形的限制,主导功能一样的单元,地形越复杂,其开发行为受地形的影响越大,开发强度越小。根据开发强度的情况可以划分为高、中、低三种类型。

4.3 案例说明——以西部山区城市 D 市为例

(1)地形分区——D 市地形地貌特征可分为山地、河谷盆地(坝子)、丘陵三种类型,并呈现出西高东低,北高南低的特点。根据地形特点划分西部山地片区、中部山地片区和河谷盘地片区,根据高程的变化,又可将河谷盘底片区分为上游、中游和下游三部分,最终可在该市划定五大地形分区。

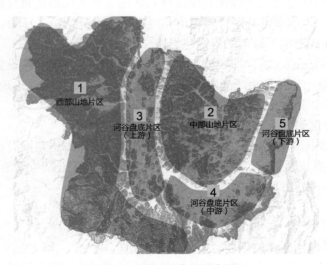

图 9 D 市地形分区示意图

（2）用地选择——每个地形分区内部具有较相似的地形地貌特征和高程变化幅度，结合各个地形分区的用地条件，再分别进行用地适宜性评价及用地选择，最终确定城区建设用地空间框架。

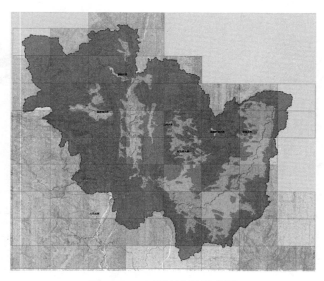

图 10　D 市用地选择示意图

（3）地形分区之间的交通性主干道选线——D 市的河谷盘地地形分区（上游）和中部山地地形分区是 D 市两个联系最紧密的分区，三条东西向的交通性主干道是联系 D 市两个片区的重要道路。这类道路的选线以连通性为前提，同时需顺应地形，减少道路建设工程量及工程造价。

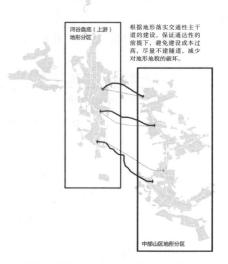

图 11　不同地形分区之间交通性主干道选线示意图

（4）地形分区内部的生活型主干道选线——以 D 市的中部山地地形分区的交通联系为例。地形分区划内部需设置一条南北向的生活性主干道，有两个可选方案。根据既要保证通达性，又要带动道路两侧地块开发的要求，最终选择了造价相对较高但道路竖向与场地竖向之间吻合度较高的选线。

图 12　地形分区内部生活性主干道选线示意图

图 13　道路两侧地块出让情况

（5）竖向设计单元——以 D 市的中部山地地形分区为例，该地形分区呈现北高南低的高程走向，北部高程在 950 米左右，南部高程在 750 米左右，根据高程的分布特征，可以划分为 4 个竖向设计单元。通过竖向特征评价和不同功能用地的布局特点，确定每个竖向设计单元的主导功能，使主导功能和地形特征结合得更紧密。

（6）竖向设计导则——以 D 市中部山地地形分区的竖向设计单元为例，该设计单元内部为典型的缓丘地形，环境宜人，交通条件较好。基于以上情况，规划建议保留建议尽量保留现状地形，以开发居住及休闲度假功能为主，并提出以下竖向设计指引。

竖向设计指引要求一览表　　　　　　　　　　　　　　　　　　　　　表 1

竖向设计的指引要求	
竖向管理单元编号	D 市——中部山地地形分区——竖向设计单元一
竖向处理方式	台地式
适宜建设高程范围	750～800 米
基于竖向的考虑对其他内容的指引要求	
适宜建设的用地功能	居住、商业、旅游度假设施
开发强度	低密度开发
路网组织形式	自由式

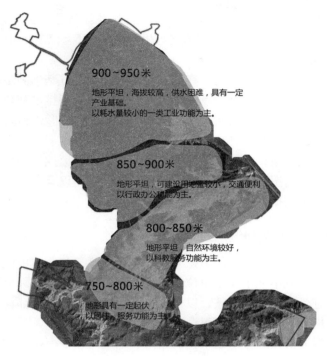

图 14　竖向设计单元划分示意图

5　控制性详细规划阶段解决方案

改变控规阶段对竖向设计的常规思维方法，提早介入对工程实施的考虑，细化对道路竖向和场地竖向的分析，提升规划的可操作性，实现与工程建设更好的衔接。

5.1　基于现状地形条件构建"竖向分区"

5.1.1　深入了解现状地形地质条件

在地形复杂地区编制控规时，除了常规的分析以外，还需对该场地的地质构成进行初步的了解，若在初步了解后仍不能满足进行竖向设计的需求，可进一步开展工程层面的勘探工作。地质构成是影响场地是否需要填挖或填挖难度的主要因素，不同地方地质构成情况各有不同，对应开挖的方法和形式也不一样，最终导致工程费用也会有较大差别。故在规划编制前先开展地质情况了解尤为重要。

5.1.2　竖向分区

结合地质条件及现状情况，以满足安全与排水等的要求为基础，进行用地选择。确定可建设用地范围后，以上层次规划路网为骨架结合现状的限定性条件建立竖向分区。通过竖向分区对局部场地进行更细致的分类，以此进行具体的竖向设计。

5.2　基于"竖向分区"形成初步方案

5.2.1　优化及细化路网结构

根据建立的竖向分区及相关基础数据，结合上层次规划已经确定的路网进行优化并得到整体的路网方案,从而划分出具体的地块。主干路网选线除满足上层次规划要求外,道路设计还需要满足与周边土地的高程衔接,将道路与相邻场地的高差控制在可实际运用的范围内。

5.2.2 确定场地竖向

通过路网及用地初步方案的确定,在通过一系列计算土方基本满足就地平衡情况下整个具场地所能达到的平均高程,结合场地周边现状用地,规划排水和防洪安全等条件的在满足这些条件后,综合计算得出路网及场地的竖向标高,场地形式和坡度。

5.2.3 估算开发成本

据场地及道路竖向方案,计算场地及道路开发的土石方填挖量和填挖平衡情况,同时根据已了解的地质构造情况等估算出填挖工程所需要的时间以及成本,为规划项目的进一步推进提供重要的参考依据。

5.3 基于初步方案反复协调沟通

根据初步方案后通过计算得出的填挖方工程量和预算,与业主单位进行沟通,就该方案所需要的时间及经济成本征求业主单位的意见,判断是否具有实际可操作性。通过业主单位的反馈信息可进行方案上的调整,以达到更具合理性的成本预算,使规划方案更具实际操作意义,以便指导下一层次的工程设计。

与业主单位的沟通衔接后,根据细化的路网和地块高程的衔接关系,在满足道路和场地排水的情况下确定道路的具体竖向设计及场地所采用的具体竖向形式。根据上层次规划所确定的功能定位要求以及竖向设计进行用地布置确定不同的用地性质。使场地的竖向形式能更好地符合用地性质的使用实际需求,最后形成完善的规划方案。

5.4 案例分析——以粤西某产业转移园控规为例

通过地形分析可知产业转移园地势起伏较大,场地内最大高差达30米。结合主干路网、现有村庄范围、基本农田和防洪要求等限定因素,确定了建设用地地块。并将地块划分为四个竖向分区,并对四个竖向分区分别进行地形分析,计算竖向分区的平均高程。

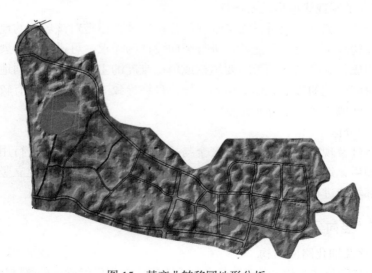

图15 某产业转移园地形分析

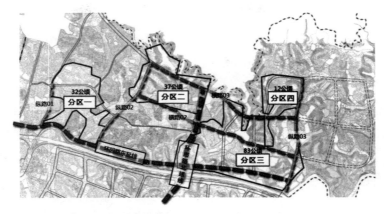

图16 某产业转移园用地选择及竖向分区分析图

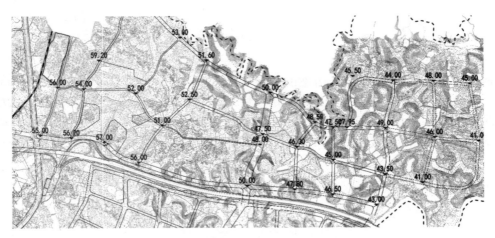

图17 某产业转移园道路竖向规划方案

根据确定的建设地块,在以上层次规划主干道为基础上,通过竖向分区的建立同时根据一系列的计算后得出路网用地的初步方案。并计算出场地和路网的竖向标高。而道路和场地竖向设计则分别需满足以下几点:

(1)道路场地满足规划范围外东南方向河流的防洪要求。根据水务局提供的数据,计算得出河流的防洪高度,从而计算出本次规划范围内的场地最低高程为40米。

(2)满足规划区南侧高速公路连通南北两侧用地的桥底现状标高及净空要求,计算得出此点道路设计高程为50米。

(3)根据排污尾管设计标高得出此处道路设计标高为56米。

(4)依据现状标高,按照最小0.3%的纵向坡度推算场地及道路竖向高程。

通过道路方案的细化及竖向高程的确定,根据之前竖向分区平均高程的计算结果,结合该地块与道路的衔接关系。同时地块竖向满足以下几点关系。

(1)路网与地块的最小高差控制在3米以内;

(2)地块与道路相结合后能满足排水的要求;

(3)以最少的土石方工程量计算出每个地块的规划标高。

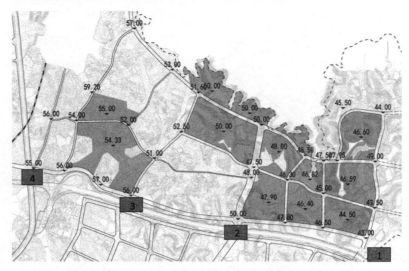

图 18 某产业转移园道路及场地竖向规划方案

通过计算该产业转移园初步方案的道路填方量为 841425 立方米,挖方量为 969440 立方米。场地填方量为 3451246 立方米,挖方量为 3138476 立方米。填方量总和为 4292670 立方米,挖方总量为 4107916 立方米。填挖方平衡情况达到 95.7%,填方需求略有缺口。根据地质情况结合填挖方量,可估算出土方平衡工程预算约为 14444 万元。

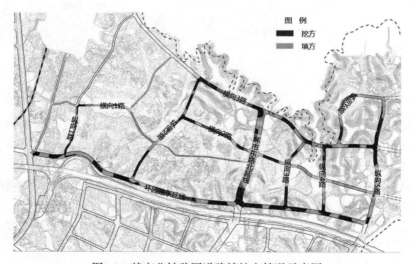

图 19 某产业转移园道路填挖方情况示意图

通过估算,可得园区建设的初步预算及工程量,将估算结果与业主单位进行沟通,并征求相关意见。沟通过程需要多部门协调,一是与项目所在的规划管理部门进行交流和意见征求,二是园区所在乡镇的意见收集,三是了解拆迁征地工作流程。根据收集的意见进行方案调整。将调整后的方案与工程施工方讨论并征询其对该项目实施的意见,最后经过数轮调整后得出较完善方案,提升了方案的可实施性,加强了与建设工程的紧密联系。

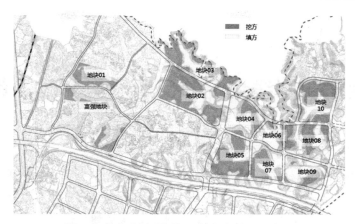

图 20　某产业转移园场地填挖方情况示意图

6　结语

对竖向要素考虑的欠缺和不足是目前规划编制中普遍存在的情况，最终导致了城市建设的难度和成本的增加，这种影响在场地复杂地区尤为突出。本文通过对多个规划在竖向设计方面的跟踪分析，提出了"将竖向作为重要的影响因素，贯穿于各个层次的规划编制过程中"的要求，希望在日后的规划编制过程中更加重视对竖向要素的考虑，对地形复杂地区的城市建设起到积极作用。

昆明市生态控制线划定的问题思考和应对策略探索

陈立仁[1] 林子威[2]

摘 要：昆明是独具特色的高原滨湖山地城市，也是经济欠发达地区的省会城市，昆明在划定生态控制线时根据自身城市特色将生态控制线划分为生态底线区和生态缓冲区，缓冲城市建设和生态保护之间的矛盾，本文通过总结和分析在昆明生态控制线划定过程中遇到的问题，从规划内容、规划管理、规划实施方面进行思考，提出将生态控制线的管理上升到控规层面，实施过程建立动态修复机制和生态补偿机制，并将规划成果纳入"三规合一"中，建立公共信息平台进行管控。为城市生态控制线实施、管控方式提出设想和建议。

关键词：山地城市；生态控制线；动态修复；生态补偿；三规合一

前言：改革开放以来，我国进入了经济高速发展时期，经济高速发展的同时是以牺牲环境质量为代价的，自2005年深圳首个做了基本生态控制线规划以后，北京、上海、武汉、广州等城市也相继编制了基本生态控制线规划，昆明在借鉴国内这些经济发达地区城市的相关经验后，2013年7月进行了《滇池流域永久生态保护规划》的编制工作。

1 昆明市生态控制线的划定——《滇池流域永久生态保护规划》

1.1 滇池流域概况

昆明位于云南省中部，东经102°10′～103°41′，北纬24°24′～26°22′，地形北高南低，整个市域以高原地形为主，总面积约21011平方公里，滇池流域位于昆明市域南侧，是昆明主城区所在地，总面积2920平方公里，地形以盆地为主，坡度大于25%不适合建设的区域超过30%，滇池流域也是昆明市经济发展最为迅速的地区，GDP总量占全市80%以上，聚集了全市55%的人口，人口密度是整个市域的4倍，是全省交通物流枢纽核心。

作为昆明市域建设活动集中度最高的地区，城市建设过程中未对生态环境保护提出具体的控制措施，导致滇池流域生态存量不断减少，城市增长边界无序扩张，成为昆明市域城市建设与生态环境保护矛盾最大的地区。

1.2 滇池流域生态控制线划定构思

滇池流域是昆明市域内经济最发达、城镇最密集、人口和产业集聚程度最高、山地城市景观特色最典型的区域，也是与生态环境矛盾最大的地区，加之其自然条件复杂多变，

---

[1] 陈立仁，昆明市规划设计研究院。
[2] 林子威，昆明市规划设计研究院。

自然灾害隐患丛生，生态条件脆弱，环境容量有限；受地形限制，城市交通组织不便利，城市建设用地严重受限，形成了与平原城市截然不同的城市空间形态。因此，滇池流域生态控制线不能采取"一刀切"的形式将城市划分为建设区和生态保护区，结合昆明市典型山地城市特点，考虑在城市建设区和生态保护区之间加入生态缓冲区，实现"山—城"共生，一方面保护城市赖以生存的生态环境；另一方面也为生态空间规划与管控提出了新的要求。

1.3 生态控制线划定

通过现状踏勘以及相关基础资料的收集，运用层次分析法对植被覆盖率、坡度、自然灾害、交通可达性等16项生态因子分析，建立分析矩阵，对矩阵内各个影响因素赋予权重，运用统计学方法进行计算，根据计算结果得出生态敏感性分析结果，根据分析的结果结合昆明实际建设情况分为生态敏感区和生态缓冲区，共同构成滇池流域生态控制线。

生态敏感性较高区域作为生态底线区（生态敏感性评价60分以上区域），主要包括水源保护区、基本农田、自然保护区、风景名胜区、地址灾害高发区等区域。

基本生态控制线内"生态底线区"评价数据统计表　　　　　　　　表1

名称	用地评价要素	要素主要内容	用地总面积	划入底线区的面积（平方公里）	划入底线区的比例（%）	用地说明
生态底线区	用地条件	坡度>25%的山地	923.99	877.79	95	该范围内的用地不适宜开发建设
	水源保护区	一级水源保护区	25.89	25.89	100	根据昆明市人民政府关于全市县级城镇主要集中式饮用水源保护区划分方案的批复，该范围应严格保护
		二级水源保护区	378.57	378.57		
	基本农田保护区	集中成片的基本农田	305.45	205.45	100	根据《土地管理法》规定及城市建设的需求
	自然保护区	一级保护区	10.50	10.50	100	根据《自然保护区条例》相关要求划定
		二级保护区	8.57	8.57		
	风景名胜区	一级保护区	4.76	4.76	100	根据《风景名胜区条例》相关要求划定
		二级保护区	10.10	10.10		
	公园	市级公园	143.06	143.06	100	根据《昆明市城市绿地系统规划》相关要求划定
		区级公园	46.26	46.26		
		明显的带状公园	30.23	30.23		
	地质灾害区域	地质灾害高易发区	374.05	149.62	40	根据《地质灾害防治条例》相关要求划定
	植被	集中成片的林地	897.89	808.10	90	根据《林地保护利用规划》相关要求划定
	高程	>2100米	1009.37	958.90	95	从滇池流域高程来看，2100米以上基本为陡坡、山地及林地
		1950~2100米	876.56	394.45	45	
		<1950米	1034.07	155.11	15	
	现状村庄	规模<5公顷，其特征明显等	6.83	5.46	80	结合云南省新农村规划的相关要求划定
	交通可达性	可达性差	1197.75	1137.86	95	主要为陡坡、山地、林地
	市政设施投入	市政投入大	1497.75	1422.86	95	主要为陡坡、山地、林地

续表

名称	用地评价要素	要素主要内容	用地总面积	划入底线区的面积（平方公里）	划入底线区的比例（%）	用地说明
生态底线区	景观视廊	2100 米以上山头	1156.01	1156.01	100	山头现状主要为公园、林地
		950～2100 米以下的山头	218.07	218.07	100	
	生态安全性	生态隔离带	276.90	235.37	85	结合《昆明市城乡规划管理技术规定》及相关规划要求划定
		滇池一级保护区 35 条入滇河道两侧 50 米绿化带、高速、快速路路两侧 50 米及以上绿化带	41.10	41.10	100	

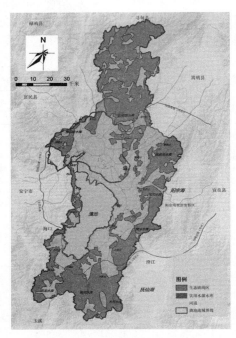

图 1　生态控制线划定（一）

生态敏感性一般的区域划分为生态缓冲区（生态敏感性评价 60 分以上区域），生态缓冲区是介于生态底线区与城市建设区之间的区域，缓冲城市建设和生态保护的矛盾。

基本生态控制线内"生态发展区"评价数据统计表　　　　表 2

名称	用地评价要素	要素主要内容	用地总面积	划入发展区的面积（平方公里）	划入发展区的比例（%）	用地说明
生态发展区	用地条件	坡度 8%～25% 的山地	797.82	119.67	15	该范围内的用地不适宜大片区开发建设
	水源保护区	准保护区	25.89	25.89	100	根据昆明市人民政府关于全市县级城镇主要集中式饮用水源保护区划分方案的批复，该范围可适度开发

续表

名称	用地评价要素	要素主要内容	用地总面积	划入发展区的面积（平方公里）	划入发展区的比例（%）	用地说明
生态发展区	基本农田保护区	零散的基本农田及耕地	202.54	162.03	80	根据《土地管理法》规定及城市建设的需求
	自然保护区	三级保护区	20.70	20.70	100	根据《自然保护区条例》相关要求划定
	风景名胜区	三级保护区	6.08	6.08	100	根据《风景名胜区条例》相关要求划定
	地质灾害区域	地质灾害中易发区	958.80	239.70	25	根据《昆明市城市绿地系统规划》相关要求划定
	植被	集中成片的林地	897.89	89.79	10	根据《林地保护利用规划》相关要求划定
		灌木丛及草地	197.11	137.98	70	
	高程	＞2100米	1009.37	50.47	5	从滇池流域高程来看，该范围内有部分裸地、用地条件较好的土地
		1950～2100米	876.56	262.97	30	
		＜1950	1034.07	72.38	7	
	矿产资源		29.44	29.44	100	考虑到矿产资源开发及未开的开发利用
	现状村庄	＞5公顷	42.03	27.32	65	结合新农村规划部分村庄的改造提升
	交通可达性	可达性差	1197.75	59.89	5	部分用地适宜建设
		可达性较好	166.54	133.23	80	
	市政设施投入	市政投入大	1497.75	74.89	5	部分用地适宜建设
		市政投入较大	156.54	125.23	80	
	景观视廊	1950米以下的山头	6.81	6.81	100	结合山头发展文化旅游、体育休闲等
	生态安全性	生态隔离带	276.90	41.54	15	结合实际用地情况，局部可进行调整修正

根据分区的结果，提出控制要求，生态底线区：禁止新增其他城镇建设项目，不允许新建工业、仓储、商业、居住等经营性项目，区内鼓励农村居民点腾退，搬迁至集中建设区或建设区，保留的村庄不允许扩建。生态缓冲区：建设项目须满足"三低一高"4项限制条件：即低强度、低密度、低建筑高度（不得对周边山体、水体等开敞性生态景观产生影响）与高绿量（绿地总量不低于项目总用地的60%）。

为更好地控制生态缓冲区内的建设开发，充分发挥其缓冲城市建设与生态保护之间矛盾的功能，结合区域现状资源特点，规划将生态缓冲区分为四种类型进行有效控制引导。

生态保育型生态缓冲区：主要位于生态底线区外围区域（风景名胜区、自然保护区的三级保护区等），主要以保留、整理现状生态资源为主，不得破坏山体、林地、水体等自然景观资源。生态保育型生态建设区内有大量面积较小、植被集中、品相较好的经济林地，功能以保护、改善生态环境为主，开发建设遵循少量、小型原则。开发总量控制在2%以内。

生态修复型生态缓冲区：此类型用地以基本农田、经济林地为主要载体，结合农林牧渔生产、农业经营活动、农村文化及农事体验活动的耕地、园地、林地、草地等用地，兼容为农业观光旅游服务配套的餐饮、娱乐、办公管理、住宿等建设。不宜进行大规模集中开发建设，开发总量控制在 5% 以内。

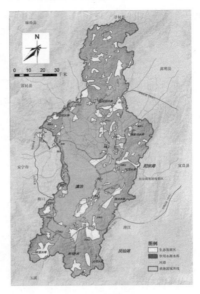

图 2　生态控制线划定（二）

农业生产型生态建设区：此类型用地以现状植被较差、地形地貌复杂的面山区域为主，该类区域内主要包括五采区、裸地、沙地、荒草地。规划对山体制高点及面山景观进行生态植被恢复，为市民提供郊野运动、公共游憩空间。开发总量控制在 8% 以内。

旅游度假型生态缓冲区：具有很好的旅游景观资源（滨湖、河，公园，历史人文景点等）。规划建设必须以"生态、低碳、绿色"为原则，开发建设遵循"低强度、低密度、低建筑高度与高绿量"，开发总量控制在 20% 以内。

2　生态控制线划定问题总结

目前，《滇池流域永久生态保护规划》（以下简称生态控制线规划）已形成初步成果，在这个过程中我们遇到诸多问题，下面是一些主要问题的总结。

2.1　生态控制线规划与其他规划存在不协调问题

在规划实施过程中，主要存在与土地利用总体规划、经济发展规划等其他不是规划部门主导编制的规划不协调的问题，以《一条龙都市农庄建设规划》为例，一条龙都市农庄位于农业发展型缓冲区内，按照《昆明市都市农庄建设暂行管理办法》的要求，"在都市农庄规划区域的山坡地范围内，建设配套的服务项目，配套服务项目占地不超过农庄规划面积的 5%"，但是，根据土地利用总体规划，规划范围内全部为林地、园地和耕地，导致 5% 的配套设施用地无法落地，需要等待下轮的土总规调整之后才能获得都市农庄建设工程许可证，才能进行生态项目建设，加大了生态项目的实施难度。

2.2 生态控制线规划应对新问题的反应机制较差

生态控制线规划划定之后，应对生缓冲展区内出现的新问题调控力较弱，规划的适应性较差，导致规划的实施性较差，以《昆明主城至呈贡生态隔离带规划》为例，规划生态隔离带北段为森林公园，需要配套 5% 的公园设配套设施用地，由于项目地块属于生态保育型生态缓冲区，只有 2% 的生态项目建设用地，导致规划难以通过审批。

2.3 规划精确性不足，只能作为指导性规划，不能切实控制生态建设

本次生态控制线划定是在总规层面进行的，在 1∶10000 的地形图上仅仅对生态底线区进行了范围限定，大比例尺下的生态控制线划定仅仅提供规划，生态项目的控制性达不到建设控制需求，以《昆明滇池国家旅游度假区大渔片区海晏村保护与发展规划》为例，按照生态控制线规划，海晏村整个用地范围处于旅游度假型生态缓冲区内，但根据控规提供的海晏村用地不能完全与生态控制线规划划定的旅游度假型生态缓冲区完全重合，用地面积存在较大差异，反映出生态控制线规划精确性不足带来的控制性较差问题。

2.4 生态建设缺乏合理的引导措施，生态修复效果差

政府是生态修复的主体，根据《昆明市人民政府关于滇池流域面山及其他重点区域"五采区"植被修复情况的专项工作报告》，截至去年 7 月底，滇池流域 33 个采区累计完成植被修复 8561 亩，总投资 6 亿元。对于生态修复型生态缓冲区内 8% 的建设量，往往存在建设条件较差、地址灾害隐患较大、景观资源条件不好的问题，没有投资方进行生态修复建设。政府主导来进行生态修复的方式成效叫差、生态修复周期较长。

3 针对存在问题的分析和思考

（1）规划面对城市复杂的建设活动缺少相应的动态应对机制，"死的"生态控制线不能对"活的"建设活动进行控制。

（2）生态控制线的划定工作应该是多部门协作的共同结果，但在规划编制过程中，存在较多资源共享方面的问题，各个部门各自为营，缺乏统一的资源共享平台，导致生态控制线规划出现"多规不协调"问题。

（3）生态控制划定作为城市由粗放式经济发展模式向精细化管理的模式转变的策略之一，必然会引发线内民众的用地权益受损，出现个体短期经济效益与整个城市长期环境效益的冲突。

（4）生态控制线规划往往被作为城市总体规划的专项规划，规划的精确性不足以约束建设活动，对生态建设也只是知道意义，导致规划的受重视度和执行力较差。

4 生态控制线的管控方式的完善

4.1 建立动态修复机制

针对生态控制线编制和实施过程中的问题，我们认为生态控制线的划定将会是一个长

期动态修复的过程，动态修复是指生态控制线并不是不可修改，而是可以根据城市发展的需求在不破坏生态环境的前提下对生态控制线进行合理调整，但调整必须遵循以下原则：（1）占补平衡，调出生态控制线的面积和调入生态控制线的面积必须平衡，确保昆明市的生态控制面积保持动态平衡；（2）确保生态控制线的连续性。

基于昆明市的建设情况，对于划定生态控制线之前就已经建成集中成片的区域，对于权属复杂且距离生态底线区较远的区域，已经得到批复、经环评部门确定对生态环境影响较小的重大项目用地，可以调出生态控制线，但必须有相等面积的紧邻生态控制线、与原生态控制线空间控制范围连续、现状植被较好、土地权属未进行出让、总规用地性质为非建设用地的土地调入生态控制线，以实现动态平衡。

4.2 建立生态补偿机制

生态补偿是指在综合考虑生态保护成本、发展机会成本和生态服务价值的基础上，明确界定生态保护者权利义务，政府对生态保护者给予合理的经济补偿或政策优惠，建立生态补偿机制对生态保护者进行生态补偿，鼓励全民参与生态修复，共同改善生态环境建设，从而解决个体短期经济效益与整个城市长期环境效益的冲突，最终促进生态控制线的实施。

4.3 控制精细化，增强规划的管控性。

在生态控制线划定的基础上进一步细化控制，将生态控制线的管控上升到控规层面，在1：2000地形图上建立生态控制线管控单元，将生态控制线内的生态控制区域划分成为多个管控单元，运用ARCGIS建立管控单元数据库，录入相关信息，提出相关的控要求，支撑动态修复的进行。

4.4 规划法制化

生态控制线规划最终应上升到法律层面，才能为出现新问题、新矛盾提供一个依法解决的路径，从而提高规划的操作性。目前，昆明的基本生态控制线已成雏形，未来工作的重点应转向基本生态控制线的法定化工作，形成规划、立法、实施、监督、优化的动态序列过程。规划必须坚守生态底线，为解决规划过程中出现的问题，必须推进生态控制线的立法工作，将其纳入法制化的管理体系，以法律形式确保生态控制线的地位，为控制线的实施管理提供法律依据，才能确保规划落到实处，真正实现昆明生态底线的监管控制。

4.5 生态控制线划定三规协调，建立公共管理平台，强化管理中的部门协作。

结合今年昆明启动的昆明市"三规合一"规划，将生态控制线的划定成果纳入昆明市"三规合一"的公共管理平台，加强各部门之间的信息交流与管理协作，建立相应的会商和协调机制，遇到新的问题可以相互对接，协调解决，共同协调确定用地性质、用地边界、用地权属，确定城市增长边界，落实生态控制线，使得生态控制线的划定公开化和科学化，对昆明市的非建设区域实现科学精细化控制，全面改善昆明市域的生态环境。

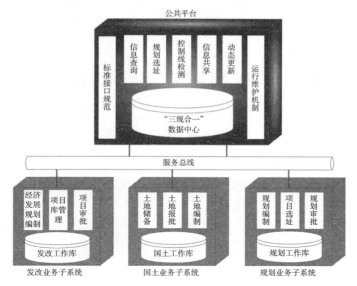

图 3 生态控制线划定三规协调，建立公共管理平台，强化管理中的部门协作

5 结语

长期以来，规划关注的重点是城市建设，对城市生态环境和生态空间的研究不够，目前我国城市化水平已经超过 50%，进入了城市文明的新阶段，规划应在生态环境改善和生态空间塑造方面投入更多精力，本文就昆明生态控制线划定工作中遇到的问题进行分析，提出后续规划完善与实施管理的建议，期待能为其他类似山地城市的生态环境保护提供借鉴，更期待就类似问题与同仁进行交流探讨。

参考文献

[1] 赵琨，苗亮罗，王天青. 从弹性引导到刚性控制——胶州湾生态控制线划定的思路与方法 [J].2012 中国城市规划年会论文集．

[2] 张臻，杨培峰，何波，杨乐. 自然里的都市——重庆大都市区生态空间规划与管控研究 [J].2015 西部人居环境学刊．

[3] 徐源，秦元. 空间资源紧约束条件下的创新之路——深圳市基本生态控制线实践的探索 [J].2008 中国城市规划年会论文集．

[4] 盛鸣. 从规划编制到政策设计：深圳市基本生态控制线的实证研究与思考 [J] 城市规划学刊 .2010,（S1）．

[5] 程遥，赵民. "非城市建设用地"的概念辨析及其规划控制策略 [J]. 城市规划，2011，10: 9-18.

[6] 刘选端，张天绚，昌南燕. 论长沙市城市可持续生态基底建设——以《长沙市基本生态控制线规划》为例 [J].2012 中国城市规划年会论文集．

礼失求诸野：景观都市主义下的山地城市营造
——以苍梧县城市总体规划方案设计为例

李 昊❶ 侯 宁❷

摘 要：新常态下的以人为本的新型城镇化更加重视城市空间品质的提升和环境风貌的优化。而在我国长期的快速城镇化过程中，以功能导向为核心、标准化的方案设计模式往往忽视了城市的地域个性。特别是我国南方众多山地城市，其长期以来承载的东方山水景观价值，在现代主义的快速城市化过程中受到强烈冲击。景观都市主义作为国际规划界的最新理论思潮，对传统功能主义导向的城市设计进行了反思和批判。而该理论对于地域景观的强调，也与我国传统的山水城市营造理念不谋而合。广西苍梧县是岭南地区具有代表性的山地地区。本文以其新县城总体规划过程中方案设计为例，阐述了基于景观都市主义理论与中国传统山水城市营造融合的理念，通过对本地山水文脉的延续，强化城市形态与景观的关联，营造出田园与都市完美结合的总体规划方案。通过此方案设计，探索了山地城市总体规划的方案中山水景观活力塑造与人工与自然环境交融的设计模式。通过将城市纳入广义景观，进而承载居民心理需求和文化传承等要素，避免了常规新城规划中常见的"千城一面"的现象，也使城市山水景观成为其空间魅力所在。

关键词：景观都市主义；山地城市；城市总体规划；方案设计；总体城市设计；山水城市

1 引言

随着我国经济发展进入"新常态"，城市建设也从追求规模的扩张向注重内涵和质量的提升转变。在以人为核心的新型城镇化下背景下，城市规划迫切需要重回营造的理念，塑造具有地域特色的高品质的城市空间，实现空间规划的效绩提升。

景观都市主义（landscape urbanism）作为近年来国际城市规划领域重要的流派，与传统城市规划理论不同，更强调景观逐渐替代建筑成为城市发展的基本要素，并在此基础上重新组织城市空间发展模式。

城市总体规划是为实现城市经济社会发展目标而对城市空间进行的一种综合部署。在以往的总规方案设计中，往往过度强调以经济增长为导向（pro-growth）安排产业和功能的布局。城市更多地成为了生产空间而非生活空间。同时，在作为普世文明的全球化[1]的强烈冲击下，我国城市地域特色和个性逐渐丧失，风貌呈现出"千城一面"的特点。特别是山地城市，其

---

❶ 李昊，北京清华同衡规划设计研究院有限公司。
❷ 侯宁，北京斯维克工程设计研究院有限公司。

山水田园特色、农耕文明和乡野风貌都受到极大削弱。传统总规方案设计，特别是对于新城的设计，往往有着"平地造新城"的倾向：以刚性的功能落地为着重点，绘制终极蓝图，而缺乏对本地文脉的研究和传承。对于山地城市来说,这种常规型的方案设计方式尤其缺乏针对性。因此，景观都市主义对于"新常态"下的山地城市规划思路的转变有着重要借鉴意义：通过更加强调景观、生态、文脉等要素，实现更加柔性、人性化的空间设计，达到新的形势下城市魅力的提升、文化的永续、人与自然的和谐以及居民幸福指数的提升。

本文以《苍梧县新县城总体规划（2013～2030）》的方案设计阶段的实践为例，探索性地将景观都市主义的相关理念与我国国情和项目地域特点相结合，在总规方案设计的框架下对山地城市规划进行一种新思路的导向性探讨研究。

2 景观都市主义与中国山水城市

2.1 景观都市主义简介

景观都市主义实质上是20世纪70年代后西方规划界一系列对人与自然关系的探讨的延续。该理论是由哈佛大学的查尔斯·瓦尔德海姆（Charles Waldheim）于90年代后期正式提出，并产生了巨大的国际影响。景观都市主义对城市规划的唯理性者（rationalist）与唯功能者（functionalist）的思维进行了深入反思[2]。现代主义理论把景观–自然与人工–城市二者割裂，并过于强调人对自然的主导。正如柯布西耶所说，"一个城市是人类对自然的掌控。"[3] 而景观都市主义致力于消除这种对立，并力图实现人与自然的和解。景观都市主义强调广义的城市景观，认为景观而非建筑，更接近人们的体验，适合于进行城市空间组织。它致力于探索空间–时间相联系的生态学（space-time ecology），将城市本身看作动态发展的过程[4]。基于对地域性的强调，用景观作为载体，通过城市自我演化（variation）和异化（differentiation），使其最终适应各种特质空间。巴黎拉维莱特公园和纽约高线公园都是景观都市主义的代表作品。

图1　巴黎拉维莱特公园（左）[5] 和纽约高线公园（右）[6]

2.2 景观都市主义对我国山地城市规划的启示

长期以来我国城市建设注重规模而轻视质量。城市大规模扩张，但规划建设方式简单粗暴，造成人与自然的矛盾不断激化，环境品质不断恶化。而景观都市主义则旨在消除城乡之间、人工与自然环境之间的矛盾[7]。同时景观都市主义也强调自下而上的规划形式，通过对以功能主义为核心导向的城市规划模式的修正，创造与自然融合的适应性城市（Adaptive City）。

事实上景观都市主义的诸多观点与我国传统营城理念不谋而合，与当代钱学森提出的山水城市以及吴良镛的人居环境科学等理论也都有相当的内涵关联。而我国江南、岭南的山地城市，尤其中小城镇，其地形特点和空间尺度更适宜进行山水城市的建设探索[8]。山水城市强调中国的文化风格，传统的山水城市营造就像山水画一样，讲究风水格局，体现了天、地、人的和谐关系以及独特的审美情趣。而南方以山水为特色的山地城市则是这一风格彰显的典型。因此山地城市规划将在以现代主义的功能为唯一导向、追求物质拓张的城市规划模式转型中起到重要的引领作用。这需要借鉴景观都市主义，避免建设的泛型动作（generic actions），合理引导城市空间设计，营造地域的归属感，重新回归东方气质的城市审美。

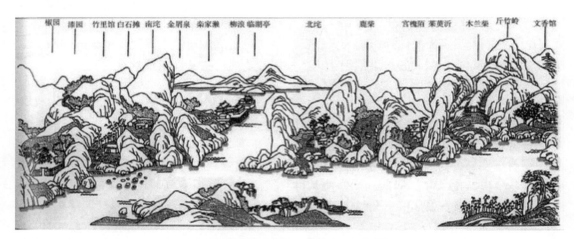

图2　唐代王维的蓝田辋川别业图（文献[9]）

3　案例：苍梧城市总体规划方案

3.1　项目背景

苍梧县是广西壮族自治区梧州市下属的县级行政单元。2013年梧州市和苍梧县进行行政区划调整，调整后苍梧县行政区划发生了较大变化，县域面积缩减，苍梧县人民政府驻地由龙圩镇迁至石桥镇。新县城将在石桥镇的基地上进行建设。为落实新县城搬迁建设的要求，特制定新版苍梧城市总体规划。

3.2　基地认识

基地拥有岭南地区典型的山地丘陵的地貌特征。当地传统人居环境具有突出的山水特色。新县城的选址处于四面环山小盆地，外围山环水抱，内部遍布山体丘陵。中心区有标志性的山体古览石，内部农田水稻、砂糖橘林等植被丰富，生态本底良好，具有塑造山水

图 3　苍梧新县城区位（左）；基地现状（中）；现状照片（右上、右下）

田园城市的优良条件。

针对典型浅丘山地城市的特征，传统的规则路网并不适合现状地形。而该地区山水相间，地形复杂的特点，需要通过总体设计来彰显山水特色，营造特色景观风貌。同时需要充分考虑本地文脉和原住民文化的传承。

3.3　方案生成过程

孔子曾说"礼失求诸野"，即礼乐崩坏之际，可以去乡野寻求道德积淀。如今现代化的造城运动，给传统的人居关系造成了强烈冲击。本次规划的方案设计，力图挖掘传统乡野的文脉内涵，重塑山地城市和谐的人居环境和空间形态。

规划方案将通过山水环境与城市建成环境的融合形成广义的文化景观，融合旧城的记忆，并创造全新生活的体验。通过糅合古老历史传统、当代的发展诉求以及对未来的展望，成就一个宜居永续的山水城市。

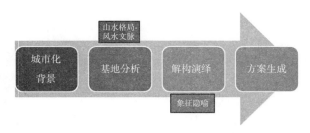

图 4　方案生成的思路流程

3.3.1　本地传统山水城市肌理的解读

在限制性条件较少的方案设计中，很容易形成"平地新城"那种普适性的方格网的空间模式。以往新城的设计往往是一种异质化元素的硬性的嫁接，这样一方面导致了新城与老城的文脉割裂；另一方面又造成了库哈斯所说的广谱城市（generic city），匀质空间抹平了城市的特点。尽管本次规划是一座新县城的设计，但通过设计兼一个具规范性和弹性的方案，力求将这种空间的突变转为柔和的演进。从本地城市的图底关系入手，思考人工环境–自然环境的关系，促使两者相互渗透。通过对老县城的城市肌理的深入分析，传承传统路网、用地与自然环境、地貌密切集合的有机形态，形成城市地域性的延续。

图5　老县城影像图（左）、变色的解译（中）以及图底关系肌理的分析（右）

3.3.2　从山水格局到城市空间结构

将山水作为城市空间构成的核心要素，尊重自然，因势利导，形成城市组团，通过山水格局确立方案骨架。

在基地的中央地带有一组连绵成片的丘陵山体，能同时与基地东北方向的步岭、西北方向的米升尖和东南方向的石牛山形成良好的山水对应关系。现有的石桥镇区也在这组丘陵的南侧依山而建，丘陵山体的北侧、西侧和南侧皆有适宜发展建设的空间，东侧虽然用地空间较小，但紧临东安江，也可建立良好的城市空间联系。

以现状山水格局为依托，以中央丘陵山体为核心，围绕其建设混合城市功能环，对照外围山体预留生态廊道与视线通廊，以水为带，构筑山、水、城有机融合、城市功能高度集聚的生态化的人居体系。

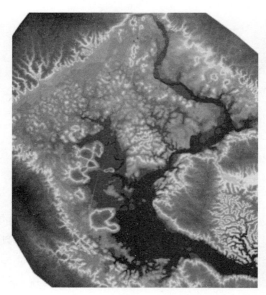 

图6　地形分析（左）与山水关系分析（右）

3.3.3 山体视廊通道的维系

依照中央丘陵山体与外围山体的位置关系，规划四条一级山体视廊通道及两条二级山体视廊通道，力求望得见山，突出山水田园特色。形成"望得见山、看得见水"的空间格局。

图 7　山体视廊的梳理

3.3.4 方案的隐喻：城市是流动的空间

尽管方案是由山水的格局，而非具体的形象来直接推导空间形态，但方案的本身也隐含着部分理念演绎。安斯汀（Arnstein）提出的市民参与的梯子是规划界重要的理论，梯子模型阐明了公众对规划参与不断深入的过程。而乡村社会具有公民社会（civil society）的雏形，乡土城市的形成需要基于自下而上的自我演化生成。由梯子这一形态进行变形，可以得到水车这一形态，作为南方农业文明的隐喻：水田、流动性、人工地景的塑造。将最终得到的水车形体溶解于已有的方案之中，也隐含了水是城市的灵性所在以及南方山地城市聚落逐水而居的特点。水的流动性意味着新县城是山水之中的一种动态塑造，正如 Castells 提出的城市是流动空间[10]。

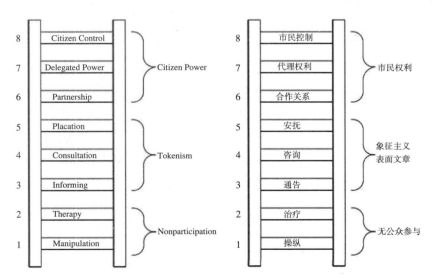

图 8　安斯汀的公众参与梯子模型[11]

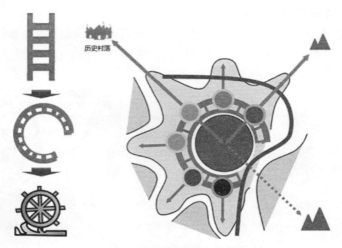

图9 方案隐喻的推演

3.3.5 方案的最终形成

现状的乡间道路承载了居民的记忆，是长期农业社会下人改造的自然环境的遗产。方案通过最大限度地利用现有乡道村道构建城市路网，来保留传统文脉和乡土风物的记忆。完全不同于"平地新城"模式的方格网，这种严格考虑了各种地形地貌特征的有机路网体系，最大程度上拟合了本地城市自我演化的规律。保留各种小丘山体，成为城市内部的中心公园或者街角公园，也减少了土方量。在确定了路网之后，通过主干路构建城市组团。基于城市自然演变的逻辑推演，最终形成用地方案。

在路网和用地的关系上，方案采用了空间句法（space syntax）定量分析优化城市形态（urban morphology）的拓扑关系，实现交通与用地一体化。经过空间句法的分析，可以看出中部环形地区具有最高的整合度，即用来衡量道路通达性最重要的指标。这一带布局公共服务和商业服务用地，提高居民服务的便利性。而居住区则布局于深度较大的地区，避免过境交通干扰。工业区布局在保证物流运输条件的基础上，远离整合度较高区域，实现与城市中心区适当分离。

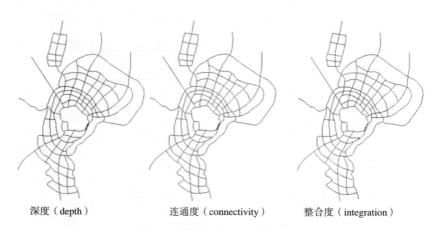

深度（depth）　　　连通度（connectivity）　　　整合度（integration）

图10 空间句法对路网的分析

最终的用地方案，与传统的总规方案图思路截然不同，更强调从景观文脉等要素出发，考虑当地居民的空间感受。城市的核心是中央绿地公园，正如曼哈顿的中央公园一样形成建成区内原生态的绿核。围绕公园布局的是复合功能的环状区域，再通过向南北拓展，以复合地景催生各类空间的形成。

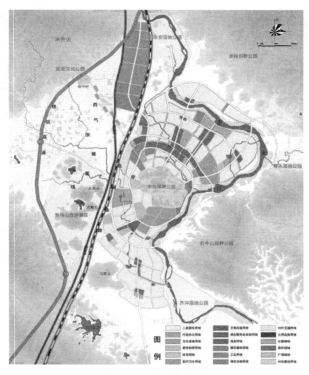

图 11　用地方案图

4　总体城市设计与景观塑造

在用地方案确定之后，通过总体城市设计的手段对城市空间环境进行谋划，细化指导城市规划建设。以景观为导向提炼城市的个性特征与特色，并形成可实施的城市整体空间构建框架。城市空间不再是简单的城市职能和产业的承载体，而是构建一种张弛有度的和谐的城市系统，实现物质空间与城市社会经济制度的良性互动。

4.1　山水田园与现代都市的交融

通过山水融城与田园风光的打造，重塑本地村民对传统山地乡土生活的体验。改变在基地上强行造城的思路，而采用基于本地文脉渐进式营城的策略，促进历史传统与现代文明的交汇，持久地激发文化活力，实现可持续发展与有机共生。

4.1.1　山水结构的重塑

基地周围山体城市的用地布局与形成犄角之势，组成了城市空间的完整格局，也是城市景观的标志。在本方案中，新建的县城被群山环抱，而县城内部最核心的地段是大面积的中央绿地公园。建成区内部最大程度地保留坡地和小丘，城市本身也成为一个公园。通过景观生态系统的保留和山水渗透，最终形成"城在山水中，山水在城中"的和谐"山、水、城"关系。

图12 用地图方案的3D模拟分析

4.1.2 田园城市的自组织生长

借鉴景观都市主义的相关理论，强调景观性、地域性和过程性。理解Sanford Kwjner关于城市的"偶然现象性成长"[12]的观点，通过传统乡野肌理在城市中的留存，促进城市化的农民不再单一地由乡向城演化，而是在自发集聚的过程中达成一种城乡的和解。

有机的路网充分尊重城市作为生命体的自发生长过程。通过构建城市复合功能节点，形成开放式、混合密度的触媒催生城市有序生长，在城乡地景新旧交叠的过程中促使城市自我演进与更新。

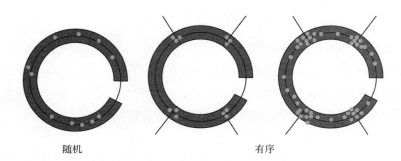

随机　　　　　　　　　　有序

图13 触媒节点引导城市成长

4.2 城市魅力的核心：都市功能环

好的城市都有着浓缩其性格的城市中心区，作为城市剪影成就了城市的核心价值[13]。方案中城市的中心区是以中央绿核为核心的城市功能环区域，承载了城市核心功能，并创造地域场所感。

4.2.1 承载功能的环

通过弱化传统的功能分区，以城市功能环集合混合用地、多元化功能、创意街区、文化活化等诸多要素。通过环线交通串联各类公共服务、商业服务等核心，城市中心不再是一个小的片区或节点，而是一个以包含了绿地公园的复合功能环，以核心功能的高度混合实现时空的混合。

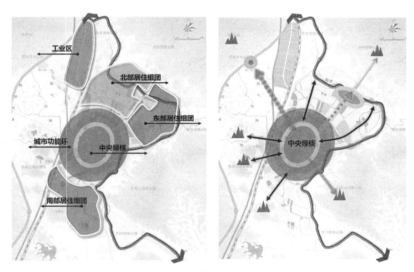

图 14　方案的空间结构分析和景观结构分析图

4.2.2 作为景观的环

城市功能环同样具有突出的城市景观意义。城市功能环围绕中央丘陵山体而建，城市环的高密度集中发展的形态与天然的中央丘陵山体具有鲜明的对比，似乎形成了一种冲突；而生态廊道和景观视廊由将外围环绕的山体引入城市，调和了这种冲突，也更大程度地丰富了城市与自然地对照关系，从而带来了既和谐又富有戏剧性的景观效果。景观尺度的相互嵌套形成良好的视觉效果和体验。城市本身在这种与自然的相互交融和嵌套中成为山水景观的一部分。

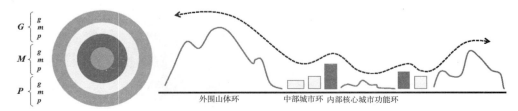

图 15　Lefevre 的嵌套尺度图解（左）[14]；城市功能环的平面结构（中）；天际线的塑造（右）

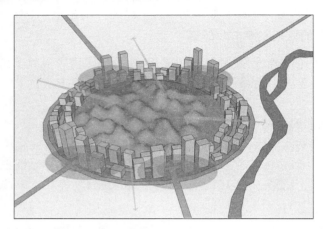

图 16　城市功能环上高密度的节点与低密度区域共同的形成通透视廊

4.2.3　环线交通设计

通过城市功能环内部交通的优化，提升其内部的可达性，使得功能环区域形成一个紧凑的整体空间和有力的都市核心。对不同等级和类型的道路分类引导，进行交通渠道化，特别是提高慢行道路舒适性、连续性。将街道打造成互动交流的平台。

在中央绿地公园内，在完好保留山地缓丘的基础上，构建行人步道，供行人游憩或者穿越公园，创造体验山丘的慢行空间。在公园外的内环，形成自行车＋步行的慢行模式，营造公共空间。在更外一圈层的中环路，发展清洁能源轨道公交、自行车＋步行，以及小尺度机动车道，构建完整的交通体系。而在外环形成主干路，由常规机动车道、公交环线构成。

图 17　城市功能环的多层次环线道路设计 [15]

4.3 城市特色轴线

4.3.1 传统文脉轴线

位于基地西北方向的培中村是具有诗词传统的文化古村落，是本地的文化地标。在西北方向的米升尖和东南方向的石牛山之间的山水大轴线内，规划通向古村落的文化景观大道，沿途两侧设置特色书院，营造"诗词之乡"的诗意画卷，形成传统文脉轴线，沟通历史、文化、都市、山野之间的关系，并通过文脉轴线串联历史与未来。

 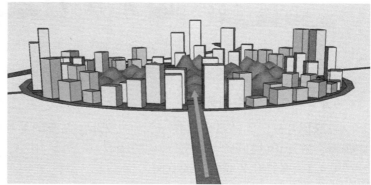

图 18 传统文脉轴线及其与城市核心区的关联

4.3.2 山水景观轴线

依托东北方向基地周边的最高峰步岭，串联山、滨水湿地公园、中央丘陵山地、西南侧山体等，形成核心景观轴线，在轴线上的规划景观大道，独特的断面设计带来更多的公共生活，强化轴线形式与认知度，丰富轴线的内涵与功能性，引山入城，延展城市结构。类似于北京轴线从故宫向北到亚运村、奥林匹克公园直达通过奥林匹克森林公园的延展方式，与江北步岭山和南部的龙岩旅游区遥相呼应。

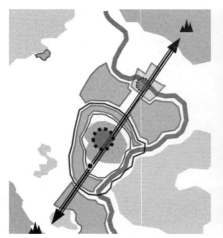 

图 19 山水景观轴线（左）与北京中轴线（右）[16]

景观轴线道路设计避免传统主干路的形式，而给予行人核心路权，类似巴塞罗那兰布拉大街，形成城市生活活力的源泉。

图 20　景观轴线道路断面设计

4.4　绿色开放空间体系

以绿色开放空间体系来承载环境和人文生态系统的复杂性和多样性，通过绿色体系的完善整合碎片化的社会，营造景观化的城市。

4.4.1　多样化的绿色开放空间

将多元化的绿地体系构建与城市空间结构完善和城市功能品质提升相结合，构建以中央绿核为核心，以公园绿地、防护绿地为基础，以城市湿地公园和城市农业公园为特色的城市绿地系统。同时完善滨河防护带，设置生态湿地公园与山地郊野公园，形成城市边缘及外围的生态体系，共同提升城市及周边环境品质。

图 21　绿地系统规划

各类绿地分类引导 表1

公园绿地	禁止/控制城市建设情况	建设项目	建设强度
生态绿地	控制	旅游设施、重大道路交通设施、市政公用设施、公园	建设用地比例≤5%
山体公园	控制	旅游设施、重大道路交通设施、市政公用设施、公园	建设用地比例≤2%
设施农田	控制	旅游设施、重大道路交通设施、市政公用设施、公园	建设用地比例≤5%
郊野公园	控制	旅游设施、市政公用设施、公园	建设用地比例≤8%
湿地公园	控制	旅游设施、市政公用设施、公园	建设用地比例≤2%
防护林带	禁止	—	—
森林公园	控制	旅游设施、重大道路交通设施、市政公用设施、公园	建设用地比例≤2%

4.4.2 都市农业

都市农业对于传统乡土社会的记忆留存有着重要意义。在城市功能环的核心地带，基于现状良好的农田基础，将都市农业纳入城市建设用地，打造都市农业公园。通过都市农业为本地提供食品支持，并通过农田与楼宇的对比创造独特的景观体验。

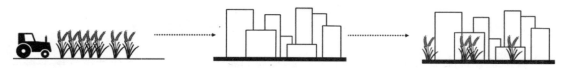

图22 城乡演化中的都市农业

农田转化为公园，农业作为景观，保留农地格局和生态作用，并作为历史场所延续乡土文化，实现城乡演化过程中乡土文化的可持续发展。

图23 都市农业公园设计

4.4.3 滨水湿地

滨水地区是生物多样性的重要载体，也是人与自然交互的空间。以保护生态安全与生物多样性为首要宗旨，保护东安江水系及周边湿地，保留自然的生态驳岸，针对生态特点进一步以本地植物完善植物群落系统，根据不同的生态敏感性局部打造景观节点、景观小品等，营造出山水辉映、绿波交融的居民步行可达的滨河生态休闲景观。

图24　滨水湿地（左）与亲水空间模式（右）

5　小结

我国长期以来城市快速扩张的背景下，常规的城市总体规划方案在一定程度上形成了标准化的模式。特别是缺乏对山地城市特殊人文和自然特点的、有针对性的方案设计模式。此外，长期以功能为导向的方案设计容易造成应对未来变化的不足。由于未来经济社会发展及相关政策变动的不确定性，城市的功能在中长期易于发生变动。但城市的景观风貌和环境品质则更具有长期性和稳定性。尤其是我国南方许多山地城市，深厚的历史积淀中传承了千百年来山水城市的价值和东方审美的情趣。景观都市主义本质上是从功能主义向人本主义思想的一种回归。在总规方案设计中，借鉴景观都市主义的理念，依托总体城市设计的方法，综合考虑基地山水特质和文脉特色，有助于改变千城一面的城市建设规划模式。

本文中苍梧县城总规的方案设计即为景观都市主义与中国城市传统山水相结合的一种应用。基于对本地文化和山水传统的理解，充分尊重山地城市特点，避免对自然的征服，减少对自然山水的改造，最大限度地保留自然环境，山体水体成为城市的一部分。城市化的景观与景观化的城市得到统一。方案避免了从硬性、机械的功能落到空间的方案设计模式，城市空间不再是简单的生产的机器，而是人与自然和谐共生的载体。

当然城市总规方案同样要考虑经济社会等其他诸多因素，本次方案设计只是作为项目中前期的一种实验性的探讨。通过这样的例子促使我们再思考城市总体规划的方案设计本质：城市究竟是狭义的功能还是广义的景观？尤其对于山地城市来说，其总规的方案设计必须要集成性地综合城市发展的各类物质与非物质的要素，面向文脉和居民体验，实现规划的空间策略和环境品质的融合，引导生活方式和生活美学的平衡。在新常态下，山地城市的总规方案设计的范式需要依据新思路进行演进，并通过营建理想的山水城市来承载理想的山水生活。

参考文献

[1] Tom Verebes. 自适应城市：城市变化、弹性及一个通向特色都市主义的轨道 [J]. 李雪凝译. 世界建筑. 2013，9:101-105.

[2] Christophe Girot, Vision in Motion: Representing Landscape in Time. In The Landscape Urbanism Reader[M]. New York: Princeton Architectural Press.

[3] Le Corbusier. Towards a New Architecture[M]. 1921.

[4] 屈张. AA景观都市主义设计思想方法的解析与启示 [J]. 建筑学报. 2012，3:74-78.

[5] 瞿俊. 从城市化的景观到景观化的城市——景观城市的"城市=公园"之路 [J]. 建筑学报. 2014，1:82-87.

[6] http://blog.localnomad.com/fr/wp-content/uploads/2013/01/High-Line-Park-3.jpg.

[7] 张月，罗谦. 全球化背景下景观都市主义对中国城市建设的启示 [J]. 中国城市经济. 2011，21：17.

[8] 王铎，王诗鸿. "山水城市"的理论概念 [J]. 城市发展研究. 2000，6:21-23.

[9] 吴宇江. "山水城市"概念探 [EB/OL]. http://www.fjyl.net/cn/tabs/showdetails.aspx?tabid=200089&iid=7450.

[10] Manuel Castells. The Rise of the Network Society, Oxford: Blackwell, 1996.

[11] http://blog.sina.com.cn/s/blog_557d3d9c0100wypt.html.

[12] Kwinter, S. Requiem for the City at the end of the MIllennium. Barcelona: Actar, 2011: 58.

[13] 郝琳. 面向永续都市的实践：成都远洋太古里的设计 [EB/OL]. http://ly.house.ifeng.com/detail/2015_05_12/50386504_0.shtml?cat=all.

[14] Linda Pollak, Constructed Ground, In The Landscape Urbanism Reader[M]. New York: Princeton Architectural Press.

[15] The Atlanta Development Authority. Atlanta BeltLine Redevelopment Plan[Z].2005.

[16] http://img.blog.voc.com.cn/jpg/201004/13/middle3162_0dd637bf83cf53f.jpg.

适建低丘缓坡资源的识别、评价与开发控制
——以杭州四县（市）一区为例 [1]

庆 钢[1] 赵佩佩[2] 吕冬敏[3]

摘 要：在我国建设用地最高级别控制的新常态下，低丘缓坡资源成为城市发展的战略储备空间，但是低丘缓坡开发涉及生态环境保护、林地保护等诸多敏感性问题，有必要以统一的标准找出适宜建设的低丘缓坡资源，并进行统一的开发引导。本研究首先明确了高度 300 米以下、坡度 16.7° 以下，且连片分布的用地为适建低丘缓坡资源，并基于 ArcGIS 开发出一套保护优先、刚弹有度的适建低丘缓坡资源识别方法，在此基础上建立适建低丘缓坡资源开发潜力评价指标体系，评价每个适建低丘缓坡资源区块的开发潜力，最后提出规范适建低丘缓坡资源开发利用的对策建议。本文对低丘缓坡资源的识别、评价方法和开发引导策略，对于我国众多的丘陵山地地区有一定的借鉴意义。

关键词：低丘缓坡；杭州市；开发对策；GIS

1 研究背景与意义

在我国建设用地最高级别控制的新常态下，低丘缓坡资源成为城市发展的战略储备空间。杭州自古"七山一水二分田"，人多地少，丘陵资源丰富，科学开发和合理利用低丘缓坡，有利于统筹利用土地资源，减少占用耕地。近年来，低丘缓坡资源资源开发得到了国家、省和市各级政府的支持和规范引导。浙江省编制了《浙江省低丘缓坡重点区块开发规划（2010~2020 年）》，确定了杭州市域有四个建设用地重点区块，接着四个建设用地重点区块所在的县市政府编制了《低丘缓坡建设用地重点区块开发利用规划（2010~2020 年）》，临安市、建德市等还编制了市域范围内的《低丘缓坡综合开发利用规划》。这些规划在一定程度上促进了低丘缓坡资源的科学、有序使用。但同时也存在着低丘缓坡概念界

图 1 杭州市 4 个省级重点开发区块分布

---
[1] 庆钢，浙江省城乡规划设计研究院。
[2] 赵佩佩，浙江省城乡规划设计研究院。
[3] 吕冬敏，浙江省城乡规划设计研究院。

定标准不统一；重政策性宏观引导，轻空间开发控制引导；重指标测算，轻空间定位等问题。

开发低丘缓坡资源涉及生态保育、工程安全、水土保持等诸多敏感问题，因此有必要在杭州市域层面以统一的标准找出低丘缓坡资源，并在此基础上规范低丘缓坡资源的开发行为。我国是多山多丘陵的国家，合理开发利用低丘缓坡资源不仅是杭州面临的课题，也是湖北、贵州、云南、江西等多山地区亟待解决的问题，因此本研究对这些地区也有一定的借鉴意义。

杭州已编低丘缓坡开发利用规划解读　　　　　　　　　　　　　　　　表1

市县名称	规划名称	低丘缓坡定义	主要内容	编制单位
建德市	建德市低丘缓坡建设用地重点区块开发规划	坡度25°以下，高度300米以下	建德市下涯至梅城区块中马目—南峰地块的功能定位和发展目标、规划布局和开发时序、投资测算与效益分析	建德市发展和改革局
	建德市低丘缓坡综合开发利用规划	坡度25°以下，高度10~300米	建德行政区范围内的低丘缓坡地低丘缓坡林地资源、耕地资源现状，低丘缓坡保持林地规划、低丘缓坡可供建设用地规划、低丘缓坡垦造耕地规划、林地占补平衡规划、环境保护及水土保持	建德市发展和改革局、建德市林业局、建德市国土资源局
桐庐县	桐庐县综合开发利用低丘缓坡"十一五"规划	坡度5°~25°，高度300米以下	桐庐县十一五期间的低丘缓坡耕地、建设用地、林地资源开发的目标任务	桐庐县发展和改革局
临安市	临安市低丘缓坡综合利用开发规划	坡度25°以下，高度10~300米	临安市的低丘缓坡林地、耕地现状、低丘缓坡保持林地规划、低丘缓坡可供建设用地规划、低丘缓坡垦造耕地规划、林地占补平衡规划、低丘缓坡综合利用的保障措施	临安市人民政府
	临安市低丘缓坡横锦青建设用地重点区块开发利用规划	坡度25°以下，高度300米以下	低丘缓坡资源和开发现状评价、开发布局、开发要求、保障措施	临安市发展和改革局

2　适建低丘缓坡资源的概念界定

低丘缓坡是个相对概念，目前杭州市关于低丘缓坡开发利用的诸多规划中对低丘缓坡资源的界定标准各异，因此有必要首先界定适宜建设的低丘缓坡资源的概念。

2.1　原始概念

丘陵是指海拔500米以下，有明显起伏、无明显脉络的地类，根据高程不同，又可分为海拔300米以下的低丘和300~500米的高丘。坡度等级分为6级，即：坡度小于5°为平坡，5°~14°为缓坡，15°~24°为斜坡，25°~34°为陡坡，35°~44°为急坡，≥45°为险坡[2]。

2.2　浙江省对低丘缓坡资源的认定

当前浙江省对低丘缓坡资源的界定标准是：一般将广大低山丘陵区集中连片分布的，坡度25°以下且面积大于2公顷的缓坡地认定为低丘缓坡资源（浙政发[2006]20号）。并且，一般将坡度在 6°以下的缓坡地认定为优质低丘缓坡资源〔《浙江省低丘缓坡重点区块开发规划（2010 ~ 2020 年）》〕。在各县市已编的低丘缓坡资源利用规划中，普遍采用了这一界定方法。并根据"宜农则农、宜建则建、宜林则林"的原则，将可利用低丘缓坡资源开发为耕地、林地、建设用地三类用途。

2.3 城市建设用地适宜规划坡度

《城市用地竖向规划规范》CJJ 83—99 中第 4.0.4 条规定城市主要建设用地适宜规划坡度如下表。根据该规范，城市主要建设用地适宜建设的最大自然坡度为 30%，转换值为 16.7°。

城市主要建设用地适宜规划坡度　　　　　表 2

用地名称	最大坡度（%）	最大自然坡度（%）	转换值（度）
工业用地	10	15	5.7 ~ 8.5
仓储用地	10		5.7
铁路用地	2		1.14
港口用地	5		2.86
城市道路用地	8		4.57
居住用地	25	30	14 ~ 16.7
公共设施用地	20		11.3

2.4 不同坡度的使用用途辨析

低丘缓坡资源开发包括建设用地、耕地、林地三类用途。根据《水土保持综合治理规划通则》GB/T15772—1995 等技术规范和浙江省已开展的低丘缓坡开发利用实践，上述三类用途适用于不同的坡度条件（如下表）。其中，开发为建设用地坡度不大于 16.7°，开发为耕地坡度不大于 25°，林地则无刚性坡度限制。由此可知，浙江省采用 25°的坡度界定方法，源于综合考虑了建设用地、耕地和林地三类土地开垦用途。

三类用途适用的不同坡度条件　　　　　表 3

坡度	适宜用途		
	建设用地	耕地	林地
≤16.7°	●	●	●
16.7° ~ 25°	×	●	●
>25°	×	×	●

2.5 适建低丘缓坡资源的概念界定

基于以上的分析，本次研究对象主要针对杭州五县市可作为城乡建设用地的低丘缓坡资源，因此本研究界定高程在 300 米以下的用地为低丘地，坡度在 16.7°以下的用地为缓坡地，当上述两项条件同时满足，且呈集中连片分布时，将其认定为适宜建设的低丘缓坡资源，该用地具备开垦为城乡建设用地的基本条件[3]。当上述两项条件只能满足一项时（低丘地或缓坡地），为限建用地，若确实具有开发建设需要，需经论证并采取工程措施后，方可有条件使用。当坡度和高程两项条件均不满足时，作为禁止建设用地，不得开垦为建设用地用途。

本次低丘缓坡资源概念界定　　　　　　　　　　表 4

		坡度	
		≤16.7°（30%）	>16.7°（30%）
海拔高程	≤300 米	低丘缓坡（适建）	低丘高坡（限建）
	>300 米	高丘缓坡（限建）	高地陡坡（禁建）

3　适建低丘缓坡资源识别的技术方法与识别结果

3.1　保护优先，刚弹有度的资源识别原则

在低丘缓坡资源识别中，本研究遵循保护优先，刚弹有度的原则。保护优先，即在低丘缓坡资源识别中，本研究采用禁建区优先、限建区其次、适建区最后的顺序，先明确保护区，后明确建设区。刚弹有度，即划定保护区时，对于国家法律明确规定的保护区划为禁建区进行刚性保护；对于国家法律明确有条件建设的区域划为限建区进行弹性保护。具体来讲，本研究将省级以上自然保护区、省级以上生态公益林、风景名胜区核心保护区、地质灾害高易发区、一级水源保护区、基本农田等刚性限制性因子作为禁建区进行绝对保护，将风景名胜区二三级保护区、地质灾害中易发区、一般农田等次级限制因子作为限建区进行保护。

3.2　适建低丘缓坡资源识别的技术方法

在数万平方公里的土地上找出适宜建设的低丘缓坡资源，采用人工定性的方法是不可能完成的，本研究基于 ArcGIS 平台，通过识别禁建区—识别限建区—因子叠加、三区划分三个步骤，科学有效地得到低丘缓坡资源的分布结果，这一方法可以在其他地区的低丘缓坡资源识别中普遍推广。

识别禁建区：基于 ArcGIS 平台，将禁建区的栅格赋值为 0，其余赋值为 1。

识别限建区：基于 ArcGIS 平台，将限建区的栅格赋值为 2，其余赋值为 1。

因子叠加、三区划分：基于 ArcGIS 平台，将禁建区图层与限建区图层进行栅格相乘运算。由于 0 乘以任何数都为 0，因此禁建区栅格（赋值为 0）与任何栅格相乘的结果均为 0，这样禁建区就可以完整地保留到结果中，进行最高级别的保护；而限建区（赋值为 2）与适建区（赋值为 1）相乘，结果为 2，因此限建区的范围也在结果中保留下来，得到保护；最后留下的部分为适建区（赋值为 1）。经过运算，结果为 1 的为适建区，结果为 0 的是禁建区，结果为 2 的是限建区。适建区即为适建低丘缓坡资源。

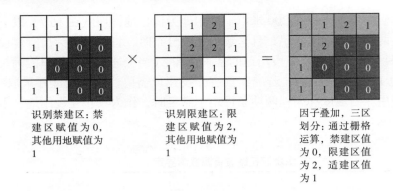

图 2　适建低丘缓坡资源识别原理

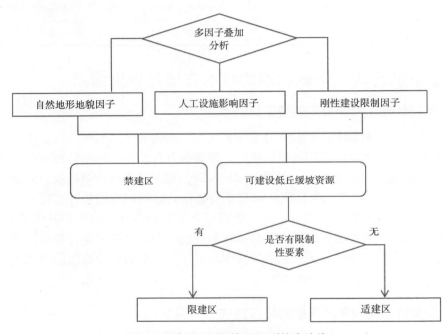

图 3　适建低丘缓坡资源识别技术路线

3.3　适建低丘缓坡资源的识别结果

通过 GIS 综合叠加分析，扣除基本农田、水源保护区、生态公益林、自然保护区、地质灾害中、高易发区等不宜建设用地后，杭州五县市坡度在 16.7° 以下，高程在 300 米以下的低丘缓坡资源共有 818.3 平方公里，占五县市总用地的 6% 左右。其中，坡度在 6° 以下的优质低丘缓坡资源共 686.8 平方公里，约占适建低丘缓坡总量的 83.9%，占五县市总用地的 5% 左右。坡度在 6°～16.7° 的普通低丘缓坡资源共 131.5 平方公里。

五县市适宜建设的低丘缓坡资源分布有一定的差异，基本呈中部多，东西两翼少的特征。从数量上看，临安市的适建低丘缓坡资源总量相对较多，达到 327 平方公里，其次是建德市，达到 225.1 平方公里，第三是桐庐县，达到 141 平方公里。淳安县和富阳区适建

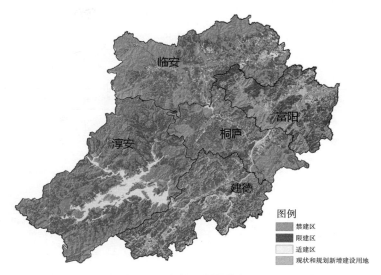

图4 五县市低丘缓坡资源分布

低丘缓坡总量相对较少，分别为65平方公里和60.2平方公里。详见下表。

五县市低丘缓坡资源统计　　　　　　　　　　　　　表5

分区	面积（平方公里）						比例
	淳安	富阳	建德	桐庐	临安	五县市合计	
禁建区	3656	1123	1444	1159	2032	9414	69.7%
限建区	637	487	515.5	418	640	2697.5	20.0%
适建区	65	60.2	225.1	141	327	818.3	6.1%
规划和现状建设用地	69	160.9	109.4	108	126	573.3	4.2%
合计	4427	1831	2294	1825	3124	13503	100%

注：本次适建区统计结果仅为研究分析得出的潜在的后备土地资源，不代表实际操作中可开发建设的低丘缓坡的用地总量。

五县市适建低丘缓坡资源坡度分布（单位：平方公里）　　　表6

坡度	淳安		临安		桐庐		建德		富阳	
	面积	占比	面积	占比	面积	占比	面积	占比	面积	占比
0～6°	39.9	61.4%	303	92.8%	84	59.6%	203.9	90.6%	56.0	93.0%
6°～16.7°	25.1	38.6%	23	7.2%	57	40.4%	21.2	9.4%	4.2	7.0%
合计	65	100.0%	327	100.0%	141	100.0%	225.1	100.0%	60.20	100.0%

4 适建低丘缓坡资源评价的方法与结果

4.1 适建低丘缓坡资源评价指标体系

为了对低丘缓坡资源划分等级，本研究结合低丘缓坡资源的禀赋和城市的发展需求两个方面评估其开发潜力。评估的指标包括低丘缓坡资源的规模、集中度、景观条件、与乡镇或城市的距离、乡镇本身的发展等级、乡镇的发展需求等。在此基础上，划分低丘缓坡资源的等级，为低丘缓坡资源的后续开发提供依据。

淳安县低丘缓坡发展潜力评估表　　　　　　　　　　　　　　表7

	规模	集中度	景观条件	与乡镇（或城市）距离	乡镇等级
界首区块	●	●	●	●	○
大墅区块	●	●	○	●	○
梓桐区块	○	●	○	●	○
排岭区块	△	●	●	●	●
珍珠半岛区块	△	●	●	●	●
安阳区块	○	○	△	△	△
里商区块	△	○	○	○	△
临岐区块	○○	○	△	○	○

注：●为发展潜力最大；○为发展潜力一般；△为发展潜力较小。

4.2 适建低丘缓坡资源评价结果

低丘缓坡资源重点开发区块的选择需综合考虑规模、集中度、生态敏感度、与乡镇（或城市）、主要干道的距离、经济发展需求等因素。通过研究分析，发现五县市中低丘缓坡资源分布较集中、规模较大、开发条件较好的区块共13个。其中，临安4个，富阳2个，桐庐2个，建德3个，淳安2个（这些重点区块中包括4个已成为省级重点开发区块）。上述13个区块具有规模较大、分布集中、临近主要城镇、经济发展潜力大等特点，可作为下一步杭州市域范围内重点开发的低丘缓坡区块，并积极申报省级重点开发区块。

五县市低丘缓坡资源重点开发区块引导　　　　　　　　　　　表8

县市	名称	规模（公顷）	建议主导功能	备注
临安	横畈—高虹区块	1911.5	工业开发、居住、商贸	含省重点区块
	玲珑区块	1238.4	工业开发、居住、商贸	
	青山湖区块	651.4	工业开发、居住、商贸	
	於潜区块	1419	工业开发、居住、商贸	
富阳	富春—受降区块	889	居住、生态休闲、休闲、旅游	
	新登—春建区块	799	居住、文化旅游休闲、一类工业	含省重点区块
桐庐	中心城区块	636.6	公园、居住、商贸、工业	
	百江—分水南区块	995.9	工业开发、居住、商贸	
建德	下涯—梅城区块	759	工业	含省重点区块
	乾潭区块	297	工业、休闲旅游	
	更楼—寿昌区块	331	工业、商贸	
淳安	界首区块	1241.1	旅游度假	含省重点区块
	大墅区块	393.1	旅游休闲、农业观光	

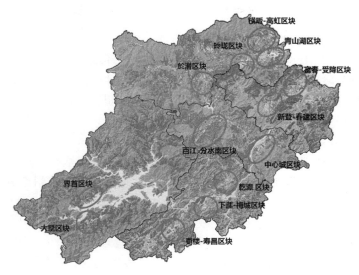

图 5　重点开发区块分布

5　开发利用对策建议

5.1　低丘缓坡资源开发利用的难点

5.1.1　政策法规限制

杭州市低丘缓坡资源中林地、园地的比重较大，低丘缓坡综合利用开发时，会涉及山林权属调整、政策补偿等问题。并且，低丘缓坡成片开发利用大多情况下要涉及其中的零星基本农田，在现行法律法规框架下处理难度大。此外，低丘缓坡地开发利用涉及土地利用总体规划、城市总体规划、县市域总体规划的调整，在现行的规划框架下处理难度大。

5.1.2　指标管理限制

规模开发低丘缓坡资源不仅可以降低开发成本，而且有利于合理布局。但按照国家现行政策，低丘缓坡开发的建设用地必须纳入年度用地计划管理，实行总量控制。因此，建设用地等各类指标管理对低丘缓坡规模利用造成较大制约。

5.1.3　开发成本和难度较高

低丘缓坡资源受地形地貌制约，存在前期场地平整、地质灾害防治等工程量大，基础设施配套费用较高等问题。

5.1.4　开发建设管理水平要求高

目前杭州五县市低丘缓坡资源开发利用方式整体较为粗放，规划设计中往往未能依山坡地特性处理，存在大填大挖、简单推平对待等现象，造成景观环境破坏。

5.2　低丘缓坡资源开发的建设引导

5.2.1　树立正确的开发观念

就整体土地资源有效利用的观点而言，随着未来城镇发展用地需求不断增加，低丘缓坡资源开发有其正面的效益。不过，低丘缓坡地属于边际土地的一种，其开发对生态环境与资源保育影响很大。对低丘缓坡地开发必须兼顾三项原则：①保育重于开发原则；②管理重于禁止原则；③整体重于个体原则。

5.2.2 将保护生态环境放在首位

在低丘缓坡开发利用的过程中，要始终将保护生态环境放在首位，不能再走先破坏后治理的老路。根据经济社会发展需求和低丘缓坡的适宜性取向，因地制宜、统筹安排，合理确定利用方向。坚持"宜农则农、宜林则林、宜园则园、宜建则建"的原则，充分发挥低丘缓坡的综合效益，做到开发与保护相结合。

5.2.3 适地适用，植入适当的功能用途

低丘缓坡的开发利用应充分尊重现状经济社会条件和现实基础，本着适地适用的原则，植入适宜的功能用途。借鉴浙江省以及国内其他地区现行做法，杭州市低丘缓坡地开发利用可采用以下几种模式：

（1）生态工业、台地产业发展模式

此类低丘缓坡分布在主要公路、交通方便及邻近县乡城乡居民点附近，区位条件好。以开发区、工业区为依托，采用生态工业、循环经济发展模式，发挥工业集聚和规模效应。以政府投入为主，整体规划、整体开发利用。但上述模式需充分考量生态环境条件，因地制宜进行规划设计，避免大开大挖、简单推平的粗放利用方式。

（2）坡地村镇、宜居社区发展模式

利用低丘缓坡地区的生态环境优势，建设坡地村镇、宜居社区，是实现资源优化配置一个有效途径，也是打造生态人居的一种有效手段。开发坡地建筑的资金，由政府制定相关政策，吸引民间资本投入，进行合理规划、精心设计，形成具有地方特色的坡地建筑。

（3）养生养老、旅游度假发展模式

杭州市旅游资源丰富，旅游、养生、养老等产业发展前景看好，生态优势越来越有吸引力。随着生活水平的提高，人们的消费模式将由生活物质消费"迈向优质生态环境"消费，规划、开发可结合旅游优势资源，拓展景区的旅游空间，并以此带动养生养老、会务、度假等基地的建设，真正建立独具魅力的养生、度假目的地。

（4）教育科研、文化创意发展模式

高等学校、科研机构、文化创意等对生态环境的要求比较高，建筑布局比较灵活、多变，适宜结合地形利用低丘缓坡资源进行有特色的开发建设。此类用途有时需要占用较大的用地，但可带来较好的社会、文化效益，是促进低丘缓坡资源多元化利用的途径之一。

（5）生态休闲、观光农业发展模式

对土层厚、有水源、坡度缓、生态功能不突出的荒林地，可通低丘缓坡综合开发，发展多层次多品种的生态观光农业，并与乡村旅游、生态休闲功能相结合起来，最大化地发挥生态经济效益。

5.2.4 重视水土保持和植被保护

（1）科学规划，合理布局

因地制宜确定开发内容，敬畏和尊重自然，设计要结合地形，依山就势，不大挖大填。

（2）采取措施，科学防范

采取工程措施和植被恢复措施保持水土；水土保持的措施包括护坡工程、土地整治、防洪排水、防风固沙、泥石流防治等。

(3) 完善审批，加强监督

在建设方案审批时同时报批水土保持规划，建设过程中，对水土保持工程进行实时监督，在工程验收环节也应同时验收水土保持方案的实施情况。

5.3 低丘缓坡资源开发的政策建议

5.3.1 建立完善的建设管理机制

开发建设中需建立完善的管理机制，严格规划审批程序，统筹协调各个部门，以一系列的规章制度、管理办法和政策保障促进低丘缓坡地开发利用的科学、有序、合理进行，主要包括以下方面：

(1) 整合各个相关部门

低丘缓坡地的利用涉及国土、水利、林业、环保、规划等多个部门，必须依赖上述部门的通力合作与配合，形成共识，才能创造出良好的开发利用环境。

(2) 完善低丘缓坡地的开发许可审议

在进行低丘缓坡资源开发利用前，应进行地质灾害影响评估、环境影响评估等方面内容，作为开发许可审议的重要依据。审查过程中要注意基地本身对周边环境的冲击，有整体性、全面性的考量与评估。

(3) 制定低丘缓坡地的建设管理办法

通过制定"低丘缓坡地开发建设管理办法"、"低丘缓坡地规划建设技术规范"等标准、规范，使得低丘缓坡地开发利用有章可循、有法可依，成为地方部门项目审查的重要依据。

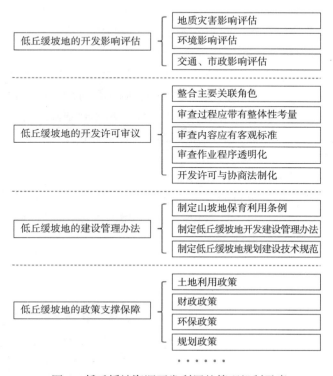

图 6 低丘缓坡资源开发利用的管理机制示意

5.3.2 完善相关配套政策

低丘缓坡资源开发利用涉及土地政策、环保政策、林业政策、规划政策等一系列的政策内容，建议相关部门对现行政策进一步研究，完善低丘缓坡开发利用的政策配套。

以土地开发政策为例，目前国土部门从土地集约、节约利用出发，规定了居住用地、工业用地、商业用地等开发建设的最低强度要求。对于居住用地，《国土资源部 国家发展和改革委员会关于发布实施〈限制用地项目目录(2012年本)〉和〈禁止用地项目目录(2012年本)〉的通知》规定了居住用地容积率不得低于1.0。对于工业用地，《工业项目建设用地控制指标》（国土资发[2008]24号）规定了各行业工业用地的开发强度，容积率基本在1.0以上。对于商业用地，杭州市规定商业用地容积率不得低于1.2。上述规定对于一般平坦地区的开发建设具有现实的指导意义。不过，对于低丘缓坡地而言，由于其地形地貌、生态环境、水土保持等具有特殊性，在满足生态环境保护的前提下，有必要根据实际情况，适地适用，容积率条件适当放宽。当低丘缓坡开发建设确实无法满足国土部门规定的容积率要求时，建议通过论证，适当降低控制指标，以满足开发建设的现实需要。因此，建议出台"低丘缓坡地开发建设控制指标"的相关政策、文件，针对低丘缓坡地对现有建设用地开发政策进行适度优化完善。

5.3.3 完善资金投入机制

目前，低丘缓坡的开发资金来源较少，财政投入不多。据此，应拓宽投资渠道，积极争取多方面的资金投入。对于类似工业园区、高教科研、创意园区开发的，地方财政应给予一定的项目启动资金，以确保项目的正常开展，要通过自筹、融资、贷款等途径筹措经费，盘活土地资产。既要保证低丘缓坡开发的顺利进行，也要使低丘缓坡开发能带来经济效益。

此外，地方政府应对低丘缓坡开发利用给予专项资金保障，严格按照集中支付制度执行，实行专项管理、核算，做到专款专用。同时积极吸纳社会资金的投入，争取与入驻企业合作开发，通过税收返还等方式吸引企业参与开发利用。

5.3.4 规划衔接，相互协调

低丘缓坡资源大都位于土地利用总体规划、城市（镇）总体规划的建设用地范围之外，其开发利用涉及国土部门、规划部门的规划衔接、调整和协调工作。建议对于低丘缓坡开发利用重点区块，在土地利用总体规划、城市（镇）总体规划修编时，考虑低丘缓坡开发利用要求，将其适度、适量、适时纳入规划建设用地范围中去。

5.3.5 统筹安排，有序开发

低丘缓坡开发利用是一个整体开发的概念，是在时序上和空间上对开发建设进行统筹安排、有序利用。要建立一套可行的风险防范机制，对开发过程中的各类风险要进行评估分析，并编制风险防范预案。尽可能避免对生态环境的破坏，因地制宜选择台地式或缓坡式土地开发方式，将风险降到最低。

注释

1. 四县（市）一区分别是杭州市下辖的富阳区、临安市、建德市、桐庐县、淳安县。
2. 《土地利用现状调查技术规程》、《水土保持综合治理规划通则》GB/T 15772-1995。
3. 高程300米以下，坡度16.7°只是开垦为建设用地的条件之一，还需考虑基本农田、生态公益林保护、风景名胜区保护、自然保护区保护、地质灾害等其他因素，这在下文中将有详述。

城市设计原则下山地滨水旅游城镇夜景观规划策略研究

王 旭❶ 梁 浩❷ 及 佳❸

摘 要：我国城镇旅游已经进入一个全新的阶段，无论是旅游目的地的分布还是旅游服务的丰富性都以前所未有的速度爆发。山地旅游城镇是众多旅游目的地中的重要构成部分，山地滨水城镇的诸多空间特性和文化特征成为区别于沿海城镇、历史文化城镇的重要特征，是山地城镇保持自身特性、健康发展的重要载体。夜景观在城镇旅游产品中占据重要地位，不仅是旅游产品的重要组成部分，更是激发全天候旅游活力的重要元素。然而目前山地旅游城镇开发逐渐与其他城镇趋同，夜景观旅游更是遭遇着特征模糊的困境。山地城镇夜景观应当突破传统功能照明的框架束缚，体现山水城空间格局特征，激发社会文化活动。

关键词：城市设计；山地滨水；旅游城镇；夜景观要素；策略

1 城市设计指导夜景观规划的意义

城市设计指导夜景观规划利于塑造城镇特征，并为城镇提供丰富体验。随着旅游城镇的产品和景观逐步向纵深发展，游客市场对旅游目的地所提供的景观服务具有更丰富和更深入的要求。城镇夜景观规划长期以来以工程性方式开展，虽然能够满足基本功能性照明，但在旅游城镇中已经越来越成为城市特色和空间会的短板。在未来的旅游城镇发展过程中，夜景观规划必然与城市特征紧密联系，而空间复杂、形象丰富的山地城镇夜景观，在城市设计指导下这种趋势逐渐增强。

1.1 社会活动——功能型照明保障转向景观性照明凸显

城市设计能够有效指导城市景观照明的需求，引导旅游公共活动从白天转向多时态旅游发展。在香港、杭州、南京等成熟的旅游城市，夜景观照明已经成为重要的城市旅游资源，而在全国大部分范围内的山地旅游城镇中，景观性照明的设计和运用仍然十分有限[1]。

1.2 设计技术——从工程技术转向规划引导的综合设计

将夜景观规划纳入城市设计体系，能够有效指导各系统配置和设计统筹。夜景观在城市设计阶段导入，能够有效地根据设计需求对空间布局、设施配置乃至建筑布局提出前置

---

❶ 王旭，中国城市规划设计研究院深圳分院。
❷ 梁浩，中国城市规划设计研究院深圳分院。
❸ 及佳，中国城市规划设计研究院深圳分院。

图 1 某山地滨水旅游城镇无特征的夜景照明

要求。避免传统工程性照明设计后置于规划、无法实现最优景观效果和空间布局的问题[2]。

2 山地滨水城镇的夜景观照明现存问题

整体照明处于无序状态，主次结构不突出。目前山地滨水城镇旅游发展尚处于初步阶段，城镇照明主要基于功能性照明进行适当补充，缺乏统筹安排和标准指引，在整体上表现为缺乏整体形象和无序感，个别次要建筑喧宾夺主破坏统一形象[3]。因此整体照明体系亟待完善。

城镇周边道路断档，功能及景观照明不足。小城镇周边往往建设较少，因此也存在照明不足的情况，如国道在镇郊段、非建设去滨水段都容易形成照明不足或照明断续的情况，造成路径照明形象支离破碎。

边缘景点照明不足，区域范围内无识别性。山地城镇用地分散，城镇旅游节点也呈现散落布局情况，尤其在滨水环湖岸线周边，各类经典的夜间照明情况参差不齐、局部节点照明功能严重缺失，对区域内的夜景观形象影响较大。

3 山地滨水旅游城镇的夜景空间特征

山地滨水旅游城镇自身具有明显的空间和文化特征，这些特征既是其旅游资源魅力所在，也决定夜景观特征独树一帜的形象。以平原旅游城镇为例，山地旅游城镇夜景观在路网照明结构、空间层次等方面存在明显差异：自由多元之于严整规矩[3]。而相较于水乡田园城镇的阡陌交通，山地滨水城镇的夜间形象更多了巍峨和神秘的形象。

3.1 山地特征——多元的夜景类型和多层次夜景形态

地形差异奠定了山地滨水旅游城镇夜景空间特征的主要基调。受高差影响，山地城镇

 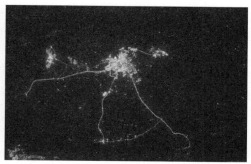

图2 平原城镇与滨水河谷城镇夜景观结构之间的差异

图3 平原城镇与滨水河谷城镇滨水夜景观之间的差异

空间布局呈现水平和垂直两个方向发展,形成了层叠交替的空间格局,具有一定规律的高程变化形成了夜景观照明的主要形象;山地用地的千差万别同时导致了各类用地在尺度、形态方面的明显差异和强烈对比,结合不同场所照明需求的差异,也形成了山地夜景形象的丰富多元特征。

3.2 滨水特征——川流的流域特征和曲折的岸线形态

山地地区的河川照明同样对城镇夜景观形象影响巨大。山地地区多大河细泽、蜿蜒于群山之间,形成了曲折的空间形象,这种特征导致了主要交通线路的丰富构成和岸线形态。交通干路多以桥梁、平面和隧道等形式交替出现,且平面布局优美,其夜间照明自然勾勒出曼妙的空间形象。而滨水岸线也较平原城镇具有更多类型,如浅滩涂、冲击三角洲、陡坡等,不同空间承载的公共活动不同,在夜景观体系中所具有的作用更迥异,多同时具有观景点和景观节点双重功能,为游客提供了多角度的体验。

3.3 城乡特征——间隔的空间分布和对比的照明特征

山地城镇夜景观自然地体现出明暗交替的布局特征。山地的复杂地形和众多的不适宜建设用地分布,在空间布局上自然形成了生态分隔带。而对于夜景观而言,不适于建设和活动的自然区域呈现"暗"的特征,与建设用地的照明相互对比,为游客提供了具有丰富变化、迥异于平原城市的夜间形象。生态区域照明的缺失，正如山水画中的"留白"，为城市夜景观提供了想象的空间，强化了整体特征。

3.4 文化特征——民族的符号特征和在地的社会习俗

山地地区的民族特征和文化积淀同样对夜景观影响特征具有影响。受诸多社会因素（如防御或逃亡）影响，山地地区多为少数民族、遗存文化聚居地，受外部社会环境变化影响较小，因此具有明显的地方化特色。在文字、符号乃至建筑等多方面，自然形成了观赏性和保护传承价值，夜景观要素也应当适当吸取和利用这些要素，强化空间特征和文化认同感。

4 工作框架

4.1 夜景观规划的主要目标

突出山地滨水旅游城镇的空间结构特征。旅游城镇的夜景观是在满足基本功能照明的基础上围绕山地特征所实现的，主要体现分层次的空间总体形象、山地特征空间、滨水空间等三方面内容。

图4 雅安市汉源县山地城镇夜景空间结构（城镇及环湖节点）

4.2 工作框架及涉及要素

工作流程要素主要分为案例研究、愿景、目标、现状、策略及游览方式等，与城市设计内容进行呼应和协调。其中愿景与目标应当体现山地城镇夜景观与其他类别的主要差异，并突出地方特征，这是城市设计指导下夜景观规划与工程性夜景观规划的重要区别，对夜景观规划的方向、策略乃至实施效果有着重要作用；而游览方式是旅游城镇夜景观规划效果的检验标准，决定着相关工作是否达到预期，游览方式因情况而异，有水上游览、景观点（高、低）和道路游览等多种方式，对景观序列的展开提出反制要求。

控制要素主要包括道路、建筑、公共空间、滨水空间等，在总体策略的指引下共同形成夜景观形象。道路照明是山地空间层次的主要构成主体。其中桥梁是韵律中的变化符号，能够活化整体形象，避免呆板。建筑照明的序列分布能够强化山地层次特征。公共空间是夜景照明的活力区域。主要包括公园绿地、广场以及其他具有公共活动和照明需求的场所。滨水空间是强化夜景观形象和激发活力的主要因素。

图 5　雅安市汉源城镇夜景观规划的初步框架

5 夜景观照明规划的应对策略

5.1 突出山地道路盘曲环绕的形态

道路盘曲的特征是突出山地城镇夜景观多层次的主要手段。主要通过干路构成的空间骨架、小径构成的独特趣味形态、梯道构成的纵向轴线和桥梁构成的特殊节点形成，道路照明作为城镇照明形象的骨架，纵横相连，逐渐抬高，形成典型的"之"字形盘山路格局[3]。根据在结构中作用和自身功能照明需求的不同，道路照明控制实行四级标准划分和特征节点突出相结合的策略。

一级控制为重点突出表现道路，主要为国道、环湖道路等主体景观，应具有突出的形象特征，在照度、光源类型方面具有最优条件，并可适当结合需求选择景观灯具。非建设集中地段的道路可适当降低标准，但应保持整体一致性。二级控制为次要突出表现道路，主要城镇级道路，这类道路同样应具有明显的景观特征，在亮度等方面较为突出，在照度、光源类型方面应低于一级控制，为适应旅游小城镇的特征、局部旅游活动或商业区段参照一级照明控制标准。三级控制为一般表达道路，主要包含前两级以外的城镇片区级别道路。道路照明应保证公共安全的需求，并在远观视角基本能够识别形态、走向。一二级道路是城市夜景照明结构中的主体，对勾勒城市整体框架、突出山地空间层次性具有最直接的作用。

以上三级道路色温控制应协调一致，以相近暖色光形成整体效果、构成城镇道路网照明主体。四级控制为选择性突出道路，主要为组团道路、乡间道路、盘山路等。道路整体满足照明使用需求，并遴选其中能够突出山地特征的区段进行重点表达，在条件允许情况下应结合城市设计考虑将特色夜景活动与其结合，形成功能照明和景观照明兼顾的效果。

桥梁照明分为两类，独立景观桥梁及构图要素桥梁，照明控制参照对应道路级别，并应注意相互协调。独立景观大桥，应重点刻画其形态，作为对景或景观构图中心；构图要素景观桥，应在总体结构的基础上，适当进行突出表达。

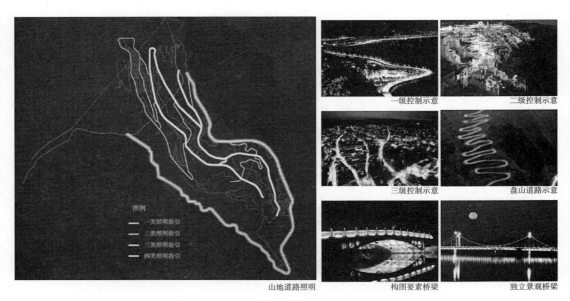

图 6 山地道路照明的分级示意

梯道做为山地城镇独有的空间要素，不仅具有现实的使用需求，也是景观规划中的点睛之笔。城镇梯道照明在景观中的地位建议结合城市设计进行分级处理，对于具有对外旅游服务活动功能（如夜市）的大型梯道，应适当突出，而对于一般服务功能的小型梯道，可保证功能照明基础上适当点缀，以区分主次地位。

5.2 强化城乡空间明暗交替的形象

山地旅游城镇的主要特征之一是建设地区和自然空间的相互交错，夜景照明应当通过控制建筑片区、郊野片区的相对明暗关系，体现城野交错的夜景照明特征，与平原城际灯火通明的形象形成对比。这种对比既是因为功能照明的实际需求而产生，同时也是根据景观结构的要求进行适当增强或减弱的。城镇区内灯光照明应以一般居民照明为本底，对节点进行重点照明，可选择点光、面光等多种形式搭配。而郊野片区以黑暗中点状灯光为主要特征，与建筑片区形成对比。郊野区内除连续路灯照明外，其他区域应使用局部点光源，避免大面积、高亮度光源。

城镇夜景观的照明分区应结合城市设计中对个片区的对外、对内服务功能进行区分，一般建议分四类区域进行指引。一类照明指引区主要为滨水核心区部分，是山地滨水城镇城市公共活动最为集中的核心区域，应作为照明最突出部分，照度、色温和灯光的丰富性最高。二类照明指引区主要包括与公共活动的直接相关区域，商业功能与公共服务职能突出，结合商业、公共建筑特征，可适当突出局部片区夜景场所或建筑，但整体照度、色温、丰富性应低于一类区域。三类照明指引区指与旅游服务间接相关的大部分区域，多以本地居住建筑为主、商业公共活动仅集中于少数区段，建议以居民自发照明为主，仅对照度、色温和照明设施进行指引，控制特殊照明的使用。

此外，对于主要轴线（道路）两侧建筑的照明方式应与轴线控制相适应。在山地旅游城镇中一般存在较为独立的节点，承担民宿或特殊公共服务组团职能，建议将这些组团设置为自组织照明实验区。可结合具体功能进行实验性的照明尝试，鼓励丰富的照明手段。此类区域整体丰富性应低于核心区，照度应低于核心区域与主轴线，色温应与环境整体协调。

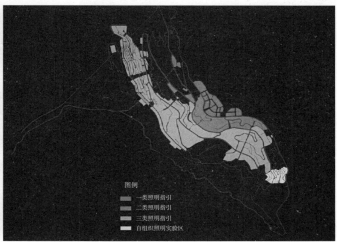

图 7 山地道路照明的分级示意

5.3 活用滨水空间立体叠加的观感

滨水特征是山地景观的宝贵资源。一方面滨水空间为山地提供良好的游憩场所，曲折的岸线为城镇空间带来多元的体验；另一方面水面与光影的互动是各类城镇照明中不可或缺的神来之笔。山地空间内水体的平面蜿蜒、纵向高低错落形成了丰富的景观资源，而夜景观照明应当结合这些特征加以雕琢和利用。

滨水岸线应形成线性连贯的灯光效果，并根据沿岸场所特征，采取"节点突出，分区段控制特征"的原则进行指引。根据城市设计原则确定夜间公共活动主要滨水区域和景观结构主要突出区域，识别和划定照明节点。照明节点应区分主次，对自身景观效果和照明丰富度进行层级控制。一般说来，城镇滨水商业区宜作为景观照明主要节点，通过片区的整体照明突出；其他各类服务功能作为次要节点，通过局部场所、公共建筑照明突出形态。

一般区段滨水带照明应根据具体区段特征和功能进行分段落指引，整体应以连续道路照明形成统一特征，然后再根据具体场所形成细微差异，避免喧宾夺主。具有亲水特征的滨水活动岸线，可结合活动设施局部点亮，呼应两处节点，应结合整体形象注重对岸线设施照明、水面反光的利用。不具备亲水条件的一般岸线，建议以带状路灯为主，避免过多光源干扰，但滨水空间若有梯道、栈道等山地特征要素，可适当予以突出。

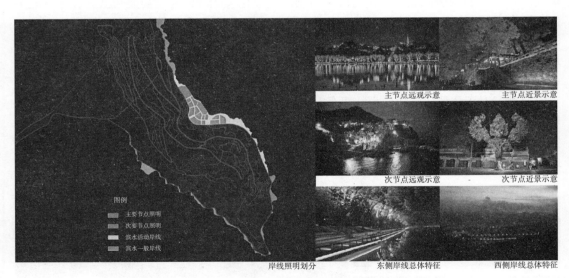

图8　山地道路照明的分级示意

5.4 勾勒山地地形多层轮廓的形象

山体轮廓同样也是山地城镇夜景观的主要特征之一。一般山顶空间分为三类——聚居地、自然空间和非建设性的开敞空间，山顶应结合具体区段的功能设置情况，有区别地营造轮廓特征。山顶照明应以重要节点为主，分段进行照明指引，避免使用大面积光源[3]。

以雅安汉源为例，不同山顶区段在景观结构中所使用的照明方式和照明策略不同。北段山顶与山脉结合部分，城镇化程度较低，建议以乡村照明特征为主。在山脊轮廓线上应体现为星星点点、曲折蜿蜒山地特征。居民建筑照明可保持现状，对居民道路照明进行适当补充。中段为城市建设区，建筑覆盖率较高，建议保持现有条件进行梳理。照明以道路及民居照明为主，形成连续的带状光影界面，但本段禁止使用大面积片状 LED 或高色温光源，以免破坏山体轮廓的连续性。南段为岗顶半开放公园部分，未来旅游、生产功能较为突出，对山体轮廓的界定作用最强，建议进行严格控制。本段建筑遮挡较少，道路变化和场地特征具有趣味性，建议以连续的道路照明为主，突出体现岗顶公园道路走向和山势变化。

此外，宜结合城市设计的景观节点安排，遴选在山顶夜景照明中较突出的几处作为夜景照明控制节点，一般建议选择梯道对应节点、公园入口、山顶制高点等，以与整体空间结构相协调。山地特殊节点色温可适当放松，照度可参照一级标准，但总体风格上应与环境相协调。

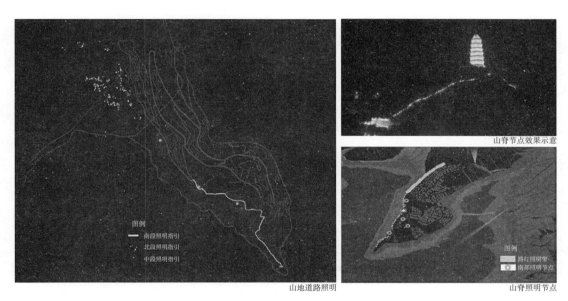

图 9　山地道路照明的分级示意

6　结语：特征化结构是夜景观的核心

山地滨水旅游城镇的景观照明，重点在于突出山地城镇空间形态和滨水空间的变化体验。山地空间具有与平原空间截然不同的形态和空间特征，因此不能以传统工程照明方式对其进行常规设计，应当在识别空间特征的基础上有意识地加强[4]。

山地城镇条件的独特性是其形成景观性的根本原因。实际上众多优秀的山地城镇夜景观并非"规划"而来，希腊的圣托里尼、葡萄牙的丰沙尔从未专门对规划进行控制，然而其美轮美奂的夜景形象丝毫不逊色于白天所呈现的景观。然而不可否认的是，这些成功的城市夜景观建立在对城市建设精心的雕琢之上，源于空间、文化特征，为实际需求和活动服务，这种为需求出发的城市发展和演进过程，正是城市设计所一直追求的理想状态。因此，在我国城镇的发展过程中，贯穿始终的城市设计自然而然地应当对城镇夜景观环境进行研究和安排,而基于城市设计角度考虑的城市夜景观规划才能真正突出地方特征,避免工程化手段对地方特征的破坏。在理想状态下,甚至应当通过完善的城市设计而免除专项的夜景观规划,形成自然的美景。

参考文献

[1] 王晓燕.现代城市夜景观规划设计体系初探[J].城市规划,2000,2:56-57.
[2] 张雪.城市夜景观规划设计研究[D].东北师范大学,2009:21.
[3] 代劼.山地城市线形景观分析[D].重庆大学,2003:26,52,85.
[4] 张青文等.沿江山地城市景观照明设计理念及方法探究[J].重庆建筑大学学报,2007,8:30.

应对"后水电移民时代"城市问题的设计策略与方法
——以汉源县为例

王冬雪[1] 娄 云[2]

摘 要：面对能源危机的现实情况，优先发展水电资源一度被确定为我国能源发展的重要战略。因水电而移民的城镇散布在我国的黄河、长江及珠江流域，涉及了上百个县市、集镇以及上百万的搬迁移民，"水电移民城镇"逐渐成为区域城镇体系中一个重要而特别的新类型[1]。经历了20多年的建设，水电移民城市逐步由早期的以满足移民迁建基本需求的移民区建设转变为新城建设，正式进入"后水电移民时代"。在新的发展阶段，前期因水电项目建设造成的库区城镇生态环境、生产和生活方式以及社会关系构成等改变，引发了水电移民城市所特有的城市问题逐渐凸显，城市发展遭遇瓶颈或新的挑战。本文通过总结水电移民城市的建设特点以及分析"后水电移民时代"城市的主要问题产生的原因，以汉源县为例重点探讨如何通过人与自然的关系的重建、城市意象的重塑以及社会关系的重链实现水电移民城市的健康发展。

关键词：后水电移民时代；城镇问题；策略与方法

1 水电移民城市建设特点

由于水电项目的计划性和时限性，必须在较短的时间内尽快安置移民，大多数水电移民城镇建设处于摸索和尝试阶段，在建设模式上、生态环境上以及安置与补偿方式上具有共同的特征。这些特征亦是导致日后水电移民城市问题的部分原因所在。

1.1 迁建模式

水电移民城市迁建模式大致可分为三种模式：一是就近后靠模式，二是成建制外迁模式，三是归并城镇集中模式[2]。就近后靠模式主要适用于后方有较富裕腹地的城镇，将库区移民直接就近向后迁移。便于移民安置工作，但土地总量缩减使移民利益受损，土地承载压力增大，容易导致生态失衡。成建制外迁模式主要适用于库区自然、经济条件恶劣，不适宜移民居住或没有进一步发展空间只能集体外迁的城镇。可考虑安置在现有大中城市附近，依托城市资源，发展商业、规模、高效农业或特色工业恢复移民的生产生活状况，达到移民安置的目的。三是归并城镇集中安置模式，主要适用于部分土地淹没、部分土地保留的城镇，淹没村镇集中归并至保留城镇。这种模式有利于统一解决生产生活等基础设

---

[1] 王冬雪，中国城市规划设计研究院深圳分院。
[2] 娄云，中国城市规划设计研究院深圳分院。

施,加速了乡村城镇化。移民可增加二、三产业等生产方式,但是新城发展需要一定时间的培育,移民适应阶段较长[2]。

1.2 发展阶段

水电移民城市从水电工程确定实施开始,大致经历了三个阶段:移民迁建阶段、安置恢复阶段以及提升发展阶段。"搬得出、稳得住、能致富"是国家对水电移民安置提出的口号和理想目标,也印证了水电移民城市发展的三个阶段。在"移民迁建阶段"城市建设主要集中在制定补偿原则,安置工程建设等方面。老城保持原样基本不动,新城正在建设当中,是可见新老城同时存在的时期。在水库开闸蓄水,老城淹没之后,正式进入"安置恢复阶段",移民整体搬迁至新城,新城镇的生产和生活陆续开始恢复,移民生活基本需求得到满足。城市经过数年的建设,新城镇功能逐步完善,城市发展诉求明显,城市品质也需不断提高。目前,大多数的水电移民逐步进入"提升发展阶段",即"后水电移民时代"。

1.3 安置方式

按照移民来源不同,安置方式也不同。搬迁基本涉及几类人群,分别为农村村民、城镇居民、工矿企事业单位、区乡镇政府机关等。移民结合本人意愿及就业方向选择安置方式。安置方式根据各地方政策和实际情况不同略有差别,大致可分为5种:即农业安置、复合安置(农商结合)、自谋职业安置、投靠亲友安置、养老保障安置[3]。前三种为主要的安置方式,并对城镇空间结构存在一定影响。农业安置是按照补偿政策补偿移民田地等必要的农业生产资料,复合安置是除一定生产用地外再补偿一定经营性门面,自谋职业安置是直接补偿经营性门面。三种安置方式均需考虑安置特点与区位关系,易形成小片或条形的同一安置方式集中布局形态。而同一来源的移民也较倾向于选择同一安置方式,因此在城市结构中,易因安置方式的不同而形成相对独立的人群组团。

2 "后水电移民时代"城市问题凸显

2.1 生态环境受到破坏与蚕食,存在生态安全隐患

水电工程的建设要求决定其影响区域多为高山峡谷地区,生态环境敏感脆弱。又由于移民迁建工作的紧迫性,迫使人们大刀阔斧地开挖、回填、修路和建房。生态环境受到极大破坏之后又往往不能及时采取必要的防治措施,易引发一系列的地质灾害,最终危及新城居民的生命财产安全。尤其是在"后移民时代",城市快速发展需求迫切,用地需求不断增长,生态环境极易受到蚕食和破坏,更加亟须对生态环境进行保护和控制[1]。

2.2 人地矛盾加大,原有生产和生活方式骤变

由于大量良田被淹没之后,人地矛盾加大。原来人们的生产生活方式发生了骤变。大量的农业人口被集中快速城镇化,原有农业生产方式向第二、三产业方向转变,带来劳动力的重新分配和部分闲置劳动力。但由于新城镇二、三产业发展还不成熟,安置方式中补偿的大量经营性门店都处于空置状态。闲置劳动力无处释放,对移民劳工技能的要求增加,影响了部分移民生活及情绪[2]。

2.3 地域特色与山水特征不明显，城市缺乏特色

在前期以尽快满足移民安置为主要目的的城市建设中，忽视了对城镇地域特色与山水特征的研究，大多数没能反映出小城镇历史文脉、民俗文化、风土人情的个性特质，集中安置建设的建筑风貌缺少引导与控制，没有形成城镇特色，面临风貌趋同、文脉断裂等问题。特别是进入城市品质提升阶段，城市风貌特色的塑造更为重要，是提高城市吸引力以及发展旅游业的重要抓手。

2.4 社会关系断裂，心理需求增大

地缘关系是建立人与人之间关系的基础和载体，也是构成人们日常生活以及社会关系的重要特征之一[4]。水电移民迁徙将移民家庭与原有土地的地缘关系彻底分离开来，造成了社会关系的断裂。移民面对生产生活方式的骤变，需要相当长的适应时间。在城市继续发展慢慢步入正轨之后，原先隐藏的情感需求也逐渐暴露，对于老城记忆以及原有社会关系的怀念，无处寄托。快速城镇化过程中，人的心理城镇化还未同步，"无处安放的乡愁"造成心理归属感的缺失。

3 应对城市问题的设计策略与方法——以汉源县为例

四川省汉源县是瀑布沟水电工程的移民迁建城市，地处流沙河和大渡河交汇处，水库蓄水后形成汉源湖区，新县城迁建属于就近后靠集中安置模式，整个县城建于半山之上，山地滨水特征明显。2009年水库开闸蓄水，移民安置基本完成。经过五六年的城市建设，汉源县进入"后水电移民时代"。应对在城市发展中所显现的问题本文从人与自然的关系、城市意象塑造以及移民社会关系三个方面探讨相应的规划策略与设计方法。

3.1 人与自然关系的重建

在水电迁建初期，为尽快满足安置需求，对自然环境进行的侵略性破坏，造成了人与自然关系的紧张与失衡。在城市功能逐渐完善的后水电移民时代，人与自然和谐关系的重建是应当解决的首要问题。

3.1.1 以底线思维划定城市与自然边界

县城是人为活动相对集中的地方，控制城市拓展范围是保护生态环境、保障城市与自然和谐关系的重要方式。由于水电移民城市大多拥有良好的山水资源，但同时也具有脆弱的生态敏感性以及地灾隐患；在"后水电移民时代"，城市用地需求逐步增长，以及有限的建设用地供给，极易使已经相当脆弱的生态环境继续被蚕食，因此用一种底线思维划定城市增长边界，对于保护城市生态安全、保留城市地形地貌特征以及突出城镇山地景观特点尤为重要。在划定汉源县的增长边界时主要考虑的分析因素包括地灾安全因素、生态敏感因素、坡度因素、景观因素等（见图1）。我们将采空区、滑坡拉裂体区域以及滑坡体影响区等地灾区域，坡度大于25%的区域，自然陡壁、农田、梯道、冲沟等地形地貌区，滨湖岸线30米内、山岗山脊线、岗顶高地等景观特征区域划定为不适宜建设区，从而确定县增长边界。在这种底线思维下，大规模的城市开发行为应限制于城市增长边界之内。

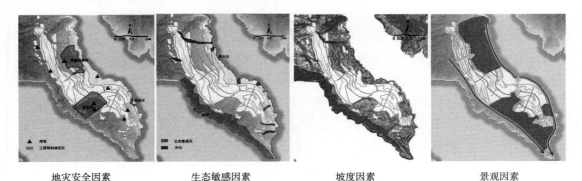

| 地灾安全因素 | 生态敏感因素 | 坡度因素 | 景观因素 |

图1　城市增长边界影响因素

3.1.2 以最优思维将自然环境当做基础设施投资看待

水电移民城市往往位于河谷地带，不同高程的生态特征明显。在以往的规划设计中，工作重点基本放在城市建设用地范围内，对非建设用地的自然环境关注较少。自然环境与城镇构成一个循环的系统，自然生态系统的健康发展，将为城镇发展带来正面的影响及收获。如果将周边的生态环境当做城镇的基础设施投资看待，以一种最优思维识别出不同高程的非建设用地开发和利用程度，将为城乡、产业与生态环境和谐发展提供一种思路。

我们将环汉源湖地区按照不同高程分为生态保育区、重点修复区、适度发展区。生态保育区包括中高山森林覆盖区以及滨湖水系与湿地生态区。加强中高山森林植被覆盖较好地区的保护，25°以上高山地区耕地退耕还林，减弱人类活动对自然生态的破坏。加强保护与建设汉源湖水系与湿地生态区，侧重滨湖地区生态环境的持续改善。重点修复区包括环湖消落带、悬崖、裸露地等地区以及环湖泥石流、滑坡点等地质灾害高发区，对地灾进行灾害防治和重点生态修复。对环湖消落带进行生态修复，建议高程范围790～835米，水面淹没频率高，保持天然状态；高程范围835～841米，季节性淹没区灌、草相结合；高程范围841～845米，季节性淹没区，构建湿地生态景观区；高程范围845～850米，临时淹没区，以两栖湿地植物为主，建设生态湿地植物群落（见图2）。适度发展区包括中低山的坡耕地集中地区以及乡村地区。强调林田一体化与城乡建设生态融合，主要侧重林下种植，强调通过经济林、药材、果树等提升经济效益，乡村建设宜散则散，适当控制建设用地无序扩张。开展城乡建设、旅游开发与生态环境相结合的活动，引导生态建设、农业发展、旅游发展协调发展（见图3）。

3.2 城市意象的重塑

3.2.1 城市风貌整治突出山城整体意象

对于具有山地特征的"后水电移民时代"城镇，建设已达80%～90%，属于品质提升阶段。城镇风貌整治的重点主要有两方面，一是整治与引导建筑风貌，二是美化山地特征元素。以突出山城整体意象为出发点，从可操作性角度采取分类、分区原则进行风貌整治。

对于建筑风貌整治，将建筑与街道按照对于城市景观的贡献程度以及建筑整治重点差异将全县建筑分为五类（表1，图4）。结合现有的商业分布、规划景观系统、旅游线路安排，选取主要的街道或街道局部和片区级城市绿地作为整治重点。同时按照对于景观、功能影

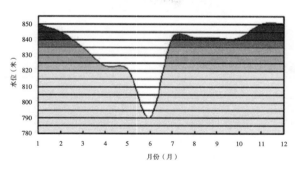

图2 瀑布沟水库全年蓄水位示意图

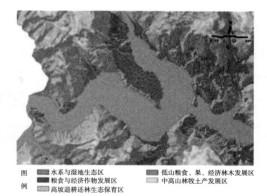

图3 环湖生态发展分区示意图

响的重要性以及现状使用情况划分整治片区，将县城分为九个实施片区，分近、中、远期分期整治。并选取了试点区域重点指引，通过试点区的改造，对改造色彩、材料和效果进行准确把握，再制定县城风貌改造的具体细则，并进行推广，对整体风貌整治具有重要的实践作用（见图5）。

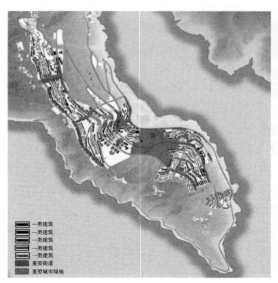

图4 现状建筑整治分类

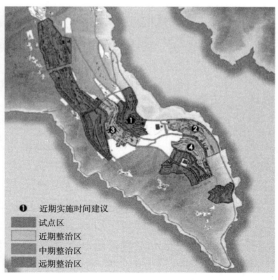

图5 建筑整治分期示意

对于美化山地特征元素，首先识别县城在建设过程中形成陡坎、护坡及梯道等体现山城空间的元素。其次，将各要素按照一定原则进行改造分类。陡坎和护坡综合考虑位置以及从湖面、道路、开放空间的可见性，分为四类：公共视域类、绿色开放空间类、居住组团类和一般类。按照改造用途又可分为活动场地型、仿自然型、文化展示型以及绿化型。梯道按照用途及改造的优先度分为三类，依次是：游憩梯道、景观梯道、组团便民梯道。游憩梯道位于城市主要旅游线路上，对梯道景观性要求较高，应注重从建筑立面、小品等细节元素进行精心设计，在近人尺度的层面营造舒适、美观的城市环境。景观梯道从湖对岸远看城市的时候，具有强烈的线性空间效果，可以通过线性绿化、小品和灯光等强化其特点，凸显城市结构性。组团便民梯道用于小区域的交通联系，重点满足步行交通的功能性需求。

汉源县建筑风貌整治分类及整治重点　　　　　　　　　　　　　　　　表 1

建筑分类	整治重点
一类建筑	该类建筑位于重要的街道两侧，并且朝向湖区的立面无建筑遮挡，有较大的展现面，对山城整体风貌塑造具有较大作用。建筑整体，包括屋顶、朝湖立面、背湖临街立面、一层临街商业，均为整治重点
二类建筑	该类建筑朝向湖区的立面无建筑遮挡，有较大的展现面，对山城整体风貌塑造具有较大作用，因此建筑屋顶、朝湖立面为整治重点
三类建筑	该类建筑朝湖立面受建筑遮挡，对县城朝湖整体形象贡献较少，但位于重要的商业街两侧，因此建筑屋顶、临街立面和一层商业为整治重点
四类建筑	该类建筑朝湖立面受建筑遮挡，对县城朝湖整体形象贡献较少，考虑街道的整体性与完整性，其街道对侧建筑为二、三类建筑时，其对侧建筑屋顶、临街立面为整治重点
五类建筑	该类建筑朝湖立面受建筑遮挡，位于且街区内部，只以建筑屋顶为整治重点

3.2.2 水岸线与消落带整体设计强调人与水互动

水电城市另外一个重要的特征就是反季节性、周期性的水位涨落。汉源湖最大水位落差达 60 米。水岸线的设计与消落带治理是城市景观塑造的重点。将水岸线与消落带整体设计，借助水位涨落所形成的公共空间的动态变化，形成"水退人进，水涨人亲"的丰富互动关系。

在水平方向上，将滨水岸线按照人活动的密集程度分为人工型城市生活岸线、自然型城市生活岸线、生态保育岸线以及码头岸线。人工型城市生活岸线人群活动密集，需满足大量的亲水活动，以人工岸线为主。自然型城市生活岸线主要为自然景观，允许适量人群进入、停留及活动，休闲步行和自行道路可进入滨湖绿带。生态保育岸线一般为陡坡段，难以安排活动空间，以保持原生态岸线为主，重点对绿化较差区段进行生态修复，休闲绿道宜结合滨湖路设置。码头岸线为功能性岸线，码头设计应满足客、货运船只停靠集散、装卸货物疏散要求，建议采用固定石梯与浮动廊桥相结合的方式应对消落带高差。

在垂直方向上，将水岸线与消落带按照不同高程进行分层一体化设计。特别是人工型城市生活岸线按照水岸线接壤腹地功能进行主题分类，形成不同主题的纵向段落。堤岸以上部分将商业街、游憩步道、公共空间、自行车道放置于不同高程上，纵向上的联系与变化增加了各类空间的趣味性（图 6）。堤岸以下部分即消落空间，按照水淹频率分层次设计不同活动。水位较高时，主要设置亲水活动，种植耐水淹的植物，建设滨江的水生植物群落。水位中游时，且维持时间较长，适量安排亲水步道，设置植物浮箱或景观植物台等，局部进行堆石等艺术化处理。水位较低时，由于淹没时间较长，只安排入水石梯（图 7）。

3.2.3 公共空间塑造注重与地形环境契合

山地城市坡度一般较大，汉源新县城搬迁到半山上后，平坦且具有一定规模的空间极少，多为陡坡空间及零星小块用地。城市的公共空间较为不足。如果能将陡坡空间结合地形特征合理加以利用，将形成非常有山地特色的公共空间。

汉源县在两居住组团之间原有一处冲沟——松林沟，在城市建设时改造填平，但坡度

图 6　滨水活动岸线断面示意

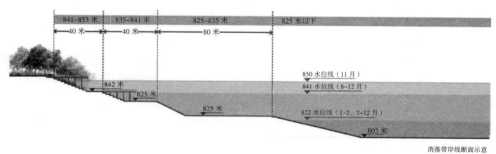

图 7　消落带岸线断面示意

较大，形成被一处城市支路分割的两块陡坡用地，景观视野良好，可直观湖面。在改造过程中，上半段为一长坡且坡度变化不大。在设计中该长坡被合理地加以利用，通过将道路设计成 S 形盘旋下降的单行道，采取最小的转弯半径限制车速，使该空间既可作为十分有特色的交通联系，也可利用被道路分割的不同高程的场地作为活动公共空间（图 8）。下半段坡度变化较为复杂，宜采取梯道的形式处理。梯道设计与地形、环境密切结合，梯道的走向沿地形变化，形成步移景异的观湖体验，设置的休息平台也充分考虑了一定的公共活动空间。由于两侧住宅已经在城市集中建设时建成，多以山墙面对松林沟空间，难以发生联系，规划建议在后期逐步完善过程中，可在住宅底层面向松林沟一侧加建小型的商业服务设施，与活动场地相接，将使该公共空间更具活力与人气（图 9）。

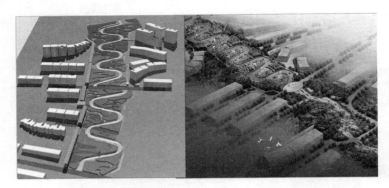

图 8　松林沟改造方案示意

图 9　松林沟改造后示意

3.3　社会关系的重链

3.3.1　可体验的公共空间促进居民归属感的重拾

社会关系往往附着在物质环境之上，当物质环境发生变化时，社会关系也会随之变化。移民迁建造成的原有社会关系的断裂是移民后心理不适的主要原因。而物质空间的改造是促进居民认知感与归属感的重拾，达到社会关系重新链接的途径之一。

在迁建之前汉源老城的公共空间基本为商业街、集市、门前空地等多种符合平地特征的交往空间。在这些空间中，人们可以聊天、购物、看热闹等多种活动（图 10）。在这些活动中建立了所熟悉的社会关系。新城由于最大限度地满足了安置的需要，现有公共空间规模和数量较小，多为小块边角用地，还未形成公共空间网络。

新县城在纵向空间的垂直拉伸，使城市公共空间出现了多种类型。我们可将与市民生活密切相关且具有山地特征的市场、商业街、小广场、梯道以及文化设施识别出来，作为传承城市历史记忆及传统民俗文化活动的空间载体，通过路线的组织和文化活动的设计将各类型公共空间串联起来，形成可体验的公共空间网络，唤起居民的认同感和归属感（图11）。

图10 汉源老县城集市及老街

图11 汉源新县城街头广场

3.3.2 社区单元的重新划分促进人群的融合

社区是城市居民活动的基本单元，合理的社会单元划分有利于促进同一社区居民积极交流，培养社区居民的归属感。目前移民安置住房基本按照移民来源以及安置方式，在县城划定各个片区进行集中安置。现状的社区单元主要以主次干道划分，由于山地城市的道路两侧用地位于不同高程的平台上，因此平面上看起来联系紧密的道路两侧用地在实际活动中难以直接联系。因此简单地以道路划分社区的方法并不能很好地适应山地城市的特征。并且各社区单元较为单一的移民来源易形成独立封闭的社区圈，不利于重新建立的社会关系稳定及人群的融合。

重新划分社区单元，主要考虑地形坡度特征、小区出入口、公共绿地、公共设施分布等因素，识别现状市场、广场、公园绿地、学校以及文化体育设施等能够吸引各类人群的公共活动集中地区作为社区活动核心区，利用GIS手段计算各小区在10分钟范围内从小区出入口出发可到达哪一个社区活动核心区。结合城区路网（包括梯道）规划布局，将实际 10 分钟步行到达同一活动核心区的居住小区划为同一社区，并参考四川省相关规定对社区规模的要求，提出社区单元划分建议。这种通过实际步行路径划分的社区单元更符合实际，以公共空间为核心组织的社区单元有利于基层管理工作的顺利推进以及公共资源的合理配置，也更有利于各类人群的融合与交往（图 12）。

图 12　社区单元的重新划分示意

4　结语

本文针对目前"后水电移民时代"城市进入内涵式发展，质量提升阶段所面临的问题入手，从人与自然关系、城市意象塑造以及移民社会关系三个方面提出具体的规划设计策略和方法。水电移民城市问题具有相当的复杂性，还有很多问题需要更深入的思考，期望本文阐述的部分策略与方法可为水电移民城市健康发展和后续建设提供点滴借鉴。

参考文献

[1] 吕诗佳. 西南山区水电移民新城城市意象重塑研究 [D]. 重庆大学，2005.
[2] 曾建生. 新时期水库移民安置模式探析 [J]. 金融经济，2006，14：123-124.
[3] 许察金. 向家坝库区移民生产就业与后期扶持问题研究——以四川屏山库区移民就业安置为例 [J]. 克拉玛依学刊，2012，1：14-19.
[4] 风笑天. 安置方式、人际交往与移民适应 江苏、浙江 343 户三峡农村移民的比较研究 [J]. 社会，2008，2：152-161+223.

重庆市大渡口区生态型游憩网络的构建初探*

徐煜辉❶ 付 洋❷

摘 要：当前"新常态"下，伴随着经济发展进入提质增效阶段，游憩产业成为重庆市转变经济发展方式的重要突破口，与此同时也对其游憩空间品质提出了更高要求。然而，由于缺乏对特色资源整合与空间的系统化构建，游憩体系出现了空间可识别性缺失、要素联系性不足、资源保护与利用失衡等一系列"粗放式"问题，构建"生态型游憩网络"是解决这些问题的重要措施之一。本文以重庆市大渡口区为例，在对现状具有游憩价值的自然资源和人文资源进行整理的基础上，以功能混合、系统衔接、环境生态为主要原则，提出了"梳理—激活—缝合—织补"的技术路线，在宏观层面构建出"山—水—绿—城"互相辉映的网络化游憩空间，旨在实现山林水系的资源共享、游憩空间与自然环境的有机融合。

关键词：生态型游憩网络；游憩空间；自然山水；文化要素；重庆市大渡口区

1 引言

新常态下，经济发展模式经历了由规模速度型向质量高效型、环境友好型的转变，游憩产业凭借其广阔的市场前景、较高的业态关联以及低污染、低消耗的特点，成为促进经济发展方式优化的重要引擎[1,2]。伴随着人们生活方式日趋休闲化和体验化，游憩产业的蓬勃发展意味着人们对于游憩空间的需求大幅增加[3,4]。如何让游憩功能渗透到城市的特色资源里并与之建立一种相辅相成的融洽关系，成为值得关注的问题。

重庆市是国内七个超大城市之一，山水交融所构成的自然与人文风貌成为独有的生态资源、景观资源、文化资源，拥有数量庞大的游憩者（图1）。由于川东平行岭谷地形地貌的分隔，现有的游憩空间显得零散而琐碎[5]，再加之曾经粗放的资源利用模式，共同导致了重庆市游憩资源品质粗糙、系统性不足、环境恶化等一系列问题，严重阻碍了游憩功能的高效发挥[6]。重庆市亟待构建系统化的游憩空间，以此推动游憩产业的发展。

2 解读"生态型游憩网络"

2.1 游憩空间的演进趋势

对游憩空间和生态要素关系之间的探索与实践表明：随着时间和空间的累积，游憩空间

---

*重庆市研究生教育教学改革研究项目（批准号：Yjg143092）资助的课题。
❶ 徐煜辉，重庆大学建筑城规学院。
❷ 付洋，重庆大学山地城镇建设与新技术教育部重点实验室。

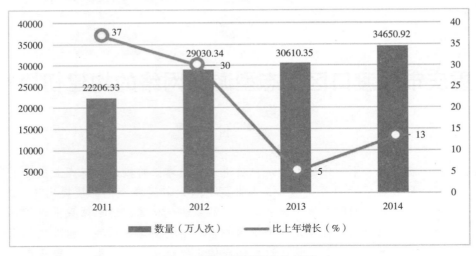

图 1　重庆市游憩者接待情况

资料来源：根据 2011～2014 年《重庆市旅游业统计公报》自绘。

所经历的是一个由分散存在走向网络联动，由单一的景观游赏发展到生态复合的过程（表 1）。网络化作为游憩空间规划的核心手段，在社会公平、城市美化等方面的诸多益处已被广泛接受[7]。它通过与外围的自然格局融为一体，不仅加强了城市中游憩要素的可达性，同时丰富了游憩资源，缓解了城市内部旅游的压力[8]。此外，网络化的空间格局还可以改变城市景观混乱的状况，有利于城市景观品位的提升和历史文化的保护并从生态方面保障城市通风、水源涵养等功能，为城市带来积极的经济效益[9-11]。

游憩空间的发展阶段总结　　　　表 1

阶段	代表性的规划实践	构建方法
公园运动时期	伯肯海德公园	在结合地形的前提下，对空间进行山水形态的构架，打造疏密有致的游憩场所
轴线连接时期	奥斯曼巴黎改造	利用宽阔的林荫大道将郊区的公园绿化引入城市
公园系统时期	波士顿公园系统	把岸线、林地等具有自然特色的要素整合为公园系统的一部分，并利用"公园路"将数个公园联系成一个系统
开敞空间时期	阿伯克隆比系列规划	在城市周边采取建设两道绿化带将城市的公园系统、多层次的开放空间相互连接
网络化时期	美国绿道网络规划	依托一些城市河流、道路系统、文化线路等线性要素，通过构建多层次多目标的绿地生态网络体系，将游憩与历史遗产保护、生态教育等功能结合起来

资料来源：笔者整理。

2.2　生态型游憩网络的概念

生态型游憩网络建立在对现状自然格局（包括地理地貌、水环境等）足够认知的基础上，融合高度关联的生态、景观、文化等综合功能，由生态的斑块和生态廊道相互交叉、连接而成。它以城市的自然山水为基础，通过无数"通道"（线性基础设施和各种要素流）将不同的景观实体和虚体（人文要素）关联起来，以创造出一个符合生态需求的，基于"山—

水—绿—城"相互交融的游憩空间系统（图2）。

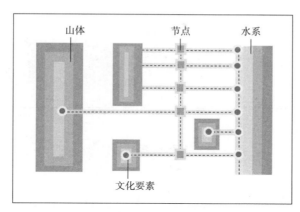

图2　生态型游憩网络的示意图
资料来源：笔者自绘。

2.3　构建原则

①功能混合原则——在生态学上，生物多样性有利于生态系统的稳定[12]。同理，功能多样性也是城市土地使用的理想状态[13]。在生态型游憩网络的构建过程中，仅靠单纯绿地景观塑造所带来的市场不确定性，不利于整个系统的稳定和环境质量的提高。结合自然山水和人文要素，置入多样化的消费活动，既有利于生态资源融入日常生活，更有利于游憩活动的组织[14]。

②系统衔接原则——生态型游憩网络作为一个众多要素（生态斑块、生态廊道）共存的有机整体，其功能的稳定发挥依赖于各个要素在系统中的协调统一、连接可达。生态型游憩网络的构建不仅仅是将各个分散的要素进行简单地拼凑，还需要从系统的角度，寻求各个要素之间的内在关联，避免要素的无序叠加。

③环境生态原则——由于游憩活动与区域环境、城市生态系统紧密相连，生态型游憩网络的实质就是围绕山林水系进行游憩功能的扩展，其初衷在于保护和利用生态资源，实现人、城市与自然的和谐共生。因此，对于纳入游憩网络的各种要素应在开发之前对其生态本底予以保护与修复，避免生态功能的退化，维系游憩系统的可持续性运转。

2.4　作用机制

2.4.1　整合人文要素

诺伯格·舒尔茨的场所空间理论认为空间成为场所是其文化赋予的。人们通过定位自身与周围环境的关系、把握场所的特质，进而产生认同感与归属感[15]。而游憩本身就是一种融合了时间与空间的文化。生态型游憩网络在构建的过程中应首先从围绕城市自然山水的人文资源中筛选出具有游憩价值的要素（图3），例如：历史文物古迹、民族文化及其载体、宗教文化资源等，并对重要的文化保护建筑和开敞空间注入符合时代需求的功能要素，丰富功能的多样性，提升地区的活力。

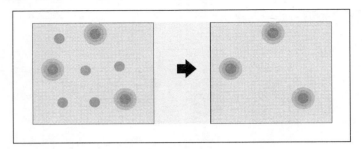

图 3　整合人文要素

资料来源：笔者自绘。

2.4.2　优化网络结构

游憩空间与自然资源的整合，其本质还在于通过疏通脉络关系将零碎的游憩资源进行串联搭接（图4），以促进生活在城市中的人与自然发生更多的关联，实现游憩体系中能量的流动和生态要素的循环[16]。

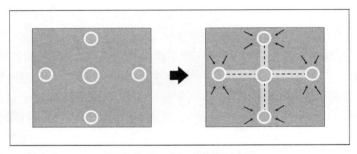

图 4　优化网络结构

资料来源：笔者自绘。

2.4.3　完善山水环境

山水环境作为生态型游憩网络重要的外部条件，其环境质量是游憩者到达目的地产生原始兴趣的关键原因所在。对山水环境的完善应当以低影响为原则，尽可能利用现有生态要素对水源和山体进行维护和优化（图5），提升片区内生态质量和景观质量。

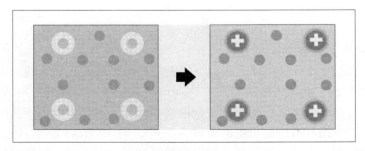

图 5　完善山水环境

资料来源：笔者自绘。

3 生态型游憩网络的整合与构建——以重庆市大渡口区为例

3.1 案例概况

重庆市大渡口区位于主城区的西南部，辖区面积 102.83 平方公里，是都市功能核心区的重要组成部分。该片区西倚中梁山脉、中部城中山起伏、东南滨临长江，拥有 34 公里的原始滨江岸线、绵延崖线绿地，以及三面临江的钓鱼嘴半岛等特质地貌（图 6）。山纵水横、城绿交融的自然格局不仅对都市核心区生态格局的和谐共生具有重要意义，也为整个片区孕育了厚重的人文沉淀，提供了丰富的游憩资源。

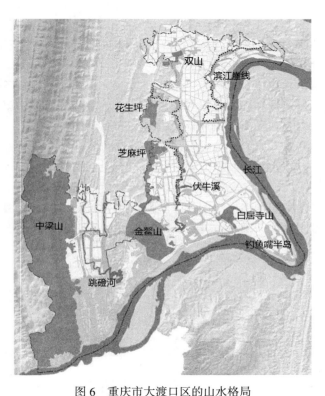

图 6 重庆市大渡口区的山水格局

资料来源：笔者基于重庆市规划设计研究院《大渡口区美丽山水城市规划》改绘。

在国家"退二进三"政策的引导下，大渡口区重庆钢铁公司的整体拆迁也为城市形态重塑带来了新的机遇。大渡口如何将自身特色自然资源、历史资源和当代的游憩需求相结合？如何在塑造一流的城市游憩环境的同时提高人文价值？这些都是亟待解决的问题。

3.2 大渡口区游憩空间建设现状

3.2.1 游憩资源未尽其用

由于城市建设过程中对商业利益的过分追求及"四山"政策的严格管控[1]，片区内游憩空间因缺乏对现有资源的有效利用而显得简单有余而精致不足。主要体现在三个方面：

一是缺乏对沿江人文风貌的充分利用，例如代表重庆工业革命进程的重庆钢铁厂遗址及特色的码头建筑、遗留的高炉、烟囱等工业构架尚未积极利用；二是缺乏对山体和水系自然开敞空间生态效益的挖掘，滨水地段缺乏高品质的公共建筑，制约了公共艺术化的休闲、观景活动；三是受管制政策的影响，中梁山的休闲游憩产业呈现出自我发展的无序状态，现有的开发对峡谷、崖壁、山脊线等核心自然资源利用不够，目前山上除了布局凌乱、不成规模的农家乐以外，多为原生态的林地和耕地。

3.2.2 游憩空间缺乏联系

片区尽管有着"山水入城"的景观优势，然而由于自然要素在城市空间的不均等分布，再加上其他因素的阻隔，各个游憩要素之间因缺乏必要的关联，在可达性上表现出两方面的不足：一是滨水区开敞空间不连续，亲水活动受到沿江老成渝铁路、陡峭崖线和封闭的码头港区隔离；二是中梁山和城中山缺乏视线上的呼应，山水之间缺乏有机串联。

3.2.3 生态环境凸显隐患

大渡口区的自然山水主要存在以下两方面的隐患：一是长江和两条次级河流因为工业企业排污、沿河道开发建设和农业开垦等因素使水质恶化[17]；二是中梁山现有采矿企业在生产过程中所产生的尘土和噪声对山地环境的破坏和游憩活动的干扰。这将直接决定了大渡口游憩环境质量的高低，成为能否吸引都市游憩者的关键要素。

3.3 构建方法

基于前文对生态型游憩网络提出的构建原则和作用机制，结合大渡口区现有生态型游憩空间的问题，提出"梳理—激活—缝合—织补"的技术路线（图7）。

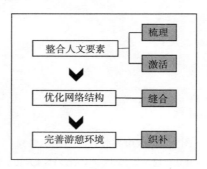

图 7 构建方法

资料来源：笔者自绘。

3.3.1 梳理——要素提取

针对片区内的人文要素，通过对其进行价值及层次的评定：要素本身应具有足够的稳定性和延续性，能够真正融入现有的城市环境中去；要素的历史价值和环境价值对现在和未来的积极意义；要素在片区整体文化生态系统中的层级地位[18]。因此可以从中筛选出文化影响力显著的，能够更加丰富地展示大渡口区内悠久的城市历史、多彩的人文风貌的6类人文要素（表2）：石器文化、墓葬文化、古镇文化、宗教文化、工业遗产文化、渡口码头文化。

梳理之后的文化要素　　　　　　　　　　　　　　　表 2

文化要素	空间载体
石器文化	马王场石器遗址、杨家嘴石器遗址
墓葬文化	百花村崖墓群、综合厂汉崖墓
古镇文化	马王场老街、马桑溪老街
宗教文化	小南海观音寺遗址、石林寺、金鳌寺
工业遗产文化	重钢钢迁会旧址、百年重钢厂旧址、老成渝铁路
渡口码头文化	钓鱼嘴码头、伏牛溪码头、新港码头、茄子溪码头、小南海码头

资料来源：笔者自绘。

3.3.2 激活——功能更新

激活的过程主要包括以下两个方面：一是针对沿江工业遗址以及五个滨江码头注入现代的城市功能，如工业遗产旅游、创意产业的研发等。以钓鱼嘴码头为例，该地块应利用伸向江面的半岛嘴部地貌所形成的开阔视野，通过规划郊野绿地并结合低密度居住、酒店等配套设施的打造，实现由原始的岸线环境向生态休闲、商务旅游的蜕变。二是针对位于中梁山的石林寺和金鳌山的金鳌寺，在保证宗教主体功能的同时，进行相关衍生功能的扩容。以石林寺为例，通过对规划区内有历史价值的石刻、晒经石等进行原貌保护以及对周围环境的复建和边坡的整治，并利用佛教寺庙的影响，形成一个以健康旅游、禅茶素食、农业度假等特色业态的佛教主题街区。

3.3.3 缝合——廊道沟通

片区内构建的廊道包括：一条文化长廊、三条绿化连廊、九条视线通廊。

其中文化长廊依托老成渝铁路[2]自身的人文价值和沿线背山面江的景观格局及五个滨江老火车站（图 8），将江岸沿线的各个历史锚点及工业构件串联起来，在动态移动中满足人们复古怀旧的乡愁。此外，针对成渝铁路线对滨江空间亲水性的阻碍，结合地形搭建跨越铁路的步行桥形成眺望平台，并在地下空间引入商业，以复苏滨水空间活力，加强人们近水亲水的体验（图 9）。

三条绿化连廊由三座城中山（双山、芝麻坪、金鳌山）所形成的山体带、滨江崖线、伏牛溪和快速路（中坝路）两边的防护绿带构成，以加强廊道内部的步行联系并串联思源公园等城市公园和马王场老

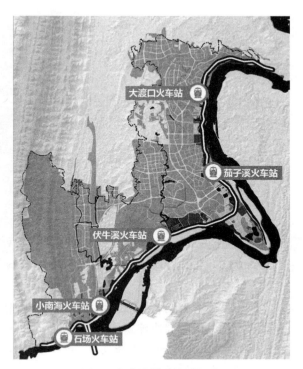

图 8　老成渝铁路大渡口段

资料来源：笔者基于重庆市规划设计研究院《大渡口区美丽山水城市规划》改绘。

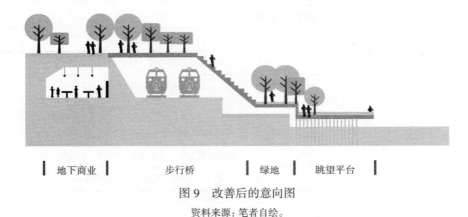

图 9 改善后的意向图

资料来源：笔者自绘。

街、马桑溪老街等文化节点（图 10）。

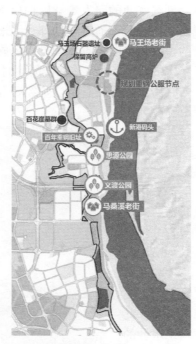

图 10 串联各个节点的生态廊道

资料来源：笔者基于重庆市规划设计研究院《大渡口区美丽山水城市规划》改绘。

八条视线通廊结合现有的眺望点，充分利用天然高差、道路空间、广场绿地等视线通透要素，通过控制周边建筑体量和高度，保证视线的通透，实现通江观景的功能。

3.3.4 织补——生态修复

一是对水安全格局的治理：首先在长江和两条次级河流沿线设置了一系列净化湿地与雨水花园过滤水池（图 11）；其次以山体（例如中梁山和金鳌山）以及城市公园（例如大渡口公园和义渡公园）作为水涵养核心，实施大规模、长期的生态涵养，改善已被污染的河流及土壤。

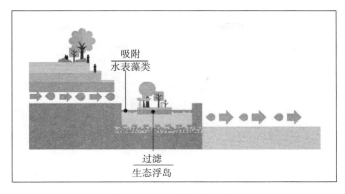

图 11　净化湿地意向图

资料来源：笔者自绘。

二是对中梁山关闭的采石场残留的工业废弃地进行景观修复，结合《重庆市四山地区关闭采石场再利用规划》，置入旅游休闲业态，将现状山体的皱纹转化为特色的旅游资源，比如矿坑拓展基地、矿坑公园、地质科普等多种形式（图12），提升对山地资源的利用（图13，表3）。

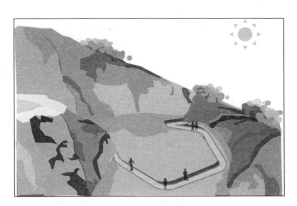

图 12　矿坑公园意向图

资料来源：笔者自绘。

大渡口区生态型游憩网络要素整合　　　　　表3

要素类型		空间载体
生态斑块	八个一级文化节点	钓鱼嘴码头、伏牛溪码头、新港码头、茄子溪码头、小南海码头、百年重钢旧址、石林寺、金鳌寺
	八个次级文化节点	马王场石器遗址、杨家嘴石器遗址、百花村崖墓群、综合厂汉崖墓、马王场老街、马桑溪老街、小南海观音寺遗址、重钢钢迁会旧址
生态廊道	一条文化走廊	依托老成渝铁路形成的左岸文化走廊
	三条绿化连廊	双山—金鳌山—小南海码头；观景塔节点—金鳌山—茄子溪码头；桃花溪—百年重钢旧址—马桑溪老街
	八条视线通廊	双山—百年重钢旧址；揽月山庄眺望点—马桑溪老街；建桥站眺望点—长江；观景塔眺望点—金鳌寺公园眺望点；观景塔眺望点——大界塘眺望点；金鳌寺公园眺望点—长江；金鳌寺公园眺望点—揽江公园眺望点；白居寺山—钓鱼嘴码头

资料来源：自绘。

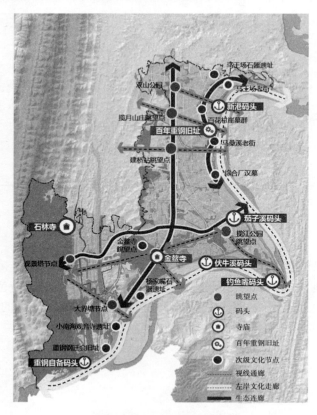

图 13 大渡口区生态型游憩网络

资料来源：笔者基于重庆市规划设计研究院《大渡口区美丽山水城市规划》改绘。

4 结语

在新常态的时代背景下，将生态文明、节约集约的理念全面融入城市规划，构建生态化的生活方式和生产模式是城市可持续发展的主题。"生态型游憩网络"是通过建立与城市自然有机结合的、互相联系的生态廊道，将城市中具有游憩价值的自然要素和人文要素串联起来，形成系统化的"线—块"结构。对于重庆市大渡口区生态旅游规划而言，在"梳理—激活—缝合—织补"的技术路线下构建出了"以绿为廊，延伸渗透，以文为脉，多点联动"的网络状游憩空间，为城市生态资源的保护和游憩效应的挖掘提供了一种思路。

注释

1. 2007年，重庆市政府公布《重庆市"四山"地区开发建设管制规定》（重庆市人民政府令第204号），将缙云山、中梁山、铜锣山、明月山（以下简称"四山"）地区确定为建设开发管制区。
2. 老成渝铁路是新中国第一条自主研发并由重庆钢铁厂生产的铁轨铺就而成。

参考文献

[1] 陈勇.面向城市旅游的城市规划 [J].城市规划，2001，8:13-15.
[2] 钱春弦，齐中熙，樊曦.解读国务院促进旅游发展三措施 [J].旅游时代，2014，8.
[3] 林璧属.体验化是休闲时代旅游发展的基本取向 [J].旅游学刊，2006，2111:10-11.
[4] 王珏.人居环境视野中的游憩理论与发展战略研究 [M].中国建筑工业出版社，2009.
[5] 彭瑶玲.融真山、真水之美塑山城、江城风采——重庆山水园林城市规划思考 [J].规划师，2004，20(9):26-29.
[6] 彭丽.重庆都市区城市游憩空间结构优化研究 [D].重庆师范大学，2010.
[7] Thompson C W. Urban open space in the 21st century[J]. Landscape & Urban Planning，2002，60(2):59-72.
[8] 柏森.基于系统论的城市绿地生态网络规划研究 [D].南京林业大学，2011.
[9] 王鹏.我国城市公共空间的系统化研究 [D].清华大学，2000.
[10] 王海珍.城市生态网络研究 [D].华东师范大学，2005.
[11] 冯维波.城市游憩空间分析与整合研究 [D].重庆大学，2007.
[12] 王国宏.再论生物多样性与生态系统的稳定性 [J].生物多样性，2002,10(1):126-134.
[13] 翟强.城市街区混合功能开发规划研究 [D].华中科技大学，2010.
[14] 陈渝.城市游憩规划的理论建构与策略研究 [D].华南理工大学，2013.
[15] 杨宁.诺伯格·舒尔茨的建筑现象学 [D].西安建筑科技大学，2006.
[16] 张晋.基于城市与自然融合的新城绿地整合性研究 [D].北京林业大学，2014.
[17] 刘洪达.山地城市重污染河流溶解氧数值模拟研究 [D].重庆大学，2014.
[18] 苗阳.我国传统城市文脉构成要素的价值评判及传承方法框架的建立 [J].城市规划学刊，2005，4：40-44.

陕北黄土丘陵沟壑区城镇空间发展模式初探

白　钰[1]

摘　要：本文通过针对陕北黄土丘陵沟壑区地貌特征的综合研究，探讨地貌环境对于城镇空间的约束机制，分析地貌特征与城镇空间分布的耦合规律，推敲特殊地貌约束下城镇空间形态特征要素，结合数据分析、图形分析、拓扑分析等多种研究方法，探索陕北黄土丘陵沟壑区特殊地貌影响下的城镇空间发展适宜模式。

关键词：陕北黄土丘陵沟壑区；地貌约束；河谷阶地；耦合关系；适宜模式

中国的黄土高原是世界上发育最好、分布最广的黄土区域，是具有典型研究价值的区域。陕北黄土丘陵沟壑区位于黄土高原腹地，地貌形态沟壑纵横，构成了城镇空间形态演化的特殊基质。本文对于在陕北黄土丘陵沟壑地貌条件约束下的城镇空间发展模式进行研究，重点关注地貌特征与城镇空间演变发展的关联作用，并探索特殊地貌条件约束下的城镇空间适宜发展模式。

1　陕北黄土丘陵沟壑区地貌环境特征

1.1　厚积黄土

陕北黄土丘陵沟壑区位于黄土高原中南部、陕西北部，属黄河中游地区，黄土连续覆盖面积约 27 万平方公里，厚积区厚度可达 100～200 米。该区域地表以 200 万年以来逐渐形成的连续而深厚的原生黄土为自然特征，经过数百万年流水作用，形成千沟万壑、河谷纵横的地表形态。

1.2　沟壑纵横

陕北黄土丘陵沟壑区地貌形态主体为"峁—沟相间"沟壑纵横的破碎地貌，是黄土高原面积最大、地表最为破碎的地貌区。该地貌类型由黄土梁状丘陵、梁峁状丘陵、黄土覆盖的基岩山地、黄土梁塬和小块破碎塬与分割它们的沟壑等地貌类型共同组成，地表河沟谷地发育，沟间地与沟谷地之比约为 1 : 1，地面支离破碎，沟壑密度达 4～8 公里/平方公里。

1.3　河谷地貌

陕北黄土丘陵沟壑区在多级支状河流影响下，普遍发育河谷阶地，形成了独具特色的河谷地貌特征。黄土丘陵沟壑区黄土结构松散，在水系的作用下，该区河谷空间平面上呈

---

[1] 白钰，西安建大城市规划设计研究院。

现树状形态的多等级川道地貌结构，而河谷剖面呈现"U"形、"V"形空间特征。

2 地貌影响城镇空间发展的动力机制

地貌形态是自然生态环境的重要因子，陕北黄土丘陵沟壑区在人类早期聚落的发展过程中，河谷川道就以其近便的水源、肥沃的土壤、便于防御等条件成为原始聚落的聚集地。从陕北黄土丘陵沟壑区城镇空间分布的演变历史可以看出，流水作用决定了河谷川道的形态，并以地貌条件为介质影响了区域城镇空间的发展。

自然环境条件是城镇体系形成和演化的载体。陕北黄土丘陵沟壑区的水资源和土地资源的数量和质量是制约城镇空间格局的关键因素。沟壑小流域（尤其是高等级的沟壑小流域）是径流的汇集区，是水资源较为充沛的地带，水质也较好，可以满足生活、生产的需求。河谷空间土质肥沃、平坦开阔、日照充足，易于机械化耕作，土地生产力较高，而梁峁区土地资源匮乏，受土壤生产力低、耕作难度大等因素的影响，土地多为荒地。由于黄土丘陵沟壑区的传统城镇以农业生产为主，城镇总是优先布局在水土资源丰富的区域，因此，具有良好水土资源优势的河谷空间成为城镇发展的主要区域。

3 地貌约束下的原生人居空间形态

陕北黄土丘陵沟壑区城镇的发展演化是以河谷空间为主要脉络的，河谷是城镇空间分布的主体区域，其原生的河谷川道地貌形态与城镇空间分布之间具有明显的耦合关系，该地区的地貌特征具有地理学和人居环境学的双重意义。

陕北黄土丘陵沟壑区城镇空间结构受到地貌因素的制约，在现状空间格局上具有沿河谷分布、沿水系分布的网络特征。由于河谷川道地貌具有连续性的空间特征，区域内交通轴线往往分布在河谷区域，因此城镇空间结构呈现明显的沿河谷轴向发展的特征。

城镇建设总是在一定的范围内首先聚集于宽阔的河谷空间，然后在较窄的河谷形成乡村空间连绵延伸，因此，在宽窄变化的河谷地貌空间往往易形成具有等级结构的城镇空间形态。在较宽阔的河谷地貌部位，由于地形相对平整宽阔，城镇的空间形态多呈现集中团块状的发展形态。狭窄的河谷交叉处受到地貌的制约，由于各指形组团被山体或塬区分割，相互联系困难多呈现沿多方向河谷向外发展的空间形态。在支离破碎的沟壑地貌部位，由于耕地和水资源有限而分散，往往导致许多居住群落远离村镇主体呈散点状分布的空间形态。

4 城镇空间分布与地貌类型的耦合关系分析

4.1 城镇空间分布与地貌类型的耦合关系分析

陕北黄土丘陵沟壑区地势呈西北高东南低的走势，形成了典型的树枝状水系形态，并以延河、洛河、无定河干流河谷为主干，其他中型河谷和小流域为枝干，形成了等级枝状分布的河谷沟道空间。分别绘制黄土丘陵沟壑区的城镇空间分布图、地貌类型分区图和河谷空间分布图，叠加后分析三者的耦合关系（图1、图2）。

据统计，陕北黄土丘陵沟壑区城镇共116个，分布各等级河谷中的城镇数量总计占黄土丘陵沟壑区城镇数量的75%，是陕北地区城镇分布的主体区域。其中，黄河及其主要支流河谷川道型城镇共 26 个,占该区域城镇总数的 22.4%,次级支流河谷川道型城镇 32 个,占该区城镇数量的 27.6%,小流域型城镇 29 个,占 25%。

从下图和以上统计数据,可以明显看出,陕北黄土丘陵沟壑区城镇的空间分布与河谷地貌之间具有较高的耦合度。

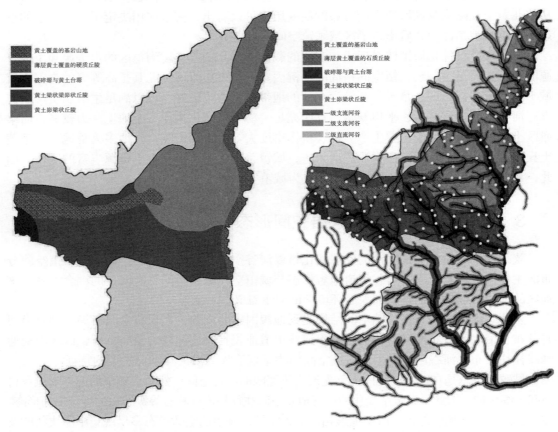

图 1 黄土丘陵沟壑区地貌类型分区
资料来源:笔者自绘。

图 2 黄土丘陵沟壑区城镇空间分布与地貌类型的叠加关系
资料来源:笔者自绘。

4.2 城镇等级规模与地貌类型的耦合关系分析

城镇等级规模结构是描述城镇的重要指标,其等级层次体系主要表现为市—县城—建制镇———般集镇四个层次。分别绘制黄土丘陵沟壑区城镇体系等级规模结构分布图、地貌类型分布图和水系分布图,数据叠加后进行分析(图 3、图 4)。

黄河及其主要支流无定河、延河、洛河河谷川地中的人居环境分布主要以市、县为特征,同时分布一定量的乡村和镇区,成为发育完整的高等级城镇分布区。其中地级市 1 个、县城 6 个,占该地貌组合分区县市数量的 50%。次级支流河谷川道的开阔处可以容纳县城的发育和成长,人居环境的类型主要以县和镇区为主,其中县城数量 7 个、乡镇数量 25 个,分别占区域该类型人居点数量的 50% 和 24.5%。小流域主要指长度在 50 公里以内,一般为20公里、较为狭窄的河谷。小流域是黄土高原水土流失的源头，限于其地貌、土地承载力、水等自然生态条件，无法形成具有一定规模的人居点，以乡镇的分布为主，乡镇数量达到29个，占分区总数的28.4%。根据以上分析可知，所有的市、县均分布在黄河及其主要支流和次级支流河谷川地中，说明城镇体系的结构等级和河谷地貌的等级是耦合的。

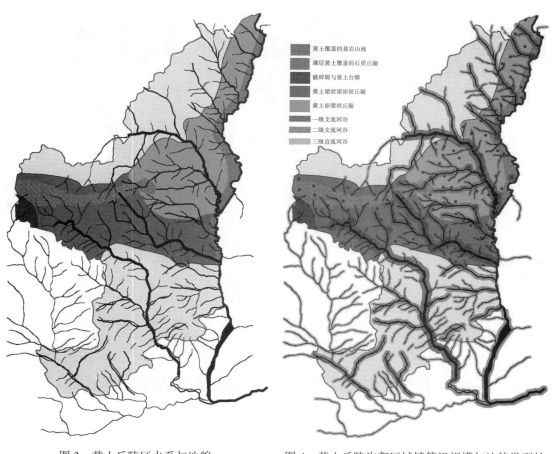

图3 黄土丘陵区水系与地貌
资料来源：笔者自绘。

图4 黄土丘陵沟壑区城镇等级规模与地貌类型的叠加关系
资料来源：笔者自绘。

4.3 城镇交通网络与地貌类型的耦合关系分析

陕北黄土丘陵沟壑区的公路为该区域城镇间联系的主要方式，受到沟壑纵横的破碎地貌的影响，该区城镇公路交通网络的形态结构可最清晰地反映城镇与地貌制动力的联系。

分别绘制陕北黄土丘陵沟壑区的交通网络图、水系分布图、空间拓扑分析图，将三者的信息叠加后可以看出三者的分布特征（图5～图7）：

交通网络和河谷川道系统呈现耦合关系。其中国道、省道、高速均集中于黄河及其主要支流河谷川道中，所以交通条件最具优势。次级支流河谷川道中主要分布省级公路，小流域主要以县乡道路为主。黄土丘陵沟壑区的城镇空间交通网络的分布特征和河谷川道的

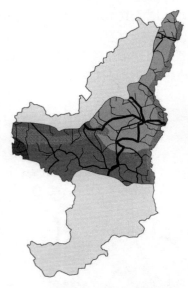 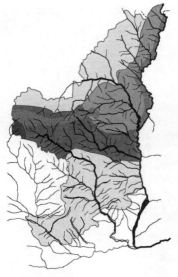 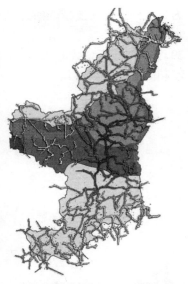

图5　黄土丘陵区路网与地貌　　　　图6　土丘陵区水系与地貌　　　　图7　黄土丘陵整合度与地貌
资料来源：笔者自绘。　　　　　　　资料来源：笔者自绘。　　　　　　资料来源：笔者自绘。

等级特征呈现强烈的对应关系。

拓扑网络集成核的分布与地貌环境呈现耦合关系。城镇网络的整合度等级与水系的分布密度等级存在耦合关系，值域为 0.455～0.523 的一级整合中心轴线主要沿神延线延安至绥德段分布，值域为 0.353～0.455 的二级整合中心轴线沿延河、无定河、洛河三条河流河谷及其主要支流河谷分布，其他等级的轴线主要沿小流域分布。

5　陕北黄土丘陵沟壑区城镇空间形态结构的适宜模式探讨

由上可知，陕北黄土丘陵沟壑区的地貌特征对于城镇空间的演化发展有着重要的影响作用。基于区域生态环境脆弱、水土流失严重、能源矿物资源丰富的区域特征，黄土丘陵沟壑区的城镇空间发展必须要走生态可持续的发展道路，探寻区域城镇空间形态结构发展的适宜模式。

5.1　以流域地貌环境为基础的羽状空间框架

陕北黄土高原地区内河流均流经深厚的黄土地区，地面切割破碎，梁峁、沟谷发育，沟壑纵横密布占区域总面积的 50% 左右。由于河流发育与水系分布受地质地貌的控制，上中游地层新，岩性松软，河流发育，水系树枝状分布十分明显，流域宽大；下游地层较老，岩性坚硬，支流短小，呈羽状水系分布特征（图8、图9）。

陕北黄土丘陵沟壑区地貌环境的特点决定了河谷川地成为最具生态位条件的区域，因此根据生态位理论，河谷川道地貌区成为陕北黄土高原地区的城镇聚集地。

陕北黄土丘陵沟壑区城镇空间发展应以尊重水系和地貌形态为基础，顺应川道阶地分布特征，引导该区域特有的川道河谷城镇群宏观上形成树状形态的网络结构。融合主河谷

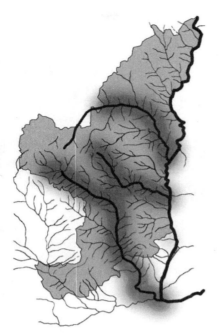 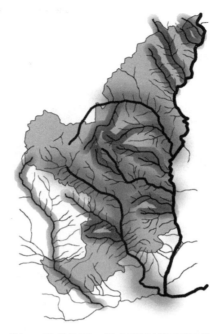

图 8　陕北地区一级支流流域河网结构　　图 9　陕北地区二级支流流域河网结构
资料来源：笔者自绘。　　　　　　　　　　　资料来源：笔者自绘。

川道空间和小流域空间，形成具有等级特征的人居空间环境体系。发挥主河谷地区的城镇空间聚集效应，引导小流域的疏解作用，探索以小流域为小城镇为特征的人居疏解途径。

在特有地貌环境的约束下，陕北黄土丘陵沟壑区城镇空间的形态结构应顺应地貌、水网特征，采取羽状城镇网络发展模式。黄河的一级支流河谷是陕北地区自然条件良好、陕北城镇空间的首选聚居地貌区，积极引导具有规模的县城空间结合一级支流河谷地貌布局，推进镇乡空间结合二级支流河谷地貌布局，组织乡村空间结合三级支流河谷布局。城镇体系的发展应当合理利用河谷川地，保护生物多样性相对较高区域，缓解川道生态压力，人居环境形成与自然环境、农田、林地等生态用地相融合的城镇稳态平衡。

5.2　依托生态建设的带状串珠状城镇格局

由于陕北地区城镇化进程的加快，现状的城镇发展呈现带状绵延的趋势，侵占了大量的川谷农田、林地，对于当地的生态环境造成了很大的影响。陕北丘陵沟壑区生态脆弱，环境敏感，因此，城镇空间形态的发展必须以该区域的生态承载力为前提。

陕北丘陵沟壑区城镇空间发展应进行空间分段，严格控制城镇空间绵延的规模和长度，形成城镇空间带状组团形态。同时，带状城镇组团的规模与区域的生态承载力之间有着直接对应关系，应根据当地生态承载力范围合理确定城镇组团规模，合理组织城镇聚集与生态环境的空间关系。为了避免城镇空间的发展对于生态环境的强烈扰动作用，保护必要的生态廊道，使城镇人工斑块与自然环境、农田林地形成相互交错的基底关系，城镇空间的发展模式应在羽状的结构之上形成带状串珠状的城镇格局（图10、图11）。

在串珠状的城镇格局中宏观生态基底以绿楔的形态与人工环境呈现相间融合的形态。

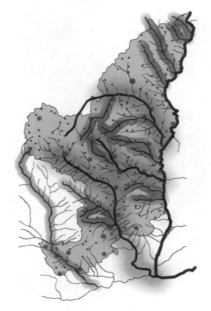 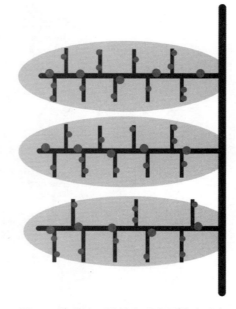

图 10　陕北地区城镇中观空间发展模式　　　　图 11　陕北地区城镇中观发展模式示意
　　　　资料来源：笔者自绘。　　　　　　　　　　　　　资料来源：笔者自绘。

陕北黄土丘陵沟壑区城镇空间形态发展应以紧凑发展为原则，避免大规模的城镇扩张行为，应在相对紧凑密集的城市区域中增加生态斑块廊道，使其与外界的生态背景相连接，保持增加城市的生态容量，实现张弛有度的城镇空间发展模式。

　　因此，在地貌环境的约束下，陕北黄土丘陵沟壑区城镇的发展模式应逐渐转变为等级结构明确的城镇扩展模式，以现状的主要河道模式为主干，向四周以羽状形态与周边地貌构成相交状态，将城镇形态结构引导为羽状串珠结构，形成以流域为基础的羽状团块网络结构模式（见图12）。

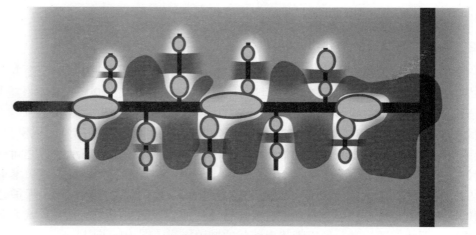

图 12　陕北地区流域城镇发展带状串珠发展模式
资料来源：笔者自绘。

5.3 因地随形的川谷型组团立体发展模式

陕北黄土丘陵沟壑区的地貌是由于厚积的黄土受到枝状水系地冲积作用形成了地势平坦的河谷地貌与地形起伏坡度较大的丘陵山地地貌。河谷地貌受到河水冲积形成阶地，地势平坦，丘陵山地地形起伏，坡度较大。两者共同构成了陕北黄土高原的"U"字形宏观剖面地貌特征。

陕北黄土丘陵沟壑区城镇建设用地主要分布于河流冲积切割形成"U"字形的河谷阶地上，临河或跨河而建，由城镇建成区、河谷川地、周围的山地共同构成。陕北黄土丘陵沟壑区在水系的作用下，形成众多的河川道地貌，促成位于河谷阶地上的"川谷型"城镇群的发展。"川谷型"城镇的分布、形态特征都与川谷地貌息息相关，城镇空间结构体现了"因地随形"的空间特征。

河谷地形在一定程度上限制了城市建设用地的扩展，是河谷型城市扩张的重要影响因素。因此，陕北黄土丘陵沟壑区城镇空间发展应建立沿川谷的组团状立体发展模式。高效利用地势平坦的河谷阶地，布局城镇的主要建设区域，满足人居需求。结合地形起伏的丘陵山地，布局景观生态用地，防治水土流失。川谷城镇的发展应在纵向空间呈现带状城镇模式，在横向空间应呈现"U"字形立体剖面特征（图13）。

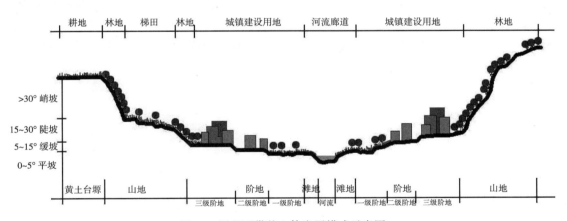

图13 川谷型带状立体发展模式示意图

资料来源：笔者自绘。

首先，用地类型的分布应与地形坡度呈现很强的关联性。在大于30°的峭坡多为林地，在15°～30°的陡坡则以梯田形式的耕地为主间林地，城镇的防护绿地多分布于5°～15°的缓坡上，城镇建设用地主要分布在0～5°的平坡。

其次，地貌类型直接决定用地类型。在河谷阶地等地势平坦地貌区多分布块状耕地，山地区多以林地和梯田为主，河流滩地主要形成生态保护廊道，城镇建设的主体用地分布于河流阶地上。

6 结语

陕北黄土丘陵沟壑区生态脆弱，水土流失严重，探索沟壑纵横的特殊地貌约束下的城镇空间发展模式，对于引导城镇空间低碳高效发展，实现区域发展生态可持续有重要意义，更是践行"十八大"提出的"生态文明"和"新型城镇化"理论的带动点。

参考文献

[1] 周庆华. 黄土高原·河谷中的聚落——陕北地区人居环境空间形态模式研究[M]. 北京：中国建筑工业出版社，2009：70-73.

[2] 孙逊等. 黄土高原志[M]. 西安：陕西人民出版社，1995.

[3] 段进等. 城镇空间解析[M]. 北京：中国建筑工业出版社，2002.

[4] 朱士光. 黄土高原地区环境变迁及其治理[M]. 郑州：黄河水利出版社，1999.

[5] 史念海. 黄土高原历史地理研究[M]. 郑州：黄河水利出版社，2001.

[6] 雷敏. 生态脆弱区生态环境与城市化耦合研究——以陕北地区为例[D]. 西安：西北大学，2008.

[7] 崔安. 黄土高原"川谷型"滨河城镇形态与景观类型研究[D]. 西安：西安建筑科技大学，2001.

[8] 杨永春. 中国西部河谷型城市的发展和空间结构研究[D]. 南京：南京大学，2003.

西南地区传统村落空间格局保护的内容与方法研究[*]

周铁军[❶] 董文静[❷]

摘 要：中国传统村落名单的公布，反映出我国对建筑文化遗产保护范围的进一步拓展，关注点不仅局限于村落的历史文化，更加注重对传统民俗及其影响下的传统村落空间格局的保护。西南山地传统村落是我国传统建筑文化的重要组成部分，是不可再生的宝贵资源，其空间格局直观、全面地反映出整个村落的历史演变、价值特色，是山地传统村落保护的重点所在。文章回顾了国内外传统村落保护的发展历程，并在中国传统村落和历史文化村镇评价指标体系与价值特色的对比中，分析西南地区传统村落的保护内容要素体系，结合笔者团队已有的研究基础，将动态监测的研究方法引入到空间格局的保护中，以期在传统村落快速发展的今天，对其进行前瞻性的动态监测与保护。

关键词：传统村落；西南地区；空间格局；保护内容与方法

1 引言

我国 2012 年开始中国传统村落的调研，随着第一二批名单的公布，全面开展传统村落保护工作已经成为一项紧要任务[1-2]。近年来，我国传统村落在街巷空间、历史建筑、人文环境等方面的研究得到了极大的发展，但整体空间格局的保护研究尚处在起步阶段，西南地区传统村落保护研究更是滞后于全国整体水平。村落空间格局直观、全面地反映出整个村落的历史演变、价值特色，是历史文化资源和山地传统村落保护的重点所在。但是，随着社会经济快速发展，由于不合理的建设和开发，加之保护不力，传统村落空间格局的破坏日趋严重[3]，因此，对西南地区传统村落空间格局的保护提出了更深层次的要求，亟须寻求一种更加科学的、动态的传统村落先期保护模式，建立体系化的动态监测机制，从而保证山地传统村镇保护的长效性和全面性。本文基于西南地区相似地理环境和空间特色的山地传统村落进行研究，在一定的社会经济、历史文化等背景下，将研究范围限定西南地区的于重庆、四川、云南、贵州的行政区之内（表1）。

---

[*]本文由高等学校博士学科点专项科研基金资助。
 项目名称：西南山地传统村镇空间格局安全动态监测研究，编号：20120191110036。
[❶] 周铁军，重庆大学建筑城规学院。
[❷] 董文静，重庆大学建筑城规学院。

西南地区传统村落分布表　　　　　　　　　　　　　　　表1

	第一批	第二批
重庆	14	2
四川	20	42
云南	62	232
贵州	90	202

2 传统村落的保护发展历程

2.1 国内外传统村落的保护发展

传统村落是指拥有物质形态和非物质形态文化遗产，具有较高的历史、文化、科学、艺术、社会、经济价值的村落。传统村落的称谓在国外研究中多见"历史小城镇"和"古村落"等，研究已有相当多的案例可考。20世纪30年代，法国的《风景名胜保护法》已经将小城镇和古村落列在保护对象之中。在60年代之后，欧洲建筑遗产的保护对象范围逐渐扩展，从单体建筑到城镇肌理，从著名古迹到整体城市和乡村，经历了逐步拓展和深入的研究历程。美国、英国、日本等国家的相关保护研究工作也随之展开[4]。

2012年，我国首次公布传统村落名单，这份名单的公布在历史文化名城、历史文化名镇名村名单公布之后，在背后支撑这份名单的相关研究，如建筑遗产保护、基础理论、普查评价、保护规划等均有了更为深入的拓展。但是，在20世纪中后期，随着社会的不断发展，传统村落的开发力度骤然加大，部分学者开始重视传统村落的前瞻性保护评价与动态监测预警。笔者团队在21世纪初期开始对西南地区村镇的动态监测和预警研究，并将在传统村落的保护研究中继续深化[5]。

2.2 西南地区传统村落的研究现状

对于西南地区传统村落而言，学者们现有的基础研究和保护规划已经相当深厚，季富政对西南地区村落的调查研究，一系列著作提供翔实的资料[6]；戴志忠等从文化生态学的角度分析了西南地区传统村落形成的文化脉络[7]；李建华在邬建国的景观生态学研究视角的基础上，着重分析了西南山地村落的三维概念[8]；余压芳等利用生态博物馆的理论对西南地区村落文化空间的保护理论进行了深入探讨[9-10]；王昀在田野调查的基础上对西南部分村落进行了数学模型的量化分析[11]；赵勇等对历史文化村镇的保护评价已经形成较为完整的理论体系[12-13]；赵万民等在吴良镛的人居环境学引导下，创建了山地人居环境学的新领域，并对松溉、龚滩、龙潭等西南地区传统村镇进行了深入全面的基础调研和保护规划[14]，为西南地区传统村镇空间格局的保护研究奠定了坚实的基础。

3 西南地区传统村落的现状

3.1 西南地区传统村落的空间分布与价值特色

为促进传统村落的保护和发展，住房和城乡建设部文化部、财政部于2012年组织开展了全国第一次传统村落摸底调查，在各地初步评价推荐的基础上，经传统村落保护和发展专家委员会评审认定并公示，确定了第一批共 646 个具有重要保护价值的村落列入中国传统村落名录[15]。2013 年 8 月 6 日，住房和城乡建设部发通知公示第二批中国传统村落名录，全国共 915 个村落列入其中[16]。从空间布局上看，传统村落西北、华东、东北地区相对较少，主要分布在西南、中南、华东地区，其中西南地区分布范围最广，在第一批和第二批名单中分别占据 30% 和 52% 之多，因此对西南地区传统村落在历史文化、地貌特点、民居形态等方面独有的山地特色应予以重视（表 2）。

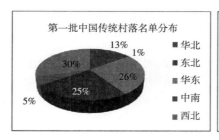 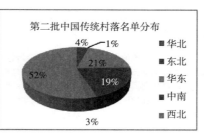

图 1　中国传统村落空间分布

西南地区部分传统村落名单　　表 2

西南地区传统村落	村落特色	地区
涪陵区大顺乡大顺村	红色革命历史	重庆
涪陵区青羊镇安镇村	民居瑰宝	重庆
江安县夕佳山镇五里村	传统文化，建筑遗产	四川宜宾
忠县花桥镇东岩古村	川东民居，四合院，汉族古寨	重庆
赤水市丙安乡丙安村	革命历史，景观环境，建筑遗产	贵州遵义
傣族自治州景洪市基诺乡巴亚村委会巴坡村	环境景观，传统民俗	云南西双版纳
石柱土家族自治县金岭乡银杏村	建筑遗产土家吊脚楼，自然景观	重庆

3.2　传统村落与历史文化名村的价值特色对比

历史文化名村是我国历史文化名镇名村的一部分，2002 年《中华人民共和国文物保护法》首次将历史文化名村保护纳入法制轨道，从 2003 年起，由建设部和国家文物局共同组织评选了共五批中国历史文化名镇名村，主要是保存文物特别丰富且具有重大历史价值或纪念意义的、能较完整地反映一些历史时期传统风貌和地方民族特色的镇和村。[17]2008 年国家《历史文化名城名镇名村保护条例》的正式实施，在原有基础上进一步扩大了保护对象的范围，使具有历史价值的一般传统村镇也纳入了保护内容之中。传统村落与历史文化村落在称谓上有所不同，其价值特色各有侧重，但是从整体而言，两者属于同一范畴，在保护内容与方法上可以借鉴比较成熟的历史文化村落的保护理论开展研究。

通过对比中国历史文化名镇名村评价指标体系和中国传统村落评价认定指标体系（试行）[18]，我国对于两者的认定指标偏向各有不同（表 3），因此在进行保护研究时，也应当根据不同的情况进行相应的研究。与历史文化名镇名村对保护规划的重视不同，现有的众多传统村落中，有相当大的一部分散落在较为偏远的地区，尚未进行大规模的开发利用，保护规划的参与也相对薄弱。另外，对于传统村落而言，不同的地域民俗文化衍生出独具特色的人文风情，非物质文化遗产也是一项重要的评价指标。在空间形态方面，传统村落认定指标不仅限于传统建筑，更加注重了整体空间格局的保护，因此，下文以整体空间格局作为研究对象，展开对其保护要素的分析。

评价指标体系对比　　　　　　　　　　　表3

指标体系	中国历史文化名镇名村评价指标体系	中国传统村落评价认定指标体系（试行）
相似性	一、价值特色 历史久远度、文物价值（稀缺性）、重要职能特色或历史事件名人影响度、历史建筑与文物保护单位规模、历史建筑（群）典型性、历史环境要素、历史街巷（河道）规模、核心保护区风貌完整性、历史真实性、空间格局特色功能、核心保护区生活延续性	一、传统建筑评价 久远度、稀缺度、规模、比例、丰富度、完整性、工艺美学价值、传统营造工艺传承
		二、选址和格局评价 久远度、丰富度、格局完整性、科学文化价值、协调性
差异性	二、保护规划 保护规划、保护修复措施、保障机制	三、承载的非物质文化遗产评价 稀缺度、丰富度、连续性、规模、传承人、活态性、依存性

4 西南地区传统村落空间格局的保护内容与方法

4.1 西南地区传统村落空间格局的保护内容

空间是一个与实体相对应的概念，从建筑学的角度看，无论是传统建筑，还是传统村落，其实用的部分主要是空间。村落的形成是自然因素与社会因素的共同作用的结果，在不同背景的影响下，不同的村落表现出不同的外部空间形态。村落空间格局形态是指村落的总体布局形式，包括街巷、民居、水系、公共空间等物质和空间要素的布局构成和肌理、风格。这些不仅体现着传统村落规划布局的基本思想，记录和反映着一个古村落的历史变迁，更记载着一定历史条件下人的心理、行为和村落自然环境的互动、融合的痕迹[19]。西南山地传统村落空间格局反映了村落的形成、演进过程以及自然资源、社会资源的配置状况，是其特征的集中体现。

通过对《中国传统村落评价指标体系（试行）》关于传统村落选址和格局的评价指标（表4）的分析，并结合相关论文进行综合研究研究，提出一套由整体空间环境、村落选址规划、传统村落格局和历史环境要四部分组成的保护内容体系（表5），充分体现了传统村落的自身规律和特点，并分析了这些指标的价值特色所在。

中国传统村落评价指标体系中的选址和格局评价　　　　　表4

类别	指标	指标分解	100
定量评估	1 久远度	村落现有选址形成年代	5
	2 丰富度	现存历史环境要素种类	15
定性评估	3 格局完整性	村落传统格局保存程度	30
	4 科学文化价值	村落选址、规划、营造反映的科学、文化、历史、考古价值	35
	5 协调性	村落与周边优美的自然山水环境或传统的田园风光保有和谐共生的关系	15

注：本表根据《中国传统村落评价指标体系（试行）》中关于选址与格局评价的部分整理而成。

4.1.1 整体空间环境

村落的形成与发展是自然环境、经济社会、历史文化等综合作用的结果，对于位置偏僻、经济相对落后的西南地区传统村落而言，客观的自然山水环境是与其关系最为密切的因素，如地形有利、水源充足、阳光充沛、农田丰富等，此外，山的阳坡或依傍河谷的平坦地带，东西北三面有山环抱，冬季不受寒风侵袭，夏季候风循河溪吹进都是传统村落最初的选址倾向，也是传统村落得以保存至今的关键原因。[20]

传统村落周边的自然山水环境是传统村落空间格局的有机组成部分，应保有和谐共生的关系，在保护中予以足够的重视。外部空间整体层次完整度、自然山水保存度、自然植被覆盖率，是村落原有的选址理念的重要体现，此外，随着传统村落的建设发展和旅游开发等，人均耕地面积年增长率、原住民数量比例、年度游客增长率的变化可以更早地预测出空间格局的变化趋势，因此，外部空间容量也是传统村落空间格局变化的重要影响因素。

4.1.2 村落选址规划

西南地区传统村落多数有着悠久的历史，其演变过程在相对封闭的地理空间环境中进行，因此，村落现有选址形成年代，村落选址、规划、营造都反映着科学、文化、历史、考古价值，具有典型的地域特色或历史背景。保存完好的传统建筑占地面积、传统村落空间形态及风貌和谐度、村镇聚落与自然环境融合度能明显体现选址所蕴含的深厚文化或历史背景，在传统村落保护中应该予以重视。[21-22]

4.1.3 村落传统格局

中国传统村落街巷主次街巷等级分明，形成阡陌交通、纵横交错的网络状街巷空间结构，把各个相对独立的建筑有序组织，形成传统村落的特有肌理。传统村镇的肌理感表现了原始居民对周边环境的尊重，顺从统一的自然生长规则的引导逐步发展，使整个村镇获得一种和谐的内在秩序和整体协调一致的肌理感。传统街巷格局保存完好度、传统街巷（广场）的数量和总长度（总面积）、传统街巷材料保存度、街巷建筑立面风貌协调度等对于保护的传统格局而言具有很大的参考价值。村落保持良好的传统格局，街巷体系完整，传统公共设施利用率高，与生产生活保持密切联系，整体风貌完整协调，格局体系中无突出不协调新建筑，是传统村落空间格局保存良好的表现。

4.1.4 历史环境要素

历史环境要素是村落空间格局的基本表现单元，河道、商业街、楼阁、城门、码头、古树、景观小品及其他历史环境要素，以自身的存在阐述着村落空间的发展与变化，也是传统村落空间格局保护的基本要素。传统村落的街巷空间通过建筑界面的退让，对街巷空间进行局部的放大，形成了节点空间，这些节点通常位于村落的集合中心，是村落地理空间和心理空间的重要节点（表5）。

西南地区传统村落空间格局保护要素指标体系　　　　表5

A1 整体空间环境	B1 自然山水环境	C1 外部空间整体层次完整度
		C2 自然山水保存度
		C3 自然植被覆盖率
	B2 外部空间容量	C4 人均耕地面积年增长率
		C5 原住民数量比例
		C6 年度游客增长率

续表

A2 村落选址规划	B3 村落选址规划	C7 保存完好的传统建筑占地面积
		C8 传统村落空间形态及风貌和谐度
		C9 村镇聚落与自然环境融合度
A3 村落传统格局	B4 传统街巷空间	C10 传统街巷格局保存完好度
		C11 传统街巷（广场）的数量和总长度（总面积）
		C13 传统街巷材料保存度
		C14 街巷建筑立面风貌协调度
A4 历史环境要素	B5 传统节点空间	C15 节点空间保存完好度
		C16 节点的数量和变化量
	B6 传统标志物	C17 文物古迹数量及完好度（如城墙、牌坊、古桥等）
		C18 环境小品（古桥、古树、古井等）数量及完好度

4.2 西南地区传统村落空间格局保护的方法

笔者研究团队在既有的西南地区历史文化村镇研究中，曾将动态监测理论引入保护理论，并进行实践检验，取得了良好的效果，以此为基础，在西南地区传统村落空间格局的保护中提出了动态监测的研究方法，即对传统村落一定时期的空间格局状况进行分析与评价，包括对空间格局的变化情况进行监测，分析评价其质量变化，通过保护内容要素变化量的分析，预测其未来发展状况，确定空间状况和变化的趋势，并且根据具体变化情况提出发出警戒和提出防范对策（图2）[23-25]。

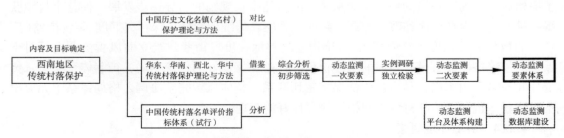

图2 西南地区传统村落空间格局动态监测研究路线

西南地区传统村落空间格局的保护历程，正在面临着城乡统筹发展的重大挑战，现有的基础研究和保护规划对于村落的快速发展而言已经相对滞后，迫切需要更加先进的前瞻性保护方法作为指导。[26]动态监测是组织的一种信息反馈机制，随着科技发展的推进，动态监测的研究在经济、社会、人口等其他领域得到了广泛应用，方法迅速地向其他领域和学科延伸，可以预期空间格局的研究成果将取得良好的效果。

5 结语

西南地区传统村落是我国传统建筑文化的重要组成部分，是不可再生的宝贵资源，本研究提出动态监测的思路与方法，逐步进行动态监测要素筛选、数据库建立、监测平台构建，从而对传统村落空间格局进行前瞻性的动态监测和保护预警，完善传统村落保护理论体系。在今后的研究中，笔者将继续深入监测要素的筛选，通过对西南地区部分村落进行实地调研，分析要素相关性进而进行要素补充和二次筛选，随着数据收集的丰富和研究的深入，动态监测要素体系将逐步完善，为西南地区传统村落空间格局的监测平台奠定基础。

参考文献

[1] 中华人民共和国住房和城乡建设部、中华人民共和国文化部、国家文物局、中华人民共和国财政部、住房城乡建设部、文化部、国家文物局、财政部关于切实加强中国传统村落保护的指导意见. [2014-04-25]. 建村 [2014]61 号. http://www.mohurd.gov.cn/zcfg/jsbwj_0/jsbwjczghyjs/201404/t20140429_217798.html.

[2] 柯善北. 保护传统村落的整体空间形态与环境——《关于切实加强中国传统村落保护的指导意见》解读 [J]. 中华建设, 2014, 7.

[3] 邓春凤, 黄耀志, 冯兵. 基于传承传统村落精神的新农村建设思路 [J]. 华中科技大学学报（城市科学版）, 2007, 4.

[4] 张松. 历史城市保护学导论 [M]. 上海：上海科学技术出版社, 2001.

[5] 重庆地区历史文化名镇名村保护规划技术研究项目 [R]. 重庆：重庆大学, "十一五"国家科技支撑计划项目（2008BAJ08B02）.

[6] 季富政. 巴蜀城镇与民居 [M]. 成都：西南交通大学出版社, 2000.

[7] 戴志中, 杨宇振. 中国西南地域建筑文化 [M]. 武汉：湖北教育出版社, 2002.

[8] 李建华. 西南聚落形态的文化学诠释 [A]. 重庆大学. 重庆：重庆大学出版社, 2010: 14-20.

[9] 余压芳. 论西南少数民族村寨中的"文化空间" [J]. 贵州民族研究, 2011, 2: 32-35.

[10] 余压芳, 生态博物馆理论在景观保护领域的应用研究——以西南传统乡土聚落为例 [D]. 南京：东南大学, 2006.

[11] 王昀. 传统聚落结构中的空间概念 [M]. 北京：中国建筑工业出版社, 2009.

[12] 赵勇. 中国历史文化名镇名村保护理论与方法 [M]. 北京：中国建筑工业出版社, 2008.

[13] 赵勇, 历史文化村镇保护规划研究 [J]. 城市规划, 2004, 8: 54-59.

[14] 赵万民. 山地人居环境研究丛书 [M]. 南京：东南大学出版社, 2009.

[15] 中华人民共和国住房和城乡建设部, 中华人民共和国文化部, 中华人民共和国财政部. 关于公布第一批列入中国传统村落名录村落名单的通知 [EB/OL]. [2012-12-17]. http://www.mohurd.gov.cn/zcfg/jsbwj_0/jsbwjczghyjs/201212/t20121219_212340.html.

[16] 中华人民共和国住房和城乡建设部, 中华人民共和国文化部, 中华人民共和国财政部. 住房和城乡建设部 文化部 财政部关于公布第二批列入中国传统村落名录的村落名单的通知 [EB/OL]. [2018-08-26]. http://www.mohurd.gov.cn/zcfg/jsbwj_0/jsbwjczghyjs/201308/t20130830_214900.html.

[17] 赵勇. 我国历史文化村镇保护的内容与方法研究 [J]. 人文地理, 2005, 1: 68-74.

[18] 住房城乡建设部等部门关于印发《传统村落评价认定指标体系(试行)》的通知[建村[2012]12.号][EB/OL].2012-08-22.http://www.mohurd.gov.cn/zcfg/jsbwj0/jsbwjczghyjs/201208/t20120831_211267.html.

[19] 李百浩,万艳华.中国村镇建筑文化[M].武汉：湖北教育出版社,2008.

[20] 方明,薛玉峰,熊燕.山地传统村镇继承与发展指南[M].北京：中国社会出版社,2006.

[21] 王云庆,韩桐.传统村落建档保护的思考[J].城乡建设.2014,6.

[22] 白佩芳,杨豪中,周吉平.关于传统村落文化研究方法的思考[J].建筑与文化,2011,8.

[23] 杨鹏程,周铁军,王雪松.山地传统村镇保护的居民参与机制研究——基于利益主体关系的分析[J].新建筑：2011,4:126-129.

[24] 赵勇,张捷等.山地传统村镇评价指标体系的再研究——以第二批中国历史文化名镇(名村)为例[J].建筑学报,2008,3:64-69.

[25] 赵勇,刘泽华,张捷.山地传统村镇保护预警及方法研究——以周庄历史文化名镇为例[J].建筑学报,2008,12:24-28.

[26] 冷泠,周铁军,王雪松.山地传统村镇外部空间保护预警要素分析[J].新建筑,2011,4:130-133.

乡村新型城镇化的"地方性"模式
——以陕南秦岭山区为例

张中华[❶]

摘 要：地方性是一个地方区别于另外一个地方的根本所在，能否创造地方性是空间的本质所在。本文基于地方性的内涵，以乡村城镇化为背景，深入分析了乡村城镇化的地方性本质与内涵、乡村城镇化发展的地方性作用机制及规律，最后根据乡村城镇化的地方性特征进一步提出乡村城镇化地方性发展的关键路径和方法，从而丰富我国乡村新型城镇化的建设理论，促进城镇化更好、更快地发展。

1 导言

改革开放30多年以来，中国的城镇化已经进入了持续快速发展的阶段，但是也存在着一系列的问题。城镇化水平依然不高，城乡二元结构障碍依然存在，城乡空间形态出现了同质化，城市和乡村的特色逐渐消失，乡村空心化问题严重，传统的地方性资源和历史文化特质没有得到很好的彰显和挖掘，甚至不断遭到破坏，正如保罗·利库尔在《历史与真理》一书中所说："我们正面临着一个关键问题：为了走向现代化，是否必须抛弃使这个民族得以存在的古老文化传统？"[1]可见，这些事关城乡人居环境建设的问题都与"地方性"主题有着千丝万缕的关系。城镇化本身就是一个"地方性"的问题，抛开"地方性"谈城镇化的问题，势必会产生一种误判。相对于西方发达国家的城市化经历来说，我国城镇化问题更应该突显出地方的复杂性和特殊性上。然而，在众多"城镇化"讨论中，问题的根本，城镇化的本质属性之——"地方性"问题似乎却常被忘却。本文从乡村城镇化的地方性特征着手，对其内涵、本质及发展规律等问题作深入探究，通过分析地方性阐述当代新型城镇化的主要任务和价值。

2 关于相关概念的阐释

2.1 地方性的内涵

地方性是一个地方区别于另外一个地方的根本所在，正如"此处"与"它处"的差异一般，是不同地理环境、社会环境、文化环境等要素分异机制制约下所形成的一种地域差异规律。地方性建构就是通过各种不同策略（特色文化挖掘、历史遗产保护、地方文脉挖掘、地方资源强化）等方式，强化和培植城市空间的地方性特色的过程。地方性的本质目

[❶] 张中华，西安建筑科技大学建筑学院。

的是让人对生活和栖居的环境能够产生一种"地方感（sense of place）"，这是地方精神的彰显和价值所在。

2.2 地方性理论的发展概况

地方性理论研究的初始是针对全球化浪潮的一种抵抗思潮，"地方主义"、"批判性的地方主义"是其核心内容。自1922年柯布西耶发布《走向新建筑》以来，现代功能主义思想一度成为城市规划的主流，一方面促进了现代城市规划的发展，但同时也造成了对现代城市规划与设计的片面理解和对空间功能、形态单调的面貌。芒福德早在1947年就对"国际主义"范式的规划思潮提出了反思，并以新英格兰地区为例，提出了"海湾的地方性建筑形式"。1966年，著名建筑设计师发表了《建筑复杂性与矛盾性》，提出了"建筑设计应遵循建筑的环境复杂性和地域性"，成为对现代主义批判的代表性著作；20世纪80年代，建筑现象学家诺伯格·舒尔兹在《现代建筑之根源》一书中，提出了"新地方主义"的思想，认为任何建筑的形式和语言都应该遵循地方情况。只有根植于地方性内涵，建筑才能得以凸显其价值。可见，对"地方性"的研究不是类型学的新选择，而是任何一种真实的、本土的城乡规划学都必须具备的维度。

改革开放以来，伴随全球化的发展，国际主义建筑与城市规划模式在城乡发展当中迅速蔓延，如不加以区分重视很容易造成地方性的消失。可喜的是，当前的特色危机已经使得学术界和地方政府开始注意到了"地方性"的意义。其中《北京宪章》就明确提出了"发展多元文化性和地区性的建筑学"，创造城乡空间的地域风格暨城乡空间的地方性表达设计将是一个重要性的课题[2-3]。在当代西方，现代性的城乡规划建设却正在被更人性化、更多元化、更本土性、更生态性的"地方性"思想所修正，正如舒尔茨等强调的"地方"和"地方文脉"的思想。

2.3 "乡村城镇化的地方性"内涵

首先，"乡村城镇化的地方性"必须根植于乡村聚落的乡土特性。传统的乡土人居环境是上千年农业文明的结晶。整体环境意象体现出丰富的历史文化价值，具有较高的历史文化感知、情感认知、审美认知和生态环境感知的价值。随着时代的发展，那些试图永葆村落的古老形态也只能是一种设想，这就要求我们在进行城乡规划建设时，必须更好地促进乡土人居环境的转型发展，挖掘乡土人居的地域文化内涵、空间形态特征、地方产业基础、地方资源特色、适宜规划方法等，从而更好地促进乡村可持续发展。

其次，从传统而来的现代化，抑或国际化、全球化并不是无本之木或无源之水。相反，我们更应该从传统和现代之间不断寻求两者之间的融合。地方性应被视为一个传统性不断转化和现代性不断增强的媒介。而且在很多的情况下，现代与传统、本土与国际之间是相互渗透和延续的，要求我们需要针对传统的、本土的、地方的东西进行传承。现代城乡应以何种方法进行规划，以何种产业进行挖掘本土资源，以何种活化手段来延续地方文脉，并激活传统文化价值，实现城乡永续发展等则是当务之急。

因此，"乡村城镇化的地方性"应充分挖掘历史进程中的乡村发展的地方性知识、经验和智慧（以乡村地理环境的地方性、社会经济的地方性、聚落形态的地方性、民居形态的地方性、民族特色的地方性等），并以这些地方性知识为新型城镇化发展探索出路。乡村城镇化的地方性应是绿色的、生态的、健康的城镇化，是一种统筹考虑城乡的，体现城乡特色差异的、创新性型的城镇化之路。

3 常见的"地方性乡村城镇化"模式

3.1 地方性工业导向下的英国乡村城镇化

英国的城乡规划体系较为健全，其在规划建设有着鲜明的特色，尤其表现在地方性工业导向下的乡村城镇化模式上。地方性产业发展是推动乡村城镇化发展的内在自觉动力，工业生产的集中性和规模性决定了其必然向城镇集聚，或者促进新的城镇聚落的形成，从而推动乡村城镇化进程。英国在城乡统筹发展中以乡村自身优势的本土农业资源为基础，推动本地乡村农业的二产化——"乡村工业化"，乡村工业促使了农业的规模化和农业现代化发展，在工业发展较好的地方势必会形成一种集聚各种要素的城镇，从而实现一种工业导向下的地方性乡村城镇化模式。

3.2 地方特色小城镇导向下的德国乡村城镇化

德国主要是以培育具有典型地域特色的中小城镇为手段，通过特色小城镇营建实现"城－镇－乡村"统筹协调。德国许多传统的具有浓郁民族特色的村庄，在经济的推动下转变成为地方产业化城镇的越来越多，传统的乡村居民点转变成了规模不等的特色小城镇，城镇周边依然是农田和森林环绕着，以保留特色。在德国，全国的大中小城镇有 580 多个，其中大部分人生活在 2 万到 20 万人口左右的中小城镇当中，40% 左右的人生活在 2000 人口以下的小镇和乡村当中，较好地实现了城乡统筹的目标，小城镇遵循着"小就是美"、"地方就是特色"的原则，虽然规模不大，但都充满着浓郁的地方特色，功能独特，基础设施完善，且经济较为发达[4]。

3.3 地方企业驱动的苏南乡村城镇化

苏南地区是我国乡村城镇化发展的成熟地区，具有独特鲜明的地方营造经验。早在 20 世纪 60 年代末期，苏南地区就以其发达的交通区位优势和传统的地方产业优势，在作坊式的乡镇企业带动下，创造了"离土不离乡、进厂不进城"、"以工建农"、"以工建镇"的乡村城镇化模式，有效实现农民的就地非农化转移，大批小城镇迅速发展，到 1983 年苏南地区的小城镇规模就达到了 34 个，到 1992 年就已经有 300 多个小城镇，形成了近万家乡镇企业。著名的乡村学者费孝通先生曾多次考察了苏南小城镇，并称之为"小城镇，大问题"。带有"地方性的乡土企业"是苏南城镇化发展的关键，苏南形成了"一村一品"的产业化格局，是自下而上乡村城镇化的直接动力，从而有效实现了城乡统筹的快速发展[5]。

3.4 地方旅游驱动的张家界乡村城镇化

张家界地处鄂、湘、黔、渝、桂五省省际边境区域的武陵山区，在未进行旅游开发之前，是一个典型贫困山区，而其城镇化发展恰恰就是通过地方旅游资源的开发而逐渐发展强大的。在地方旅游开发模式上，通过利用和发挥地方旅游资源的优势，鼓励吸引旅游投资和扩大对外开放，旅游的开发使得张家界城镇基础设施得到了极大的改善，并且形成了集"吃、住、行、游、购、娱"为一体的城镇服务设施，不仅拉动了地方经济的发展，而且有效解决了当地居民的就业难题，有效实现了旅游乡村城镇化的目的[6]。

3.5 地方生态移民导向的宁南城镇化

宁南地区（宁夏南部山区）地理条件极其恶劣，属于干旱地区，自然灾害频发，生态环境严重失调，水土流失现象严重，土地盐渍化、荒漠化以及环境污染等生态问题在该地区不同程度地存在。鉴于这种恶劣的人居环境，宁南地区着手开始进行生态移民的实验，自1983年以来，宁南采取吊庄的形式，组织了较大规模的移民开发，南部山区人口向北部地理条件较好的黄灌区搬迁，这样既保护了南部山区的生态自然环境，又有利于当地居民摆脱恶劣的人居环境[7]。不仅可从根本上解决移民人口温饱问题，而且对迁出、迁入地产生明显的生态环境效益，同时，该地区通过搬迁后，利用与银川市郊区相毗邻的区位优势，让转移的农民可以就近向工厂提供劳动力，缓解了大量农村剩余劳动力的问题。

4 陕南秦岭山区乡村新型城镇化的地方性表达

4.1 陕南秦岭山区城乡发展概况

陕南秦岭地区包括汉中、安康、商洛三个地级市，面积7.02万平方公里，占全省总面积的34.12%，人口近860万人，占全省人口总数的23%左右，是陕西三大经济区之一。然而，由于特殊的地理环境，陕南秦岭山区则是我国西部地区重要的生态屏障区域，是我国南水北调工程的水源地，由于地理环境的限制，导致陕南秦岭山区经济发展水平落后。针对这种状况，陕南秦岭山区必须寻求一种"自下而上的"乡村新型城镇化道路，必须充分挖掘地方特色，寻找可持续发展之路。

4.2 陕南秦岭山区乡村城镇化发展的"地方性"优势

4.2.1 "地方性"的矿产资源

陕南秦岭山区"地方性"的矿产资源非常丰富，在地理位置上，它地处我国重要的成矿带，区内发现的优质矿产资源达83种，主要以铁、钛、钒、银、铼、重晶石等有色金属矿产资源为主，矿产探明储量居陕西之最[8]。优质的矿产资源是陕南秦岭山区城镇化发展的地方性基础，具有资源的"地方性"特色，可为陕南地区发展有色、钢铁、黄金、化工、建材及非金属矿产加工奠定基础[9]。

4.2.2 "地方性"的生态资源

陕南秦岭地区拥有众多珍稀的动植物资源，如素有"秦岭四宝"支撑的大熊猫、金丝猴、朱鹮、羚牛就是这一地区独特的生物资源。在河流水系方面，陕南秦岭地区拥有丹江河流、汉江和嘉陵江河流，水资源蕴藏总量居全省水资源总量的56%，是我国南水北调工程中的核心水源库。丹江和汉江流域也是陕南秦岭地区城镇密集的地区。区内分布有众多的中药材资源，是我国重要的"天然药材库"，被誉为"中药材之乡"。在地方特色种作物上还拥有较为出名的茶叶，是我国西北地区最大的茶叶生产基地；另外，板栗、核桃、食用菌等也是该地区比较有地方性特色的种作物，魔芋还被誉为全国四大种植区域之一。

4.2.3 "地方性"的旅游资源

陕南秦岭地区历史文化悠久，地脉文脉资源丰富，特别是三国文化、红色文化、两汉文化等遗留下的古迹众多，是地方文化脉络的精髓。在山水生态旅游资源方面，大秦岭本身就是一个"地方识别性"非常强大的旅游品牌，大秦岭在地脉上给人一种神秘感和神圣感，在中国山脉体系当中，大秦岭具有独特的地理标识，它是中国南北的地理分界线。千里汉江、千里秦岭，山清水秀，孕育着许多著名的生态旅游景区，如金丝大峡谷、南宫山景区、长青—华阳景区、牛背梁森林公园、黎坪森林公园、木王森林公园、瀛湖景区等，这些都支撑了陕南秦岭地区独特的地方旅游形象。

4.3 陕南秦岭山区乡村城镇化的"地方性"路径表达

4.3.1 "地方性"的生态保护

陕南秦岭地区是我国中西部地区重要的生态安全保障，通过维护生态环境的地方性，一方面可以强化自然环境的可持续发展，维护自然生态系统完整性及生物的多样性，提高自然环境的生态功能；另一方面可以孕育绿色资源，实现环境的生态绿色刺激效应，以"地方性"特征比较明显的特色资源，开发绿色产业和品牌，从而助推城乡生态旅游、生态产业、生态社会的发展，而这些都是凸显陕南秦岭地区乡村城镇化地方性特征的典型之处，是优化地区产业结构的路径和手段，也是实现自然生态与区域经济、社会和环境协调发展的地方性路径。见表1：

陕南秦岭山区生态"地方性"的关键实施路径　　　　　　　　　　　　　表1

生态"地方性"的关键路径	具体内容	目的
生态功能区划	（1）每一个类型的区域都具有生物种系演变的特殊地方性规律，并形成不同地方性的亚系统格局，从而根据其亚系统特性进行生态功能分区； （2）城乡空间的布局建设和规划导引应基于不同地方性特征的生态功能分区。具体分区划分为：秦岭山地水源涵养与生物多样性保护生态区、中低山丘陵水源涵养与水土保持生态区、低山丘陵盆地生态区、大巴山北坡水源涵养与生物多样性保护生态区	彰显区域生态的地方性特征 用生态的地方性优化城镇规划和空间布局
生态走廊建设	构建秦岭中西段生态走廊，米仓山生态走廊、汉丹江流域的生态廊道等。未来可以和周边省份的生物自然保护建立协作式通廊，从而更好地促进各类动物的生物基因交流	在自然生态空间的形态特征上，廊是一种彰显"地方性"的基本形态，具有重要的生态安全意义
生态斑块建设	嘉陵江流域各类水源涵养地、汉丹江流域各类水源涵养地和水源涵养林的保护区建设； 加强各地国家级生态示范区建设；国家级生态市、县、乡镇、村的建设构建生态示范网络	斑块是一种彰显"地方性"的基本形态，具有重要的生态安全意义
生态基质建设	加强对市-县-镇-乡-村居民点的污染治理、污水处理、垃圾及危险废物无害化处理和城镇绿化等	基质是一种彰显"地方性"的基本形态，具有重要的生态安全意义

资料来源：作者自制。

4.3.2 "地方性"的产业推动

依托陕南秦岭山区丰富的自然资源，突出"生态绿色"的发展理念和要求，把资源的地方性开发和生态的适宜性结合起来，地方产业活化与城镇建设相结合，与城镇居民就业结合，着力构建以农林副特、中药材、旅游、水产业为主导的地方性产业活化体系。结合地方资源特色，陕南秦岭山区应大力发展农副林特食品深加工业、现代中药产业、水电产业、旅游业等；结合传统地方性优势产业的发展基础，构建陕南秦岭地区以技术密集型的装备制造、生物加工、环保采矿和材料制造为主体的加工制造产业体系，同时以城镇空间节点为基本支撑，塑造以中心城镇为核心节点，以汉、丹江经济廊道为主题的产业空间结构，从而更好地塑造产业发展的地方性，实现经济的快速发展。

4.3.3 "地方性"的生态移民

陕南地处秦岭巴山腹地，地形地貌复杂、地质环境脆弱，地质灾害的几率很高。再加之山区交通不便、信息闭塞、受传统自然、社会、经济等因素的影响和制约，乡村城镇化发展的进程比较滞后，发展动力不足。这一地区迫切需要针对灾害和落后地区进行生态移民安置。这是陕南秦岭山区"地方性"的环境特征所决定的。根据《陕南移民搬迁总体规划（2011～2020年）》，生态移民搬迁的方式主要有以下几种方式。见表2。

陕南秦岭山区地方性生态移民方式 表2

陕南秦岭山区"地方性"生态移民方式	具体措施
向城镇迁移	依托各类城乡居民点（市区—县城—中心镇—乡村社区）等构建合理有序的人口迁移机制，将一部分有能力、有条件的农民直接转化到城镇工作、居住和就业
向移民新村迁移	对移民搬迁量大而且集中，且人居环境质量相对较好的地方，结合新乡村社区建设建移民新村，集中进行移民搬迁安置
小村并大村迁移	对移民搬迁量少且比较分散、自然条件受限、土地资源紧缺，交通等基础设施相对较差的地方，选择和依托经济和用地条件较好的中心村、基层村进行迁并，并改善乡村人居环境
自主分散迁移	有自愿迁移愿望和有条件的农户利用移民补助资金分散迁入条件相对较好的中心村或集镇，或鼓励和支持移民自主分散迁移
跨行政区迁移	对受灾程度严重、移民搬迁规模较大、境内自然环境脆弱、土地资源有限、本辖区确实无法安置的，可进行跨行政区移民搬迁安置

资料来源：作者参考《陕南移民搬迁总体规划（2011～2020年）》整理。

4.3.4 "地方性"的城镇布局

首先，城镇空间布局的选择应考虑生态适应性和节约用地的原则，针对不同生态功能区建立适宜性的布局模式；其次，城镇空间布局应考虑合理布局居（居住）、工（工作）、休（休闲）、绿（绿化）及公服（公共服务设施）等五大生活基本要素，并且应大力优化交通环境，从而满足人的可达性、宜居性、适游性、康体性等；第三，城镇空间布局应考虑地方性特色产业集聚的可能性，发展具有地方性特色的农业、旅游业、工业城镇，使之成为增长极，辐射带动周边地区的乡村发展。见图1。

4.3.5 "地方性"的乡村营建

新型乡村城镇化并不是城市和乡村建设一样化。相反应该在乡村产业结构、乡村聚落的功能形态、乡土建筑的风格性和适应性、乡风特色传统民俗的保留上凸显与城镇发展的差异。在陕南秦岭山区，首先应考虑自然地理环境对乡村聚落规划建设的影响，针对不同高度、

图 1　陕南秦岭山区城镇空间布局体系的地方性表达

资料来源：《陕南城镇体系规划（2006～2020 年）》图件。

坡度、地形、地质灾害的可能性等进行适应性的寻址，部分乡土建筑的营造应尊重自然地理环境，还应充分结合当地的地方性建筑材料进行生态建筑的绿色化营建。其次，应加强乡土聚落的历史性、文化性、原真性的保护与建设，在乡土建筑物、乡村街巷格局、乡村风貌、乡村历史、乡村民俗、乡土行为、乡村文学、乡村艺术等多方面都应该提出地方特色的保护与改造性原则，对乡村聚落环境的传统格局和历史风貌应充分进行地方适应性的挖掘。

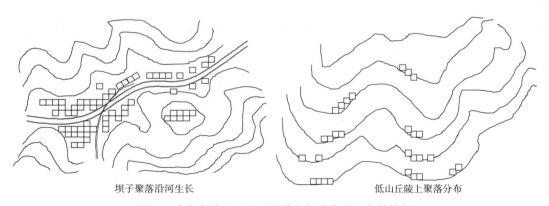

坝子聚落沿河生长　　　　　　　　低山丘陵上聚落分布

图 2　陕南秦岭山区乡土聚落空间分布的地方性特征

资料来源：作者自绘。

5　结语

能否创造"地方性"是一个地方区别于另外一个地方的根本所在。城镇化发展的本质目的是要促进经济、社会、生态环境的可持续发展，创造具有不同地方特色的人居环境。

当前，中国城镇化发展正处于快速发展的阶段，城镇化速度在急速攀升的背后，却隐藏着城镇化质量不高、城乡发展特色缺失的危机，尤其表现在当今城市和乡村形态面貌发展的差异性上日益模糊，甚至"乡村城镇化"、"城乡一体化"等成为"城市和乡村同质化的代名词"。因此，能否创造具有本土特色的乡土聚落和乡村人居环境，充分挖掘乡村特有的地方性资源（包括历史的、地理的、人文的、自然的等），并将这些资源（因子）有效活化为"地方性的产业结构"、"地方性的城镇结构"、"地方性的特色旅游"、"地方性的遗产保护"、"地方性形态设计"、"地方性的建筑设计"、"地方性的乡村营建"、"地方性的文化产业活化"、"地方性的生态保护"等将是新型乡村城镇化发展的崇高理念和目标，其路径和方法也是新型城镇化发展的关键。因此，抓住了"地方性"就等于抓住了区域发展的关键，就等于抓住了"乡村新型城镇化"发展的关键路径与核心目标。

参考文献

[1] （美）肯尼思·弗兰普姆敦.现代建筑——一部批判的历史[M].原山等译.北京：中国建筑工业出版社，1988.

[2] 吴良镛.北京宪章[J].建筑学报，1999，8.

[3] 吴良镛.城市规划设计论文集[M].北京：北京燕山出版社，1988.

[4] 王胜才，柴修发.德国城市化的经验与启示[J].决策咨询，2002，1:42-43.

[5] 高峰.具有苏南特色的城市化之路[J].城市发展研究，2004，5:47-50.

[6] 彭鹏,周国华,工凯.张家界旅游业与城镇化协调发展研究[J].热带地理,2005，1:73-76.

[7] 马秀霞.我国近年来的生态移民理论与实践研究概述[J].宁夏社会科学，2012，4:10-25.

[8] 《陕南循环经济产业发展规划》（2009～2020年）.

[9] 陕南瞭望[EB/OL].http://www.sxdaily.com.cn/data/bssnlw/20100630_9775072_0.htm.

"居游共享"带动城市功能提升
——以宜宾市主城区三江地区为例

宋增文[1]　周　辉[2]　周之聪[3]

摘　要：传统城市规划对本地居民和外来游客休闲旅游诉求关系的研究与关注不足。本文认为在国民旅游休闲时代，多数城市旅游设施欠缺，要强化旅游设施和服务的建设与配套，使都市滨水区等城市公共空间成为"居游共享"的功能空间。以宜宾市主城区三江地区为例，本文探讨了都市滨水区旅游发展的居游共享路径。宜宾市主城区三江地区是宜宾市城市旅游的核心地区，是城市形象地标，文化、旅游资源富集。但同我国众多城市一样，面临着难以适应旅游产业迅猛发展需求的挑战，存在吸引物不足、功能与品质不够的问题，需要通过旅游吸引物培育与城市功能完善进行提升。本文确立了将宜宾三江地区打造成为宜宾"国际生态文化旅游目的地"引擎区和形象区、宜宾的"美丽客厅"定位，提出通过"策划、整合、落实、提升"，形成三江地区"居游共享"的新发展模式。从培育旅游吸引物、提升城市功能两个方面，提出了宜宾三江的发展举措。前者包括打造特色旅游功能，开发主导旅游产品，建设旅游引擎性项目等，后者包括水岸环境高效利用，以及文化提升、生态提升等。

关键词：宜宾三江；居游共享；旅游吸引物；功能提升

1 "居民自享"到"居游共享"

1.1 城市"居游关系"的研究综述

当地居民和外来游客是城市旅游活动中涉及的最主要的行为主体，二者关系即"居游关系"便成为重要的研究对象。从20世纪70年代起，居游关系的研究就备受学界关注。在西方，维莱恩·史密斯与玛丽安·布伦特编写的《主客关系新探：21世纪旅游问题》集成了主客关系研究的大量丰硕成果[1]。而国内居游关系的研究相对数量少，仅在实证研究、理论分析、模式总结、影响因素、交往效应等方面进行了探讨[2]。对城市旅游中的居游关系研究，学者进行了一定调查与分析。乔秀峰[3]研究了旅游城市休闲系统中的主客博弈，从主客双方对休闲活动的共同需求角度出发，研究了旅游城市休闲系统的运行环境、运行原理、运行过程。城市休闲中的居游关系仅有从主客博弈角度对旅游城市休闲系统优化的研究，对于城市如何同时满足主客双方的休闲需求，如何实现良好的居游共享，鲜有文献

---

[1] 宋增文，中国城市规划设计研究院。
[2] 周辉，中国城市规划设计研究院。
[3] 周之聪，中国城市规划设计研究院。

涉及。以空间资源布局为主导的城市规划对"居游共享"也不够重视，本文即从"居游共享"角度研究城市如何满足本地居民与外来游客双方的旅游休闲需求。

1.2 城市四大功能之一的"游憩"与"旅游"

《雅典宪章》关于城市的四大功能是居住、工作、游憩与交通，城市规划的目的是解决这四大功能活动的正常进行。《雅典宪章》指出，"现有城市中普遍缺乏绿地和空地，认为新建住宅区应预先留出空地作为建造公园、运动场和儿童游戏场之用；在人口稠密地区，清除旧建筑后的地段应作为游憩用地；城市附近的河流、海滩、森林、湖泊等自然风景优美的地区应加以保护，供居民游憩之用[4]"。可见，城市规划的经典文献对城市"游憩"的理解是"城市居民游憩"，并非现代意义上的针对外来旅游者的"旅游"概念。那么，可以将这里的"游憩"概念理解为"居民自享"型的户外休闲活动。

实际上，这里的"游憩"与"旅游"有着突出的差异。这里的"游憩"，某种程度上通常是指当地居民的休闲活动，在城市内部及周边的户外进行的各类休闲娱乐活动。由于城市市民已经通过纳税等形式对游憩设施空间的使用交付了有关费用，因此理论上市民所享受的游憩设施是由城市政府无偿为市民提供的，具有非营利性，而其"游憩"活动的对象和场所也具有公共空间属性。也就是说，"游憩"的主体是"本地居民"，是"主"，具有"非营利性"。而"旅游"却是指游客（主要是外来旅游者，包括国际游客和国内游客）抵达某一目的地的有过夜行为的出游活动，其旅游设施一般是由开发商投资的，具有明显的营利性，而其"旅游"活动的对象和场所也具有非公共空间的属性。也就是说，"旅游"的主体是"外地游客"，是"客"，具有"营利性"。

由此可见，传统的城市规划对外地游客的"旅游"活动认识不足，大多数的城市规划仅关注了城市居民的"游憩"活动和"游憩"空间，但对于外地游客的"旅游"活动和"旅游"空间关注不足。这也就导致在国民旅游休闲时代来临之时，多数城市旅游设施不足，旅游空间不够，无法满足日益增加的外地游客对城市旅游的需求。

1.3 "居游共享"是大势所趋

随着我国将旅游产业定位为国家的"战略性支柱产业"和"人民群众更加满意的现代服务业"[5]，旅游产业逐渐成为城市的重要部门。中国旅游研究院[6]数据显示，以2009年为例，中国人口排名前十的城市常住人口均在260万以上，而这十大城市在2009年接待国内外旅游者人次最少的也有3000多万，最多接待旅游者达1.7亿，城市接待游客数量往往数十倍于其承载的居民人口。城市更加需要"旅游空间"，那么城市公共空间成为"居游共享"的旅游空间是大势所趋。多数城市面临城市公共空间的定位由"居民自享"的本地市民游憩空间转向"居游共享"的居民游客共享空间。

宜宾是四川省南部城市，也面临类似的形势。宜宾市的主城区翠屏区2012年总人口82.08万，而该年其接待的总旅游人数达916万人次，为总人口的11倍以上。这里以宜宾三江地区为例，研究都市型滨水地域在旅游突飞猛进发展过程中，如何实现由"居民自享"向"居游共享"转型。

2 研究区域及条件与问题

2.1 区域范围

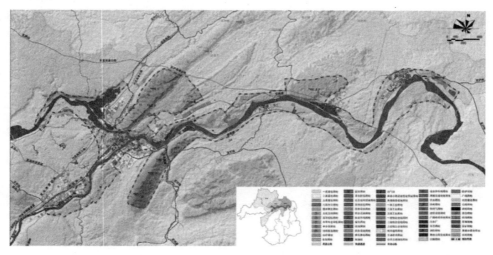

图 1　研究范围及其与市域和城市规划区的关系

四川省宜宾市位于四川盆地南缘，地处川滇黔交界之处，东与泸州市毗邻，北与自贡市接壤，西靠乐山市和凉山彝族自治州，南接云南省昭通地区。三江地区位于宜宾市域中北部，涉及翠屏区、南溪区和宜宾县，是宜宾都市区的重要组成部分。本研究范围为，西至菜坝西侧成贵高铁，南至金沙江高速公路特大桥，东至南溪学堂坝货运码头，面积约 300 平方公里。

2.2 游客接待迅猛发展

三江地区旅游产业规模持续稳步增长，呈现较好的增长势头，正处于快速发展时期。

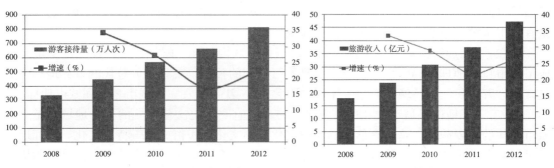

图 2　三江地区游客接待量（左）与旅游收入增长（右）情况

三江地区规划边界范围包括宜宾市中心城区（属翠屏区）、南溪区的部分镇区及宜宾县的柏溪镇镇区，由于不属于独立的行政区域，因此缺乏直接的统计数据。结合三江地区目前的旅游产业现状和旅游资源分布，以及计入三江地区的区县面积比重，其游客量和旅游收入分别按翠屏区、南溪区、宜宾县相应比重加总计算得到。

根据计算，三江地区2012年接待游客800万人次以上，相应旅游收入超过47亿元。近5年三江地区的旅游产业规模持续稳步增长，游客量和旅游收入年均增速分别达25.3%和27.5%，呈现较好的增长势头，根据巴特勒（R·W·Butler）旅游地生命周期理论判断，三江地区旅游业正处于快速发展时期。今后随着收入水平的普遍提高、交通可进入性的改善、存量旅游资源的进一步开发，三江旅游产业规模仍将进一步扩大。

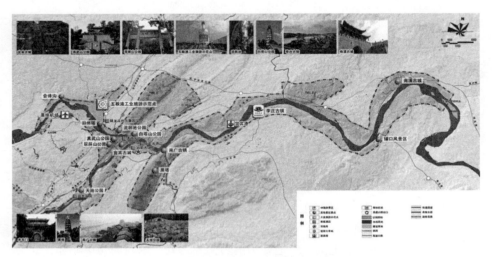

图3　宜宾三江地区旅游现状图

2.3　发展优势条件

三江地区休闲旅游发展条件优越。

第一，三江地区是城市旅游的核心地域。三江地区是宜宾核心旅游资源的富集带，拥有江、城、镇、酒等多种类型旅游资源，资源单体达两百余处，数量多，种类丰，其中不乏高等级的资源。目前，三江地区有景区（点）几十处，旅游产业规模约占全市三分之一，是宜宾市旅游产业的重要集聚区和核心地域。

第二，三江地区是城市形象的地标区。三江地区内长江、岷江、金沙江三江交汇，构成了城市自然地理格局的标志性节点，是不可复制的独特景观和无可替代的世界地标，更是宜宾"万里长江第一城"的集中体现，因此，"三江"是宜宾的城市名片和城市地标。

第三，三江地区是城市文化的富集带。三江是宜宾历史文化名城的核心地域，是宜宾城市文化的重要载体。这里有悠久的历史文化、酒文化和民俗文化等特色文化。三江地区是民族融合的重要廊道，是宜宾多元文化（多地域、多民族）的集中体现，更是延承历史文化与发展现代文化的载体。

第四，三江地区是公众交往的重要平台。三江地区是融合历史文化名城、现代都市生活和自然山水景观的特色区域，是市民和旅游者生活和旅游休闲的共享区域。旅游设施和城市公共空间的叠合是三江地区的一大特色，构成了城市最重要的公共区域。

第五，三江地区是城市新功能的生长地。三江地区是宜宾未来城市化的核心地区，也是空间拓展和功能提升的重点地区，随着城市的发展，三江的功能也将随之调整，商务金融、文化交往、休闲旅游等现代服务业新功能将带动城市的进一步提升，三江地区将是宜宾的新型功能区、特色景观带和休闲旅游带。

2.4 面临问题与挑战

首先缺产品，未能形成高品质旅游产品及项目。宜宾三江地区处于旅游发展初级阶段，滨江岸线、五粮液等优质资源低效利用，旅游产品低端，旅游吸引物不足，旅游大项目缺乏，旅游产业配套不完善，缺乏水上游览、夜间休闲和市场导向的时尚类旅游产品。其次缺品位，城市风貌不协调，休闲环境需要改善。宜宾三江地区城市景观风貌建设品位不高，景观风貌无法契合宜宾"国际生态文化旅游目的地"的发展定位，旅游要素和旅游线路缺少组织，旅游和休闲环境亟待改善。再次缺提升，文化品牌需要打造。旅游服务配套不完善，城市景观形象差，城市建设与文化景观建设品位引导不足，文化资源挖掘利用不足，综合效益不突出，旅游带动作用较小。最后缺服务，旅游服务配套不完善。目前大部分的服务设施集聚在老城和南岸，三江地区的旅游接待服务体系尚未形成。此外，购物、娱乐等方面设施数量不足，业态老旧，缺乏旅游吸引力。

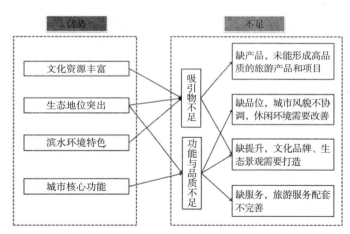

图4 三江地区的优势条件与面临问题

三江地区面临的问题与挑战，归结起来可以概括为两个方面，一是传统"居民自享"的都市滨水地区，由于忽视外地"游客"需求，旅游吸引物体系不足，二是由于仅关注满足居民生活与游憩需求，在满足"游客"游览方面的功能与品质不足。所以，宜宾三江地区要实现从"居民自享"向"居游共享"的转型，需要强化两方面的工作，一是旅游吸引物培育，二是城市功能完善。总之，宜宾三江地区最主要的任务是功能提升。

3 "居游共享"旅游发展策略

3.1 定位调整

改变原有仅面向居民的发展定位，使三江地区成为宜宾城市发展中的"居游共享"区域。要培育旅游吸引物，将三江建设成为宜宾特色的生态山水城市旅游带。提升城市功能，优化城市环境质量水平，提升城市文化品位，展示山环水绕、自然生态优美、文化底蕴深厚的城市特色，将宜宾三江打造成为宜宾"国际生态文化旅游目的地"的引擎区和形象区。充分营造舒适优美的休闲旅游空间，活跃沿江休闲业态，推动经济发展，体现山水与城市和谐共生内涵，将三江打造成为城市核心景观区，使三江成为宜宾城市最核心、最漂亮、最繁荣的区域，成为宜宾的美丽会客厅。带动宜宾旅游总体提升，成为川南旅游乃至川滇黔结合部区域旅游的集散中心。

3.2 确立发展新思路

规划通过"策划、整合、落实、提升"，形成三江旅游发展新模式，具体如下：

"腾笼换鸟"，优化旅游功能空间与提升产业结构。梳理旅游功能空间，在进一步优化的基础上，遵循"优质资源高效利用"原则，发挥宜宾滨江岸线的文化底蕴深厚、旅游资源丰富、旅游环境优越的优势，引入优质高效的旅游服务项目，发展高效的文化旅游产业，建设国际生态与文化旅游城市的核心区。

培育与强化旅游功能。规划将宜宾三江地区视为开放的大景区来建设，通过旅游资源和配套要素的优化利用与整合提升，以培育时尚、健康、个性化、定制式的休闲娱乐、康体度假、会议展览、夜间旅游产品为突破，带动旅游发展。重构宜宾三江区域的发展空间，规划旅游功能空间，将宜宾三江打造成为川南最大的旅游功能区。同时平衡居与游空间关系，构建居游共享空间，形成三大特色旅游功能——特色文化居游、旅游要素集聚、川南生活体验。

与城市功能复合，形成整体性与连续性的功能地域。规划通过产业、功能与空间有机融合，形成高效的复合功能地域，使宜宾三江由"旅游带"转向"复合功能地域"，即将生态、产业、文化、景观、设施等空间复合优化，将旅游规划、城市规划与文化、景观等相关规划充分整合，形成整体性的功能地域。

策划旅游吸引物体系及其支撑的旅游项目。规划立足国际化视野，借鉴巴黎、伦敦、上海等国际旅游城市的经验，策划与规划引擎性旅游项目，强化突出旅游特色。通过这些措施，构建三江旅游吸引物体系。挖掘宜宾作为首批历史文化名城的魅力，以及南溪古城作为"仙源福地，上善水城"的特色。将三塔三山的城市格局作为整体旅游大景区，将酒文化遗产的世界影响力做足。发展长江首城水上游览的特色，策划寻梦宜宾的文化演艺活动。推出一台大型演出，塑造多个地标景点，培育系列品牌，营造若干休闲空间，构筑数条景观轴带。

旅游功能与游线的空间组织。重构宜宾三江区域的发展空间，规划旅游功能空间，将宜宾三江打造成为川南最大的旅游功能区。协调区域旅游线路与宜宾三江旅游线路的串接，使宜宾三江成为宜宾市乃至川、滇、黔大区域旅游线路上的节点。

景观美化。美化宜宾三江的整体景观，提高文化品位，改善旅游环境。使宜宾三江绿化美观，水岸景观丰富，美化生态环境，创造良好景观。丰富滨江景观特色，结合富有本地特色的民俗风情活动和特色小品，并注入一定的文化内涵，使之成为滨江景观的另一个亮点。设施景观化，景观场所化。将设施作为景观中的重要元素设计，把设施的造型设计、空间组织、色彩及材质设计同场地精神及周围环境紧密结合，使建筑和其他景观元素互相支持与补充形成有机整体。

平衡居与游空间关系，构建居游共享空间。营造良好的特色文化居游带，构建共享性的旅游功能空间。以亲水地带、滨水步道、文化场馆、特色街区、滨水运动空间等为重点，营建同时吸引游客和本地居民的共享空间。结合商务区及城市休闲游憩区建设，配套旅游服务设施，成为吸引旅游者的城市空间。

3.3 培育旅游吸引物

3.3.1 特色旅游功能打造

特色文化居游。通过提升市民游憩空间，挖掘文化内涵，配套旅游功能，将市民生活游憩与旅游功能完美结合，形成互动共生的空间。构建居游共享旅游地，展示利用文化资源，发展特色文化居游。突出宜宾三江区域文化资源特色，将当地文化对游客的吸引力真正释放，营造从容闲适的慢游氛围。

川南生活体验。展现川南生活的原真，使游客能够体验当地人生活，融入当地氛围，引领成为新的旅游时尚。利用公共游憩空间，创造居民和游客共享的川南生活体验区域。优化提升广场绿地、商业街区、古村古镇等空间，融入观光游览、休闲娱乐等旅游功能。

旅游要素集聚。加快要素类设施建设，引导要素设施在空间上的集聚。打造住宿、餐饮、特色购物、娱乐等多种类型的旅游要素集聚区，形成旅游接待的优势区域和特色区域，提升三江旅游接待服务能力。

3.3.2 旅游产品开发

坚持市场导向，按照特色性、差异性、可持续性的原则，开发旅游产品。提升生态三江水上游览、风景游览、文化参观等观光游览旅游产品，培育都市休闲、运动休闲、生态休闲、文化休闲、滨水度假等休闲度假旅游产品，大力发展节庆、科普等专项旅游产品。建设文化三江、风景三江、休闲三江、生态三江和欢乐三江。

开发水上观光休闲旅游产品、都市休闲旅游产品、休闲度假旅游产品、节事与演艺活动旅游产品等主导旅游产品。同时开发运动休闲旅游产品、工业旅游产品与生态旅游产品

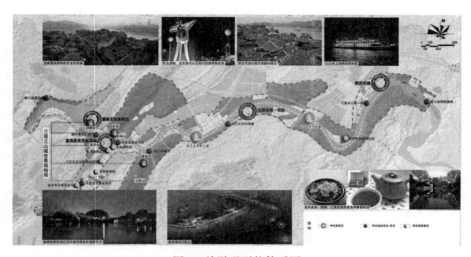

图5 旅游吸引物体系图

等辅助旅游产品。

3.3.3 旅游项目建设

大力推进酒都文化休闲旅游区建设、地标广场与文化旅游街区建设、李庄文化旅游区提升、三江水上游线及其配套设施建设、叙府大观文化旅游功能区建设等引擎性旅游项目建设，整体提升生态三江的旅游竞争力。

推动长江文化休闲道、三塔三山文化公园旅游提升等符合生态三江旅游发展方向的重点旅游项目建设。建设三江文化主题酒店建设、南溪古城文化旅游利用、骑龙温泉度假会议山庄、三江景观界面景观美化提升、三江旅游核心区夜景建设、宜宾城市游客集散中心等特色旅游项目。

3.4 提升城市功能

3.4.1 水岸环境高效利用

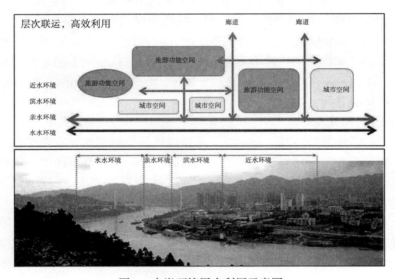

图 6　水岸环境层次利用示意图

增加水上游赏功能，提高水上空间的体验性。空间范围为水上空间。减少餐饮趸船，提升水体环境质量和滨江岸线景观。设置游船码头，设计水上游线，增加游赏活动，形成水上游赏体验空间。举办游船歌舞演出、彩船巡游及夜景观光等活动，丰富水上夜间活动。

生态环境保育，提高亲水空间的共享性。空间范围为堤路以内。利用堤内现状存量用地，提升文化休闲、娱乐餐饮、健身运动（含水上）等公共活动。提高滨水绿地的可进入性，创造连续的游憩步道，提供适合不同人群活动的开放空间。改变河堤形态，增加亲水、戏水可能。打造提升景桥、航标、标志等水上景观。

增加接待服务功能，提高滨水空间混合性。空间范围为长江首城城区滨水地带。通过分层分段与综合利用，实现滨水功能的多样性，构建服务业主导、多功能混合的高品质城市化地区。通过不同功能的引入和跨江交通的改善，增加两岸的交流。完善慢性衔接，实现人车分流，加强与亲水空间的联系通道。完善天际线，建设标志建筑，加强公共空间建设。

连接滨水环境与城市空间,提高近水空间联动性。空间范围为滨江路以外近水空间。通过开敞的绿化系统、便捷的公交系统把市区和滨水岸边连结起来。发展生态居住、现代制造等功能,推动产业升级。合理引导交通,疏解过境交通。加强区域性绿化空间建设,改善生态环境。

3.4.2 文化提升

梳理文化资源,推出文化品牌。宜宾三江区域的文化资源包括山水文化、历史文化、酒文化、茶文化、抗战文化等,整合推广"千年首城"的宜宾三江地区文化品牌。

提升文化品位。规划坚持"特"、"真"、"意"、"美"、"活"五字方针,从塑造特色、展现真实、创造意境、美化环境、注入活力等方面包装提升文化品位。

文化品位提升的措施与内涵　　　　表1

措施	内涵
塑造特色	发挥宜宾文化的独特魅力,提升其文化特色
展现真实	将文化资源的原貌呈现出来,展现历史的真实性
创造意境	在保证历史真实性的基础上,创造历史原境的意境感
美化环境	保持文化资源周围环境的整洁与美丽
注入活力	将曾经的历史场景进行实景化和意境化展示,并通过一系列的展示活动为文化资源注入活力

展示文化内涵。通过建设文化标志地区、塑造文化空间、完善文化设施、构建文化景观、开展文化活动、开发文化产品等措施全面展示宜宾三江文化。

整合提升主要文化景点。对现有文化资源实施综合整治、保护修缮、优化配套。在单一景点竞争力越来越弱的形势下,系统整合提升宜宾的30处文化旅游景点(区),将原本单一的文化遗存、文化设施形成城市整体的文化魅力。面向游客热捧的"无景点旅游"新形式,在宜宾形成大量没有围墙、不收门票的文化景点(区)体系,并进一步加强建设与管理,不断提高文化景点(区)的文化内涵和服务水平。

在历史城区建设"千年叙府·宜宾老城"文化休闲区。挖掘古城文化内涵,合理组织游线,完善服务配套,形成开放的古城旅游目的地,向游客全面展示宜宾古城所具备的文化遗产价值、文化魅力和生活特色。保护和展示现有城墙及环境,通过标识系统的组织加深城墙的公众记忆,组织多样性的文化主题游览空间。保护大观楼及其与东山白塔之间的传统视线通廊,进行古城历史文化的展示,并整治周边环境,展示其在历史城区的重要地位。

展示利用非物质文化遗产。通过活态展示、生产性保护实现旅游带动下的非遗传承。宜宾冠英街、走马街等历史街区开设宜宾面塑手工坊,由传承人现场教授。鲁家园美食街和餐饮名店增设宜宾燃面制作过程的现场表演,将非遗展示与旅游餐饮结合。思坡村开展工艺科普解说活动及思坡醋宴、思坡醋传承人讲述、精品思坡醋展销等延伸性活动。南溪古街现有豆干售卖店铺增设现场体验环节,让游客亲身体验磨浆、切料、搅拌等豆干制作工序,将非遗科普与休闲娱乐结合。

发展公共文化事业。打造川滇黔三省交界区国际化文化交往与传播中心,构筑市民现代文化生活的品质之城。利用宜宾市文化科技中心,开展图书借阅、科普教学等公共文化活动。推进宜宾市新博物馆、市群众文化中心建设,满足市民及游客参观游览需要。在翠屏区岷江新区建立宜宾茶博城和宜宾国际会展中心，打造川南会展博览中心。依托体育中心等设施，承办国际性文体赛事。

3.4.3 生态提升

构筑"三水多山多绿"的生态空间。以长江、金沙江、岷江为生态廊道，以催科山、白塔山、龙头山、七星山等为构架，以城市绿地、滨江绿带为网络，构筑"三水多山多绿"的生态空间格局。

分类提升生态系统。按照森林、江河、农田、城市等生态系统类型，针对其不同特点，采取相应的措施，提升生态系统的整体功能。

提升绿地公园、滨江公园两类城市公园。大力挖掘城市绿化用地潜力，提高绿地公园质量，整体有序地逐步健全城市公园体系。根据三江地区城市公园现状，衔接相关规划，分绿地公园与滨江公园两个类别，共规划12个城市公园，包括5个绿地公园和7个滨江公园。

建设郊野公园。在翠屏区规划建设催科山、七星山、龙头山三处郊野公园，在南溪区规划建设桂溪湖、龙腾山、老塔山、罐口四处郊野公园。

建设城市湿地公园。选择符合条件的区域新建湿地公园，主要包括大溪口湿地公园、凤凰溪湿地公园和宋公河湿地公园。

发展两个生态休闲岛。利用南溪瀛洲阁、中坝村两个江心岛，发展生态旅游、乡村休闲。依托田园乡村、农田林果、沿江风光，开发民俗娱乐、田园观光、特色美食、瓜果采摘等项目，打造乡村田园生态体验旅游区。

4 总结与讨论

本文以宜宾市主城区三江地区为例，探讨了都市滨水区旅游发展的居游共享路径，得出了如下结论：

首先，传统的城市规划虽然认识到了作为四大功能之一的游憩，但仅包括居民的休闲活动，对外地游客的旅游活动认识不足。在国民旅游休闲时代，多数城市旅游设施不足，要强化旅游设施和服务的建设与配套，使都市滨水区等城市旅游空间成为"居游共享"的公共空间。

其次，宜宾市主城区三江地区是宜宾市城市旅游的核心地区，作为城市形象地标，这里文化、旅游资源富集。但同我国众多城市一样，面临着难以适应旅游产业迅猛发展需求的挑战，存在吸引物不足、功能与品质不足的问题，需要通过旅游吸引物培育与城市功能完善进行提升。

再次，提出了都市型滨水区"居游共享"旅游发展的策略。确立了将宜宾三江打造成为宜宾"国际生态文化旅游目的地"引擎区和形象区，宜宾"美丽客厅"的定位，提出通过"策划、整合、落实、提升"，形成三江旅游发展的新模式。

最后，从培育旅游吸引物、提升城市功能两个方面，提出了宜宾三江的发展举措。前者包括打造特色旅游功能、开发主导旅游产品、建设旅游引擎性项目等，后者包括水岸环境高效利用，以及文化提升、生态提升。

本研究的关键点是"居游共享"，案例区发展的着力点是"吸引物培育"和"城市功能提升",而所有策略的出发点和落脚点都是通过旅游发展促进"城市转型与多元发展"。

参考文献

[1] 夏赞才. 旅游人类学近 1/4 世纪研究的新成果——《主客关系新探:21 世纪旅游问题》述评 [J]. 旅游学刊，2005，3: 94-96.

[2] 汪侠，郎贤萍. 旅游主客交往研究进展及展望 [J]. 北京第二外国语学院学报，2012，11: 19-29.

[3] 乔秀峰. 基于主客博弈的旅游城市休闲系统优化研究 [D]. 导师：王德刚. 山东大学，2013.

[4] 雅典宪章 [J]. 城市发展研究，2007，5: 123-126.

[5] 中华人民共和国国务院. 国务院关于加快发展旅游业的意见（国发〔2009〕41 号）[Z]. 2009-12-03.

[6] 戴斌. 国民旅游休闲讲稿（二）城市：可以触摸的生活，可以分享的文明 [M]. 北京：旅游教育出版社，2014.4.

重庆市渝北区人和文化地景的分析研究

钱 驰[1]

摘 要：全球化给中国带来了深刻的影响，是文化、生活方式、价值观念、意识形态等精神力量的跨国交流、碰撞、冲突与融合。一方面促进了中国城镇化水平的提高；另一方面带来了地景文化的演变。以重庆市北部新区人和为例，来探讨在全球化这个大背景下的，重庆市北部新区人和镇现代文化地景的塑造与传统文化地景的缺失，以期为山地城市居民创造出有文化特色和品质的城市居住空间提供参考。

关键词：全球化；山地城市边缘区；文化地景；演化

全球化是20世纪80年代在全球范围内的新现象，是当今时代的新特征。伴随着全球化水平的不断提高，我国的城镇化水平也在不断提高，我国的社会、经济、文化、生态环境等方面都发生着重大的变革。随着经济的快速发展，西方的经济、文化、价值观念等对中国的发展带来了巨大的冲击，人们价值观念的侵蚀导致了地域文化的消逝。我们城市的昨天、今天和明天都不同，大规模的改建在短时期内会带给人们"旧貌换新颜"的喜悦，但是改造之后带给城市的却是长久的破坏。新的文化地景色的塑造是传统文化地景遗失的结果，还是文化地景本身的进化抑或是全球化浪潮的冲击？

1 文化地景的特质构成及演进规律

1.1 文化地景的含义

文化地景是人地关系的文化呈现，不同地域时空条件下的自然、文化、生态、经济、艺术等各种因素所构成的综合作用，必然使文化地景以一种特质综合体的形式表现出它的特殊性[1]。这些特质因素可能来自文化地景本身的进化，也可能来自外部的传播，还可能是两者的共同作用。而文化地景是一种结果，也是一种演进的过程。文化地景是一种合力共同作用的结果，在不同的时期，不同的文化背景、经济发展水平和艺术的综合反映，它是物质文明与精神文明的综合体[1]。

1.2 文化地景色的特质构成及其演进规律

文化地景的特质属性与地域文化及特定时期的社会背景、经济发展水平及科学技术水平等有着深刻的关系。文化地景的特质构成可分为形态特质、思想理论特质和心理美学特质等三个层面[1]。

---

[1] 钱驰，重庆大学建筑城规学院。

1.2.1 古代社会文化地景的特质属性

在古代社会，由于生产力水平低，城市的建设主要受到自然生态环境及生产力发展水平的制约，地域性文化差异较大。其社会文化地景的特质属性主要是自然环境、地域文化、生产技术水平及统治者的思想等合力作用的结果[1]。表现在形态特质方面是城市建设多为自发进行，聚居形态较为自由、规模较小，城市的发展处于自然演进的状态，发展缓慢，极易受到天灾的影响。表现在思想理论特质方面则是由于受古代传统思想的影响，儒家、道家、墨家、法家等思想的影响，其思想形态带有一种"宗教神学"的特点，对"天"、"神"的膜拜，衍生出各自的地域文化及对城市建设的理论规制，中国古代几乎所有的城市都受礼制、天人合一和风水思想的影响。而表现在心理美学方面的则是受统治者意志的审美趣味和精英文化对生存意境的追求的影响。

1.2.2 现代社会文化地景的特质属性

在现代社会，机器大工业的生产代替了传统的家庭手工业的生产方式，生产力水平得到了长足的发展，城市的建设摆脱了自然发展水平的制约，改变了地域生活中和谐的时空关系，地域性文化差异逐渐缩小[1]。其社会文化地景的特质属性，更多地与经济发展水平有关。表现在形态特质方面是由于地域性文脉的丢失，空间复制的现象盛行，出现了"千城一面"的现象，各地的建设规范出现了标准化和统一化，城市的空间风貌失去了个性特色。表现在思想理论特质方面则是理性功能主义思想占据主导地位，形式主义的建筑风格和特色流行。在城市建设上，表现在旧城改造方面则是"旧貌换新颜"，追求短期的经济利益；在新城建设方面则是追求各个经济主体的利益最大化，功能主义的盛行，追求建筑的"高"、"大"、"上"。而表现在心理美学方面的则是机械化的美，否定了传统艺术的美。勒·柯布西耶是现代主义建筑的主要倡导者、机械美学的主要奠基人，他在《走向新建筑》中提出了住宅就是"居住的机器"。

经济全球化席卷而来，世界文化趋同化成为必然。世界文化的趋同倾向是伴随经济全球化而来的一个突出问题，它对不同国家的传统文化产生了冲击。全球化带来了国际国内的同步化发展，使得不同地区、国家的文化地景趋于同步发展。第三产业的兴起、信息技术的迅猛发展，使得在发展经济之余，人们也开始关注地区文脉传承和生态环境的修复。其社会文化的特质属性则是经济、文化、环境等合力作用的结果。表现在形态特质方面是传统的社会空间形态和物质空间形态重新受到重视，传统的聚居形态和邻里关系得到修复，城市建设以传统的技术手法和现代技术相结合的方式，地区文脉和城市肌理受到关注。表现在思想特质方面则是传统思想与现代理论相结合，多元化的思想并存发展，全球人类追求的共同目标则是可持续发展。"山水城市"、"生态城市"、"智慧城市"等理论相继提出并发展，则充分体现了城市建设的发展趋势。而表现在心理美学上，由于多元化思想的并存发展，使心理美学的发展也呈现多元化的趋势，人们对美的追求出现个性化、多样化、价值化的取向，体现在生活的方方面面[1]。

2 山地城市边缘区文化地景研究的价值与意义

我国正处于新型城镇化快速发展阶段，城市边缘区是城市发展快速、蔓延的主要地区，是城市社区与农村社区混合交融地带，是实现农业转移人口城市化的重要空间领域之一。随着城市化水平的不断提高，全球化进程的不断加快，城市边缘区将发展成为一个新的经济、商业、文化中心，并在城市中发挥着重要的政治、经济、文化作用和地位[2]。

城市边缘区是实现农村人口城市化的重要空间载体。城市边缘区也是城市扩张的主要方向，是城市发展、更新快速的区域。城市边缘区是一个最先感受到城市化，并被不断城市化的区域，这些区域最先是以农业为主，城市基础设施并不完善[3]。随着城市发展不断向外扩展，在边缘区的地理位置比较优越的地段建设了城市市政工程和基础设施，发展了政治、经济、文化等的大型基础设施，如学校、公园、地铁站等，并形成了新的城市商业中心，这样这些地段由原来的农业用地置换成新的用地，农业人口也转化成为城市人口。并伴随着边缘区的工业化和城市化，这一地区成为人口迅速增长的主要区域。

但是边缘区内部经济发展的不均衡性、农业人口与城市人口的不均衡性使得边缘区内部具有丰富的城市结构和多样的文化景观结构[3]。边缘区的发展是迅速的，其物质空间景观以及自然和人工环境中的人类行为活动的发展变化也是迅速的[4]。新的文化景观的塑造是传统文化地景的遗失的结果，还是文化地景本身的进化抑或是全球化浪潮的冲击[5]？我国国土面积的67%是山地，山地具有人口稠密而经济发展缓慢的特点，而我国西南地区正步入城镇化的高速发展时期，全球化浪潮对山地城市的冲击也是巨大的，人口的增长和土地的扩展是超常规的，而在这个过程中带来的城市的扩张及边缘区的发展变化是巨大的[6]。因此，选择山地城市边缘区的地景文化进行研究是有价值意义的。

3 以重庆市北部新区人和镇为例

人和镇位于渝北区西南部，在行政区划上隶属于渝北区，也是城市发展的边缘区（图1）。2000年12月北部新区（经济开发区）成立，北部新区以其良好的用地条件和交通区位优势成为重庆市最为活跃的开发区。它位于重庆市嘉陵江以北地区，包括老江北区全部以及渝北区的部分区域，西起青龙嘴，东至觐阳门，南起人和镇，北到董家溪，主要包括观音桥、大石坝、红旗河沟、松树桥以及人和镇等组团，该区域大部分位于河流阶地之上，地势较为平坦。人和镇被纳入北部新区后，也迎来了发展的契机。

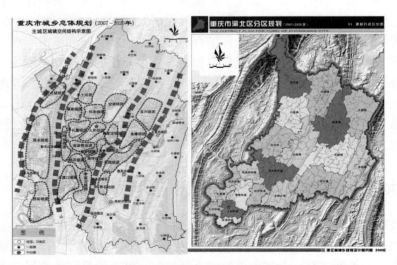

图1 人和镇在主城区所属的商业组团及在北部新区的区位图

3.1 人和镇的文化景观——"上下半城"

文化景观要素是文化在空间景观的留存和显现,具有空间性和时间性。文化景观要素主要分为自然景观要素、人工景观要素以及人文景观要素[8]。随着城市的扩张和发展,对于处于城市边缘区的人和镇,则呈现出多样的、丰富的人文景观——"上下半城"的景观,就是自然景观、人工景观与人文景观的真实体现。

3.1.1 人和镇景观要素的挖掘

人和镇由于地处城市边缘区,有着先天的地理优势:东接天宫殿街道,南接龙溪街道,西接大竹林镇,北接鸳鸯镇。于是吸引了龙湖、协信、金科、万科等大的开发商纷纷驻扎进行开发,使得该地区的文化景观呈现很明显的"山下半城"的风貌。笔者通过实地调研,对其景观要素进行充分认识的基础上,进行归纳整理,对其现状的文化景观进行如下梳理。

(1)自然景观要素:位于人和"下半城"的照母山(图2)本为北部新区中央的一条小山脉,呈东西走向,曲折蜿蜒,起伏平缓,有良好的天然植被,呈现出鲜明的丘陵山地自然风光,风景独好。后来被建设为城市森林公园,成为主城区最大的森林公园,也成为广大市民休闲、健身、游览的理想去处。

图2 "上下半城"的公共活动中心对比

资料来源(右):作者自摄影。

(2)人工景观要素:位于人和"下半城"的棕榈泉生态公园和火凤山公园以及天湖公园是人工建成的公园,位于金开大道沿线。金开大道被评为重庆"最美大道",是重庆人理想的生活居住区,也是北部新区的绿肺所在。三个公园均对外开放,使得人和镇成为宜居的好地方。三个公园的建设,改善了居民生活的环境,也带动了周边业态的发展。

(3)人文景观要素:人和的"上半城"虽然破败,但是邻里交往密切,其乐融融。这里处处呈现出地道的山城生活方式:人们在树荫下斟起茶,摆龙门阵;搭个桌子,打着麻将;或者看着《重庆晨报》,打望路上来来往往的人们;遇到熟人打个招呼,聊聊天。火热而自然的老旧社区就像是一个舞台,居民既是观众,又是表演者,无时无刻不在上演着一部"生活舞台剧"。尽管老城区内的公共空间景观性不强,休息设施凌乱陈旧,但居民之间的交往仍然充满活力，居民的活动与山地空间完全融为一体，是最真实的人文活动景观。而"下半城"的照母山森林公园也有着其丰富的人文景观，历史对照母山特别偏爱，千百年的时光披沙拣金，在照母山沉淀：南宋状元冯时行曾在此结庐照母，明清时期牌坊在此完整保存，清润甘甜的孝母泉在此流淌，其主要景观有揽星塔、祈和坛以及孝母泉。

3.2 人和地区文化景观要素——"上下半城"的对比分析

通过实地调研，我们发现"上下半城"的文化景观呈现出十分鲜明的差异。"上半城"虽然更多的是一些安置房，且居民普遍收入不高，对生活质量要求也不高，因此体现出来的是一个旧城区的生活模式；而"下半城"由于开发商的驻入和政府政策的支持，进行了大量的规划建设，形成了一批居住质量高的小区、洋房、别墅群以及高档的商业区，因此其体现出来的是一个新城区的生活模式。具体分析后进行归纳总结：

（1）"上下半城"的风貌比较："上半城"呈现出的是老城风貌，建筑的风格大多数是20世纪八九十年代的居住、商业建筑的风格，沿街商业居住多为较低档的、满足居民基本生活的需求的商业。街道也是较为窄小的小街小巷且环境较脏、乱、差，居住质量较低，居住环境也较杂乱。"下半城"呈现的是一个新建设区的风貌，建筑的风格比较新式、高档。开发商的驻入以及政府政策的支持，开发建设了各种高质量的居住区和商业区。

（2）"上下半城"公共服务设施的比较："上半城"的公共服务设施比较落后，简陋且不足。例如：在公共活动区，只有简单的乒乓球台和空地，没有成形的广场可供老年人活动和休息，更没有可供休闲的公园、游乐场所可供老人和小孩休闲活动的区域，但是满足居民生活消费的超市、小卖部和低档的饭馆有很多（图3左）。所以，由于生活质量的需求不高导致其对公共服务设施的配套要求也不高。"下半城"的公共服务设施就比较充足和完善了。例如：在居住周边有可供居民休息的大面积的公园，有比较完备的活动场地，有高档的超市和高档的商业消费区等（图3右）。因此，其居民的生活质量是很高的，相应的公共服务设施的配置也满足中高层居民的消费水平。

图3 "上下半城"的公共活动中心对比

资料来源（左）：作者摄。

（3）"上下半城"生活方式的比较："上半城"居民生活气息比较浓厚：清晨，附近的农民赶集过来卖着新鲜的果蔬，街上到处是小商小贩的穿梭和买卖的讨价还价之声（图4）。下午，街巷飘出时下最流行的歌曲，人们在街巷悠闲的晒太阳、喝茶、摆龙门阵，看着来往买卖的人流。晚上，老城的夜生活才刚刚开始，烧烤、夜市就通通出来了，人们在夜市上淘着便宜又实惠的货品，或者三五成群地在路边的大排档吃着火锅或者烧烤，饮着山城啤酒。居民大多是城市中低收入者，对生活质量的要求不高，居住的条件相对较差，但是邻里交往比较频繁，居民的户外活动也较悠闲，处处显示着地道的山城生活方式，也体现着山城独特的文化景观。而"下半城"居民生活则没有那么的乐趣，也没有地道的山城生活方式，人与人之间的交往也变得冷漠。在方格子的钢筋混凝土小区里，是全国各地城市里千篇一律的生活方式。封闭的高档商业圈阻隔了山城人的个性，绿色的生态公园虽然健康，但忙碌工作的人们根本无暇光顾。居民大多是中高收入者，生活水平虽然比较高，但繁忙的工作使得他们忽略了身边的许多景色，即使闲暇时，也更多地宅在家里休息。因此，良好的休闲环境并未得到充分的利用。

图4 "下半城"的小商贩
资料来源：作者摄。

4 结语

通过对人和镇"上下半城"的文化景观的分析，更能理解城市边缘区文化地景的现状。在全球化浪潮的冲击下，新的文化地景的塑造完全丧失了传统文化地景的风貌，重新认识传统文化地景的价值，尊重当地居民的日常生活日益成为社会对城市可持续发展的共识。作为城市传统文化景观的重要组成部分，老城片区的文化景观有待重新认识和重视。重新认识老城片区的文化景观以及新城片区的文化景观，有利于提升居民的生活品质，延续城市的人文精神，提高城市的凝聚力和内在活力[7]。因此，全面把握城市的文化景观要素，并将这些要素纳入城市的总体空间文化景观中，才能真正为山地城市居民创造出有文化特色和品质的山地城市居住空间。

参考文献

[1] 王纪武. 人居环境地域文化论——以重庆、武汉、南京地区为例 [M]. 南京：东南大学出版社，2008，10: 53-59，60-66.

[2] 顾朝林，陈田，丁金宏，虞蔚. 中国大城市边缘区特性研究 [N]. 地理学报，1993，7: 317-328.

[3] 王纪武，顾怡川. 新型城镇化背景下城市边缘区基本公共服务均等化对策框架研究 [J]. 西部人居环境学刊，2014，2: 5-9.

[4] 黄瓴，许剑锋. 保护与构建城市空间文化的对策与途径 [N]. 重庆大学学报，2008，3: 14-17.
[5] 邓蜀阳，宋远航. 对城市空间地域文化特质的思考 [J]. 山西建筑，2009，12: 6-7.
[6] 黄文珊. 论文化地景——全球化潮流中的地景研究趋势 [J]. 园林历史与理论，2003，8: 26-30.
[7] 赵万民. 山地人居环境科学研究导论 [J]. 西部人居环境学刊，2013，3: 10-19.
[8] 黄瓴，丁舒欣. 重庆市老旧居住社区空间文化景观结构研究——以嘉陵桥西村为例 [J]. 室内设计，2013，2: 80-85.

健康主动干预的山地人居环境建设
——以重庆为例*

李 奕❶ 邓力凡❷

摘 要："一带一路"战略促使山地城镇化进程加快，城镇化过程给人类聚居模式带来了巨大变化，生活方式的改变导致人类健康状况的改变，从20世纪以前单纯的病毒防御，到如今肥胖以及各种慢性疾病的亚健康恢复。城市规划一直致力于对人类建成环境的改善，对人类健康状况进行干预。对于如何对居住在山地城市的居民的身心健康状况进行主动式的干预，本文以重庆市为例，分别从用地规划、道路交通规划、绿化景观规划三个方面来进行初步阐述。

关键词：山地人居环境；主动式干预；健康；户外活动

1 城镇化进程对人类聚居环境的影响

"一带一路"发展战略给山地城镇经济快速发展带来了前所未有的机遇，促使山地城镇化进程加快。联合国有关资料表明，全球正在迅速城镇化：1800年全球城市人口约3%，1950年为29%，1975年为39%，1995年达45%，2010年达51%；预测到2025年全球城市人口将达65%以上[1]。人类聚居环境由乡村型聚居模式向城市型聚居模式转变的过程中，城镇化不但为世界经济发展作出了巨大贡献，同时也使越来越多的人逐步享受到现代城市文明。但全球城镇化的迅猛发展，也使人类及其赖以生存与发展的聚居环境面临着严峻的挑战，全球普遍存在的"城市病"（Urban Pathology）。如环境污染、疾病流行、交通拥挤、社会问题突出、居住条件恶化等。同时新的聚居形式带来新的生活方式。例如城市里的人们不再需要像在农村聚居条件下进行大量的体力活动，饮食结构上高热量的食物占据日常膳食的主要部分等。因此城镇化的剧烈过程对生活在城市型聚居环境下的人们身心健康的影响也是深刻的。

2 喧嚣的城市环境对人健康的负面影响

当今许多慢性疾病，如哮喘与过敏病症、动物传播的疾病、肥胖、心血管疾病和抑郁病症等逐渐呈上升趋势，这些慢性疾病的产生与现代城市生活有着密不可分的关系[2]。这些慢性疾病的发生，虽然与遗传和个体差异有关。但是，人们过长时间伏案工作、不参与

---
*本研究受到国家自然科学基金项目（批准号：51278503；51478057）的资助。
❶ 李奕，重庆大学建筑城规学院。
❷ 邓力凡，重庆大学建筑城规学院。

运动的生活习惯也是产生这些慢性疾病的直接原因之一[3]。

肥胖现象已经成为生活在城市型聚居空间中的普遍现象，并严重影响现代人们身体健康。据美国疾病控制与预防中心报告，美国大约37%成年人处于体重超标（体重指数25～29.9公斤/平方米），22%的成年人处于肥胖（体重指数大于或等于30公斤/平方米）[4]。肥胖和体重超标将引发众多健康危险。研究显示，接近80%的肥胖者分别有糖尿病、高血压、高胆固醇、冠心病、骨关节炎、胆囊炎等疾病；其中大约40%的肥胖者同时患有上述多种疾病。美国大约每年有40万人死于与肥胖相关的疾病[4]。现代医学研究表明，许多慢性疾病与肥胖有密切关系，虽然肥胖产生的原因是多方面的，诸如饮食、身体锻炼和环境因素等。从本质上看，肥胖是由于身体消耗能量低于摄入能量所产生的，因此，有效的体能锻炼是减少肥胖发生的重要途径之一。

除了身体方面的影响，同样，精神压力也是影响人们身心健康的重要因素之一。引发精神压力的主要因素有噪声、求学与工作、社会矛盾与争论、时间、出行等[3]。调查显示，23.8%的人认为压力来源于求学与工作；噪声、时间、出行、社会矛盾与争论分别占6.1%、4.9%、3.7%、3.1%[3]。这些影响因素都与城市聚居模式密切相关，长期处于精神压力过大状态，是引发抑郁病的重要原因。

从美国等发达国家人们的健康状况来看，传统影响人们健康的低质量的卫生设施和城市工厂废弃物排放，已不再是影响美国健康问题的首要原因，取而代之的是诸如汽车尾气排放、缺乏身体锻炼、社会文化分离、经济发展分异等问题[2]。

3 健康城市的提出

应对城镇化过程中，城市聚居生活给人们带来了种种不健康的影响。1984年，在WHO（世界卫生组织）的支持下，在加拿大多伦多召开了"健康多伦多2000"会议，会上提出"新公共卫生"的概念。随后，WHO首次对"健康城市"做了全面阐述，把建设健康城市作为全球性计划进行推广。WHO认为：健康城市是一个不断改造和改善自然环境、社会环境，并不断扩大社区资源，使人们在享受生命和充分发挥潜能方面能够得到互相支持的城市。其目的是通过人们的共识，动员市民与地方政府和社会团体合作，以此提供有效的环境支持和健康服务，从而改善城市的人居环境和市民的健康状况。健康城市的创建，实质上是政府动员全体市民和社会组织共同致力于不同领域、不同层次的健康促进过程，是建立一个最适宜的人类聚居环境。

4 城市规划对人类健康的干预

从健康城市的本质内涵来看，健康城市理念的提出基于人们可以通过对建成环境进行规划设计来提高公众的健康这样的共识之上。纵观人类城市建设史，人居环境的改善都是在人们的主动干预下进行的。19世纪初发生了世界范围的霍乱瘟疫，英国因感染霍乱死亡的人数众多，通过调查发现传染病的传播是由肮脏、拥挤、供水问题、缺少下水道、垃圾不及时处理等因素造成的。于是19世纪40年代英国各个城市开展了大规模的城市卫生运动，通过严格的建筑排列、街道清理、街道宽度规范、道路通风，以及排水和排污装置等建成环境的主动干预来提高城市居民的身体健康状况。

此外，在城市规划理论的发展过程中，始终在追求城市积极发展的理想状态，在谋求和谐发展的过程中闪烁着健康城市建设的智慧。例如面对工业革命带来的种种城市病，当时的学者提出了种种城市发展的理想模型。如霍华德为了缓解人们因长期紧张疲惫的工作所产生的精神压抑，提出了田园城市的城市改革方案，方案中提出了"城市–乡村磁铁"理论，认为"可以把一切生动活泼的城市生活的优点和美丽愉快的乡村环境和谐地组合在一起"。在他的思想指导下建设的田园城市就是一种对健康进行主动干预式的建设模式。

从城市规划本身的内容与任务来看，城市规划的根本任务是合理、有效和公正地创造有序的城市生活空间和服务设施。然而这项任务是一项复杂的综合体，包括实现社会政治经济的决策意志及实现这种意志的法律法规和管理体制，同时也包括实现这种意志的工程技术、生态保护、文化传统保护和空间美学设计，以指导城市空间的和谐发展，满足社会经济文化发展和生态保护的需要。城市规划涉及的范围较广，用城市规划的手段主动干预城市向有利于人类健康的方向发展，恰好是最有效也是最根本的实现途径。

5 对健康主动干预的城市规划特点

随着时代的变迁，人们对健康的认识发生了变化，20世纪以前，人们对健康的认识还停留在以疾病治疗为主，通过医疗卫生条件的改善显著提升疾病早期诊断率，降低疾病致死致残率。如今人们更加注重在疾病发生之前降低疾病的发生率和遏制早发的趋势。2009年中国科学院发表的《科技革命与中国的现代化：面向2050年科技发展战略的思考》一文中明确指出，到2030年前后中国的健康保障体系应该实现能够主动预防大部分重大慢性疾病，到2050年前后形成以健康管理为主的健康保障体系。而城市规划学科也应该作出相应的发展变化，从注重城市功能与效率的现代城市规划学科转向功能效率与人类健康并行的后现代城镇化学科（表1）。

应对普惠健康保障体系的后现代城市规划学科　　　　　　　　表1

		2020年前后	2030年前后	2050年前后
重大慢性病预防	方式	疾病治疗为主	主动预防为主	健康管理为主
	效果	显著提升早期诊断率，降低致死致残率	明显降低发生率，遏制早发趋势	明显推迟慢性病的发生年龄
城市规划学科发展		注重城市功能与效率的现代城市规划学科	功能效率与人类健康并行的后现代城市规划学科	

资料来源：中国科学院.科技革命与中国的现代化：关于中国面向2050年科技发展战略的思考[M].北京：科学出版社，2009.

对健康主动干预的人居环境建设要求城市规划在处理好城市空间资源有效配置的基础上，对人们的生活习惯进行积极干预，形成健康的生活习惯，以达到对疾病预防的目的。国内外比较公认的健康生活习惯是积极参加户外活动，并且有国内学者[5]提出城市户外环境对人们健康有主动式干预的功能，例如户外环境对慢性疾病和心理疾病有治疗和康复功能，户外自然环境有缓解精神压力和消除疲劳的效果，户外自然环境有增强身体健康效果，户外自然环境有陶冶情操的作用。因此促进人们进行户外活动是对健康主动干预的城市规划的目的之一。城市规划如何促进人们积极参加到户外活动中去，大致包括以下内容：

5.1 混合的土地利用模式

城市规划中的土地利用规划对城市居住、自然游憩等功能进行安排，形成影响健康的物质环境的宏观结构。研究表明，功能混合的土地利用模式，如将居住、办公、文教、商业和娱乐设施等混合，更能激发居民采用步行的方式取代驾车[10]。例如鼓励离学校比较近的学生步行到学校，以促进小孩和青年人的锻炼[11]。同时混合的土地利用模式也能促进老人进行户外活动。有研究表明住在离商业等服务设施比较近的65岁以上的老年人更喜欢通过步行或者步行和公共交通的方式完成出行目的[12, 13]。将公园等娱乐设施靠近办公与居住用地或在两者之间，能够提高公园等娱乐设施的利用率，同时增强人们通过步行进行户外活动的意愿。同理一些商业服务设施用地与居住用地的混合能增强社区的活力，形成良性的社区互动。因此城市密集增长与土地的混合使用能够促进人们进行户外活动。

5.2 方便可达的道路交通模式

促进人们进行户外活动可以通过改变交通方式来引导人们的出行习惯，尽量增加人们以非机动交通出行的机会，同时减少私人小汽车的出行次数。提高道路交通系统中公共交通站点的可达性并提高使用私人机动交通的成本，能够减少人们对机动交通的依赖。美国纽约的一份研究报告显示，去除社会经济因素的影响，城市公共交通站点的密度与城市居民的肥胖率成反相关的关系[14]。在道路设计方面，减少车行道车道数，增加人行道宽度，营造宜人的步行环境。在停车配建方面采用上限指标控制停车位的建设，通过提高私人小汽车的使用成本降低不必要的机动交通出行。

5.3 形式多样的绿化景观模式

人从大自然中进化而来，有种亲近大自然的本能。良好的绿化景观不仅能够降低现代钢筋混凝土"森林"对人健康的不利影响，也能够对大尺度的城市空间进行细分，形成宜人的户外活动空间。使人们在户外活动过程中能够缓解学习、工作所带来的压抑，减少心理疾病的发生。通过采用多样化的空间组合、微地形变化、活动场地与设施的配套等多种方式塑造的绿化景观，能使居民在不经意间增加活动量。相比在室内健身房进行刻意的健身活动，其在精神方面的健康效益更加突出。国外关于监室设计的研究很能说明绿化景观对人精神健康的干预作用。研究显示，关押在面对草地和森林监室里的犯人与监室单纯面对厚重砖墙的犯人相比，其再犯率要低得多[6]。国外有一个针对监狱犯人的研究能说明绿化景观对人精神健康的干预作用。无独有偶，大量的实证研究显示，良好的户外环境在情感、生理和认知三方面会对人们产生影响[7]。

6 山地城市在对健康主动干预的人居环境建设方面的优劣势

1994年我国与世界卫生组织西太区进行健康城市项目合作，北京东城区、上海嘉定区、重庆渝中区、海口市、大连市先后被选为项目合作城市。2007年，全国爱卫会在上海市正式启动建设健康城市（区、镇）活动，大连、上海、杭州、苏州、张家港、克拉玛依6

个城市被列为第一批健康城市试点城市，北京市的东城区、西城区，上海市的闵行区七宝镇、金山区张堰镇成为第一批试点区、镇。

重庆市渝中区是中国与世界卫生组织进行健康城市合作的首批城市。重庆市相比第一批健康城市项目首批城市中的其他城市有着其特殊性。通过对以重庆市为代表的西南山地城市进行分析和总结，认为在山地城市中建设对健康主动干预的人居环境有如下特点：

6.1 紧凑的用地布局

山地城市土地资源的稀缺性，导致城市用地的紧凑布局。紧凑的布局能够使各种城市功能聚集而产生聚集效应，使城市充满活力，此外山地城市的立体化发展，导致山地城市在功能布局上趋向于立体化。山地城市在极其紧张的空间资源条件下，多种功能的融合更能够促进城市居民出行的步行化和非机动化。根据2002年10月城区交通调查显示，居民出行方式结构与广州、南京两市出行方式的比较中（表2），可以看出步行是山地城市最主要的出行方式。同时用地紧凑使得街道宽度没有像用地宽裕的平原城市那样的大尺度，整个街道界面都宜人的人行尺度，是适宜人们进行户外活动的良好场所。

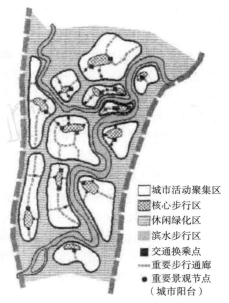

图1　重庆市多中心组团结构

部分城市主要出行方式比较（%）　　　　表2

城市	步行	公交	出租车	自行车	统计年份
重庆	62.67	27.1	4.38	—	2002
广州	45.75	26.85	0.63	10.91	2003
南京	26.50	22.30	1.80	37.91	2001

6.2 立体化的交通

山地城市地形高差的特点，使得城市的交通体系由水平交通体系和竖向交通体系构成，并与山地环境结合，使其组合在水平与垂直方向上同时进行。街道立体化发展形成了多层次的交通与多层次的界面，这种多层次的立体化联系使山地街道空间环境形成一种有益于人们身心健康的、人性的、有序的环境，具体表现如下。

6.2.1　增大建筑有效接触面：多层次交通使围合街道的建筑长度虽然变，但其有效接触面积却大大增加。使街道空间更具可识别性、吸引力，更能够激发人们进行户外活动。

6.2.2　可达性强：立体化交通带来了人们出行距离的缩短，是居民放弃了对机动交通的依赖。便捷的同时是各种上坡下坎，人们在出行过程中不知不觉达到了身体上的锻炼。

6.2.3　对慢速交通的支持：纵向上的高差，使得城市道路的线形设计需要采用许多的回旋曲线,以致在竖向上距离不远的起点和终点之间,采用步行比采用机动交通具有良好的可达性。

山体地形的特殊性使山地城市城市空间趋于小尺度的人行空间,在交通上是一种对步行的支持,对机动交通的限制的形式。小尺度宜人空间适合人们进行户外活动,对步行交通的支持使人们通过步行进行身体上的锻炼,立体化的步行系统不仅增加了步行交通的可达性,同时也增强了人们在步行过程中锻炼的强度。对机动交通的限制减少了尾气的排放,减少了影响户外活动人群的不健康因素,提升了户外环境的质量。

6.3 多层次化的绿化景观

山地城市建设用地稀缺,且存在大量陡坡、冲沟等,因而非建设用地相比平原城市来说是富余的。大量非建设用地形成大面积的生态绿地。加上地表的隆起使得地表面积增大,地形的高低变化形成山城特有的立体绿化。

山地城市立体化形成了城市景观的多层次界面,再加上多层次交通带来仰视、俯视等多角度、多变化的立体视觉,使景观空间的"流动性"、"渗透性"、"不确定性"、"变化性"加强,形成不同类型感觉深度的空间层次。

山地城市在相对平原城市较小的空间中容纳大量的立体绿化,对城市空气质量的提升,微气候的改善起到了重要作用。形成良好的户外活动环境。自2013年1月以来,华北平原的城市首次出现雾霾天气,并逐渐扩散到全国大部分城市,城市空气质量明显下降,灰霾面积达140万平方公里,全国74个监测城市中,有33个城市空气质量达到了严重污染。而重庆是全国为数不多的没有雾霾威胁的城市[8]。这都得益于山城得天独厚的立体绿化。

多层次、多方位变化的城市景观,更易为人提供不同感受,以提供户外活动的多重体验,减轻户外活动带来的心理疲劳。同时在体验过程中能减缓现代化城市带来的紧张、压抑的情绪,降低抑郁症等心理疾病的患病几率。

6.4 对健康主动干预的山地人居环境建设过程中的问题

重庆作为西南山地城市的典型,在建设对健康主动干预的山地人居环境建设方面的优势也带来了其相应的劣势。

重庆所处的西南山地地多人少,山地城市紧凑的组团式开发模式、多样化功能的高度集聚给城市带来了活力。但是城市土地高密度开发建设给山地脆弱的生态环境带来巨大的压力。西南山地地区是水土流失、滑坡、崩塌、泥石流、地面沉陷等灾害事故多发地带,因此过度的建设会降低户外活动空间的安全性,从而威胁到居民的健康。

重庆的多山地地形形成了有利于步行系统健康发展的环境。但是随着城市经济发展的需要,重庆市仍然按照平原城市的交通发展模式,沿河建设大量的城市快速路和大型跨河桥梁,汽车保有量逐年增长。然而山地城市立体化的下垫面阻挡了风的流动,阻隔了山地内外空气的热湿交换,因此山地气候具有相对封闭性。地形的屏蔽作用使得冬季冷空气不易侵入,在城市上空形成恒温层,工业以及机动交通尾气等有毒、有害气体难以扩散;夏季热空气难以扩散。形成了冬夏皆不宜进行室外活动的不健康的户外环境。

山城重庆具有城市绿化的优良气候条件,温暖、湿润、风小的气候环境十分有利于绿化植物的生长,然而随着城市的发展,城市人口的增长,有限的土地资源都用于城市建设,不仅缓坡平坝开始高楼林立，道路纵横交错，就连按常规只用作绿化的陡坡冲沟也布满了建筑，原来组团城市所保留的城市绿道被逐渐突破，以至于重庆主城区的绿地率和绿化覆盖分别只有17.89%和19.96%，大大低于全国城市的平均值21.81%和26.56%，重庆主城区人均公共绿地不到全国城市平均水平的一半[9]。在这种情况下，户外活动质量令人担忧。

7 结语

从19世纪工业革命开始的200多年的时间里，城镇化进程以摧枯拉朽之势改变着人类的聚居形态。在这个剧烈的变化过程中，城市聚居环境从不卫生到卫生，进而朝健康的方向发展。而城市规划对城市空间环境的干预正是城市朝向健康发展的动力。城市规划对建成环境的主动干预有助于改善当今城市居民的亚健康状态。山地城市在建设对健康主动干预的人居环境中有其天然的优势，但优势往往也会成为劣势，因此笔者希望通过本文，为以后对健康主动干预的山地人居环境规划设计和研究起到抛砖引玉的作用。

参考文献

[1] 万艳华. 面向21世纪的人类住区——健康城市及其规划_万艳华[J]. 武汉城市建设学院学报, 2000, 卷缺失.(4): 58-62.

[2] Jackson LE. The Relationship of Urban Design to Human Health and Condition[J]. Landscape and Urban Planning, 2003, 64(4): 191-200.

[3] Hansmann R, Hug S, Seeland K. Restoration and Stress Relief Through Physical Activities in Forests and Parks[J]. Urban Forestry & Urban Greening, 2007, 6(4): 213-225.

[4] Vojnovic I. The Renewed Interest in Urban Form and Public Health: Promoting Increased Physical Activity in Michigan[J]. Cities, 2005, 23(1): 1-17.

[5] 谭少华, 郭剑锋, 江毅. 人居环境对健康的主动式干预_城市规划学科新趋势_谭少华[J]. 城市规划学刊, 2010, 卷缺失(4): 66-70.

[6] Maas J, Verheij R. Are Health Benefits of Physical Activity in Natural Environments Used in Primary Care By General Practitioners in the Netherlands?[J]. Urban Forestry & Urban Greening, 2007, 6(4): 227-233.

[7] Han K. A Reliable and Valid Self-rating Measure of the Restorative Quality of Natural Environments[J]. Landscape and Urban Planning, 2003, 64(4): 209-232.

[8] 金锋淑, 朱京海, 张树东. 雾霾与城市规划——后雾霾时代城市规划的思考与探索[C]// 城市时代, 协同规划——2013中国城市规划年会, [出版地不详]: [出版者不详], 2013: 137-146.

[9] 唐鸣放, 王东, 郑开丽. 山地城市绿化与热环境_唐鸣放[J]. 重庆建筑大学学报, 2006, 卷缺失(2): 1-3.

[10] McCormack G, Giles-Corti B, Bulsara M. The relationship between destination proximity, destination mix and physical activity behaviors. Preventive Medicine.

2008;46: 33–40.

[11] Sallis JF and Glanz K. Physical activity and food environments: solutions to the obesity epidemic. Milbank Quarterly. 2009，87(1): 123–154.

[12] Jana Lynott, et al. Planning Complete Streets for an Aging America. Washington，DC : AARP Public Policy Institute; 2009. http://www.aarp.org/research/housingmobility/transportation/2009_02_streets.html.

[13] Bailey L. Aging Americans: Stranded without Options. Washington DC : Surface Transportation Policy Project; April 2004. http://www.transact.org/library/reports_html/seniors/aging.pdf.

[14] Rundle A，Roux AV，Free LM，Miller D，Neckerman KM，Weiss CC . The urban built environment and obesity in New York City: a multilevel analysis[J]. American Journal of Health Promotion，2007，21(4 Suppl): 326-334.

基于刚性与弹性结合的城市边界划定研究*
——以四川省高县为例

余 琪❶ 侯海波❷

摘 要：在我国经济社会转型的背景下，城市增长边界呈现出新的发展趋势——一定的技术性、政策性及动态性，在经济、社会及环境三者的影响下，可分为"刚性"边界——限制开发区域边界和"弹性"边界——不适宜开发区域边界。合理的城市增长边界能有效防止城市的无序蔓延，并将城市增长空间引向最合理地区，为城市的未来发展提供合理疏导。本文通过对国际和国内各类城市边界的分析，结合我国国情，并以四川省高县为具体案例，运用基于城市增长的动力分析的"正向"思维（预测城市规模）和基于城市增长的阻力分析的"反向"思维（倒逼城市规模）共同佐证高县城市的终极规模，继而较为科学的划定城市的开发边界（"刚性"管控边界）与增长边界（"弹性"管控边界），从而推动高县新城的发展。

关键词：城市增长边界；城市开发边界；刚性；弹性；高县

1 引言

"城市边界"是一个城市经济变量内生的概念，而城市边界的界定是城市经济运行的必然结果，城市边界的增长既要考虑增长的成本与收益，又要考虑其经济效益和城市的承受能力[1]。《城市规划编制办法》（2006年版）明确提出了要在城市总体规划纲要和规划阶段"研究中心城区空间增长边界"，并将其与"确定建设用地规模和建设用地范围"列入同一条内容[2]。可见，新时代背景下城市增长边界的工作重点不是已经存在的现实边界的相关工作，而是对未来增长边界的预测，并在预测的基础上进行相应的人为控制，使城市的现实发展与预测目标保持一致。

2 城市增长（开发）边界内涵

2.1 城市增长（开发）边界的内涵属性

城市增长边界的作用是防止城市无序蔓延，为城市未来的潜在发展提供合理的疏导，将城市增长空间引向最适合开发的地区。城市增长边界的内涵属性与传统规划编制中的"四

---

*重庆市社会科学规划（培育）项目"城乡统筹影响下山区发展的路径设计及规划调控研究"（项目编号 2013PYLJ02）。
❶ 余琪，重庆大学建筑城规学院。
❷ 侯海波，重庆大学建筑城规学院。

线控制"、"四区控制"具有不同的出发点。在划定城市增长边界时应统筹两方面的因素：一是自然环境的保护，即充分考虑区域的自然环境，利用 GIS 等技术对区域的生态环境容量及城市的生态适应性进行分析评价，划定城市增长边界的"刚性"边界，对城市可建设用地及非建设用地进行明确的划分；二是城市发展规模预测，即根据"动态发展"的思想，在现阶段城市人均建设用地指标逐渐失效的情况下，以"生长"理念对城市增长边界进行划定，在规划期内划定不同发展阶段的城市增长边界，构建不同发展阶段的城市空间布局，保障城市空间结构及形态的可持续性与合理性[3]。可见，城市增长边界的内涵属性有别于传统规划编制中相关概念的界定，体现出一定的技术性、政策性及动态性[4]。

2.1.1 技术性：确定城市空间发展的前提

城市增长边界是城市总体规划编制的前提，是一条"刚性"边界，其意义在于将城市的发展更好地与城市周边区域的发展结合起来，保护耕地与自然环境，缓解城市发展对所在区域的土地、环境及社会等方面造成的压力[5]。

2.1.2 政策性：城市增长边界内外空间的政策差异

城市增长边界以内的空间以城镇建设用地为主，但在一定时限内不一定全是建设用地，从政府管理的角度看，该特点赋予了在城市增长边界以内的空间进行城市建设的可能性；城市增长边界以外的空间基本没有城镇建设用地，也就是在一般情况下，城镇不会发展到边界外，从政府行政的角度看，该特点并没有赋予在城市增长边界以外的空间进行城市建设的可能性。如果发生了特殊的情况，城镇要在城市增长边界以外的空间进行发展，需经过相应的程序对城市增长边界进行调整[4]。

2.1.3 动态性：根据城市发展进程不断进行调整

由于城市的发展是长期的，因此城市增长边界应该是动态的、具有时效性的，而且在有效时段内可能发生变动。从本质上讲，城市增长边界分为"刚性"边界和"弹性"边界，对不同的用地类型应采取不同的管制办法："刚性"边界是针对城市非建设用地边界提出的，是城市增长所不能逾越的界限，是城市发展的"生态安全底线"，对于"刚性"边界应严格控制，不得有任何违规现象发生；"弹性"边界是针对城市建设用地发展提出的，原则上不允许被修改，当城市增长过快或有特殊发展要求时，在进行严格的技术论证后可以进行适当调整，以适应城市增长中未预见的可变情况，体现出城市增长边界在以"刚性"为主的基础上仍然具有一定的"弹性"。

2.2 城市边界理论总结与概念界定

综合各方学者的结论，尽管中西方对于城市增长边界的概念有不同的理解，但有如下共识：（1）城市增长边界是一种多目标的控制手段，目的在于生态、经济与社会效益的综合最大化，立足点是将开发引导向适宜的地区，从而避开风险地区，保护生态敏感的林地、水域、农田等，同时结合紧凑增长理念，提高基础设施和公共服务设施的使用效率。（2）国外城市增长边界有永久的、近期的、中期的、远期的区分，而并不是一条固定的边界。（3）城市的发展是长期的，因此城市增长边界应该是动态的、具有时效性的，而且在有效时段内可能发生变动。从本质上讲，城市增长边界分为"刚性"边界和"弹性"边界，对不同的用地类型应采取不同的管制办法："刚性"边界是针对城市非建设用地边界提出的，是城市增长所不能逾越的界限，是城市发展的"生态安全底线"，对于"刚性"边界应严格控制，不得有任何违规现象发生；"弹性"边界是针对城市建设用地发展提出的，原则上不允许被修改，当城市增长过快或有特殊发展要求时，在进行严格的技术论证后可以进行适当调整，以适应城市增长中未预见的可变情况，体现出城市增长边界在以"刚性"为主的基础上仍然具有一定的"弹性"。我国学者普遍认为，当前城市快速增长的大背景下，既需要划定永久不可开发的战略性保护区"刚性"底线，也需要应对难以预期的城市周边发展的弹性"动态"边界。

本文认为城市增长边界有"刚性"和"弹性"之分，然而在现实的规划实践中，常常集两种性质于一身，直接导致"刚性"不刚，"弹性"不弹。此次文章将城市增长边界和城市开发边界（一直混用）用"刚性"和"弹性"进行分异，重新界定城市增长边界和城市开发边界的内涵，即城市增长边界是动态的、具有时效性的，而且在有效时段内可能发生变动的"弹性"管控边界；而城市开发边界是针对城市非建设用地边界提出的，是城市增长所不能逾越的界限，是城市发展的"生态安全底线"，是城市生长的"刚性"管控边界。

3 城市增长（开发）边界类型划分

3.1 城市形态控制线：英国伦敦绿带

划定城市形态控制线，即划定城市建设空间集中开发区域的边界，英国伦敦绿带、我国城市总体规划建设用地边界、土地利用总体规划的规模边界等均属此类边界。1944年，《大伦敦规划》将距市中心半径约48公里范围内的区域，由内到外划分了内城环、近郊环、绿带环和农业环等四层地域环。其中，绿带环作为伦敦的农业和游憩地区，通过实行严格的开发控制保持绿带的完整性和开敞性，阻止城市的过度蔓延[6]。经过几十年的发展，绿带政策已成为英国一项用以控制城市形态的基本国策。

3.2 城市发展弹性边界：波特兰城市增长边界

划定城市发展弹性边界，即划定城市未来一定年限潜在发展空间边界，例如美国波特兰城市增长边界、我国土地利用总体规划中的扩展边界都属此类边界。波特兰是美国成功使用城市增长边界的典型（图1）。1973年，俄勒冈州参议院通过两项界定增长管理的政策法案，城市增长边界以法定形式确定下来并沿用至今[7]。基于对建设用地的增长预测，城市增长边界圈定了未来20年内的城市空间，通过限制边界范围外的土地开发，保护城市周边农村地区和开敞空间，控制城市蔓延。

3.3 城乡地域分界：台湾都市计划区边界

划定城乡地域分界，即划定城市区域与乡村区域的边界，台湾都市计划区边界、早期的美国城市增长边界、日本城市化地区边界均属此类边界。我国台湾地区城乡计划将土地分为都市区和非都市区，分别编制都市计划和非都市土地使用管制[8]。其中，都市土地可划分为住宅区、商业区、工业区、行政区、文教区、风景区、保护区、农业区、其他使用区等9种土地使用区；非都市土地可划分为特定农业区、一般农业区、工业区、乡村区、森林区、山坡地保育区、风景区、国家公园区、河川区、其他使用区或特定专用区10种土地使用区。可见，都市计划区边界可视为城乡地域分界。

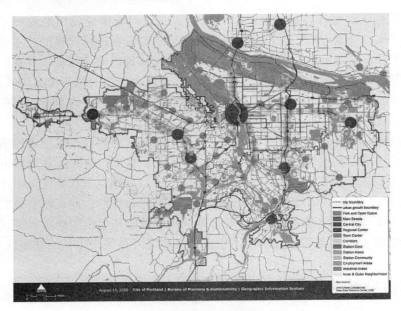

图 1　波特兰都市区概念规划图（2040）

资料来源：波特兰《2040 的本质：区域 50 年增长管理规划》。

3.4　城市建设底线：深圳市基本生态控制线

划定城市建设底线，即划定城市建设开发活动的绝对禁建区域，深圳基本生态控制线、北京限建区规划的禁建区均属此类边界。2005 年，深圳市将一级水源地、风景名胜区、自然保护区、基本农田、森林、主要河流、湿地、生态廊道和绿地等划入基本生态控制线（图 2）范围内，要求严格控制线内的开发建设项目，除特别规定情形之外，原则上不得安排任何新建建设项目（《深圳市基本生态控制线管理规定》）。深圳市基本生态控制线即划定了市域范围内绝对禁止建设的空间，保证城市的基本生态环境需求。

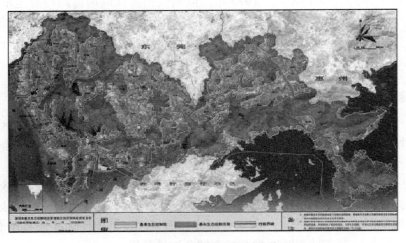

图 2　深圳市基本生态控制线范围

3.5 小结

国内外增长边界产生的背景不同，以美国为主的西方国家应用增长边界主要是为了应对小汽车交通带来的城市蔓延及郊区化带来的中心城市衰退，而与美国相比我国郊区用地更为紧凑，应用增长边界主要是为了应对快速城市化时期城市急剧膨胀对周边生态用地的侵占和土地资源的浪费。因此，我国《城乡用地规划法》和《城市规划编制办法》中的城市增长边界是依据城市用地评价和对城市发展方向的研究，综合确定城市发展可能涉及的其他用地而规定的城市空间发展界限。为更好地管控城市的有序生长，本文将从增长边界和开发边界两个方面同时对城市的规模予以控制。

4 城市开发边界的划定方法

当前对于城市增长边界划定方法的探讨较多，但尚未形成统一的方法。仅在美国，城市增长边界的划定方法在各地也有很大差异。以马里兰州为代表的城市增长边界并没有复杂的过程和科学论证，而是在实践中不断修正；以俄勒冈州为代表的地区使用复杂的程序确定城市增长边界的面积和位置，包括详细的人口和住房单元预测、密度预测等，这些地区城市增长边界的划定一般需要综合考虑经济外部性、土地需求、供应和增长率等市场条件和环境保护要求，在边界预留 20 年的城市发展用地（Geoffrey，2004）。目前我国城市规划行业对于城市增长边界划定方法的研究主要从生态敏感区控制与自然资源保护的逆向思维出发，构建限建因素指标体系，缺乏从城市用地需求的适宜性视角，也就不能反映城市用地扩展的客观社会经济规律，因此必须加强对城市扩展的内在机制研究，构建限制与需求兼顾的增长边界划定方法。

现有城市增长边界划定方法（定性与定量方法可能分别涉及图 3 中的部分过程）：

总结以上论述，城市边界的研究与划定有两种基本取向。一种是用"正向"思维研究城市开发（增长）边界，基于城市增长的动力分析，划定方法以城市为中心，圈定其拓展空间，给出扩张的界线，往往以预测规模为主。"正向"划定增长边界的技术路线主要是"定城市规模——分配总用地——确定边界"；另一种则是用"反向"思维，基于城市增长的阻力分析，假设可靠与合理的扩张边界线是难以预测的，因此划定方法以城市外围的各类资源的保护为出发点，基于划定"限制和控制类要素"而"倒逼"出"城市开发边界"，明确划出建设行为禁止侵入和有条件进入的地区，类似于图底关系转换，同样可以上框定城市开发边界的目的。

在高县总体规划中，运用基于城市增长的动力分析的"正向"思维（预测城市规模）和基于城市增长的阻力分析的"反向"思维（倒逼城市规模）共同佐证高县城市的终极规模，继而较为科学的划定城市的开发边界与增长边界，后文将会详细表述。

5 高县城市边界的划定

5.1 高县规划基础现状与城市终极规模的确定

5.1.1 人口基础与终极规模

2011 年末，县公安户籍总人口 53.39 万人，常住人口为 41.13 万人，人口净迁入为

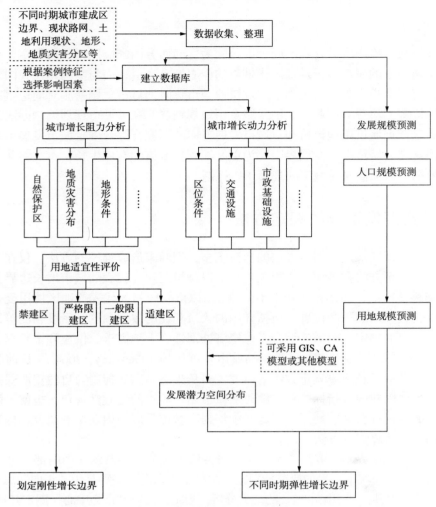

图 3　城市增长边界的划定方法总结

−12.26 万人，主要为劳动力的外出务工。观察高县近几年的人口数据（如图 4），人口的综合增率呈现了一定的波动性，常住人口的增长趋势不明显。目前高县的社会经济发展优势不明显，人口的外迁量远大于迁入量，随着渝昆高铁、宜昭、宜庆快速路的建成，高县的交通优势将得以发挥。交通条件的改善又会带来商贸业、农产品加工等劳动密集型产业的发展，劳动力外迁的趋势减弱，表现为人口机械增长率变大。随着生活水平和医疗水平的提高，其自然增长率会提高。高县常住人口的综合增长率由机械增长率和自然增长率两部分构成，最终综合增长率也会提高。

选取与高县同等规模和级别的小城市进行类比，确定高县的综合增长率，继而较为科学地确定高县的人口和用地规模。

引自：《宜宾城市总体规划（2009～2020）》

至 2015 年，市域总人口（常住人口）为 520 万人，城镇人口 234 万人，城镇化水平 45%；至 2020 年，市域总人口（常住人口）为 570 万人，城镇人口 308 万，城镇化水平 54%。

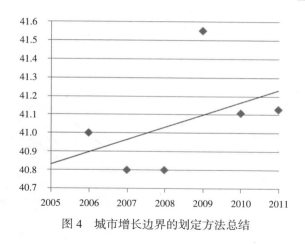

图 4 城市增长边界的划定方法总结

（预测数据：人口的综合增长率为 18.53‰）

引自：《珙县城市总体规划（2004～2020）》

到 2010 年，规划总人口 46 万人，城镇人口 21 万人，城镇化水平 45%；2020 规划总人口 51 万人，城镇人口 33 万人，城镇化水平 64%。

（预测数据：人口的综合增长率为 10.37‰）

综合考虑以上地区的人口计算数据以及发展条件改善的长期性，确定近期高县的人口机械增长率为 8.25‰，自然增长率为 4.20‰，综合增长率为 12.45‰；远期机械增长率为 15.7‰，自然增长率为 4.30‰，综合增长率为 20.00‰。

计划到 2030 年，基本实现劳动力本地就业 100%。近期的人口综合增长率确定为 12.45‰，远期人口的综合增长率为 20‰。

根据综合增长率法测算得出到 2030 年高县城市人口总数为 59.51 万人，此时的城镇化水平已达到 61.67%，根据诺瑟姆（Ray.R.Nort，1979）的城镇化理论，当城镇化水平进入 70% 以后，城市化的速度将放缓，因而预测城市终极人口规模的综合增长率定为 8.00‰，而增长年限定位 20 年（预留 20 年的城市发展用地）。

所以，高县县域终极规模为：59.51×（1+8.00‰）20=69.71（万人）。

根据高县的实际发展与经济情况，认为高县城市终极人口规模下的城镇化水平将会稳定在 80% 左右水平，则相应全县城镇人口为 69.71×80%=55.77 万人左右。根据 2030 年县域城镇体系等级规模结构规划和各城镇发展条件进行区域匹配：12 个一般镇吸纳 7.53 万人，5 个重点镇吸纳 18.24 万人，县城吸纳 30 万人。

综上，高县中心城区的终极人口规模为 30 万人，根据人均 100 平方米的标准，高县中心城区的终极用地规模为 30 平方公里。

5.1.2 用地基础与终极规模

高县地属四川盆地南缘盆周山区向云贵高原过渡地带，地形狭长，南北长 61 公里，东西宽 32 公里；地势南高北低，最高海拔 1252.1 米，为羊田乡一把伞山峰；最低海拔 274 米，为月江镇还阳村。山地、丘陵、槽坝相间，分别占辖区面积的 43.88%、43.72%、12.4%，形成低山丘陵地貌。用地条件紧张。

本规划中对于城市终极用地规模的确定是根据高县用地的具体情况，使用 GIS 对地形进行用地适宜性评价，最后统计用地适宜性评价结果中集中连片的适宜建设的用地面积作为高县城市的终极规模。

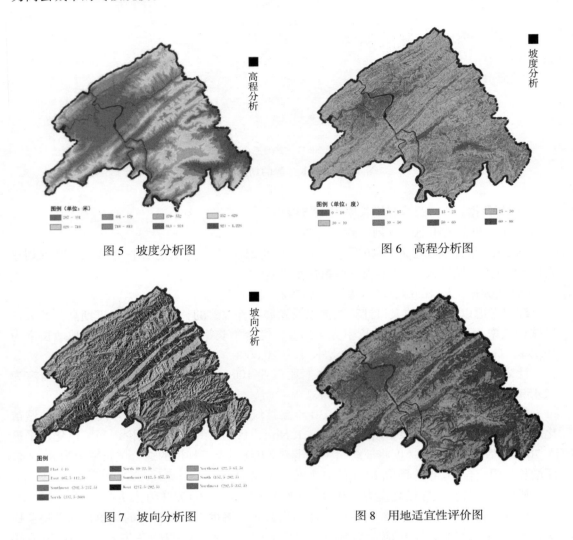

图 5　坡度分析图　　　　　　　　　　　图 6　高程分析图

图 7　坡向分析图　　　　　　　　　　　图 8　用地适宜性评价图

将高程、坡度、坡向三者进行叠加分析得到用地适宜性评价图（图8）：

最终经过统计高县县规划区可适宜建设用地 38.89 平方公里，按人均 100 平方米，可容纳 38.89 万人。

5.1.3　水资源基础与终极规模

高县中心城区城市供水主要有三大水源点，分别为南广河、惠泽水库及拟建的二龙滩水库。南广河，在高县共有水量为 35.3 亿立方米，其中过境水量 28.58 亿立方米，年均径流量为 6.72 亿立方米。全县人均径流量仅 1329 立方米；惠泽水库坝址控制集雨面积 82.9 平方公里，多年平均来水量 4447 万立方米；二龙滩水库工程设计灌面 7.64 万亩，规划城市供水人口 15.0 万人，解决乡镇供水人口 0.6 万人，解决农村不安全饮水人口 2.70 万人，牲畜 3.46 万头。

南广河、惠泽水库及拟建的二龙滩水库三大城市水源点总供水量可达到 18 万立方米

/日,按用水标准300~350升/人·天计算,可承载约51万~60万城镇人口,按人均100平方米,则需51~60平方公里的城市用地。

5.2 开发边界的划定

本文运用两种方式,即基于城市增长的动力分析的"正向"思维(预测城市规模)和基于城市增长的阻力分析的"反向"思维(倒逼城市规模)共同佐证高县城市的终极规模,从三个方面,即终极人口的预测、用地适宜性评价和水资源承载力评价,来对高县的终极城市规模作出限定:

人口预测:高县中心城区的终极人口规模为30万人,根据人均100平方米的标准,高县中心城区的终极用地规模为30平方公里。

用地适宜性评价:高县县规划区可适宜建设用地38.89平方公里,按人均100平方米,可容纳38.89万人;

水资源承载力评价:高县中心城区水资源可承载约51万~60万城镇人口,按人均100平方米,则需51~60平方公里的城市用地;

综上所述,并结合高县经济发展的具体情况,本专题按人均100平方米城市建设用地,确定高县城市终极城市建设用地规模为30平方公里,并依照基本农田、风景区、生态园地、水源保护地等保护要求和工程地质、用地适宜性状况,结合土地利用规划和城市发展布局,划定城市开发边界,面积约为32平方公里(图9)。

图9 开发边界控制图

5.3 增长边界的划定

本专题中界定城市增长边界是具有"弹性"城市管控边界,应结合分期规划加以划定,具体在高县城市总体规划中分别划有城市近期增长边界、城市中期增长边界和城市远期增长边界。

城市近、中、远期增长边界的划定,首先需要对城市近期人口进行预测,后根据近期人口规模划定城市近期增长边界。

5.3.1 城市近、中、远期人口的预测

将综合增长率法和剩余劳动力转移法两种方法进行比较（如表1）：

综合增长率法与剩余劳动力转移法对比　　　　　　　　　　　　　　　　表1

预测方法	近期人口（万）	中期人口（万）	远期人口（万）	各种方法优劣
综合增长率法	12.20	15.12	21.42	简便、机械增长率估算较随意
剩余劳动力转移法	11.02	11.51	20.31	数据获取难度大，相关系数的确定较繁琐

综合考虑以上两种方法的优缺点，最终将人口结果确定为：

近期（至2015年）人口为12.00万人；

近期（至2020年）人口为15.00万人；

远期（至2030年）人口以20.00万人。

5.3.2 增长边界的划定

综合以上预测结果，再结合划定的城市开发边界的范围，得出城市近、中、远期增长边界（图10）：其中，近期中心城区总人口12.00万人，总用地11.26平方公里；中期中心城区总人口15.00万人，总用地13.42平方公里；远期中心城区总人口20.00万人，总用地25.20平方公里。

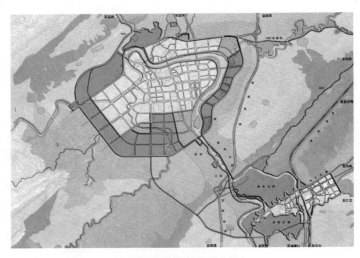

图10　增长边界控制图

5.4 规划对策

5.4.1 "刚性"的城市开发边界与"弹性"的城市增长边界分异与叠合

本专题重新界定了城市增长边界的"刚性"和"弹性"问题，将城市增长边界界定为城市生长过程中可做调整的"弹性"边界，将城市开发边界界定为城市生长过程中必需守住的"刚性"底线。解决了过往城市增长边界的"弹性"与"刚性"模棱两可的问题。在

实际操作层面，对城市增长边界和城市开发边界分别划定，最终叠合在一张图纸中，形成最终的城市边界管控图（图11）。

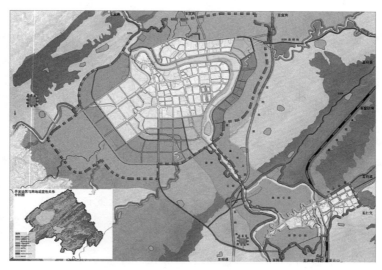

图11　增长边界控制图

5.4.2　作为综合性政策的城市边界（城市开发边界与城市增长边界）

划定城市开发边界一定要避免简单化的"指标思维"模式。城市边界是城市的，政策管控的对象高度复杂，因此必然要考虑它的综合作用以及发挥作用的协同条件。需要清楚城市边界是控制和引导城市开发建设的规划工具之一，需要和其他规划工具综合使用。

5.4.3　在底线思维基础上实现管控，从被动走向主动

作为政府空间管理手段，要准确把握关键问题，将那些从科学界到社会共识都已经确认严格保护的资源和环境要素牢牢把控。基于这样的城市边界"底线思维"方式，要从以下三个方面做好进一步设计：一方面，要考虑充分发挥现有管理工具的作用；另一方面，提高政府管理效率，整合政策工具，不要随便"另起炉灶"[9]；再者，不断创新现有管理工具的内涵和应用范围，适应城镇化发展的实际需求。

6　结语

城市能否生存和发展取决于其是否具有持续竞争优势的、独特的、难以替代的资源及能力。在当前我国城镇化快速发展阶段，城市的发展带来了城市边界的增长，而城市边界如何确定主要取决于城市拥有何种资源或者具备何种能力。通过研究城市资源和能力的开发与更新，确定合理的城市增长边界，对城市的发展至关重要。本文结合我国的城市规划体制，初步探讨了城市增长边界的内涵属性、影响因素及划定方法，并通过对高县的案例分析，将城市增长边界和城市开发边界（长期混用的一组概念）用"刚性"和"弹性"进行分异，重新界定城市增长边界为动态的"弹性"管控边界，而城市开发边界为城市的"生态安全底线"，是城市发展的"刚性"管控边界。

参考文献

[1] 刘海龙. 从无序蔓延到精明增长——美国"城市增长边界"概念述评 [J]. 城市问题, 2005, 3: 67-72.

[2] 张润朋, 周春山. 美国城市增长边界研究进展与述评 [J]. 规划师, 2010, 11: 89-96.

[3] 张京祥, 范朝礼, 沈建法. 试论行政区划调整与推进城市化 [J]. 城市规划汇刊, 2005, 5: 27.

[4] 张学勇, 沈体艳, 周小虎. 城市空间增长边界形成机制研究 [J]. 规划师, 2012, 3: 28-34.

[5] 吴志强. 对城市规划原理的思考 [J]. 城市规划学刊, 2007, 6: 7-12.

[6] 杨小鹏. 英国的绿带政策及对我国城市绿带建设的启示 [J]. 国际城市规划, 2010, 25, 1: 100~106.

[7] 英格拉姆, 阿曼多·卡伯内尔, 康宇雄等. 精明增长政策评估 [M]. 科学出版社, 2011.

[8] 辛晚教, 廖淑容. 台湾地区都市计划体制的发展变迁与展望 [J]. 城市发展研究, 2000, 6: 5-14.

[9] 张兵, 林永新, 刘宛, 孙建欣. "城市开发边界"政策与国家的空间治理 [J]. 城市规划学刊, 2014, 3: 20-27.

"山地海绵城市"规划建议和指引

刘亚丽[1]

摘　要：伴随城镇化快速发展，大范围城市硬化带来严重的排水危机，导致城市成为洪灾内涝引爆的核心。本文针对山地城市重庆的自然环境、降雨产流、水资源环境特征，提出建设透水吸水、防洪排涝的"海绵城市"规划建议和指引。旨在以低冲击开发、经济可行、生态排水、循环利用为原则，合理控制开发强度、完善绿地系统、注重高透水透气地面规划、推进雨水集蓄利用、健全排水防涝体系，构建"城市海绵综合体"，维护城市水循环，保障城市水安全，保护城市水环境，促进城市与自然协调可持续发展。

关键词：山地城市；海绵城市；防洪排涝；雨水集蓄利用；城市水安全

1　引言

伴随城镇化快速发展，城市土地成为稀有资源，常常大面积地采用硬化铺装。城市则被大量的混凝土建筑、水泥地面、柏油路面所充斥，导致土壤岩层压实、透水系统破坏、渗水功能丧失，城市"皮肤"坏死。致使本应成为城市重要水源的大量降雨，反而成为城市排水的巨大负担。在极端气候变迁下，引发严重的暴雨、洪流、内涝、干旱、水污染以及热岛效应，城市变成灾难引爆核心[1]。2014年3月，住建部城建司印发《2014年工作要点》，提出建设"海绵型"城市的新理念："开展城市绿地雨洪利用、城市湿地公园规划建设及应用示范研究；制订《园林绿地雨水利用技术规程（草案）》，修订《城市湿地公园规划设计导则》，选取试点城市建设下沉式绿地等示范项目，实现城市绿地调蓄雨洪等'城市海绵体'功能"[2]；2014年10月，住建部颁布实施了《海绵城市建设技术指南》，旨在指导城镇的冲击开发雨水系统规划和构建。

2　"海绵城市"内涵及发展态势

2.1　"海绵城市"概念的提出

早在2010年，中国台湾地区全球气候变迁研究专家柳中明在《气候适应城市》一文中，就提出了"海绵城市"构建理念："将城市改变为海绵，大雨时吸水防洪，大热天时释水降温。"[3]

2012年7月北京中心城区遭受特大暴雨袭击，导致严重内涝灾害。北京大学城市与环境学院莫林以及诸多国内学者对此进行了深刻思考，纷纷提出通过完善生态雨洪调蓄系

---

[1] 刘亚丽，重庆市规划设计研究院。

统，构建"海绵城市"，维护自然水循环，保障城市安全[4-7]。

2.2 "海绵城市"的内涵

海绵城市内涵十分丰富，综合起来就是要城市在发展过程中，与洪水为友，将雨水视为宝贵的资源进行渗透、调蓄和利用，以城市、绿地、山体、水系等要素构建城市的"绿色海绵"。主要体现在以下几点：

（1）透水渗水，维护城市正常"呼吸"。通过合理的城市绿化，加强高透水、高透气地面铺装，强化雨水渗透、滞留和储存，改善城市"呼吸"系统。

（2）防洪减涝，保障城市安全。与蓄洪治洪设施相配合，将雨洪调蓄系统与城市生态基础设施进行整合，将工程技术与生态设计相结合，达到暴雨期间防洪排涝减灾的目的。

（3）滞水保水，缓解城市水危机。干旱炎热或缺水期间，充分利用收集和储存的雨水，为城市提供充足水资源，同时达到释水降温的目的，有效缓解城市水危机。

（4）补偿地下水，维护正常水循环。雨水通过"城市海绵体"过滤、净化、渗透，有效地补充地下水，促进水资源系统正常循环。

修复水环境，提高自然承载力。将城市河流、湖泊、地下水系统的污染防治与生态修复结合起来，将城市建设成为高承载的海绵体，达到净化水体水质和维护水生态环境的目的。

2.3 国内城市构建"海绵城市"的态势

2014年3月至今，国内部分城市如南京市和青岛市回应《住建部城建司2014年工作要点》、《海绵城市建设技术指南》，提出建设"海绵城市"构想，并付诸行动。

南京市在推进"海绵城市"建设进程中，启动了雨水综合利用规划和相关管理办法的研究和编制工作，积极推进雨水综合利用：加快编制《雨水综合利用规划》、《雨水综合利用技术导则》；出台《建设项目节水设施三同时管理办法》；加快出台雨水利用配套激励政策；逐步加大雨水利用示范工程建设力度[8]。

青岛市提出了建设具有自然积存、自然渗透、自然净化功能的"海绵型城市"的发展目标；专门成立雨水利用专题研究小组，编制《青岛市城市雨水利用调研报告》，并提出适用于青岛市的雨水利用模式；积极协调开发商开展雨水利用示范工程建设，因地制宜用于小区景观和绿化。

国内构建"海绵城市"的经验对策主要是通过加强雨水的集蓄、渗透、利用，增强城市吸水、保水、释水能力，提高城市自然环境承载力。即城市雨水通过渗透、收集、集蓄，经过生态或工程化处理后达到相应的水质标准，回用于工业、生态环境、市政杂用、绿化等方面，即可促进雨水替代自来水实现分质用水，节约资源和保护环境，又提升了城市雨水收纳控制能力，大大减少城市内涝压力，减轻初期雨水污染，提高了城市生态环境质量。

3 重庆市构建"海绵城市"的建议

作为三峡库区重要的生态环境保护屏障，山地城市重庆具有特殊的地形地貌和环境条件，在缓解水资源危机、减轻洪涝安全隐患、改善生态环境等方面都有着更为迫切的要求。

构建高透水、高透气、高承载的海绵城市，是保证区域正常的水循环、提高城市生态环境质量、实现经济社会环境协调发展的必经之路。

3.1 完善法规体系

3.1.1 政策法规

重庆市在构建"海绵城市"方面，尤其是针对雨水渗透、储存、利用等方面的相关法律、法规保障体系十分薄弱。因此，应加强立法，通过大力加强绿化、透水、集雨等方面的政策法规建设，有效推进重庆市绿色海绵城市建设，为优化利用雨水资源、保护水环境提供政策支撑和法律保障。

3.1.2 标准体系

建议尽快制定重庆市《雨水利用规划导则》、《地面透水规划导则》、《海绵城市规划导则》，修订和完善《绿地系统规划导则》等相关地方标准；并在城市规划、市政公用设施规划、环境保护规划等相关标准中，运用海绵城市理念，将雨水利用正式纳入城市规划体系，有效指导城市绿地系统、地面透水系统、雨水收集利用系统规划建设。

3.2 加快专题研究

结合重庆市实际特点，借鉴国内外的成功经验，坚持统筹协调、因地制宜、低冲击开发、生态排水的可持续发展理念，积极开展城市"海绵规划"专题研究。尤其要针对重庆市局部地区的资源性缺水、洪灾内涝严重、水环境恶化等问题，加强雨水利用、防洪排涝、次级河流水环境保护等方面的规划研究，为大力推进重庆市"海绵型"城市构建，提供理论依据和技术支撑。

3.2.1 针对资源型缺水区域，开展雨水利用专项研究

建议在市域范围内，分流域、分片区地开展雨水综合利用专项研究，尤其针对资源型和水质型缺水地区，加大雨水综合利用专项研究力度。

3.2.2 结合流域综合整治，开展"海绵规划"研究

结合美丽山水城市建设目标，结合重庆市流域综合整治，开展次级河流流域"海绵规划"研究。建议与市水利局、环保局联动，结合次级河流径流特点、环境特征，城市空间布局和发展需求，以及防洪排涝、生态污染治理经验，开展试点规划研究，开创重庆市"海绵规划"研究先河，促进区域水安全保障和水环境维护。

3.3 加强相关研究规划

3.3.1 推广低冲击开发规划模式，降低环境负面影响

针对重庆市各类城市建设用地不同的功能、区位、环境、地形、地势条件，在规划过程中，以不影响城市基本地形构造，不影响城市文脉及其周边的环境为出发点，通过合理制定开发比例，控制建设指标，尤其严格控制建筑密度、容积率、建筑高度等开发强度控制的关键性指标，同时综合采用入渗、过滤、蒸发和蓄流等方式减少径流排水量，使城市开发区域的水文功能尽量接近开发之前的状况[9]。

3.3.2 加强透水地面路面规划指引，提高城市透水渗水吸水功能

在控制性详细规划中，应合理提出山地城市重庆可铺设透水地面的区域，如人行道、

步行街、自行车道、郊区道路和郊游步行路；露天停车场、特殊车道和车房出车道；住宅、庭院、房舍周边空地和街巷的地面；树坑、坡地、公园、植物园、园林；工厂区域、社区活动场所、公共广场；其他需要大面积硬化，而承载重量不大的轻量交通公路等场所。合理规定城市建设用地透水地面面积比，做到城市建成区至少要有50%的面积为可渗水面积；建议在公共建筑室外、工业用地、物流仓储用地、公用设施用地透水地面面积比不小于40%；居住区透水地面面积比应不小于45%；道路与交通设施、透水地面面积比不小于50%；绿地与广场用地透水地面面积比不小于70%[10]。

3.3.3 优先倡导下凹式绿地，减少水资源浪费

在绿地系统规划中，大力倡导下凹式（下沉式）绿地。在进行绿地规划时要"对症下药"，提出路面（地面）高于绿地、雨水口高于绿地而低于路面（地面）、雨水口不设在路面而设在绿地上等规划指引。促进雨水进入绿地，经绿地蓄渗后，多余的雨水才从雨水口流走而不致使绿地受淹。对于已建城区，规划采取围埂将绿地围起来的办法，或者将绿地高度适当降低，把周围的地表水尽可能引入绿地，减少水资源的浪费。

3.3.4 做好坡地保护，维护水土保持和水源涵养

作为山地城市，坡地常常是重要的集水区、特定水土保持区、保护带、森林养护区。针对坡地的地形坡度、地质条件、用地功能和环境条件，严格划定水土保持区，进行长期水土保持和水源涵养。

3.3.5 健全河湖水系自然生态系统，维护正常水循环

将城市河流、湖泊、地下水系统的污染防治与生态修复结合起来，加强河道生态修复。严格规划控制水体保护范围，保护和扩大自然湿地，兴建人工湿地系统，尽量禁止河道渠化，使城市水系统生态链条得到应有重现的。

3.3.6 发展绿色建筑，推进保水惜水节水

大力发展绿色建筑，从建筑物设计、建设和使用角度，加强对雨水资源的分级收集利用，减少水资源消耗，达到保水惜水节水目的。

3.3.7 全面推进雨水滞、渗、蓄、用，优化利用水资源

（1）提出雨水利用规划的强制性措施，保障雨水资源的合理利用

借鉴国内外的先进经验，应通过制定和实施雨水资源利用规划的强制性措施，达到合理利用雨水资源、构建海绵城市的目的。尤其是对于严重缺乏、季节性缺乏地表水或地下水的渝西城市（如璧山、铜梁、潼南、大足、双桥、主城区山区等）以及水资源分布不均匀的地域，应强制性编制雨水资源利用规划。

（2）增强城市雨水下渗、贮存能力，强调就地滞洪蓄水

推广城市雨水下渗和就地滞洪。一方面通过绿化和铺装透水地面提高地面透水、渗水能力；一方面通过兴建地下回灌系统或地下蓄水系统，增加雨水的下渗和贮存。也可利用地形、地势把不透水路面建成集水工程，收集雨水浇灌绿地或树木，或注入城市中的河流、湖泊，维护城市生态效益。此外还可通过屋顶蓄水池、井、草地、透水地面等组成的地表回灌系统。新开发区应实行强制性的"就地滞洪蓄水"[11, 12]。

（3）针对山地城市实际需求，优化城市雨水积蓄利用设施规划布局

建议在重庆市缺水以及建筑密度高、热岛效应显著的区域，采用分散收集、集中处理的方式，规划布局雨洪利用系统。根据城市地形、基土条件和雨水利用途径，充

分考虑自然、社会经济和当地习惯等条件，布局雨水集流、蓄水工程设施。雨水利用工程等设施可布局在城市绿地、居住小区、公用设施用地、工业用地、道路广场等区域的地上或地下。

（4）结合山地城市用地的实际情况，分类开展雨水集蓄利用规划

①结合山洪消减开展雨水集蓄利用

作为山地城市，山洪对重庆市城市防洪排涝影响严重，可结合山洪消减开展雨水集蓄利用。

②有利于积淹水改造的雨水集蓄利用

重庆城市内部存在众多内涝严重的区域，结合这些区域地形、产水特征和集雨可能性，结合居住区、学校、场馆和企事业单位等用地布局，开展雨水集蓄利用，收集的雨水可用于校园、场馆、单位内部的景观水体补水、绿化、道路浇洒、冲厕等，可节约城市大量水资源。

③湿地、水塘的雨水集蓄利用

可结合城市人工湖、集蓄池、人工湿地、天然洼地、坑塘、河流和沟渠等，建立综合性、系统化的蓄水工程设施，把雨水径流洪峰暂存其内，再加以利用。

④绿地、公园的雨水集蓄利用

绿地、公园是天然的地下水涵养和回灌场所。将雨水集蓄利用与公园、绿地等结合，可用于公园内水体的补水换水，还可就近利用于绿化、道路洒水等。

⑤防护走廊的雨水集蓄利用

充分利用防护走廊，如电力高压走廊、公路、铁路保护带绿地等，开展雨水集蓄利用，在美化环境的同时，更好地集蓄利用雨水资源。

⑥推广生态河道雨水渗透利用

开展生态河道雨水渗透利用主要是进行河道生态建设，改变硬质化河道护岸做法，打造会呼吸河道。利用河道水系进行汛期的调蓄，结合滨河地区休闲、游憩和生态等综合功能，减小汛期河道的排水压力，降低雨水径流带来的大量面源污染物对河道水质的破坏，使河道雨水渗透利用成为园林景观的组成部分。推广生态道路雨水渗透利用。

⑦发挥生态道路的蓄渗能力和对初期雨水的净化能力

利用道路正常的翻修和改扩建，增加城市绿化面积，对人行道的铺装，采用透水性铺地砖，增加雨水的下渗，减少地表径流。通过建设下凹式绿地，道路周围绿地可适当成为聚集降雨的地段，在城市道路两侧可结合绿地、水景修建雨水集蓄池，用于补充大气水分和回补地下水。

⑧推广生态屋面与广场雨水渗透利用

针对大型公共建筑和商业区等利用屋顶集水，具有投资低、集水量大且使用方便等优点，可建设屋顶雨水集蓄系统和屋顶绿化系统。通过渗透设施，可增加广场和停车场截留的雨水量，尽量使截留的雨水渗入地下，起到涵养地下水的作用。

3.4 强化规划管控

3.4.1 加大水资源、水环境监管力度

建议与市级部门联动，加强区域水资源、水环境检测、监控和管理。

3.4.2 健全城市海绵体数字化监管体系

将"城市海绵体"吸水量（率）、透水量（率）、利用量（率）等指标纳入数字化管理体系。

3.4.3 完善城市排水防涝体系

建立动态的城市单元分级内涝（防洪）预警机制，将城市内涝（洪水）及地质灾害带来的生命财产损失降到最低限度。加强排水防涝设施、排水通道的建设，建成较完善的城市排水防涝、防洪工程体系，全面提高城市排水防涝、防洪减灾能力。

4 重庆山地海绵城市规划指引

山地城市具有特殊的地形地貌和环境条件，在开发建设过程中，在缓解城市供水压力、减轻城市防洪安全隐患、改善城市生态环境等方面都有着更为迫切的要求，有必要制定"城市海绵"规划指引，通过保护透水功能，保证区域正常的水循环；合理利用雨水资源，增加可用水资源量，缓解供水压力；尽量不因开发建设提高开发区域雨水外排流量和洪峰流量，保障建设区域及其周边地区的防洪和排水安全；通过维护正常水循环过程，提高生态环境质量，实现"城市海绵体"经济、社会、环境的协调发展。

4.1 大力加强城市"绿地海绵"建设，促进城市水循环

为提高城市地面透水功能，应重点加强山地城市"绿地海绵提"构建。

4.1.1 城市总体规划层面

（1）加强绿地总量控制

"绿地海绵体"构建首先应注重扩大山地城市绿地面积总量，维护生态和水系统平衡。

（2）完善绿地系统结构

对于山地城市重庆，应注重建立共生型、功能健全、透水性强的绿地系统。增加自然生态要素，优先保留城市及周边原有的自然环境和景观；保护、增加和提供生态廊道，充分利用廊道形成生态网络，充分利用滨江岸线、山脊、陡崖等体现山水城市特征的自然地形地貌布置城市绿化；保护生物多样性，建立和搭配丰富的物种结构、种群和群落类型的绿地结构，形成丰富变化的绿地海绵生态结构。

（3）控制绿化透水通廊

作为山地城市，应注重规划和控制山体、集水通道、水源涵养区域、河流和湖库岸坡等绿地透水通廊，使尽可能多的城市区域与水体保持具有良好的空间关系；针对这些区域，加强绿化，并提出明确的"绿地海绵"通廊规划控制导则。

（4）合理确定绿地指标

在城市总体规划中，应通过山地城市绿地率、绿化覆盖率、人均公园用地面积等关键性指标的合理确定，切实提高城市绿地海绵透水功能。

4.1.2 控制性详细规划层面

（1）合理布局城市绿地

除了布置总量合理的绿地系统，还要强调各类绿地之间及其自身的系统关系。在大力发展规模化城市绿地的同时，积极开发建设山地公园和滨水公园；积极发展居住区绿地、单位附属绿地和防护绿地；大力发展街头绿地，以小、多、匀的绿化广场、小游园充实街

头巷尾，形成大小结合，星罗棋布的城市绿化海绵格局。

（2）严格控制绿地指标

明确各地块、各类用地，如居住用地、工业用地、公共管理和公共服务设施用地、公用设施用地、物流仓储用地、特殊用地、道路与交通设施用地、绿地与广场用地等的城市绿地率、绿化覆盖率、人均公园用地面积绿地率或其他绿化指标，切实提高城市绿化海绵体透水功能。

（3）加强屋顶绿化

把屋顶绿化纳入城市控制性详细规划中，尤其针对新开发地区，明确各类用地、各地块的屋顶绿化面积比，建议城市新开发区屋顶绿化率不得小于15%。

4.2 促进城市地面"硬质海绵体"建设，提高城市透水功能

4.2.1 城市总体规划层面

在城市总体规划中应根据重庆市地形条件、环境特征、综合水文地质情况以及未来发展需求，对城市硬化地面透水功能提出原则性要求，构建城市硬化地面"海绵体"：提出需要布设透水性地面的区域，明确相关区域的透水地面面积比，提出需要达到的透水标准，在宏观上为下一层次的海绵城市规划提供依据和参考。

4.2.2 控制性详细规划层面

（1）明确透水区域

注重居住用地、公用管理与公共服务设施用地，道路、广场、步行街、道路两侧和中央隔离带、停车场等硬化地带透水地面的铺装。可因地制宜地使用透水性混凝土、地砖、路面等铺装材料。

（2）提出透水标准

透水地面的最低标准应是坡度小于5%的区域，在重现期为1年的60分钟暴雨下，不产生径流；山地城市地面坡度较大，根据不同坡度，可适当降低标准。铺装地面应高于周围绿地50～100毫米，并坡向绿地，或建适当的引水设施，使超过下渗能力时所产生的地表径流可自行流入绿地。小区内部小型车型道路可采用多孔沥青路面或透水性混凝土路面。

（3）明确透水地面面积比

明确各类用地透水地面面积比，以达到良好的透水透气效果。道路广场用地中透水地面面积的比重必须大于40%；居住区非机动车道路、地面停车场和其他硬质铺地采用透水地面，并利用园林绿化提供遮阳，室外透水地面面积比不小于45%；公共建筑室外应采用透水性铺装，透水地面面积比应不小于40%[10]。

（4）提出透水地面铺装要求和方式

4.3 推进雨水收集利用，提高"城市海绵体"贮水保水能力

雨水收集利用可有效提高山地城市贮水保水能力、改善水循环系统、合理解决水资源短缺问题。

4.3.1 城市总体规划层面

（1）提出雨水利用系统建设模式

应根据城市水资源分布情况、地形环境特点、用水需求，提出不同的雨水收集利用系统建设方式。

（2）合理预测雨水总量、可利用雨水量、雨水排放量

山地城市雨水利用技术的应用首先应考虑其条件适应性和经济可行性，以及对区域生态环境的影响。雨水利用系统的形式、各系统负担的雨水量应根据当地降雨量、时间分布、下垫面入渗能力、供水和用水情况等工程项目具体特点，经技术经济比较后确定。

（3）合理规划城市雨水收集、利用、储存、排放设施

根据城市水资源实际情况和发展需求，合理规划控制集雨廊道、雨水收集利用设施、雨水储存调蓄设施以及雨水排放管网。

（4）雨水利用规划应与相关规划相结合

雨水收集利用设施应与雨水工程、防洪、景观、生态环境建设等相关规划相结合。尤其需要考虑雨水可收集的季节性，应尽可能地将雨水和中水等其他非传统水资源联合调配使用。雨水供水管道中水质标准低的水不得进入水质标准高的供水系统。

4.3.2 控制性详细规划层面

控制性详细规划需要深入、细致地提出雨水总量、利用量、排放量的计算方法，明确雨水系统建设模式，提出雨水入渗、收集、利用、储存、排放等各种设施的规划标准、布局和规模。

（1）雨水入渗系统

通过收集设施把雨水引至渗透设施，使雨水渗透到地下转化为土壤水，同时消减外排雨水总量。

（2）雨水收集利用系统

雨水收集利用系统的任务是将雨水收集后进行水质净化处理，达到相应的水质标准后可用做景观用水、绿化用水、循环冷却系统补水、汽车冲洗用水、路面和地面冲洗用水、冲厕用水、消防用水等，另外也有消减外排雨水总流量及总量的作用。收集利用模式主要对山地城市不同下垫面雨水进行收集、储存、净化，将雨水转化为产品水进行使用或用于景观。

（3）雨水调蓄排放系统

调蓄排放系统宜用于有消减城市洪峰和要求场地雨水迅速排除的场所。调蓄排放系统由雨水收集、储存和排放管道等设施组成。可利用天然洼地、池塘、景观水体等作为调蓄池，把径流高峰流量暂存在内，待洪峰径流量下降后雨水从调蓄池缓慢排除，以减小洪峰、减小下有雨水管道的管径、节省工程造价。

5 结语

作为长江上游经济中心、三峡库区重要的生态环境保护屏障，重庆在城市发展和建设中面临着巨大的挑战。本文对国内规划建设"海绵城市"的相关实践经验进行分析、评价和总结，针对山地城市重庆的实际情况，通过开发强度控制以及采取增绿、透水、入渗、集雨的规划措施，提出规划建设具有山地城市特色的"海绵城市"，为促进山地城市水资源保护、洪涝灾害防治、生态环境改善和人居环境质量提高提供借鉴和支撑。

参考文献

[1] 王俊松，杨逢乐，贺彬，赵磊.利用 QuickBird 影像提取城市不透水率的研究 [J]. 遥感应用，2008，3：69-73.
[2] 住建部城建司.2014 年工作要点.2014.
[3] 柳中明.气候适应城市.http://www.taiwanngo.tw/files/15-1000-21622，c104-1.php?Lang=zh-tw.2010.
[4] 莫琳，俞孔坚.构建城市绿色海绵——生态雨洪调蓄系统规划研究 [J].Urban Studies.2012，4-8.
[5] 孙曙峦."海绵城市"值得期待 [J]. 中国环境报.2013，11（2）.
[6] 董淑秋，韩志刚.基于"生态海绵城市"构建的雨水利用规划研究 [J]. 城市发展研究.2011，11：37-40.
[7] 胡玉萍.让城市像海绵一样呼吸 [J]. 广东建设报.2014，4.
[8] 龚捷.做活雨水利用大文章——江苏南京市建造"海绵城市"[J]. 中国水利报.2014,4.
[9] 尤涛.提高城市地面"透水率"的方法与规划管理措施 [J]. 西安建筑大学学报，2006，38（6）：406-411.
[10] 于红润.北京交通大学硕士学位论文.透水沥青路面性能研究及其在城市土地利用结构中铺面比例的优化设计 [D].2007：98-100.
[11] 王波，崔玲.从"资源视角"论城市雨水利用 [J]. 城市问题，2003，10（3）：50-53.
[12] 李俊奇，车武.德国城市内水利用技术考察分析 [J]. 城市环境与城市生态，2002，32（2）：47-49.